Springer

有源配电网的
规划与运行

Planning and Operation of Active Distribution Networks

【巴西】安东尼奥·卡洛斯·桑布罗尼·德索萨
（Antonio Carlos Zambroni de Souza） 编
【加拿大】巴拉·文卡特什（Bala Venkatesh）

国网经济技术研究院有限公司 译

中国电力出版社
CHINA ELECTRIC POWER PRESS

First published in English under the title
Planning and Operation of Active Distribution Networks: Technical, Social and Environmental Aspects
Edited by Antonio Carlos Zambroni de Souza and Bala Venkatesh

图书在版编目（CIP）数据

有源配电网的规划与运行/（巴西）安东尼奥·卡洛斯·桑布罗尼·德索萨，（加）巴拉·文卡特什编；国网经济技术研究院有限公司译. —北京：中国电力出版社，2024.9

书名原文：Planning and Operation of Active Distribution Networks

ISBN 978-7-5198-8932-6

Ⅰ.①有… Ⅱ.①安…②巴…③国… Ⅲ.①配电系统—电力系统规划②配电系统—电力系统运行 Ⅳ.①TM7

中国国家版本馆 CIP 数据核字（2024）第 105505 号

北京市版权局著作权合同登记章 图字：01-2024-2590 号

出版发行：中国电力出版社
地　　址：北京市东城区北京站西街 19 号（邮政编码 100005）
网　　址：http://www.cepp.sgcc.com.cn
责任编辑：匡　野
责任校对：黄　蓓　常燕昆　马　宁
装帧设计：赵丽媛
责任印制：石　雷

印　　刷：北京九天鸿程印刷有限责任公司
版　　次：2024 年 9 月第一版
印　　次：2024 年 9 月北京第一次印刷
开　　本：710 毫米×1000 毫米　16 开本
印　　张：29.75
字　　数：550 千字
定　　价：138.00 元

编 委 会

主　　任　李敬如

副 主 任　娄奇鹤　罗金山

编委会成员　邓　铭　石振江　刘元琦　齐　屹　李红霞
杨东俊　沈京京　陈　彬　陈　谦　陈志永
邵宝珠　徐　敏

翻 译 组

组　　长　罗金山

副 组 长　张　翼　刘思革　宋　毅　崔　凯

翻译组成员　丁羽頔　梁　昊　王登政　李　涛　陈　驰
薛振宇　蒋小亮　马　杰　张又文　原　凯
王旭阳　张舜祯　李红军　田　旭　黄存强
韩宇奇　赵　娟　叶圣永　金　强　唐文左
余　越　郭　玥　邵　黎　朱倩雯　王云飞
潘雨健　刘艳茹　邓欣怡　唐　靖　彭文彦
王　尧　邢亚虹　刘忠健　赵聿涵　王绪利
孙充勃　杨　欣　万志伟　施天成　仪　荣
王俊茜　姜世公　段红宇　李　沐　赵　韧
李　昭　张　梁　贾利虎　史雪亚　张子信
王贺蓉　王　洲　张　军　范文奕　安佳坤

曹　媛	戴　攀	陈熙琳	胡哲晟	高　明
许叶林	赵　昂	张冰哲	赵　敏	李顺昕
金国锋	张　可	杨世峰	张林垚	孙锘祾
吴桂联	宫建锋	韩一鸣	华晟辉	黄风华
张大弛	辛昊阔	谢珍建	韩　俊	蔡　超

丛书主编

电气工程系列丛书《电气工程讲义》（LNEE）以快速、非正式和高质量的方式发布了电气工程的最新发展。虽然论文集和专著中报道的原创研究传统上是 LNEE 的核心，但我们也鼓励作者提交专门用于支持电气工程各个领域和应用领域的学生教育和专业培训的书籍。该系列涵盖了经典和新兴的话题：

- 通信工程、信息论与网络
- 电子工程与微电子学
- 信号、图像和语音处理
- 无线和移动通信
- 电路与系统
- 能源系统、电力电子和电机
- 光电工程
- 仪器仪表工程
- 航空电子工程
- 控制系统工程
- 物联网与网络安全
- 生物医学设备，微机电系统和纳机电系统

关于该书系列丛书的一般信息、评论或建议，请联系 leontina. dicecco@springer. com。

如需提交提案或索取更多信息，请联系您所在国家/地区的出版编辑：

中国：

Jasmine Dou（杜茉莉），编辑（jasmine. dou@springer. com）

印度，日本，亚洲其他地区：

Swati Meherishi（斯瓦蒂·梅赫里希），编辑主任（ Swati. Meherishi@施普林格. com）。

东南亚，澳大利亚，新西兰：

Ramesh Nath Premnath（拉梅什·纳斯），编辑（ramesh. premnath@springernature. com）

美国、加拿大：

Michael Luby（迈克尔·卢比），高级编辑（michael. luby@springer. com）

所有其他国家：

Leontina Di Cecco（莱昂蒂娜·迪·塞科），高级编辑（leontina. dicecco@springer. com）

该丛书由工程索引和 Scopus 数据库索引。

更多关于本系列的信息，请访问 https://link. springer. com/bookseries/7818

编　者

Antonio Carlos Zambroni de Souza（安东尼奥·卡洛斯·桑布罗尼·德索萨）
伊塔茹巴联邦大学能源研究所
伊塔茹巴，巴西米纳斯吉拉斯州

Bala Venkatesh（巴拉·文卡特什）
瑞尔森大学城市能源中心
加拿大多伦多

ISSN 1876-1100　　ISSN 1876-1119（electronic）
Lecture Notes in Electrical Engineering（电气工程讲义）
ISBN 978-3-030-90811-9　　ISBN 978-3-030-90812-6（eBook）
https://doi.org/10.1007/978-3-030-90812-6

该施普林格印记由瑞士公司施普林格自然发布。

注册公司地址：瑞士格维贝大街 11，6330。

译 者 序

近年来，在加快构建新型电力系统进程中，分布式新能源规模化发展，其随机性和波动性对传统配电网提出了挑战。配电网在形态上从传统的“无源”单向辐射网络向“有源”双向交互系统转变，在功能上从单一供配电服务主体向源网荷储资源高效配置平台转变，其内涵特征和运行特性发生本质变化。为加快配电网建设改造和智慧升级，切实满足分布式新能源的发展需要，有源配电网的规划、运行等相关研究已成为当前热点。

本书由 IET 资深成员、巴西伊塔朱巴联邦大学电气工程专业安东尼奥·卡洛斯·桑布罗尼·德索萨教授，加拿大瑞尔森大学电子、计算机和生物医学工程系巴拉·文卡特什教授及来自巴西、加拿大、智利、法国、印度、意大利、葡萄牙、西班牙和美国的研究人员共同编著完成。该书着重探讨了有源配电网背景下电动汽车、微电网及储能发展等热点问题，分析了有源配电网的关键技术与应用，提供了支撑有源配电网未来规划和运行的解决方案。全书内容丰富、颇具启发性。该书的英文版是国外电力界畅销之作，其中文版也将成为国内配电网规划领域技术人员和在校师生的重要参考资料。

本书包括 19 章，共 23 家单位 40 余人参加了翻译工作。国网河南省电力有限公司经济技术研究院负责序言，国网四川省电力有限公司经济技术研究院、国网青海省电力公司经济技术研究院、国网重庆市电力公司经济技术研究院负责第 1 章，国网湖南省电力有限公司经济技术研究院负责第 2 章，国网湖北省电力有限公司经济技术研究院负责第 3 章，国网山西省电力有限公司经济技术研究院负责第 4 章，国网安徽省电力有限公司经济技术研究院负责第 5 章，国网黑龙江省电力有限公司经济技术研究院负责第 6 章，国网山东省电力公司经济技术研究院负责第 7 章，国网天津市电力公司经济技术研究院负责第 8 章，国网辽宁省电力有限公司经济技术研究院负责第 9 章，国网河北省电力有限公司经济技术研究院、国网甘肃省电力公司发展事业部负责第 10 章，国网浙江省电力有限公司经济技术研究院、国网新疆电力有限公司经济技术研究院负责第 11 章，国网冀北电力有限公司经济技术研究院、国网内蒙古东部电力有限公司经济技术研究院负责第 12 章，国网重庆市电力公司经济技术研究院负责第 13 章，国网福建省电力有限公司经济技术研究院负责第 14 章，国网上海市电力有限公司经济技术研究院、国网宁夏电力有限公司经济技术研究院负责第 15 章，国网吉林省电力有限公司经济技术研究院负责第 16 章，国网河北省电力有限公司经济技术研究院、国网新疆电力有限公司经济技术研究院负责第 17 章，国网江苏省电力有限公司经济技术研究院负责第 18 章和第 19 章。

全书由国网经济技术研究院有限公司负责校核统稿，本书的中文译版并非是翻译初稿的简单拼接，校核统稿过程耗费了大量的精力，并力求本书的专业术语和国内已公开出版的书籍、标准中的专业术语保持一致，向读者呈现原稿的精华。

在此译稿完成之际，由衷地感谢各方面给予的大力支持和帮助，感谢中国电力出版社对本书出版所做的大量工作，感谢国网经济技术研究院有限公司出版基金所提供的全方位支持。

由于本译著翻译工作量巨大，虽然校稿人员付出了巨大努力，但书中难免有不足或疏漏之处，敬请读者指正。

译　者

2023 年 11 月

序　　言

德比的约瑟夫·赖特是一位充满激情的画家，他敏锐地捕捉到了科学在社会中的魅力和直接影响。许多年后，萨尔瓦多·达利发表了他的《灯下的家庭场景》，一个家庭聚集在简单但至关重要的灯光下阅读。另外，摄影师塞巴斯蒂昂·萨尔加多致力于展示被排斥的人们如何为满足生存的最低需求而挣扎。在他的作品中，电力的缺乏及其毁灭性的影响是显而易见的。因此，一般来说，科学和电力是我们社会的关键因素。世界各地的一些事件表明，能量的缺乏可能会驱使人们采取原始主义行为，这在正常情况下似乎不太可能。这是社会科学家之间讨论的一个话题，但大多数时候被“专业技术人员”所忽视。由于多学科任务将很快成为对工程师的需求，因此需要更广泛的背景。从这个意义上讲，了解工程的影响与理解基本和复杂的技术概念一样重要。

技术变革一直在人们的生活和交往方式中发挥着重要作用。我们把与我们的生活和工作方式有关的日常工具视为理所应当。它们凝聚了一些人的辛勤汗水，有时甚至是英雄主义的结果。例如，尽管“交直之争”荒诞不经，但它却影响了全世界的电力应用，交流电系统的盛行使得大量能量能够长距离传输。智能电网的出现和可再生能源的日益普及正在改变这一现实。新兴电力系统是多元化的，具有电动汽车、太阳能电池板、直流负载和许多其他特性，这些特性在今天仍然需要深入探索。

本书尝试论述新兴电力系统的主要特征，特别侧重于实践。它涵盖了这些系统的特点，如可靠性、效率和成本效益，以及创建支持能源转换的可持续、智能和灵活网络的新要求。多位专家就有源配电网的不同方面提出了自己的观点，为其未来的规划和运营提供了解决方案。除了技术方面外，还论述了电力系统的社会问题，旨在提供能源转型主题的系统观点，对电力分配系统中最紧迫的问题采取多学科交互的方法。更具体地说，市场问题、优化、可靠性、状态估计、需求响应和通信这些电力系统中的经典问题，现在通过增加有源网络来考虑。此外，由于存储、低碳排放的要求，可再生能源的互补性、托管能力和孤立微电网的自主性，都将成为下一代工程师的研究主题。

撰写这份材料恰逢 2019 年 12 月发生的流行病事件，这使得所有作者需要付出额外的努力。这场流行病给世界各地带来了令人难以忍受的绝望、饥饿、不平等和失业，促使各国政府采取了若干补救措施。这时电力发挥了至关重要的作用，使人们能够在家工作，并提供舒适的放松时间。然而，更重要的是，它对医院的能源供应使医疗队能够救助数百万患者。因此，电力的重要性对未来的工程师提出了挑战，他们必须设计一个可靠的电力系统，牢记其对社会服务的重要性。从这个意义上说，工程师应该接受教育，了解他们对社会的重要性，因为他们大多数时候都忽略了这方面。

这本书是来自巴西、加拿大、智利、法国、印度、意大利、葡萄牙、西班牙和美国的研究人员共同努力的成果。参与的人员都是相关领域的专家。这本书的主要内容是关于有源网络在未来几年的影响。因此，它涵盖了有源网络的方方面面。它首先描述了这些新系统的“哲学”。为此，本书的第 1 章详细介绍和讨论了被动用户、主动用户和生产者的概念及其在新兴配电系统中的作用，并详细介绍了能源市场的一些关键方面。在“主动配电系统的零售电力市场”一章中，将进一步阐述在配电层面的下一代电力市场的全面分析。通过前两章的铺垫，我们可以讨论在“有源配电网的实际问题”和“有源配电系统可靠性分析”章节中涉及的需求响应和有源网络的可靠性问题。在“电动汽车在智能电网中的作用”一章中叙述了电动汽车的作用，其中评估了车辆到电网潮流的效率。电动汽车给公用事业带来了充电方面的挑战，但它们同时也可以用作系统的应急电源。

“微电网中的负荷流动”和“微电网的控制与运行：从并网到孤岛”两章论述了这些系统在并网和孤岛运行时的一些重要特性。当考虑本地的发电和通信设备时，传统的配电系统成为一个有源网络。这时承载容量的问题至关重要，因为有源网络必须在标称值内运行。“微电网的接纳能力与接地策略”章节提出了一种基于频率响应和频率保护元件的微电网接纳能力确定方法。智能计量也是有源网络的新特征。

“配电系统中的智能计量：演进与应用”一章论述了使用智能电能表对现代配电系统运行和规划的益处。由于有源网络仍处于摇篮中，所以实验室中的实验在模拟运行场景方面具有重要意义。“有源配电网中的通信”一章从实验的角度分析了孤岛倒立式小型实验室微电网（MG）的运行和可靠性。为此，一组由数字处理器驱动的逆变器被认为容易出现故障，例如通信丢失。

通信对于微电网的并网也很重要。从这个意义上说，可再生能源之间的互补性也值得特别注意，正如在“可再生能源的互补性”一章中所叙述的那样。这一章通过描述文献中的一些现有指标来回顾可再生能源的概念，以便可以在不同的时间和空间尺度上对其进行评估。有源网络的复杂性使人们越来越关注状态估计，因为需要有效的监测。“有源配电网的状态评估”一章概述了文献中的一些配电系统状态估计（DSSE）方法。

它还提出了在有源网络中启用DSSE的主要挑战，重点关注状态估计器如何帮助实现这些功能。“提供辅助服务的直流微电网”一章被视为电流战争中的和平旗帜，因为它致力于直流微电网的应用，为弱交流电网提供辅助服务。低惯量问题也通过应用示例来解决，该示例说明了微电网在虚拟惯性控制环境中的性能。我们需要牢记好的电网意味着以舒适和可持续的方式提供服务。因此，“能源系统的可持续性和变革性”“智能电网在低碳排放中的作用”和“整体视角下的智能电网”分别聚焦于智能电网的可持续性、政策、低碳排放和整体讨论。“未来的趋势和预期”一章提供了未来趋势的一些亮点。

值得注意的是，作者付出了巨大的努力，是为学生和工程师提供有用的材料。人们还应该注意到，这种新兴的电力系统是由不同背景的一位位工程师进行的技术革命。这确实是一个需要新知识的新世界。人类走过了几个里程碑，这些里程碑是几年甚至几个世纪以来积累的一系列贡献的成果。

我们目前看到的技术飞跃是人类历史上最近发生的。因此，我们希望本书通过结合与该主题相关的新进展和技术进步，为工程的技术方面做出重要贡献。但我们也希望这本书能帮助未来的工程师激发灵感，将其作为一种对社会的希望。这希望是以不间断的方式为客户创造最精密的设备。这希望也可能被当作具体的事物，使人们能够将食物保存在冰箱里，使医院不断帮助和拯救患者，使人们能够在客厅里的灯光下阅读。

巴西伊塔茹巴　安东尼奥・卡洛斯・桑布罗尼・德索萨

加拿大多伦多　巴拉・文卡特什

编者与投稿人

关于编者：

Antonio Carlos Zambroni de Souza（安东尼奥·卡洛斯·桑布罗尼·德索萨），巴西伊塔茹巴联邦大学的电气工程学教授，研究方向是电力系统的电压稳定性、智能电网、智能城市和教育，IET 成员。

Bala Venkatesh（巴拉·文卡特什），加拿大瑞尔森大学电气、计算机和生物医学工程系的教授，研究方向是对智能或微电网的存储和可再生能源中的应用程序进行电力系统方面的分析和优化。

投稿人：

Cláudia Abreu（克劳迪亚·阿布鲁），波尔图大学和印度国内部大学工程学院 PT，葡萄牙波尔图

P. Alencar（P. 阿伦卡尔），滑铁卢大学，加拿大滑铁卢

Fernando Alvarado（费尔南多·阿尔瓦拉多），国立巴黎高等矿业学校-PSL，法国索菲亚科学园区

Ricardo Alvarez（里卡多·阿尔瓦雷斯），费德里科·圣玛丽亚技术大学，智利瓦尔帕拉索

Pedro Bezerra Leite Neto（佩德罗·贝泽拉·莱特·涅托），马拉尼昂联邦大学，巴西马萨诸塞州巴尔萨斯

Gabriel Santos Bolacell（加布里埃尔·桑托斯·博拉塞尔），圣卡塔琳娜联邦大学，巴西弗洛里亚诺波利斯；INESC P&D 巴西，桑托斯，SP，巴西

Miguel Castilla（米格尔·卡斯蒂利亚），加泰罗尼亚理工大学，西班牙巴塞罗那

Gianfranco Chicco（詹弗兰科·奇科），“伽利略法拉利”能源部都灵理工学院，意大利都灵

Alessandro Ciocia（亚历山德罗·西奥西亚），“伽利略法拉利”能源部都灵理工学院，意大利都灵

Liana Cipcigan（利安娜·奇普奇甘），卡迪夫大学工程学院，英国卡迪夫

Pietro Colella（皮埃特罗·科莱拉），“伽利略法拉利”能源部都灵理工学院，意大利都灵

Vinicius C. Cunha（维尼修斯 C. 库尼亚），坎皮纳斯大学，巴西坎皮纳斯

Mauro Augusto da Rosa（毛罗·奥古斯托·达·罗萨）圣卡塔琳娜联邦大学，巴西弗洛里亚诺波利斯；INESC P&D 巴西，桑托斯，SP，巴西

Gilney Damm（吉尔尼·达姆），古斯塔夫·埃菲尔大学 LISIS 实验室，法国马恩河畔香榭丽舍大街

Adriano Batista de Almeida（阿德里亚诺·巴蒂斯塔·德·阿尔梅达），西帕拉纳州立大学，巴西卡斯卡韦尔

Madson Cortes de Almeida（马德森·科尔特斯·德·阿尔梅达），坎皮纳斯大学，巴西坎皮纳斯

Paulo Thiago de Godoy（保罗·蒂亚戈·德·戈多伊），伊塔茹巴联邦大学，巴西伊塔茹巴

Leonel de Magalhães Carvalho（莱昂内尔·德·马加莱斯·卡瓦略），INESC TEC，葡萄牙波尔图

Bruno de Nadai Nascimento（布鲁诺·德·纳代·纳西门托 ），巴拉那联邦理工大学，巴西巴拉那库里蒂巴

Ebrahim Saeidi Dehaghani（易卜拉欣·赛义迪·德哈加尼），加拿大安大略省密西西比州的查布消防与安全公司，加拿大

Paolo Di Leo（保罗·迪·利奥），“伽利略法拉利”能源部都灵理工学院，意大利都灵

Kim D. R. Felisberto（金 D. R. 费利斯贝托），西帕拉纳州立大学，巴西卡斯卡韦尔

Thiago Ramos Fernandes（蒂亚戈·拉莫斯·费尔南德斯），坎皮纳斯大学，巴西坎皮纳斯

Walmir Freitas（沃尔米尔·弗雷塔斯），坎皮纳斯大学，巴西坎皮纳斯

Ramón Guzman（拉蒙·古兹曼），加泰罗尼亚理工大学，西班牙巴塞罗那

Darlan Ioris（达兰·伊奥里斯），西帕拉纳州立大学，巴西卡斯卡韦尔

Diego Issicaba（迭戈·伊西卡巴），圣卡塔琳娜联邦大学，巴西弗洛里亚诺波利斯；INESC P&D 巴西，桑托斯，SP，巴西

João Peças Lopes（若昂·佩萨斯·洛佩斯），波尔图大学和印度国内部大学工程学院 PT，葡萄牙波尔图

Pau Martí（保罗·马蒂），加泰罗尼亚理工大学，西班牙巴塞罗那

Diogo Marujo（迪奥戈·马鲁霍），巴拉那联邦理工大学，库里蒂巴，巴西巴拉那；巴拉那联邦理工大学，梅迪亚内拉，巴西巴拉那

Andrea Mazza（安德烈·马扎），“伽利略法拉利”能源部都灵理工学院，意大利都灵

Jaume Miret（吉由木·米雷特），加泰罗尼亚理工大学，西班牙巴塞罗那

Salvatore Musumeci（萨尔瓦多·穆苏梅），“伽利略法拉利”能源部都灵理工学院，意大利都灵

A. B. Nassif（A. B. 纳西夫），ATCO，埃德蒙顿，AB，加拿大

Denisson Queiroz Oliveira（丹尼森·奎罗兹·奥利维拉），马拉尼昂联邦大学，巴西马萨诸塞州圣路易斯

Nitin Padmanabhan（尼廷·帕德马纳班），滑铁卢大学，加拿大滑铁卢

Filipe Perez（菲利普·佩雷斯），巴黎萨克莱大学南方科学中心 L2S 实验室，法国；伊塔茹巴联邦大学电气系统与能源研究所，巴西伊塔茹巴

Patrícia Poloni（帕特里夏·波洛尼），西帕拉纳州立大学，巴西卡斯卡韦尔

Enrico Pons（恩里科·庞斯），“伽利略法拉利”能源部都灵理工学院，意大利都灵

Livia M. R. Raggi（利维亚·拉吉），巴西电力监管局（Aneel），巴西利亚

Claudia Rahmann（克劳迪娅·拉曼），智利大学，智利圣地亚哥

Paulo Ribeiro（保罗·里贝罗），伊塔茹巴联邦大学电气系统与能源研究所，巴西伊塔茹巴

Ian H. Rowlands（伊恩 H. 罗兰兹），滑铁卢大学环境、资源与可持续发展学院，加拿大滑铁卢

David Rua（大卫·鲁阿），伊内斯特克，PT，葡萄牙波尔图

Angela Russo（安吉拉·鲁索），“伽利略法拉利”能源部都灵理工学院，意大利都灵

Osvaldo Ronald Saavedra（奥斯瓦尔多·罗纳德·萨维德拉），马拉尼昂联邦大学，巴西马萨诸塞州圣路易斯

Vicente Ribeiro Simoni（维森特·里贝罗·西蒙尼），巴西累西腓伯南布哥联邦大学

Fabrizio Sossan（法布里齐奥·索桑），国立巴黎高等矿业学校-PSL，法国索菲亚科学园区

Filippo Spertino（菲利波·斯比蒂诺），“伽利略法拉利”能源部都灵理工学院，意大利都灵

Geraldo Leite Torres（杰拉尔多·莱特·托雷斯），巴西累西腓伯南布哥联邦大学

Fernanda C. L. Trindade（费尔南达·C. L. 特林达德），坎皮纳斯大学，巴西坎皮纳斯

Luis Fernando Ugarte Vega（路易斯·费尔南多·乌加特·维加），坎皮纳斯大学，巴西坎皮纳斯

Pedro Naves Vasconcelos（佩德罗·纳维斯·瓦斯孔塞洛斯），UNIFEI-瑞尔森大学，加拿大多伦多

Manel Velasco（曼内尔·维拉斯科）加泰罗尼亚理工大学，西班牙巴塞罗那

Bala Venkatesh（巴拉·文卡特什），瑞尔森大学城市能源中心，加拿大多伦多

Lucas Fritzen Venturini（卢卡斯·弗里岑·文图里尼），圣卡塔琳娜联邦大学，巴西弗洛里亚诺波利斯；INESC P&D 巴西，桑托斯，SP，巴西

Sheldon S. Williamson（谢尔顿·威廉姆森），加拿大安大略理工大学工程与应用科学学院电气、计算机与软件工程系

Antonio Carlos Zambroni de Souza（安东尼奥·卡洛斯·桑布罗尼·德索萨），伊塔茹巴联邦大学，巴西伊塔茹巴

目　　录

1

引言-有源配电系统的进展和挑战

Gianfranco Chicco，Alessandro Ciocia，Pietro Colella，Paolo Di Leo，Andrea Mazza，Salvatore Musumeci，Enrico Pons，Angela Russo，and Filippo Spertino

摘要：许多驱动因素决定了配电网结构和运行方式的不断变化，除了智能电网带来的长期影响外，一些新的趋势也正在出现。本章将概述配电系统是如何变化的。现代化是从完全不同的背景下设计的网络基础设施过渡到包含先进功能的新解决方案的关键点。为此，本章介绍并讨论了无源用户、有源用户和产消者的概念，以及它们在新兴配电系统中的作用。讨论的方面包括可再生能源的普及对配电系统和微电网运行的影响，以及当前建立本地能源市场和能源社区的趋势。其他方面还包括开发小型和微型能源生产、管理和本地存储的解决方案，日益关注电网侧和需求侧的灵活性，以及提供电网服务。

1.1 配电系统现代化的主要驱动力

电力行业重组从 20 世纪末开始进行，并且从 21 世纪初开始在全球范围内普及。发电、输电、配电和零售部门的分拆要求在每个部门内建立新的运营商。尤其是配电部门，通常通过划分不同的管辖区域来进行管理。分拆后，每个管辖区域内都指定了一个唯一的配电系统运营商（DSO）。与此同时，历史上存在多个电力配送商的地区也通过特定协议（或法律仲裁）进行了重组，以保留一个配电系统运营商。配电和零售之间的区别导致了零售部门竞争框架的诞生，并建立了配电系统运营商作为其配电网络的技术运营商。

电力部门的拆分需要深入分析每个部门内部价值链的特点，以明确具体的成本和收益。就配电系统而言，配电基础设施通常是在很多年前被设计，并在集中方式下运行。下列因素说明配电基础设施有必要进行现代化改造，其中包括：

（1）《京都议定书》签订之后，各国对环境影响问题的关注与日俱增。

（2）可再生能源（RES）生产技术已逐步成熟。

（3）在配电系统中引入分布式发电（DG）存在可能性，而不是仅仅使用可再生能源。

（4）电气储能技术解决方案不断发展，包括电动汽车（EV）的逐步引入。

（5）向配电网供电存在可能性，从而实现有源配电网（ADN），其电力注入不受配电系统运营商控制，连接限制由新成立的监管机构和当局决定。

（6）信息和通信技术（ICT）的快速发展，使得先进的通信系统和控制方法以及多种辅助配电系统分析、运行和规划的工具得以诞生。

（7）发展一个基于不同参与者之间竞争的扩展经济框架，以及创造具有不同角色的新参与者。

（8）考虑到用户对电力供应的参与，无论是生产者-消费者（或专业消费者）的共同作用，还是根据价格信号或激励措施提供需求响应（DR）服务的意愿，需求方所扮演的角色发生了变化。

几年后，智能电网[3]考虑了其中的许多原则，并将其应用于欧盟智能电网技术平台[29]和美国2007年能源独立与安全法案[117]。在智能电网范例下，进一步强调了一些方案，包括网络安全、通过电力电子设备进行的能源转换以及供需的灵活性。值得注意的是，“智能”与“电网”这两个词的结合，可能是第一次在文献［121］中以“自我管理和可靠的输电网”的缩写形式出现，以表示一种监测、控制和保护自动化系统，该系统利用信息通信技术和新算法，提高了输电系统的可靠性。如今，智能电网一词主要指配电系统的发展，配电系统比输电系统更需要现代化。分布式能源（DER）一词也通常用来定义分布式发电（DG）、需求响应（DR）和分布式储能（DS）的融合。

除了可靠性、稳定性、安全性、效率和成本效益等传统属性外，新系统还必须具有智能性、可持续性、弹性和互操作性，这有助于正在进行的能源转型。在这一转型中，电力对所有终端用途（住宅、工业、商业和交通）的作用将变得越来越重要。

具体内容将在接下来的小节中详细介绍：

（1）有源配电网。

（2）网络结构。

（3）可再生能源。

（4）能量转换。

（5）运营方面。

（6）经济方面。

（7）能源管理方面。

（8）网格服务。

1.2 有源配电网

过去的配电系统是一种基础设施，旨在将上层（高压）系统与需要从电网获得有功和无功功率的客户无源负荷连接起来。自动发电仅限于连接在高压系统上的大客户，系统运营商始终同意其向电网注入有功功率。因此，迄今为止对配电系统进行的大多数分析都只考虑了系统的需求水平[52]：最大和平均需求、负载率、需求多样性、基于电压降和/或功率损耗的设计等方面在任何书籍中都占有重要地位。由于在设计时只需考虑最坏情况即可，因此没有考虑时变负荷的存在。因此，在规划和设计阶段，不会对系统的运行情况进行研究。

然而，随着利用可再生能源（RES）新型本地发电机的引入，发电侧的创新极大地改变了配电系统的运行理念：交流电问世后，研究人员和技术人员首次开始思考，本地发电是否可以方便地推动整个电力系统运行模式的改变。因此，基于对电力系统完全不同的看法，出现了两种不同的运行模式：一方面，未来系统的形态可能是基于超级电网的发展[96]，而另一方面，未来系统可能是由微电网组成[58]。在前一种模式下，主要的基础设施是输电系统，该系统通过利用世界不同地区之间的时差，实现长距离输电，并将电力输送到需要的地方。相反，后一种模式则以输电系统作为“备用”基础设施，发展本地发电和负荷。在这两种设想之间，有足够的空间来建立另一种框架，即基于有源配电网（ADN）的有源配电系统（ADS）。有源配电网（以及由此产生的有源配电系统）由多组不同的实体组成：

（1）无源设备：构成电网电力硬件的设备。包含所有保证电流安全可靠流动的元件，即变压器、电缆、架空线路、断路器、继电器（作为元件，而不是作为逻辑）、开关、熔断器、电流互感器和电压互感器。

（2）非灵活性产消者：包含所有管理负荷或发电机的产消者，他们的行为不能轻易改变。

（3）灵活性产消者：包含所有以某种方式可以修改其净负荷形式从而被视为灵活性的来源的产消者。

（4）市场参与者：尽管他们不是有源配电网的一部分，但他们是基于市场规则管理有源配电系统的基础。从地理范围来看，他们可以对一个或多个有源配电网产生影响，他们的干预有助于在系统层面上利用产消者的灵活性。

（5）控制系统：这是一个通用的术语，指所有允许不同实体之间相互交互的设备，从信息通信技术基础设施到信息编码和控制逻辑。

建立有源配电系统的目的是通过适当管理一次能源（主要是太阳能和风能）的不确定性，使更大比例的分布式能源（DER）能够接入电力系统。要使它们与电力系统的运行完全兼容，就必须对不确定性进行适当处理，在交流运行时，必须保证负荷和发电之间的实时平衡（通过现有的控制系统可恢复较小的偏差）。在某种程度上，在配电系统层面，系统运行正在从负荷跟随型转向发电跟随型[90]。在这种运行方式下，负荷可以被修改（也涉及分布式储能），以适应不确定发电量的及时变化。

灵活和非灵活用户的并存导致网络不同部分的运行条件不同。在相同一级变电站下由一条或多条馈线组成的某一区域或邻近区域，其电压可能与同一变电站供电的另一区域完全不同。此外，随着时间的推移，区域组成以及每个区域的电流和电压值都可能发生不可预测的变化。这一特点不能找到一个独特的规律，这与过去的电压分布不同，它总是沿着馈线呈下降趋势。这种新情况要求引入新的控制方法（更加分布式和去中心化）和新的测量方法（例如基于净负荷，考虑可以连接到任何节点的不同设备，如储能、本地发电机和无源负荷）。分配给系统节点的损耗[13]等指标有助于了解某一特定区域的本地发电量是否过剩，从而是否需要增加本地负荷来减少系统损耗—这在仅有被动负荷的配电网络中是从未考虑过的解决方案[76]。

有源配电网的上述所有特征可以概括为，它们允许创建一个技术、经济和社会维度共存的多层级有源配电系统。智能电网架构模型（smart grid architecture model，SGAM）[104]很好地体现了这种多层结构，它是一个包括域、区和层的三维结构：

（1）域：域是构成电力系统价值链的部分，即大规模发电、输电、配电、分布式能源和客户。

（2）分区：分区是电力系统管理中考虑汇聚和功能分离的层次结构，根据每个分区所管理的信息进行定义。这些区域包含过程、现场、站点、运营、企业和市场。第一个区域包括所有电力系统设备和能源转换，而其他区域则管理信息。

（3）分层：分层强度需要系统间互操作性的不同方面。特别是，各层包括组件、通信、信息、功能和业务。

值得注意的是，通信和信息的作用不仅对于正确管理有源配电系统至关重要，而且对于保证电力系统不同参与者之间富有成效的互动也至关重要。

然而，需要哪些信息呢？应该区分管理网络所需的信息和启用服务所需的信息。对于第一种情况而言，信息涉及网络约束，即节点电压和支路电流。这种信息在过去也是可用的，但是分布式发电的引入改变了网络中的电气变量。例如，在农村线路末端有分布式发电可能会导致过电压问题，这在以前甚至没有被认为是潜在的问题[45]。因此，通过技术上的测量手段能够发现问题的存在，但由配电系统运营商基于现场测量采取的传统控制措施可能还不够。因此，需要新的信息类型以使产消者（即可能产生网络问题的参与者）参与系统运行中来[30,31]。

这种模式转变需要在概念上采取不同的行动：

（1）确定要收集的信息类型和时间分辨率。

（2）产消者通过安装智能电能表收集信息。

（3）定义谁在使用这些信息以及使用的目的。

（4）明确界定参与有源配电系统运行的配电系统运营商、产消者和其他参与者（如聚合商）的角色。

需要收集信息的定义与产消者提供的服务有关。服务类型严格取决于市场结构和产消者的设备。例如，从技术角度来看，冰箱具有向电网提供电力和能量服务的所有特征，包括频率调节和负荷调整[22,115]。因此，所提供服务的价值不容忽视。然而，由于新的市场框架中角色定位的不明确（其中包括输电系统运营商与配电系统运营商之间的互动、本地市场的存在与否以及辅助服务的提供方法），除非做出一系列假设，否则很难评估这些服务的潜在收益。正如 Thomson 和 Perez[114]最近对车联网（V2G）应用所定义的那样，新应用和/或技术不能以收入来评估，但肯定能够以价值流来评估，特别是被视为堆叠流（即使用同一技术提供多种服务的可能性）的价值流。同样的概念通常也适用于有源配电网参与者可以相互提供给对方或第三方（特别是输电系统）的服务。

此外，值得注意的是，虽然所有的服务都是基于产消者的灵活性，但如何利用这种灵活性与产消者是否愿意偏离其基线密切相关。由于产消者与电网进行双向能量交换，因此应根据产消者的设备（通常包括发电设施和负荷，有时也包括储能系统）对净负荷进行评估。然而，由于通常采用时间分辨率约为几十分钟的间隔计量范式，从而导致很难体现正负峰值[17]，因此考虑净负荷会导致在评估服务价值时出现一些问题。因此，在测量层面上，用户灵活性的合理利用可能需要大量的数据，从而产生与数据管理和数据传输相关的问题。下一代智能电能表需要新的测量模式，一种可行的解决方案（已经商业化）是基于事件驱动的能量计量[101,102]。该解决方案可以有效地跟踪需求高峰，为指定新的电价选项或者灵活性合同开辟了新的前景[16]。

收集信息后，谁负责使用这些信息？目前，配电系统运营商的职责主要是保证电网的合理规划、运行和维护，以及供电的质量和安全性。这意味着它不能充当市场参与者，因为它必须保证电网的中立性。然而，与产消者的潜在灵活性相关的信息是通过与通信技术基础设施相连的智能电能表收集的。因此，这些信息应该提供给市场参与者（如聚合商或供应商），他们可以适当地管理聚集在一起的一组产消者，即显式灵活性[105]。显式灵活性是通过参与基于直接负荷控制的激励方案来实现的。这些方案可以由供应商或其他实体（例如聚合商）管理。相反，隐式灵活性是根据客户对价格信号的敏感度来表现的。

因此，配电系统运营商的角色需要转变，除了保证电力基础设施的中立性之外，它还需要负责衡量基础设施的中立性，同时也要确保数据的安全性。管理信息还需要使用适当的信息模型，该模型定义了信息的编码，这方面需要标准化机构的大力参与，最大限度地保证系统的互操作性。不同设备之间实际交换信息的方式是以通信协议为基础的，而通信协议可以随着时间的推移而不断发展（但这并不影响初步定义的信息模型）。IEC 61850 标准就是一个越来越常见的架构例子，其应用领域也越来越广泛。

最后要指出的是，这些新内容的引入也给研究领域带来了重大挑战[19]。例如，通常的基准网络不考虑任何时变负荷行为，也不包括任何本地发电。因此，有人提出了创建案例研究的新方法（见示例[75]）。此外，在优化过程中必须考虑到不同设备的运行限制，主要通过创建越来越复杂的解决方案空间来实现，该解决方案需要新的概念框架[6]。

1.3 配电网结构

1.3.1 从传统配电网结构到智能电网

电力系统由一系列相互连接的部件组成，用于发电、输电和分配电力给终端用户。这些部件通过一系列变压器相互连接，变压器将电压调整到适合系统运行的适当水平。

从 20 世纪初开始，电网的结构和组织经历了非常缓慢的演变。发电仅以化石燃料为基础，并且，发电厂通常位于远离负荷中心的边缘位置；输电系统采用网格式网络结构，配电系统采用辐射式网络结构，为终端用户提供低压电能。

图 1-1 概括了这种众所周知的传统结构，展示了电力系统的主要组成部分：发电、输电、配电和用户，通过输电线路和变电站相互连接。

在这种传统的电力系统中，电能由集中式大型发电厂产生，并通过升压变压器注入到高压（HV）输电网（230kV，400kV）。输电网通过电网供电点（GSP）将电压变换（降压）到配电高压（HV）等级（100～230kV），向区域配电网输送电能。配电网将接收到的电能输送给电网的低压终端用户。电压首先在一级配电变电站（PDS）降压到中压（MV）等级（1～100kV）[43]。然后，在二级配电变电站（SDS）将电压降低到低压（LV）等级（<1kV），以供应三相和单相终端用户（400V 三相和 230V 单相）。大型工业用户可以直接接入高压等级[103]。

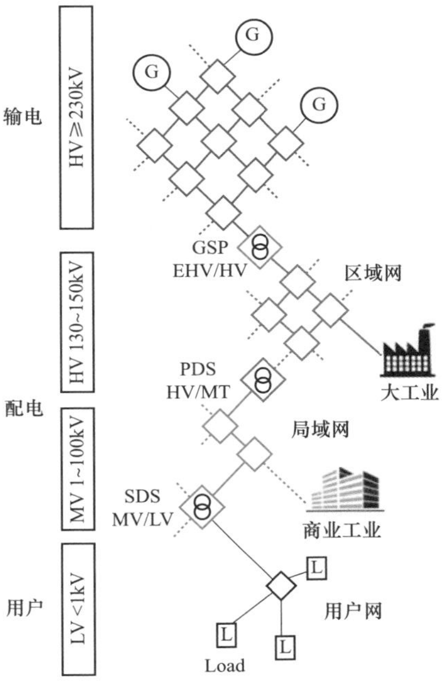

图 1-1　传统电力系统结构

中压配电网从一级配电变电站开始，终止于二级配电变电站。低压配电网从二次配电变电站开始，在三相电网中电压等级变为 400V。最后，电能通过低压配电网（230V 线电压）到达单相终端用户[56]。

根据系统电压水平和负荷密度的不同，配电网以多种方式为系统的不同区域供电。用于设计配电网的三种主要拓扑结构如图 1-2 所示。

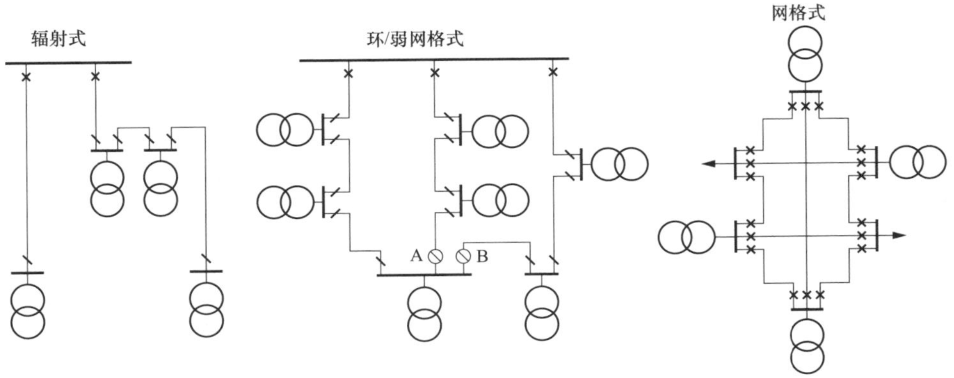

图 1-2　配电网络拓扑结构

（1）辐射式；

（2）环/弱网格式；

（3）网格式。

在辐射式网络中，每个节点仅通过一条路径连接到变电站。辐射式网络拓扑结构通常用于低压配电网和连接孤立负荷区的中压长距离农村线路。大多数中压馈线采用环网拓扑结构（通过保持冗余支路开断实现辐射式运行，以简化保护方案），以提高在故障停电或由维护导致的计划停电期间的供电安全性。实际上，常开断点（NOP）位于两个相互连接的馈线（图 1-2 中的 A 和 B）之间，以确保每条馈线的辐射运行。故障发生后，常开断点的位置可以改变，以便隔离故障，并恢复对两个相连馈线所连接的所有用户供电。有时，高密度负荷区域（例如城市区域）的配电馈线可能包含通过闭合常开断点形成的少数回路。环网和弱网格式系统可以在常开点断开下运行，或者在常开点闭合下运行来提高安全性，不过后一种解决方案需要更多的断路器和更复杂的保护装置。

网格状拓扑结构可以实现更高的安全性。并联多个变电站可以减少变压器组的总容量。如果电网负荷可观，这种安排可以在不中断电网内供电的情况下接受一个进线馈电线路的损失[56]。然而，在高压系统停电时，交织点的并联运行可能导致反向电流通过馈电变压器：必须注意电网内的故障级别是可接受的。由于配电网分布区域较大（区域电网），因此高压电网采用网格式拓扑结构。根据不同行政辖区的规定，高压电网可以由配电系统运营商或输电系统运营商管理。

在过去的几十年里，随着终端用户负荷和分布式可再生能源的快速发展，智能电网概念随着分布式发电、分布式储能和超越传统系统控制、数据采集和能源管理系统信息基础设施的增加而发展，如图 1-3 所示。在智能电网中，发电将从集中的输电系统转移到分布式连接的配电系统。若将更多电源接入现有的配电系统中会导致一系列技术问题，如可能出现潮流反转、过电压、短路电流改变及稳定性问题等[9,78,83]。

1.3.2 微电网、纳米电网和微微电网

由于配电系统中集成分布式能源所面临的挑战，一种分散控制概念正在兴起，以解决局部问题并应对未来电网的根本性变化。

微电网是实现发电资源分散化的一种方式[57]。关于微电网的定义有很多，其中大多数都描述了微电网可能具有的某些共同点。微电网可定义为微型发电机、储能和负荷的集群，作为单一系统运行[58]，具有明确的边界和孤岛能力。

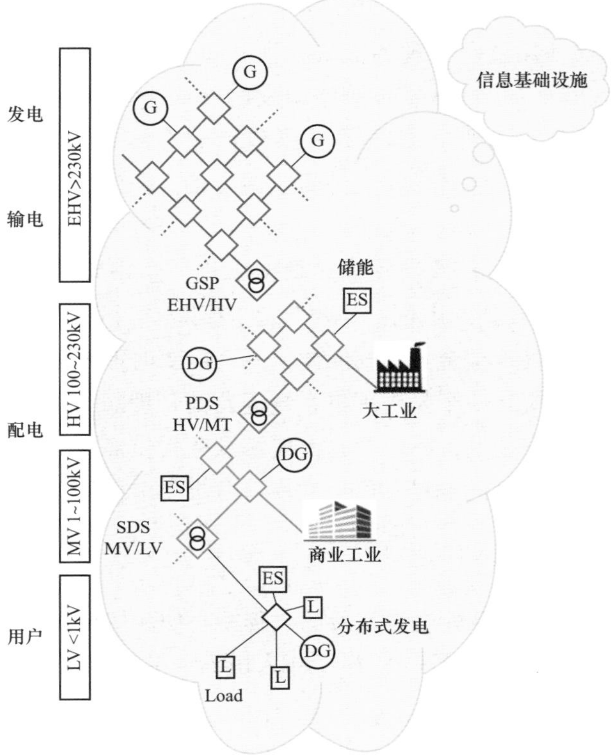

图 1-3 从传统电网到智能电网演变图

微电网可通过公共耦合点连接或不连接到主网[20,44]。微电网能够以“孤岛”模式独立于电网运行，也可以并网运行[87]。当微电网与主网连接时，所有电力缺口或盈余都可以被吸收或输送到电网。另一方面，如果是独立运行或以“孤岛”模式运行，微电网则必须通过自身在本地实现电力平衡。

作为微电网概念的自然延伸[72]，有两个较少使用的概念可用于配置新的分层方案：

（1）纳米电网可定义为带有分布式能源和分布式储能系统的建筑物电网。

（2）微微电网可定义为家庭中连接的可管理负荷的集合。

这种分层方法涵盖了从家庭到配电网的所有链条。换句话说，微微电网、纳米电网和微电网分别对应家庭、楼宇和社区，以及最后连接到配电网或另一个微电网的电网。

微微电网的目标是进行负荷管理，最大限度地降低能源购买成本（如调峰、通过价格信号转移负荷），并执行纳米电网发出的指令。因此，微微电网不包括发电系统。这些管理系统可能属于能源服务提供商或聚合商。

纳米电网不仅使用能源管理算法来管理其负荷，还试图最大限度地整合分布式能源。因此，纳米电网负责控制本地发电（如小型风力发电和小型光伏发电）、负荷和微微电网。纳米电网还可能包括分布式储能（如电动汽车的电池）。纳米电网可以使用能源服务提供商或聚合商/零售商提供的楼宇管理系统来提供服务。

微电网控制纳米电网和微型发电（微型风机、生物质锅炉、热冷电联产系统）。微电网既可以连接到配电网，也可以连接到另一个微电网。因此，微电网的主要功能是最大限度地整合分布式能源，并在需要时能够脱网运行。因此，该电网中将存在两个系统：一个是由配电系统运营商管理的微电网管理系统，用于保证电网的稳定性和安全性；另一个是由能源服务提供商或聚合商运营的聚合管理系统，用于管理微电网的能量和经济交换，并提供能效服务。

1.3.3 多微电网与单元网

从 MG（微电网）向智能电网发展的过程中，如何协调多个子 MG 的高效可靠运行成为新的挑战。随着更多的 MG 并入电网，一定区域内相邻的 MG 将形成 MMG（多微电网）系统。

MMG 可以从电压等级、交/直流构成形式、相序构成形式等技术方面和偏远地区型、居民区型、办公楼型、工业园区型等功能方面进行分类。MMG 的优化运行是当前的核心和热点问题，主要包括孤岛优化运行和并网优化运行[125]：

MMG 的孤岛优化运行：与单个 MG 的最大区别在于，MMG 可以通过合理分配各子 MG 的闲置资源，实现离网优化运行。事实上，持续优化需要结合电源/负载功率预测，并根据 MMG 的实际运行状态，安排 ESS 的充放电计划和负载的切换，以延长 MMG 的运行时间。

MMG 的并网优化运行：不同于单个 MG 的并网运行控制，MMG 可以将子 MG 作为决策个体，实现整体效率的提升。考虑到可再生能源和预测电力负荷的不确定性，Hussain 等人[42]提出了一种基于鲁棒优化的调度策略，以降低并网模式下 MMGs 系统的运行成本。通过结合源/负载功率，综合考虑 DGs 发电量、电价信息、用户负载预期、舒适度等因素，建立最优运行模型[128]。

Web-of-cells（WoC）[73]是一种分散控制方案，用于管理本地小区域间连接线路的功率流偏差，而不是系统频率。实时检测和纠正这些偏差的任务委托给本地运营商。这会降低计算复杂度并减少通信。为了限制储备激活的数量，提出了一种点对点的小区域间协调机制来获得局部不平衡的补偿结果。局部电压问题会增加，局部小区运营商不得不处理这些问题。这为更主动的电压控制提供了机会，会根据最新的本地信息和预测，反复确定本地最佳设定点。

1.4 可再生能源

ADNs 的开发包括对主要可再生能源进行适当的并网。目前，主要的可再生能源是通过光伏（PV）发电机产生的太阳能和通过风力涡轮机（WT）产生的风能。

在电力系统中，相对于全球总发电量而言，间歇性发电的并网意味着大量发电（占总发电量的大部分）不会导致全球电力消耗恶化。长远来看，TSOs 和 DSOs 的两项基本任务是：①电压和电流波形中共同频率的稳定性；②电网中不同电压等级下（高压、中压和低压）电压波形的幅值或均方根（RMS）值的稳定性。

这些任务可以通过所谓的有功功率和频率（在全局范围内调节）以及无功功率与电压（在局部范围内调节）控制来完成[124]。

关于频率稳定性，在输电系统运营商（TSO）的控制下，利用旋转设备实时实现电力系统发电和用电之间的全局平衡，包括输电线路的功率损耗。它们通过根据一级、二级和三级控制分别随着时间常数的增加激活储备来获得这种平衡[26,116]。

对于参与有功功率和频率控制的发电机组（集中式电站）而言，就地调节包括通过调速器实现的转速下降特性。它是同步发电机的转速（与电频有关）与装置产生的有功功率之间的解析关系（通常为线性关系）[124]。该曲线提供了当所需功率增加时，从对应高于电网额定频率的空载转速开始的速度降低量。

另一方面，无功功率和电压控制不仅可以通过同步补偿器对高压进行管理，还可以通过电容器或静态无功补偿器对中压和低压进行管理。因此，光伏电站和风电场等间歇性可再生能源当然可以参与其中，实现电网电压的稳定。从这个意义上来说，配电线路末端的用户有功功率和无功功率，以其自身的符号，可以引起配电变压器和线路上的电压上升或下降。

由于电压下降对应于同时消耗有功功率和无功功率（电感行为）的无源用户，因此电压上升对应于同时消耗有功功率和无功功率（电容行为）的有源用户。用户的有功功率和无功功率的相反符号确定补偿，从而减少电压扰动。

最近，在全国范围内，一些输电系统运营商（TSO）发布了针对分布式发电（DG），特别是光伏电站的技术规范，其中提供了在频率和电压幅值可能瞬态演变期间有关以下项目的规则：①调节有功功率与电源频率的关系，以降低瞬态过频情况下的发电功率。②调节具有容性和感性行为的无功功率（局部和集中），以抵消瞬态欠压和过压事件。

在本节的后续部分，将介绍光伏发电机和风力涡轮机并网典型技术方面的五个具体主题。

额定功率为几百千瓦的光伏发电机在正常运行和部分遮光的情况下，低压电网的电能质量将受到影响。Spertino 等人对光伏组件进行了研究[108]，提供了有关意大利制定的新电网规范，以考虑到间歇性生产的光伏和风电系统的显著权重。本章讨论了额定功率为数百千瓦的光伏发电机在正常运行和光伏组件部分遮光的情况下低压电网的电能质量。对于实际的三相系统，注入电网电流波形和相应电网电压波形的谐波含量，以及不平衡和功率因数的变化，是通过大量的实验测量进行评估的。结果表明，光伏发电的谐波含量、不平衡度和功率因数在共同耦合点不会产生问题。

光伏建筑一体化系统中三相电流的不平衡可能与安装结构、部分遮阳或两者有关。在 Chicco 等人[14]根据对包含不同类型不平衡的大型光伏建筑一体化系统的测量，给出了具体的不平衡指标。指标值区分了受波形失真影响的平衡和不平衡分量。这些指标扩展了电能质量标准中众所周知的不平衡定义。结果表明，即使没有单相逆变器，也不能认为不平衡可以忽略不计。如果非线性负载对谐波失真有贡献，则不平衡会更加严重。从配电变压器的角度来看，非线性负载对谐波失真和不平衡的影响更大。

考虑到电压控制，Ciocia 等人[21]比较了强光伏发电情况下低压集中式和分布式解决方案。正在研究的集中装置是静态无功补偿器和中压-低压配电变压器的有载分接开关。分布式设备是用于耦合低压光伏发电机的并网逆变器。通过管理无功功率对逆变器进行适当的控制，可以将配电线路上的电压波动维持在设定范围内，而无需在中压-低压变电站的集中设备上进行昂贵的投资。结果显示了集中式和分布式电压控制在配电线路上的相互作用。

从间歇性可再生能源的角度来看，Spertino 等人[109]解决了使用电化学电池联合生产 PV 和 WT 系统以实现电力稳定的问题。从意大利南部两个地点的太阳能资源和风能资源可用性的估算中发现，全球可再生能源的可用性超过了可再生能源的三分之二。然后，为了利用这两种资源中的至少一种资源，尤其是太阳能，最佳类型的负荷模式是第三产业负荷，例如商业负荷（在特定情况下为通信公司）。发电和储存的容量以这样一种方式确定，即最大限度地减少向公共电网注入电力，并最大限度地提高用户的自给自足能力。

考虑到未来前景，Spertino 等人[110]通过模拟程序对光伏和风电的功率进行了规划。以满足总用户的消耗。该规划程序适用于阳光充足、风力强劲的大面积地区（例如地中海地区），不仅考虑了投资、运行和维护成本，还考虑了节能收益。研究地点有五个，位于意大利南部，相互距离超过 100km，太阳能资源和风能资源均由气象站精确测量。研究结果提出了两个目标，即最大化集合用户的电力自给率，以及从经济投资的角度来看的最优解。

1.5 能量转换

在能量转换领域，电力电子技术是一种使能技术。近年来，电力电子技术在可再生能源、配电系统和 MG 领域不断受到重视。此外，许多应用领域（如牵引、数据中心或电信系统）都使用带有电池和/或燃料电池的电力系统来存储能量并为所需负载供电。在所有这些技术领域中，功率转换器和相关电子开关都实现了开发和性能方面的范式转变，改善了电力和能源系统。由于过去十年中多种转换器拓扑结构和功率开关技术选择的可用性不断增加，功率转换器的广泛应用产生了显著优势。转换器开关能力的提高，以及合适的冗余转换器设计的可行性，使得动态性能得以提高，工作范围扩大、降低线路谐波和可调功率因数参数。

1.5.1 电网应用中的电力电子开关

硅基高压半导体器件在大功率电子设备（兆瓦至千兆瓦应用）转换开关应用中发挥着至关重要的作用。应用领域涉及牵引驱动、工业应用、电网和微电网系统。相反，在低功率应用中，宽带隙（WBG）组件、碳化硅（SiC）和氮化镓（GaN）是用于高性能功率转换的下一代开关。这些高性能器件正在逐步取代不同电力电子应用中的纯硅绝缘栅双极晶体管（IGBT）、和金属氧化物半导体场效应晶体管（MOSFET）。从技术发展趋势来看，SiCs 和 GaN 将在未来几年内越来越多地出现在大功率和高电压应用中。对于大功率应用，例如电力传输，相控晶闸管（PCT）是主要使用的电子双极开关[120]。PCT 主要应用于可控整流器和逆变器中。串联的 PCT 应用于超高压变流器或断路器（数百千伏）。触发栅极可以接通这些器件。获得关断瞬态在交流变流器电路中采用自然换向，而在直流应用中采用强制换向方式[65]。集成栅极换向晶闸管（IGCT）和注入增强型栅极晶体管（IEGT）基于栅极关断晶闸管（GTO）技术，并允许通过栅极触发实现关断和开通功能[120]，开关频率在百赫至几千赫范围内。双极栅极控制器件的应用功率可达数百兆瓦。IGBT 是一种灵活的器件，具有低电压和低功耗的门控开关瞬态[122]。IGBT 主要应用于中大功率变流器拓扑。击穿电压高达 6kV。在这种高电压开关情况下，重要的是不要忘记功率二极管的贡献，它覆盖了整流、缓冲器或续流的整个功率范围。

SiC 器件具有高开关性能和非常有利的温度特性[46,79]。SiC 器件在其应用中是超结硅 MOSFET 的最佳竞争者。此外，如今，SiC 技术越来越接近 IGBT 的应用领域，并在汽车行业的电池充电器和转换器等应用中逐渐取代 IGBT[46]。GaN 器件是为无线和高频电子系统应用而诞生的。近年来，高开关性能使该器件首先用于低电压应用（<100V），其中需要优化电子转换器系统的尺寸。GaN 击穿电压和功率管理能力增长，因此，未来几年 WBG 开关与 SiC 器件的竞争将越来越激烈[48]。

1.5.2 适用于高压应用的功率转换器拓扑结构

电能主要用于工业、交通、商业和住宅等领域。在这些应用中，电能需要通过适当的转换器电路以适当的电能形式进行转换，从交流转换成直流或从直流转换成交流。直流或交流电压和电流需要控制和调节，因此有了 DC/DC 和 AC/AC 两种拓扑结构的转换器。能量转换范围从几十或几百瓦到几十吉瓦。

在中压和高压应用中，电力电子技术在工业和牵引应用以及可再生能源和电力传输方面的重要性与日俱增。基于转换形式需求和功率电平衡率，开发了几种转换器拓扑结构。在电力传输环境中，柔性交流输电系统（FACTS）和高压直流输电系统（HVDC）使用不同的基于功率半导体的电路拓扑结构，如电流源转换器（CSC）和电压源转换器（VSC）。转换器拓扑结构中使用的功率器件，用于 DC/AC 或 AC/DC 转换过程，主要取决于传输距离和所涉及的功率等级。通常，串联的 PCT 设备用于功率要求非常高的应用，如循环变流器、电网换流器或负载换流器[68]。此外，CSC 使用 PCT，因为它是一种线路换向变流器（LCC），当通过它的电流过零时，PCT 将被关闭，因此，它需要线电压进行换向。对于长距离输电设备，CSC 拓扑结构因其整体系统损耗低而受到广泛青睐。在高压工业应用中，采用脉宽调制（PWM）电流源逆变器来克服 LCC 的缺点，如输入功率因数低和输入电流波形失真。在 PWM 控制的变流器中，VSC 在 CSC 解决方案中占主导地位[68]。随着栅极控制半导体开关技术的进步，VSC 已成为工业功率转换的基石，同时也日益成为 HVDC 应用的可行选择。VSC 解决方案主要用于短距离输电。在 PWM VSC 拓扑结构中，功率开关器件由调制方波控制信号驱动。器件能够尽快通知和关断的能力对于转换器的动态性能非常重要。因此，可以根据所需的功率水平选择 GTO 系列器件或性能更高的 IGBT 器件，而不是 PCT。

半导体电力电子开关的串联并不能改善交流波形的电能质量，而且由于串联器件的数量会根据电气总线所需的电压而增加，因此实现起来越来越复杂。主要问题是由于半导体元件的静态和动态特性不同，导致串联器件上的电压分布不同。静态和动态器件阻断电压的正确共享是需要额外的电路实现的，这会增加功率损耗并降低系统可靠性。

多电平功率转换器拓扑结构是解决这些缺点的可行方案。多电平转换器是两电平转换器概念的演变。在多级解决方案中，功率半导体开关不直接串联连接。模块化多电平转换器（MMC）基于相同的基本单元，复制 n 次，并与一些其他元件（通常是二极管和电容器）互连，直到获得转换器的特定结构。MMC 的输出是阶梯波形电压，它取决于转换器的电平。功率器件的切换允许增加电容电压，从而在输出端达到高电压，而功率半导体只需承受较低的电压[1]。MMC 可将直流母线的总电压分担到多个有源设备上。这样，它就可以承受非常高的电压（数百千伏），总体上有助于驱动超大功率负载（数百兆瓦）。此外，在多电平转换器中，不同电压阶跃可以更准确地模拟正弦电压的变化趋势。因此，根据傅里叶分析计算出的谐波电平自然比仅有的两个方波电平（在两电平逆变器中获得）更多地包含在多电平重构中。这就降低了总谐波失真（THD）。电压阶跃越多，总谐波失真越小，从而增加了功率质量。

图 1-4 显示了多电平解决方案的演变概念[93]。图 1-4（a）中是两级开关极的输出电压波形，图 1-4（b）中是三级开关极的原理，其输出波形质量有所改善。最后，在图 1-4（c）中，多电平开关极的概念被推广到 n 个电平。图 1-4（c）的输出电压与电平转换器有关，在这种情况下，输出电压总谐波失真的可能性（THD）比前一种情况更低。

在用于高压逆变器的 MMC 领域，主要开发了以下三种多电平拓扑结构：①二极管箝位（或中性点箝位-NPC）；②电容箝位（飞行电容-FLC）；③具有独立直流源的级联多单元。

NPC 多电平转换器是由基于开关的堆栈组成典型的两级 VSC 的极（逆变器支路），如图 1-5（a）所示，配有合适的钳位二极管连接，以获得输出阶跃电压。单项 VSC 的三电平 TPC 拓扑开关极如图 1-5（b）所示。随着变流器级数的增加，共享电压所需的箝位二极管数量也急剧增加。因此，控制直流母线电容器不平衡的难度越来越大，采用 PTC 布置的工业应用主要面向三电平变流器。

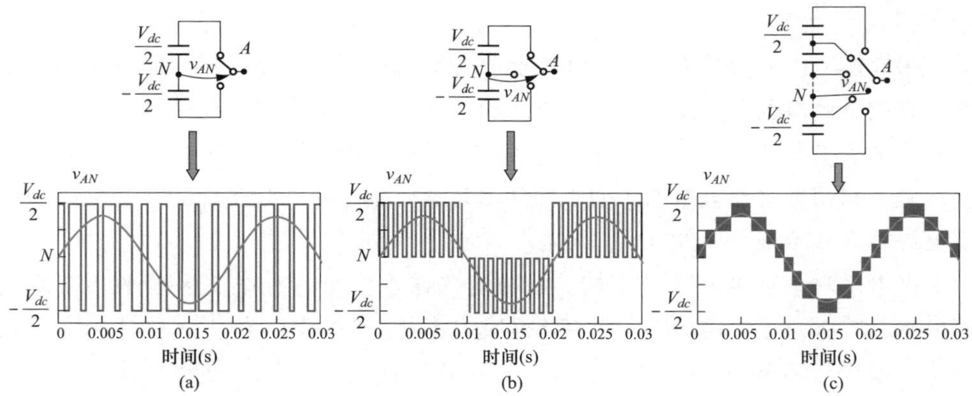

图 1-4　多电平原理及输出波形

（a）两级开关极；（b）三级开关极；（c）n 级开关极和 n＝9 的输出波形[93]

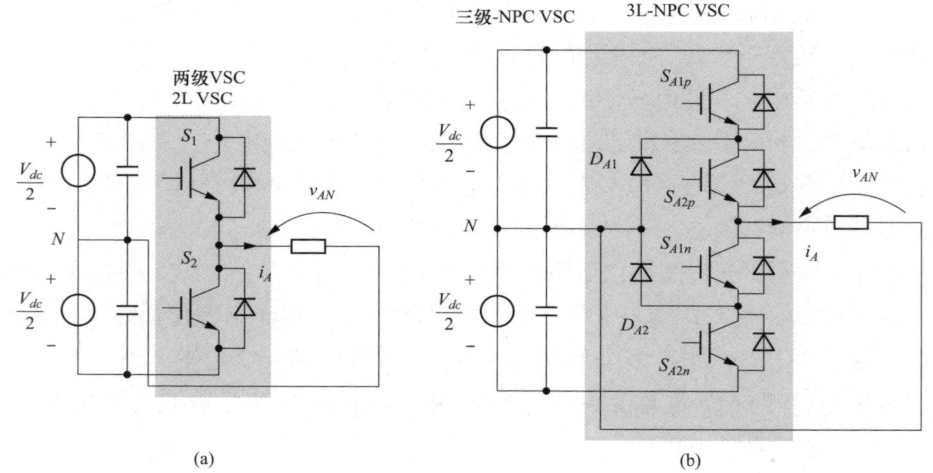

图 1-5　两级 VSC 逆变器支路开关和单相 VSC 的三级 TPC 拓扑开关

（a）两级 VSC 逆变器支路开关；（b）单相 VSC 的三级 TPC 拓扑开关

FLC 拓扑结构与 NPC 变流器非常相似。在 FLC 布置中，箝位二极管被飞跃电容器取代。与 NPC 拓扑结构的最大区别在于 FLC 具有更简单的模块化结构，并且可以更容易地扩展以实现高电压多电平转换器[93]。在更高电压应用中，为提高多电平解决方案的输出电压，开关极的一个支路的单个开关也由两个或三个器件串联而成。

NPC 和 FCC 逆变器在高压电容器的管理及其电压平衡方面存在一些困难。因此，人们对其他拓扑结构进行了研究。基于串行单相变流器（H 桥）的多电平变流器拓扑结构是一种有用的变流器结构，没有电容器管理方面的缺点。

具有独立直流源的级联 H 桥（CHB）转换器是由两个或多个单相 H 桥逆变器串联组成的多电平转换器，因此而得名。CHB 变流器能够达到更高的电压和功率水平，但这种变流器拓扑结构需要大量隔离的直流链路。每个隔离直流链路都是通过一个带有整流电路的变压器的适当隔离次级通路来实现的。此外，多个 H 型电桥允许变流器在较低的开关频率下运行，同时也便于所有功率器件之间损耗分配。近年来出现了基于 3LT 型变换器拓扑或矩阵变换器的其他多电平有前景的拓扑，但目前工业应用还不是很广泛[129]。此外，还研究了混合多电平转换器，以混合各种拓扑结构的最佳特性[129]。图 1-6 列出了各种高压变流器拓扑结构的分类。除了上述拓扑结构外，为了控制输出波形，还开发了几种调制策略来优化多电平转换器的性能，例如多电平正弦 PWM、多电平选择性谐波消除和空间矢量调制[93]。

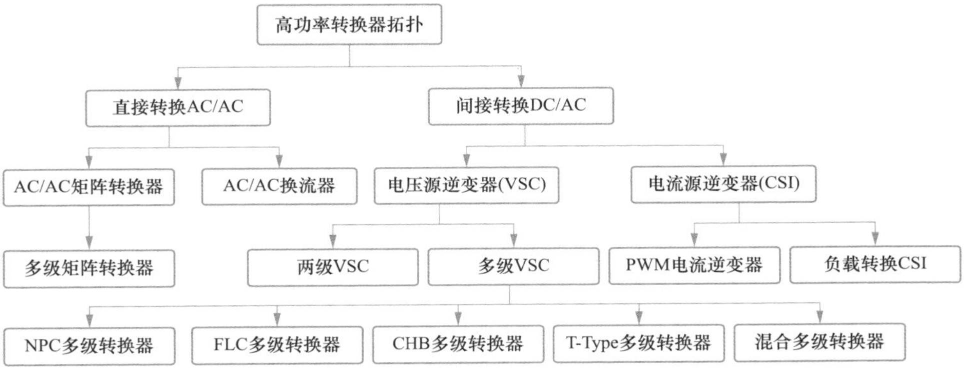

图 1-6　高压应用用功率转换器的分类

1.5.3　微电网应用中的变流器拓扑结构

在微电网中，需要使用大量的功率变流器来集成 DER（即微型发电机）、储能设备（如电池、飞轮、超级电容器、燃料电池）以及关键负载或柔性负载。在 MG 中，整个资源和负载接口是由合适的控制系统进行管理。

控制系统会尽快处理故障情况，将 MG 与公用电网断开[53]。MG 通常通过直接连接或接口变流器与低压或中压电网互联。交流 MG 的基本网络结构及其主要组件如图 1-7 所示。可再生能源（风能和光伏）通过可控整流电路和逆变器连接，以控制交流电网的频率和电压水平。具有合适功率因数的可控交/直流转换器设置校正器连接电动汽车电池充电站。

用于获得可调度电源的储能装置通过一个 DC/AC 转换器连接到交流电源。工业交流负载需要一个合适的 AC/DC/AC 转换器来控制驱动交流电机的频率和功率水平。此外，住宅中的交流负载需要多个合适的电源。

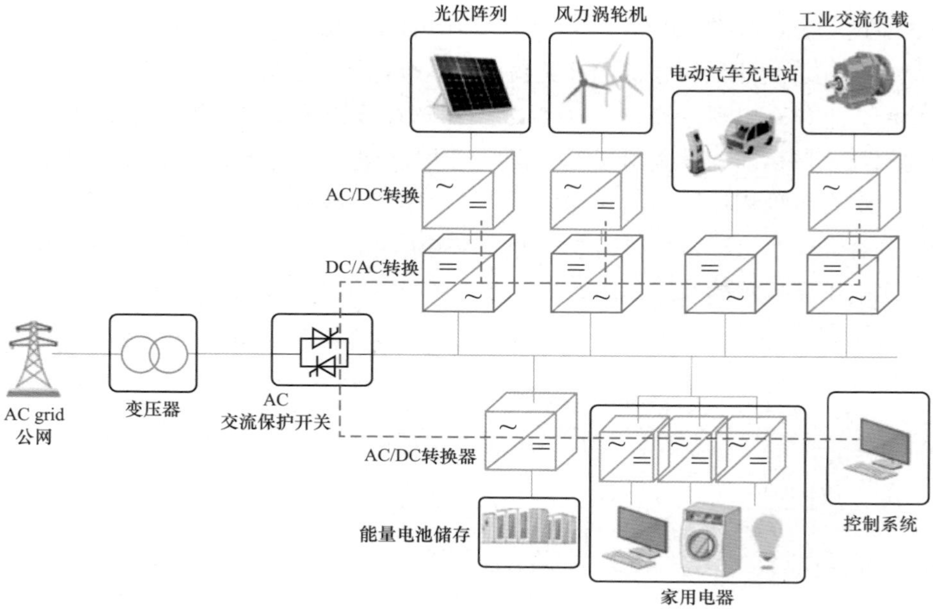

图 1-7　交流微电网与主要的功率转换器所涉及的能量转换

功率变换器的动态特性可改善对特定负载的控制、电网中交流波形的质量以及电磁干扰（EMI）含量。在这一方向上，近年来，电力变流器已被用于交流电网中，通过虚拟同步发电机来改善电能质量[71]。传统的电磁变压器也开始被固态变压器（SST）所取代。固态变压器是通过 AC/AC 转换电路实现，该电路由两个带双向器件的 H 型电桥组成，通过一个比高频变压器小得多的高频变压器进行电流隔离。SST 的缺点（复杂性增加）被电量管理的灵活性和完全控制的可能性所抵消，使 MG 变得越来越智能和安全[41]。在直流 MG 中，所涉及的功率变换器如图 1-8 所示。在直流网络中，功率变流器的数量得到优化。从图 1-8 中可以看出，三级充电站和储能系统直接与一个 DC/DC 转换器连接，以调节主电源的电压和电流。最后，交流 MG 中的交流保护开关被另一个电源转换器（DC/AC）取代，以允许和控制与交流电网互联。

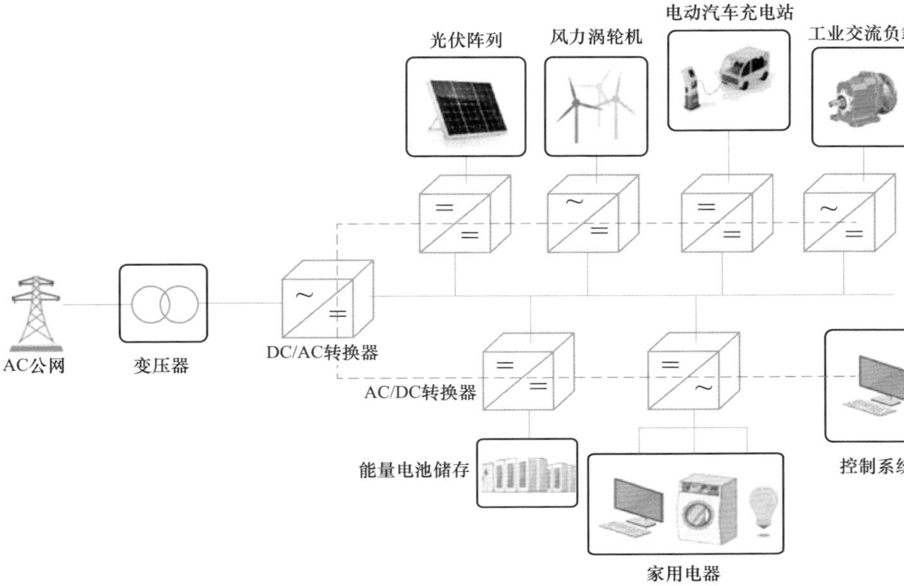

图 1-8　涉及能量转换的直流微电网及主电源转换器

1.6　运行方面

从运行的角度来看，近年来，ADNs 中一些有趣的方面越来越受到关注。特别是虚拟电厂（VPP）概念、网络优化、对频率和电压控制的支持以及稳定性。下文将简要讨论这四个主要方面。

1.6.1　虚拟发电厂

如今，能源生产方式发生了重大变化。例如各国政府为减少全球变暖而实施的雄心勃勃的脱碳计划，以及技术的发展，可再生能源的产量也在大幅增加。此外，由于能源市场的自由化，大型发电厂正在被小型分布式发电厂所取代。由于这些变化，电网以及 DSO 和 TSO 的运营策略也在发生变化，目的是调度出高质量的电能。

从技术角度看，由于风能和太阳能等某些资源的间歇性，导致电能生产的不确定性，因此这种演变是必要的。针对这一问题，1997 年提出了一个创新解决方案：虚拟发电厂（VPP）[5,91]。这个想法包括分布式发电厂、可再生能源、储能、可控负载和电动汽车。在一定的 VPP 范围内，DERs 可以分布在较大的地理区域内[82]。然后由能源管理系统进行管理[51]。基本上，该能源管理系统的活动可归纳为三个步骤。首先它接收有关实际生产的数据和某一特定时间的市场信号。其次，预测不确定参数的值，例如可再生能源输出功率和负荷需求。最后，它协调互联的可再生能源，使其目标函数最大化。事实上，DER 组合管理的最佳发电调度可通过考虑多个目标来制定，例如减少内部运营成本结构或实现利润最大化[82]。在优化问题中，可以同时考虑系统组件的技术和经济规格。

从外部角度看，VPP 与传统的输电连接电厂一样，因此具有计划输出功率、斜率和电压调节能力等参数的特征[91]。在德国和英国已经开发出了将数千台机组互联在一起的 VPP 重要实例。

总之，VPP 可促进能源批发市场中的 DER 交易，并可提供支持输电系统管理的服务（如各种类型的储备、频率和电压调节）。

1.6.2 最优化

优化主要体现在运行方面和规划方面，运行阶段与网络结构和分布式电源的运行调度有关，规划阶段体现在网络重构和分布式电源选址上。

有源配电网可以在网络拓扑实时优化重构方面发挥作用，这就是所谓的网络重构。文献中提出了不同的优化目标，如降低网络损耗，改善电压分布、均衡负载、减少服务中断从而提高可靠性指标、最小化故障电流、最大化本地可再生能源消纳和故障后网架恢复重构等。此外，不同文献提出了不同的优化算法，包括模拟退火算法、线性规划法、启发式算法、禁忌搜索、模糊推理方法、遗传算法、免疫算法、蚁群算法等。也有研究学者研究多目标优化，通常基于帕累托最优准则。为了能够实现有源配电网优化和网络重构，来自 DN 的实时数据应该是可用的，这些数据由数据管理基础设施支持的高级计量系统提供[88,89]。

有源配电网优化的第二个方面是分布式电源的主动调度。分布式电源的优化调度可以显著提高配电网对大量以可再生发电为主的分布式能源的承载度[12]。

有源配电网优化的另一个方面是规划阶段。许多研究人员研究主动配电系统扩展规划，如重新布线、非实时时间网络重构、安装新型保护装置等。在这种场景下，考虑负荷侧和发电侧的不确定性是非常重要的[25,74]，通常采用情景分析的形式来表示可变参数的不确定度。

1.6.3 频率和电压控制及稳定性问题

电力系统的稳定性是指电力系统在给定初始值下，在受到物理扰动后恢复运动平衡状态的能力，新的平衡状态下所有运行参数在接受的范围内，因此整个系统保持完整[55]。输电运营商和配电运营商应确保频率和电压稳定。这些需求可以通过“有功功率和频率控制”和“无功功率和电压控制”来实现。

在电网中，有功功率必须实时供销平衡。当这个平衡被扰动时，引起系统频率与设定值的偏差初始被与系统所连接的发电机转子动能抵消。随后，一次调频控制器的调节单元在几秒钟内依据频率偏差作出增加或减少有功功率的指令。因此电力需求和发电量之间的平衡得以重新建立，虽然此时频率与初始值稍有差异，但可以稳定并保持在准稳态。为了将频率和功率交换恢复到其初始程序设定值，二次调频控制器在几十秒内做出反应，输电运营商分配一次、二次和三次控制裕度储备功率，将频率保持在所需的设置值[116]。所有额定容量大于某一阈值的发电机组（例如，意大利 10MW）都应提供一次调频功率储备。只有那些由不可调控的可再生能源机组可以不提供一次调频功率储备[113]。

如果操作和控制不当，有源配电网可能会给大容量电力系统带来电压和频率稳定性方面的问题。相反，如果控制和操作得当，有源配电网可以为大电网频率和电压稳定提供支撑。在某些场景下，有源配电网也可以孤岛模式运行，在这种情况下，它们更需要适当的控制以保证孤岛的电压和频率稳定。

频率稳定性是一个关键方面，特别是在孤岛模式中，大电网的频率稳定性主要取决于调速器的响应。也有研究[39]涉及输电网一小部分的小型孤岛电网场景的频率稳定性。然而，在可再生能源渗透率很高的有源配电网中，孤岛场景下的运行控制问题还有待深入研究。

在有源配电网中，分布式电源和储能在未来通过电压源型换流器连接到大电网，它具备合成惯性和快速频率为频率稳定性提供支撑响应的能力，特别是在低惯性电力系统中[27]。这些都是世界范围内的研究热点。

在可再生能源发电高渗透率的情况下，具有两方面的频率不稳定风险，一是系统惯性较小，二是一次调频储备容量减少。此外，在这种情况下，输电运营商需要更大的二级和三级控制储备来稳定频率，这意味着更多的额外费用。大装机的可再生能源发电厂可以利用合成惯性帮助系统频率控制。合成惯性是电机组模拟同步电机与电力系统旋转能量交换的控制响应[27]。另一种频率稳定装置是需求侧响应[24]。电力产消者通过调整他们的负荷/出力以获得经济效益。在未来，借助智能电网、可控负荷与分布式电源的发展，需求侧响应将会发挥更重要的作用[81]。为了利用为数众多的小资源，如家用电器等，聚合商是必需的。聚合商将承担在辅助服务市场上进行交易，协调所有资源的角色[34]。

分布式电源也会对电压分布产生影响，使电网中某些节点电压越限。电压控制通常是通过调整变压器高压/中压变比抽头，通过增加或减少匝比以补偿沿馈线的电压下降。电容补偿器和静态无功补偿器是可以帮助控制电压分布的设备。对于配置分布式电源的配电网而言，这些电压控制策略还不够。比如本地电源的功率注入将引起一个或多个节点的电压超过上边界，而切机将导致电压跌降至下边界以下。长馈线和大容量的出力或切机将增加这种情况的可能性。为了克服这些问题，需要采取新的策略例如采用分布式电压控制，但分布式控制之间必须相互协调，避免相互独立的决策对电压水平产生负面影响。

电压稳定性的关键问题之一是电压控制和无功电源支撑，除了同步电机的传统控制外，还可以通过电压源型换流器连接的分布式电源为有源配电网提供电源支持[70]。为此目的，可以采用不同的控制策略，集中式或分布式控制各自优点和缺点。双层控制是一种可行的折中方案，上层采用集中型控制，下层采用在上层控制失效或通信系统发生故障情况下可以自治运行的分布式控制。

输电网与有源配电网的耦合作用是影响电压稳定性的一个重要因素，特别是在输电网重过载场景下，如果配电网中电压源型换流器或分布式电源控制不当，它们也将会削弱输电网中抽头控制等电压控制效果[4]。

1.7 经济性方面

在有源配电网中分布式能源的出现也将带来经济方面的问题。实际上，当集成响应负荷、分布式能源和供销者在配电网中时，配电网的经济框架有望从集中式转化为分布式。其中一个公认最重要的方面是新的交易方式，伴随这种转变的是基于价值的决定信号与适当的价格信号一起促进分布式资源参与到有源配电网的运行问题中。

随着有源配电网的转型，能源市场的转型需求日益突出，这将开发利用所有连接到有源配电网实体。从经济角度来看，将分布式资源接入有源配电网将为终端用户提供很多好处，可以增加其灵活性，减少电力成本，促进可再生能源发展。因为现有的能源市场没有在配电网范围内积极协调各类资源，新能源市场机制将有利于与各类资源在配电网中进行协调。

地方能源市场被定义为产消双方的局域性贸易平台[60,132]。根据 Morstyn 等学者[77]提供的分类，局部能源市场可以分为集中式市场、分布式市场、单边定价市场和点对点能源交易。在集中式市场中分布式资源由中央操作员直接调度。而在分布式市场中，采用迭代协商和局部决策，将基于前一天预测的价格作为单向价格信号发送给供应商。最后，一些建议为能源交易概念应用奠定了基础，如点对点能源交易，使生产消费者和配电网终端用户之间的直接谈判成为可能。在这方面，GridWise 架构委员会[37]将能源交易定义为“一种经济和控制机构的系统，它允许整个电力基础设施以价值为关键操作参数实现供需动态平衡”。

关于有源配电网和电价有关概念的一些见解将在下一小节阐述。

1.7.1 配电网区域边际价格

在有源配电网的新背景下设计能源市场时，至关重要的是选择可以确保运营商之间竞争参与的定价机制。一些学者致力于将区域边际价格的概念从输电层向配电层扩展，形成所谓的配电网区域边际价格[7,61,77,86,127]。

正如 Papavasiliou[86]所强调的那样，配网层面的价格信号需要建立激励机制，提高发电效率，降低配电系统网损，优化可再生能源利用，避免过载或拥塞管理，它们对于评估由分布式资源提供的辅助服务（例如，响应负载、发电和储能系统）也是必不可少的。在配电网层面为能源和服务定价正成为日益重要的部分。市场设计以及配网层面的定价有一些不同于输电网层面的特殊性。在配网层面必须考虑线路损耗、无功功率和电压水平。

Li 等学者[61]提出了一种基于电动汽车聚合商配电网区域边际价格计算的方法。该方法的主要目的是缓解电动汽车充电带来的拥堵问题。假设电动汽车聚合商在当地市场中扮演价格接受者的角色，同时在区域配电网边际价格中对社会效益进行优化。Baidu 等学者[7]提出了包含多类型分布式电源（包括分布式发电机、分布式储能、微电网和负荷聚合商）的智能配电系统的日前市场出清模型。分布式电源可以在日前配电网电力市场中竞价。在日前市场求解中，有功功率和无功功率的配电网区域边际价格都将被确定。由于该模型考虑了有功功率、无功功率、拥塞、电压等级和网络损耗，日前市场的输出将为分布式电源参与拥塞管理和电压支撑提供价格信号。

Yuan 等学者[127]考虑了一种层次机制来评估配电网区域边际价格。在这个评估结构中从输电网、配电网直至底层的微电网都被囊括。最近，Morstyn 等学者提出了基于点估计的概率配电网区域边际价格计算方法[77]。

1.7.2 有源配电网的电力交易

电力交易是旨在提升改造配电网络，允许分布式电源和有源配电网终端用户主动参与的一个框架[40,92]。电力交易指市场竞争机制下产消者之间从批发市场到零售市场的直接能量交换[50,92]。这些相对较新的概念旨在开发一个开放的分销级零售市场，供消者选择有机会进入这个竞争市场，它的另一个目标是实现更经济、更有效操作的有源配电网管理系统。当地的能源市场组织模式下可以实现分布式电源和终端用户就能够参与到电力或辅助服务市场中来进行交易而不影响电网功能[54]。

在电力交易框架中，基于节点间分布式电力交易的概念，点对点方案允许更好地部署分布式电源来利用分布式的电力市场[36]。从概念上讲，这些方案允许产消者直接分配他们的电能和投资。这样的市场奠定了以消费者为中心、自下而上视角且消费者将有机会购买他们喜欢的电力和服务的基础[107]。

在电力交易框架内部署市场需要一些新兴技术，如区块链和其他分布式账簿技术[36,132]。涉及能源交易时，就需要这些技术实现用户之间无中间商的安全虚拟交易。Guerrero 等学者[36]和 Siano 等学者[100]的研究中概述了电力交易项目得以实现的技术。

相关文献中有许多建议，世界上也有一些正在进行的项目。相关文献中许多方案和机制应用了电力交易的概念，下面对其中一些进行回顾。

Khorasany 等学者提出了优化整合分布式电源和微电网的电力交易市场的建议[49]。需要一个基于价值信号分布式电源电力交易市场的框架。在电力交易市场的框架内，终端用户和电力生产者可以在市场规则下交易配电电力和其他配电网服务。Khorasany 等学者[49]提出并讨论了莫纳什大学微电网作为电力交易实例的层级化的结构和扩展微电网物理拓扑的体系结构。同时基于所提出的设计对定价机制进行了仿真。

Morstyn 提出了配电网点对点能源交易平台[77]，旨在建立基于单向区域定价的局部能源市场。为此，提出了基于需求不确定性和上游价格的日前位置定价方法，并用概率模型求解不确定性，该问题包括网络约束和网损。整合本地点对点能源交易平台，额外支持多时段日前点对点交易和单时段日内点对点交易，并根据分布式局部边界价格概率差对能源转移收取罚金费用。

电力交易市场的一些建议依赖于多微电网场景；比如在 Kumar Nunna 和 Srinivasan[54]的研究中，每一个微电网都与邻近的微电网进行能量交易，并在电力交易框架下，对智能化微电网进行全面的能源管理，这样是为了掌握需求侧管理和分布式储能等辅助能源市场。Liu 等学者[67]提出了另一个建议，认为基于点对点技术的有源配电网分布式日前交易方法，该方法侧重于多微电网场景下的拥塞管理。

进一步的见解和概述可以在 Sousa 等学者研究[107]中找到，该研究提供了对点对点电力市场的回顾，也给出了一个以社区为基础视角的市场（社区由相互协作的产消者形成）。Zia 等学者[132]更关注将电力交易概念应用于微电网。

1.8 能量管理维度

1.8.1 自给自足与自我消费

近几十年来，气候变化引起了国际社会的关注。为了限制全球变暖，欧盟制定了气候协定和能源目标，其中包括增加可再生能源份额的能源结构和到2050年逐步提高能源效率，减少温室气体排放量[28]。在过去几年里，能源政策促成了可再生能源技术的实现和用于大型和小规模新能源发电成本的降低。因此，企业和家用产生的电能可以完全或部分满足其能源需求。通过自我消费（SC）和自给自足（SS）的过程，被动消费者通过利用本地发电完全或部分满足本地能源消费而成为活跃的产消者。自我消费比可以量化本地能源的生产与应用，SC=Elgc/Egen，它是当地生产和消耗的电力（Elgc）与当地总生产电力（Egen）的比值[112]。电网用户的独立能力由自给自足系数（self-sufficiency SS=Elgc/load）计算，即当地生产和消耗的电力（Elgc）与当地总负荷（Eload）的比值。

为说明自我消费和自给自足间的区别，本文以意大利北部一所监测房屋光伏发电和负荷的住宅为例，如图1-9所示。时间步长为5min，图中的值为步长内的平均值。

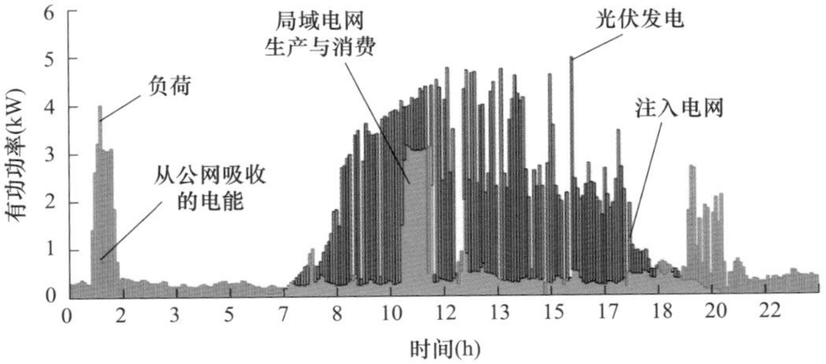

图1-9 意大利北部屋顶光伏发电与负荷曲线

采用额定功率为6kW的并网光伏板为家用电器、电磁炉和热泵等组成的生产生活热水用电负荷供电。在这个例子中，一个多云的夏日，光伏板当日发电量共28.6kWh。负荷总消耗是14kWh，负荷峰值在凌晨1点和11点，由于热泵当其温度较低时向储存罐注入热水。图中绿色的区域是光伏板产生和本地消耗的电力Elgc=6.9kWh，绿色区域标识光伏发电系统产生抵用自用负荷后剩余并注入电网的剩余电力Esurplus=21.6kWh，橙色区域表示从电网吸收的电力Eabs=

7.1kWh。总负荷为14kWh，等于光伏板产生抵消自用后的电力与从电网吸收的电力之和。因此，这天的自给自足率为50%，自我消费率为24%。综上所述，在这一天的光照时间内，负荷完全由光伏发电提供，同时光伏板发电还有高盈余。未来配电网的目标是同时达到高自给自足率与自我消费率，即减少吸收和注入的电力交换。高水平的自给自足率与自我消费率有以下几个好处：可再生能源分布式发电接入电力系统的接纳率更高，降低电网能耗，缓解拥堵问题，减少升级电力系统基础设施的需求[97]。电力自我消费的日益成功也给用户带来经济效益。事实上，在一些国家，可再生能源电力的价格已达到电网平价，即自产电力的预期单位成本等于或低于从电网购买电力的单位成本。

一些技术可以实现高自给自足率与自我消费率。它们可以通过储存产生的能量来最大限度地发挥电力消费侧或生产侧的作用。关于这种概念的概述将在接下来的段落中介绍。

1.8.2 储能系统

近年来，关于储能和可再生能源发电的联合利用的研究日益增多。利用可再生能源发电使得存储系统的作用具有战略意义[85]。由于可再生能源发电严格依赖于资源的可用性，因此难以满足用户的需求。适当的充放电逻辑是在发电充裕时储能充电，发电紧张时储能放电。储能系统的动作在满足用户的需求前提下减少从电网中吸收的能量和实现高自产自销。此外，由于更高的可再生能源渗透率威胁电网的稳定性和影响电能质量，使用合适的储能技术可以降低这些负面影响[63]。

有几种类型的储能系统，它们可以是电化学、机械、电磁或热存储形式。Ould Amrouche 等学者[85]和 Mahatkar、Bachawad[69]阐述了储能电力系统中的应用技术。每种储能技术都有自己的特点，例如寿命、成本、能量密度、充放电时间和效率。电池的响应时间在几秒内，但输出功率有限。抽水蓄能和压缩空气蓄能的响应时间为几分钟，但可以提供更多的电力，但它们需要特定地理环境才能实现其功能。储能形式的选择取决于具体的应用场景[69,131]。最近的研究是利用电动汽车的储能来增加产消者自给自足[33]。

1.8.3 负荷转移

负荷转移是将负荷由高峰时段转移至低谷时段。它使能源消耗曲线中每日的最大值和最小值的峰谷差更平滑，以实现现有发电资源的优化利用。负荷转移可以通过鼓励在特定时段使用负荷的政策来实现，如特定时段降低电价，或不考虑特定的时间段而是通过直接对电器的控制实现[8]。

在间歇性可再生能源自行发电的情况下，负荷转移有助于增加自用消费，让用户获得经济实惠，也有利于更好地开发当地的资源。通过时变电价方案下负荷转移以获得经济效益的应用，在 Farzambehboudi 等学者[32]、Sinha 和 De[106] 以及 Vagropoulos[119] 的文献中进行了研究。此外，负荷转移和其他需求侧响应技术有助于缓解电网拥堵问题，给电网带来效益[66]。

1.8.4 尖峰负荷削减

为避免电网不稳定、电压波动和故障，电网需要保持发电与负荷时刻保持平衡。出于经济原因，能源供应商们趋向使用成本更低廉的发电机组，而成本更昂贵的发电机组则在需求高峰的情况下启动。减少高峰负荷会减少高成本发电机组的利用以增加供应商的经济利益。因此，为用户降低峰值负荷，能源供应商提供了正向经济激励[10]。对于用户自行发电的情况，通过峰值需求调整可以更好地匹配用电负荷和电力生产，也可以加强用户对本地资源的开发利用，还可以增加用户的独立性。在相关研究中，大量的文献提出了两种削减峰值负荷的方法，即通过使用储能系统和负荷转移技术。电池被建议用于工业客户的峰值需求调节[11,84]、民用负荷场景[59]和第三产业用户场景[111]。为了降低峰值负荷，Dlamimi 和 Cromieres[23] 和 Shen 等学者[98]提出需求侧响应作为能源系统管理策略的方法。

1.8.5 机组发电出力限制

一些文献展示了限制可再生能源发电的策略，尤其对于风能[64,80,99]。机组出力限制对电网具有好处，可以避免过载和过压事件[94]。在局部层面，出力限制可以使电力生产和消费更好地匹配，以减少能源过剩。对于光伏电厂，出力可以通过限制逆变器输出实现。输出限制可以通过弃用电源发电机的电流一电压特性[2]的最大功率点来实现。对于风电场，出力限制发电可以通调整变涡轮机的最佳叶片方向实现。以上这些解决方案是最简单易行的，但不是最有效的，因为它们没有考虑与当地负荷和电池储能间的平衡。事实上，一种更先进且高成本的解决方案是通过持续实时监测电源注入电网的出力，由此来计算发电限制。

1.9 电网服务

1.9.1 辅助服务

辅助服务通常适用于国际电力系统场景，它是指电力系统运行的基本服务。

一般情况下，应用服务器可以划分为：

（1）基于容量（功率）的辅助服务：频率控制、负载跟随和储备（响应时间不同）。

（2）基于能量的辅助服务：能量平衡，损失补偿，其他储备。

（3）服务于系统管理的辅助服务：负载均衡，系统动态提升服务，保持系统稳定性，拥塞管理，备份供应和黑启动能力。

（4）其他辅助服务：电压和无功支持，数据管理服务，计量和计费。

用于可再生能源发电的电网接口的逆变器可潜在提供许多额外的服务能力[47]，例如无功补偿（例如失真波形和闪络场景下的波形改善），电压控制（可再生能源发电出力包络线范围内），频率控制附加合成惯性（风电系统）和当电力网络出现故障时，尽量使本地发电机正常工作的故障穿越能力。

此外，辅助服务可以由存储和电动汽车提供。存储系统通过间歇性新能源或负载变化引起的波动来提供负荷追踪能力。考虑到与时间相关的存储容量约束、斜坡约束和自治能力，存储充电和放电行为必须适当地协调。同时，存储的效率和老化因素也必须考虑。在插电式电动汽车日益普及的前景下，这些汽车也能扮演移动存储设备的角色。此外，如果插电式电动汽车能够以相对较快的速度供电，它们就能提供等效的旋转储备。插电式电动汽车的双向能量流对于提供平衡服务也可能有用。

1.9.2 灵活性与多品类能源服务

在 Ulbig 和 Andersson[118]的研究中，以资源与储备为背景，操作灵活性指电力系统实时调节电网注入和馈出电力的能力。更广泛地说，灵活性服务比辅助服务更广域，因为它们也涉及与网格不直接相关的方面，例如需求侧的直接负荷控制或多能系统中不同能源流之间的相互作用[15]。然而，这些相互作用也可能为间接影响电网连接点提供灵活性。有源配电网的操作灵活可用性的获取和提供在 Li 等学者的文章中有所讨论[62]。

在需求方面，可以通过考虑用户推迟设备操作来解决单个负载的灵活性而不降低它们的舒适度，也可以作为聚合总负荷，既考虑共同管理聚合用户组合带来的好处，也考虑到用户在某些时段的集体行为带来的制约（例如，上午时段很难降低用户需求[95]）。通过恒温器负荷控制[38,130]或使用其他类型提供灵活服务控制[22]也能提供整体的灵活性。

更一般地说，能源系统的灵活性可以使用需求响应资源的随机模型进行评估[35]。在本例中，可用灵活性可能来自于能量矢量替代，这是由辅助燃气锅炉或热电联产系统，或电热泵和储能（电能或热能），为灵活的管理提供了更广阔的空间能源结构。此外，可以调节建筑物内部温度和限制终端服务来增加灵活性。无论如何，灵活性的评估不能牺牲约定或强制限度以外的居住者的温感舒适性。

参 考 文 献

[1] Abu-Rub H，Holtz J，Rodriguez J，Baoming G（2010）Medium-voltage multilevel converters- state of the art，challenges，and requirements in industrial applications. IEEE T Ind Electron. 57：2581-2596.

[2] Ahmad J，Spertino F，CiociaA，Di Leo P（2015）A maximum power point tracker for module integrated PV systems under rapidly changing irradiance conditions. In：Abstracts of the 2015 international conference on smart grid and clean energy technologies（ICSGCE），pp 7-11.

[3] Amin M（2004）Balancing market priorities with security issues. IEEE Power Energ M2：30-38.

[4] Aristidou P，Valverde G，Van Cutsem T（2015）Contribution of distribution network control to voltage stability：a case study. IEEE T Smart Grid 8：106-116.

[5] Awerbuch S，Preston A（2012）The virtual utility：accounting，technology and competitive aspects of the emerging industry. Springer Science & Business Media，Berlin.

[6] Bahramara S，Mazza A，Chicco G et al（2020）Comprehensive review on the decision-making frameworks referring to the distribution network operation problem in the presence of distributed energy resources and microgrids. Int J Elec Power 115：105466.

[7] Bai L，Wang J，Wang C et al（2017）Distribution locational marginal pricing（DLMP）for congestion management and voltage support. IEEE T Power Syst 33：4061-4073.

[8] Balakumar P，Sathiya S（2017）Demand side management in smart grid using load shifting technique. In：Abstracts of the 2017 IEEE international conference on electrical，instrumentation and communication engineering（ICEICE），pp 1-6.

[9] Barker PP，De Mello RW（2000）Determining the impact of distributed generation on power systems. I. Radial distribution systems. In：2000 IEEE power engineering society summer meeting，pp 1645-1656.

[10] Benetti G，Caprino D，Della Vedova ML，Facchinetti T（2016）Electric load management approaches for peak load reduction：a systematic literature review and state of the art. Sustain Cities Soc 20：124-141.

[11] Bereczki B，Hartmann B，Kertész S（2019）Industrial application of battery energy stor-

age systems：peak shaving. In：Abstracts of the 7th international youth conference on energy（IYCE），pp 1-5.

[12] Borghetti A，Bosetti M，Grillo S et al（2010）Short-term scheduling and control of active distribution systems with high penetration of renewable resources. IEEE Syst J4：313-322.

[13] Carpaneto E，Chicco G，Akilimali JS（2008）Loss partitioning and loss allocation in three-phase radial distribution systems with distributed generation. IEEE T Power Syst 23：1039-1049.

[14] Chicco G，Corona F，Porumb R，Spertino F（2014）Experimental indicators of current unbalance in building-integrated photovoltaic systems. IEEE J Photovolt 4：924-934.

[15] Chicco G，Mancarella P（2009）Distributed multi-generation：a comprehensive view. Renew Sust Energ Rev 13：535-551.

[16] Chicco G，Mazza A（2019）New insights for setting up contractual options for demand side flexibility. J Eng Sci Innov 4：381-398.

[17] Chicco G，Mazza A（2020）Understanding the value of net metering outcomes for different averaging time steps. In：Abstracts of the 2020 international conference on smart energy systems and technologies（SEST），pp 1-6.

[18] CIGRÉ（2009）WG 6. 11—active distribution networks：general features，present status of implementation and operation practices.

[19] CIGRÉ（2014）WG C6. 19—planning and optimization methods for active distribution systems.

[20] CIGRÉ（2015）WG C6. 22—microgrids 1 engineering，economics，and experience.

[21] Ciocia A，Boicea VA，Chicco G et al（2018）Voltage control in low-voltage grids using distributed photovoltaic converters and centralized devices. IEEE T Ind Appl 55：225-237.

[22] Diaz-Londono C，Enescu D，Ruiz F，Mazza A（2020）Experimental modeling and aggregation strategy for thermoelectric refrigeration units as flexible loads. Appl Energ 272：115065.

[23] Dlamini NG，Cromieres F（2012）Implementing peak load reduction algorithms for household electrical appliances. Energ Policy 44：280-290.

[24] Doudna JH（2001）Overview of California ISO summer 2000 demand response programs. In：Abstracts of the 2001 IEEE power engineering society winter meeting. conference proceedings（Cat. No. 01CH37194），pp 228-233.

[25] Ehsan A，Yang Q（2019）State-of-the-art techniques for modelling of uncertainties in active distribution network planning：a review. Appl Energ 239：1509-1523.

[26] ENTSO-E（2013）European network of transmission system operators for electricity：

supporting document for the network code on load-frequency control and reserves.

[27] Eriksson R，Modig N，Elkington K (2017) Synthetic inertia versus fast frequency response：a definition. IET Renew Power Gener 12：507-514.

[28] EUR-Lex：access to European union law. https://eur-lex. europa. eu/legal-content/en/TXT/?uri=CELEX%3A52018DC0773. Accessed 30 Oct 2020.

[29] European Commission (2006) European smartgrids technology platform：vision and strategy for Europe's electricity networks of the future. http://ec. europa. eu/research/energy/pdf/sma rtgrids_en. pdf. Accessed 2 Nov 2020.

[30] European Commission (2015) Delivering a new deal for energy consumer. https://eur-lex. europa. eu/legal-content/EN/TXT/? uri = CELEX% 3A52015DC0339. Accessed 2 Nov 2020.

[31] European Commission (2016) Clean energy for all Europeans package. https://ec. európa. eu/energy/topics/energy-strategy/clean-energy-all-europeans_en. Accessed 2 Nov 2020.

[32] Farzambehboudi Y，Erdinç O，Rifat Boynueğri A，Ucun L，Öz MA (2018) Economic impact analysis of load shifting in a smart household. In：Proceedings of 2018 international conference on smart energy systems and technologies (SEST)，Sevilla，Spain，10-12 September 2018.

[33] Giordano F，Ciocia A，Di Leo P，Mazza A，Spertino F，Tenconi A，Vaschetto S (2020) Vehicle-to-home usage scenarios for self-consumption improvement of a residential prosumer with photovoltaic roof. IEEE T Ind Appl 56 (3)：2945-2956.

[34] Giovanelli C，Kilkki O，Sierla S，Seilonen I，Vyatkin V (2018) Task allocation algorithm for energy resources providing frequency containment reserves. IEEE T Ind Inform 15 (2)：677-688.

[35] Good N，Mancarella P (2019) Flexibility in multi-energy communities with electrical and thermal storage：a stochastic，robust approach for multi-service demand response. IEEE T Smart Grid 10 (1)：503-513.

[36] Guerrero J，Gebbran D，Mhanna S，Chapman AC，Verbit G (2020) Towards a transactive energy system for integration of distributed energy resources：home energy management，distributed optimal power flow，and peer-to-peer energy trading. Renew Sust Energ Rev 132：110000.

[37] GridWise Architecture Council (2019) GridWise transactive energy framework，Version 1. 1. https://www. gridwiseac. org/. Accessed 21 October 2020.

[38] Hao H，Sanandaji BM，Poolla K，Vincent TL (2015) Aggregate flexibility of thermostatically controlled loads. IEEE T Power Syst 30 (1)：189-198.

[39] Horne J，Flynn D，Littler T (2004) Frequency stability issues for islanded power sys-

tems. In：Proceedings of IEEE PES power systems conference and exposition，New York，USA，10-13 October 2004.

[40] Huang Q，McDermott TE，Tang Y，Makhmalbaf A，Hammerstrom DJ，Fisher AR，Marinovici LD，Hardy T（2019）Simulation-based valuation of transactive energy systems. IEEET Power Syst 34（5）：4138-4147.

[41] Huber JE，Kolar JW（2019）Applicability of solid-state transformers in today's and future distribution grids. IEEE T Smart Grid 10（1）：317-326.

[42] Hussain A，Bui V-H，Kim H-M（2016）Robust optimization-based scheduling of multi-microgrids considering uncertainties. Energies 9（4）：278.

[43] IEEE（2000）The authoritative dictionary of IEEE standards terms，7th ed. IEEE Std 100-2000.

[44] IEEE Power and Energy Society（2017）IEEE standard for the specification of microgrid controllers. In：IEEE Std. 2030，7. The Institute of Electrical and Electronics Engineers，Piscataway，NJ，USA，pp 1-43.

[45] Jenkins N，Enanayake JB，Strbac G（2003）Distributed generation，IET.

[46] Ji S，Zhang Z，Wang F（2017）Overview of high voltage SiC power semiconductor devices：development and application. CES Trans Electr Mach Syst 1（3）：254-264.

[47] Joos G，Ooi BT，McGillis D，Galiana FD，MarceauR（2000）The potential of distributed generation to provide ancillary services. In：Proceedings of IEEE power engineering society summer meeting，Seattle，WA，USA，16-20 July 2000.

[48] Kanechika M，Uesugi T，Kachi T（2010）Advanced SiC and GaN power electronics for automotive systems. In：Proceedings of 2010 international electron devices meeting，San Francisco，CA，6-8 December 2010. https://doi. org/10. 1109/IEDM. 2010. 5703356.

[49] Khorasany M，Azuatalam D，Glasgow R，Liebman A，Razzaghi R（2020）Transactive energy market for energy management in microgrids：the monash microgrid case study. Energies 13（8）：2010.

[50] Kok K，Widergren S（2016）A society of devices：integrating intelligent distributed resources with transactive energy. IEEE Power Energ Mag 14（3）：34-45.

[51] Kasaei MJ，Gandomkar M，Nikoukar J（2017）Optimal management of renewable energy sources by virtual power plant. Renew Energ 114：1180-1188.

[52] Kersting WH（2002）Distribution system modeling and analysis. CRC Press，Boca Raton.

[53] Kumar D，Zare F，Ghosh A（2017）DC microgrid technology：system architectures，AC grid interfaces，grounding schemes，power quality，communication networks，applications，and standardizations aspects. IEEE Access 5：12230-12256.

[54] Kumar Nunna HSVS，Srinivasan D（2017）Multiagent-based transactive energy frame-

work for distribution systems with smart microgrids. IEEE T Ind Inform 13 (5): 2241-2250.

[55] Kundur P, Paserba J, Ajjarapu V, Andersson G, Bose A, Canizares C, Hatziargyriou N, Hill D, Stankovic A, Taylor C, Van Cutsem T (2004) Definition and classification of power system stability IEEE/CIGRE joint task force on stability terms and definitions. IEEE T Power Syst19 (3): 1387-1401.

[56] Lakervi E, Holmes EJ (2007) Electricity distribution network design, 2nd ed. Institution of Engineering and Technology, UK.

[57] Lasseter R (2001) Role of distributed generation in reinforcing the critical electric power infrastructure. In: Proceedings of 2001 IEEE power engineering society winter meeting, Columbus, OH, 28 January-1 February 2001.

[58] Lasseter R, Akhil A, Marnay C, Stevens J, Dagle J, Guttromson R, Sakis Meliopoulous A. Yinger R, EtoJ (2002) White paper on integration of distributed energy resources. The CERTS microgrid concept. LBNL-50829.

[59] Leadbetter J, Swan L (2012) Battery storage system for residential electricity peak demand shaving. Energ Build 55: 685-692.

[60] Lezama F, Soares J, Herandez-Leal P, Kaisers M, Pinto T, Vale Z (2019) Local energy markets: paving the path toward fully transactive energy systems. IEEE T Power Syst34 (5): 4081-4088.

[61] Li R, Wu Q, Oren SS (2014) Distribution locational marginal pricing for optimal electric vehicle charging management. IEEE T Power Syst 29 (1): 203-211.

[62] Li P, Wang Y, Ji H, Zhao J, Song G, Wu J, Wang C (2020) Operational flexibility of active distribution networks: definition, quantified calculation and application. Int J Electr Power Energ Syst 119: 105872.

[63] Liang X (2017) Emerging power quality challenges due to integration of renewable energy sources. IEEE T Ind Appl 53 (2): 855-866.

[64] Liew SN, Strbac G (2002) Maximising penetration of wind generation in existing distribution networks. IEE Proc Gener Transm Distrib 149 (3): 256-262.

[65] Lips HP (1998) Technology trends for HVDC thyristor valves. In: Proceedings of 1998 international conference on power system technology (POWERCON98), Beijing, China, 18-21 August 1998.

[66] Liu W, Wu Q, Wen F, Østergaard J (2014) Day-ahead congestion management in distribution systems through household demand response and distribution congestion prices. IEEE T Smart Grid 5 (6): 2739-2747.

[67] Liu H, Li J, Ge S, He X, Li F, Gu C (2020) Distributed day-ahead peer-to-peer trading for multi-microgrid systems in active distribution networks. IEEE Access 8:

66961-66976.

[68] Ludois D, Venkataramanan G (2010) An examination of AC/HVDC power circuits for interconnecting bulk wind generation with the electric grid. Energies 3: 1263-1289.

[69] Mahatkar TK, Bachawad MR (2017) An overview of energy storage devices for distribution network. In: Proceedings of 2017 international conference on computation of power, energy information and communication (ICCPEIC), Melmaruvathur, India, 22-23 March 2017.

[70] Majumder R (2013) Aspect of voltage stability and reactive power support in active distribution. IET Gener Transm Distrib 8 (3): 442-450.

[71] Mandrile F, Musumeci S, Carpaneto E, Bojoi R, Dragicevic T, Blaabjerg F (2020) State-space modeling techniques of emerging grid-connected converters. Energies 13: 4824.

[72] Martin-Martínez F, Sánchez-Miralles A, Rivier M (2016) A literature review of microgrids: a functional layer based classification. Renew Sust Energ Rev 62: 1133-1153.

[73] Martini L, Radaelli L, Brunner H, Caerts C, Morch A, Hanninen S, Tornelli C (2015) ELECTRA IRP approach to voltage and frequency control for future power systems with high DER penetration. In: Proceedings of 23rd international conference on electricity distribution (CIRED 2015), Lyon, France, 15-18 June 2015.

[74] Martins VF, Borges CLT (2011) Active distribution network integrated planning incorporating distributed generation and load response uncertainties. IEEE T Power Syst 26 (4): 2164-2172.

[75] Mazza A, Carpaneto E, Chicco G, Ciocia A (2018) Creation of network case studies with high penetration of distributed energy resources. In: Proceedings of UPEC 2018, Glasgow, UK, 4-7 September 2018.

[76] Mazza A, Chicco G (2019) Losses allocated to the nodes of a radial distribution system with distributed energy resources—a simple and effective indicator. In: Proceedings of 2nd international conference on smart energy systems and technologies (SEST 2019), Porto, Portugal, 9-11 September 2019.

[77] Morstyn T, Teytelboym A, Hepburn C, McCulloch MD (2020) Integrating P2P energy trading with probabilistic distribution locational marginal pricing. IEEE T Smart Grid 11 (4): 3095-3106.

[78] Muhanji SO, Muzhikyan A, Farid AM (2018) Distributed control for distributed energy resources: long-term challenges and lessons learned. IEEE Access 6: 32737-32753.

[79] Musumeci S (2015) Gate charge control of high-voltage Silicon-Carbide (SiC) MOSFET in power converter applications. In: Proceedings of 2015 international conference on clean electrical power (ICCEP), Taormina, Italy, 16-18 June 2015. https://doi. org/

10. 1109/ICCEP. 2015. 7177569.

[80] Mutale J (2006) Benefits of active management of distribution networks with distributed generation. In: Proceeding of 2006 IEEE PES power systems conference and exposition, Atlanta, Georgia, USA, 29 October-1 November 2006.

[81] Nan S, Zhou M, Li G (2018) Optimal residential community demand response scheduling in smart grid. Appl Energ 210: 1280-1289.

[82] Nosratabadi SM, Hooshmand RA, Gholipour E (2017) A comprehensive review on microgrid and virtual power plant concepts employed for distributed energy resources scheduling in power systems. Renew Sust Energ Rev 67: 341-363.

[83] Ochoa LF, Padilha-Feltrin A, Harrison GP (2006) Evaluating distributed generation impacts with a multiobjective index. IEEE T Power Deliv 21 (3): 1452-1458.

[84] Oudalov A, Cherkaoui R, Beguin A (2007) Sizing and optimal operation of battery energy storage system for peak shaving application. In: Proceedings of 2007 IEEE Lausanne power tech, Lausanne, Switzerland, 1-5 July 2007.

[85] Ould Amrouche S, Rekioua D, Rekioua T, Bacha S (2016) Overview of energy storage in renewable energy systems. Int J Hydrogen Energ 41 (45): 20914-20927.

[86] Papavasiliou A (2018) Analysis of distribution locational marginal prices. IEEE T Smart Grid 9 (5): 4872-4882.

[87] Parhizi S, Lotfi H, Khodaei A, Bahramirad S (2015) State of the art in research on microgrids: a review. IEEE Access 3: 890-925.

[88] Paterakis NG, Mazza A, Santos SF, Erdinç O, Chicco G, Bakirtzis AG, Catalão JPS (2015) Multi-objective reconfiguration of radial distribution systems using reliability indices. IEEE T Power Syst 31 (2): 1048-1062.

[89] Pau M, Patti E, Barbierato L, EstebsariA, Pons E, Ponci F, Monti A (2018) A cloud-based smart metering infrastructure for distribution grid services and automation. Sustain Energ Grids Netw 15: 14-25.

[90] Ponocko J, Milanovic JV (2019) The effect of load-follow-generation motivated DSM programme on losses and loadability of a distribution network with renewable generation. In: Proceedings of 2019 IEEE PES GTD grand international conference and exposition Asia (GTD Asia), Bangkok, Thailand, 19-23 March 2019.

[91] Pudjianto D, Ramsay C, Strbac G (2007) Virtual power plant and system integration of distributed energy resources. IET Renew Power Gener 1 (1): 10-16.

[92] Rahimi F, IpakchiA, Fletcher F (2016) The changing electrical landscape: end-to-end power system operation under the transactive energy paradigm. IEEE Power Energ Mag 14 (3): 52-62.

[93] Rodriguez J et al (2009) Multilevel converters: an enabling technology for high-power ap-

plications. Proc IEEE 97（11）：1786-1817. https://doi. org/10. 1109/JPROC. 2009. 2030235.

[94] Rossi M，Viganò G，Moneta D，Clerici D，Carlini C（2016）Analysis of active power curtailment strategies for renewable distributed generation. In：Proceeding of 2016 AEIT international annual conference（AEIT），Capri，Italy，5-7 October 2016.

[95] Sajjad IA，Chicco G，Napoli R（2016）Definitions of demand flexibility for aggregate residential loads. IEEE T Smart Grid 7（6）：2633-2643.

[96] Schettler F，Balavoine M，Callavik M，Corbett J，Kuljaca N，Larsen V，MacLeod N，Sonerud B（2012）Roadmap to the supergrid technologies. Friends of the SuperGrid.

[97] Senato della Repubblica（2018）RSE-Ricerca sul Sistema Energetico：natura，missione，attività. http://www. senato. it/application/xmanager/projects/leg18/attachments/documento_ evento_procedura_commissione/files/000/000/945/2018_12_21_-_RSE. pdf. Accessed 30 Oct 2020.

[98] Shen J，Jiang C，Liu Y，Qian J（2016）A microgrid energy management system with demand response for providing grid peak shaving. Electr Power Compon Syst 44（8）：843-852.

[99] Siano P，Chen P，Chen Z，Piccolo A（2010）Evaluating maximum wind energy exploitation in active distribution networks. IET Gener Transm Distrib 4（5）：598-608.

[100] Siano P，De Marco G，Rolán A，Loia V（2019）A survey and evaluation of the potentials of distributed ledger technology for peer-to-peer transactive energy exchanges in local energy markets. IEEE Syst J 13（3）：3454-3466.

[101] Simonov M（2014）Hybrid scheme of electricity metering in smart grid. IEEE Syst J 8（2）：422-429.

[102] Simonov M，Chicco G，Zanetto G（2017）Event-driven energy metering：principles and applications. IEEE T Ind Appl 53（4）：3217-3227.

[103] Simmonds G（2002）Regulation of the UK electricity industry：University of Bath School of Management.

[104] Smart Grid Coordination Group（2012）Smart grid reference architecture. CEN-CENELEC. ETSI，Tech. Rep. https://ec. europa. eu/energy/sites/ener/files/documents/xpert_group1_reference_architecture. pdf. Accessed 2 Nov 2020.

[105] Smart Energy Demand Coalition（2016）Explicit and implicit demand-side flexibility，position paper，September 2016.

[106] Sinha A，De M（2016）Load shifting technique for reduction of peak generation capacity requirement in smart grid. In：Proceeding of 2016 IEEE 1st international conference on power electronics，intelligent control and energy systems（ICPEICES），Delhi，India，4-6 July 2016.

[107] Sousa T，Soares T，Pinson P，Moret F，Baroche T，Sorin E（2019）Peer-to-peer and community-based markets：a comprehensive review. Renew Sust Energ Rev 104：367-378.

[108] Spertino F，Di Leo P，Corona F，Papandrea F（2012）Inverters for grid connection of photovoltaic systems and power quality：case studies. In：Proceedings of 2012 3rd IEEE intera tional symposium on power electronics for distributed generation systems（PEDG），Aalborg，Denmark，25-28 June 2012.

[109] Spertino F，Ahmad J，Ciocia A，DiLeo P，Giordano F（2017a）Maximization of self-sufficiency with grid constraints：PV generators，wind turbines and storage to feed tertiary sector users. In：Proceedings of 2017 IEEE 44th photovoltaic specialist conference（PVSC），Washington，DC. USA，25-30 June 2017.

[110] Spertino F，Ahmad J.，Ciocia A，Di Leo P（2017b）How much is the advisable self-sufficiency of aggregated prosumers with photovoltaic-wind power and storage to avoid grid upgrades?. In：Proceedings of 2017 IEEE industry applications society annual meeting，Cincinnati，OH，USA，1-5 October 2017.

[111] Telaretti E，Dusonchet L（2016）Battery storage systems for peak load shaving applications：Part 1：operating strategy and modification of the power diagram. In：Proceedings of 2016 IEEE 16th international conference on environment and electrical engineering（EEEIC），Florence，Italy，7-10 June 2016.

[112] Téllez Molina MB，Prodanovic M（2013）Profitability assessment for self-sufficiency improvement in grid-connected non-residential buildings with on-site PV installations. In：Proceedings of 2013 international conference on clean electrical power（ICCEP），Alghero，Italy，11-13 June 2013.

[113] Terna（2008）Italian Grid Code，Annex A15：Partecipazione alla Regolazione di Frequenza e Frequenza-Potenza，Technical Report，July 2008.

[114] Thomson AW，Perez Y（2020）Vehicle-to-Everything（V2X）energy services，value streams，and regulatory policy implications. Energ Policy 137：111136.

[115] Tindemans SH，Trovato V，Strbac G（2015）Decentralized control of thermostatic loads for flexible demand response. IEEE T Contr Syst T 23（5）：1685-1700.

[116] UCTE（2004）Appendix 1：load-frequency control and performance. Technical report，June 2004.

[117] U. S.（2007）Energy Independence and Security Act of 2007，The Senate and House of Representatives of the United States of America，Public Law 110-140-Dec. 19，2007. Accessed 2 Nov 2020. https://www. gpo. gov/fdsys/pkg/PLAW-110publ140/pdf/PLAW-110publ140. pdf. Accessed 2 Nov 2020.

[118] Ulbig A，Andersson G（2015）Analyzing operational flexibility of electric power sys-

tems. Electr Power Energ Syst 72：155-164.

[119] Vagropoulos SI，Katsolas ID，Bakirtzis AG (2015) Assessment of load shifting potential on large insular power systems. In：Proceedings of 2015 IEEE Eindhoven PowerTech，Eindhoven，Netherlands，29 June-2 July 2015.

[120] Vobecky J et al (2017) Silicon thyristors for ultrahigh power (GW) applications. IEEE T Electron Dev 64 (3)：760-768.

[121] Vu K，Begovic MM，Novosel D (1997) Grids get smart protection and control. IEEE Comput Appl Pow 10 (4)：40-44.

[122] Wang H，Ma K (2016) IGBT technology for future high-powerVSC-HVDC applications. In：Proceedings of 12th IET international conference on AC and DC power transmission (ACDC2016)，Beijing，China，28-29 May 2016.

[123] Wang L et al (2017) A three-level T-type indirect matrix converter based on the third-harmonic injection technique. IEEE J Emerg Sel Topics Power Electron 5 (2)：841-853.

[124] Weedy BM，Cory BJ，Jenkins N，Ekanayake JB，Strbac G (2012) Chapter 4，Control of power and frequency. In：Electric power systems，5th ed. Wiley.

[125] Xu Z，Zeng Z，Peng J，Zhang Y，Zheng C，Yang P (2018) Analysis on the organization and development of multi-microgrids. Renew Sust Energ Rev 81：2204-2216.

[126] Yu S，Fang F，Liu Y，Liu J (2019) Uncertainties of virtual power plant：problems and countermeasures. Appl Energ 239：454-470.

[127] Yuan Z，Hesamzadeh MR，Biggar DR (2019) Distribution locational marginal pricing by convexified ACOPF and hierarchical dispatch. IEEE T Smart Grid 9 (4)：3133-3142.

[128] Zeng Z，Yang H，Zhao R，Cheng C (2013) Topologies and control strategies of multifunctional grid-connected inverters for power quality enhancement：a comprehensive review. Renew Sust Energ Rev 24：223-270.

[129] Zhang J，Xu S，Din Z，Hu X (2019) Hybrid multilevel converters：topologies，evolutions and verifications. Energies 12：615.

[130] Zhao L，Zhang W (2017) A geometric approach to aggregate flexibility modeling of thermostatically controlled loads. IEEE T Power Syst 32 (6)：4721-4731.

[131] Zhou X，Lin Y，Ma Y (2015) The overview of energy storage technology. In：Proceedings of 2015 IEEE international conference on mechatronics and automation (ICMA)，Beijing，China，2-5 August 2015.

[132] ZiaMF，Benbouzid M，Elbouchikhi E，Muyeen SM，Techato K，Guerrero JM (2020) Microgrid transactive energy：review，architectures，distributed ledger technologies，and market analysis. IEEE Access 8：19410-19432.

2

有源配电系统的零售电力市场

Nitin Padmanabhan

摘要： 随着分布式能源（distributed energy resources，DERs）和智能电网技术的日益普及，配电网的运行方式正在发生（经济上和技术上的）转变。下一代零售电力市场将通过新的商业模式和交互方法调节现有的和新的实体，从而实现去中心化，提高效率和竞争力。然而，这些变化将在配电网领域引发一系列技术挑战。本章旨在简要回顾零售电力市场的研究现状，介绍该领域的一些最新进展，并通过解决重要特征、挑战、需求和相关的未来研究领域，给出对下一代配电网侧电力市场的综合展望。

2.1 引言

自 1990 年 4 月英国开放电力库以来，电力市场放开管制已经取得了初步进展[1]；然而，在美国电力市场上，自 2000 年初的加州电力危机以来，竞争实体基本保持沉默状态。此后，自 2010 年以来，由于智能电网技术日益增长的贡献，以及一些创新的信息技术商业模式，电力部门改革和新的市场机制设计引起了广泛重视[2]。然而，值得注意的是，大多数关于电力市场的研究仍然集中在批发市场上，特别是提高竞标过程的效率和透明度，以及整合分布式能源（DERs）等新参与者[3,4]。另一方面，零售电力市场的发展更倾向于遵循一些原则，如多元选择、点对点交易、共享经济友好性和可协商性。

许多国家都在非常积极地推动电力部门的改革。例如，智利在 20 世纪 80 年代率先放松了对电力行业的管制[5]。欧盟在 20 世纪 80 年代已采取措施开放其电力部门，但直到 2000 年开始，客户才有权选择他们的电力供应商[6]。中国与其他亚洲国家的电力部门在2000年初进行了重组和监管改革[7]。2016年4月，日本的电力零售业在激烈的竞争中完全解除了管制[8]。而在美国零售电力市场，已有14个州的零售电力进入充分竞争状态，同时得克萨斯州、伊利诺伊州和俄亥俄州有100%、60%和50%的居民接受电力供应商的服务。然而，值得注意的是，美国的许多电力消费者直接参与现有零售电力市场的选择非常有限。在加拿大安大略省，独立电力系统运营商（IESO）在当地配电公司的支持下，于2020年底启动了零售电力市场试点项目[9]。

放松管制的引入为电力市场引入了若干新的实体，同时重新定义了许多现有参与者的活动范围。在不同的市场结构下，每个实体的具体定义以及它们在系统中扮演的角色存在差异。图2-1和图2-2分别展示了电力市场解除管制的结构，具体包括双边/多边的批发和零售层面。

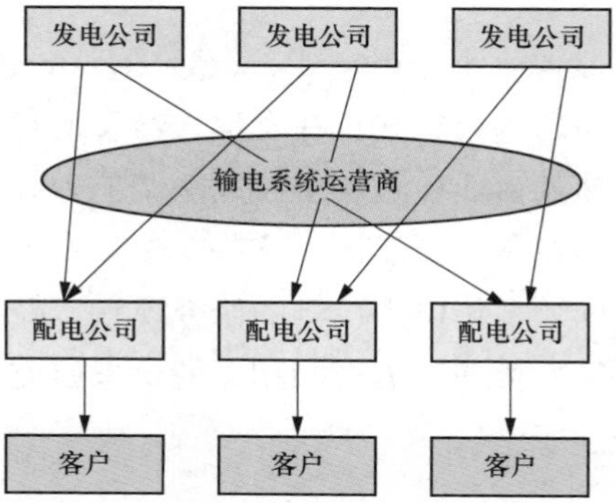

图2-1　具有批发竞争的双边/多边交易

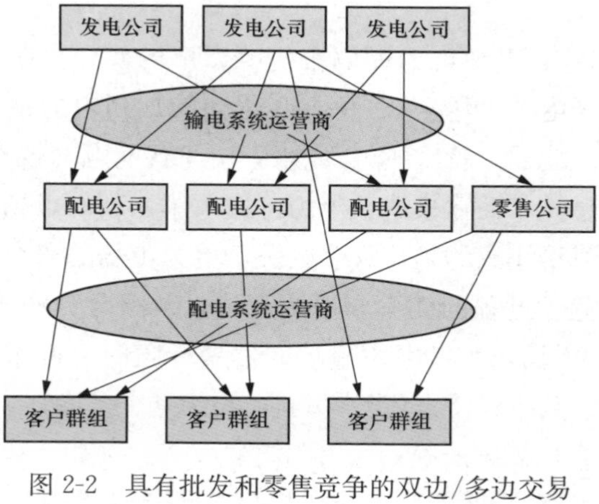

图2-2　具有批发和零售竞争的双边/多边交易

配电系统的一项重大进步是以客户为中心的商业模式和精心设计的需求侧管

理（demand side management，DSM）计划的发展[10,11]。在这样的发展之下，下一代零售电力市场将有一个公平的竞争环境，所有客户都有平等的机会扮演积极参与者的角色，而不是纯粹被动的价格接受者[12,13]。此外，近年来当地配电公司和配电系统运营商（distribution system operators，DSOs）功能的发展为在配电层面监测、协调和控制短期或实时电力输送开辟了许多新的可能性。特别是随着 DSO 概念的进一步发展，电力市场的放松管制已经从批发市场设计扩展到零售市场设计，如图 2-1 和图 2-2 所示。在能源交易的新模式中，不同的客户或客户群体可以自由选择他们的服务提供商，比如配电公司，或是公用事业公司。

2.2 零售电力市场：参与者和角色

零售电力市场是为零售客户提供电力的经济平台。传统上，世界上大多数零售客户的电价由电力公司确定并由政府实体监管。然而，一些零售电力市场的自由化促进了竞争和服务的多样化，使客户能够从不同的服务和供应商中进行选择。通过降低零售价格对批发成本的加价，自由化使零售电力市场更有效率。此外，分布式能源技术的发展使新型零售电价和将需求响应（demand response，DR）和分布式电源（distributed generation，DG）并入配电网的机制成为可能。在本节中，对不同的参与者及其角色和特征进行了解释，随后介绍了零售电力市场拍卖模型。

随着智能电网技术的发展和分布式能源在配电网中的普及，零售市场参与者的角色正在发生显著变化。下一代零售电力市场将出现新的实体和渠道，它们将在能源交易机制的有效运行和向配电网提供服务方面发挥重要作用。下一代零售电力市场中参与者的主要角色和责任如下简要描述[14]。

2.2.1 分布式能源 DERs

随着发电机组变得更为分散、高效且更接近消费中心，传统的发电、输电和配电方式已经发生了显著的变化。分布式光伏（photovoltaic，PV）、储能系统（energy storage systems，ESS）和需求响应 DR 等分布式能源与创新智能电网技术相结合的使用每年都在增长。从电力系统的角度来看，分布式能源并不是最具成本效益的选择，但世界各地针对开发更实惠、更灵活和更高效的解决方案已经进行了大量投资，这些技术能够在客户层面被更多地使用，从而提高电力系统的效率、可靠性、灵活性，并帮助一些国家达到脱碳目标。

随着先进的计量基础设施变得更加经济实惠、易于获取，越来越多的实体将利用分布式能源将传统负荷转变为智能负荷，将传统建筑转变为智能建筑和微电网。与这些技术一同被应用的还有有效的电力管理和控制系统，以及促进能源效率并允许与外部参与者和系统直接交互的通信方案。因此，传统的被动用户将通过高效的方式提供分布式能源资源，成为零售电力市场的积极参与者。这样的积极参与者被定义为分布式电源参与者，如图 2-3 所示，主要技术能力描述如下[14]：

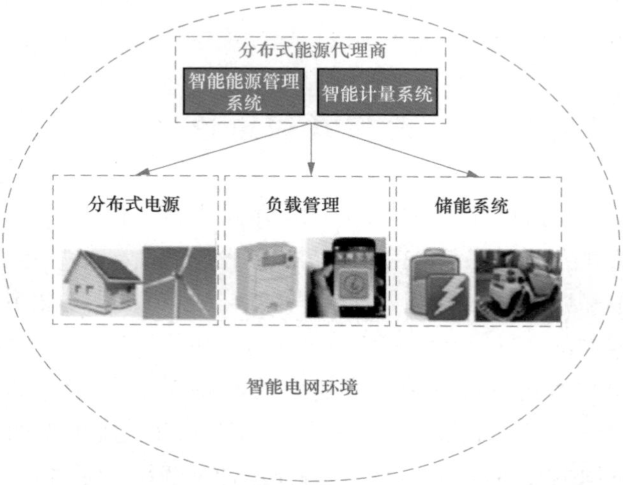

图 2-3　智能电网分布式电源参与者[15]

（1）分布式电源 DG：配电电压水平下的小规模电力生产。它可以基于可变的可再生能源（例：光伏系统），或者可以随时调度的系统（例：小型燃气轮机发电机）。

（2）负载管理（load management，LM）：通过智能计量系统（smart metering systems，SMSs）、智能能量管理系统（intelligent energy management systems，IEMSs）、智能负载等，接收并快速响应外部信号以管理实时电力消耗、执行负荷转供和调度等的能力。

（3）储能系统（energy storage systems，ESS）：通过电池储能系统（battery energy storage systems，BESS）、在车辆向电网送电（vehicle-to-grid，V2G）模式下运行的插电式电动汽车（plug-in electric vehicles，PEVs）和其他储能技术导入、存储和输出电力到电网的能力。

通过智能能量管理系统和智能计量系统对分布式电源进行管理，分布式电源参与者可以实时接收和发送信息、设置偏好并控制能源的生产、消耗和存储。

图 2-3 说明了智能电网环境中分布式能源参与者的概念。

2.2.2 需求响应供应商（DR Providers）

需求侧管理 DSM 是针对公用事业活动的规划和实施，旨在影响客户的用电，从而使公用事业负荷形状产生所期望的变化，即改变公用事业负荷的模式和大小[4]。它包括与需求侧活动相关的整套管理方案，可分为需求响应计划和能源效率计划。

需求响应（DR）被定义为“用户侧因电价变化而改变其用电行为，或者在批发市场价格升高或系统可靠性受到威胁时，为引导用户降低用电量而设计的激励性支付”[4]。

DR 可分为：

基于激励的计划（incentive based program，IBP）：在这类计划中，通过提供激励来认可客户的参与，因为（在客户的参与下）公用事业可以更经济、更可靠地运行。下文将简要解释一些现有的 IBP，如直接负荷控制（direct load control，DLC）、紧急需求响应（DR）、需求侧出价和回购（DR 拍卖市场）[4]。

（1）直接负荷控制 DLC：在关键时期，公用事业或系统运营商在短时间内远程关闭或改变客户电气设备（如空调和热水器）的温度设定点。客户通常通过电费抵免的激励机制获得报酬。项目参与者一般为住宅和小型商业客户。DLC 项目的一个示例是在安大略省实施的 PeaksaverPLUS 项目。在该方案中，住宅客户的负荷（如空调和热水器）由 IESO 远程控制[16]。

（2）紧急 DR 计划：客户在 ISO 的指示下自愿减少负荷，并根据公用事业公司提供的预先指定的费率获得奖励。但如果客户在收到指示时不减少负荷，也不会受到处罚。

（3）需求侧招标（DR 拍卖市场）：这些项目允许大客户在批发电力市场拍卖中提供一定数量的负荷削减，并附带相应的价格。一旦在拍卖中被选中，这些负荷将以与发电机相同的方式进行规划和调度。

基于价格的计划（price-based programs，PBP）：客户接收价格信号，以便对其负荷进行高效经济的管理。这些 DR 项目鼓励客户改变他们的负载模式，从而改变系统负载曲线，同时降低客户的总体用电成本。其中包括三个主要类别：分时电价（time of use，TOU）费率、尖峰电价（critical peak pricing，CPP）和实时定价（real time pricing，RTP）[4]。

（1）分时电价（TOU）费率：根据日内不同时间和年内不同季节来预设好各档电价费率，旨在减少特定时间段的用电量。

（2）尖峰电压（CPP）：这是TOU费率的一种改进形式，在用电尖峰期间，电价将远高于平均费率。CPP反映了系统供电压力，因此，各档位电价的价格预先就已设定好，但在实际需要（即用电尖峰）时，才会临时通知客户启用尖峰电价（而非事先告知什么固定时段按尖峰电价收费）。CPP项目的一个例子是在安大略省实施的工业保护倡议项目。在该项目中，工业客户用电将收取额外的全球调整费，这项费率基于他们在系统中五个重合高峰期间的负荷需求[17]。

（3）实时电价RTP：与TOU和CPP不同，RTP中电价实时变化且不是预先设定的。电价与批发和零售电力市场有关，并鼓励实时市场中客户的价格响应。

2.2.3 负荷服务实体（LSEs）

负荷服务实体（load service entities，LSEs）由具有竞争力的零售商和公用事业公司组成。零售商和公用事业公司之间的主要区别在于，公用事业公司通常向客户供电，并维护配电网中的电线、变压器、变电站和其他设备，而零售商只向客户转售电力，对配电网中的任何资产没有所有权。LSEs将继续确保以有竞争力的价格向被动和主动的市场参与者提供能源和高质量的服务，推动对能源效率和分布式发电的激励，并向零售客户收取用电和输电费用。

2.2.4 聚合体（Aggregators）

为了通用性，聚合体和负荷服务实体（LSEs）被描述为（不同且）独立的实体，因为分布式能源（DER）聚合可以分为两种类型：LSE聚合和第三方聚合。LSE聚合是指LSEs与独立系统运营商（independent system operators，ISOs）/区域输电运营商（regional transmission operators，RTOs）合作，在其管辖范围内聚合本地分布式能源以支持本地配电网或输电网需求的能力。另一方面，第三方分布式能源聚合由LSEs及其个人客户（如第三方投资者）以外的任何实体执行。

2.2.5 配电系统运营商（DSOs）

配电系统运营商DSOs负责在分销层面平衡供需，缩小零售和批发市场之间的差距。它们将提供新的功能，以协调分布式能源参与者在电力市场中的参与（作为市场运营商），并优化配电网的技术运行指标（作为电网运营商）。在零售市场运作中，DSOs将平衡配电网的供需，促进能源调度和结算，协调与批发市场的电力交换，并确保零售市场所有交易的完整性和透明度。DSOs在电网和市场运营中的共同职责包括对分布式能源的预测、规划和整合，以及其管辖范围内所有参与者的社会福利最大化。

2.2.6 独立系统运营商 ISOs/区域输电运营商 RTOs

他们主要分别负责输电网和批发市场的控制和运营。然而，在下一代零售电力市场中，这些实体将与配电系统运营商 DSOs 合作，通过能源交易机制，利用位于配电网中的分布式能源确保输电网的可靠性。

2.3 基于配电区位边际价格（distribution location marginal price，DLMP）的零售电力市场：框架与拍卖模型

2.3.1 框架

配电系统运营商 DSO 接收来自不同市场参与者的出价和报价。用户提交能源购买清单，发电商提交能源和旋转备用报价。需求清单和常规发电供给的结构被假设为价格-数量对的块结构。基于这些输入，可使用在第 3.2 节中讨论的联合优化模型清算配电系统级零售（能源和旋转备用）市场。需要注意的是，第 3.2 节中的模型是一个标准的配电级零售电力市场模型，仅考虑发电报价和需求报价。然而，该模型可以扩展到考虑储能系统和需求响应提供商的参与。在该模型中，储能系统提交充电和放电报价以提供能源和旋转备用服务；同样，需求响应参与者可以在市场上提供弃电和备用报价[18,19]。市场结算的结果包括调度计划、机组调度承诺（unit commitment，UC）决策和市场价格(DLMPs)。零售电力市场框架如图 2-4 所示。

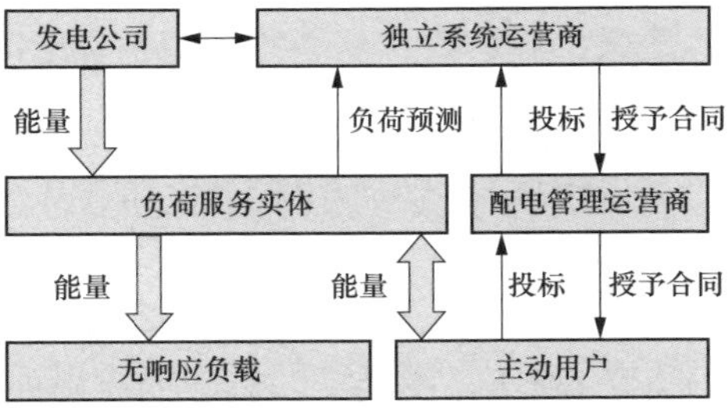

图 2-4 零售电力市场框架

2.3.2 拍卖模型

模型目标是使社会福利最大化，如下所示[18,20]：

$$J=\sum_{k\in K}\sum_{i\in I}C_{i,k}^{D}P_{i,k}^{D}-\sum_{k\in K}\sum_{j\in J}(C_{i,k}^{u}U_{j,k}+C_{i,k}^{D}V_{j,k}+C_{j,k}^{G}P_{j,k}^{G}) \tag{2-1}$$

式（2-1）中的第一项表示客户的总剩余，第二项表示发电机组的总成本，其中包括启动成本、停机成本和能源成本。模型约束将在下文中讨论，并基于

文献［21］。

供需平衡：这些约束条件确保每条母线 i 在第 k 小时的供需平衡。

$$\sum_{j\in E_j} P_{i,k}^{G} - P_{i,k}^{D} = \sum_{q\in I}[B_{i,q}(\delta_{i,k} - \delta_{q,k})]\ \forall k\in K, \forall i,q\in I \qquad (2\text{-}2)$$

在约束条件式（2-2）中，为了减少计算负担，使用直流最优潮流（dc-opf）方程代替交流潮流方程。需要注意的是，一些基于 DLMP 的市场模型包括供需平衡中的损失。

市场出清约束：这些约束确保出清的需求和发电量不会超过各自的出价/报价量

$$P_{i,k}^{D} \leqslant (P_{i,k}^{D})_{\max} X_{i,k} \qquad \forall k\in K, \forall i\in I \qquad (2\text{-}3)$$

$$P_{j,k}^{G} \leqslant (P_{j,k}^{G})_{\max} Y_{j,k} \qquad \forall k\in K, \forall j\in J \qquad (2\text{-}4)$$

输电线路约束：这些约束确保传输线上的线路功率在其限制范围内。

$$P_{i,q,k} \leqslant (PFlow_{i,q})_{\max} \qquad \forall k\in K, \forall i,q\in I \qquad (2\text{-}5)$$

其中：

$$P_{i,q,k} = B_{i,q}(\delta_{i,k} - \delta_{q,k}) \qquad \forall k\in K, \forall i,q\in I \qquad (2\text{-}6)$$

备用约束：这些约束确保系统的旋转备用需求由做出承诺的发电机提供，如下所示：

$$\sum_{j}[(P_j)_{\max} - P_{j,k}^{G}]W_{j,k} \geqslant RESV \sum_{i} P_{i,k}^{D} \qquad \forall k\in K \qquad (2\text{-}7)$$

式中，$RESV$ 是由配电系统供应商 DSO 决定的参数。

广义 UC 约束：这些约束包括发电限制、升压/降压约束、最小开机/停机时间约束和协调约束。

发电限制：以下约束确保发电机 j 在时间段 k 内的输出功率在其最大和最小限制范围内。

$$(P_j)_{\min} W_{j,k} \leqslant P_{j,k}^{G} \leqslant (P_j)_{\max} W_{j,k} \qquad \forall j\in J, \forall k\in K \qquad (2\text{-}8)$$

升压/降压速率约束：以下约束确保发电机 j 在时间段 k 内的升压/降压速率不超过限制。

$$P_{j,k}^{G} - P_{j,k-1}^{G} \leqslant RU_j \qquad \forall j\in J, \forall k\geqslant 1 \qquad (2\text{-}9)$$

$$P_{j,k-1}^{G} - P_{j,k}^{G} \leqslant RU_j \qquad \forall j\in J, \forall k\geqslant 1 \qquad (2\text{-}10)$$

最小开机/停机时间约束：以下约束确保电机 j 在时间段 k 内的最小开机/停机时间不超过限制。

$$\sum_{t=k-TU_j+1}^{k} U_{j,t} \leqslant W_{j,k} \qquad \forall t\in [TU_j, K], \forall j\in J, \forall k\geqslant 1 \qquad (2\text{-}11)$$

$$\sum_{t=k-DU_j+1}^{k} V_{j,t} \leqslant 1 - W_{j,k} \qquad \forall t\in [TD_j, K], \forall j\in J, \forall k\geqslant 1 \qquad (2\text{-}12)$$

协调约束：以下约束条件可确保 UC 状态从 0 到 1 的正确转换，反之亦然，并可确保机组启动和关停决策的正确性。

$$U_{j,k} - V_{j,k} = W_{j,k} - W_{j,k-1} \qquad \forall j \in J, \forall k \geqslant 1 \tag{2-13}$$

$$U_{j,k} + V_{j,k} \leqslant 1 \qquad \forall j \in J, k \tag{2-14}$$

2.4 未来电力零售市场的显著特征

前几节描述的近期零售市场发展情况表明，当前电力零售市场正在从集中式、被动的环境演变为分散式、互动的平台，其中市场参与者可以彼此互动，并为电网提供技术服务。这不仅需要新的商业模式，还需要监管模式创新和基础设施升级。未来电力零售市场的显著特征描述如下[14]：

2.4.1 市场与系统优化

市场参与者将能够通过及时、具有成本效益和安全的能源交易机制，实现成本最小化、收入最大化和电网运行最优化，从而促进可行、可靠和高效的商业和技术目的的分布式能源整合。此外，零售和批发市场之间的有效整合将使分布式能源能够聚集并有效地整合到批发市场和输电系统中。分布式能源的最佳管理将有助于为配电网和输电网提供可负担的快速响应辅助服务。这种模式的实施将需要高水平的实时监控、保护、自动化和控制来保持跟踪，并需要在建设智能基础设施（例如传感器、信息系统等）方面进行大量投资。

2.4.2 增强灵活性

灵活的电力零售市场将通过加强和扩大其基础设施，为容纳新技术和市场主体做好准备。市场参与者将通过有效的预测技术和全面的决策策略来应对电力需求、电价和可再生能源发电等不确定性因素。此外，灵活的电力零售市场将利用其本地资源来处理多时间尺度下的不确定性、变化和难以预见的事件。

2.4.3 客户集成

一个完全一体化的电力零售市场应最大限度地提高所有市场参与者的社会福利，容纳大量不同的参与者，并在竞争环境中满足他们的需求和偏好。市场平台的设计应允许所有参与者积极参与和互动，并通过考虑每个参与者的优势和局限性来避免市场支配力和利益冲突。

2.4.4 可持续性

一个可持续的零售电力市场将最大限度地利用清洁和可再生能源，并通过设立市场机制来减少温室气体排放、减少负荷网损、鼓励使用环境友好型技术，从而提高可持续性和能源效率。

2.5 机遇、挑战和需求

为了实现第 4 节中描述的重要特征，目前的电力零售市场必须进行改革，从而为分布式能源整合带来新的机遇，并妥善应对部分挑战和需求。下文描述了其中一些方面[15]。

2.5.1 新的商业模式

随着配电网中分布式能源参与者数量的增加，需要一种综合的商业模式来适应、整合和允许所有电力零售市场参与者的动态互动。这样的商业模式包括明确的规则和计划，用以描述市场参与者、他们的角色和互动方式、产品和服务，以及获得收入、最小化成本和最大化利润的策略。新商业模式的主要要素和构成描述如下。

2.5.1.1 管理现代化

下一代电力零售市场将在很大程度上取决于不同辖区的监管现代化。这包括市场自由化、去中心化以及旨在减少目前对集中式高污染发电厂的依赖并鼓励利用分布式能源的政策和激励措施。如今，在大多数国家，零售市场自由化和去中心化的概念是指消费者根据自己的需求和偏好自由和独立地选择电力供应商和服务的能力。这样的范式促进了竞争，降低了成本，增加了创新。然而，在分布式能源背景下，自由化和去中心化还需要在去中心化的市场框架中提供分布式电源 DG、负载管理 LM 和储能系统 ESS 等为重要用户提供能源服务的实体。这是一个长期过程，若想取得成功，需要政府实体和所有其他相关部门和参与者之间的协调规划。此外，监管变革以及为确保第 4 节所述的所有特征所必需的基础设施和技术投资计划应考虑到所有可能的经济和社会效益。

2.5.1.2 新的参与者

智能电网技术和分布式能源的日益普及为配电网带来了一些新的参与者。这些参与者包括智能建筑、微电网、储能系统 ESS、需求响应提供商和即插即用式电动汽车 PEV。然而，目前它们在电力零售市场的参与度非常有限，因为他们仍然受制于电力公司的计划并被收费。这些计划和收费限制了分布式能源参与者参与市场和提供重要能源服务的积极性，而它们可以为电网和其他市场参与者提供技术和经济效益。分布式能源参与者数量的增加将催生新的实体来运营配电网并促进零售层面的市场机制（逐渐完善）[22]。

2.5.1.3 能源交易机制

居民住宅、工业和商业部门占系统需求的很大份额[7]，因此客户有充足的机会通过调整其负荷来提供需求响应服务。与此同时，近年来居民住宅储能系统的部署量也有了显著的增长。然而，居民需求响应和储能系统参与电力批发市场的弹性服务面临重大挑战，主要原因在于客户数量众多，而每个单独客户对批发市场的影响微不足道。在这种情况下，LDC 需要一个基于能源交易的运营框架，通过聚合在配电层面有效利用需求侧响应和储能系统所蕴含的灵活性。能源交易框架的概述如图 2-5 所示。

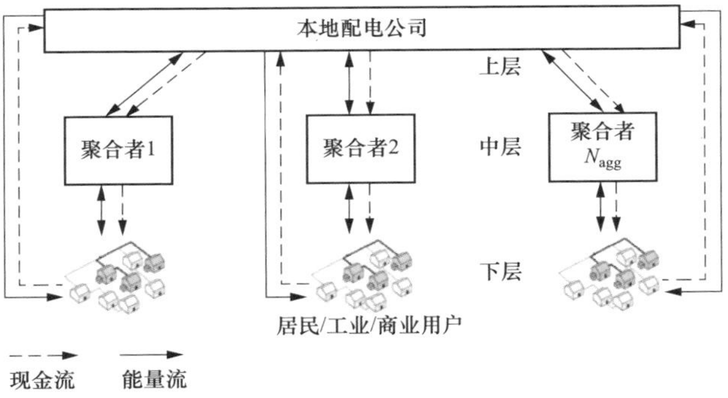

图 2-5 能源交易框架

能源交易机制的例子包括互动式竞价和报价平台，以及能够包含不同时间尺度下分布式电源发电、电力需求和批发市场价格的不确定性的市场出清模型[23]。所有的能源交易机制都应该促进参与者之间的信息交换，促进能源服务的实时收付，并确保价格的透明度。因此，所有市场参与者都可以获得电力和辅助服务的实时成本[24]。

2.5.1.4 竞争力

分布式能源利用的增长将从两个方面刺激竞争。首先，激励、补贴和其他旨在促进本地能源效率、灵活性和可持续性的监管项目将提高分布式能源相对于集中式和不可再生发电机组的竞争力。如果没有这些监管项目，系统运营商就会倾向于使用更多的集中式发电机组，因为分布式能源的广泛使用会增加电力系统的复杂性，并且需要对基础设施进行大量升级。其次，创建新的商业模式和能源交易机制将刺激零售市场竞争，从而使得电价更低、服务更好。然而，为了确保社会福利最大化，市场规则和机制应该清晰、透明，对所有市场参与者公平。

2.5.2 创新分布式能源技术

在配电网中大规模采用分布式能源将依赖于创新技术，这些技术旨在以经济实惠的方式提高技术上和市场运营上的效率、弹性和灵活性。现有技术将得到进一步发展以提供更多的可能。以下是分布式能源技术发展的一些方向。

2.5.2.1 分布式电源 DG 系统

在过去的几年里，分布式电源 DG 系统变得更加高效和实惠。光伏 PV 系统是目前世界上使用最多的 DG 系统。并网光伏系统长时间直连电网，不使用存储系统。另一方面，混合光伏系统可以以并网形式运行，在电价低的时段为电池充电，在电价高的时段让电池放电，甚至也可以离网模式运行。创新和清洁分布式电源系统的发展将促进配电网中可持续能源的多样化组合。此外，分布式电源系统的电力电子设备应设计成对提供高质量的供电、电压调节和辅助服务有效的方式。特别是，光伏逆变器应该通过有效的控制策略来缓解由光伏系统反向潮流引起的电压升高[25]。

2.5.2.2 储能系统 ESS

下一代零售电力市场将依靠高效和负担得起的储能技术来管理大量的间歇性资源。此外，其他现有的储能系统，如飞轮和超级电容器，也可以改进来与配电网中的分布式能源参与者相适应。

2.5.2.3 电动汽车 PEV

最近几年，技术进步、价格实惠和以客户为导向的电动汽车推动了电动汽车销量的大幅提升。美国电动汽车总销量从 2009 年的不到 2 万辆增加到 2022 年的近 50 万辆。因为电动汽车可以充当负载和可调度的储能系统，它们可以为电网提供重要的分布式能源。当不需要出行时，电动汽车可以在充电时参与需求侧响应计划并有助于降低峰值负荷，也可以在充电时以车辆并网 V2G 模式运行，以支持电网的能源调度，电压调节和无功支持等需求[26]。此外，电动汽车还可以在电网电压下以车辆并入建筑电网的模式运行，并与充电站和其他电动汽车交换电力。

2.5.2.4 微电网

分布式能源的扩散和终端用户对可靠性、弹性、电力质量和效率的需求不断增长，这使得人们对公用和私人客户拥有的微电网越来越感兴趣，认为这是一种可以利用分布式能源的部分关键优势的手段。虽然分布式能源技术、分析、标准和在微电网中部署所需的相关技术领域正在快速发展，但现有的监管框架尚未准备好应对与微电网投产相关的挑战。分布式能源补偿、履约保证、责任以及社区或公用事业微电网中第三方供应商的参与等方面的管辖权责方面仍然是未定义或未明确定义。

2.5.2.5 智能负载

未来的低压负载，如电动汽车、供暖、通风和空调系统、照明系统和家用电器等，应设计为能够通过自适应和及时的功率控制来提高经济性、灵活性、能源效率，并易于与智能能源管理系统 IEMS、智能计量系统 SMS 和配电系统供应商 DSO 进行通信。

2.5.3 电网基础设施和运营

目前，由于配电系统不完善，大量的分布式能源不能直接提供给电网运营商。这些分布式能源使得负荷预测和电力系统运行更具挑战性。在此背景下，在拟议的下一代零售电力市场愿景中，需要在电网基础设施和运营方面取得几项进步，以确保配电网的效率、可靠性和韧性，并通过由配电系统供应商、输电网和批发市场运营商协调的能源服务来支持输电网的需求。这些进步可归纳为以下五个方面。

2.5.3.1 改进的控制和优化机制

分布式能源电网集成、能源交互方法和配电系统供应商投入使用所带来的复杂性将挑战电力市场中现有的控制和优化架构。特别地，未来的配电系统供应商将需要通过采用自适应控制动作来处理大量的分布式能源参与者和配电网在不同线程的能源交易。配电系统供应商的决策策略中应该考虑以下技术方面：无功支撑和电压控制（Volt/Var 控制）、自愈行为和多潮流约束[27]。在市场运行方面，一般来说，所有零售市场参与者都应该能够通过先进的数据采集、传输、存储和处理架构来收集、存储和分析大数据集。大数据分析将在配电网的技术和市场运行中发挥重要作用。

2.5.3.2 战略电网扩容规划

分布式能源在配电网中的大规模和广泛渗透将给输配网扩容规划策略带来更多的不确定性和挑战。分布式能源与能源交易机制发展的适当整合可能有助于推迟对昂贵的配电网和输电网资产的投资。REV 策略是考虑分布式能源的电网扩张计划中的一个实例。该策略聚焦于将分布式能源和非传统方法［也称为无线替代方案（non-wire alternatives，NWAs）］整合到纽约州的配电网规划中。

2.5.3.3 预测

短期内可再生能源出力、能源消耗量、储能水平和电价的可变性所带来的不确定性将对配电网的技术和市场策略提出挑战，因此需要开发更先进、更准确的预测技术，从而改善零售市场参与者的决策策略，并得以管理由不可预见事件引起的风险[28]。能够统筹大量不确定性的新型智能算法可能是一种能够实现该目标的潜在解决方案。

2.5.3.4 通信

能源交易机制应当能够处理来自分散在配电网中的分布式能源参与者的大量数据，以及来自批发市场和输电网的实时信息。这将需要先进的通信基础设施及互联性、互操作性和规模处理能力，以允许在配电网不同位置的零售市场参与者之间进行实时信息交换。具有标准通信协议的先进无线通信基础设施对于确保信息收集、传播、处理和安全至关重要。能源互联网（energy internet，EI）通信方案可能是一种潜在的解决方案，它可以在市场参与者之间实现有效的通信和交易能源机制。能源互联网 EI 被认为是智能电网的进化，是一个集分布式能源、实时监控、信息共享和市场交易于一体的电网，提供类似互联网的能源打包和路由功能。

2.5.3.5 网络安全

随着通信网络变得更加互连和可互操作，它们变得更容易受到蓄意攻击，例如来自内部心怀不满的员工、外部间谍和恐怖分子的攻击，以及由于自然灾害、设备故障和人为操作失误而导致信息系统出现非蓄意漏洞。这些弱点可能允许攻击者通过多种方式渗透网络并破坏系统的稳定[2]。此外，在未经授权地披露和访问私人和机密数据的情况下，市场参与者可以调整其策略以非法获取利益，从而破坏竞争性能源交易机制的稳定。预防此种事件发生是重中之重，但也应做好应对计划和快速恢复的备案。这将需要先进的监测、传感和控制机制，以及标准化的认证和授权策略，以确保系统的安全性和完整性。区块链和智能合约可能是一种潜在的解决方案，它可以促进基于市场参与者之间预先规定的规则的可审计多方交易，从而提高能源交易的可信度、完整性和适应性。

2.5.4 分布式电网服务

下一代零售电力市场不仅将开放涉及分布式能源的经济交易，而且还将通过旨在增强和支持电网可靠性和适应性的能源服务，最大限度地提高分布式能源对输配电网的效益。与实施此类服务相关的主要挑战和需求如下。

2.5.4.1 阻塞和网损管理

目前，世界上大多数电力市场在制定电价时并未考虑配电网的能量阻塞和损耗。然而，在过去几年中，采用 DLMP 作为解决配电网阻塞和网损定价的潜在解决方案正在受到越来越多的关注。考虑配电网各节点分布式能源的实际值，

DLMPs可分解为有功、无功、阻塞、电压支撑和损耗的边际成本[29]。这将需要强大的市场清算机制——能够处理大量决策变量，同时考虑到配电网的不平衡性和非线性。

2.5.4.2 辅助服务市场

辅助服务是在发电之外提供的基本能源服务，以保证电力系统的可靠性、安全性和稳定性。在目前的电力市场框架下，此类服务由大型同步发电机提供，并由输电网中的系统运营商通过批发市场运营进行协调。一些研究表明，通过对基于逆变器的分布式电源进行有效的有功和无功控制、及时的负荷控制和适当的储能系统管理，分布式能源可以提供潜在的辅助服务[30]。然而，分布式能源提供的辅助服务应该与能源交易机制一同推出，这有助于向本地配电网提供这些服务或满足集中服务于输电网的需要。Volt/Var控制是辅助服务的一个例子，它可以通过基于逆变器的分布式电源提供给本地配电网。下一代零售电力市场应利用分布式能源参与者的技术能力，并为辅助服务整合有效的交易机制。因此，配电网和输电网可能会受益于新兴的分布式能源参与者，从而变得更加高效和可靠。

2.5.4.3 负载管理

第2节中描述了现有基于价格和基于激励的需求响应方式，但这样的需求响应并没有利用现有和新兴智能电网技术提供的所有功能和能力，没有做到实时负载管理以及分布式能源参与者之间以及分布式能源参与者与电网运营商之间的动态和有效交互。随着智能电网技术的不断发展，分布式能源参与者的能力将不断被扩大，并成为活跃的市场参与者，可以有效、直接地参与实时负荷管理计划。具备负载管理功能的能源交易机制将在下一代零售电力市场中变得极其重要。

2.6 结论

随着配电网中分布式能源的日益整合，创新性智能电网技术的发展，以及保障输电网可靠性、韧性和效率的需求，全球零售电力市场正在发生变化，并为零售市场参与者提供新的服务和功能。本章概述了零售电力市场的现状，描述了市场参与者及其角色、零售市场框架和拍卖模式。在此基础上，提出了分布式能源背景下未来零售电力市场的一些显著特征。最后，对巩固和提高零售电力市场效率的分布式能源集成手段的机遇、挑战和需求分析并讨论。

参 考 文 献

[1] The public utility regulatory policies act，Smithsonian Museum of American History.

Available online: http://americanhistory. si. edu/powering/past/history4. htm.

[2] Yan Y, Qian Y, Sharif H, Tipper D. A survey on smart grid communication infrastructures: motivations, requirements and challenges. IEEE Commun Surv Tutor 15: 5-20.

[3] Prabavathi M, Gnanadass R. Energy bidding strategies for restructured electricity market. Int J Electr Power Energy Syst 64: 956-966.

[4] DOE (2006) Benefits of demand response in electricity markets and recommendations for achieving them: a report to the United States Congress pursuant to section 1252 of the Energy Policy Act of 2005, United States Department of Energy, Tech Rep, Feb2006 (Online). Available: https://eetd. lbl. gov/sites/all/files/publications/report-lbnl-1252d. pdf.

[5] Rudnick H. Chile: Pioneer in deregulation of the electric power sector. IEEE Power Eng Rev 14: 28-30.

[6] Richard G. Electricity liberalisation in Europe—how competitive will it be? Energy Policy 16: 2532-2541.

[7] Xu S, Chen W. The reform of electricity power sector in the pr of China. Energy Policy 16: 2455-2465.

[8] Wang N, Mogi G. Deregulation, market competition, and innovation of utilities: evidence from Japanese electric sector. Energy Policy 111: 403-413.

[9] IESO (2020) Ieso york region nwa project. IESO, Tech Rep 2020 (Online). Available: https://www. ieso. ca/Corporate-IESO/Media/News-Releases/2020/11/IESO-York-Region-NWA-Project.

[10] Kirschen D. Demand-side view of electricity markets. IEEE Trans Power Syst 18: 520-527.

[11] Deng R, Yang Z, Chow M, Chen J. A survey on demand response in smart grids: mathematical models and approaches. IEEE Trans Ind Inform 11: 570-582.

[12] Su W. The role of customers in the us electricity market: past, present and future. Electr J 27.

[13] Yang J, Zhao J, Luo F, Wen F, Dong Z. Decision-making for electricity retailers: a brief survey. IEEE Trans Smart Grid.

[14] Chen T, Alsafasfeh Q, Pourbabak H, Su W (2018) The next-generation U. S. retail electricity market with customers and prosumers—a bibliographical survey. In: Energies, vol 11, no 1 (Online). Available: https://www. mdpi. com/1996-1073/11/1/8.

[15] Do Prado JC, Qiao W, Qu L, Agüero JR (2019) The next-generation retail electricity market in the context of distributed energy resources: Vision and integrating framework. In: Energies, vol 12, no 3 (Online). Available: https://www. mdpi. com/1996-1073/12/3/491.

[16] NERC (2016) A concept paper on essential reliability services that characterize bulk pow-

er system reliability, NERC Report, Tech Rep (Online). Available: http://www.nerc.com.

[17] IESO (2018) Industrial conservation initiative backgrounder, IESO, Tech Rep (Online). Available: http://www.ieso.ca/-/media/files/ieso/document-library/global-adjustment/ici-backgrounder.pdf?la=en.

[18] Padmanabhan N, Ahmed M, Bhattacharya K(2018) Simultaneous procurement of demand response provisions in energy and spinning reserve markets. IEEE Trans Power Syst 33(5):4667-4682.

[19] Padmanabhan N, Ahmed M, BhattacharyaK (2020) Battery energy storage systems in energy and reserve markets. IEEE Trans Power Syst 35(1):215-226.

[20] Parhizi S, Khodaei A, Bahramirad S(2016) Distribution market clearing and settlement. Proceedings IEEE PES General Meeting, Boston, MA, USA, pp 1-5.

[21] Motto A, Galiana FD, Conejo A, Arroyo J(2002) Network-constrained multi-period auction for a pool-based electricity markets. IEEE Trans Power Syst 17(3):646-1653.

[22] Safdarian A, Fotuhi-Firuzabad M, Lehtonen M(2014) Integration of price-based demand response in discos' short-term decision model. IEEE Trans Smart Grid 5(5):2235-2245.

[23] Conejo AJ, Morales JM, Martinez JA(2011) Tools for the analysis and design of distributed resources-part iii: market studies. IEEE Trans Power Delivery 26(3):1663-1670.

[24] Rahimi F, Albuyeh F (2016) Applying lessons learned from transmission open access to distribution and grid-edge transactive energy systems. Proceedings IEEE PES General Meeting, Boston, MA, USA, pp 1-5.

[25] Jahangiri P, Aliprantis DC (2013) Distributed volt/var control by pv inverters. IEEE Trans Power Syst 28(3):3429-3439.

[26] Liu C, Chau KT, Wu D, Gao S(2013) Opportunities and challenges of vehicle-to-home, vehicle-to-vehicle, and vehicle-to-grid technologies. Proc IEEE 101(11):2409-2427.

[27] Shaker H, Zareipour H, Wood D (2016) Estimating power generation of invisible solar sites using publicly available data. IEEE Trans Smart Grid 7(5):2456-2465.

[28] Hu H, Wen Y, Chua T-S, Li X(2014) Toward scalable systems for big data analytics: a technology tutorial. IEEE Access 2:652-687.

[29] Bai L, Wang J. Wang C, Chen C, LiF(2018) Distribution locational marginal pricing (dlmp) for congestion management and voltage support. IEEE Trans Power Syst 33(4):4061-4073.

[30] Olek B, Wierzbowski M(2015) Local energy balancing and ancillary services in low-voltage networks with distributed generation, energy storage, and active loads. IEEE Trans Industrial Electronics 62(4):2499-2508.

3

有源配电网的实际问题

论参与主动配电网络终端用户参与能源服务的主动需求响应策略

Cláudia Abreu、David Rua and João Peças Lopes

摘要：电力需求预计发生巨大变化，发电侧必须进行调整，以充分满足电力供应。然而，可再生能源渗透率的提升正在改变原来的游戏规则，导致对负荷响应和负荷灵活性的需求增加，以面对发电侧的这些变化。灵活性与负荷响应行动的可行性高度相关，后者可使建筑物、社区集群、工业等负荷参与市场驱动的能源服务。政策制定者和能源利益相关者已准备迎接这样一个即将到来的现实：许多消费者同时也是生产者（产消者），消费者参与到高度分散化的电网中。同时，信息和通信技术的广泛应用也为更智能的控制和负荷管理方案创造了新的可能，得以将多个需求侧利益相关者相互连接，使产消者充分发挥需求响应计划的能源灵活性潜力。本章概述了使终端用户参与到能源服务中的集中供暖策略，包括为电网提供负荷灵活性的建筑优化方案，适用于个体用户和社区集群。

C. Abreu (✉) · J. P. Lopes
葡萄牙，波尔图，波尔图大学工程学院
电子邮箱：claudia. r. abreu@inesctec. pt
J. P. Lopes
电子邮箱：jpl@fe. up. pt
D. Rua
葡萄牙，波尔图，INESC TEC 公司
电子邮箱：drua@inesctec. pt

A. C. Zambroni de Souza 和 B. Venkatesh（编著），《有源配电网的规划与运行》（Planning and Operation of Active Distribution Networks），电气工程讲座笔记，826，https：//doi. org/10. 1007/978-3-030-90812-6_3

3.1 欧盟和全球范围内的电力需求响应

过去几年内，世界各国均在进行能源系统转型。2020 年，新冠（COVID-19）疫情暴发，除了对人类健康和全球经济造成了直接冲击与影响外，在封控期间，二氧化碳（CO_2）排放和电力需求下滑到了一个难以置信的水平。数周以来，电力需求曲线的回弹就像解封一般，遥遥无期。经预计，新冠疫情对全球能源需求的影响将是 2008 年金融危机的七倍以上[1]。此外，疫情带来的对社会活动的破坏，导致全球二氧化碳排放将降低 8%，同比下降比率攻破纪录，是二战结束以来所有同比下降之和的两倍[2]，见图 3-1。

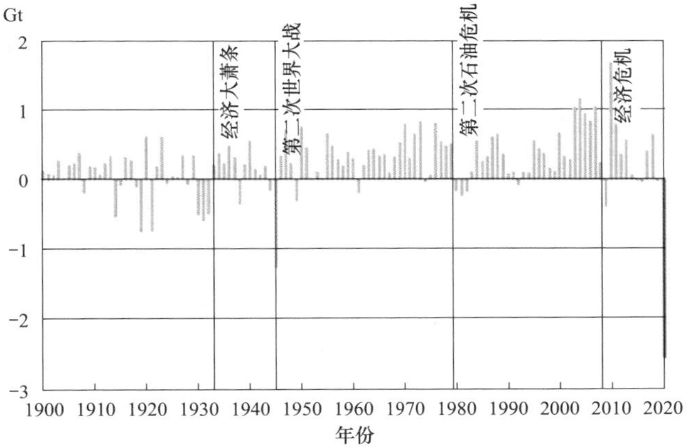

图 3-1 与能源相关的全球二氧化碳排放变化（1900—2020）。
来源：国际能源机构（IEA）

在 2020 年的非典型能源消耗背景下，唯一不受疫情影响的是可再生能源。并且，归因于装机容量增长和优先调度策略，可再生能源甚至在电力结构中保持增长势态。即便如此，随着相关激励政策到期，未来仍存在不确定性，许多预测报告都对此表示担忧。2022 年以后，可再生能源是否能够保持强劲增长，还取决于可持续的政策支持。欧盟方面定然是欢迎的，尤其是风能和太阳能，毕竟欧盟一直以来的政策都是坚定发展可再生能源。然而，风能和太阳能转型任重而道远。

伴随可再生能源发展而出现的是居民、商业和工业用户的需求响应选择，这些选择能够提供灵活的资源以满足特定的可再生能源平衡需求。但随着电力需求的下降，系统灵活性的市场将面临衰退，直到 2020 年危机后的需求发生恢复。

早在 2019 年，已有分析报告指出，全球电力需求响应部署已开始放缓，必须付出加倍努力才能实现能源资产灵活性，迈向 2050 年长期愿景。

目前，全球需求侧灵活性潜力的利用率不足 2%[3]，使得释放更多能源资源变得至关重要。对于能源领域的利益相关者而言，在能源市场中创造新的灵活性解决方案等同于创造价值。不过，新的机遇伴随着新的难题，寻找符合所有相关者利益的解决方案本就是能源部门长期以来的主要议题。重要的是，即便学界对于未来能源框架存在诸多疑虑，但答案依然是恒定的。正如 Sioshansi 所说[4]，“即便是在遥远未来，在某处，某个时间，也一定存在着某个电力消费者或电力资产使用者，抑或是两者都存在。任何商业模式都会经历兴衰，但消费者永远不会消失。”值得注意的是，在能源市场上，这种以消费者/产消者为核心的变革与国情存在密切联系，受到多种因素的影响[4]。譬如，或由于各种原因，不同国家的零售电价可能不同，从而极大地影响了产消者的诞生。当然，零售价电越高，就越能激励消费者转型成为产消者。分布式能源（DERs）方面的政策和法规也是允许和鼓励消费者进行投资的重要因素。譬如，持续的创新和技术进步推动了分布式太阳能的变革，随着时间发展，分布式太阳能的效率和经济可行性都会显著提高。图 3-2 描述了实现产消者概念的部分关键要素，也是本研究的重点。

图 3-2　实现自产自消概念的关键要素

3.1.1　策略和服务

过去十年，欧盟采取了多项行动以优化欧洲气候政策的框架。2014 年，“清洁能源一揽子计划”（Clean Energy Package）提出了八项指令，覆盖建筑能源性能、可再生能源、能源效率、政府和电力市场设计[5]。其中，在设计新的电力市场方面，“清洁能源一揽子计划”的重要概念是将消费者置于能源转型的核心：成员国必须立法允许消费者直接或通过代表间接参与市场。消费者要有权出售自行生产的电力，要有权选择是否参与和灵活性和能源效率有关的计划。同时，“计划”允许建立以开放和自愿参与为原则的“公民能源社区”（citizen energy communities，CECs）。

2019年，“清洁能源一揽子计划”到达尾声，并有新的《绿色协议》（Green Deal）作为继任者。《绿色协议》展望2050年，为欧洲成为碳中和大陆绘制了路线图。与“清洁能源一揽子计划”相比，《绿色协议》的目标和愿景都更为宏大，与欧盟的技术和财政资源更为契合[6]。在建筑能源性能（即建筑节能）方面，欧盟已批准建立新的法规，为建筑行业创造经济机会，缓解能源贫困局面。相似地，成员国也应建立相应的国家政策措施来鼓励产消者。反过来，产消者也需要为新的目标做好准备，包括：脱碳建筑、智能建筑（通过自动化控制系统）、室内电子移动、消除能源贫困和降低家庭能源开支（通过老旧建筑翻新和能源性能优化）[7]。

3.1.2 主要的监管挑战和限制

过去几十年里，欧洲能源系统经历了几次重大变革，其缘由是欧洲增加了间歇性可再生能源发电的部署，致力于经济脱碳。要控制这些变化并确保安全系统正常运行，途径之一是采用系统灵活性，从而尤其涉及需求响应。

配电系统运营商（DSOs）可激活其灵活的电网资产来控制网络中的限制因素。这种办法通常属于默认选项，在运用基于市场的管理前或期间应用。如果一家配电系统运营商无法使用自身资产（例如，拓扑变化、分接开关、升压器等）解决问题，则可能需要购入新的资产。然而，使用灵活性进行阻塞管理仍是经济上更为可行的解决方案。

从监管方面来看，欧洲的配电系统运营商可通过以下四种方式取得灵活性：

基于规则的方法——法律法规中规定了详细的灵活性要求；

连接协议——配电系统运营商可与电网用户达成协议，用户提供灵活性；

电网计费——经过合理设计的收费方案能鼓励网络用户调整用电行为，更经济有效地使用配电网络；

基于市场的采购——通过（双边）合同或通过平台或其他交互形式，配电系统运营商可从市场中购买有益于电网服务的灵活性。只要具有足够的流动性，基于市场的采购本身不会过度扰乱市场，且符合分项计价的规则。

理论上，电网用户可以使用100%的合同电量，不限时段。然而，低电压配电网的设计往往涉及一个同时系数概念，默认并非分布在各连接点的所有电网用户在同一时间关闭或（以全功率）运行电器。如今，用电设备多样化，出现了热力泵和新能源汽车，一方面，此类设备的用电模式产生了更高的电力需求；另一方面，可再生能源也同时输入电网，这两个方向（用电侧、发电侧）的影响，给“接即忘”的电网规划带来了极大挑战。此外，合同赋予了电网用户使用合同电量的权利，且往往没有要求用户区分两种用电模式。因此，连接协议本身无法激励现有的电网用户根据电网的即时容量去调整自己的用电行为。

电网计费主要是激励用户对电网进行高效的使用，也可以帮助配电系统运营商控制或延迟电网投资，解决或避免电网拥堵。电网用户应当接收到“价格信号”，从而了解到他们对电网的利用率变化情况，影响未来的用电成本。另外，费用设计要致力于同时降低系统峰值和个体峰值。譬如，基于电网用户峰容量的计费方案的主要目的是引导用户行为，尽可能降低峰值。如此一来，费用结构则会影响配电系统运营商后续所需要的灵活性。通过动态电价细分用电时间和地点可进一步激励用户产生对配电系统运营商有利的用电行为。然而，必须注意的是，动态电价的有效性首先取决于用户是否实际具有灵活的需求响应。

于是，基于市场的采购则成为首选方案，因为只要市场具有流动性，总体成本低于其他方案，配电系统运营商遵守分项计价的规则和能够接受市场滥用的可能性，那么在竞争的基础上购买灵活性就是有效可行的。

阻塞管理的成本属于运营支出（OPEX），电网扩展成本属于资本支出（CAPEX）。若配电系统运营商期望从经济角度去实现优化，就一定会根据收入/收益来进行决策。欧洲部分监管方案倾向于 CAPEX 解决方案，要么股本回报率更具吸引力，要么直接反映了电价/收入的上限值，但 OPEX 解决方案的收益就可能是以收入补助的形式，且存在一定的滞后，抑或是以其他形式补贴给配电系统运营商。总而言之，OPEX 和 CAPEX 不同的监管态度形成了一种不公平的竞争环境，基本决定了配电系统运营商将选择如何管理其电网系统。

市场采购程序是配电系统运营商用以适当表明其灵活性需求的关键流程。运营商通过购买必要的资源来进行阻塞管理或电压控制，成本效益明显。电网发展计划是首要条件，通过向潜在的利益相关者提供信息，提高流动性。如果基于市场的方法被认为是有效的，则需要从监管角度对以下几个方面进行评估：产品设计、可控性、不平衡结算、市场模式。此外，还有以下几个重要因素需注意：

（1）灵活性需求：配电系统运营商必须表明和说明其需求；

（2）招标书：需求应尽可能广泛；

(3) 产品需求：必须有恰当的定义，尽量符合标准。

3.2 需求侧数字化参与

身在科技时代，我们和子孙后代都能够利用科学技术使日常生活更加便利。20 年前不可能的事情，20 年后已实现，例如自动化。能源领域，与其他科技领域一样，也追赶着时代的步伐。

作为将数字技术融入能源领域的鲜明案例，智能电网能够实现信息交换，向相关方提供必要的数据。至今，尽管智能电网概念的出现和应用已经取得巨大进步，但依然还有很长一段路要走。高效率的智能电网应纳入对已有电路的监控和自动化控制，同时确保与所有利益相关方进行交互——通过电力系统的全面数字化。

借助数字化，智能电网、房屋和车辆都可以是能源系统需求侧灵活性的来源。随着可再生能源的增长，社区实现自我电力产消，能源生产和分配的损耗减少，最终的成果将会是更为高效的能源系统[8]。

信息通信技术（ICT）的应用日益广泛，在电力行业的利益相关者和需求侧（包括服务提供者和消费者；近年来统称为产消者）之间提供了更智能的控制和管理方案。同时，需求侧也能在需求响应计划中充分发挥能源灵活性的潜力。

3.2.1 配电网系统

电力数字化已分阶段完成，重点在于运行要求和现有技术。

加入监控和数据采集（SCADA）系统和远程操作装置与系统（例如，断路器和重合器）协助电网的控制和运行是配电网系统向数字化过渡的第一波浪潮。同时，配电网系统运营商需要从消费的计量数据中采集信息，遥测就是必要的，既能降低人工成本，又能增加可采集的数据（包括采集的规模和规律性）。于是，智能电能表就能够在需求侧附近集成电网控制和自动化功能。

智能电网的定义为电网领域的第二波数字化和智能化浪潮铺平了道路，以应对全球（欧盟、美国、中国等）能源政策引发的不同电压等级的大规模集成化可再生能源发电所导致的电网运行条件的多变性。由于需要通过分布式控制策略来应对不确定性，电力行业还引入了微电网和虚拟电厂等概念。其中，分布式能源资源（DER）与负荷控制策略进行了结合，保证了系统的高能效和高可靠性，并降低了能源使用的碳足迹。

目前正在进行的第三次浪潮是，依托智能传感系统和先进控制基础设施的广泛的数据收集，电力系统运行的可预测性可与数据驱动策略相衔接，以展示系统的运行状态（包括发电和需求侧）。电网相关平台与建筑能源管理系统的结合为能源和非能源服务创造了机会。这些服务可以是跨多个领域的，也可以是来自同一领域的多个提供者。能源使用的灵活性允许需求侧参与到一系列的不同服务之中（例如，需求响应、辅助服务等），因而成为最受欢迎的资源之一。

下一波浪潮是可期的，预计将涉及互操作性和跨领域信息交换，实现为消费者提供不同的服务。换言之，多个服务提供者可能共存于同一建筑中（例如，电热水、电动汽车充电、光伏集成）。

3.2.2 构建能源管理系统

目前，越来越多的模拟工具可帮助我们了解与能源需求有关的建筑部件之间的相互作用。譬如，“数字孪生”可覆盖整座建筑中的所有系统。借助实时决策能力，数字孪生系统能够实现先进的建筑管理方式。这些先进技术不仅能够呈现建筑中子系统的实时状态，还能收集数据，绘制系统趋势图，从而影响未来的管理决策。

能源管理系统（EMS）也称家庭能源管理系统（HEMS）或建筑能源管理系统（BEMS），诸如此类，是家庭用户与能源系统之间进行互动的关键元素之一。能源管理系统的目的是提供计算支持；根据优化目标（可以是多目标优化）实施最佳能源行动。就此看来，能源管理系统还能为建筑内的不同设备和系统的能源使用提供数据存储服务。基于这些数据，系统可以为单个设备、设备群和整个建筑的运行情况建立模型。

建筑数字化旨在为其所有的设备和系统（包括柔性负荷和可再生能源发电）的使用和性能提供大量的数字信息。这些信息进而可用于创建预测工具和数据驱动模型，从而规避物理建模的制约，允许创建灵活表征。灵活性与需求响应（DR）行动的可行性具有密切关联，可以使建筑物，乃至社区集群，参与到市场驱动的能源服务之中。

建筑优化方案的复杂性及其中灵活能源资源的基本建模需要海量计算。尤其在涉及多座建筑物时，还可能需要用到多目标优化公式。传统的优化技术和模型在市场产品中的应用目前仅限于为建筑提供基于价格的优化。在提升运算速度的方面，主要是依赖于次优化公式或采用遗传算法和交叉熵优化等元启发式算法。这一方面的研究仍在继续。

本质上说，连接所有设备和系统所面临的挑战在于存在多种可用的 ICT 解决方案，以及不同制造商和集成商的实施选择。

3.2.3 互操作性

互操作性是电力行业（包括需求侧）数字化的关键。技术实施已然能够提供庞大而广泛的数据集，但这些数据集需要一个互通的平台来实现模块化和对服务组合的访问，从而通过基础设备和系统充分发挥灵活性优势。

互操作性是与不同设备和系统进行无损数据交换的基本要求。以此为基础，终端用户和 EMS 等计算平台就能够从设备和系统中提取特征和配置信息，参照设备和系统的实际使用情况来作出决策。因此，终端用户的解决方案则是更换技术供应商，而非更换现有的系统，抑或是依赖于厂商专有的解决方案，何况这类专门的解决方案之间还存在兼容性问题。另一方面，这也给创新管理和控制创造了障碍，削弱了有竞争力的能源和非能源服务的优势。一些实体（例如，欧盟委员会）将其视为一个重要的限制因素，需要多方利益相关者共同解决。

互操作性可存在于不同层级，如图 3-3 描述的 GWAC 互操作性框架格外强调了语义互操作性[9]。语义互操作性对于编排协调和知识推理至关重要，可优化机器对机器的（M2M）数据交换的自动逻辑程序。

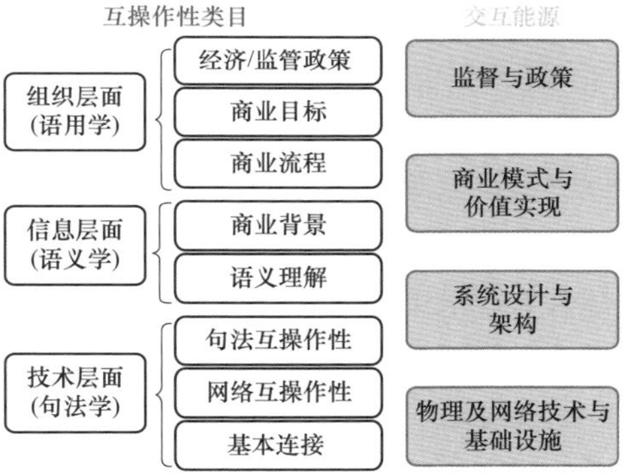

图 3-3 GWAC 互操作性框架[9]

随着科技的进步，不同的互操作性方法得以实现，但其中大多数都具备特殊的侧重点。如下：

• 通用信息模型（CIM）是由国际电工委员会（IEC）为需求响应而特别创建的国际标准化模型。然而，该模型是十余年前基于集中式能源系统所创建的，伴随固有的局限性和矛盾性。此外，CIM 是以统一建模语言（UML）设计的，只能提供相对简单的关系式和表达式。

• 智能建筑互操作中性消息交换（SPINE）技术[11]是由 EEBUS 和 Energy @home 联合开发的，应用于智能家电的数据收集，实现了家电应用程序和 EMS 之间的数据通讯，允许使用设备相关信息来实施基于价格的优化策略。

欧盟委员会与欧洲电信标准化协会（ETSI）合作发起了一项标准化倡议，旨在创建一个共享的共识语义模型，在智能家电领域中实现互操作性，并取得了一定进展——智能设备参考本体（smart appliances reference ontology, SAREF）[11]。创建 SAREF 的目的是将不同协议和平台的数据进行相互连接，实现家用设备和系统之间的相互通信。与物联网概念一致，SAREF 引入了通用语义表征作为基本的通用参考模型（图 3-4），设置了本体的类别、属性、实例、命名空间，有助于信息分组和语义推理，从而推理出新的知识。

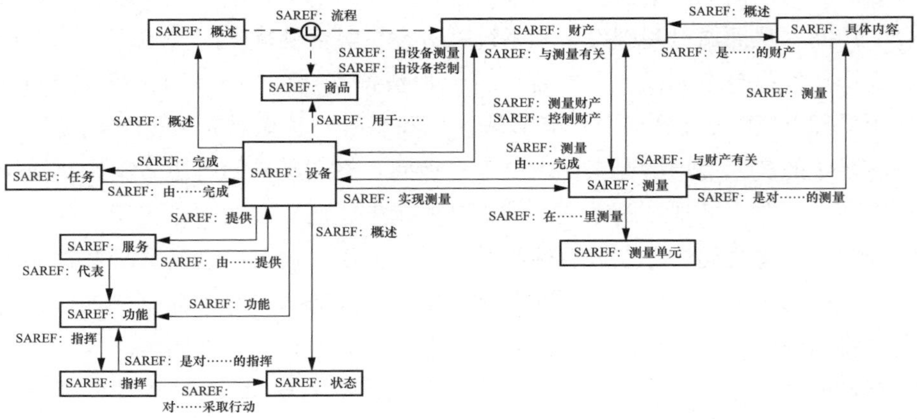

图 3-4　智能设备参考本体概况。来源：欧洲电信标准化协会（ETSI）

在“地平线 2020”框架下，以智能家居为对象的大规模试点项目目前正在进行中，旨在使各公司企业进行合作，测试新的商业模式。譬如，“InterConnect”计划[12]就是一个典型的例子；其中，不同的利益相关者共同合作，“创建具备大量需求侧灵活性（DSF）的电力系统的真实数字市场环境，降低运营和投资成本，使能源终端用户受益，帮助欧盟实现其能源效率目标。”

3.3　新的服务和商业模式

政策制定者和能源利益相关者已准备迎接这样一个即将到来的现实：许多消费者同时也是生产者，消费者参与到分散化程度显著提高的电网中。这种转型带来了新的商机，使所有参与者（消费者、灵活性提供者、生产者等）比以往更需要与所有利益相关者［输电系统运营商、配电系统运营商、平衡责任方（Balance Responsible Party）、整合商、零售商等］合作[13]。

一些研究[14]表明，终端用户愿意将剩余电力出售给邻居，从而促成新的分散式的市场结构，使各方都能从中受益，并降低购买太阳能电池板和系统的门槛。

在这种情况下，就需要通过更加以消费者为导向的方式重新思考电力市场结构。研究[15]提出了三种可能的消费者一体化市场模式：点对点消费模式、产消者对电网整合（即，整合商）和产消者社区团体。

3.3.1 整合商

整合商是一种新的能源模式。产消者与微电网相连接的结构更为合理。如果微电网与主电网互联，就能够激励产消者尽可能多地发电，因为多余的电量可出售给主电网。如果是孤岛模式，则需要在微电网层面优化“自产自用”的能源服务，多余电量仅限于电力储存和负荷转移。部分需求整合公司已经为电力终端用户利用他们的负荷灵活性参与到需求响应活动中提供了可能性。这些公司与其客户（即，电力终端用户）签订了个人合同。由于多数需求响应项目都是针对大型客户的，所以在住宅领域，需求整合公司可能将会是一个关键的促成者。目前，需求侧灵活性仍处于试点项目阶段。

因此，要使自下而上的灵活性服务成为现实，还需要采取额外的措施。一是有必要制定与整合商的角色和责任有关的法规，使整合商在法律意义上能够向现有的市场机制提供服务。二是独立的整合商或配电系统运营商（作为积极管理者而发展）需要在其负责的地理范围内有权采购分布式能源灵活性。这种市场机制的设计可能相当复杂，尤其是区域内多方共存，且各方出于不同的目的（如：市场或电网侧）需要灵活性。

根据现有研究，在进入电网市场的所有类型的产消者中，最典型的是电动汽车整合概念，这归因于电动汽车的储存容量和易预测性。譬如，某种“中间人企业”概念将大量的电动汽车整合起来，作为了一种独立的运营模式：驾驶者将驾驶需求告知整合商，整合商创建“中央虚拟能源”（VVP）来管理此类信息[16]。

此外，部分研究指出，这些整合商通过需求响应策略来利用终端用户提供的负荷灵活性，目的是为 SO 提供 AS，同时也给终端用户带去经济利益。

3.3.2 点对点能源市场

点对点（P2P）是指个人消费者与邻居分享其多余能源的能力。此类市场是受到了共享经济概念的启发，而共享经济依赖于数量庞大的代理。因此，有学者建议将优步（Uber）和爱彼迎（Airbnb）的模式应用于电网。在这种模式下，点对点平台允许电力生产者和消费者竞价并直接出售/购买电力，以及其他服务。

P2P 使个人消费者有可能以 P2P 边际价格进行电力交易，该价格比分时电价便宜，比上网电价高，为买卖双方提供了优势。

研究表明，P2P 市场能够与现有市场结构共存，未来的研究应促进 P2P 市场与现有的批发零售市场相结合，允许消费者在最符合自身利益的情况下从一个市场转向另一个市场[17]。

P2P 网络可通过近年来备受关注的区块链技术进行管理。区块链是一种共享的分布式数据结构，可以存储数字交易，无需中央授权点，使用加密技术确保安全。有研究指出，区块链可以成为在能源领域部署 P2P 市场的关键因素[18]。

区块链可以提供创新的交易平台，使产消者和消费者可以在点对点的基础上交换他们的能源盈余或灵活需求。其主要优势之一是减少输电损耗，推迟价格昂贵的电网改造升级。另一方面，能源仍通过物理电网输送，所以在 P2P 市场的模式下，电网运营商之间的电网阻塞问题是重要问题[17]。然而，P2P 市场也为重新思考使用公用电网基础设施和服务提供了新的机会，因为 P2P 结构可以对能源交换进行映射，如图 3-5 所示。

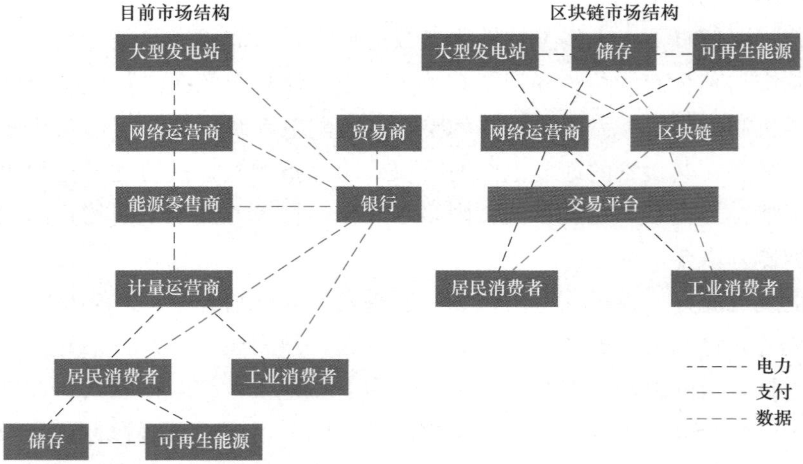

图 3-5　目前市场结构和区块链市场结构[19]

3.3.3　社区

能源社区概念实际上正在成为一种重要的社会现象，这种市场模式比点对点网络更具有组织性，但不如产消者对电网（即整合商）模式更结构化。能源社区的特点是决策和利益共享的参与程度是多变的。近年，“清洁能源一揽子计划”的通过为欧盟框架下的能源社区的建立奠定了基础。可以将能源社区理解为一种开放的、民主参与的、民主治理的、为成员或当地社区提供利益而组织起来的集体式能源行动[20]。

通过整合个体负荷，社区可提供地方灵活性服务，如缓解电网阻塞、避免电网高峰需求等。同时，社区还可以为消费者提供更多参与到电力市场中的选择，包括没有资金参与到市场中的低收入人群。然而，这种模式所面临的关键挑战是，一旦在本地能源分配可降低本地成本，但将提升系统成本，提高的成本将分摊给所有消费者，如何保证能源社区的成本效率。

实际上，随着越来越多的分布式能源在住宅和社区层面上的安装，无论出于经济或物流缘由，将当地能源集体组织起来是合理且有意义的。随着智能电网的发展，加上对能源独立的倡导，预计会有更多的社区参与到这种模式中，实现局部的能源供需平衡。同时，欧洲也正在兴起地方能源倡议，其数量、成功率和策略各不相同。已实现的地方能源倡议就是发展和实施社区储能（community energy storage，CES）的第一步。许多学者认为，社区储能将在建立更高效的能源系统方面发挥重要作用。

3.4 需求侧灵活性

需求侧管理（DSM）概念首次出现在文献［21］中，文献指出："需求侧管理是一种策略，通过规划、实施和监控影响客户用电方式的活动，以实现对公用事业负荷形状的调整，包括时间模式和大小的变化。"在过去，需求侧管理被认为是技术和经济上可行的方法，因此电力公用事业开始采取一些简单的措施来鼓励提升能源消耗的效率，以实现能源的有效利用。目前，无论是电力公用事业、监管机构还是政策制定者，都将需求侧管理视为一种降低能源成本并提供能源系统灵活性的重要策略。在未来的电网系统中，可再生能源发电主要通过配电网接入，因此局部的能源灵活性变得愈发重要。

灵活性可以被定义为电力系统在特定时间范围内，根据外部信号（例如价格信号或激活信号）调整负载的能力，以便在供需波动时作出响应，同时维持系统的可靠性。需求侧的灵活性通过允许消费者使用家庭能源管理系统等工具，使他们能够参与更广泛的能源服务。

家庭能源管理系统（HEMS）的概念在电力智能化发展的过程中首次出现。在最初的阶段，HEMS 被描述为"能源盒子"（Energy Box）等名称，作为一种带有网关接口的形式出现在某些研究中。最初的 HEMS 理念是在住宅建筑内创建一个中央单元，该单元能够与智能电网基础设施进行互操作，通过优化控制资源和用电设备，以最大程度地降低能源成本。

近年来，通信和调制方法、自适应数字信号处理以及误差检测和纠正等方面的进步，使得许多家电设备的通信能力得到了显著的提升。目前，智能家居领域的能源管理得到了极大的发展，市场上涌现出众多商业解决方案。然而，这些解决方案中有很多价格昂贵，无法充分整合最新的智能电网技术，并且通常只支持特定供应商的设备。

随着通信方法的不断进步，家庭能源管理系统（HEMS）的发展策略已经超越了传统家电的范畴，还包括新兴的能源存储系统、电动汽车等智能设备。通过将所有智能设备整合到一个统一的系统中，HEMS 可以更好地实现能源的优化和管理，降低成本，缓解负荷峰值，同时平缓可再生能源发电的波动性。然而，如果不对 HEMS 进行智能开发和监管，它可能会对居民的舒适性和电网稳定性造成严重损害。举例来说，电动汽车的充放电可能会在不适当的情况下加剧峰值需求，从而导致潜在的过载情况。因此，对 HEMS 进行智能调控的策略在智能家居运行中扮演着重要角色，以确保能源系统的稳定性和高效性，并最大程度地提升居民的舒适度。

要构建有效的家庭能源管理系统（HEMS），需要对家庭能耗、使用电器的特性和配置、整体空间的物理特性以及消费习惯进行初步分析，如图 3-6 所示。这种评估对于理解设备的整体性，包括设备之间的相互依赖关系和与其他设备的互动。这个过程可以基于从家庭中获取的历史数据来说特别重要，也可以基于默认的能耗模式。然而，为了提供足够精确的结果，尤其是在处理热量变化的情况下，HEMS 需要连接传感器来监测能耗，或者配置适当接口从而允许用户输入相关信息。这样的信息可以有助于优化系统的决策，提高能源利用效率，并适应家庭的变化需求。

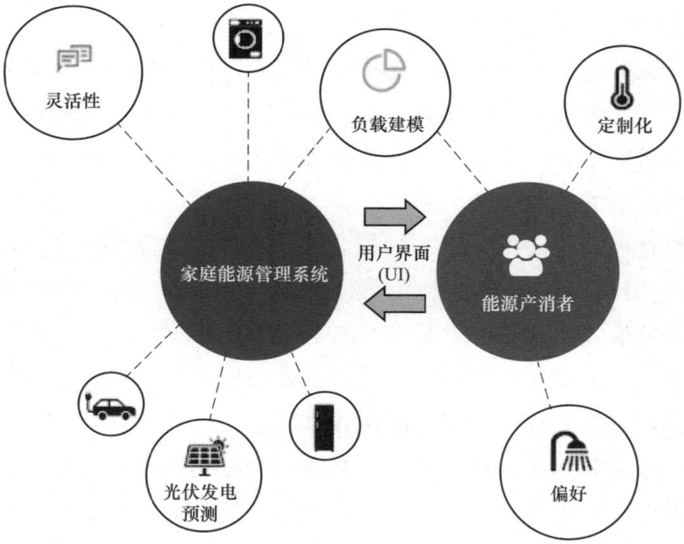

图 3-6　家庭能源管理系统（HEMS）与能源产消者之间的依赖和互动

因此，在最近的文献中，我们可以找到一些新的 HEMS 架构提议，旨在通过增强功能来提高终端用户的参与度。这些功能基于自主/机器学习技术，并具备高级的本地分析功能，从而更准确地确定现有能源资源包括灵活负荷的可用性。具体而言，这些功能可以分为以下几类：

（1）使用机器学习技术预测用户的舒适偏好和电器使用情况，以补充并最小化需要用户提供的信息。

（2）通过本地分析增强光伏（PV）整合，以更精细地最大化可再生能源的利用效率。

（3）提供动态用户界面（UI），展示家庭能源运营的最优和次优解决方案，并引入不同限制条件下的敏感性分析。

（4）计算表计后的灵活性，这种灵活性可以与电网和市场平台进行交互，同时确保数据隐私和匿名性得到保护。

（5）利用多家庭/社区协同效应，将多个家庭或社区的能源运营整合在一起，为市场和电网提供更全面的能源服务。

3.4.1 分布式能源资源（DER）与灵活负荷建模

对于潜在可控设备的能源使用情况，可以使用不同的能源模型进行评估。在文献研究中，通常考虑两类不同的设备，即可控负荷设备和不可控负荷设备。可控负荷设备可以进一步分为热负荷设备和可推迟负荷设备。在可推迟负荷设备中，特别需要强调的是电动汽车。这些负荷可以相对容易地进行控制，并且在家庭能源消耗中所占比例较大。

可推迟负荷设备在预定周期内可以运行，具有已知的持续时间和功耗。这些设备的操作可以在规划的时段内进行调整。智能可推迟负荷设备可以通过家庭能源管理系统（HEMS）进行远程监控和控制，而手动设备则可以根据用户的要求或通过智能插座进行激活。可推迟负荷设备的模型可以基于三个参数：功率（kW）、持续时间（h）以及一天内的激活次数。设备的时间框架数量取决于设备的激活次数。例如，如果设备只运行一次，那么就只有一个时间框架；如果它运行四次，那么就有四个时间框架。时间框架可以被定义为设备操作的时间间隔。在每个时间间隔内，最佳的设备激活时间可以通过优化算法来确定，从而在整体能源利用和成本方面实现最佳化。

这种简化的能源消耗模型在日常家庭能源管理中已经足够使用，并且误差相对较低。然而，该模型假设用户提供的设备功率和持续时间数值接近实际情况。但实际上，大多数消费者通常缺乏关于如何优化能源消耗或高效利用可再生能源资源的必要认识。他们可能不知道仅通过更改一些移动应用程序的配置就能降低能源费用。在这种情况下，需要引入一个新的信息层，为家庭能源管理系统提供有关能源消耗动态的信息。举例来说，一种称为非侵入式负载监测（NILM）[23]的数据分析工具可以利用从智能电能表获取的总能源消耗数据，识别主要的居住设备或能源服务的消耗情况。

热负荷设备的建模，如电热水器（EWH）或空调（AC），相对于可推迟负荷设备的建模来说更为复杂。在文献［24］中，Kupzog 和 Roesener 描述了基于电阻一电容（RC）电路比对的方法来描述空调的热过程，其目的是在空调运行的房间内建立电路与热平衡之间的关系。类似的微分方程也被用于描述其他类型的热负荷设备，如冰箱（RFs）和电热水器（EWH）。对于冰箱，其热模型的表示方法与空调热模型的相似。而电热水器的模型则因其不同的结构特征而多样化，每个模型都会考虑这种家电的独特性。因此，建立热负荷设备模型需要大量关于设备和能源消耗的不同方面的信息。电器设备的特性和安装环境对于建立准确的模型至关重要。这些特性可以通过传感器数据收集获得，而热容量、热阻/导纳、额定电功率等特性则需要从用户处收集。此外，还需要输入有关消费习惯的信息，例如空调运行的时间段、淋浴热水的使用时间和数量等。这样的详细信息对于建立能够准确反映实际能源使用情况的热设备模型至关重要。

然而，在现有的文献中，很少再考虑冰箱模型，因为冰箱在温度方面有更为严格的限制，而且在供电时的快速变化对成本几乎没有影响。此外，与其他家电相比，冰箱的能耗较低，并且目前的设计目标是尽可能提高其运行效率。

电动汽车通常被归类为可推迟负荷设备，因为它需要使用相同的参数进行控制。然而，这些参数并非直接由用户定义，而是根据用户所需的自主行驶里程来确定。因此，为了建立电动汽车模型，用户需要定义两个偏好：所需的自主行驶里程（以千米为单位）和一个唯一的操作时间段。在指定了这些数据后，电动汽车的充电持续时间将始终保持不变，而充电次数将由用户输入的自主行驶里程决定。

因此，电动汽车的充电次数取决于使用的家用充电器类型以及充电过程中电动汽车的能耗。电动汽车的充电模型旨在将整个充电时间划分为较短的时间段，以便在电价较低的时段进行充电。如果考虑到一定的功率限制，那么可以扩展家庭设备的启动选项，以更好地适应电动汽车的充电需求。为了成功应用这个模型，我们只需考虑一个时间段，之前确定的唯一时间段规则也适用于电动汽车的充电。

3.4.2 建筑与空间

所有建筑物的结构都包含有热容性，这使得它们能够储存一定数量的热能。

根据热容性的特点和变化性，可以在不影响建筑物的热舒适性的情况下，推迟供暖或制冷的时间。

然而，发出准确高保真的建筑热环境能量模型并非易事。大多数建筑能源系统都是复杂的非线性系统，受气候条件、物理特性和居住者行为等多种因素的强烈影响[25]。更具挑战性的是，建筑电力系统通常缺乏充足的测量和监测数据。传感器通常只在特定的控制操作需要时进行安装，并且其精度通常低于工业应用中的传感器。这增加了将建筑能量模型应用于实际建筑运营的难度。近年来，一些新的研究正专注于提高建筑能量模型的准确性，并通过简化模型来更好地适应在线控制和优化需求。

在优化建筑的热性能方面，已经采用了多种方法来满足舒适性需求和供暖模式，但很少有尝试将电气和热方面的限制结合到家庭能源管理的统一优化框架中，以解决这些问题[26]。这种方法可以在同一个优化算法中同时考虑电气和热方面的问题，从而实现综合性能的最佳化。然而，在这个框架中，通常会考虑基于热泵的适当热模型。尽管这是一个有趣的方法，但并不适用于多层建筑的复杂情况。

固体热传递方程是线性的，当在空间上进行离散化时，可以用所谓的电类比来表示。通过这种类比，材料的导热性被解释为电导率，热容被解释为电容。在一篇关于使用电类比的模拟器的示例中，建筑物受太阳能加热的热行为被建模为一个简单的电阻和电容网络（RC 网络），电阻对应于建筑物的导热性，电容对应于建筑物的热容[27]。

独立地对每个建筑层次进行建模可能会使热模型变得相当复杂。因此，主要目标是寻找一种方法，既能减少热模型中所需的元素数量，又能保持整体模型的准确性。这种简化后的模型必须在建筑物正常运行条件下保持准确性，以便更好地进行能源管理。

3.4.3 优化策略

家庭能源管理系统（HEMS）必备的一个显著特点是能够精确计算出为终端用户提供附加价值的最优（或次优）能源使用计划。HEMS 通过采用多种优化策略来达成这一目标，这些策略在很大程度上取决于可能建立的一组准则。在涉及能源管理的广泛多样优化准则中，成本方面的考量尤为引人关注，因为它着重于在能源使用中寻求成本的最小化。如果电价的差异化设置能够有效追求电网效率目标，那么参与需求响应的参与者通常也会遵循这一原则。

已经有多项研究详细探讨了用于优化建筑内部或聚合层级能源消耗的不同类

型模型。例如，在文献［28，29］中，作者提出了一个多尺度多阶段随机优化模型，用于实现成本最小化和峰值功率削减的 HEMS 模型预测控制算法。该模型涵盖了插入式混合动力电动汽车（HEVs）充电、热动力学、温度测量和实时定价信号等要素。文献［30］描述了一个最优且自动的住宅电力消耗调度框架，旨在在最小化支付和最小化每个家用电器操作等待时间之间取得平衡，根据用户声明的需求来进行调度。在文献［31］中，Rahmani 和 andebili 与 Shen 提出了一种将线性规划（LP）与遗传算法（GA）相结合的方法，以减少智能家居的电力消耗成本。他们的方法通过使用 GA（离散遗传算法）来处理问题的非线性部分，将离散变量与连续变量分离，并通过 LP（连续性规划）来增强全局最优解的搜索能力。

一些研究已经进入了试点测试阶段。InteGrid 欧洲项目[32]在不同的试点中开发并测试了一种解决方案，能够存储用户的配置和舒适性偏好，以生成适用于第二天的家用电器（传统和智能）的最优时间表。这是一个高度可定制的平台，融合了其他现有系统的功能，以及与能源管理目标相关的创新功能。这些软件模块经过设计、实施，并嵌入 Raspberry PI 3 计算核心中，从而产生了一种成本效益高、灵活且适用于不同环境的解决方案。

以下展示了一个家庭运行的可能情景。图 3-7 展示了一个每天高达 96 个时段的基准情景。而图 3-8 则考虑了动态电价，旨在优化家庭的能源消耗。

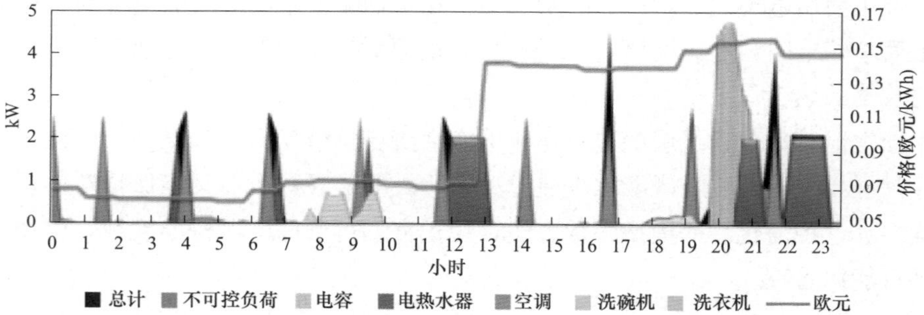

图 3-7　基准情景[33]

然而，此解决方案中实施的优化问题的主要目标是最小化总日成本，考虑的因素不仅包括动态电费，还包括峰值功率限制、具有不同持续时间、功率消耗和激活次数的可推迟家电，以及用于热电器的多个模型和外部数据，同时还考虑了与该国法规相关的技术限制[33]。

3.4.4　灵活性聚合

在文献中，有一个关于家庭建筑向配电系统运营商提供需求侧灵活性模型的简化概念，被称为虚拟电池[34]。何浩（He Hao）提出了一个智能住宅社区的概念，在这个社区中，居民将他们的可调节负荷的物理控制权交给了社区管理员，后者负责预测社区的总基础负荷，并实施协调和调度算法，以管理可调节负荷的功耗，以避免高峰需求费用，并遵守资源约束。这一框架在图 3-9 中呈现，其中，EDF 表示最早截止时间优先，LLF 表示最低松弛度优先，EDP 表示最早截止时间与最低松弛度之积优先。

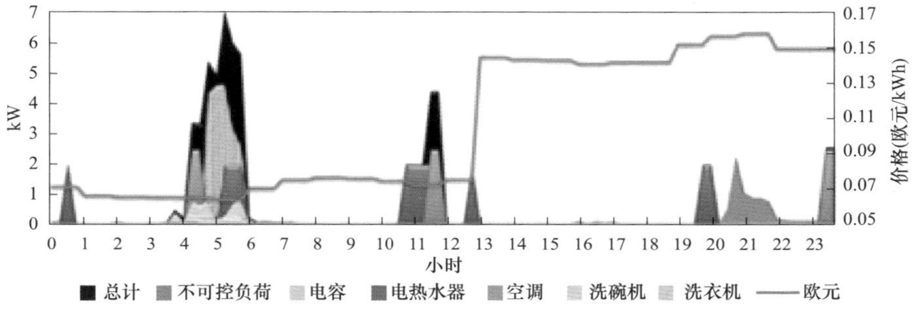

图 3-8　优化情景[33]

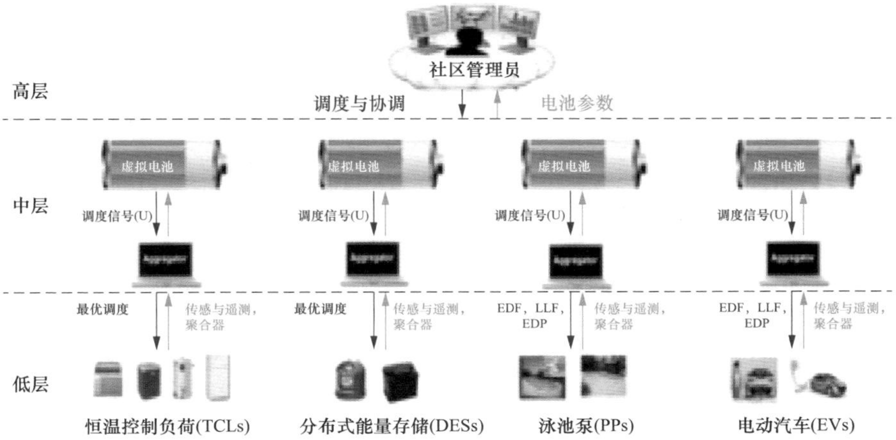

图 3-9　虚拟电池协调框架示意图[34]

这一模型的改编版本在 InteGrid 项目中得到了应用[35]。在家庭能源管理系统（HEMS）中，该系统每天都会对家庭设备进行优化，同时实现了一个提供辅助服务灵活性的虚拟电池模型。该模型的核心思想是为每个 HEMS 配置一个独立的虚拟电池，这些个体虚拟电池的聚合结果形成了一个集合，每个个体虚拟电池代表着家庭中可调节的设备。配电系统运营商（DSO）通过电网和市场中心与家庭能源生产者和消费者（即“prosumers”）签订了灵活性服务的合约。这种灵活性由家庭能源管理系统（HEMS）实现，并由一个灵活性运营商进行综合汇总。这种方法同时兼顾了预防性和实时性操作。预防性操作涵盖了一系列控制动作，用于“预留”灵活性以防范技术问题。在实时操作中，分析电网状态，如果与预防性管理方案保持一致，便会激活事先预订的灵活性措施；反之，如果存在显著偏差，将会触发重新计算控制动作以管理电压偏差。

这一概念的优势在于，从系统运营商的角度来看，它具有标准化的结构，涵盖了建筑物中所有可用的灵活资源，而运营商无需了解这些资源的类型和特性。

以下实例再次证实了这一观点，即电池的充电发生在设备启动并从电网消耗能量时，而放电发生在设备关闭并停止消耗能量，或者设备启动并能够从电网吸收能量时。每个家庭能源管理系统（HEMS）中可用的能量量是根据基线（在这种情况下是未来一天的优化消耗模式）确定的，并根据两个不同的方向进行定义。

上行灵活性（正值）：当虚拟电池的储能状态（SoC）低于最大限制时，HEMS 可以通过启动设备来消耗能量以进行充电。SoC 的变化将取决于所激活设备消耗的能量。

下行灵活性（负值）：当虚拟电池的储能状态（SoC）高于最小限制时，HEMS 可以通过从电网吸收能量来进行放电，或通过停用设备来停止充电。SoC 的变化将取决于所激活设备吸收的能量的多少，或在停用设备时设备不消耗能量的情况。

家庭领域的灵活性通常考虑三种具有可调节行为的设备。每个设备都可以根据其技术限制和特性建模为一个独立的电池。

1. 电热水器（EWH）

电热水器的 SoC 基于从日程优化中得出的温度曲线进行确定。考虑到允许的最高和最低温度分别对应于 100%和 0%的 SoC，可以使用最大－最小方法进行规范化，以获得一天内的 SoC 变化。设定温度被用作初始 SoC，并且还考虑了一个安全间隙，以避免温度调节器达到其极限。安全间隙的值应与一次激活的温度变化成比例。对于每个时间段，如果电热水器处于关闭状态，并且当前 SoC 加上安全间隙低于 100%，则上行灵活性等于该时段内电热水器的额定功率，即设备可用于消耗能源。如果电热水器处于打开状态，并且当前 SoC 减去安全间隙高于 0%，则下行灵活性（负值）等于该时段内的额定功率，即设备可用于停止消耗能源。

2. 电动汽车（EV）

电动汽车（EV）领域中，虚拟电池的限制与实际电池的限制相一致。因此，为了确定充电电动汽车所需的能量值，需要考虑总电池容量以及连接时的电池状态（SoC）。同时，还需要考虑连接和断开充电的时间信息，以便明确设备提供灵活性的可用时间窗口。由于电动汽车在充电过程中能量消耗会有所变化，因此必须根据建筑物功率上限，为每个时段设定充电的最大限制。最后，在每个连接时间段内，如果电动汽车充电器处于关闭状态且其 SoC 低于最大值，那么上行灵活性将等于该时段内电动汽车允许消耗的最大功率。如果电动汽车充电器处于打开状态，并且在接下来的时段内有足够的能量来充电，那么该时段内的下行灵活性（负值）将等于当前充电的功耗。除了开关控制之外，车辆充电还可以通过智能充电模式进行管理。需要特别强调的是，本文中的讨论排除了 V2G 技术的应用。然而，在 V2G 模式下，电动汽车能够将功率注入电网，从而提供额外的灵活性。从电网的角度来看，这种应用是最具吸引力的，因为除了协助管理电网支路的拥塞和电压问题外，电动汽车还能够提供峰值功率，从而使一天内的能量需求更加平稳。如果将 V2G 模式下的电动汽车管理扩展到建筑物或家庭级别，那么就可以将其视为车辆到家庭（V2H）模式的运行。在这种情况下，电动汽车电池可以为建筑物级别提供额外的正负灵活性，并且可以用于调控从电网吸收的峰值功率。

3. 光伏逆变器

尽管光伏逆变器同时集成了电池和光伏面板，但该逆变器目前还未具备独立控制这两个元素的功能。因此，从灵活性角度来看，该设备目前只能进行光伏输出的调控。电池 SoC 的限制与电池相关，初始 SoC 的数值由用户设定。初始 SoC 较高意味着电池将更早开始充电，进而导致光伏逆变器向电网注入的能量增加。随之而来的是电网注入的能量增加，这进一步意味着可以进行光伏输出削减的潜在功率也会增加。因此，上行灵活性可以等同于每个时间段向电网注入的功率，宛如在功率流方面启用了一个负载装置。

就目前而言，下行灵活性被认为是零。然而，如果光伏功率已经被降低，那么下行灵活性将等同于已削减的光伏功率，这部分功率可以被重新调整利用。

最后，在考虑所有相关设备时，上行和下行灵活性被综合计算。如果总功率超过家庭能源管理系统（HEMS）所设定的功率上限，系统将根据每个设备在每个时间段内可提供的功率，按递增顺序逐个扣减设备的灵活性，以降低总功率至允许范围内。

3.5 结论

从消费者到产消者的转变不再只是一个构想，它已经成为一个正在进行中的现实概念。随着能源管理系统、分布式能源资源（DER）、智能通信平台和新的监管框架的融合，这一场景正在今天变得更加可能。已经推出了有酬计划，鼓励能源客户根据定价信号调整其能源消费。这种响应从消费者的角度引发潜在的灵活性，使消费者本身成为一个重要的参与者，掌握着对分布式能源资源的控制，这对于协助平衡电网至关重要。

为了实现这种能源模式，迫切需要开始开发额外的资源，充分利用需求侧灵活性的全球潜力。

政策和监管在允许和鼓励客户投资于分布式能源资源方面起着至关重要的作用。持续的创新和技术进步可以使能源资源或通信基础设施随着时间的推移变得更加高效和经济可行。信息也具有至关重要的意义，能源管理系统需要帮助产消者充分理解如何正确参与并充分利用复杂的基础设施和市场。

这对于能源利益相关者来说是一个宝贵的机遇，他们可以通过电力市场中的新灵活性解决方案创造价值，这些解决方案将带来财务、运营、环境和社会方面的好处。

参考文献

[1] IEA. The Covid-19 Crisis and Clean Energy Progress, 2020. Available from https://www.iea.org/reports/the-covid-19-crisis-and-clean-energy-progress.

[2] IEA. Annual change in global energy-related CO_2 emissions, 1900-2020. Avail-able from https://www.iea.org/data-and-statistics/charts/annual-change-in-global-energy-rel ated-co2-emissions-1900-2020.

[3] IEA (2020) Demand response. Available from https://www.iea.org/reports/demand-response.

[4] Sioshansi F (2019) Consumer, prosumer, prosumager: how service innovations will disrupt the utility business model. 550.

[5] EC. Clean energy for all Europeans package. 2017-2020; Available from https://ec.europa.eu/ energy/topics/energy-strategy/clean-energy-all-europeans_en.

[6] EC. The European Green Deal. 2019: Brussels.

[7] EC (2019) Commission Recommendation on building renovation.

[8] IEA (2017) Digitalisation and Energy. Available from https://www.iea.org/reports/digitalisation-and-energy.

[9] GridWise Transactive Energy Framework, Version 1.1. 2019, GridWise Arhictecture Council.

[10] IEC. IEC 61970-501：2006（2006）In：Energy management system application program interface（EMS-API）—Part 501：Common Information Model Resource Description Framework（CIM RDF）schema.

[11] Available from https://www.eebus.org/technology/.

[12] InterConnect. Available from https://interconnectproject.eu/.

[13] Villar J，Bessa R，Matos M（2018）Flexibility products and markets：literature review. Electric Power Syst Res 154：329-340.

[14] Immonen A，Kiljander J，Aro M（2020）Consumer viewpoint on a new kind of energy market. Electric Power Syst Res 180：106153.

[15] Parag Y，Sovacool B（2016）Electricity market design for the prosumer era. Nat Energ 1：16032.

[16] Brooks A（2002）Integration of electric drive vehicles with the power grid—a new application for vehicle batteries. In：Seventeenth annual battery conference on applications and advances. proceedings of conference（Cat. No. 02TH8576）.

[17] Sousa T et al（2019）Peer-to-peer and community-based markets：a comprehensive review. Renew Sustain Energ Rev 104：367-378.

[18] Blockchain—an opportunity for energy producers and consumers. Available from https://www.pwc.com/gx/en/industries/assets/.

[19] Andoni M et al（2019）Blockchain technology in the energy sector：a systematic review of challenges and opportunities. Renew Sustain Energ Rev 100：143-174.

[20] Caramizaru E，Andreas U（2020）Energy communities：an overview of energy and social innovation. Publications Office of the European Union，Luxembourg.

[21] Gellings CW（1993）Demand-side management：concepts and methods.

[22] Matos PG，Messias AA，Daniel PR，Oliveira MSM，Veiga AM，Monteiro PL（2013）Inovgrid，a smart vision for a next generation distribution system. In：22nd international conference and exhibition on electricity distribution（CIRED 2013），Stockholm.

[23] Hart GW（1992）Nonintrusive appliance load monitoring. Proc IEEE.

[24] Kupzog F，Roesener C（2017）A closer look on load management. In：5th IEEE international conference on industrial informatics，June 2017，pp 1151-1156.

[25] Li X，Wen J（2014）Review of building energy modeling for control and operation. Renew Sustain Energ Rev 37：517-537.

[26] Gustafsson J，Delsing J，van Deventer JA（2008）Thermodynamic simulation of a detached house with district heating subcentral. In：IEEE systems conference，Canada.

[27] Amara FAK，Cardenas A，Dubé Y，Kelouwani S（2015）Comparison and simulation of building thermal models for effective energy management. Smart Grid Renew Energ 6：95-112.

[28] Jia L etal (2011) Multi-scale stochastic optimization for home energy management. In: 2011 4th IEEE international workshop on computational advances in multi-sensor adaptive processing (CAMSAP).

[29] Wu X et al (2018) Stochastic optimal energy management of smart home with PEV energy storage. IEEE Trans Smart Grid 9 (3): 2065-2075.

[30] Mohsenian-Rad A, Leon-Garcia A (2010) Optimal residential load control with price prediction in real-time electricity pricing environments. IEEE Trans Smart Grid 1 (2): 120-133.

[31] Rahmani-andebili M, Shen H (2016) Energy scheduling for a smart home applying stochastic model predictive control. In: 2016 25th international conference on computer communication and networks (ICCCN).

[32] InteGrid. Available from https://integrid-h2020. eu/.

[33] Abreu Cetal (2018) Advanced energy management for demand response and microgeneration integration. In: 2018 power systems computation conference (PSCC).

[34] Hao HAS, Borhan M, Poolla K, Vincent TL (2015) Aggregate flexibility of thermostatically controlled loads. IEEE Trans Power Syst 30.

[35] Bessa R et al (2018) Data economy for prosumers in a smart grid ecosystem, pp 622-630.

4

有源配电系统的可靠性分析

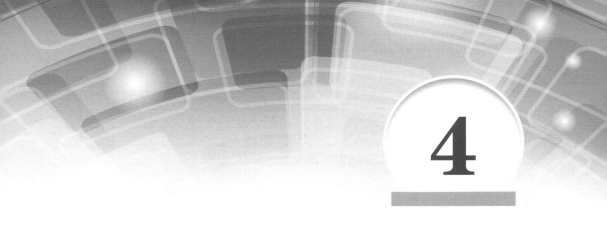

Lucas Fritzen Venturini，Gabriel Santos Bolacell，Leonel de Magalhães Carvalho，Mauro Augusto da Rosa，and Diego Issicaba

摘要： 本文讨论了与有源配电系统的可靠性分析有关的方面。提供了一个评估的总体框架，其中强调了与事件原因、事件建模和系统状态分析有关的方面，旨在确定保护设备的响应时间、现代自动化和控制基础设施的纳入以及分布式能源资源的大规模整合对主动配电系统的可靠性的影响。提出的框架允许估算服务驱动（如 SAIFI、SAIDI）、电能质量驱动（如 SARFI、SIARFI）和运行驱动（如 SCCEI、SCFI）指标，通过分布式/多代理控制以及先进的保护解决方案，支持对分布式能源大规模集成相关利益的全面分析。

缩　略　语

AENS	平均缺供电量指标
ASAI	平均供电可用率指标
ASIDI	平均系统停电时间指标
ASIFI	平均系统停电频率指标
ASUI	平均系统供电不可用率指标
CAIDI	用户平均停电持续时间指标
CAIFI	用户平均停电频率指标
CHP	热电联产
ENS	缺供电量指标
MAIFI	暂时系统平均停电频率指标
MAIFIe	暂时平均停电事件频率指标
SAIDI	系统平均停电时间指标
SAIFI	系统平均停电频率指标

续表

$SARFI_x$	系统平均有效值变化频率指标
SCADA	监督控制和数据采集
$SCCEI_x^n$	短路电流期望指标
$SCFI_x^n$	短路频率指标
$SCPI_x^n$	短路概率指标
$SIARFI_x$	系统瞬时平均有效值变化频率指标
$SMARFI_x$	系统暂时平均有效值变化频率指标
$STARFI_x$	系统临时平均有效值变化频率指标

4.1 引言

随着分布式能源资源和具有增强的通信和控制能力的设备的激增，配电系统逐渐有了新的关键电力服务，包括固定容量和运行储备，它可以作为传统网络投资的替代，使网络更有效地运行，并与电网用户进行动态互动[1]。这种主动式配电系统（即有源配电系统）的新概念得到了灵活和智能的分布式控制机制的支持，能够实施创新的操作和控制策略[2]，可以利用这些策略来提高网络的可靠性。

与被动式配电系统不同，有源式配电网可以包括一系列设备，如分布式发电、需求响应、储能、智能保护方案以及集中式和/或分散式控制策略，这些设备必须适当协调，不仅支持系统，也支持分布式资源的本地运行。因此，更智能的配电网允许几种新的可能性，包括广域主动控制、自适应保护、网络管理设备、实时网络模拟、高级传感和测量，这些都是分布式通信设备提供的服务[2]。这种情况给网络升级的设计带来了新的挑战，特别是那些与一个重要标准有关的挑战，即不同的选择和方案的可靠性。

建立分布式能源及其不确定性行为的代表性模型，对于准确评估有源配电系统的可靠性至关重要。这种模型被嵌入可靠性评估技术中，该技术是量化新设备和相关运行策略的影响的手段，通常通过性能指标来衡量。这些指标必须具有广泛的视角，因为之前提到的所有方面不仅改变了供电的连续性，而且也改变了整个电能质量。在这种情况下，本章旨在提出一个有源配电系统的可靠性分析框架，能够对设计方案进行定量评估，同时将配电网新的范式纳入考虑之中。

因此，本文的组织结构如下。在第 2 节中，简要讨论了目前的技术状况。在第 3 节中，提出并讨论了有源配电系统可靠性分析的一般框架，以及事件转换模型和性能指标的例子。第 4 节呈现了模拟和说明性结果，以突出展示所提出的有源配电系统可靠性分析的通用框架的应用。最后，在第5节中，对本文进行了概述和总结。

4.2 技术现状

在过去的几年里，已经进行了一些研究，将与有源配电系统相关的新范式（如分布式发电、孤岛运行、负荷削减、自愈分析、网络系统可用性、改进的事件和组件建模等）纳入这些系统的可靠性分析中。在文献［3］中，作者提出了一种使用蒙特卡罗模拟的方法来评估多电源有源配电系统的可靠性。作者引入了虚拟电厂的模型来表示具有间歇性电源的微电网，以尽量减少蒙特卡罗模拟的计算负担。文献［4］提出了一种评估有源配电系统的方法，考虑到永久性和暂时性故障。所开发的模型整合了短期事件，还考虑了电压下降和瞬时停电的持续时间。采用一种基于图论的搜索算法来识别保护装置的动作和备用供电的存在。

在文献［5］中提出了一个使用顺序蒙特卡罗模拟对有源配电系统的充分性和安全性进行评估的方法。为了验证孤岛运行的可行性，设计了一种离散-连续相结合的仿真模型，使用稳态和动态分析来评估分布式发电机的频率和电压稳定性。同样，文献［6］中采用非序贯蒙特卡罗方法确定考虑孤岛运行的分布式发电配电系统的稳定运行点。稳定孤岛运行由同步电机的电压和速度调节器的完整模型来表示。作者使用经典指标和生存指标来评估配电系统的可靠性。在文献［7］中，提出了一种长期影响评估算法，以评估分布式发电主动孤岛化的配电系统上的先进的低频减载方案。该方法通过序列蒙特卡罗模拟和多项式神经网络实现，以指示何时以及如何使用负荷削减策略来支持孤岛运行。

在文献［8］中，考虑配电系统中的光伏模块的集成，进行了可靠性分析。该模型不仅考虑了辐射照度，而且还考虑了模块随时间的退化。文中提出了五个新的指标来量化光伏组件支持的孤岛运行的好处。在文献［9］中对带有移动储能系统的有源配电系统进行了可靠性研究。该研究采用了一种基于解析和蒙特卡罗模拟技术的混合方法，同时采用引导抽样法来加速模拟。作者指出了移动储能可以在孤岛运行中供应很大一部分负荷，提高配电系统的整体可靠性。

在文献［10］中，提出了一种基于事件树方法来量化一个特定的自动化配电系统的可靠性，称为“低停电系统自动化方案”。通过考虑电网元件和自动化设备故障，使用分析方法进行评估。在文献［11］中，作者提出了一种考虑智能监控设备的配电系统可靠性分析方法。在这种方法中，这些设备被用来监测有载分接开关绕组、储能、附件、终端状态的健康状况，以及由于恶劣天气造成的线路和保护设备的故障。

在文献［12］中，作者提出了一种用于建模配电系统可靠性中雷电诱发故障的方法。在这项工作中，考虑了直接击穿和感应故障。采用蒙特卡罗和分析方法相结合的方法，对所提出的方法进行了测试，考虑了永久性和暂时性故障。在文献［13］中分析了恶劣天气对配电系统可靠性的影响。这项工作还考虑了天气对设备寿命的影响，这反过来又会影响预防性的维护策略。这项工作强调，天气引起的退化可以更充分地表现整个系统的行为，在其可靠性分析中必须考虑到。

在文献［14］中提出了一种利用故障关联矩阵进行配电系统可靠性分析的灵敏度方法。除了馈线的故障率和维修率，还提出了对新设备安装的敏感性分析，以改善与用户相关的指标。在文献［15］中研究了由于屋顶光伏组件产生的能量而对配电变压器进行可靠性分析。使用蒙特卡罗模拟法来表示由于反向功率流导致变压器寿命降低的情况，结果表明如果没有适当的规划决策，使用分布式发电会对系统可靠性产生负面影响。

在文献［16］中，考虑到动态路由、延迟和通信错误，开发了一个评估配电系统网络链接的模型。这个模型被用来确定链接是否能够有效地传输控制信息。这项工作还提出了一种分析和蒙特卡罗模拟的混合方法来量化网络故障对有源配电系统可靠性的影响。在可靠性研究中，通信基础设施和物理系统之间的相互依赖关系在文献［17］展示。作者认为，基于相位测量单元通信链接可用性的决策支持系统可以促进网络故障向物理系统的传播，影响电能输送方面的性能。在文献［18］中，提出了一种伪序贯蒙特卡罗模拟方法来研究考虑通信网络的有源配电系统的可靠性。在这种方法中，作者在评估物理系统时考虑了数据传输和通信元件的故障。通过展示不同的通信能力水平下的结果，以显示有源配电系统的物理和网络通信水平之间的相互依存关系。

4.3 有源配电系统可靠性分析的一般框架

可靠性这个词在工程领域有广泛的含义和用法。关于配电系统，这个术语通常被称为系统执行其功能的总体能力，也就是以令人满意的质量水平持续供应其用户[19]。对于配电系统的可靠性分析，大多数现有技术都侧重于其适应性，一般仅涵盖供电连续性问题（可用性）。然而，由于但不限于分布式能源资源、控制理念、保护方案、通信策略、代理行为和市场结构所产生的大量运行影响，有源配电系统概念所引起的变化需要合适的模型和性能指标。

对技术现状的简要讨论表明，对有源配电系统的可靠性分析进行了大量的研究工作。这些工作有一个共同的目标：提供一个准确的现象描述，使得所得到的结果更接近真实系统的行为，为决策者提供易于理解和使用的性能指标。研究人员已经提出了不同的方法和模型，但仅针对有源配电系统可靠性的一个或少数几个影响因素。由于评估的复杂性和固有的计算负担，这些单独的模型在每项工作中都根据具体的目标来处理。因此，从所有角度对有源配电系统进行一般性分析几乎是不切实际的，因为准确的系统表示和模拟需要各种复杂的模型，使得绝大多数的可靠性研究集中在学术或工业领域感兴趣的特定现象上。

尽管有这样的限制，仍然可以抽象出一个可靠性分析的一般框架。这个框架应该有足够的灵活性，能够模拟感兴趣的事件，从而能够准确评估其后果和相关的操作行动，这反过来又会影响有源配电系统的性能。一个初步的可靠性分析通用框架如图 4-1 所示，强调了可以进行建模并影响有源配电系统可靠性的方面。设计者必须确定感兴趣的现象和/或设想要评估的主动解决方案/行为的种类。然后，必须建立一套系统状态，以及引发状态转换的事件原因及其相应的后果/与要分析的操作行为相关的后果。最后，必须设计合适的性能指标来描述现象或主动解决方案/行为对整个系统可靠性的影响。离散事件随机模型、离散事件确定性模型和离散时间确定性模型[20]是可用于表示状态转换的评价技术的示例，而大量的分析工具可以应用于状态评估。设计一种方法来验证某种现象或主动解决方案/行为对有源配电系统可靠性的影响，直接关系到选择适当的事件转换模型和分析工具，以及与实施可行性和预期计算负担有关的权重问题。

例如，图 4-1 说明了一个与元件的故障/维修周期有关的转换事件。可以利用两状态马尔可夫模型来表示组件的故障和运行状态之间的转换原因。在更复杂的装置可用性和/或元件表示中，可以使用其他类型的模型，例如多状态马尔可夫模型。在有源配电系统的情况下，转换事件可能是由故障（短路）、保护装置误操作、维护操作和网络故障等引起的。事实上，对故障原因进行准确建模对可靠性评估具有很大影响，尤其是在季节性天气变化对设备产生直接影响（如飓风和架空线路上的积雪）以及有浓密植被和动物的地区。不同的模型可以用来表示设备的可用性和操作性，如重合闸，它可以通过打开和关闭电路来部署一系列的尝试来扑灭故障，从而在过渡性故障的情况下对快速恢复供应起到决定性作用。同样的推理适用于任何网络设备，包括继电器/传感器、控制器和通信设备，其中每个事件都可以触发其他事件。图 4-1 中也强调了基于确定性模型的离散事件。这些模型被用于表示不同用户类型（如城市、农村、工业）的全年行为，以及与光伏、风力发电和水电装置相关联的发电量曲线。与市场有关的问题也可以被模拟成一个离散的事件，其中电网的每个参与方可以根据市场结构自主决定如何行动。与天气表现或传感设备运行状态相关的线路和变压器容量变化可以影响性能并触发/安排进一步的事件。连续时间模型也可以用来表示与系统动态有关的事件（如评估孤岛运行）或暂态事件（如评估电能质量问题）。

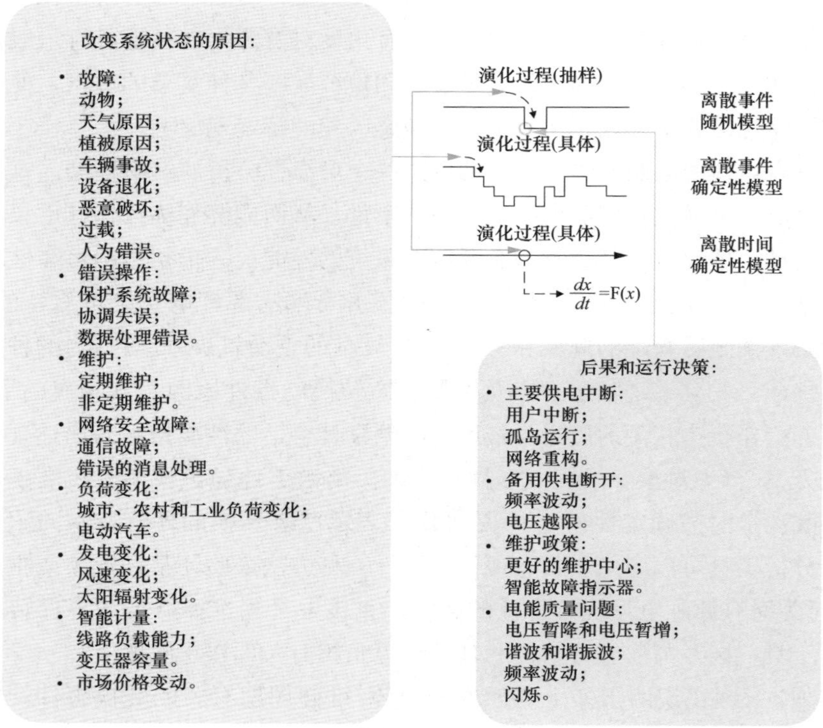

图 4-1　通用框架

每一个状态转换的原因都有直接和间接的运行决策的结果。这些原因和结果通过专用工具进行评估，以提供计算函数所需的实例，其期望值或其他统计数据用于获得性能指标。例如，保护设备的运行可以断开一定数量的用户。如果使用不适当的保护协调方案，那么可能会有更多的用户被断开。然而，如果部署了适当的配电管理系统，那么可以设计一系列的开放/关闭行动（自动或手动）来重新连接尽可能多的用户，直到故障设备被修复或更换。集中和分散的控制方案可以被纳入系统，以对基于监控和数据采集（SCADA）系统和基于多智能体解决方案等新的分散式方法来建模。如果分布式发电机能够供应断开的负载，则可以通过动态分析评估孤岛运行的技术可行性，以验证是否有足够的电压和/或频率支持，并利用发电/负荷减少方法来尽可能少地断开用户。在故障期间，可以实施纠正性维护政策的模型，以准确地表示工作人员的工作。智能感知设备（例如智能故障指示器）的效果也可以进行验证。智能电能表的使用可以用来实时分析电能质量，以支持预防性维护决策，最大限度地减少用户的停电时间。

对宽泛的领域进行建模，通常不允许以分析方式计算性能指标。因此，研究人员应用蒙特卡罗方法及其变体，通过对状态或状态转换的抽样来估计性能指标。蒙特卡罗模拟技术可分为非顺序法、伪顺序法和顺序法，其中后者被认为是最灵活的方法，是本文的重点。顺序蒙特卡罗模拟方法依赖于对状态停留时间的采样，能够将图 4-1 中强调的所有方面结合在一起。然而，在配电系统可靠性分析的文献中，结合离散-连续的模拟方法[5,7]仍然是罕见的。在顺序蒙特卡罗模拟中，性能指标的计算函数被建模为一个随机变量 G，其期望值估计如下：

$$E[\mathbf{G}]=\frac{1}{N}\sum_{y=1}^{N}G(y) \tag{4-1}$$

其中，$G(y)$ 是 y 年的计算函数值，N 是取样的总年数。

性能指标估计值的变化系数 β 为[22]。

$$\beta=\frac{\sqrt{V[\mathbf{G}]/N}}{E[\mathbf{G}]} \tag{4-2}$$

其中

$$V[\mathbf{G}]=\frac{1}{N}\sum_{y=1}^{N}[E[\mathbf{G}]-G(y)]^2 \tag{4-3}$$

β 系数是用于确定顺序蒙特卡罗模拟的收敛性的主要变量。

4.3.1 事件转换建模的例子

如前所述，状态转换可以用各种模型来表示。在有源配电系统中，分布式能源资源的可变性是准确估计性能指标值的关键。通常，与能源来源（如风能、太阳能和小型水电发电机组）相关的可变性至少通过容量时变模型来表示，其中与状态相关的最大功率容量乘以从小时风、辐照度和水流入系列中获取的时变值。可以进行关于电力生成资源之间相关性的研究，以优化主要资源的利用并提供模型的进一步准确性。至于系统需求，可以使用每个消费点的确定性水平进行建模，或者使用包含一年中每个小时的负荷水平的时间序列表示。可以根据应用程序使用具有改进分辨率的函数或马尔可夫模型。短期和长期预测不确定性可能与发电机组和用户负荷的容量序列相关联。

对发电资源之间的关联性进行研究，以优化主要资源的利用，并进一步提高模型的准确性。对于系统需求，可以使用每个消费点的确定性水平，或者使用一年中每个小时的负荷水平（8760 个值）的来建模。根据应用情况，也可以使用改进求解函数或马尔科夫模型。短期和长期预测的不确定性可能与发电机组和用户负荷的容量序列有关。

一般来说，在可靠性分析中，装置和设备的可用性至少是用两个反复出现的状态的周期来模拟的：故障状态和运行状态。在连续的蒙特卡罗模拟程序中，组件的故障和维修周期通常使用两状态马尔可夫模型[23]来表示，如图 4-2（a）所示。运行（上升）和故障（下降）状态的停留时间使用指数分布函数[24]进行采样，相应的故障和维修率如下：

$$T^{up}=-\frac{1}{\lambda}\ln U \quad T^{dw}=-\frac{1}{\mu}\ln U \tag{4-4}$$

其中 T^{up} 和 T^{dw} 分别是运行和故障状态下的停留时间，μ 和 λ 分别是维修和故障率，U 是在［0，1］范围内采样的单态分布随机数。顺序蒙特卡洛仿真方法依靠式（4-4）对状态进行采样，按顺序再现系统部件的可用性。这种表示方法内在的假定在 T^{up} 过后发生故障，导致组件转入故障状态，反之亦然。

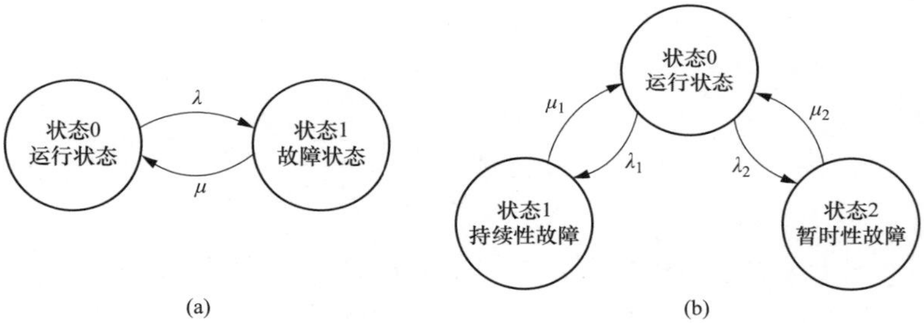

图 4-2　马尔科夫模型表示

（a）两状态马尔尔夫；（b）三状态马尔科夫

请注意，两状态马尔科夫模型的应用将图 4-1 左侧所示的所有方面都结合在一个简单的模型中，仅依赖于每个分量常参数：λ 和 μ。这种方法可能被视为对问题过于简化，但可以通过公用事业公司记录的过去不可用性数据轻松地进行合理化。另一方面，有源配电系统被设想为向分析者提供大量的数据，允许应用更精确的概率分布。

作为一个将额外特征纳入建模过程的简单例子，让我们考虑对一个系统元件应用三状态马尔可夫模型，如图 4-2（b）所示，其状态定义为：

- 状态 0：它的运行是充分的；
- 状态 1：不能充分运行（持续或永久性故障）；
- 状态 2：运行不充分（短暂性故障）。

$$\lambda_1=\frac{NF_P}{T_0} \quad \lambda_2=\frac{NF_T}{T_0} \quad \mu_1=\frac{NR_P}{T_1} \quad \mu_2=\frac{NR_T}{T_2} \tag{4-5}$$

其中 λ_1 和 λ_2 分别为永久性和暂时性故障率，NF_{P} 和 NF_{T} 分别为永久性和暂时性故障的数量，T_0 为运行状态的总时间，μ_1 和 μ_2 为永久性和暂时性维修率、NR_{P} 和 NR_{T} 分别为永久性和暂时性故障后的维修次数，T_1 和 T_2 分别为元件在永久性和暂时性故障状态下的总时间。

现在，让 $P_0(t)$，$P_1(t)$ 和 $P_2(t)$ 分别是系统元素在时刻 t，处于状态 0、1 和 2 的概率。设 $\mathrm{d}t$ 是一个足够短的时间间隔，以便在 $\mathrm{d}t$ 期间发生一个以上的故障事件的概率可以忽略不计。状态概率可以表示为：

$$P_0(t+\mathrm{d}t)=P_0(t)(1-\lambda_1\mathrm{d}t-\lambda_2\mathrm{d}t)+P_1(t)\mu_1\mathrm{d}t+P_2(t)\mu_2\mathrm{d}t \tag{4-6}$$

$$P_1(t+\mathrm{d}t)=P_0(t)\lambda_1\mathrm{d}t+P_1(t)(1-\mu_1\mathrm{d}t) \tag{4-7}$$

$$P_2(t+\mathrm{d}t)=P_0(t)\lambda_2\mathrm{d}t+P_2(t)(1-\mu_2\mathrm{d}t) \tag{4-8}$$

并且，对于 $\mathrm{d}t\rightarrow 0$，我们有：

$$P'_0(t)=-(\lambda_1+\lambda_2)P_0(t)+\mu_1P_1(t)+\mu_2P_2(t) \tag{4-9}$$

$$P'_1(t)=\lambda_1P_0(t)-\mu_1P_1(t) \tag{4-10}$$

$$P'_2(t)=\lambda_2P_0(t)-\mu_2P_2(t) \tag{4-11}$$

稳态或极限概率 P_0、P_1 和 P_2 可以通过设置式（4-9）～式(4-11）为零来评估，即

$$0=-(\lambda_1+\lambda_2)P_0+\mu_1P_1+\mu_2P_2 \tag{4-12}$$

$$0=\lambda_1P_0-\mu_1P_1 \tag{4-13}$$

$$0=\lambda_2P_0-\mu_2P_2 \tag{4-14}$$

由于式（4-12)～式（4-14）是一个不确定的线性系统，其中一个方程可以用状态概率之和代替，从而得到方程组：

$$0=-(\lambda_1+\lambda_2)P_0+\mu_1P_1+\mu_2P_2 \tag{4-15}$$

$$0=\lambda_1P_0-\mu_1P_1 \tag{4-16}$$

$$1=P_0+P_1+P_2 \tag{4-17}$$

通过求解这组代数方程，可以得到 P_0，P_1 和 P_2 的作为状态转换参数函数的表达式。另一方面，从模拟的角度来看，状态 0、1、2 的停留时间可以用指数分布进行采样，如：

$$T_0^{up}=-\frac{1}{\lambda}\ln U \quad T_1^{dw}=-\frac{1}{\mu_1}\ln U \quad T_2^{dw}=-\frac{1}{\mu_2}\ln U \tag{4-18}$$

其中 λ 是永久性和暂时性故障率之和，T_2^{dw} 和 T_1^{dw} 分别是过渡性和永久性故障状态的停留时间。因此，状态概率可以从连续的蒙特卡罗模拟中提取，其中每个向故障状态的转变都可以通过采样过程来验证下一个状态是过渡性故障还是永久性故障。

为了说明建模过程的适用性，以单个系统元件的模拟为例，其中 λ_1，λ_2，$1/\mu_1$ 和 $1/\mu_2$ 分别等于 0.1、0.4 次/年，5.0h 和 1.2s。在这个例子中，使用顺序蒙特卡罗模拟来采样状态转换［式（4-18)］，用 1 亿个采样年来估计状态概率。表 4-1 显示了通过分析技术［求解式（4-15)～式(4-17)］和蒙特卡罗模拟估算的概率。两种方法都为所有三种状态提供了等价的结果。

表 4-1　所提三状态马尔科夫模型的数据实例

状态概率	分析方法	蒙特卡罗方法	偏差（%）
P_0	9.999429e-1	9.999429e-1	0.000
P_1	5.707437e-5	5.705354e-5	0.036
P_2	1.521983e-8	1.522705e-8	0.047

请注意，上面的例子强调了对系统遇见的模拟，考虑到了将故障状态分为永久和过渡状态。由于事件的固有特性，暂态本身的概率可以忽略不计，如表 4-1 所示。然而，通过在蒙特卡罗模拟中明确表示这些状态，可以直接建立与短暂故障事件相关的性能指标。例如，可以准确模拟和评估不同设置和/或保护设备的放置方式（例如带有或不带有高级控制能力的智能开关装置）对有源配电系统性能的影响。在这种情况下，必须使用稳态、动态和暂态分析来评估系统状态，同时考虑到通信基础设施的可用性以协助故障隔离和系统重构。这样的分析可以估计与不仅仅是用户停电相关的性能指标，例如短暂的电压波动。

三状态马尔科夫模型的应用说明了，如果有更精确的事件模型，可以有更多的可能性。此外，它强调了可以将建模复杂性和由此类事件引起的操作行为的后果纳入评估中，这可能需要根据感兴趣的现象和/或行为使用复杂的分析工具。

4.3.2　性能指标

有源配电系统的性能可以通过指标来量化，这些指标旨在提供一个系统充分供应其用户的预期能力的度量。通过性能指标测量的影响来验证与现有基础设施中的新设备、动态现象和/或其他主动行为有关的方面对系统的整体性能是有利的还是不利的。尽管正在评估的方面，其相应的暂态和/或动态效应很容易影响电能质量。在这种情况下，文献中已经提出了不同类别的电磁信号，以提供通过测量来表征扰动的要求[25]。

（1）暂态：脉冲和震荡的；

（2）短时间的波动：即时的、暂时的和临时的；

（3）长时间的波动：停电、欠电压、过电压和电流过载；

（4）不平衡：电压和电流；

（5）波形失真：直流偏移、谐波、间谐波、缺口和噪声；

（6）电压波动；

（7）电源频率的变化。

特别地，电压变化可以根据表 4-2 进行分类，该表定义了电压干扰的幅度和持续时间[25]。

表 4-2　电压偏差的类别和典型特征

种类	持续时间（周期、秒和分钟）	电压幅值
短期电压变化		
（a）瞬时		
骤降	0.5～30 周期	0.1～0.9p.u.
骤升	0.5～30 周期	1.1～1.8p.u.
（b）暂时		
停电	0.5 周期～3 秒	＜0.1p.u.
骤降	30 周期～3 秒	0.1～0.9p.u.
骤升	30 周期～3 秒	1.1～1.4p.u.
（c）临时		
停电	＞3 秒～1 分钟	＜0.1p.u.
骤降	＞3 秒～1 分钟	0.1～0.9p.u.
骤升	＞3 秒～1 分钟	1.1～1.2p.u.
长期电压变化		
停电	＞1 分钟	0.0p.u.
欠电压	＞1 分钟	0.8～0.9p.u.
过电压	＞1 分钟	1.1～1.2p.u.

与电磁信号相关或不相关的影响可以通过计算函数来考虑，并通过性能指标来估计。这些性能指标包括定量指标，旨在衡量图 4-1 中所示的后果和运行策略的影响。以下部分将讨论文献中使用的性能指标的示例。

下文将讨论文献中所使用的性能指标的例子。

4.3.2.1　充分性（adequacy）指标

配电系统的可靠性分析通常集中在停电的频率和时间上。相应的指标考虑了停电期间受影响的用户和负荷的数量，如众所周知的指标 SAIFI、SAIDI、CAIFI 和 CAIDI。这些指标所使用的相应计算函数如下所示。系统平均停电频率指标（SAIFI）：表示平均用户在一年内遭遇持续断电的频率（次/年）。

$$\text{系统平均停电频率}=\frac{\text{一年内用户停电次数}}{\text{用户总数}} \tag{4-19}$$

系统平均停电时间指标（SAIDI）：代表一个普通用户在一年内的总断电时间（小时/年）。

$$系统平均停电时间=\frac{一年内用户停电的时间}{用户总数} \tag{4-20}$$

用户平均停电频率指标（CAIFI）：表示一年内发生持续停电的用户的平均断电频率（次/年）。

$$用户平均停电频率=\frac{一年内用户停电次数}{一年内用户遭遇持续断电的次数} \tag{4-21}$$

用户平均停电持续时间指标（CAIDI）：表示恢复服务所需的平均时间（小时/次）。

$$用户平均停电持续时间=\frac{一年内用户停电的时间}{一年内用户停电次数} \tag{4-22}$$

用户平均停电总持续时长指标（CTAIDI）：表示平均每个受影响用户在一年内停电期间没有电力供应的总持续时间（小时/年）（小时/年）。

$$用户平均停电总持续时长=\frac{一年内用户停电的时间}{一年内用户遭遇持续断电的次数} \tag{4-23}$$

平均系统供电可用率指标（ASAI）：表示用户在一年中获得供电的概率或时间的比例（p. u. 或%）。

$$平均系统供电可用率=\frac{一年内用户可供电小时数}{用户供电需求小时数} \tag{4-24}$$

平均系统供电不可用率指标（ASUI）：表示一个用户在一年中没有得到电力的概率或时间的分数（p. u. 或%）。

$$平均系统供电不可用率=\frac{一年内用户不可供电小时数}{用户供电需求小时数} \tag{4-25}$$

缺供电量指标（ENS）：描述一年中未供应的总电量（千瓦时/年）。

$$缺供电量=一年内不可供电量 \tag{4-26}$$

平均缺供电量指标（AENS）：一年内未供应给用户的平均电量（千瓦时/年）。

$$平均缺供电量=\frac{一年内不可供电量}{用户总数} \tag{4-27}$$

虽然大多数指标与评估用户停电有关，但也可以使用所提供的负载指标[21]。这些指标可能有助于公共部门的决策过程，因为大负荷会影响公共部门的收入[19]。基于负荷的指标显示如下。

平均系统停电频率指标（ASIFI）：基于负荷而不是受影响的用户。它表示一个负荷在一年中被停电的频率（次/年）。

$$平均系统停电频率=\frac{一年内停电负荷}{总负荷} \tag{4-28}$$

平均系统停电时间指标（ASIDI）：基于负荷而不是受影响的用户。它代表了一年中一个负荷的总停电时间（小时/年）。

$$\text{平均系统停电时间}=\frac{\text{一年内负荷的停电时间}}{\text{总负荷}} \tag{4-29}$$

注意，持续停电/负载频率和持续时间指标可以直接用于评估有源配电系统，例如，在评估孤岛/甩负荷策略、重新配置/重新组合方案和维护政策中。除了这些指标外，还可以考虑到暂时停电。对于这种情况，不同的标准规定了不同的时间来区分持续故障和暂时故障的概念，如表 4-3 所示[25-29]。暂时停电指标的计算函数如下：

表 4-3　不同标准下的停电分类

标准	术语	定义
IEEE 1159—recommended practice for monitoring Electric Power Quality（2009）	持续停电	＞1 分钟
	瞬时停电	0.5 周期～3 秒
	暂时停电	3 秒-1 分钟
IEEE 1250—guide to identifying and improving voltage quality in power system（2011）	持续停电	＞1 分钟
	瞬时停电	0.5 周期～3 秒
	暂时停电	3 秒～1 分钟
EN 50160—voltage characteristics of electric supplied by public distribution network（2007）	短期停电	＜3 分钟
	长期停电	＞3 分钟
IEEE 1366-Guide for Electrical Power Reliability Indices（2012）	暂时停电	＜5 分钟
	持续停电	＞5 分钟
PRODIST Module 8-Brazilian Electrical Energy Distribution Procedures at the National Electrical System（2020）	暂时停电	＜3 秒
	临时停电	3 秒～3 分钟
	持续停电	＞3 分钟

暂时系统平均停电频率指标（MAIFI）：表示用户在一年中经历的暂时停电的平均数（次/年）。

$$\text{暂时系统平均停电频率}=\frac{\text{一年内暂时停电次数}}{\text{用户总数}} \tag{4-30}$$

暂时平均停电事件频率指标（MAIFIe）：表示用户在一年中经历的暂时停电事件的平均数量（次/年）。

$$\text{暂时平均停电事件频率}=\frac{\text{一年内暂时停电事件次数}}{\text{用户总数}} \tag{4-31}$$

必须对母线的暂时停电进行评估，以确保不同保护方案的正确动作。其他用于评估暂时和持续停电的指标在文献［19，29］中提出。

4.3.2.2 电能质量指标

由于随着分布式能源和智能设备的整合，有源配电系统的动态性增强，所有的电磁现象及其对电能质量的影响都会引起关注。特别是，有很多对短时停电或短时电压变化敏感的装置，增加了人们对于这种干扰有关的指标的兴趣。例如，这里提出了四个评估暂降/暂增事件的计算函数[30]。系统平均有效值变化频率指标（SARFIx）：表示在一个确定的时间段内，一个用户发生的电压有效值变化事件的平均数，电压幅值低于 $x\%$（下降）或高于 $x\%$（上升）（次/年）。

$$\text{系统平均有效值变化频率}=\frac{\text{一年内电压有效值低于/高于 }x\%\text{次数}}{\text{用户总数}} \tag{4-32}$$

系统瞬时平均有效值变化频率指标（SIARFIx）：代表电压下降时幅度低于 $x\%$，上升时幅度高于 $x\%$，且持续时间在 0.5 个周期和 30 个周期之间（0.008-0.5s，60Hz）的电压有效值变化事件的平均数（次/年）。

$$\text{系统瞬时平均有效值变化频率}=\frac{\text{一年内电压瞬时有效值低于/高于 }x\%\text{次数}}{\text{用户总数}} \tag{4-33}$$

系统暂时平均有效值变化频率指标（SMARFIx）：表示平均每年出现的电压变动事件数量，其幅度低于 $x\%$的为电压降，幅度高于 $x\%$的为电压升，持续时间在 30 个周期和 3 秒之间（次/年）。

$$\text{系统暂时平均有效值变化频率}=\frac{\text{一年内电压暂时有效值低于/高于 }x\%\text{次数}}{\text{用户总数}} \tag{4-34}$$

系统临时平均有效值变化频率指标（STARFIx）：表示电压下降幅度低于 $x\%$，电压升幅度高于 $x\%$，且持续时间在 3 秒至 1 分钟之间的电压有效值变化事件的平均数量（次/年）。

$$\text{系统临时平均有效值变化频率}=\frac{\text{一年内电压临时有效值低于/高于 }x\%\text{次数}}{\text{用户总数}} \tag{4-35}$$

通常，使用 SARFIx 指标来估计短时电压变化，它表示用户经历的电压变化频率低于或高于名义水平的百分比 $x\%$[30,31]。SARFI 指标也可以根据设备兼容性曲线进行核算。在文献［32］中，提出并讨论了基于计算机商业设备制造商协会（CBEMA）、信息技术工业委员会（ITIC）和国际半导体设备和材料集团（SEMI）兼容性曲线的 SARFI 指标的例子。

其他关于电压下降的定义和指标可以在文献［32］中找到。至于配电系统的充分性，可以建立不同的电能质量指标来分析不同种类的事件[33]。

4.3.2.3 运行指标

最近，人们对评估有源配电系统的具体特征越来越感兴趣，如孤岛运行、分布式发电、能源成本、短路限制和通信可用性。因此，可以设计一些额外的指标来突出对公用事业重要的独特方面。例如，与短路事件有关的三个计算函数如下[34]：

短路电流预期指标（$SCCEI_x^n$）：表示通过特定保护装置N的故障电流幅值的期望值。下标x可以是单线接地地、双相接地短路、两相短路、三相或三相接地短路（幅值/次数）。

$$短路电流预期=\frac{一年内短路电流总值}{某种短路事件次数} \tag{4-36}$$

短路频率指标（$SCFI_x^n$）：表示触发保护装置n的x型短路的年发生频率（次/年）。

$$短路频率=\frac{一年内发生某种短路事件的次数}{统计年} \tag{4-37}$$

每种短路类型的频率可能会根据配电公司的网络拓扑结构而有所不同。

短路概率指标（$SCPI_x^n$）：表示一个短路电流引起保护装置n动作的概率（p.u.或%）。

$$短路概率=\frac{一年内发生某种短路事件的次数}{短路事件次数} \tag{4-38}$$

注意，短路指标及其相应的概率分布可以用来帮助校准保护装置和支持维修决策。与分布式发电出力和孤岛运行有关的指标可以在文献［8］和文献［35］中找到。另外，在文献［35］中，还提出了与分布式发电有关的经济指标。在网络物理系统中，网络系统带来的先进信息和控制能力可以改善系统运行，同时也增加了与系统控制（延迟、错误）、网络系统的物理安全和环境安全相关的潜在故障风险。为了评估网络故障（服务器、智能电子设备、光纤连接、开关）对分布式发电机控制能力的影响，文献［36］中提出了指标。

4.4 仿真和结果阐述

如第3节所讨论的，由于需要使用多种复杂的模型来表示和分析系统，对有源配电系统进行全面的分析几乎是不可行的。然而，可以从整体框架中选择与特定感兴趣现象相关的应用实例。在这方面，本节介绍了两个应用实例。第一个实例专注于评估分布式发电孤岛运行与分散式停电管理的影响。第二个实例专注于保护设备运行对有源配电系统可靠性和短时电压变化的影响。下面的小节中展示了这两个示例应用的测试系统和结果。

4.4.1 分布式发电岛式运行和分散式停电管理的影响

本节通过模拟和评估分布式发电孤岛运行与分散式停电管理对巴西南部的一个真实配电馈线（名为CAX1-105）的可靠性的影响，展示了在第3节中介绍的框架的一个示例应用。该示例在图4-3中展示。该系统在文献［7］中进行了详细描述，覆盖了一个面积为166.33千米^{2}的广泛区域，为9780个用户（其中7895个用户位于城市，面积小、可靠性高、服务良好的区域；1865个用户位于农村，面积大、可靠性较低、服务较差的区域）提供电力，峰值负荷为5.36＋j1.84MVA，同时具有1.2MVA的联合热电联供（CHP）装置，并具有与农村地区集成的孤岛运行能力。对不同的主动管理方法进行了评估，如图4-3所示。

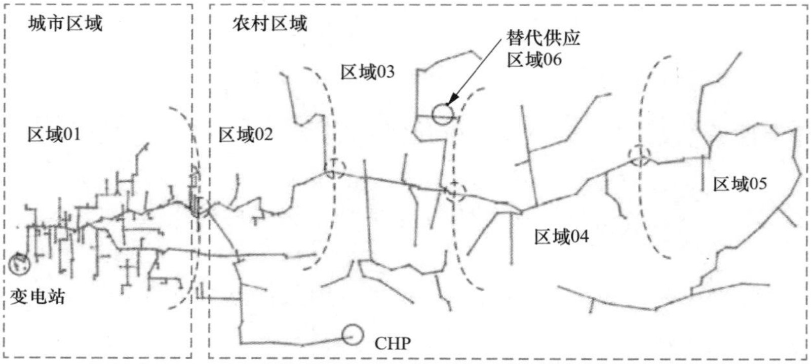

图4-3　CAX1-105系统拓扑

• 情况A：不允许孤岛运行和分散停电管理；

• 情况B：允许孤岛运行，而不允许分散停电管理；

• 情况C：允许孤岛运行，而不允许分散的停电管理。此外，在农村地区有一个具有下垂控制能力的电动汽车充电站；

• 案例D：除了案例C的所有特征外，还使用了一个削负荷方案来支持孤岛运行[7]；

• 案例E：考虑了案例D的所有特征，但使用了一个分散的停电管理系统，通过备用线路去恢复非故障区域。

一个多主体系统被用来模拟分散的停电管理方案。该系统由6个主体协调，负责管理每个网络块，如图4-3所示。CArtAgO框架被用来将代理行为整合到蒙特卡罗模拟中。各主体在文献［37］中进行了描述和讨论。总共对650年进行了采样，结果所有选择的性能指标的变化系数都小于3%。表4-4列出了这些案例的可靠性结果（即性能指标）。

表 4-4　CAX1-105 的充分性指标

指标	案例				
	A	B	C	D	E
SAIFI	1.3852	1.3218	1.3112	1.2108	1.2108
SAIDI	1.9003	1.8517	1.8442	1.7995	1.0938
CAIDI	1.3767	1.4009	1.4065	1.4861	0.9034
ASAI	0.9997	0.9998	0.9998	0.9998	0.9999
ENS	9.0991	8.8576	8.8161	8.7308	5.6977
AENS	0.0009	0.0009	0.0009	0.0009	0.0006

案例 A 和 B 的结果表明，孤岛运行方式增加了对农村地区的供应，改善了系统的性能。与案例 A 相比，案例 B 在 650 年的运行过程中，系统的平均停电频率改善次数为 184 次。B 例最小孤岛频率时刻的概率分布。在这些状态评价中，共尝试了 664 次孤岛运行，其中 31.63％成功，68.37％失败。

图 4-4 显示了与孤岛运行条件有关的信息，其中欠频/过频继电器已被禁用。图 4-4 显示了孤岛运行后最小频率的瞬间概率，表明最小频率在孤岛运行后 0 到 10 秒内发生的概率约为 95％。

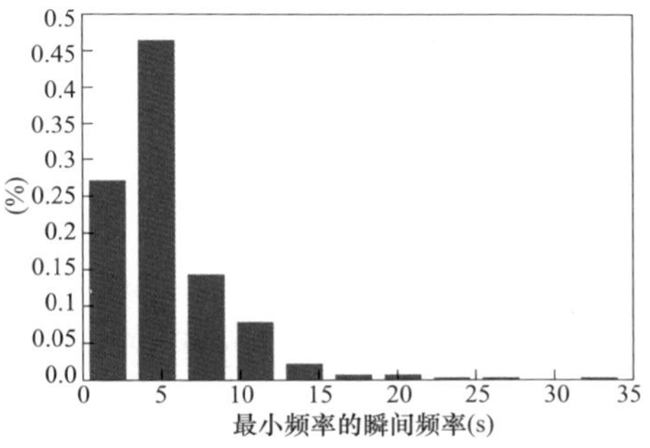

图 4-4　案例 B 的最小孤岛频率的时间的概率分布

在案例 C 中，在电动汽车充电站中加入了下垂控制策略，由于频率特性更加平滑，因此有更多的成功运行的孤岛。对案例 C 的分析结果表明，电动汽车充电站下垂控制确实能够帮助孤岛形成，导致系统平均停电频率、持续时间和未供电量的改善。事实上，在 664 次孤岛操作中，37.05％的操作是成功的，62.95％的操作是不成功的，这意味着与案例 B 相比，增加了 36 次成功的孤岛运行。

对于案例 D，采用了一种在文献［7］中描述的神经网络来实现甩负荷策略。结果显示，孤岛运行尝试的成功率可以显著提高。实际上，88.55％的尝试成功，只有 11.45％的尝试失败，与案例 C 相比，成功率提高了 51.50％。如图 4-5 所示，可以看到先进的甩负荷策略显著降低了系统的平均停电频率。需要强调的是，由于采用了甩负荷策略，SAIDI 和 ENS 指标的概率分布中存在正值，这在一些采样年份中稍微增加了用户停电持续时间和未供电能量，如图 4-6 所示的 SAIDI 指标。实际上，部署的策略引发了不必要且保守的负荷放电，以期实现具有安全裕度的成功孤岛运行。这在 SAIFI 的概率分布中不明显，因为其影响最多为每年 0.001738（17/9780）次发生。

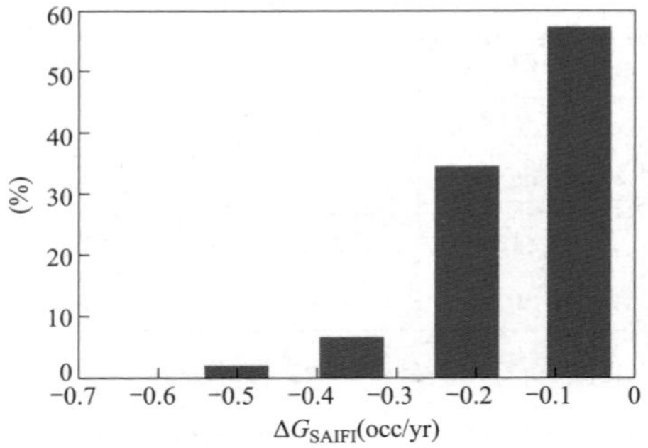

图 4-5　案例 D 的切负荷策略对案例 C 的 SAIFI 的影响

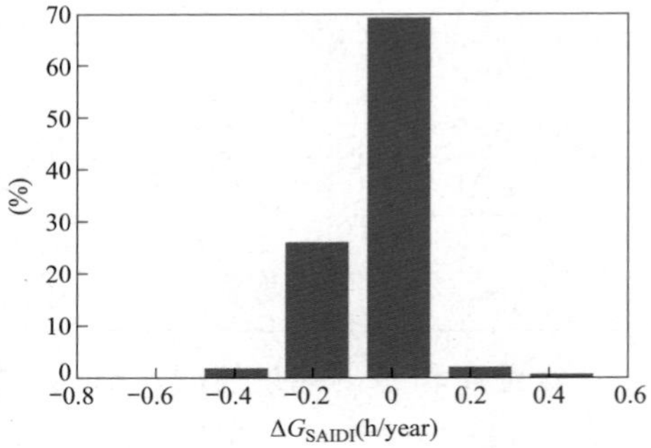

图 4-6　案例 D 的切负荷策略对案例 C 的 SAIDI 的影响

在案例 E 中，还考虑了停电管理控制，以提高农村地区的可靠性，并提供备用供电。假设采用保守/适度的假设，即提出的分散控制使电力恢复速度比当前电力恢复程序快四倍：通过使用隔离开关隔离停电的组件，并通过控制连接开关使用备用供电来恢复服务的 CAX1-105 馈线的电力恢复。对于这种情况，可以验证相比于案例 D，系统平均停电持续时间和未供电能量有显著影响，分别降低了 39.22％和 34.75％。这些好处也体现在由于停电管理策略对 SAIDI 和 ENS 的改善而产生的概率分布估计中，如图 4-7 所示，在 83.69％的模拟年份中强调了 ENS 指标的改善。

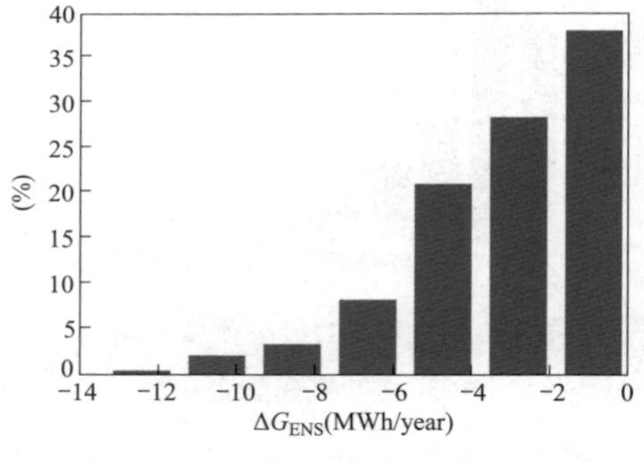

图 4-7　案例 E 的停电管理措施对案例 D 的 ENS 的影响

为了比较案例 A-E 中取得的结果，图 4-8 展示了所有这些案例中取得的性能指标 SAIFI、SAIDI 和 ENS 的估计威布尔概率密度函数（PDF）。在这幅图中，我们可以看到，就性能指标而言，案例 E 是最具吸引力的案例。然而，如果利用该框架的目的“仅仅”在于减少用户断电的频率，那么案例 D 是最有吸引力的，因为它提供了与案例 E 相同的 SAIFI 结果，而不涉及停电管理策略。显然，可以构想和评估其他/额外的功能（例如，不利条件警报），以进一步改善通过该馈线提供的服务。

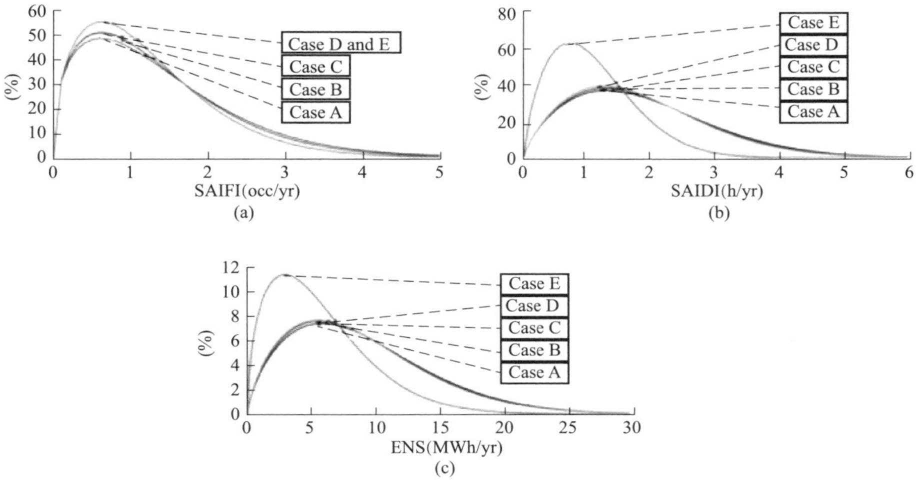

图 4-8 估计的系统性能指数的威布尔概率密度函数

（a）SAIFI；（b）SAIDI；（c）ENS

此外，在第 3 节中讨论的方面，如故障原因、网络故障、设备误操作、与分布式发电机和用户负载有关的电能质量问题等，都可以包括在仿真模型中，以更好地代表系统的实际运行。然而，必须强调的是，随着有源配电系统的更多方面被纳入仿真模型，计算负担可能大大增加。

4.4.2 保护设备对可靠性和短时电压变动指标的影响

本部分将介绍第二个应用本框架的示例，以强调保护设备的运行对可靠性和短时电压变化指标的影响。我们使用了 UFSC 16 节点测试馈线。该测试系统基于巴西东南部的一条馈线创建而成[38]。对原始配置进行了一些修改，以展示关于不平衡配电系统性能的一些特殊情况。UFSC 16 节点测试馈线的单线图如图 4-9 所示[39]。

该系统具有常规的架空网格几何结构，包括不同的相序、导线类型和相数的配置，以及不平衡负荷和电容器组。几何配置已经从 IEEE 13 和 34 节点测试馈线[40]中改编。在变电站之外，考虑了一个等效的传输系统，它由一个串联的电压源和一个等效的阻抗来模拟。配电系统为沿馈线分布的 2152 个用户（集中在节点处）供电。UFSC 16 节点测试馈线的电网数据可以在文献［39］中找到。

短路是导致配电系统元件故障的最常见原因之一。为了评估可能由短路引起的电压变化现象，假设每个故障都有相应的短路条件[39,41]。此外，馈线中还包括保护方案。因此，当发生单相故障时，只有连接到故障相的用户才会被断开。重

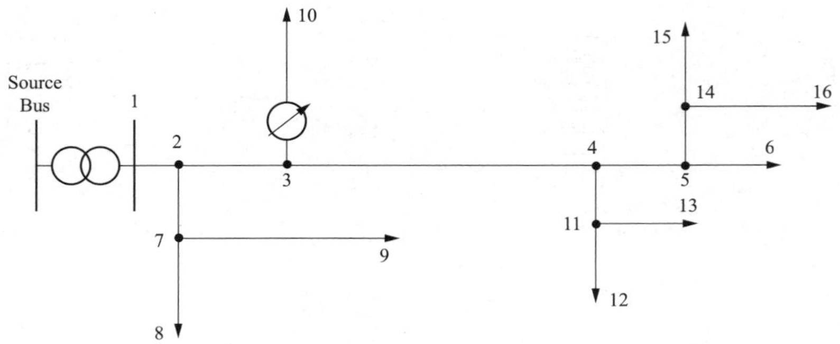

图 4-9　UFSC 16 节点测试系统

合闸装置能够识别短路电流，并使用三相跳闸动作和单相锁定来断开电路。

为了纳入先前描述的行为，状态评估模型通过短路和潮流分析进行升级，这些分析被嵌入到顺序蒙特卡罗模拟中。为了达到这个目的，3.1 节中提出的三状态马尔可夫模型被用来表示暂时性故障和永久性故障的特征。注意，保护设备对短路的响应可以采用其他的模型，如文献［42］。对于功率流和短路分析，采用了三相模型，包括三相阻抗和并联导纳。

为了评估保护方案对适应性和短时电压变化指标的影响，对保护方案进行了一些修改。研究中考虑了五种情况：

（1）案例 A：只考虑在馈线的起始端有一个带重合闸继电器的断路器；

（2）案例 B：在变电站部署带有重合闸继电器的断路器，并在所有 7 条支路（2-8、7-9、3-10、4-12、11-13、5-15 和 14-16 分支）部署熔断器；

（3）案例 C：在变电站部署带有重合闸继电器的断路器，在所有 7 条支路和主干线的 3-4 分支使用熔断器；

（4）案例 D：除了案例 C 的特点外，在 3-10 支路（向负荷中心供电）和 3-4 支路（主干线）安装两个故障指示器；

（5）案例 E：除了案例 C 的特点外，还在所有七个支路和 3-4 支路处安装了故障指示器。

保护装置和变电站设备被认为是 100％可靠的。线段的永久性和暂时性故障率分别为 0.5 和 1.0 次/千米/年。认为电压调节器和变电站变压器的永久性和暂时性故障率分别为 0.03 次/年和 0.06 次/年。在前三种情况下，假设主干线和支路的平均修复时间为 4 小时[19]。假设故障定位时间占总服务恢复时间的 25％[43]。因此，对于情况 D，考虑到添加了两个故障指示器传感器，故障定位时间缩短了 25％。对于情况 E，故障定位时间从 1 小时减少到 20 分钟（减少 66.66％的故障定位时间）。为了分析可靠性和短时电压变化性能，使用 1000 个年度样本作为顺序蒙特卡罗模拟的停止准则。模拟的收敛性是基于各指标的变化系数，其值小于 2.5%。

可靠性和短时电压变化的结果在表 4-5 中列出。在案例 A 中，变电站只考虑了带有重合闸继电器的断路器，当故障发生时，很大一部分用户会遇到故障（无论是暂时还是永久故障）。然而，当单相或双相故障发生时，只有连接到受影响相位的用户才会出现故障，因为已经假设单相闭锁。在单相闭锁程序中，各负载点的故障发生频率不同，因此 SAIFI 值也不同。在短时电压变化指标中，可以注意到电压骤降比电压骤升更容易发生。

表 4-5　　UFSC 16 节点测试系统的充足性和短时电压变化指标

指标	案例				
	A	B	C	D	E
SAIFI	10.2972	4.9053	2.7180	2.6771	2.6724
CAIFI	10.2972	4.9326	2.9752	2.9503	2.9339
SAIDI	40.8181	19.5866	10.7759	9.8965	8.9604
CTAIDI	40.8181	19.6852	11.7715	10.9018	9.8655
CAIDI	3.9640	3.9930	3.9656	3.6967	3.3530
ASAI	0.9953	0.9977	0.9987	0.9988	0.9989
ENS	44.5610	21.1268	11.8658	10.8860	9.8768
AENS	20.6817	9.8173	5.5138	5.0586	4.5854
MAIFI	48.5298	53.9217	56.1089	55.5119	55.5386
$SARFI_{110}$	2.4233	2.4236	2.4236	2.3765	2.3889
$SIARFI_{110}$	0.6483	0.6483	0.6483	0.6428	0.6495
$SMARFI_{110}$	1.5599	1.5602	1.5602	1.5247	1.5366
$STARFI_{110}$	0.2152	0.2152	0.2152	0.2090	0.2027
$SARFI_{90}$	19.7599	22.7148	24.5610	24.3339	24.4989
$SIARFI_{90}$	7.1914	7.1776	7.1776	7.1246	7.1520
$SMARFI_{90}$	10.2728	13.2354	15.0773	14.9263	14.9162
$STARFI_{90}$	2.2956	2.3018	2.3061	2.2829	2.3307

对于案例 B，正如预期的那样，我们可以证实安装保护装置提高了系统的可靠性。永久故障的频率和持续时间约为情况 A 的一半。通过分析暂时故障事件指标，可以注意到持续停电减少，而暂时停电增加，因为系统有更多的保护装置来清除永久故障。在电压骤降的频率方面也可以看到类似的情况，电压骤降的频率从每年 19.76 次增加到 22.71 次，而电压骤升的频率基本保持不变。

在案例 C 中，额外的保护装置能够避免节点 10 的负荷中心的停电，对可靠性指标产生了显著影响。特别是，与情况 B 相比，ENS 减少了 43.87%。在暂时电压变化性能方面，暂时电压骤降增加了，与情况 A 和 B 相比，临时电压下降没有显示出显著变化。在情况 D 中，将故障指示器包含在两个分支中，可以注意到频率指标（永久性和瞬时性）接近情况 C 中的指标。请注意，对于与故障持续时间相关的指标，可以验证积极的影响。例如，SAIDI 和 CAIDI 指标发生了积极变化。另一方面，在情况 E 中，强调了故障指示器对停电持续时间指标的影响，SAIDI 指标相比情况 C 减少了 16.80%。

总体而言，随着测试案例的保护配置变化，组成 SARFI 指标的电压骤降事件数量增加。因此，C 情况下的电压骤降比 A 情况多出 37.36%，其中大部分事件为暂时事件（30 个周期至 3 秒之间）。至于电压骤增事件，可以注意到配置的变化对事件计数没有显著干扰，因为在这个特定系统中，电压骤增通常发生在特定馈线侧。就停电频率而言，C、D 和 E 情况的 SAIFI 值最低。有趣的是，A 的 SAIFI 为 10.30 次/年，而当为重合闸设置三相断开操作时，SAIFI 接近 27.00 次/年[44]。通过评估 SAIDI 指标，可以注意到，与 C 情况相比，E 情况下使用故障指示器将该指标降低约 2 小时。

4.5 小结

本文讨论了与有源配电系统可靠性评估相关的各个方面。为了实现这一目标，提出了一个通用框架，可以对影响有源配电系统性能的各种原因、后果和操作行为进行建模和评估。

为了评估与孤岛运行、可靠性和电能质量相关的现象，本文介绍了框架的两个应用实例。第一个实例关注分布式发电的孤岛运行评估，并采用分散式停电管理。第二个实例讨论了保护设备对配电系统可靠性和短时电压变化的影响，并对不同的保护设置和设备配置进行了分析和讨论。

多年来，人们提出了各种各样的指标来评估有源配电系统的运行，本文介绍了其中的一些指标。文献综述表明，研究人员只使用最通用的指标，指出指标的定义的同时，使已进行的性能分析易于理解。最后，必须强调的是，随着在该框架内建立更详细的有源配电系统特性模型，评估的计算负担也会增加，使有源配电系统的综合可靠性分析设计成为一项越来越具有挑战性的研究。

参 考 文 献

[1] Burger SP，Jenkins JD，Huntington SC，Perez-Arriaga IJ（2019）Why distributed?：a

critical review of the tradeoffs between centralized and decentralized resources. IEEE Power Energy Magaz 17（2）：16-24.

[2] Chowdhury S，SP Chowdhury PC（2009）Microgrids and active distribution networks. Energy Eng Inst Eng Tech.

[3] Bie Z，Zhang P，Li G，Hua B，Meehan M，Wang X（2012）Reliability evaluation of active distribution systems including microgrids. IEEE Trans Power Syst 27（4）：2342-2350.

[4] Gautam P，Piya P，Karki R（2020）Development and integration of momentary event models in active distribution system reliability assessment. IEEE Trans Power Syst 35（4）：3236-3246.

[5] Issicaba D，Pecas Lopes JA，da Rosa MA（2012）Adequacy and security evaluation of distribution systems with distributed generation. IEEE Trans Power Syst 27（3）：1681-1689.

[6] RochaLF，BorgesCLT，TarantoGN（2017）Reliability evaluation of active distribution networks including islanding dynamics. IEEE Trans Power Syst 32（2）：1545-1552.

[7] IssicabaD，daRosaMA，Resende FO，SantosB，Lopes JAP（2019）Long-term impact evaluation of advanced under frequency load shedding schemes on distribution systems with dg islanded operation. IEEE Trans Smart Grid 10（1）：238-247.

[8] Su S，Hu Y，He L，Yamashita K，Wang S（2019）An assessment procedure of distribution network reliability considering photovoltaic power integration. IEEE Access 7：60171-60185.

[9] Chen Y，Zheng Y，Luo F，Wen J，Xu Z（2016）Reliability evaluation of distribution systems with mobile energy storage systems. IET Renew Power Generat 10（10）：1562-1569.

[10] Kazemi S，Fotuhi-Firuzabad M，Billinton R（2007）Reliability assessment of an automated distribution system. IET Generation，Trans Distrib 1（2）：223-233.

[11] Ahadi A，Ghadimi N，Mirabbasi D（2015）An analytical methodology for assessment of smart monitoring impact on future electric power distribution system reliability. Complexity 21（1）：99-113.

[12] Balijepalli N，Venkata SS，Richter CW，Christie RD，Longo VJ（2005）Distribution system reliability assessment due to lightning storms. IEEE Trans Power Del 20（3）：2153-2159 13.

[13] Wu Y，Fan T，Huang T（2020）Electric power distribution system reliability evaluation considering the impact of weather on component failure and pre-arranged maintenance. IEEE Access 8：87800-87809.

[14] Zhang T，Wang C，Luo F，Li P，Yao L（2020）Analytical calculation method of relia-

bility sensitivity indexes for distribution systems based on fault incidence matrix. J Mod Power Syst Clean Energy 8 (2): 325-333.

[15] Hamzeh M, Vahidi B (2020) Reliability evaluation of distribution transformers considering the negative and positive effects of rooftop photovoltaics. IET Generation, Trans Distrib 14 (15): 3063-3069.

[16] LiuW, Gong Q, Han H, Wang Z, Wang L (2018) Reliability modeling and evaluation of active cyber physical distribution system. IEEE Trans Power Syst 33 (6): 7096-7108.

[17] Marashi K, Sarvestani SS, Hurson AR (2018) Consideration of cyber-physical interdependencies in reliability modeling of smart grids. IEEE Trans Sust Comput 3 (2): 73-83.

[18] Celli G, Ghiani E, Pilo F, Soma GG (2013) Reliability assessment in smart distribution networks. Electric Power Syst Res 104: 164-175.

[19] BrownRE (2002) Electric power distribution reliability. CRCPress, PowerEngineering (Willis).

[20] Law A, Law A, Coaut K, Kelton W, Kelton W, Kelton D (2000) Simulation modeling and analysis. McGraw-Hill, McGraw-Hill international series.

[21] Bollen MH, Gu I (2006) Signal processing of power quality disturbances. IEEE.

[22] Rubinstein RY, Kroese DP (2016) Simulation and the monte carlo method, 3rd ed. Wiley Series in Probability and Statistics. Wiley.

[23] Billinton R, Allan RN (1992) Reliability evaluation of engineering systems, 2nd edn. Plenum Press, New York, NY.

[24] Billinton R, Li W (1994) Reliability assessment of electric power systems using Monte Carlo methods. Plenum, New York, London.

[25] IEEE (2019) IEEE recommended practice for monitoring electric power quality. IEEEStd 1159-2019 (Revision of IEEE Std 1159-2009), pp 1-98.

[26] ANEEL (2018) Procedimentos de distribuição de energia elétrica no sistema elétrico nacional (prodist), mód. 8 (in portuguese), rev. 10.

[27] British Standards Institution (2000) EN 50160 voltage characteristics of electricity supplied by public distribution systems. BSI.

[28] IEEE (2011) IEEE guide for identifying and improving voltage quality in power systems. IEEE Std 1250-2011 (Revision of IEEE Std 1250-1995), pp 1-70.

[29] IEEE (2012) IEEE guide for electric power distribution reliability indices—redline. IEEE Std 1366-2012 (Revision of IEEE Std 1366-2003)-Redline, pp 1-92.

[30] Brooks DL, Dugan RC, Waclawiak M, Sundaram A (1998) Indices for assessing utility distribution system rms variation performance. IEEE Trans Power Del 13 (1): 254-

259.

[31] Bordalo UA, Rodrigues AB, Da Silva MG (2006) A new methodology for probabilistic short-circuit evaluation with applications in power quality analysis. IEEE Trans Power Syst 21 (2): 474-479.

[32] IEEE (2014) IEEE guide for voltage sag indices. IEEE Std 1564-2014: 1-59.

[33] Caramia P, Carpinelli G, Verde P (2009) Power quality indices in liberalized markets. Wiley.

[34] Bolacell GS, Venturini LF, da Rosa MA, Issicaba D (2020) Evaluating short circuit indices in an integrated assessment of distribution system adequacy and power quality. Electric Power Syst Res 189: 106657.

[35] Wang S, Li Z, Wu L, Shahidehpour M, Li Z (2013) New metrics for assessing the reliability and economics of microgrids in distribution system. IEEE Trans Power Syst 28 (3): 2852-2861.

[36] Sun X, Liu Y, Deng L (2020) Reliability assessment of cyber-physical distribution network based on the fault tree. Renew Energy 155: 1411-1424.

[37] Issicaba D, Rosa MA, Franchin W, Lopes JAP (2012) Agent-based system applied to smart distribution grid operation. In: Xu H (ed) Practical applications of agent-based technology, chapter 1. IntechOpen, Rijeka.

[38] Cipoli JA (1993) Engenharia de distribuição (in Portuguese). Qualitymark Editora Ltda.

[39] Bolacell GS, Venturini LF, da Rosa MA (2018) Distribution system reliability evaluation considering power quality effects. In: 2018 IEEE international conference on probabilistic methods applied to power systems (PMAPS).

[40] IEEE (1992) IEEE PES AMPS DSAS test feeder working group—1992 test feeder cases: 13-bus feeder and 34-bus feeder. http://sites.ieee.org/pes-testfeeders/resources. Accessed in: 08 Aug 2019.

[41] da Rosa MA, BolacellG, Costa I, Calado D, IssicabaD (2016) Impact evaluation of the network geometricmodel on power quality indices using probabilistic techniques. In: 2016 International conference on probabilistic methods applied to power systems (PMAPS).

[42] Venturini LF, Costa IC, IssicabaD, da RosaMA (2020) Distribution systems protection considering aspects of coordination and time-dependent response for reliability evaluation. Electric Power Syst Res 189: 106560.

[43] Shahsavari A, Mazhari SM, Fereidunian A, Lesani H (2014) Fault indicator deployment in distribution systems considering available control and protection devices: a multi-objective formulation approach. IEEE Trans Power Syst 29 (5): 2359-2369.

［44］ Bolacell GS，Calado DED，Venturini LF，Issicaba D，da Rosa MA（2020）Distribution system planning considering power quality，loadability and economic aspects. In：2020 International conference on probabilistic methods applied to power systems（PMAPS），pp 1-6.

5

电动汽车在智能电网中的作用

Ebrahim Saeidi Dehaghani，Liana Cipcigan，and Sheldon S. Williamson

摘要：电力驱动是各种汽车驱动技术中最经济、最低碳的一种形式，相比于传统燃油汽车，电动汽车的使用可以减少温室气体的排放，提高燃料经济性及燃料效率。因此，交通领域的电动化已是大势所趋。本章主要分析了电动汽车对于电网能效的影响，这是电动汽车快速发展过程中不可回避的关键因素之一。电动汽车渗透率的提高影响了负载需求和电力市场，电动汽车的智能充电技术可以减轻快速发展的智能电网所面临的巨大压力。电动汽车的车载电池可以被视为分布式能源，将能量反馈给电网，在关键的峰值时段为电网提供支持。而，在这种功率流中，能量转换的效率可能会成为一个问题。因此，本章对 V2G 功率流的效率也进行了评估。

E. S. Dehaghani（B）
Chubb Fire & Security Canada Corporation，5201 Explorer Drive，Mississauga，ON L4W 4H1，Canada
L. Cipcigan
School of Engineering，Cardiff University，E/2. 16，Queen' s Buildings—East Building，5 The Parade，Newport Road，CardiffCF24 3AA，UK
e-mail：CipciganLM@cardiff. ac. uk
S. S. Williamson
Department of Electrical，Computer and Software Engineering，Faculty of Engineering and Applied Science，Ontario Tech University，Oshawa，ON L1G 0C5，Canada
e-mail：Sheldon. Williamson@uoit. ca

A. C. Zambroni de Souza and B. Venkatesh（eds.），*Planning and Operation of Active Distribution Networks*，Lecture Notes in Electrical Engineering 826，https://doi. org/10. 1007/978-3-030-90812-6_5

5.1 电动汽车充电政策对2030年魁北克负荷需求的影响

5.1.1 简介

纯电动汽车（EVs）和插电式混合动力电动汽车（PHEVs）对传统燃油汽车的替代，显著减少了温室气体的排放，同时提高了燃料经济性和燃料效率。EVs由电力驱动，而PHEVs由电力和汽油两种能源驱动。图5-1为两种汽车的动力系统架构示意图。

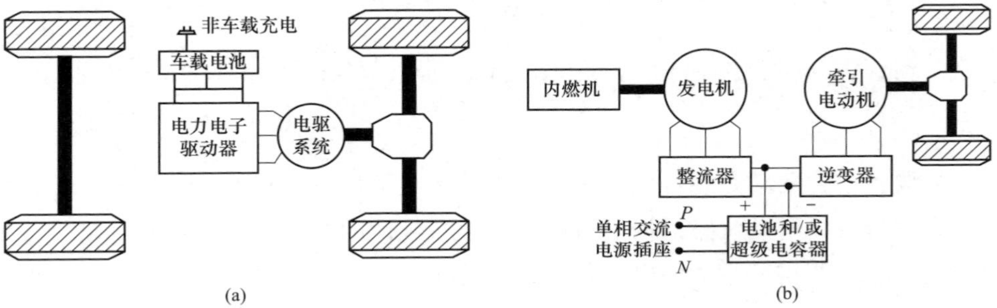

图5-1 电动和插电式混合动力汽车的动力系统架构

（a）电动汽车架构；（b）插电式混合动力电动汽车架构

电动汽车保有量的不断提升将增大充电负荷需求，而电动汽车充电负荷的大小取决于充电收费制度、电动汽车的使用频次以及车主的充电行为，采用有序充电能够有效缓解电网的压力。本节评估了电动汽车/混合动力电动汽车的充电策略对加拿大魁北克省电力需求的影响。通过大量案例的研究，评估了不同的充电制度和电动汽车充电量对魁北克2030年电力负荷需求的影响。车辆数量和电动汽车/插电式混合动力汽车渗透率的预测数值来自某研究机构，以魁北克水电公司2011年用电负荷为基准，对2030年的负荷需求开展预测。预测结果表明，电动汽车的无序充电将使负载需求增加12%，而基于分时电价的电动汽车有序充电仅使夏季负载需求增加5%。

5.1.2 相关研究

空气质量和污染物排放仍然是各国近年来重点关注的问题。2019年，石油和天然气行业的二氧化碳当量为1.91亿吨（占总排放量的26%），其次是交通行业，该行业的二氧化碳排放当量是1.86亿吨（25%）[1]。加拿大的二次能源使用行业排放了约80%的温室气体（CO_2、CH_4 和 N_2O），如工业、交通、住宅、农业和商业行业[2]。其中，交通行业是温室气体排放的最大贡献者，约占2020年温室气体总排放量的30%。加拿大政府制定了到2030年将温室气体总排放量减少17%的目标。通过各部门的配合，取得了良好进展。联邦政府的做法以及不同省份采取的行动表明，加拿大目前已经基本完成了2030年碳排减少目标的阶段性任务[3]。

电动汽车接入电力系统为电池组充电。纯电动汽车是由电力驱动，而PHEV（混合动力汽车）则使用汽油和电力组合驱动车辆。当前，在加拿大的道路上随处可见来自大型汽车制造商的新型电动汽车。很明显，随着电动汽车/插电式混合动力汽车的普及以及智能电网技术的发展，化石燃料能源终将被电力取代，从而大幅减少温室气体排放。魁北克、不列颠哥伦比亚等已使用大量清洁电力，其中大部分来自水力发电。到2030年，可再生能源发电厂将获得长足发展，清洁电力产量将显著增加，燃煤发电厂将进一步关闭。滑铁卢大学的一项研究表明[4]，EV/PHEV充电不会立即影响电网目前的负荷需求。

预计未来3～5年内，电动汽车/插电式电动汽车可能在安大略省的个别城市地区大面积普及，这将对配电网的承载能力以及电能质量造成显著影响。考虑到EV/PHEV的充电功率和充电时间，相当于可以在配电系统中增加一个相当于一个新建小区的负载[5]。电动汽车承载充电方法的实施，将以较低的非高峰价格充电为目标，并鼓励电动汽车/PHEV车主在高峰时间以外的夜间充电，这可能有助于将配电网的运行控制在其允许的范围内。本研究的目的是确定不同的国内电动汽车电池充电制度对魁北克负荷需求的影响。预计负荷需求会受到各种特性的影响，例如：电动汽车/混合动力电动汽车的数量、电动汽车/混合动力电动汽车电池充电的时间框架和长度以及电池充电器的额定功率。为了确保这项研究工作的准确性，首先对不同来源的研究和方法进行了回顾和评估。文献［6］中介绍了电动汽车电池充电的谷值填充方法。研究表明，电动汽车模式下行驶的里程约为40%，平均消耗量为0.21kWh/km。这项研究的结果表明，根据不同的充电方式，电动汽车电池充电的负载预计至少会增加18%～40%。

美国橡树岭国家实验室[7]的一项研究调查了2020年和2030年电动汽车使用率对美国不同地区电网需求的影响。这项研究的重点是，在晚上充电时，一半的车辆在下午5点开始充电，另一半在下午6点开始充电。夜间充电也分为两组，一半车辆在晚上10点开始充电，另一半则在晚上11点开始充电。考虑了1.4、2和6kW的三种不同充电水平。研究结果表明，夜间充电模式不需要额外发电，而在6kW的夜间充电模式下，需要额外发电来满足电动汽车/PHEV电池组充电。一个名为“电网中的移动能源”（MERGE）的欧洲重大项目调查了国内电动汽车充电对六个不同欧洲国家电网的影响[8]。考虑了无序充电，即电动汽车车主在最后一次旅行后一回家就给电动汽车充电，而智能充电将使用谷值填充控制来控制电池充电，以最大限度地减少对峰值需求的影响。研究结果表明，无序收费方法将使研究中所有六个国家的峰值需求增加 6%～12%。智能充电控制不会增加研究中六个欧洲国家中任何一个国家的每日高峰需求。

对上述研究的回顾表明，在研究国内电池充电对国家电力需求的影响时，考虑以下因素的重要性：①电动汽车/PHEV 的使用水平；②电池充电的发生率和持续时间。本研究的贡献是通过不同的渗透率水平（如温和及激进）预测 EV/PHEV 渗透率对魁北克负荷需求的影响。首先，使用政府和国际预测来估计 2030 年的保有量，然后使用国家调查的数据来制定电动汽车电池充电制度。本章中使用的术语 EV/PHEV 或 EV 指的是电动汽车和插电式混合动力电动汽车，因为从电力系统的角度来看，这两种汽车的处理方式相同。

5.1.3 加拿大和魁北克道路上的车辆

加拿大自然资源局（NRCan）于 2009 年发布了最新的加拿大车辆调查结果[9]。这是对车辆运输领域活动的季度调查。2009 年的报告涉及在加拿大注册的车辆的道路车辆活动，提供了加拿大车队的特点及其燃料消耗量，并对 2000 年和 2009 年的车辆数量进行了比较。根据这项研究，2009 年，安大略省和魁北克省的车辆数量占加拿大车辆总数的 58.7%，安大略省有 740 万辆，魁北克省有 470 万辆。另据报道，2009 年，加拿大 20511161 辆汽车中 96.3%为轻型汽车，中型和重型卡车分别占 2.1%和 1.5%。因此，本研究的重点是轻型汽车。

表 5-1 和表 5-2 提供了调查结果。对 2030 年复合年增长率预测的假设是基于 2000 年至 2009 年的轻型汽车增长率，并转化为 2030 年。表 5-1 显示了加拿大和魁北克省的车辆总数。表 5-2 显示了加拿大和魁北克省的轻型车辆总数。在本研究中，轻型车辆假设为轻型轿车、SUV 和旅行车。

表 5-1 加拿大和魁北克的汽车数量

区域	2000 年车辆数量	2009 年车辆数量	复合年增长率	2030 年预计汽车数量
加拿大	17217143	20511161	1.9%	28695114
魁北克	3856820	4679516		6546642

加拿大车辆调查[9]报告显示：

轻型车辆行驶公里数年均稳步增长 0.8%。轻型汽车保有量平均每年增长 2%～3%。轻型车辆平均每年行驶 17000～20000km。车辆保有量通常每年增长 7%～8%。

表 5-2 加拿大和魁北克省的轻型车辆数量

区域	2000 年车辆数量	2009 年车辆数量	复合年增长率	2030 年预计轻型汽车数量
加拿大	12034782	14706502	1.9%	20574396
魁北克	2695917	3355213		4693925

5.1.4 研究分析和假设

根据魁北克设定计划，充电站必须设置在车辆停放时间足够长的地方，以便给电池组充电。这些地方可以是家里、工作场所、购物中心和餐馆。据估计，80%的电动汽车充电负荷将在发生在白天时段，且充电地点多为家中或工作场所。电动汽车很可能首先在城市地区被使用和开发。因此，给这些车辆充电的最佳地点是住宅停车场和车库。魁北克水电公司在 2009 年进行的一项调查[10]显示，94%拥有或打算购买车辆的魁北克人家中已经有了停车位。其中 89%的人可以在停车场使用一级充电点。由于技术发展迅速，快速充电站很快就会出现在城市核心区域位置。本研究将考虑到，单相、120V、15A 连接将是魁北克省 2030 年的主要国内充电额定值。考虑的放电深度（DOD）为 80%。因此，假设电池最初处于 20%的充电状态（SOC），然后完全充电（表 5-3）。

表 5-3 研究的主要假设

假设		参考
电动汽车充电器效率	87	21
电动汽车电池充电效率	85	24
电动汽车充电器额定功率（kW）	1.8	32
平均电池容量（kWh）		
电动汽车	24	33
插电式混合动力汽车	4	33
可用电池容量	额定值的 80%	24

魁北克水电公司提供了 2011 年的负荷需求和预计的年度增长。本研究使用每个季节第一个月的第 15 天的负荷剖面来分析典型天数。在“2011 年批准计划，2011—2020 年批准计划”[11]中，魁北克省 2011 年的年电力需求为 184.5TWh。该计划还预测 2011—2020 年的年电力增长率为 0.7%。通过计算 2011—2020 年期间的这一比率，并将其转换为 2021—2030 年期间，魁北克 2030 年的预计年电力需求将为 209TWh。图 5-2 显示了魁北克省 2011 年和 2030 年假定典型天数的电力需求。

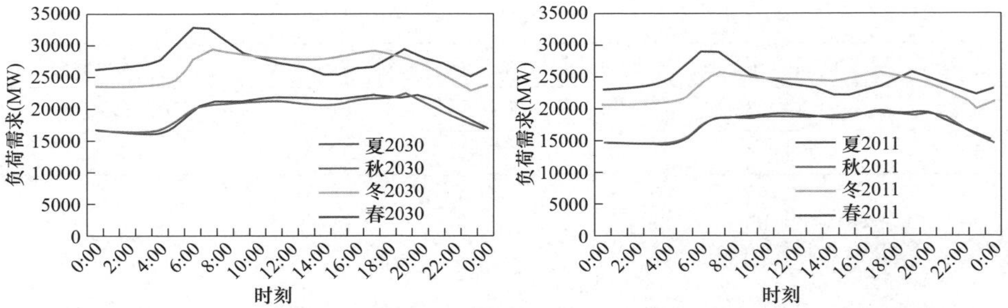

图 5-2 魁北克 4 个季节的电力需求：实际（右）和 2030 年预测（左）

5.1.5 魁北克的电动汽车充电制度

电动汽车/PHEV 考虑了影响模型负荷需求的不同的变量，如：魁北克人口、车辆增长、电价预测和通过技术开发的电动汽车/PHEV 效率。该模型将考虑电动汽车/PHEV 的数量及其能耗率。电动汽车/混合动力电动汽车的负荷需求预测不是一个特定的程序。任何主要变量和假设的变化都会影响新技术的采用，并可能导致预测的修改，尤其是在未来 10 年。新技术的接受度将取决于许多因素，如：技术改进，特别是电池生产、消费者接受度和充电站基础设施。电动汽车/混合动力电动汽车充电采用了两种主要的充电机制。本研究考虑了非受控和双重电价（价格驱动和智能充电基础）制度。

5.1.6 不受控收费制度

在这种制度下，电动汽车车主一到家就开始给车辆充电。电动汽车的充电周期取决于该地区的日常交通模式。魁北克省使用加拿大的每日交通模式，该模式来自 INRIX 交通记分卡[12]。一项评估车辆移动行为的研究表明，车辆平均每天在家里停放约 20～22 小时[13]。因此，每天的总驾驶时间为一小时。根据一项提供加拿大交通统计数据的研究[14]，在人口超过 100 万的大都市地区，加拿大通勤者使用各种交通方式，平均需要 30 分钟才能上班。本研究使用 30 分钟的通勤时间作为每天开车通勤的平均时间的参考；人们认为，每一次特定时间内的出行，通勤者都可以在接下来的一个小时内开始充电。图 5-3 显示了魁北克 24 小时内的交通模式。

电动汽车/PHEV 在其主要功能上不同于可调度负载，例如抽水蓄能站。这些载荷可以称为柔性载荷，用作具有自身简单性和约束条件的车辆。所需的每日能量与每日总行程成正比。

$$E_d = N \times d \times f \tag{5-1}$$

式中，E_d 为每日车辆总能量需求；N 为车辆数量；d 为车辆平均行驶距离；f 为平均能耗 kWh/km。

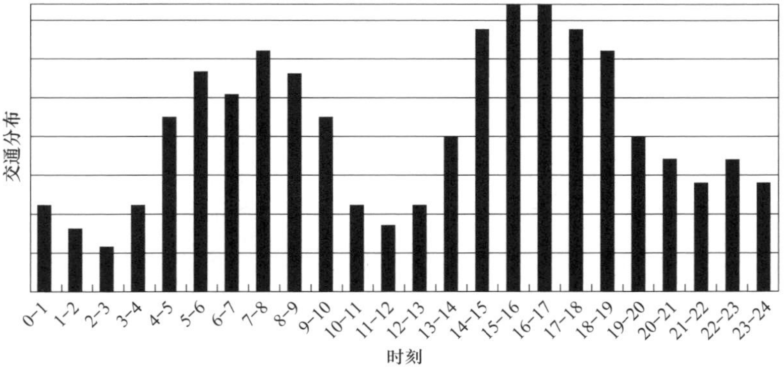

图 5-3　魁北克 24 小时内的交通分布

轻度渗透的车辆数量为 328575 辆，轻度渗透的车辆为 2276554 辆。轻型车辆的平均行驶距离约为每天 45km，平均能耗为 0.2kWh/km[15]。因此，低功耗的电动汽车平均每日汽车能耗为 2.9GWh，高功耗的电动汽车平均每天汽车能耗为 20.4GWh。在魁北克，使用一级充电设施，PHEV 电池将从完全放电水平至完全充电，平均 7 小时，电动汽车电池充电时间平均为 12 小时。魁北克省电动汽车充电分布也如图 5-4 所示，用于轻度（图 5-3）和重度的电动汽车渗透。请注意，在本研究中，下午 4 点被考虑为电动汽车充电的开始时间。

5.1.7　受控收费制度

魁北克省的电价是以 24 小时内的消费量为基础计算的。5.32¢/kWh 是前 30kWh 的消费价格，7.51¢/kWh 是剩余的电量消费价格。双重电价制度的目标是将电动汽车充电改为夜间充电。在 2006～2015 年魁北克能源战略中，政府希望魁北克水电公司采用基于住宅客户使用季节和时间的新费率模型[16]。

2010 年，魁北克省的四个城市开展了“适时”费率项目[17]。该项目的目标是建立一个新的费率结构，这可以帮助客户更好地管理他们的电费。在这个项目中，非高峰时段从晚上 10 点开始，第二天早上 6 点结束。通过改变费率结构和使用智能电能表，魁北克电动汽车充电可以采用双重费率制度。假设在晚上 10 点之前到家的电动汽车车主，在晚上 10 点开始给车辆充电，而晚上 10 点到 11 点之间到家的车主在晚上 11 点开始给车辆充电。

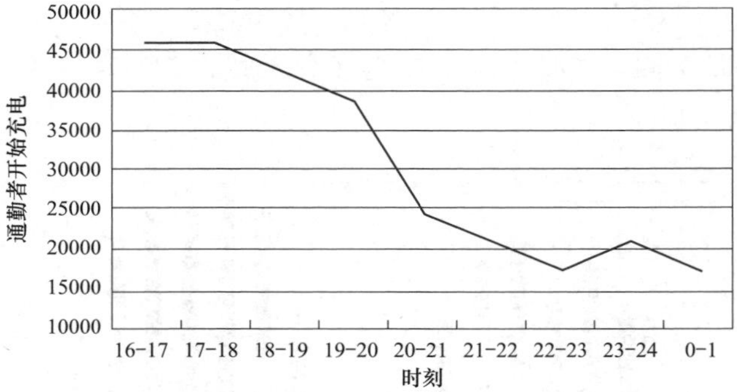

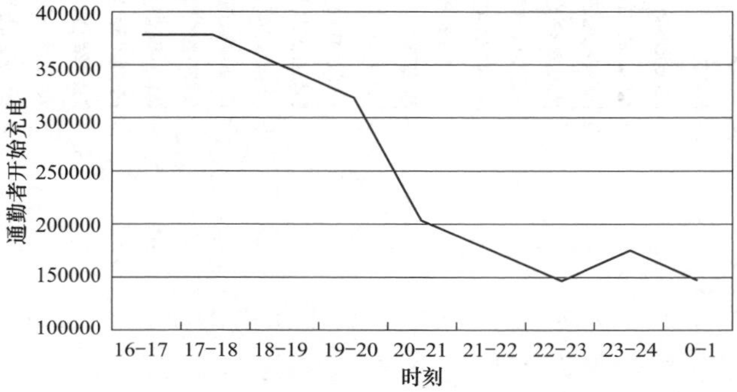

图 5-4 魁北克省不受控制情况下电动汽车低吸收（顶部）和电动汽车高吸收（底部）的电动汽车充电分布

为了评估双重电价制度对电动汽车充电的影响，本研究考虑了魁北克水电公司在向加拿大和美国邻近省份输电时使用的小时电价。由于魁北克省没有双重关税；省外客户的输电价格被用作评估这种电动汽车充电制度对负载需求影响的工具。

电动汽车充电制度可能对负载需求起到重要作用。一般来说，通过采用受控制度，可以最大限度地利用现有电力系统。通过实施特定的充电制度，并将电动汽车充电时间转移到夜间，可以最大限度地减少热发电，并促进可再生能源，特别是风能等不灵活的发电方式。通过这种智能策略，排放和总系统成本也得到了降低。但是，在不受控制的充电制度下，这些好处可能不会出现，负荷需求、总系统成本和排放也将增加[15]。

5.1.8 充电模式的研究结果和效果

电动汽车市场渗透率对魁北克负荷需求的影响是通过四种不同的季节性负荷分布来评估的，这四种负荷分布适用于非受控和受控充电制度。图 5-5 显示了 2030 年非受控充电制度下每个季节下的两天持续负荷需求。对于电动汽车使用

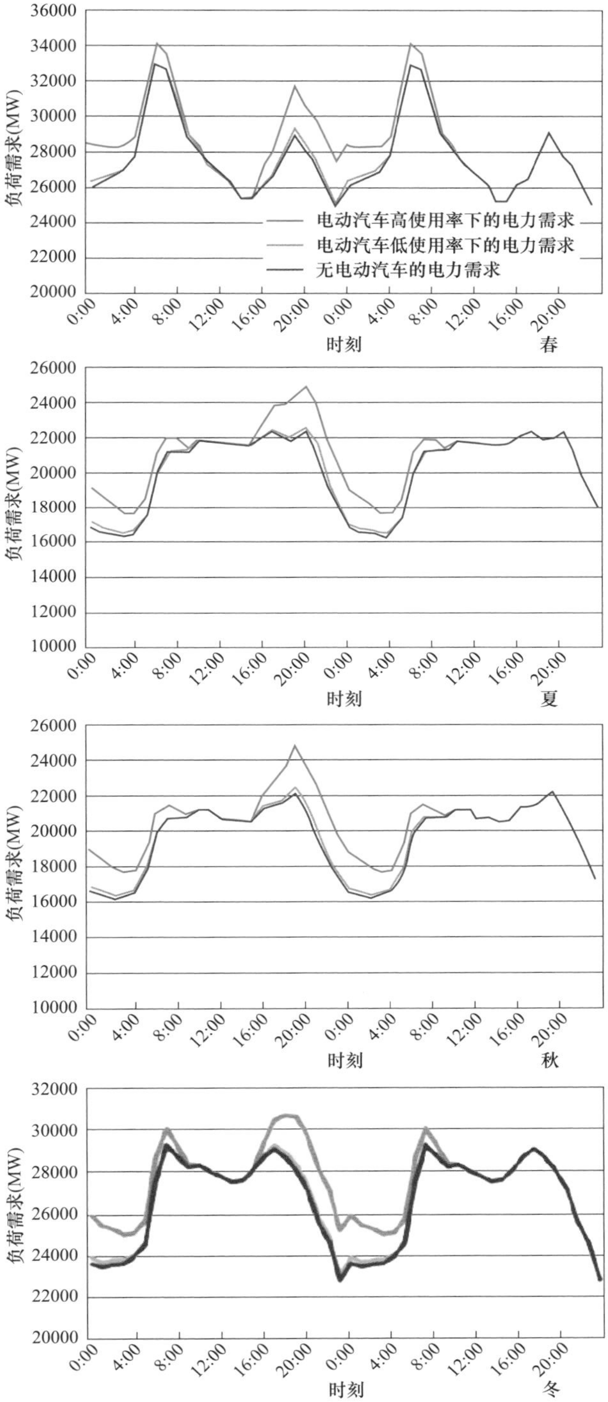

图 5-5　魁北克省预测 2030 年无控制情景下的能源需求

率高或低的季节，峰值负荷都会增加。通勤者回家的时间与需求高峰相吻合。然而，有趣的是，夏季和冬季出现了新的高峰需求时间。图 5-4 还显示，峰值增加与通勤者回家并开始为车辆充电的时间有关。因此，随着高峰需求的增加，不同季节和时间的高峰需求时间会发生变化。

表 5-4 显示了在不使用电动汽车下的峰值需求、低电动汽车使用量的峰值需求和使用不受控制的充电制度的高电动汽车使用率的峰值需求。还提供了 2030 年不同季节不受控制充电制度下的峰值增长百分比和新的峰值时间。

表 5-4　在不受控制的情况下，电动汽车渗透导致的峰值增加和新的峰值时间

季节	无电动汽车的需求	峰值时间	新需求高峰时间	新需求高峰时间	峰值增加（%）
春	32970.30	6—7AM	33052.46	6—7AM	0.25
夏	22137.69	5—6PM	22382.55	8—9PM	1.11
秋	22250.99	7—8PM	22560.67	7—8PM	1.39
冬	29272.19	7—8AM	29313.27	6—7PM	0.14
季节	无电动汽车的需求	峰值时间	新需求高峰时间	新需求高峰时间	峰值增加（%）
春	32970.30	6—7AM	34124.05	6—7AM	3.50
夏	22137.69	5—6PM	24670.23	8—9PM	11.44
秋	22250.99	7—8PM	24825.24	7—8PM	11.57
冬	29272.19	7—8AM	30665.79	6—7PM	4.76

图 5-5 和表 5-4 显示，2030 年在魁北克省采用不受控制的收费制度：

对小型电动汽车使用量，峰值需求增加了 1.4%。需求峰值时间在夏季和冬季转移到晚上。对于大型电动汽车的使用，高峰需求增加了 11.57%。需求高峰时间在夏季和冬季转移到晚上。

图 5-6 显示了 2030 年使用受控充电制度的每个季节的两天持续时间负荷需求。在电动汽车使用率低和高的所有季节，峰值负荷都会增加。然而，在电动汽车的高使用率下，这种情况相当可观。需求高峰在所有季节都有所增加，夏季和秋季的压力更大。夏季和秋季的高峰也从下午和早上转移到晚上。还为受控充电制度开发了负载需求曲线。对于这种充电方式，采用有序充电算法，允许晚上 10 点之前到家的车辆在晚上 10 点开始充电。晚上 10 点到 11 点之间到家的车辆必须等到晚上 11 点。因此，他们将从晚上 11 点开始收费。在这种充电方式下，充电模式是为晚上 10 点之后的充电制定的。使用这种可控充电方式，我们发现 EV 电池的大部分充电将在夜晚进行。通过将家庭充电延迟到晚上 10 点之后的充电策略，可以优化非高峰时段低成本能源的使用。通过使用这一策略，可再生能源发电可以融入发电市场，并可以在电动汽车夜晚充电的帮助下直接消费。

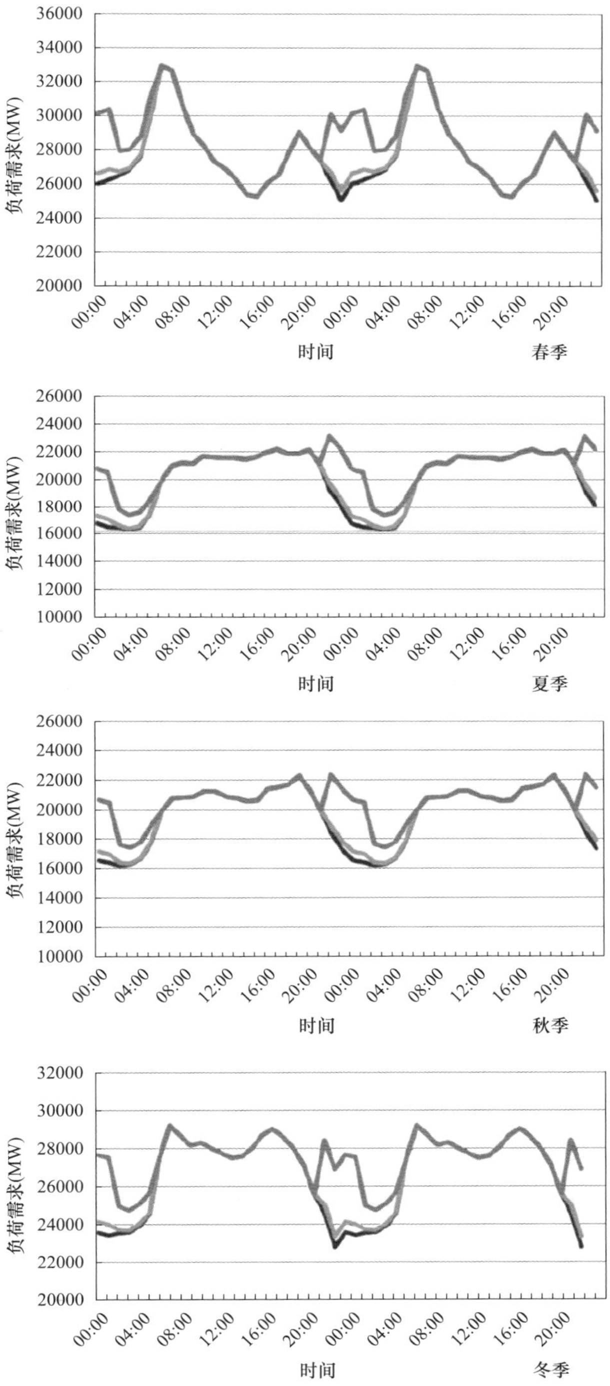

图 5-6 魁北克 2030 年受控情景下的预测能源需求

表 5-5 显示了使用受控充电制度的无电动汽车的峰值需求、低电动汽车使用量的峰值需求和高电动汽车使用率的峰值需求。如表 5-5 所示，受控的有序充电抵消了车主的充电时间，以限制高峰时间内出现的任何新的充电。

表 5-5 受控情景下电动汽车渗透导致的峰值增加和新的峰值时间

季节	无电动汽车的需求	峰值时间	新需求高峰时间	新需求高峰时间	峰值增加（%）
春	32970.30	6—7AM	32970.30	6—7AM	0
夏	22137.69	5—6PM	22137.69	5—6PM	0
秋	22250.99	7—8PM	22250.99	7—8PM	0
冬	29272.19	7—8AM	29272.19	7—8AM	0
季节	无电动汽车的需求	峰值时间	新需求高峰时间	新需求高峰时间	峰值增加（%）
春	32970.30	6—7AM	32970.30	6—7AM	0
夏	22137.69	5—6PM	23068.93	凌晨 12 点—1 点	4.21
秋	22250.99	7—8PM	22295.09	7—8PM	0.20
冬	29272.19	7—8AM	29272.19	6—7PM	0

图 5-6 和表 5-5 显示，魁北克 2030 年使用受控收费制度：

• 对于小型电动汽车使用量，峰值需求在数字和时间上都保持不变。

对于高电动汽车的使用率，峰值需求增加到 4.21%。需求高峰时间仅在夏季转移到晚上。

这种受控充电方式相对于非受控充电方式的优势在于应用了谷时填充。已证明受控充电制度有能力减轻对峰值需求增加和时间偏移的影响。

5.1.9 与英国（UK）研究的比较

本研究与英国一个项目的结果进行了比较，该项目分析了电动汽车国内充电可能对国家电力需求产生的影响[18]。该研究的目的还在于确定不同的家庭充电制度对英国负荷需求的影响。英国的研究认为，2030 年，13A、单相、240V 连接是英国国内的主要充电率[19]。在本研究中，纯电动汽车和 PHEV 的电池分别在 15 小时和 4 小时内从完全放电变为完全充电。图 5-7 显示了在不受控制的情况下，三个季节和不同充电水平的 EV 国内充电的影响。

在双重收费制度下，电动汽车假定在夜间开始充电。根据每个能源供应商的不同，英国有不同的电价和非高峰时段。在这项研究中，假设非高峰充电从晚上 11 点开始，到第二天早上 7 点结束[20]。这段时间也被认为是 2030 年的非高峰时段。23：00 之前返回的电动汽车将一直等到这个时候，然后开始充电过程。电

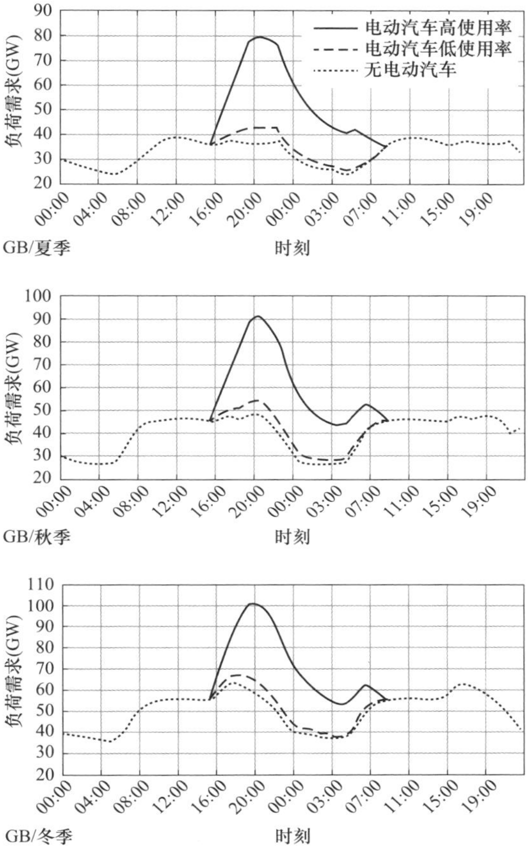

图 5-7 2030 年无控制充电的预测能源需求[19]

动汽车在晚上 11 点到午夜 12 点之间抵达；将在午夜 12 点开始给电池充电。双电价制度的预测负荷需求如图 5-8 所示。

表 5-6 显示了在电动汽车低使用率情况下不受控制和双重收费制度的峰值增长和季节时间位移。

研究发现，即使电动汽车的使用水平较低，也会增加 2030 年的电力需求峰值。不受控制的电动汽车充电使冬季高峰需求增加了 3.2GW（5%）。然而，采用双重收费控制策略，冬季高峰需求不会改变。总之，我们发现，在不受控制的情况下，高峰日需求将随着电动汽车使用量的降低而略有增加。然而，在双重收费制度下，在大多数情况下峰值增加可以成功消除。研究发现，对于大功率充电场景，在不增加英国未来电力需求的情况下，必须应用更多的智能控制算法来管理电动汽车充电请求。

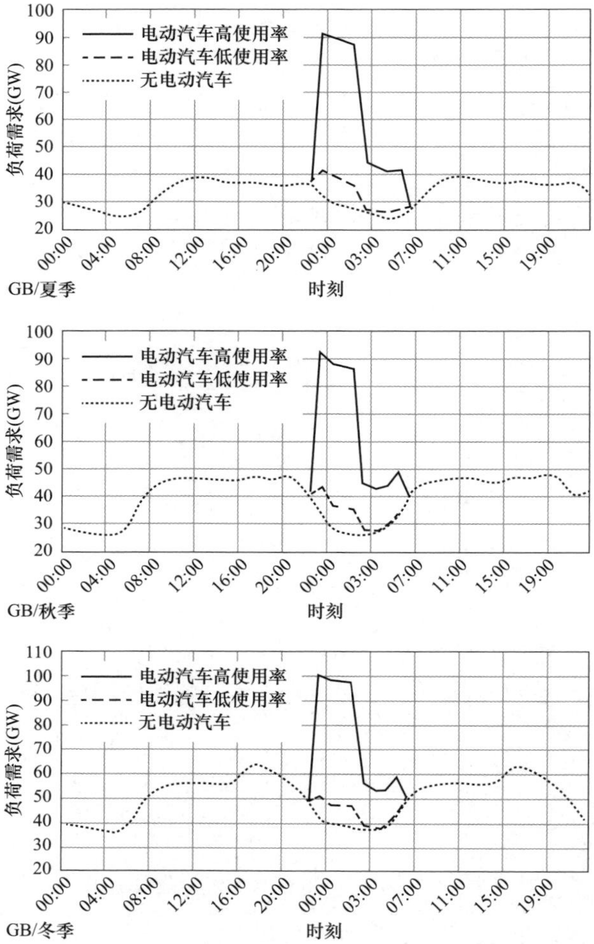

图 5-8　2030 年双电价充电的预测能源需求

表 5-6　电动汽车充电和低使用率导致的不受控制和双重电价制度的高峰增长和季节时间推移

充电场景		不受控制的充电		双重收费	
季节	实际峰值时间	峰值增长（GW）	预计高峰时间（2030 年）	峰值增长（GW）	预计高峰时间（2030 年）
春	6—7PM	5.770（11.4%）	7—8PM	0	6—7PM
夏	12AM—1PM	3.94（10.1%）	8—9PM	2.653（6.8%）	11—12PM
秋	8—9PM	6.315（13%）	8—9PM	0	8—9PM
冬	5—6PM	3.160（5%）	6—7PM	0	5—6PM

5.1.10 总结

在这项研究中，考察了电动汽车家庭充电对魁北克负荷需求的影响。开发了两种电动汽车家庭充电策略，即不受控制和受控（双重收费）制度。在不受控制的情况下，电动汽车充电没有时间限制。车辆一回家就开始充电。结果显示，魁北克和英国低和高的电动汽车渗透率的需求高峰在四个季节都有所增加。秋季增长最大，魁北克在 19：00 至 20：00 之间增长 11.57%。在英国，13%是 20：00 至 21：00 之间出现的最大增幅。针对不受控制的情况，给出了两项研究之间的比较结果。在魁北克，夏季、秋季和冬季的高峰时间都转移到了晚上。这种高峰转移不符合分销公司的利益，因为这会给电网带来额外的压力。因此，必须产生昂贵的电力来提供额外的负荷。在英国，所有负荷转移都在下午和晚上，秋季 20：00 至 21：00 之间的压力更大（表 5-7）。

表 5-7　魁北克省和英国在不受控制的情况下峰值增加和新峰值时间的比较

季节	魁北克省峰值时间	魁北克省峰值增加（%）	魁北克省新需求高峰时间	英国高峰时间	英国峰值增长率（%）	英国新需求高峰时间
春	6:00—7:00	3.50	6—7AM	6—7PM	11.4	7—8PM
夏	17:00—18:00	11.44	8—9PM	12AM—1PM	10.1	8—9PM
秋	19:00—20:00	11.57	7—8PM	8—9PM	13	8—9PM
冬	7:00—8:00	4.76	6—7PM	5—6PM	5	6—7PM

在受控情况下，电动汽车充电会受到某些限制。电动汽车不允许在任何时候充电。结果表明，在这两种情况下，春季和冬季都没有额外的负荷。魁北克省秋季的增幅不到 0.5%，夏季这两种情况的增幅都不到 7%，这两种情况都转移到了傍晚。表 5-8 显示了两项研究在受控情景下的比较结果。

表 5-8　对照情景下魁北克省和英国之间峰值增加和新峰值时间的比较

季节	魁北克省峰值时间	魁北克省峰值增加（%）	魁北克省新需求高峰时间	英国高峰时间	英国峰值增长率（%）	英国新需求高峰时间
春	6—7AM	0	6—7AM	6—7PM	0	6—7PM
夏	5—6PM	4.21	8—9PM	12AM—1PM	6.8%	11—12PM
秋	7—8PM	0.20	7—8PM	8—9PM	0	8—9PM
冬	7—8AM	0	6—7PM	5—6PM	0	5—6PM

这两项研究的结果都表明，无论是在魁北克还是在英国，不受控制的充电场景都不是电动汽车家庭充电的充分解决方案。这些电力需求的增加将影响高峰时段的发电成本。因此，电力市场价格将受到影响，消费者必须为其消费支付更多

费用。因此，控制充电似乎是未来电动汽车家庭充电的智能解决方案。

5.2 车辆到电网（V2G）功率流：效率低下、潜在障碍和可能的研究方向

电动汽车配备了一个完全电动的动力传动系统，并配有一个大型车载电池组。最近，除了充电应用外，有人提出，电动汽车还可以在关键的高需求时期，使用车载电池，以车辆到电网（V2G）功率流的形式向电网提供备用电力[21-25]。在车载电池组的帮助下，电动汽车可以充当分布式发电机，并将能量反馈给交流电网。V2G 连接已经引起了电力系统工程师的广泛关注和兴趣，同时提出了许多商业模型。虽然将电动汽车与电网互连以实现正反方向的电力流动似乎是一种有利可图的商业模式，但从纯电气工程的角度来看，存在的问题是，将电动汽车连接到电网的过程有多高效（或无效）。电力电子转换器需要注意能量转换阶段。这引发了一些关键的转换效率问题以及保护和安全问题。本章将提出 V2G 功率流的运行条件建模和详细的损耗（或效率），以描述真实的系统效率；将讨论通过互连可再生能源系统、先进的电力转换设计和虚拟发电厂概念的可能解决方案。此外，还将重点介绍应用了 V2G 的先进电力电子转换领域的研究课题。因此，本节将指出将未来电动汽车连接到现有电网或家庭的理念和具体现实。

5.2.1 电力需求和车联网概述

在某些季节，电网的负荷需求很高。在夏天，有些电器的使用会给电网带来巨大的压力。例如，可以在不同的部门中使用的空调。另一方面，电力需求在一个典型的一天中并不是恒定的。图 5-9 显示了商业、工业和住宅负荷的典型 24 小时负荷曲线[25]。已经描述了几种模型，以在高需求时期减少来自电网的应力。V2G 被认为是稳定电网和平滑负荷曲线的一种可能的解决方案。据称，电动汽车可以被视为负载和分布式存储装置[26]。未来电动汽车或 PHEV 的 V2G 连接被认为是稳定现有交流电网的一个有利可图的解决方案。

此外，V2G 能够平滑地调节电网内的紧张负载需求，特别是在电网电力昂贵的时隙，并提供辅助服务。当进行连接时，将建立 V2G 功率流，从而将能量从车辆转移到电网。图 5-10 显示了 V2G 连接的示意图。

以下是成功实施 V2G 的必要要素：①多个电力电子转换器的级联，使能量可以从电动汽车流到电网；②双向充电装置，可以是车载或非车载；③精确的、经过认证的车载计量，用来跟踪能量流；④电网和电动汽车之间的通信方式。基

于车辆类型，提出了三种主要的 V2G 系统。

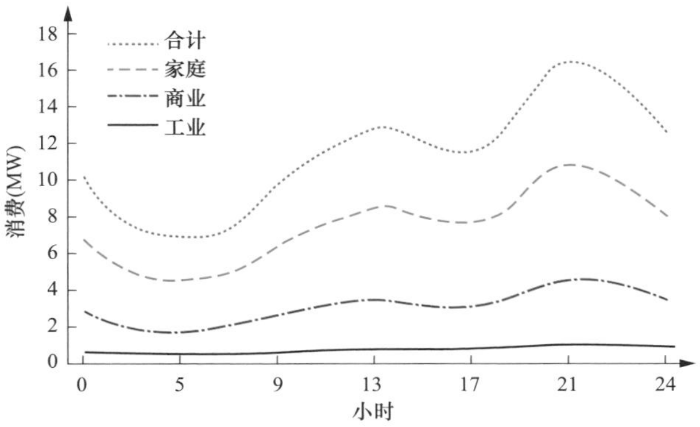

图 5-9　典型的 24 小时负荷曲线

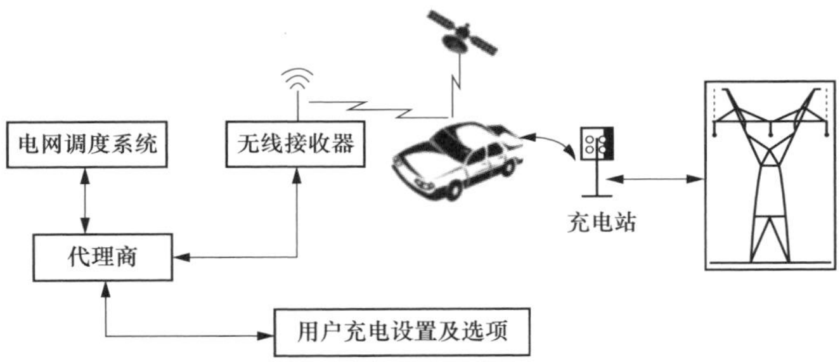

图 5-10　V2G 连接示意图

5.2.2　纯电动汽车

纯电动汽车的传动系完全电气化，电池是驱动车辆的主要能源。只要电网需要，电池组就会插入并充电，当电网电力短缺时，这个过程就会逆转，电动汽车将其储存的能量输入到电网。

5.2.3　插电式混合动力电动汽车（PHEV）

该电池组仅用于 PHEV 中的短距离或中等距离。对于 V2G 而言，无论电池是作为发动机还是电机发电机，都可以为电网供电。PHEV 中的电池组设计适用于短距离行驶，不能向电网反馈太多能量。因此，PHEV 为电网供电将依赖 ICE，ICE 可以用作交流发电机。

5.2.4　插电式燃料电池混合动力电动汽车（PFC-HEVS）

这些车辆使用可再生的氢气提供动力。氢气可以来源于水（电解）或从碳氢化合物中分解产生。除了使用氢气作为燃料外，这些车辆还能够接入电网为电池充电（并在车上再生氢气）。电池组中储存的能量可用于促进 V2G 应用。

5.2.5 V2G 的主要困难和问题

车队与电网的集成有两个关键的技术领域。电网对车辆（G2V）的作用已经得到证明，PHEV 和电动汽车现在可以从电网充电，充当电网的新负载。因此，必须重新考虑重组后的负荷曲线。车联网（V2G）是电力系统研究人员强烈提出的一种观点，声称它可以稳定电网，可以为电网、车主、政府以及环境带来好处。

由于电动汽车平均每天停放约 20～22h[27]，因此有可能通过电动汽车的电池将电力反馈到电网。当然，这似乎是一个非常有利可图的提议。该提案称，电动汽车可以在低功率需求期间充电，而在高负载需求期间可以实现反向能量流。不幸的是，所提出的想法存在基本的能量转换问题，这使得在不久的将来对它不太可能进行大规模可行的处理。以下内容强调了 V2G 受到质疑的问题。

5.2.6 电池退化和防止电力系统故障损坏

使用可充电电池为电网供电将增加其充电和放电循环次数，毫无疑问，这将导致电动汽车电池更换时间比平时更快（与只将电池组用于驾驶目的并在空闲时充电相比）。正如电动汽车储能文献中众所周知的那样，充电/放电循环次数大大缩短了可充电锂离子（Li 离子）和镍氢（Ni MH）电池的寿命[27,28]。电池的寿命并不是无限的；这是电动汽车商业化的主要问题。长期使用电动汽车电池组进行 V2G 将使其在使用寿命内降低电池容量（或 SOC 的急剧变化）[27-29]。研究表明，V2G 在技术上是一种可行的选择，可以平衡未来的电力负荷和发电量。每辆车可以反馈到电网的能量可以计算为[27]：

$$W=[E_s\times \mathrm{DOD}-(d_1+d_2)\times R_{eS}\times E_{kn}]\times 5_{con} \tag{5-2}$$

式中，DOD 为放电深度；E_s 为电池容量；d_1 为汽车一天行驶的公里数；d_2 为不限制驱动的灵活性的扩展驱动范围；E_{kn} 为每公里能耗；5_{con} 为充电/放电效率；R_{eS} 为车辆电力驱动份额。

电动汽车在汽车中的份额研究表明，电动汽车车主每月可以从 V2G 中受益小几百到大几百美元。然而，德国市场的一项研究表明，由于电池组的退化效益不高，积极控制和反馈电力将不是一个值得信赖的选择。必须考虑电池退化，以评估由于使用 V2G 为电网供电而导致的电池寿命缩短。DODV2G 是 V2G[27]产生的放电深度（DOD）。假设电池组在每次调度前已完全充电，DODV2G 可计算为：

$$\mathrm{DOD_{V2G}}=\frac{P_{\mathrm{veh}}\times \mathrm{Nin}\{t_{\mathrm{Dicp}};24.R_{\mathrm{d-c}}\}}{E_{\mathrm{c}}} \tag{5-3}$$

式中，t_{Dicp} 为调度时间；$R_{\mathrm{d-c}}$ 为调度概率（%）。

另一个重要参数是整个电池寿命（C_{sife}）内的充电/放电循环次数。

$$C_{\mathrm{sife}}=1331\times \mathrm{DOD}^{-1.8248} \tag{5-4}$$

需要注意的是，电池寿命将随着放电深度的增加而不成比例地缩短[27,28]。与在电池寿命内的深度放电相比，当循环中的放电深度较浅时，可以获得更大的能量输送速率。这意味着，在一天的驾驶结束时，如果电池处于55%的DOD，最好插上电源并充电，而不是将剩余容量放电到电网。此外，另一项研究声称，为了确保车辆的机动性，电动汽车只有在SOC高于60%的情况下才能参与V2G服务。在这种假设下，没有太多的能量可以从车载电池组反馈到电网。为了支持这一说法，电池DOD和整个寿命内的总循环次数之间的相互关系如图5-11[27]所示。

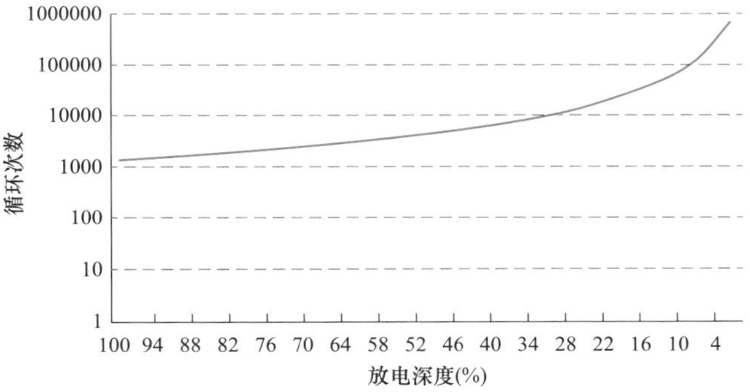

图5-11 DOD与循环寿命之间的相互关系

此外，应该注意的是，电池组的环境效益也不乐观。将车辆用作分布式发电机（DG），需要更频繁地更换电池组，从而缩短其使用寿命。同样，正如电动汽车文献中所记载的那样，电池制造的整个过程不是一个有效的过程。除此之外，回收旧电池或完全利用的电池是一个主要的环境问题，在实施电池组服务之前需要认真考虑。

考虑电动汽车电池组与电网连接时的另一个问题是电池保护电路。很明显，电网运营商无法支持同时在线的数百万个电动汽车电池组的保护。公用事业公司不能确保故障是否发生。

因此，他们无法保证电动汽车车主电池组的安全。因此，在实践V2G之前，必须考虑这个问题。

5.2.7 电网控制问题

在V2G期间，每辆电动汽车都充当发电机，在大众市场上，数百万台微型发电机将连接到电网。独立控制这些小型电动汽车分布式发电机是另一个需要解决的问题。应该注意的是，通过使用普通的电动汽车电网接口设备无法解决电动汽车与配电网连接所产生的问题。电网运营商需要随时了解这些电动汽车发电机的状态、可用性和意愿，以及哪一个发电机适合从哪一个电池组中获取能量。电动汽车充电导致的电压下降等问题会局部降低充电率。压降控制方法可用于管理和控制这些接口[28]。然而，当涉及更高级别的控制时，这是不可控的，例如控制和管理分支机构的拥堵或电动汽车参与到电力市场共享。

5.2.8 能量转换损失；与电网、电网与车辆以及反向功率流相关的效率问题

很明显，每次储存、转换或传输能量时都会出现损耗。在PHEV中，能量损耗可能很大，而ICE中的损耗，也可能较小，例如电力电子设备和电力驱动器中的损耗。很明显，在PHEV电网或EV电网互联中，当能量经过存储、转换、调节和传输的各个阶段时，每个阶段都会造成损失。因此，可用于工作的实际能量相当低。图5-12显示了能量传输和转换过程中的损失，特别是V2G实践中的能量损失。

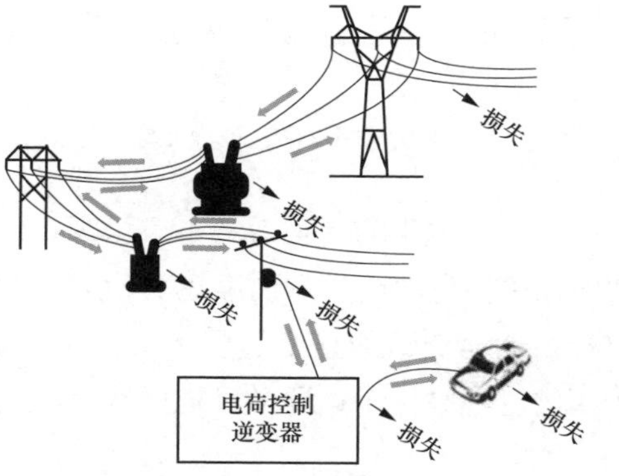

图5-12 能量传输和转换损失

通过理论（包络线后）效率分析，可以清楚地看出，发电和输电过程的效率（电源到电源插座；STO效率）约为50%～52%[29]。对于电动汽车充电，这些能量必须通过充电器，充电器的效率约为94%。这些能量必须储存在电动汽车电池中，电动汽车电池的效率约为80%[29,30]。因此，存储能量的效率（5E）计

算为：

$$5_{E}=5_{STO}\times 5_{charge}\times 5_{Batt} \tag{5-5}$$

因此，$5_{E}=(0.52)\times(0.94)\times(0.8)\cong 0.39$。

大约 60%的能量在电动汽车电池组的发电、传输和转换的不同阶段损失。此外，V2G 过程声称能量流可以逆转，储存的能量可以反馈到电网。其理念是使用 V2G 将电能反馈至配电网，其效率约为 92%[30]。因此，V2G 的理论包络后效率可以计算为：

$$5_{V2G}=5_{E}\times 5_{Charge}\times 5_{Grid} \tag{5-6}$$

因此，$5_{V2G}=(0.39)\times(0.94)\times(0.92)\cong 0.34$。

这是相对较低的。这个效率数字当然不能被认为适合使用电动汽车和 PHEV 来反馈至电网。

5.2.9　V2G 可靠性和电动汽车车主行为

V2G 概念假设电动汽车是一种可靠且可用的能源，可以在调峰期间作为备用。然而，应该注意的是，电动汽车车主的移动行为可能会严重影响这些电动汽车分布式发电机的可靠性。假设电力需求很高，并且有足够数量的电动汽车连接到电网。同时假设有足够的能量反馈到电网中。然而，根据驾驶行为的不同，电动汽车电池的充电可用性在不同的时间和一周中的几天有所不同。事实上，与周末相比，业主在工作日的流动行为明显不同。如果大量电动汽车无法供电，或者车主根本不打算为电网供电，这可能会导致电网出现意外短缺。从纯粹的效率角度来看，不仅连接到电网的电动汽车的数量很重要，而且它们的连接位置也很重要。尽管这些电动汽车充当 DG，但如果一组电动汽车在系统中的某个点连接，并且系统另一侧的需求很高，则能量必须传输到关键需求侧，并且需要考虑传输损耗。

很明显，从车主的角度来看，驾驶是电动汽车的主要目的；而不是 V2G。此外，由于上述原因，电动汽车不能被视为实时为电网输送所需确切能量的可靠来源。因此，V2G 似乎是一种使用不受限制的廉价资源来帮助电网实现高供电可靠性的方式。然而，问题在于通过使用 V2G，电网和电动汽车都需要在各自的系统中进行大量升级。即便如此，电网和电动汽车/PHEV 充电/放电系统的这种重组也将被证明是一项非常不经济的过程。

5.2.10　动力电池效率解决方案和潜在研究方向

在电网中，发电量被分为四个主要类别：峰值功率、旋转储备、调节服务、可再生能源和储能系统。旋转备用和调节服务被假定为支持电网的辅助服务。可再生能源将对电网产生巨大的积极影响。但对光伏和风能等可再生能源的一个主要担忧是，无法保证在需要时获得能源。可再生能源对电网的波动性必须通过加强电网、虚拟发电厂结构、需求控制管理、能源管理和储能系统来补偿。

帮助提高电网可靠性的主要候选者之一是虚拟电厂（VPP）。VPP 结构是 DG、储能系统以及可以本地控制的负载的累积。整个系统可以由中央控制实体控制；它是一个独特的发电厂。VPP 不仅处理供应侧问题，还通过实时需求响应帮助管理需求侧并确保电网可靠性。图 5-13 显示了一个虚拟电厂结构。

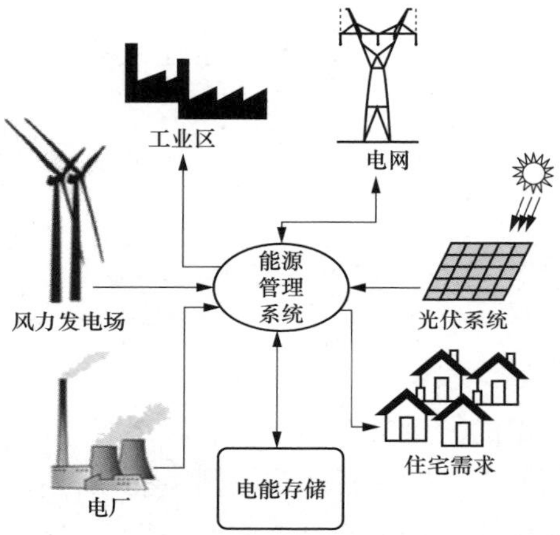

图 5-13　虚拟发电厂结构

VPP 的控制方法可以分为三类：直接系统、分层系统和分布式系统。直接控制概念中的决策是集中控制，而分布式控制概念完全基于分散决策。分层控制位于其他两种方法之间，这两种方法具有一定程度的分布式决策。VPP 中控制中心的职责是以最佳方式协调可用资源，并将其作为一个单一实体呈现给市场。信息和通信技术解决方案使 VPP 的控制中心能够近乎实时地管理系统内的资源。一组单独资源的操作可以由一些实体进行管理。电动汽车充电设施可以在 VPP 的框架内由充电点管理器（CPM）表示。接入电网的电动汽车数量、每次的功耗、单个电池组的充电状态以及充电周期的控制可以由 VPP 控制中心在审查所有收集信息的基础上完成。

此外，可以在 VPP 中预测发电量和负荷分布。发电和耗电可以在 VPP 控制中心进行调度。此预测时间表中的任何错误都可以在实时操作中进行更正。通过计量系统，可以向 VPP 控制中心提供数据，以监测发电和负载消耗的行为。很明显，需求侧管理（DSM）系统可以很容易地将电动汽车的充电时段转移到低需求时间。此外，如果电动汽车车主坚持在高负荷需求期间为车辆充电，则可以安排多次价格竞标。在 VPP 中，可以使用不同的发电来源。可再生能源是 VPP 的重要资源之一。由于可再生能源的发电量无法预测，因此可以将其视为发电市场的辅助服务。因此，需要一种可靠的存储系统来存储能量，并在需要时将其注入电网。本地规模的电池系统在短时间内提供非常高的效率和可靠的能量，并且可以在虚拟发电厂中用作分布式发电。能量将在高功率生产期间储存，并可在高需求期间使用，而无需复杂和压倒性的控制系统[31]。

5.2.11 总结

本章从一次能源到汽车燃料（即：油井到车轮）转换效率的角度讨论了 V2G 低效率的重要问题。最关键的是，当试图将电动汽车连接到电网时，由于多个转换阶段，能量转换效率受到影响。在电动汽车电池放电到电网（车辆到电网）时，能量转换效率是反向功率流中的一个主要问题。因此，车辆到电网（V2G）功率流需要进行详细的逐阶段效率分析，以评估实际可行性。本章介绍了将电池供电的电动汽车连接到电网的关键问题。强调了 V2G 连接的重要低效问题，特别是从电力电子转换器能量转换阶段的角度来看，并提出了近期的一些研究方向，以便有可能使 V2G 成为现实。

更具体地说，本章强调了电网控制问题、电池退化问题以及电力电子转换阶段 V2G 低效的关键问题。因此，建议将虚拟电厂（VPP）作为一种可能的解决方案，仅用于电动汽车充电目的。通过将可用电池能量与负载需求相匹配，可以最有效地进行 EV 充电。通过将电动汽车充电负载转移到低需求时间，电动汽车充电产生的负载峰值可以被削减。需要调整电动汽车的控制策略，而不是要求电动汽车车主将能源反馈给电网。这样，车主可以在合适的电网低谷时间为电动汽车充电，以免给电网带来任何压力。有了这些规定，公用事业公司可以确保业主的充电行为不会在高需求时期增加电网消耗。

参 考 文 献

[1] Environment and Climate Change Canada（2021）Canadian environmental sustainability indicators：greenhouse gas emissions.

[2] Natural Resources Canada，Report on energy and greenhouse gas emissions（GHG），Oct 2020.

[3] Canada's 4th Biennial Report to the United Nations framework convention on climate

change (UNFCCC), Dec 2020.
[4] Ahmadi L, Croiset E, Elkamel A, Douglas PL, Unbangluang W, Entchev E (2012) Impact of PHEVs penetration on Ontario's electricity grid and environmental considerations. Energies 5 (12): 5019-5037.
[5] The Independent Electricity System Operator (IESO) Ontario Documentation.
[6] Denholm P, Short W (2006) An evaluation of utility system impacts and benefits of optimally dispatched plug-in hybrid electric vehicles. Technical Report NREL/TP-620-40293, Revised Oct 2006.
[7] Hadley SW, Tsvetkova A (2009) Potential impacts of plug-in hybrid electric vehicles on regional power generation. Electr J 22 (10): 56-68.
[8] Downing N, Ferdowsi M (2012) Identification of traffic patterns and human behaviours, 2010 mobile energy resources in grids of electricity (MERGE). Int J Automot Eng 3 (1): 35-40.
[9] Natural Resources Canada Documentation, Canadian Vehicle Survey.
[10] Hydro Quebec Documentation (2012) Potential vehicle charging sites—transportation electrification.
[11] Hydro Quebec Distribution Documentation (2011) Etat d'avancement 2011 du plan d'approvisionnement 2011-2020.
[12] INRIX 2020 Global Traffic Scorecard, see: https://inrix.com/scorecard/.
[13] Dallinger D, Krampe D, Wietschel M (2011) Vehicle-to-grid regulation reserves based on a dynamic simulation of mobility behavior. IEEE Trans Smart Grid 2 (2): 302-313.
[14] Turcotte M (2011) Commuting to work: results of the 2010 General Social Survey. Component of Statistics Canada Catalogue No. 11-008-X, Aug 2011.
[15] Shortt A, O'Malley M (2009) Impact of optimal charging of electric vehicles on future generation portfolios. In: Proc. IEEE PES/IAS Confernce on Sustainable Alternative Energy, Valencia, Spain, pp 1-6, Sept 2009.
[16] Hydro Quebec Distribution, Proposal Regarding Time-Season Ratemaking, Application R-3644-2007, Aug 2007.
[17] Hydro Quebec Distribution Documentation (2010) The time it right rate project.
[18] Papadopoulos P, Akizu O, Cipcigan LM, Jenkins N, Zabala E (2011) Electricity demand with electric cars in 2030: comparing Great Britain and Spain. J Power Energy 225 (5): 551-566.
[19] Papadopoulos P (2012) Integration of electric vehicles into distribution networks, Ph. D. Dissertation, Institute of Energy, School of Engineering Cardiff University.
[20] Hassan AS, Firrincieli A, Marmaras C, Cipcigan LM, Pastorelli MA (2014) Integration of electric vehicles in a microgrid with distributed generation. In: Proceedings 49th

IEEE International Universities Power Engineering Conference，pp 1-6.
[21] Yiyun T，Can L，Lin C，Lin L（2011）Research on vehicle-to-grid technology. In：Proceeding IEEE international Conference on computer distributed control and intelligent environmental monitoring，pp 1013-1016.
[22] Lopes JAP，Soares FJ，Almeida PMR（2011）Integration of electric vehicles in the electric power system. Proc IEEE 99（1）：168-183.
[23] Musio M，Lombardi P，Damiano A（2010）Vehicles to grid（V2G）concept applied to a virtual power plant structure. In：Proceeding IEEE international conference on electrical machines，pp 1-6.
[24] Raab AF，Ferdowsi M，Karfopoulos E，UndaIG，Skarvelis-Kazakos S，Papadopoulos P，Abbasi E，Cipcigan LM，Jenkins N，Hatziargyriou N，Strunz K（2011）Virtual power plant control concepts with electric vehicles. In：Proc. IEEE international conference on intelligent system application to power systems，pp 1-6.
[25] Kramer A，Chakraborty S，Kroposki B（2008）A review of plug-in vehicles and vehicle-to- grid capability. In：Proceeding IEEE annual conference of the industrial electronics society，pp 2278-2283.
[26] Ferdowsi M（2007）Plug-in hybrid vehicles—a vision for the future. In：Proceedings IEEE vehicle power and propulsion conference，pp 457-462.
[27] Dehaghani S，Williamson SS（2012）On the inefficiency of vehicle-to-grid（V2G）power flow：potential barriers and possible research directions. In：Proceedings IEEE transportation electrification conference and expo.，pp 1-5.
[28] Cassani PA，Williamson SS（2010）Design，testing，and validation of a simplified control scheme for a novel plug-in hybrid electric vehicle battery cell equalizer. IEEE Trans Ind Electron 57（12）：3956-3962.
[29] Ota Y，Taniguchi H，Nakajima T，Liyanage KM，Baba J，Yokoyama A（2010）Autonomous distributed V2G（vehicle-to-grid）considering charging request and battery condition. In：Proceeding IEEE power electronics society conference on innovative smart grid technologies，pp 1-6.
[30] ABB Inc. Documentation（2007）Energy efficiency in the power grid.
[31] Gyuk I，Kulkarni P，Sayer JH，Boyes JD，Corey GP，Peek GH（2005）The United States of storage [electric energy storage]. IEEE Power Energy Mag 3（2）：31-39.

6

电池储能系统在配电网中的应用

Fabrizio Sossan and Fernando Alvarado

摘要：电池储能系统（Battery Energy Storage System，BESS）已成为在许多情况下管理电力需求的实用且有效的方法。本章介绍了 BESS 在配电网中用户端或配变端的应用。基于锂电池的 BESS 逐渐成为当前的主流。BESS 依赖于三层控制：①电源变换器固件层，管理电网同步和电池充放电；②电池管理系统管理电池单元堆，以确保单元均匀充放电并在设计范围内运行；③能量管理系统层，负责对电池充放电进行有效管理，以保证全局优化目标的实现。这些目标包括直观且简单地使用 BESS 进行峰谷套利，还可以用于实现更复杂的目标，包括使用电池匹配生产或消费计划、频率调节、消除配电线过载、提供电压调节和控制以及充当备用电源以应对可能突发的停电事故。本章描述了 BESS 的基本特性，建立了 BESS 的数学模型。给出了 BESS 在配电网中的应用示例，包括 BESS 参与负荷需求响应，从而改变的“可调度基线”，使用 BESS 将输入电力成本降至最低，以及利用 BESS 最大化利用间歇负载的太阳能阵列。

6.1 电池储能系统

6.1.1 引言

蓄电池实现了电能与化学能之间的存储转换。BESS 在电力系统中的应用主要体现在孤立的微电网[1]，这些微电网中由于缺乏与公共电网的连接以及需要进口传统发电的燃料，因此方便地将本地可再生能源的多余电能储存起来以在发电不足时使用。然而，随着锂电池技术的安全性提高和价格降低[2]，锂离子电池储能系统在电力系统中得到了广泛的应用。基于模块化构造的 BESS 对用户侧应用（例如：调峰和光伏自用）和电网运营商都具有吸引力，作为传统电网可靠性提升的一种替代方案，可解决电网拥塞和电压控制问题。此外，BESS 的调节速率比传统发电更快，因此更适合提供快速调节，未来对此的需求将会增加。BESS 的示例如图 6-1 所示。

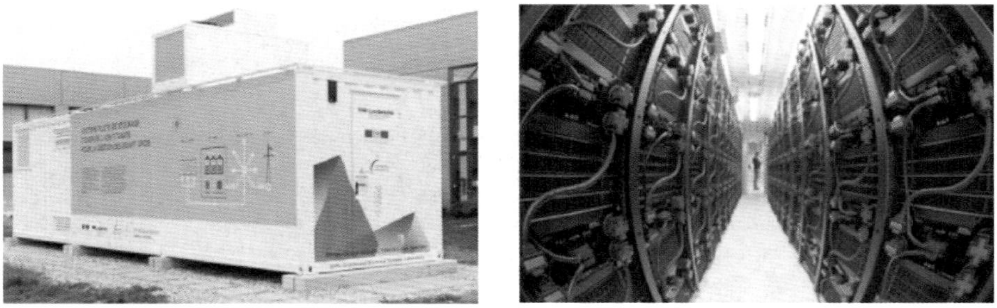

(a) (b)

图 6-1 安装在洛桑（瑞士）EPFL 校区的 560kWh/720kVA 钛酸锂 BESS 的视图（Alain Herzog/EPFL 版权所有）

（a）室外；（b）室内

本节概述了锂离子 BESS 及能源管理的主要概念。本章的第一节主要描述了 BESS 的主要组件和特性。第 2 节引入了一个可扩展的能源管理框架，并详细描述了一些应用程序。最后，第 3 节介绍了多目标实时能量管理系统的主要要素。

6.1.2 BESS 的规格

衡量 BESS—性能的两个主要参数是能量容量（以 kWh 为单位）和电源变换器额定值（以 kVA 为单位）。能量容量定义为在给定的恒定放电电流下，从 100%充电状态开始，系统可以提供的总能量。由于功率损耗随电流增加而增加，因此随着充电/放电功率增大，可用能量会减少。BESS 的功率变换器额定功率定义了系统的最大运行功率。

BESS 的功率变换器额定值与电池单元的最大电流能力有关。电池单元的充电/放电电流以其 C 率表示，C 率定义为以安培（A）为单位的电流除以以安培小时（Ah）为单位的电池能量容量。商用 BESS 的额定功率与能量容量之比通常在 0.75～2 之间。电池效率是指放电期间释放的能量与充电期间储存的能量之比。锂离子电池的效率非常高，通常在 95%以上。高效率、高比功率、高能量密度和低自放电率使锂离子电池成为当今电池技术的主流。

6.1.3 组件和软件层

1. 组件

并网 BESS 的主要组件包括电池、AC/DC 电源变换器（或逆变器）和电网连接设备（开关设备，如果连接到中压电网还包括变压器）。图 6-2 提供了一个示例。

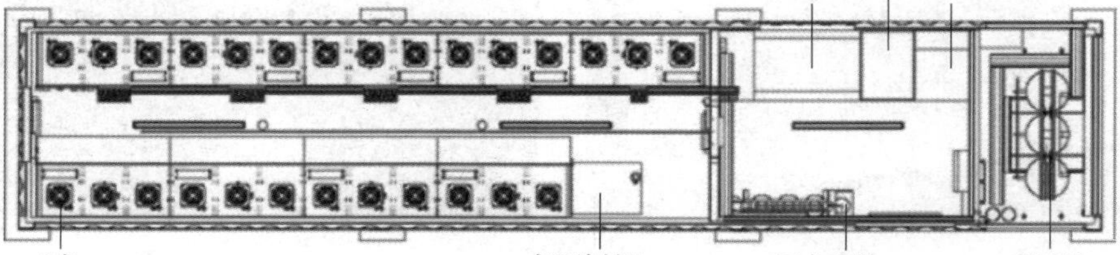

图 6-2 集装箱 BESS 的主要部件（由 Leclanche.com 提供）

电池主要由电池单元组成，其数量、标称容量和电压决定了系统的总能量容量。单个电池单元的能量容量在标称电压下通常为几百瓦，具体取决于特定的化学成分和电池封装。电池单元通过串联排列形成一个模块，若干模块组成一个串联组。最后再通过并联与直流母线通过接触器与电源变换器连接。电池内部的主要模块包括热管理系统，以确保电池温度适当且均匀，防止过早老化。所有电池单元的电流和电压都会被监测。电池单元用于电压平衡电路。锂电池的主要化学物质包括用于阳极材料的 NMC（镍锰钴氧化物）和 LFP（磷酸铁），以及用于阴极的石墨和钛酸锂[3]。钛酸锂具有更高的循环寿命，但价格更高，能量密度较低。

电源变换器的作用是使电池的直流电压逆变以适应电网的交流电压。电源变换器是四象限的，这意味着它们可以在其额定功率限制的范围内提供负向和正向的有功和无功功率。大型 BESS（数十千瓦以上）配套的变换器通常是三相的，而小型系统（最多几十千瓦）的变换器通常是单相的，例如住宅，通常只有 1 相或 2 相可用。兆瓦级 BESS 可能具有多个并联的电源变换器。其中，电源变换器通常可以直接连接到低压电网；在中压电网中，则需要经过升压变压器并网。具有欠压和过压保护功能的断路器可以断开与电网的连接，有助于电源变换器实现主动过流保护。直流母线和模块上的保险丝可在发生故障时提供额外保护。此外，电源变换器还包括交流和直流侧的电流和电压监控装置。

大型 BESS 通常安装在专门设计的集装箱中。图 6-1 和图 6-2 为典型的 BESS 集装箱。这些集装箱包括灭火系统和 HVAC（供暖、通风和空调）系统。HVAC 确保集装箱内适宜的空气温度和电池原始热管理系统的正常运行。根据需要来启动供暖和空调系统，使得室内温度保持在规定范围内（例如 10～30℃）。通风系统通常始终处于工作状态。例如，图 6-1 中系统的空调和供暖装置的额定值表示其运行时的 5kW 负载。集装箱式 BESS 的其他辅助组件包括电气柜门上的照明和传感器，这些辅助组件的供电由专用变压器提供。

2. 软件层

BESS 中有三个主要的软件层（见图 6-3）：电源变换器的固件、电池管理系统（BMS）和能量管理系统（EMS）。前两层与 BESS 的所有组件进行基础通信并确保它们的正确运行。前两层在本小节的其余部分进行了简要描述，通常由制造商实现。第三层是应用层，它根据运营商和应用需求确定 BESS 何时充放电以及如何充放电。

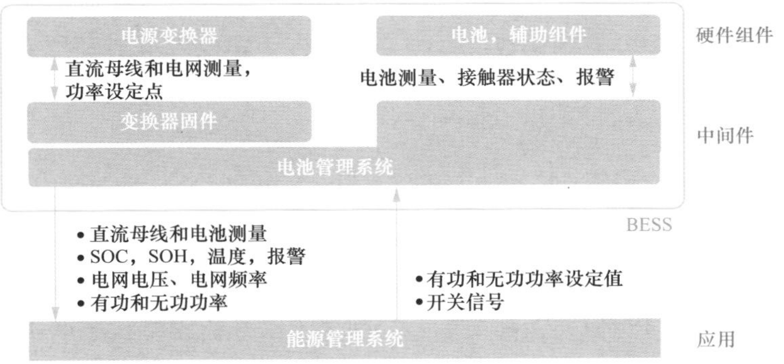

图 6-3 BESS 层的软件层，以及 BMS 层和 EMS 层之间的信息交换

需要快速响应（例如，几十毫秒）的实时应用程序可能需要与功率转换器进行专用的确定性通信。许多 BESS（尤其是小型住宅系统）通常已经预建了 EMS，用于特定的应用（例如光伏消纳）。然而，即使在这些情况下，通常也需要某种程度的定制。在许多其他应用中，需要设计整个 EMS 层以满足特定应用的要求。EMS 层可用于优化操作和提高性能。下一节将详细介绍 EMS 层。

电源变换器固件控制开关器件（例如 IGBT）的激活，使其与电网同步，并提供操作员请求的有功和无功功率设定点。该固件用于具备实时计算能力以及数字和模拟输入/输出功能的专用硬件中，例如数字信号处理器（DSP）。

BMS 确保电池堆的正确和安全运行，包括热管理、电池之间的电压平衡、电池电流和电压水平的监测、防止过载、避免完全放电以及监测所有辅助系统。

它能够实现电池荷电状态（SOC）和健康状态（SOH）的估计。BMS 还根据电池单元的电压水平确定 BESS 可以提供的最大充放电功率。在整体解决方案中，BMS 提供底层硬件资源的抽象层，使操作员无需直接与电源变换器通信来实现功率设定点，也无需查询每个电池模块来检索其状态或读取警报。

BMS 可通过通信接口提供 BESS 的所有功能。主要功能包括打开和关闭系统、验证 BESS 和辅助系统的状态、查询实时测量数据，并发送请求以实施有功和无功功率设定点。在实施之前，BMS 通常会确保所请求的有功功率设定点（取决于 BESS 状态）的可行性。BMS 实施需要与硬件（模块和单元级别）和上层软件接口；它们通常在多个平台上实现，例如 DSP 和工业计算机。

与通信和控制相关的一个重要方面是 BESS 实现新功率设定点的刷新间隔。刷新间隔取决于通信延迟和处理时间。BESS 中常用的通信接口是基于 TCP-IP 的 Modbus。在这种情况下，刷新间隔在数百毫秒的数量级。这种刷新间隔通常足够用于一次频率调节、需求调峰以及所有与能源相关的应用，如能源套利和光伏自用。需要数十毫秒刷新间隔的应用（例如，电源变换器的惯性支持和网格形成算法）应使用确定性通信协议或在变换器固件中实现最小延迟。

6.1.4 设计 BESS 应用程序：规划、调度和实时操作

BESS 应用程序的设计涉及三个不同的阶段：规划、调度和实时控制。

规划旨在确定系统的能量容量和额定功率。根据 BESS 所要提供的服务，考虑实际的工作场景和控制动作的时间相关性，选择 BESS 的能量容量和功率额定值。建模过程中的时间相关性至关重要，因为 BESS 的能量状态取决于充放电记录，而控制设定点之间的时间耦合会影响总能量需求。可以使用时间序列场景获取时间相关性。对于某些应用，例如电网阻塞管理和电压控制，BESS 的位置也是规划问题的一个变量。位置可以预先确定，也可以根据适合容纳 BESS 的条件（空间要求、安全性、接入电网连接点等）限定在一组有限的选项集合。位置决策还可以确定 BESS 是位于计量器前还是后，或者 BESS 是否位于变电站或馈线上。

调度阶段确定了下一个运行时间框架（例如，第二天）的充电/放电计划。其目标是确保 BESS 具有足够的能量来提供订制服务。调度问题在第 2 节中介绍。

最后，实时阶段是指计算 BESS 的有功功率和无功功率设定点，以便按要求提供订制服务。预先计算的计划依赖于预测并受到预测误差的影响。为了适应条件的变化，实时阶段还可以包括一个重新调度阶段，该阶段基于实时测量和已解决的不确定性来优化调度。实时阶段在第 3 节中讨论。

6.1.5 支持决策的数学模型

特定应用的适当 BESS 模型取决于基础时间常数。本小节介绍用于调度和近实时决策的 BESS 典型建模要求。对较短时间尺度上（机电和电磁）的电源变换器仿真模型超出了本章的范围，也不涉及。

调度应用的模型。调度应用通常面向几小时和提前一天的时间范围。捕捉能量状态动态和变流器功率限制是有意义的，因为它们决定了 BESS 以高效和有效的方式向电网提供所需服务的能力。BESS 的能量状态（SOE）是其储存能量的量。一般而言，可以从 BESS 提取或存储的可用能量取决于 C 率和电池温度。然而，在典型的 BESS 运行中可以忽略这些约束关系，可以将能量状态近似为：

$$SOE_{t+1}=SOE_{t}+T_{s}\cdot\left(\eta[B_{t}]^{+}-\frac{1}{\eta}[B_{t}]^{-}\right) \tag{6-1}$$

式中，SOE_t 和 SOE_{t+1} 为当前和下一个时间间隔的能量状态（kWh）；η 为充放电效率；T_s 为采样间隔（小时）；B_t 为分段常数的正（负）BESS 充电（放电）功率（kW）；$[\cdot]^{+}$，$[\cdot]^{-}$ 分别为参数的正部分和负部分。

可以根据测量结果估计近似的效率 η。对于锂电池 BESS，η 通常很高，通常大于 90%，具体取决于功率水平。锂离子 BESS 的自放电通常很小，式（6-1）中可不计。能量状态与 BESS 标称容量之比即为荷电状态（SOC）。

式（6-1）中的效率概念并未考虑 BESS 辅助设备的功率需求。此额外需求包括始终处于活跃工作状态的辅助系统（通风和 IT 设备）以及空调和供暖系统。只有当集装箱内的温度超出规定范围时，空调和加热装置才会启动。根据气候条件，这种电力需求可能是相关的。文献［4］中详细分析了辅助设备的功耗及其对效率的影响。变压器的空载损耗可以在基于效率的模型式（6-1）中汇总。

当 BESS 调度问题与最优潮流相关时，式（6-1）中基于效率的模型的替代方案是增加如文献［5］中所述，在 BESS 和电网连接点之间具有电阻传输线的电网拓扑，允许从式（6-1）中删除（非线性）符号运算符以获得更易于处理的公式。

BESS 的有功功率 B_t 通常由一个四象限功率变换器提供。在直流母线和电网连接点处的标称电压条件下，功率变换器的限制可以建模为：

$$B_t^2+Q_t^2\leqslant S^2 \tag{6-2}$$

式中，Q_t（以 kvar 为单位）是提供的无功功率；S 是电源变换器的额定视在功率（以 kVA 为单位）。式（6-2）是有功/无功功率平面中半径为 S 的圆，称为电源变换器的“能力曲线”。只要为电源变换器的直流母线供电，变换器就可以向电网提供无功功率，由于其内部损耗可以忽略不计，因此效率高。只要电池中有足够的能量，变换器的容量曲线决定了 BESS 的充电/放电功率限制。当 BESS 接近完全充电或完全放电状态时，BMS 受到比式（6-2）更严格的功率限制，以避免违反直流电流和直流电压的约束。这些约束通常由 BMS 通信。

式（6-2）中的模型在直流母线和电网连接点的标称电压条件下有效。实际应用中，这两个电压都随着运行条件和对电源变换器能力曲线的影响而变化。文献［6］中的工作解决了这方面的问题，并对 BESS 变换器的动态能力曲线进行建模。

用于近实时仿真和控制的模型。电池不是理想的电压源，其端电压随着其输出电流的变化而变化。电压动力学可以用等效电路模型表示，该模型采用了电化学反应的详细建模以提高易处理性。然后可以扩展单个电池单元等效电路模型用以表示多单元电池的行为。图 6-4 显示了一个三时间常数（三阶）等效电路模型，可用于表示多节电池阵列的行为。其参数取决于电池 SOC、温度和 C 率。它们可以根据给定运行条件下 BESS 的直流电压和电流测量值进行估算[7、8]。

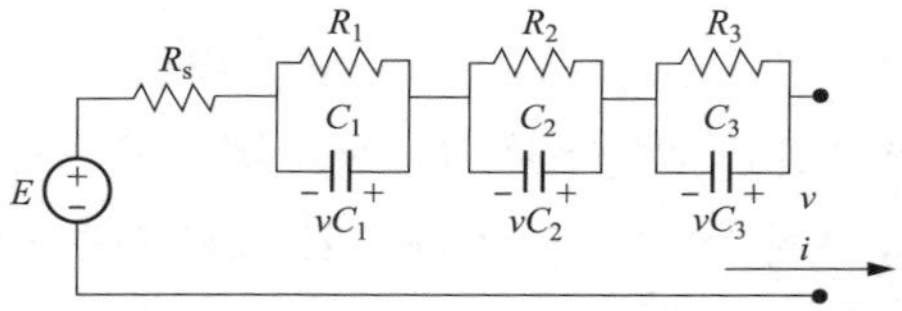

图 6-4　蓄电池直流电压随充放电电流变化的三阶等效电路模型

三时间常数模型以数百毫秒到数十分钟的量级捕获电压的动态过程。当以较慢的间隔采样测量时，可以忽略电路中用于捕捉几秒或更长时间跃变的第三个 RC 分支。

当以较高的间隔采样测量时，可以忽略电路中用于捕捉几秒的瞬态的第三个 RC 分支。电压动态模型可用于计算直流母线上的电压和电流约束，以及在动态仿真中对与电源变换器的交互进行建模。

6.1.6　使用寿命和衰减

电池电化学的衰减是一种复杂的非线性现象，它导致能量容量衰减和内部电池电阻增加，从而限制了电池功率。老化过程分为日历老化（取决于时间）和循环老化（取决于使用次数）。两者在较高的电池温度下，都会加快电池老化。商用 BESS 通常保证使用寿命为 15～20 年。电池单元能够执行的循环次数取决于更低的放电深度（DOD）和 C 率。循环老化可以通过对电池进行循环测试或与模型结合来进行经验性测定，具体内容可参考文献［9］。循环老化取决于许多变量，包括使用历史和C率、健康状态、充放电状态、电池温度和电池化学性质。NMC电池通常可以在1C90%DOD下执行4000～5000个循环，而钛酸锂电池可以执行超过15000个循环。

在BESS应用设计中应该考虑电池的衰减，即应该考虑所使用的电池技术以及其可执行的循环次数。例如，对于长寿命钛酸锂电池，日历老化可能是主要的老化因素，具体取决于每天的循环次数。电池的循环老化部分由于锂插层引起的机械载荷解释，通常采用用于模拟机械元件疲劳的雨流计数算法来模拟循环老化（尽管迄今为止还没有提供这种正当性的实验证明[9]），并纳入老化感知决策中[10]。减少循环老化的约束需要更少的建模假设，可以通过实施保守的能量状态限制以减少DOD或将每天的能量吞吐量实施最大限制[11]。

6.2 调度BESS的操作

6.2.1 调度规则

与可能拥有大量燃料库存并能够长时间产生电力的传统发电厂不同，BESS供应负荷的能力取决于其储存能量，通常较小。适当的能源管理对于确保BESS具有正确的能源状态以可靠地提供服务至关重要。

合适的能源管理设计始于定义BESS运营商希望提供的服务。例如，需求调峰、光伏自用和电网控制等。本章将介绍和讨论其中的一些服务。一旦确定了应用需求，它们就会嵌入合适的操作时间线中，称为调度计划。正如我们将看到的，调度计划还考虑了对BESS进行充电或放电的需求。例如，如果必须为几乎耗尽的电池充电，这种需求可以纳入调度计划。正如稍后将讨论的那样，计算调度计划需要考虑对提供服务的适当预测，以确保适当的能源管理并提供不确定性的对冲。

为了计算调度计划，我们将采用合适定义的优化模型。优化问题是满足这一需求的方便框架，因为它们的表述遵循直观的概念（例如“最小化总运营成本”），并且通常是可解释的。如果恰当地加以定义，所得的优化问题可以使用现成的软件库在标准计算机上求解。

6.2.2 调度异构资源

调度计划。图6-5中的示例显示一个与异构资源接口的公共耦合点（PCC）。这些异构资源包括一个BESS和商业建筑带有屋顶光伏装置的刚性（不可控）传统需求。PCC 处的总实际（有功）功率需求用 P 表示，馈线的净需求用 L 表示，BESS 的充电功率用 B 表示。PCC 处的功率流受限于代表与电力公司签订的最大功率水平（调峰[1]）的最大值。此处假设功率损耗可以忽略不计，并且不考虑电网约束。

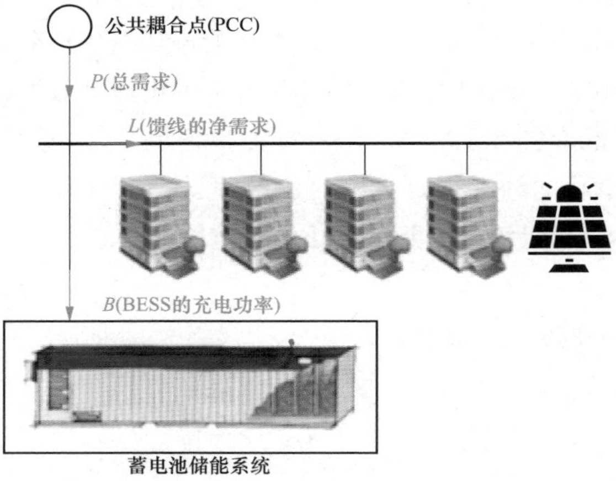

图 6-5　与 BESS 和生产企业的共同耦合点

目标是确定一种在 PCC 处的调度计划，操作员可以通过调整 BESS 的功率注入来实时跟踪该计划。对于此应用程序，调度计划的唯一设计属性是实现削峰计划。本章后续部分，我们将说明其他可能的调度计划目标。

调度计划由序列 $\hat{P}_t$ 表示，其中 $t=0$，1，…，$T-1$ 表示时间间隔。对于本应用示例，考虑 5 分钟的时间分辨率。调度计划假定间隔为 24 小时，因此 $T=288$。图 6-5 中设置的调度计划，形式上表示为：

$$\hat{P}_t = \hat{L}_t + F_t^{j}, t = 0, \cdots, T-1 \tag{6-3}$$

式中，$\hat{L}_t$ 为馈线净需求的点预测（即预测）；F_t° 为所谓的偏移曲线。偏移量曲线（其计算将在接下来描述）说明了在运行期间恢复电池足够的灵活性所需的 BESS 能量。例如，如果在调度间隔结束时，BESS 剩余电荷接近上限（或下限），则补偿计划会使调度计划产生正向（或负向）偏差，从而导致 BESS 放电（或充电）并使能量状态（SOE）达到适当的灵活性水平。以这种方式将充电/放电需求嵌入调度平面中，避免了为 BESS 的长期运行实现单独的充电/放电过程的需要。

[1] 结合 PCC 的总无功功率，该约束可用于模拟变电站变压器的表观额定功率。

偏移曲线由优化问题确定，如下所述。第一个提出的公式直接来自上一节中讨论的 BESS 的能量状态模型。由于此公式导致非凸优化问题，因此还将讨论凸化。

确定偏移曲线控制 BESS 以确保 PCC 处的实际功率流跟踪调度计划。它在给定时间间隔内的实际功率注入可以写成调度计划与在该阶段未知的净需求实现值 l_t 之间的差异。具体如下：

$$B_t = \hat{P}_t - L_t = F_t + \hat{L}_t - l_t \tag{6-4}$$

其中，式（6-3）用于重新制定调度计划。假设从预测区间中可以预测净需求实现的上限和下限（由 $l_t^{\uparrow}$ 和 $l_t^{\downarrow}$ 表示），则 BESS 需要补偿的最坏情况不平衡为：

$$B_t^{\uparrow} = F_t + \hat{L}_t - l_t^{\uparrow} = F_t - \in_t^{\uparrow} \tag{6-5}$$

$$B_t^{\downarrow} = F_t + \hat{L}_t - l_t^{\downarrow} = F_t + \in_t^{\downarrow} \tag{6-6}$$

其中定义了 $\in_t^{\uparrow} = l_t^{\uparrow} - \hat{L}_t$ 和 $\in_t^{\downarrow} = \hat{L}_t - l_t^{\downarrow}$ 。

BESS 的能量状态（SOE）如前一部分所述进行建模，即：

$$SOE_{t+1} = SOE_t + T_s\left(\eta[B_t]^+ - \frac{1}{\eta}[B_t]^-\right) \tag{6-7}$$

其中 T_s 是以小时为单位的采样间隔的持续时间，并且 $[\cdot]^+$ 和 $[\cdot]^-$ 分别表示参数的正部分和负部分。能量状态随时间演变的边界可以通过式（6-5）和式（6-6）到式（6-7）来推导出来，给出：

$$SOE_{t+1}^{\uparrow} = SOE_t^{\uparrow} + T_s\left(\eta[F_t - \in_t^{\uparrow}]^+ - \frac{1}{\eta}[F_t - \in_t^{\uparrow}]^-\right) \tag{6-8}$$

$$SOE_{t+1}^{\downarrow} = SOE_t^{\downarrow} + T_s\left(\eta[F_t + \in_t^{\downarrow}]^+ - \frac{1}{\eta}[F_t + \in_t^{\downarrow}]^-\right) \tag{6-9}$$

对于所有时间间隔。

将最坏情况下的电池注入，如式（6-5）和式（6-6）所示，在时间上进行积分，如式（6-8）和式（6-9）所示，得出对能量需求的保守估计。然而，在最坏情况下的条件，采用考虑时间相关性的预测不确定性的时间序列场景可以得出较为保守的能量储存调度策略。后续将详细介绍场景的使用方法。

如果 BESS 的能量状态和有功功率注入在允许的容量和变换器额定功率限制内，则可以提供订阅的调节服务。基于这些操作考虑，可以制定一个约束优化问题来确定符合这些要求的（未知）偏移剖面。

优化问题的成本函数可以是常数值（即可行性问题）或反映操作条件。在这种情况下，由式（6-4）可以看出，如果预测正确，BESS 注入对应于偏移曲线，我们将偏移曲线的 norm-2 最小化，试图减少 BESS 的充电/放电负荷。除了对 BESS 的约束外，我们还需要一个低于 PCC 的合同功率的调度计划，用 $\overline{P}$ 表示。这个优化问题如下：

$$F_1^o,\cdots,F_T^o=\arg\min_{F_1,\cdots,F_T\in\mathbb{R}}\left\{\sum_{t=0}^{T-1}F_t^2\right\} \tag{6-10a}$$

假设对于所有 t

$$SOE_t^{\uparrow}+T_s\left(\eta[F_t-\in_t^{\uparrow}]^+-\frac{1}{\eta}[F_t-\in_t^{\uparrow}]^-\right)\leqslant\overline{SOE} \tag{6-10b}$$

$$SOE_t^{\downarrow}+T_s\left(\eta[F_t+\in_t^{\downarrow}]^+-\frac{1}{\eta}[F_t+\in_t^{\downarrow}]^-\right)\geqslant\underline{SOE} \tag{6-10c}$$

$$|F_t-\in_t^{\uparrow}|\leqslant\overline{B} \tag{6-10d}$$

$$|F_t+\in_t^{\uparrow}|\leqslant\overline{B} \tag{6-10e}$$

$$\hat{L}_t+F_t\leqslant\overline{P} \tag{6-10f}$$

其中 $\overline{SOE}$ 和 $\underline{SOE}$ 指定 BESS 允许的能量范围（例如，总能量容量的 10%～90%，以防止极端条件，并降低 DOD），$\overline{B}$ 是电源变换器的额定值。

在此应用中，BESS 的潜力并未用于提供无功功率；如果 BESS 也用于提供无功功率，则考虑到电源变换器的 4 象限容量曲线，如前一节所讨论的式（6-10d）和式（6-10e）需进行调整。

解决问题式（6-10）需要 $\in_t^{\uparrow}$，$\in_t^{\downarrow}$ 适用于所有时间间隔，可根据合适的电力需求预测模型计算得出。接下来将给出一个实际例子。

由于能量状态约束中的正负部分算子，式（6-10）中的公式的缺点是它的非凸性。为了增加易处理性，可以将其重新表述为下一节所讨论的线性（凸性）优化问题。

线性凸重构重新表述回顾前一小节，电池注入是：

$$B_t^{\uparrow}=F_t-\in_t^{\uparrow} \tag{6-11}$$

$$B_t^{\downarrow}=F_t+\in_t^{\downarrow} \tag{6-12}$$

每次电池注入可以分为其正极和负极部分之间的差异：

$$B_t^{\uparrow}=B_t^{\uparrow+}-B_t^{\uparrow-} \tag{6-13}$$

$$B_t^{\downarrow}=B_t^{\downarrow t+}-B_t^{\downarrow t-} \tag{6-14}$$

求解方程。式（6-11）和式（6-12）为偏移曲线，令两式相等，结合式（6-13）和式（6-14）得：

$$B_t^{\uparrow+}-B_t^{\uparrow-}+\in_t^{\uparrow}=B_t^{\downarrow t+}-B_t^{\downarrow t-}-\in_t^{\downarrow} \tag{6-15}$$

有了这些定义，式（6-10）中的优化问题就可以根据非负决策变量 $x_t=$

$[B_t^{\uparrow+}, B_t^{\uparrow-}, B_t^{\downarrow+}, B_t^{\downarrow-}]$

这种重新表述避免了使用正部分和负部分运算符。由于电池不能同时充电和放电，因此成本函数惩罚决策变量是正值，以促进式（6-13）和式（6-14）中的互斥项。受约束的线性优化问题可表述为：

$$x_1^o,\cdots,x_T^o = \arg\min_{x_1,\cdots,x_T\in\mathbb{R}_+^4}\left\{\sum_{t=0}^{T-1}(B_t^{\uparrow+}+B_t^{\uparrow-}+B_t^{\downarrow+}+B_t^{\downarrow-})\right\} \tag{6-16a}$$

求得

$$SOE_t^{\uparrow}+T_s\left(\eta B_t^{\uparrow+}-\frac{1}{\eta}B_t^{\uparrow-}\right)\leqslant\overline{SOE} \tag{6-16b}$$

$$SOE_t^{\downarrow}+T_s\left(\eta B_t^{\downarrow+}-\frac{1}{\eta}B_t^{\downarrow-}\right)\geqslant\underline{SOE} \tag{6-16c}$$

$$-\overline{B}\leqslant B_t^{\uparrow+}-B_t^{\uparrow-}\leqslant\overline{B} \tag{6-16d}$$

$$-\overline{B}\leqslant B_t^{\downarrow t}+-B_t^{\downarrow t-}\leqslant\overline{B} \tag{6-16e}$$

$$B_t^{\uparrow+}-B_t^{\uparrow-}+\in_t^{\uparrow}=B_t^{\downarrow t+}-B_t^{\downarrow t^-}-\in_t^{\downarrow} \tag{6-16f}$$

对于所有 t。问题求解之后，可以从问题的解中获取调度计划［根据式（6-11）得出］，

$$F_t^o=K_t^{+o}-K_t^{-o}-\in_t^{\downarrow} \tag{6-17}$$

用二元变量进行线性重述，而不是像式（6-16）中所做的那样，通过增减惩罚成本函数中正负部分，引入二元变量明确地实现 BESS 的互斥充电和放电。例如，对于 $B_t^{\uparrow}$，引入了这组新的约束：

$$B_t^{\uparrow+}\leqslant c_t^{\uparrow}\cdot\overline{B} \tag{6-18}$$

$$B_t^{\uparrow-}\leqslant(1-c_t^{\uparrow})\cdot\overline{B} \tag{6-19}$$

$$0\leqslant c_t^{\uparrow}\leqslant 1,\quad c_t^{\uparrow}\in\mathbb{Z} \tag{6-20}$$

其中 $c_t^{\uparrow}$ 问题的新整数变量，用于确定电池是否以时间间隔 t 充电或放电。这些约束是线性的，可以在混合整数线性规划（MILP）中表述以确定偏移曲线。

“可调度馈线”可调度馈线是瑞士洛桑（EPFL 校园）的一个真实的中压馈线，拓扑结构如图 6-5 所示，配备 560kWh/720kVA 钛酸锂 BESS[7]。系统中的负荷来自办公楼和实验室，总峰值负荷为 350kW。建筑物包括 95kWp 屋顶光伏发电。馈线根据具有 5min 分辨率的从午夜到午夜的 24h 调度计划进行调度。调度计划在操作开始前 1h（23：00）使用上述凸优化问题进行计算。图 6-6 显示了一个工作日和一个周末日净负荷的点预测（虚线），以及其估计的上下界（阴影区域）。在这里，使用 k 最近邻原则通过类比历史测量来计算预测：使用分类（周末、工作日、假期、工作日）和定量标准（温度和辐照度）的混合来选择给

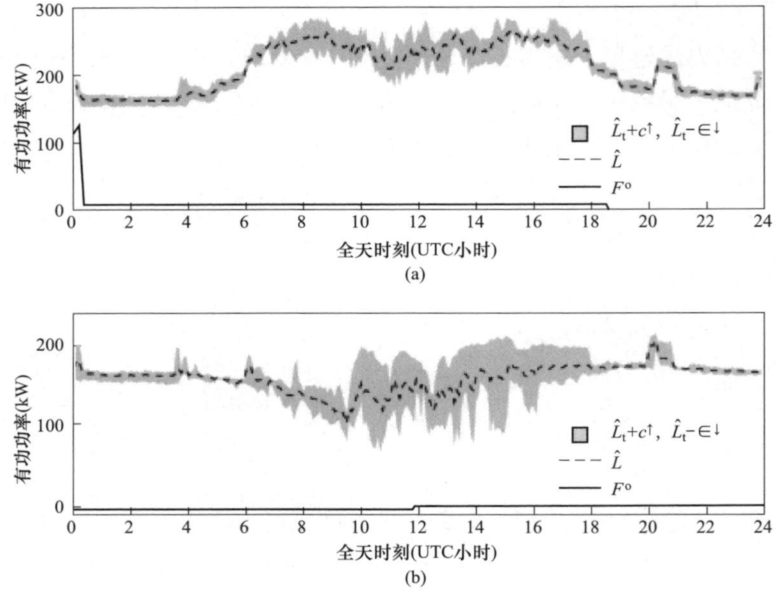

图 6-6　净需求的点预测，预测的最坏情况实现，以及计算的偏移曲线

（a）工作日；（b）周末

定数量的 1 天——来自历史数据集的长时间序列。然后，所有 t 的点预测 $\hat{L}_t$ 被计算为所选时间序列的逐元素平均值，以及所有 t 的最坏情况实现 $l_t^{\uparrow}$，$l_t^{\downarrow}$ 作为逐元素最大值和最小值。

从图 6-6 中可以看出，净负荷在工作日的中部呈峰值（接近 300kW），在周末出现较低的值（低于 200kW）。

在周末，光伏发电的影响主要体现在白天时段，该时段的净负荷较低。预测区间围绕点预测相对对称，表示 BESS 可以等量充电或放电以补偿净需求实现。如前所述，预测区间用于优化问题，以确保在这些最坏情况下累积的控制行为不超过预定的能量状态和功率额定限制。

在图 6-6（a）中，计算出的偏移曲线几乎一整天都是正的，并且初始值很大。这是因为 BESS 在一天开始时具有较低的能量状态，这限制了其随时间提供上调的能力。正偏移曲线决定了高估电力需求的调度计划，导致电池充电（假设能源无偏预测）并从低初始充电状态恢复。相反，在图 6-6（b）中，偏移曲线在一天的前半段具有小的负值。在这种情况下，需求被低估，BESS 将放电。

与控制 BESS 以有效跟踪调度计划相关的实时控制方面在第 3 节中讨论。

6.2.3 负载均衡

前文介绍了如何确定一组异构资源的调度计划，利用电池储能系统来补偿对净需求点预测的偏差。调度计划包括储能系统的充放电需求（通过偏移曲线），能够确定用电高峰时段的电量需求最大值，从而满足与公共事业的最大约定功率水平。在本小节中，通过修改框架来实现负载均衡。负载均衡是指一个足够平坦的调度计划，其值始终近似等于预测净需求的平均值。在 t 时刻，调度计划与平均预测净需求 $\overline{L}$ 间存在如下关系：

$$(\hat{P}_{\mathrm{t}}-\overline{L})^2=(\hat{L}_{\mathrm{t}}+F_{\mathrm{t}}-\overline{L})^2=(\Delta_{\mathrm{t}}+F_{\mathrm{t}})^2 \tag{6-21}$$

其中 $\hat{P}_{\mathrm{t}}$ 的定义同式（6-3），引入新变量 $\Delta_{\mathrm{t}}=\hat{L}_{\mathrm{t}}-\overline{L}$ 。在后续讨论的优化问题中，将不断对式（6-21）进行简化。

预测净需求的平均值为：

$$\overline{L}=\frac{1}{T}\sum_{t=1}^{T}\hat{L}_{\mathrm{t}} \tag{6-22}$$

根据式（6-4）得电池充电电量是：

$$B_{\mathrm{t}}=\hat{P}_{\mathrm{t}}-L_{\mathrm{t}}=F_{\mathrm{t}}+\hat{L}_{\mathrm{t}}-l_{\mathrm{t}} \tag{6-23}$$

以往的研究是在最坏的算例场景下分析电池储能系统的充电量，本节采用与其相反的方式，明确其应用场景。为了分析方便，我们对电池储能系统的单独充放电效率做出假设。设 l_{t}^{d} 是情景 d 中时间 t 的净需求的实现。在场景 d 中电池储能系统的实际充电电量如下所示：

$$B_{\mathrm{t}}^{d}=F_{\mathrm{t}}+\hat{L}_{\mathrm{t}}-l_{\mathrm{t}}^{d}=F_{\mathrm{t}}+\in_{\mathrm{t}}^{d} \tag{6-24}$$

其中$\in_{\mathrm{t}}^{d}=\hat{L}_{\mathrm{t}}-l_{\mathrm{t}}^{d}$，式（6-24）可用于计算场景 d 中电池储能系统的能量状态的演变。

负载均衡偏移量的表达式如下所示：

$$F_1^o,\cdots,F_{\mathrm{T}}^o=\underset{F_1,\cdots,F_T\in\mathbb{R}}{\operatorname{argmin}}\left\{\sum_{t=1}^{N}(\Delta_{\mathrm{t}}+F_{\mathrm{t}})^2\right\} \tag{6-25a}$$

上式满足如下关系式

$$|\hat{B}_{\mathrm{t}}^{d}|\leqslant\overline{B},\quad d=1,\cdots,D \tag{6-25b}$$

$$\underline{SOE}\leqslant SOE_{\mathrm{t}}^{d}+T_{\mathrm{s}}(F_{\mathrm{t}}+\in_{\mathrm{t}}^{d})\leqslant\overline{SOE},\quad d=1,\cdots,D \tag{6-25c}$$

其中 D 表示场景数量。

负载均衡效应如下所示，在不考虑式（6-25）的约束条件时，式（6-25）可简化为：

$$F_t^o = -\Delta_t = \overline{L} - \hat{L}_t \tag{6-26}$$

联立式（6-23）和式（6-26）得到如下公式：

$$B_t = \overline{L} - \hat{L}_t + \hat{L}_t - l_t = \overline{L} - l_t \tag{6-27}$$

其中 l_t 是随机净需求。PCC 的总功率需求表达式如式（6-28）所示：

$$P_t = l_t + B_t \tag{6-28}$$

将式（6-28）代入式（6-27）得：

$$P_t = l_t + \overline{L} - l_t = \overline{L} \tag{6-29}$$

由式（6-29）可知，不考虑式（6-25）的约束条件，PCC 处的总功率与平均净需求值相等，能够实现理想的负载均衡。如，超大型电池储能系统的额定功率和能量容量。当考虑约束条件时，利用电池储能系统的可用调节能力，尽可能实现负载均衡。

图 6-7 参考前文讨论的可调度馈线设置以实现负载均衡。净需求的点预测和调度计划如图 6-7（a）所示，从图 6-7（a）中可以观察到负载均衡所起的作用。调度计划由幅度相似的 3 部分组成，但并非完全平坦，因为电池储能系统的容量同净需求不完全匹配，无法实现理想的负载均衡。偏移曲线如图 6-7（b）所示，它表明调度计划和净需求点预测之间的差异，若点预测值准确，可以用来表征电池储能系统的充电量。

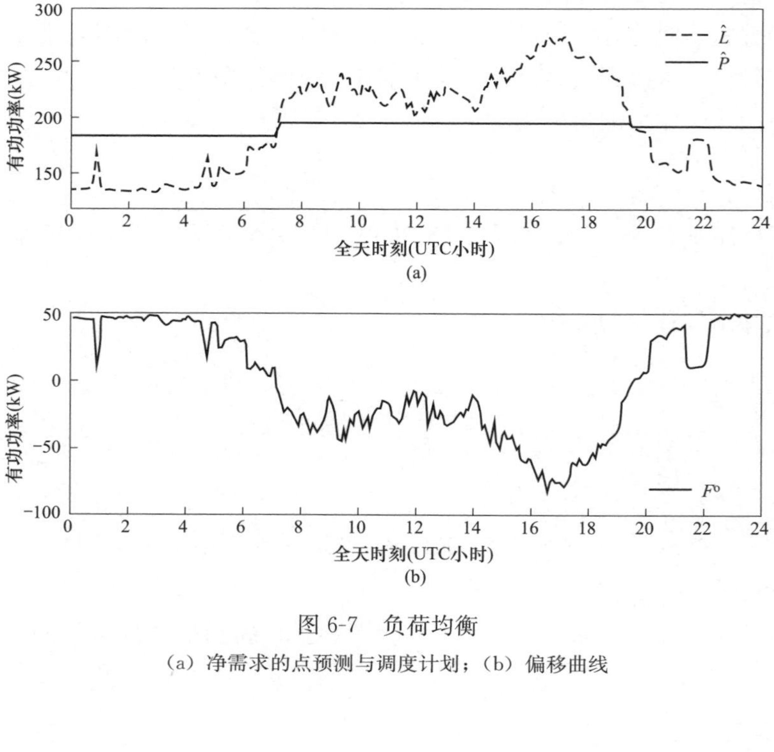

图 6-7　负荷均衡

（a）净需求的点预测与调度计划；（b）偏移曲线

6.2.4 最大限度地降低进口电力成本

图 6-5 案例研究中的电力总成本表达式如下所示：

$$\text{电力总成本}=T_{\mathrm{s}}\sum_{t=1}^{T}\hat{P}_{\mathrm{t}}\cdot c_{\mathrm{t}}=T_{\mathrm{s}}\sum_{t=1}^{T}(F_{\mathrm{t}}+\hat{L}_{\mathrm{t}})\cdot c_{\mathrm{t}} \tag{6-30}$$

式中，T_{s} 为采样时间（以小时为单位）；c_{t} 为零售电价（以货币/kWh 为单位）。如果电价在一天中变化，可以通过优化 PCC 的功率流来最小化总运营成本。从而在低价时储存廉价电力，然后在高峰需求时以更高的价格转售，这被称为能源套利。

式（6-30）可以作为成本函数在前面讨论的框架中使用，以最小化总电力成本。通过应用前面描述的情景方法，可以将其表述为线性优化程序：

$$F_{1}^{o},\cdots,F_{\mathrm{T}}^{o}=\underset{F_{1},\cdots,F_{\mathrm{T}}\in\mathbb{R}}{\operatorname{argmin}}\left\{\sum_{t=1}^{N}c_{\mathrm{t}}\cdot F_{\mathrm{t}}\right\} \tag{6-31a}$$

$$|\hat{B}_{\mathrm{t}}^{d}|\leqslant\overline{B},\quad d=1,\cdots,D \tag{6-31b}$$

$$\underline{SOE}\leqslant \mathrm{SOE}_{\mathrm{t}}^{d}+T_{\mathrm{s}}(F_{\mathrm{t}}+\in_{\mathrm{t}}^{d})\leqslant\overline{SOE}d=1,\cdots,D \tag{6-31c}$$

在式（6-31a）中，由于 c_{t}、$\hat{L}_{\mathrm{t}}$ 大小不取决于决策变量且不影响电力成本最小值，故计算中不作考虑。

值得强调的是，配电网运营商不允许进行能源套利。这种应用更适用于终端用户的自主应用领域。

6.2.5 最大化光伏自消耗

过去，一些国家采用了光伏发电的上网电价政策，以激励光伏发电的推广。上网电价政策是指以高于电力市场价格的电价对光伏发电进行补偿的政策。然而，随着光伏系统成本的竞争力提高，光伏发电的补贴政策已被其他促进政策所取代。根据国家和光伏发电系统的性质（住宅或商业）划分，这些政策可以包括对自用电给予额外补偿、净计量和净计费，并有可能不对出口光伏发电提供任何收入[12]。

为了说明电池储能系统如何实现光伏自消耗的调度问题，我们考虑了如图 6-5 所示的设置，其中入口电力以零售价格 c_{t} 购买，出口电力（超额光伏发电）无收入。入口电力是调度计划的正值部分，可以用如下公式表示：

$$\text{进口电力}|_{t}=[\hat{P}_{\mathrm{t}}]^{+}=\max(\hat{P}_{\mathrm{t}},0)=\max(\hat{L}_{\mathrm{t}}+F_{\mathrm{t}}^{o}) \tag{6-32}$$

入口电力的成本为：

$$进口电力总成本 = T_s \sum_{t=1}^{T} \max(F_t + \hat{L}_t) \cdot c_t \tag{6-33}$$

不同于式（6-30），此处没有来自向电网出口电力的收入。为了实现光伏自消纳，经济成本函数式（6-33）取代了式（6-31）。在此情况下，优化问题避免向电网输出电力（因为这不利于降低成本），并确定了偏移分布 F_t，从而将多余的发电量存储在储能系统中用以减少入口电力成本。

成本函数式（6-33）是一个凸函数，因此将其包含在问题（6-31）中会得到一个可行的表达式。联立式（6-31）和式（6-33）会产生一个极小极大问题。通过引入新的松弛变量 S_t，可以将其重构为线性优化程序，从而得到如下关系式。

$$S_t \geqslant 0 \tag{6-34}$$

$$S_t \geqslant F_t + \hat{L}_t \tag{6-35}$$

最小化成本表达式可用下式表示：

$$进口电力总成本 = T_s \sum_{t=1}^{T} S_t \cdot c_t \tag{6-36}$$

6.2.6 用单个储能系统提供多种服务

单个储能系统可以用来向电网提供多种服务，有助于提高单元的利用率并缩短回收成本的时间。为了有效地同时提供多种服务，且保证这些服务之间不相互冲突。例如，在不同的时间尺度上提供服务（如一次频率控制和能量调度），以及在中高压电网中提供电网平衡所需的实际功率和电压控制所需的无功功率。提供多种服务时面临的主要挑战是确定其随时间变化的实际功率以及无功功率需求，并确保储能系统有足够的承载力提供这些服务。文献［13］提出为每项服务确定能量和电力预算的方法。然后对多种服务的电力和能源预算进行协调，使其遵守储能系统的所有操作约束。为了确定分配给各种服务的比例，可以根据优先级队列对预算进行参数化。作为一种替代方案，可以通过解决受储能系统约束的约束优化问题来获取来自电力和辅助服务市场的收入。

6.2.7 扩展到多个可控的元素

配电网一般包括多个能够灵活操作的可控资源和单元，例如可调节需求。这些资源可以通过协调其功率输出来共同实现其在 PCC 上的控制目标。这样，通信和监测需求会增加，复杂性也更高，但将多种资源结合起来并利用现有的灵活性还是具有很大优势的，此方法减少了对新可控资产的需求。前文所述的公式可以通过将多个可控资源的操作约束引入调度优化问题中进行扩展，本节将对此进行简要总结。

文献［14］提出并演示了可调度馈线的扩展，其中包含两个可控元素：储能系统和具有可延迟电空间采暖的柔性建筑（45kW）。建筑物的电力需求可以随时间进行调整，帮助储能系统实现调度。空间供暖操作的灵活性源于建筑热质量，推迟或提前供暖需求不会显著影响室内温度。在某些假设下，空间供暖的灵活性（恒温负荷）可以根据其等效储能容量进行建模，从而提供了一种便捷的方法来说明其灵活性，如图 6-8 所示。

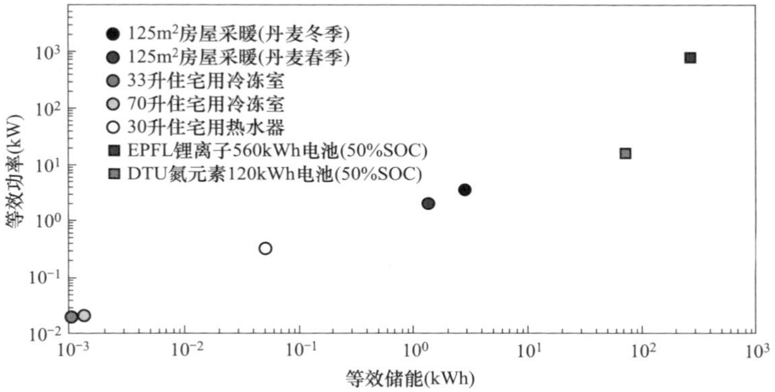

图 6-8　与两个大型储能系统相比，恒温控制负荷的等效储能和功率调节能力[16]

在能源管理应用中，可以使用动态热模型根据供暖功率、室外温度和太阳辐照度的函数预测建筑物的室内温度。这些热模式可以通过测量来估计[15]。供热功率-温度模型在决策变量上通常是线性的，可以将其拓展到上述的调度计划问题上，以实现具有线性不等式约束的室内温度舒适性。

对于多个可控元件，PCC 的总调度计划由储能系统和建筑空间供暖的调度计划以及其余不可控资源的贡献共同给出。广义上的调度问题还应该包括储能系统和空间供暖模型，以及能量状态和室内温度约束。除了不可控资源的预测外，调度问题还需要对太阳辐照度和室外温度进行预测。

能源管理和实时控制应考虑资源的不同时间动态。例如，供暖的执行速度缓慢且几乎无法调节（在恒温控制的情况下为开启/关闭），但它可以根据建筑物的热质量在许多小时内改变功耗，适用于能量控制。相反，储能系统可以快速调节其功率输出，但可能没有相关的能量容量，因此更适用于功率控制。在文献［14］中，作者提出了一种反映这些物理特性的分层控制结构，以粗略的时间分辨率（几十分钟）控制空间供暖，以更快的速度（秒）控制储能系统，从而实现能量和功率控制。

将所有模型和约束集中在一个优化问题中称为集中优化问题。为了提高系统的可扩展性和隐私保护性，可以使用分解方案将集中式问题分解为多个子问题，每个资源对应一个子问题，直到收敛为止[17-19]。

6.2.8 包括电网约束的问题

现有的配电网是根据有限的功率需求和分布式发电进行设计的。随着电力需求水平的不断提高（如，电动汽车），分布式光伏发电可能导致标准电压水平、电缆载流量和变电站变压器额定容量突破限制，这要求电网运营商加强网络基础设施建设。而储能系统则能够减缓电网升级改造的进度。

前面描述的问题形式可以用潮流方程进行扩展，以模拟配电网的运行要求。这个问题被称为最优功率流（OPF）。潮流方程根据电网的拓扑结构、电缆参数和节点有功和无功功率注入来确定电网的电压。在优化问题中，潮流方程可以确定非凸优化问题公式。文献［20-23］基于非凸约束的凸性和线性化方法，从数学角度研究了 OPF 问题。线性模型在储能系统的 OPF 问题中的应用已在文献中得到广泛讨论，如文献［19］概述了其在实际低压电网中的验证。

6.3 实时控制和重新调度

6.3.1 实时控制作用

到目前为止，我们已经讨论并设计了调度计划的问题，考虑到储能系统的能量容量和额定功率限制。调度阶段对于确保储能系统有足够的能量来提供规定服务至关重要。在实时操作中，需要计算储能系统的控制设定点，以便有效地提供这些服务。

根据要提供的特定服务和实时可用的信息类型，有多种可能的策略来确定储能系统的实时控制设定点。一个简单解决方案就是直接从调度阶段计算得到的调度计划中提取储能系统的功率设定点，并将其用作实时设定点。然而，由于用于设计调度计划的点预测会存在预测误差，规定的服务将无法提供正确的数量。若实时测量或状态估计过程中没有可用的更新信息，这将是唯一可行的选择。

如果有更新的信息可用，则可以使用它来计算更精确的控制，也可以进一步优化调度计划。在这种情况下，可以使用更新后的输入参数来解决与调度阶段相同的优化问题。新计算出的控制轨迹可以以后退时域的方式应用，如在模型预测控制（MPC）中所做的那样。更具体地说，一旦解决了优化问题，就可以实现控制历史中的第一个元素，并丢弃剩余的控制点。然后在下一个时间间隔之前再次求解优化。

后退时域优化的缺点是重新计算优化问题可能耗时较多，尤其是当涉及多个可控资源之间的通信时。在这种情况下，应评估与快速实时控制要求的兼容性，如有必要，可以考虑问题的简化版本（如，较短的优化范围）。文献［19］研究表明，在具有 4 个电池和 18 节点低压电网的电网约束的实际运行设置中，MPC 问题可以在几秒钟内解决。后退时域优化也可用于基于更新的信息计算新的调度计划（重新调度）。更新的信息，包括测量和预测，改善了对问题的态势感知，从而提供更好的决策，最终降低了储能系统的能源容量需求[5,24]。

计算储能系统的实时设定点的第三种解决方案是使用专用实时控制器。在调度计划的粗略时间分辨率（例如，分钟）与实时控制（例如，主频调节）的更快时序要求不兼容的情况下，需要专用控制器。专用的实时控制器可以与后退时域优化问题相结合，以重新调度所有可调度资源，并确保有效实时控制的优化条件。下一小节将讨论实时控制器的一个示例。当其他形式的更复杂的控制可能失败时，如，由于通信问题或无法满足严格的实时要求，此时专用的简单控制器将是一种方便的后备措施。

6.3.2 用于调度随机资源的实时控制器

为了阐明实时控制器的形式，我们考虑了上一节中开发的“可调度馈线”的情况。实时控制器的目标是调整储能系统的实际功率注入，以使 PCC 处 5min 间隔的平均实际功率消耗与调度计划的设定点相匹配。

t 表示调度计划在 5min 分辨率下的时间间隔。第二时间间隔 k 表示在 10s 的分辨率下启动并重新计算实时控制动作的时间段。每个 5min 间隔分为 30 个 10s 的时隙。在每个时隙 k 的开始，根据测算结果，可以获得 PCC 处的原潮流（P_{k-1}）、储能系统实际功率注入（B_{k-1}）和净需求（L_{k-1}）。并需要计算储能系统的新的有功功率设定点 B_k^o。命名法如图 6-9 中的时间线所示。它指的是时隙 $k=2$：B_0^o 和 B_1^o 是在前两个时隙中启动的储能系统设置点，在 PCC 的 P_0 和 P_1

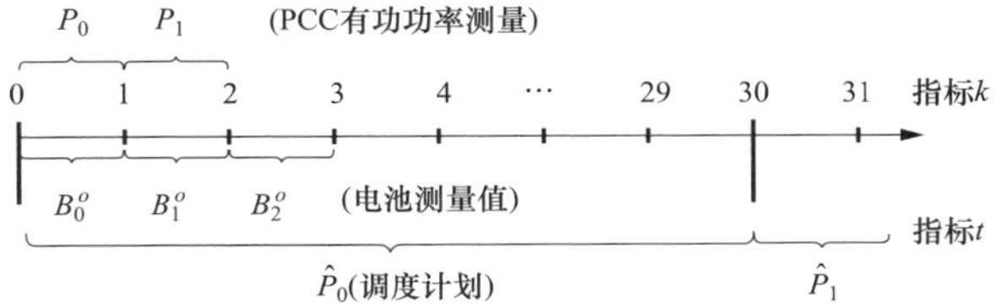

图 6-9　实时操作的时间线，以不同的速度说明两个时间指标 t 和 k

处利用潮流的确定 B_2^o 最新测量值，$\hat{P}_0$ 是在当前间隔 t 中跟踪的调度计划设置点。

调度设定点 P_k^*，$\hat{P}_t$ 表示分辨率为 5 分钟的调度计划，具体表达式如下：

$$P_k^* = \hat{P}_{\lfloor k/30 \rceil} \tag{6-37}$$

其中$\lfloor\cdot\rceil$是向下取整函数。当前 5min 间隔 k 的第一个 10s 间隔下函数 k 表达式如下：

$$\underline{f}(k) = \lfloor k/30 \rceil \cdot 30 \tag{6-38}$$

例如，假设 $k=0$ 表示凌晨，则时钟时间显示 00：16 对应 $k=96$，$P_k^* = \hat{P}_3$，$\underline{f}(k)=90$。

在时间间隔 k，当前 5min 间隔的 PCC 处的平均功率流表达式如下：

$$\overline{P}_k = \begin{cases} 0 & k = \underline{f}(k) \\ \dfrac{1}{k-\underline{k}} \cdot \sum\limits_{j=\underline{k}}^{k-1} P_j & \text{其他} \end{cases} \tag{6-39}$$

即，当还没有测量可用时，在间隔的开始处为 0，否则作为 PCC 处考虑所有可用测量的功率流的平均值。调度错误由以下公式给出：

$$e_k = P_k^* - \overline{P}_k \tag{6-40}$$

我们想找到储能系统的注入功率 B_k^o，使得调度误差为零：

$$0 = P_k^* - (\overline{P}_k + B_k^o) \tag{6-41}$$

$$B_k^o = P_k^* - \overline{P}_k \tag{6-42}$$

式（6-42）是要发送到 BMS 以激活的储能系统实际功率设定点。“饱和”模块表达式如下：

$$\overline{B}_k^o = \min(B_k^o, \overline{B}) \cdot \text{sign}(B_k^o) \tag{6-43}$$

可以用于实现实际功率限制 $\overline{B}$。

从上述方案可以得出更复杂的具有更好性能的控制策略。例如，为了避免当 $k=\underline{f}(k)$ 时储能系统在 P_k^* 放电，可以在式（6-39）中插入净需求的短期预测，以估计以后的 P_k 值。文献［7］中提出了一种与 MPC 相结合的解决方案，该解决方案考虑了储能系统的电压约束。

6.3.3 一次调频与多业务

可以通过控制储能系统来进行一次频率调节（PFR）。与标准电网频率的频率偏差成比例的实际功率设定点 f_{nom} 表达式如下：

$$B_t^{\text{PFR}} = \alpha \cdot (f_{\text{nom}} - f_t) \tag{6-44}$$

式中，α 为频率下降到功率增益；f_t 为电网频率测量值。提供 PFR 的储能系统应满足一定的标准，这些标准根据具体的电网代码而定，包括功率输出的最小斜坡率、最小激活时间、对称能力和最小可用性水平。规范还定义了标准频率周围的死区（例如，±0.01Hz[25]），在该频率范围内储能系统无需提供任何 PFR，并可用于调整能量状态。

适当的能量管理对于确保储能系统在运行过程中不会因储能系统损耗、电网频率偏差以及可能提供的其他服务而超限是至关重要的。它可以通过向式（6-44）添加一个动态偏移值来实现，确保储能系统的能量保持在规定的裕度内[26,27]。它可以用各种策略来计算偏移量，包括预测所提供服务的和最大化利润的后退时域优化问题。

通过组合用于各种服务的储能系统设置点，可以提供多种服务。例如，对于一次频率调节和调度问题，存在如下关系式：

$$B_t^{总和}=B_t^{PFR}+B_t^{调度} \tag{6-45}$$

当使用储能系统提供多种服务时，要保证这些服务在不同的时间尺度上运行，从而使得控制目标不会相互冲突。

简言之，允许预先计算的调度计划偏离，即考虑任何更新的信息又考虑储能系统试图实现的多个目标之间的协调，可以极大提高储能系统的实时控制。

参 考 文 献

[1] Palma-Behnke R, Benavides C, Lanas F, Severino B, Reyes L, Llanos J, S'aez D (2013) A microgrid energy management system based on the rolling horizon strategy. IEEE Trans Smart Grid 4.

[2] Schmidt O, Hawkes A, Gambhir A, StaffellI (2017) The future cost of electrical energy storage based on experience rates. Nat Energ 2 (8): 1-8.

[3] Korthauer R (2018) Lithium-ion batteries: basics and applications. Springer.

[4] Schimpe M, Naumann M, Truong N, Hesse HC, Santhanagopalan S, Saxon A, Jossen A (2018) Energy efficiency evaluation of a stationary lithium-ion battery container storage system via electro-thermal modeling and detailed component analysis. Appl Energ 210: 211-229.

[5] Stai E, Sossan F, Namor E, Boudec J-YL, Paolone M (2020) A receding horizon control approach for re-dispatching stochastic heterogeneous resources accounting for grid and battery losses. Electr Power Syst Res 185: 106340.

[6] Zecchino A, Yuan Z, Sossan F, Cherkaoui R, Paolone M (2021) Optimal provision of

concurrent primary frequency and local voltage control from a bess considering variable capability curves：modelling and experimental assessment. Electr Power Syst Res 190：106643.

[7] Sossan F，Namor E，Cherkaoui R，Paolone M（2016）Achieving the dispatchability of distribution feeders through prosumers data driven forecasting and model predictive control of electrochemical storage. IEEE Trans Sustain Energ 7（4）：1762-1777.

[8] Namor E，Sossan F，Scolari E，Cherkaoui R，Paolone M（2018）Experimental assessment of the prediction performance of dynamic equivalent circuit models of grid-connected battery energy storage systems. In：2018 IEEE PES innovative smart grid technologies conference Europe（ISGT-Europe），pp 1-6.

[9] Reniers JM，Mulder G，Howey DA（2019）Review and performance comparison of mechanical-chemical degradation models for lithium-ion batteries. J Electrochem Soc 166（14）：A318910.

[10] Shi Y，Xu B，Tan Y，Kirschen D，Zhang B（2018）Optimal battery control under cycle aging mechanisms in pay for performance settings. IEEE Trans Autom Control 64（6）：2324-2339.

[11] Namor E，Torregrossa D，Sossan F，Cherkaoui R，Paolone M（2016）Assessment of battery ageing and implementation of an ageing aware control strategy for a load leveling application of a lithium titanate battery energy storage system. In：2016 IEEE 17th workshop on control and modeling for power electronics（COMPEL）. IEEE，pp 1-6.

[12] Masson G，Briano JI，Baez MJ（2016）Review and analysis of PV self- consumption policies. In：IEA photovoltaic power systems programme（PVPS），vol 1（28）.

[13] Namor E，Sossan F，Cherkaoui R，Paolone M（2019）Control of battery storage systems for the simultaneous provision of multiple services. IEEE Trans Smart Grid 10（3）：2799-2808.

[14] Fabietti L，Gorecki TT，Namor E，Sossan F，Paolone M，Jones CN（2018）Enhancing the dispatchability of distribution networks through utility-scale batteries and flexible demand. Energ Build 172：125-138.

[15] Bacher P，Madsen H（2011）Identifying suitable models for the heat dynamics of buildings. Energ Build 43（7）：1511-1522.

[16] Sossan F（2017）Equivalent electricity storage capacity of domestic thermostatically controlled loads. Energy 122：767-778.

[17] Boyd S，Xiao L，Mutapcic A，Mattingley J（2007）Notes on decomposition methods. Notes for EE364B，Stanford University，pp 1-36.

[18] Gupta R，Sossan F，ScolariE，Namor E，Fabietti L，Jones C，Paolone M（2018）An ADMM-based coordination and control strategy for PV and storage to dispatch stochastic

prosumers：Theory and experimental validation. In：2018 power systems computation conference (PSCC). IEEE，pp 1-7.

[19] Gupta RK，Sossan F，Paolone M (2020) Grid-aware distributed model predictive control of heterogeneous resources in a distribution network：theory and experimental validation. IEEE Trans Energ Convers 1-1.

[20] Coffrin C，Roald L (2018) Convex relaxations in power system optimization：a brief introduction. arXiv preprint arXiv：1807. 07227.

[21] Molzahn DK，Hiskens IA et al (2019) A survey of relaxations and approximations of the power flow equations. Now Publishers.

[22] Christakou K，LeBoudec J，Paolone M，Tomozei D (2013) Efficient computation of sensi-tivity coefficients of node voltages and line currents in unbalanced radial electrical distribution networks. IEEE Trans Smart Grid 4 (2)：741-750.

[23] Bernstein A，Dall'Anese E (2017) Linear power-flow models in multiphase distribution networks. In：2017 IEEE PES innovative smart grid technologies conference Europe (ISGT- Europe). IEEE，pp 1-6.

[24] Stai E，Reyes-Chamorro L，Sossan F，Le Boudec J，Paolone M (2018) Dispatching stochastic heterogeneous resources accounting for grid and battery losses. IEEE Trans Smart Grid 9 (6)：6522-6539.

[25] Hollinger R，Diazgranados LM，Wittwer C，Engel B (2016) Optimal provision of primary frequency control with battery systems by exploiting all degrees of freedom within regulation. Energ Procedia 99 (Supplement C)，204-214.

[26] Koller M，Borsche T，Ulbig A，Andersson G (2015) Review of grid applications with the zurich 1 mw battery energy storage system. Electric Power Syst Res 120：128-135.

[27] Piero Schiapparelli G，Massucco S，Namor E，Sossan F，Cherkaoui R，Paolone M (2018) Quantification of primary frequency control provision from battery energy storage systems connected to active distribution networks. In：2018 power systems computation conference (PSCC)，pp 1-7.

7

智能电网优化：需求和技术

Geraldo Leite Torres and Vicente Ribeiro Simoni

摘要： 本章讨论了智能电网的概念、结构和资源，确定了在智能电网的规划和运行中应用优化模型的可能性，以及常用于解决这些问题的优化方法。由于这些问题以及针对问题的特定求解方法数量众多，不可能在本章中进行完整地概述和详细描述。此外，这些问题、构想和解决方案大部分仍然是开放性的。因此，本章对连续和离散优化、不确定性优化、多目标优化和全局优化等典型技术进行简要介绍，旨在为所介绍技术的附加信息提供良好的参考。本章还旨在通过帮助感兴趣的读者确定与智能电网优化相关的研究主题，为这一具有挑战性的领域的研究提供一个起点。

7.1 引言

智能电网（smart grid，SG）是现代电力系统的表征，它配有先进的信息技术资源（传感、计量、通信和计算结构）和高度的运行控制技术以及自动化技

G. L. 托雷斯（✉）V. R. 西蒙尼
伯南布哥联邦大学，累西腓，产品工程师，巴西
电子邮件：geraldo. torres@ufpe. br
V·R·西蒙尼
电子邮件：vicente. simoni@ufpe. br

A. C. Zambroni de Souza 和 B. Venkatesh（编辑），有源配电网络的规划和运行，电气工程讲义 826，https：//doi. org/10. 1007/978-3-030-90812-6_7

术，以显著地提高其运行效率[5,74]。正如文献［5］中所强调的，传感技术的进步将为电网带来新的可用信息，通信技术的进步将使这些信息被应用在适当的位置上，再加上先进的控制和自动化技术，可以使系统自动进行智能决策。

传统电网是按照“源随荷动”原则设计的，而智能电网则是按照“荷随源动”原则设计的。智能电网所提供的更高的运行效率和更优的潮流控制，为消费者、电力公司和整个电力系统带来各种各样的综合效益。智能电网将其连接的所有用户——从发电机到电力消费者和“产消者”（既生产电力又消费电力）——的行为智能地集成在一起[74]。它可以将间歇性的可再生能源（renewable energy sources，RES）安全地并入电网，提高清洁能源的利用效率，并减少因能源使用量增加对环境造成的影响。与文献［5］相呼应，智能电网的主要特征是：

（1）实现间歇性可再生能源的整合并帮助电力系统脱碳。

（2）实现可靠、安全的双向电力和信息流。

（3）实现能源效率、有效的需求管理和客户选择。

（4）提供电力干扰的自我修复。

（5）能够灵活应对物理和网络攻击。

智能电能表是智能电网的一个基本组成部分，它使传统电能表更现代化，它可以提供许多创新功能，例如上报事件和发送警报，以及远程测量的可能性。在未来，智能电网将为消费者带来诸多明显的好处，其中包括让公用事业客户能够持续监控他们的用电量，甚至可以立即获取信息，并将有助于通过远程编程来连接和断开家用电器，从而改善家庭用电量。对于公用事业公司来说，相对传统电网，智能电网有几个重要优势。例如，提供及时、准确地识别电网能源供应中断的方法，并自动执行能够实现迅速恢复必要的操作。另一个好处是能够更详细地了解客户的消费行为，从而更好地规划能源供应扩展方案，并使电网适应这些特征。

智能电网通常被视为，通过分布式发电（distributed generation，DG）和微型发电（micro generation，MG）来实现间歇性的可再生能源（RES）传播的工具。因此，它们可以成为依赖化石燃料发电的发达国家遵守《京都议定书》（通过可再生能源减少全球 CO_2 排放）的重要工具。国际能源署（IEA）预测，到2030年人人享有的能源，60％来自未来电气化目标，将通过MG和其他小型独立系统实现。可持续能源的利用是可持续发展的必要条件[38]。

智能电网允许低压用户（住宅和商业客户）的小型光伏发电系统和风力发电的连接，除了使这些系统与整个网络协调一致外，还可以充分发挥这些系统的优秀功能。因此，智能电网支持能源供应的民主化，有助于提高电力系统响应消费者需求增长的能力。未来（也许是现在或过去），以分散的方式扩大发电量是可能的（无需建造大型且昂贵的发电项目），让客户成为电力的微生产者。这提高了电力供应的安全性，并减少了扩大发电、输电和配电系统的投资。智能电网技术的发展涉及很多研究领域，包括电力系统工程、信号处理、计算机科学、通信、商业、金融以及化学和风工程等学科在同一领域下，以满足该技术的多样化研究需求[10]。

作为一项新技术，智能电网的研究面临诸多挑战[10]，其研究需要涉及有效的能源分配和负荷管理方式的工程研究、跨电网信息可靠共享的网络安全的计算机科学研究、网络安全的通信和控制工程研究、全电网监测与控制的先进仪器设施（传感、计量、通信、控制）的通信与控制工程的研究、可再生能源发电和并网的工程研究、高容量和高性价比储能电池的化学工程研究、电力系统的市场政策商业研究等。

RES 以不同的配置和规模部署在全球。公用事业规模的风能和太阳能光伏电站，通过增加依赖不可调度的风能和太阳辐射等自然资源的低成本可变发电，直接影响着输电系统的运行和规划。另一方面，分布式能源（distributed energy resources，DER），例如太阳能屋顶发电，正在改变现有无源配电网络的运行状态，为了适应新的挑战，如每小时的电压波动、通过线路和变压器的双向功率流增加以及短路水平增加，它势必会对现有无源配电网进行现代化改造，并转变为有源配电网（active distribution networks，ADN）。ADN 是一种配电网络，它是拥有控制分布式发电机、可控负载和储能等分布式发电机组合的系统。

DER、自动计量基础设施和现代配电自动化（distribution automation，DA）理念共同塑造了未来的 ADN[89]。需求侧响应（demand-side response，DSR）是 ADN 的一个重要工具，因为它允许消费者修改其电力配置文件以减少峰值需求。尽管有这些好处，但 DSR 需要更多的客户监督，这可能会引起一些问题[40]。能源管理和优化工具对于加强 DSR 计划至关重要。

本章旨在讨论智能电网优化这一非常活跃的研究领域，就智能电网的优化问题以及用于解决此类问题的优化技术进行评述。在本书的一个章节中，不可能对所有优化方法进行完整地概述。因此，本章旨在介绍不确定优化、多目标优化和全局优化的主要方法，并为所提出的技术的其他信息提供重要参考。

本章其余部分的安排如下。第 2 节简要讨论了智能电网的结构和主要运行资源，以帮助掌握优化应用的概念。第 3 节介绍了智能电网中常用的优化技术的基础知识。第 4 节介绍了对能源存储系统、需求侧响应、电动汽车管理、拥堵管理和扩张规划的优化应用。第 5 节作为本章的结论。

7.2 智能电网优化机会

大多数可再生能源（主要是风能和太阳能）本质上是可变的和间歇性的（随机的），如果将可变的可再生能源广泛引入电网，这种可变和间歇性特征可能会导致运行严重受限。通过更多地使用数字控制和先进信息技术以及供需平衡的动态优化，智能电网能够处理这些困难的运行受限。优化智能电网的机会有很多，从需求的管理和控制到高效的可再生能源集成、分布式发电和储能系统（energy storage system，ESS）的优化使用、智能电能表、智能设备和客户服务的部署等。

智能电网的不断发展给电网优化带来了严峻的新挑战。例如，间歇性可再生能源的广泛使用给传统的确定性数据（例如传统的可调度发电）引入了不确定性。插电式电动汽车（plug-in electric vehicles，PEV）的使用增加了负荷预测（无论是数量还是位置）的不确定性。因此，一些先前的确定性优化问题将转变为随机优化问题，求解难度明显增加。

RES 渗透率的提高需要输电网的加强，以满足分散的可再生能源的接入需求[5]。不稳定的发电出力给监管水平提高和产能提升带来了挑战。可再生能源发电的增加还意味着有限的可调度性和增加的间歇性，这与辅助服务的增加相伴。除了电力供应的不确定性之外，不可预测性也越来越影响到负荷预测的结果。如前所述，PEV 使用量的增加将使配电网络上出现大量新的负荷，因而可能导致监视测量和自动控制方面的严重不足。

7.2.1 需求侧管理（响应）

在传统电网中，发电量随电力需求而变化。也就是说，从历史上看，负荷一直被视为不受控制的外部输入，因此能源公用事业一直以假定的“服务义务”来运营[3]。为此，修改发电量（通过调度更多或更少的发电量）以满足不断变化的负荷需求。然而，在高峰时段，补充发电通常由效率较低且较昂贵的能源提供。传统电网的用户没有任何动力去改变其能源使用模式，因此公用事业公司通过发电资源的协调运行来保持能源生产和需求之间的平衡。

能源需求侧管理（或需求侧响应）工具旨在使能源需求和供应更接近可感知的最佳状态，为此，它们为电力终端用户带来节约用电量的好处。需求侧管理（DSM）计划也称为需求侧响应（DSR），其主要目标是使消费者在高峰时段减少用电，或将用电时间移至非高峰时段，例如夜间和周末。因此，DSM（或 DSR）意味着公用事业用户根据发电量调整其电力需求，以跟随发电[1]。在文献［77］

中，需求响应被正式定义为：

最终用户的用电量相对于正常消费模式的变化，是为了响应电价随时间的变化，或者是为了在批发市场价格高时或系统可靠性受到威胁时减少用电量而采取的奖励付款。

在 DSR 计划中，消费者要么获得经济激励，根据合同中指定的条件调整其消费量，要么根据电价的变化调整其消费量[77]。因此，在一种方法中，客户允许公用事业公司在高峰时段管理他们的负载，而在另一种方法中，公用事业公司使用随时间变化的价格对负载产生影响。

DSR 并不一定意味着总能源消耗会减少，但公用事业公司非常希望避免因安装额外的容量（发电厂和输电设备）来满足峰值负荷而造成的高额投资。在某种程度上，满足不断增长的需求的一种方法是更有效地利用现有能源。例如，使用 ESS 在非高峰时段充电，并在高峰时段放电。DSR 最近的一个应用是帮助电网运营商平衡风能和太阳能机组的间歇性发电，特别是当能源需求的时间和规模与可再生能源发电不一致时[62]。因此，为了应对高峰负荷时段的电力间歇性问题，一种选择是从能源需求侧采取行动，减少高峰时段的消耗，而不是试图弥补间歇性损失的容量。目前，由于智能电网技术，DSR 程序变得越来越适用。

在传统网络中，需求侧响应资源一般是指能够对电价信号或激励机制做出响应的负荷。然而，微电网需求的资源不仅包括负荷资源，还包括分布式和储能资源[79]。微电网分布式资源主要包括间歇性可再生能源（如风能和太阳能）、可控分布式发电（如微型燃气和柴油发电机组）两大类。负荷侧响应资源包括可中断负荷、可调节负荷、可转移负荷三类。

7.2.2 插电式电动汽车管理

插电式电动汽车（PEVs）是发展未来电网时需要考虑的相关因素。对于电网来说，PEVs（包括纯电动汽车和插电式混合动力汽车）既可以看作负荷，也可以看作储能单元。在第一种情况（负荷）中，充电控制包括随时间改变 PEVs 的消耗，以限制电网上的功率峰值，或使充电与 RES 的高产量时期相吻合。在第二种情况下（存储单元），PEVs 的电池可以根据市场价格、可再生能源的可用性和个人消费水平，来吸收或供应能量。目前，大多数电网没有足够的容量来满足充电站大量增加的需求，特别是在高峰负荷期间。设想中的 PEVs 关键基础设施必须具有能源可用性、距离、拥堵程度以及可能的现货价格或优先激励措施等信息交换能力[54]。如果 PEVs 充电是协调的，那么就有可能构建聚合充电的配置文件，以避免有害的系统影响，并最大限度地降低系统范围的成本。

随着 PEVs 数量的增加，它们的充电需求增加了能源需求，并有可能极大地改变需求曲线[86]。在高峰期或接近高峰期，大量 PEVs 的功率需求可能会在成本、电网输送甚至发电能力和爬坡能力方面带来严峻挑战[47]。PEVs 高渗透率对电网的潜在影响在［30，68］中进行了研究。解决这个问题的方法通常是将 PEVs 的充电需求安排在或转移到整体需求最低的傍晚和清晨。这些“填谷”方法旨在平衡总体需求，以减少关闭和重新启动发电厂的需要。

文献［53，55，86］中提出了协调 PEVs 充电的最优策略。策略通常分为集中式策略或分散式策略，以及它们在某种意义上是最优的策略还是接近最优的策略。在集中式策略中，中央运营商精确地规定每个单独的 PEVs 充电的时间和速度，而分散式策略允许单个 PEVs 确定自己的充电模式[54]。分散方法的结果可能是最佳的，也可能不是最佳的，这取决于用于确定当地收费模式的信息和方法。

关于集中式协调与分散式协调，文献［53］中的一些注释是：使用集中协调，“谷填充”电荷模式是全局最优的，以及分散协调可以在非合作动态博弈论的背景下处理。集中式方法难以实现，不太可能被接受[86]；因此提出了一个去中心化的协议。参考文献［54］提出了一种分散的方法，该方法对于系统运行至关重要，该方法尽管无法实现完全的集中控制，但可以获得最佳或者近于最佳的充电模式。

7.2.3 储能系统

储能系统（ESS）是减少能源发电和负荷需求之间，时间和地理上差异的重要工具，当发电由不可预测的 RES 提供时，这可能很难控制，因为 RES 能够在间歇发电超过需求期间储存剩余能量，然后在需求大于发电时使用。上述内容反映在文献［11］中，下面是其中的一些参考资料：

电能存储是指将电力网络中的电能转换为可以存储的形式以便在需要时转换回电能的过程。这种过程使得电力能够在低需求、低发电成本或间歇性能源生产时产生，并在高需求、高发电成本或没有其他发电手段可用时使用。

文献［11］对 ESS 技术进行了广泛的回顾，包括从目前可用的技术到一些仍在开发中的技术。正如文献［49］所强调的，RES 的间歇性和天气依赖性输出可能会危及电力系统的可靠性，并在发电无法满足需求时导致负荷削减。但是，ESS 可用于平滑间歇性供电，比如大型电池，飞轮和热缓冲器（热水箱）。此外，随着 PEVs 市场渗透率的提高，车辆到电网（V2G）系统有望在未来成为关键的辅助储能基础设施。因此，ESS 被认为是 DER 和间歇性 RES 供电系统急需的技术。

通常，可变电源必须使用电力电子设备进行转换和调节，以服务于公用电网或较小的分布式网络中为典型的交流负荷。ESS可以分为大容量储能系统和分布式储能系统，前者可以在较长时间（几分钟到几小时）内输出大量电力（几兆瓦），后者可以在较短的时间内（毫秒到几分钟）输出少量电力（千瓦到兆瓦）。DER中使用的储能技术包括铅酸电池，锂离子电池，某些类型的液流电池，蓄热，飞轮，超级电容器和氢存储等技术。微电网的能源管理需要中小规模电网的储能技术，目前使用最多的储能系统是基于电池的储能系统。没有一个单一的储能系统可以满足理想ESS的所有要求[11]，即使用寿命长，成本低，密度高，效率高，环保。

7.2.4 微电网

在小镇、大学校园、军事基地和商业区等局部区域，将屋顶太阳能电池板、储能装置和V2G等小型能源整合，以致形成局部的、小规模的、自给自足的电网，称为微电网[49]。微电网可以在并网模式下运行，以实现与主电网的能源流动，或者在主电网出现故障的情况下独立运行。一旦问题得到解决，微电网就可以重新同步。除了经济和环境效益外，微电网的其他优点还包括[49]：①减少能量损失，因为微源更接近负荷；②可靠性提高，因为如果主电网出现故障，微电网可以在孤岛模式下运行；③能源管理改进，微源和负荷的局部协调；④通过微电网的高效能源管理为主电网带来好处。

微电网由监控控制器控制，该控制器决定了使用哪些能源，以及何时平衡负荷和发电。这个微电网控制器可以分析预测的负荷曲线、预测的电价曲线、预测的风能或太阳能曲线、预测的供暖或制冷需求（如果微电网包含热电联产）、排放量和其他参数。文献［49］讨论了微电网的主要特征，并对微电网的随机模型和优化工具进行了全面的综述。随机模型适用于表征可再生能源发电的随机性、ESSs和PEVs移动性的缓冲效应。因此，随机优化工具可用于微电网的规划、运行和控制。

微电网规划包括微源的最佳组合、微源的设计和规模，以最低的生命周期成本满足未来的能源需求，同时满足系统可靠性要求[33]。微电网运行主要包括机组承诺和经济调度，这两种功能与传统电网有相似之处[16]。由于RES和ESS（包括V2G）的融合，微电网规划、运行和控制将面临新的技术挑战。除了能源需求的随机性之外，还应考虑可再生能源发电的随机性。由于ESS的缓冲效应，需要对整个时间框架内微电网规划、运行和控制中的缓冲状态周期性转换进行建模，计算复杂度很高。PEV高度动态的移动性导致特定位置的PEV数量的随机性，以及 V2G 系统容量的随机性。因此，可以将随机建模和优化用于微电网的规划、运行和控制。

7.3 智能电网优化技术

智能电网的优化是跨学科合作的成果。传统上，电网运行依赖于单一的集中式发电结构，并根据需要分配电力。随着太阳能技术的发展，个人家庭和工业可以生产自用的电能，但由于其直流性质，任何多余的能量都不能轻易地并入电网。配有不同输出的太阳能电池板的房屋必须与电池相连，所有电池都放置在电网中，并且应使得布线成本最低。在后期阶段，可以获得备用电池的位置信息。智能电网可以使用双向分配的方式整合多个分布式电源。

可再生能源通常只能在特定时间产生。这种操作复杂性需要一个可以在不损害现有基础设施的情况下，进行调整和扩展的系统。智能电网能够持续监控并自动纠正能源波动，因此其能够最大限度地减少能源浪费。实现智能电网高效运行和控制的技术可分为[60]基于规则的技术、优化技术、混合技术。在基于规则的技术中，通常通过决策树的方式，根据现有情况并定义一些场景来分配参考点。该方法可以适应系统条件，提供可行但不一定是最优的解决方案。基于优化的技术旨在提供最佳的局部或全局解决方案。数学模型由最大化或最小化目标函数组成，同时满足所有考虑的约束条件。混合技术将多种方法结合在一起，以充分利用其最佳性能。

文献［39］综述了 RES 部署和运行的优化方法。优化方法可以分为精确优化和近似优化。近似方法的优点是易于管理非线性约束和目标函数，但它们不能保证所获得结果的质量，因为它们通常采用随机搜索，并且随着问题规模的增大，找到全局解的可能性会降低。当在可行区域内指定时，精确方法会生成最优解。它们可以分为线性（线性规划、整数线性规划和混合整数线性规划）和非线性。

决策者常常需要在不确定性的存在情况下作出决策。由于决策问题通常被表述为优化问题，因此，在许多情况下，决策者希望解决依赖于未知参数的优化问题[44]。通常，无论是在概念上还是在数值上，制定和解决这些问题都非常困难。在制定优化问题时，通常会试图在优化模型的现实性（通常会影响所获得决策的有用性和质量）与问题的可处理性之间找到良好的权衡，从而可以用解析或数值方法解决问题。

文献［49］对微电网规划、运行和控制的随机建模和优化工具进行了全面综述。这些工具可用于处理可再生能源发电的随机性、ESS 的缓冲效应以及 V2G 系统中 PEV 的移动性。此外，还考虑了微电网的独特功能，如双重运行模式（孤岛和并网）、可再生能源发电的空间相关性以及热电联产电厂与电力和热力输出的整合都被考虑在内。尽管文献中提到了用于微电网规划、运行和控制的随机建模和优化工具，但许多研究微电网的问题仍有待解答。根据文献［49］，现有的大部分工作都是基于蒙特卡罗模拟。尽管通过蒙特卡罗模拟进行微电网建模很简单，但其高计算负荷需要高效的计算设备，例如功能强大的服务器和工作站，成本不可忽略。

在优化中，一个主要问题是区分全局最优值和局部最优值。在其他所有因素相同的情况下，人们总是希望优化问题有一个全局最优解。在实践中，找到全局解决方案可能并不可行，人们必须满足于获得局部的解决方案。通常，只有在优化过程中投入有限的资源，才能确保算法接近局部最小值。但是，由于局部最小值仍可能产生显著改进的解决方案（相对于根本没有正式的优化过程），因此对于用于优化的可用资源而言，局部最小值可能是完全可以接受的解决方案。一些算法（随机搜索、随机近似和遗传算法）有时能够从多个局部最优解中找到全局最优解。

经典的确定性优化假设可以获得有关目标函数（以及导数，如果相关）的完美信息，并且该信息用于在算法的每一步中，以确定性的方式搜索方向。显而易见，智能电网优化有多种不同的技术，不可能在本章节中对这些方法进行完整地概述。因此，本章的目的只是提供一些最常用和最突出的智能电网优化方法。

7.3.1 线性规划（LP）

LP 是更广泛的数学规划领域的一个子集[13,52]，在过去的 60 年里，它在优化方面吸引了大部分注意力，原因有两个：适用性（有许多实际应用可以建模为 LP）和可解性（在理论上和实践上都有解决大规模 LP 问题的有效技术）。LP 公式由三个基本元素组成：①一组决策变量，表示可以采取的未知操作；②一个目标函数，描述优化标准（在最小化或最大化意义上）；③一组约束，描述决策变量选择的限制。

LP 中涉及的所有函数都是决策变量的线性函数。每个约束要求决策变量的函数等于、不小于或不大于标量值。一个常见的条件是：规定每个决策变量必须是非负的。所有 LP 都可以转化为具有非负变量和等式约束的等价最小化问题[4]。不失一般性的情况下，LP 的标准形式可以定义如下：

$$
\begin{aligned}
&\text{最小值} \quad c^{T}x \\
&\text{服从于} \quad Ax=b \qquad (7\text{-}1) \\
&x \geqslant 0
\end{aligned}
$$

式中，$x \in \mathbb{R}^n$ 为决策变量向量；$c \in \mathbb{R}^n$ 为成本系数向量；$A \in \mathbb{R}^{m \times n}$ 为约束矩阵；$b \in \mathbb{R}^m$ 为约束水平向量。如果集合 $X = \{x \in \mathbb{R}^n \mid Ax=b, x \geqslant 0\}$ 的可行解式（7-1）非空，则 LP 问题式（7-1）是可行的。在这种情况下，任何解$x \in X$都被称为可行解。如果 X 为空，则式（7-1）就说是不可行的。对于所有 $x \in X$，最优解 $x_* \in X$ 定义为$c^T x_* \leqslant c^T x$。因此，最优解是一个可行解，使得没有其他可行解具有更低的目标值 $c^T x$。

解决 LP 问题的第一个算法是单纯形法，由 G. Dantzig 1947 年发明[13]。经过七十年的存在，它仍然是解决线性规划问题的最有效和最可靠的方法之一[4]。如今，单纯形方法的主要替代方法是原始对偶路径跟踪内点（IP）方法系列。对于从头开始求解 LP，IP 方法通常被认为比单纯形法更快。然而，不同的 LP 模型种类繁多，LP 的使用方式也多种多样，这意味着在实践中，两种算法都不占主导地位。两者在计算 LP 中都很重要。

单纯形法：是一种计算过程，从初始基本可行解（可行多面体的极值点）开始，如果该点不是最优的，则通过改变基数，移动到多面体的相邻极值点，从而为目标函数提供更好的值。这种基本过程的变化是连续重复的，直到在有限数量的步骤中获得最优解（如果存在）。单纯形是一种可以生成多种算法的计算过程。这些算法之间的差异主要在于它们定义可行的基本解决方案的方式，以及它们用来决定基本变化的标准。单纯形法应该从可行的基本解开始。一般来说，这样的解决方案是未知的，并且可能不容易“猜测”它。然后需要一种系统的方法，来建立一个初步可行的基本解决方案。大多数方法都会提出一个人为的问题，它有一个已知的可行基本解，并且其最优解是式（7-1）的可行基本解。人工问题的思路主要有两种[4]：两阶段法和大 M 法。

内点方法：第一个 IP 方法归功于 Frisch[22]，它是一种对数势垒方法，后来在 20 世纪 60 年代，Fiacco 和 McCormick[18]对其进行了广泛研究，以解决非线性不等式约束问题。然而，正是在 LP 研究领域，1984 年 IP 方法的非凡计算性能在实践中得到了证明[42]。从那时起，已经提出并实施了多种 IP 方法。原始对偶路径跟踪 IP 方法的第一个理论结果是由 Megiddo[58]提出的。结合预测和校正步骤的原始对偶 IP 方法，如 Mehrotra 的预测校正器方法[59]，目前被认为是计算效率最高的 IP 方法。随后，通过使用多个校正步骤，进一步改进了对 Mehrotra 预测校正方法[9,27]。

原对偶 IP 方法的变体已扩展到解决所有类型的问题：线性或非线性、凸或非凸。电力系统优化是 IP 方法广泛应用的领域之一[67]。IP 方法已在计算实践中证明在处理时间和收敛鲁棒性方面非常高效。IP 方法在电力系统中的应用包括：状态估计[14]、最优潮流[76,81]、水热协调、电压崩溃等。文献［14，28，81］中应用的性能收敛鲁棒性和处理时间的优点，激发了人们对 IP 方法解决电力系统非线性优化问题的兴趣。

解决 LP 问题（1）的原对偶 IP 方法作用于修正问题

$$\begin{aligned} &\text{最小值} \quad c^{\mathrm{T}}x-\mu_{\mathrm{k}}\sum\nolimits_{i=1}^{n}\ln x_{\mathrm{i}} \\ &\text{服从于} \quad Ax=b \end{aligned} \tag{7-2}$$

式中，$\mu_{\mathrm{k}}>0$ 是势垒参数，随着迭代的进行，该参数单调减小到零。请注意，非负条件 $x\geqslant 0$ 被纳入对数势垒函数中，该函数附加到目标函数中。对于定义的对数项，必须施加严格的正性条件 $x>0$，但这些条件是通过步长控制隐式处理的。

每次 IP 迭代中计算量最大的任务包括搜索方向为 Δy 的大型线性系统的求解。由于系数矩阵的分解比两个三角系统解决方案昂贵得多，因此可以通过将矩阵分解（迭代）的次数减少到必要的最小值来提高 IP 算法的性能，即使是以增加单次迭代的成本为代价。这是 Mehrotra 预测校正 IP 方法[59]及其高阶变体[9,27]背后的中心思想。

7.3.2 混合整数线性规划（MILP）

一些优化实例涉及离散决策，而其他一些决策本质上是连续的。显然，列举一个离散决策可能采用的所有可能值的能力似乎很有吸引力。然而，在大多数应用中，离散变量是相互关联的，需要枚举整个离散变量集可以采用的所有值组合。然后，需要一种更有效的技术来解决包含离散变量的问题[71]。

混合整数规划技术不会明确地检查离散解决方案的所有可能组合，而是检查可能解的子集，并使用优化理论来证明没有其他解可以比找到的最佳解更好。这种类型的技术称为隐式枚举。混合整数线性规划（MILP）是一种带有附加约束的 LP，即某些（不一定是全部）变量必须具有整数值。也就是说，MILP 的形式为

$$\begin{aligned} &\text{最小值} \quad c^{\mathrm{T}}x \\ &\text{服从于} \quad Ax=b \\ &x\geqslant 0, x_{\mathrm{i}}\in\mathbb{Z}, \forall i\in I \end{aligned} \tag{7-3}$$

式中，$\mathbb{Z}$ 为所有整数的集合；I 为整数变量 x_{i} 的索引集。如果所有变量都需要是

整数，则称为整数线性规划（ILP）。如果所有变量都需要为 0 或 1，则称为（0，1）或二进制 LP。整数变量的加入极大地提高了建模能力，但代价是求解难度的显著增加。如前所述，LP 问题可以通过 IP 方法在多项式时间内解决。然而，MILP 是一个 NP 难问题，并且没有已知的多项式时间求解器。

松弛是求解 MILP 的基本概念。对于 MILP，其线性松弛是去掉完整性约束得到的 LP 问题

$$\begin{aligned} &\text{最小值} \quad && c^{\mathrm{T}}x \\ &\text{服从于} \quad && Ax=b \\ & && x\geqslant 0 \end{aligned} \tag{7-4}$$

MILP 的任何解都是松弛问题的可行解，并且 MILP 的每个解的目标函数值大于或等于相应的松弛问题的目标函数值。MILP 最常用的松弛是其 LP 松弛，它与 MILP 相同，只是放弃了变量完整性的约束。显然，MILP 的任何可行整数解也是其 LP 松弛的解，具有匹配的目标函数值。广受好评的 MILP 求解器采用了分支定界和剖切面技术的组合。接下来概述这两项技术。

分支定界（B&B）算法　B&B 本质上是一种“分而治之”的策略。其想法是将可行区域划分为更易于管理的细分部分，然后，如果需要的话，进一步划分细分。一般来说，划分可行区域的方法有很多种，因此就有了多种 B&B 算法。B&B 算法的主要步骤如下[71]。

分支定界算法：

S0：设置现有目标 $v=\infty$（假设没有初始可行整数解可用）。将活动节点计数 k 设置为 1 并将原始问题表示为活动节点。转到 S1。

S1：如果 $k=0$，则停止：现有解是最优解。（如果没有现任者，i. e.，即 $v=\infty$，则原始问题没有整数解。）否则，如果 $k\geqslant 1$，则转到 S2。

S2：选择任意一个活动节点，并将其称为当前节点。解决当前节点的 LP 松弛问题，并使其处于非活动状态。如果没有可行解，那么转至 S3。如果当前节点的解具有目标值 $z^*\geqslant v$，则转至 S4。否则，如果解全部为整数（且 $z^*<v$），则转至 S5，否则，转至 S6。

S3：不可行。将 k 减 1 并返回到 S1。

S4：测算边界。将 k 减 1，然后返回 S1。

S5：完整性探寻。将现有解决方案替换为现有解决方案。

当前节点。设置 $v=z^*$，将 k 减 1，然后返回 S1。

S6：当前节点上的分支。选择 LP 中任何小数变量当前节点的解。将该变量表示为 x_s 并将其在最优解中的值表示为 f。创建两个新的活动节点：一个通过

将约束 $x_s \leqslant \lfloor f \rceil$添加到当前节点，另一个通过将 $x_s \geqslant \lfloor f \rceil$添加到当前节点。将 1 添加到 k（两个新的活动节点，由于当前节点上的分支而减一）并返回到 S1。

根据文献［71］，可以在 S0 中使用启发式过程来快速获得 MILP 的高质量解决方案，但不保证其最优性。该解决方案将成为最初的现有解决方案，并可能有助于通过提高步骤 4 中活动节点的探测速率来节约 B&B 内存需求。

在 S2 中，它可能对其上的分支活动节点有多种选择，并且在 S6 中，执行分支操作的变量可能有多种选择。许多实证研究都在寻找做出这些选择的通用规则，这些规则在商业求解器得到了实现。

割平面（CP）技术由 Ralph Gomory[26]提出，通过修改 LP 解来求解 MILP，直到获得混合整数解。它不像 B&B 技术那样将可行区域划分为细分部分，而是使用单个 LP，通过添加新的线性不等式约束（称为割）来一次又一次地细化该 LP。新的约束不断减小可行域，直到找到整数最优解。

B&B 程序几乎总是优于 CP 算法，但 CP 算法对于整数规划的发展非常重要。从历史上看，它是第一个可以证明在有限步数内收敛的整数规划算法。此外，虽然该算法被认为效率低下，但它提供了对整数规划的见解，从而产生了更高效的算法，例如与 B&B 的组合，称为分支和剪切[15]。

建模语言是用于优化模型制定的编程结构，允许模型开发以及更改和调试模型的灵活性[63]。在代数建模语言[20]中，LP 和 MILP 最常用的是 AMPL[21]和 GAMS[23]。高级 LP 和 MILP 求解器包括 CPLEX[17]、GuRoBi[29]、SYMPHONY 和 CBC（开源）、Solver 和 Xpress-MP[19]。CPLEX、GuRoBi 和 Xpress-MP 可以接受以 AMPL 或 GAMS 编写的模型。Xpress-MP 还接受以其 Mosel 建模语言编写的模型。CPLEX 还拥有自己的建模语言 OPL。与 AMPL 和 GAMS 不同，Mosel 是一种编译语言，可以更快地读入解算器，而 AMPL 和 GAMS 只能解释解算器，但 Mosel 缺乏解算器的多功能性。

7.3.3 二阶锥规划

二阶锥规划（SOCP）问题可以按字面定义为[2]：

凸优化问题，其中线性函数在仿射线性流形与二阶（洛伦兹）锥体的笛卡尔积的交点上最小化。线性规划、凸二次规划和二次约束凸二次规划都可以表述为 SOCP 问题，许多其他不属于这三类的问题也可以表述为 SOCP 问题。这些后来的问题对从工程、控制和金融到鲁棒和组合优化等广泛领域的应用进行了建模。

根据文献［2］，SOCP 是半定规划（SDP）的一个特例。事实上，SOCP 介于 LP、QP 和 SDP 之间。与 QP 和 SDP 一样，SOCP 问题也可以通过专门的 IP

算法在多项式时间内解决。当应用于类似规模和结构的问题时，SOCP 的 IP 解决方案需要比 LP 和 QP 长，但比 SDP 短的处理时间。

SOCP 有多种代码可用，例如 SDPackage 和 SeDuMi[75]。SOCP 问题可以表示为以下标准形式[2]：

$$\begin{aligned}&\text{最小值} && c_1^{\mathrm{T}}x_1+\cdots+c_r^{\mathrm{T}}x_r\\&\text{服从于} && A_1x_1+\cdots+A_rx_r=b\\&x_i\geqslant Q0, && \text{对于 } i=1,\cdots,r\end{aligned} \tag{7-5}$$

式中 $x_i\geqslant Q0$ 表示二阶锥不等式（参见文献［2］）。对偶形式为：

$$\begin{aligned}&\text{最大值} && b^{\mathrm{T}}\lambda\\&\text{服从于} && A_1^{\mathrm{T}}\lambda+s_i=c_i, \text{对于 } i=1,\cdots,r\\&s_i\geqslant Q0, && \text{对于 } i=1,\cdots,r\end{aligned} \tag{7-6}$$

解决 SOCP 问题的专用 IP 方法式（7-5）作用于修改后的问题

$$\begin{aligned}&\text{最小值}\sum\nolimits_{i=1}^{r}c_i^{\mathrm{T}}x_i-\mu_k\sum\nolimits_{i=1}^{r}\ln\det(x_i)\\&\text{服从于}\quad \sum\nolimits_{i=1}^{r}A_ix_i=b\\&x_i\geqslant Q0, \quad \text{对于 } i=1,\cdots,r\end{aligned} \tag{7-7}$$

与 LP 的 IP 类似，KKT 一阶最优性条件为

$$\begin{aligned}&A_i^{\mathrm{T}}\lambda+s_i-c_i=0, \quad \text{对于 } i=1,\cdots,r\\&\sum\nolimits_{i=1}^{r}A_ix_i-b=0\\&x_i\cdot s_i-2\mu_k e=0 \quad \text{对于 } i=1,\cdots,r\\&x_i,\quad s_i>Q0, \quad \text{对于 } i=1,\cdots,r\end{aligned} \tag{7-8}$$

牛顿法的应用式（7-8），产生分块矩阵形式[2]：

$$\begin{bmatrix}A & 0 & 0\\0 & A^T & I\\Arw(s) & 0 & Arw(x)\end{bmatrix}\begin{pmatrix}\Delta x\\\Delta\lambda\\\Delta s\end{pmatrix}=-\begin{pmatrix}Ax-b\\A^Tx+s-c\\x^{\circ}s-2\mu e\end{pmatrix} \tag{7-9}$$

其中 Arw（·）（箭头形矩阵）表示直接求和。文献［2］中讨论了几个实际的实施问题。

由于二阶锥体是凸集，因此 SOCP 是凸规划问题。如果二阶锥体的维数大于二，则它不是多面体，因此，一般来说，SOCP 的可行区域不是多面体。由于 SOCPs 是凸的，因此可以开发它们的对偶理论。虽然该理论的大部分内容与 LP 的对偶理论非常相似，但 SOCP 的理论与 LP 的理论在很多方面都有所不同。优化问题的鲁棒解决方案一直是控制理论领域的一个重要领域，因此鲁棒性已被引

入数学规划和最小二乘领域。最小二乘问题和 LP 的对应问题可以表述为 SOCPs[2]。

7.3.4 多目标优化

多目标优化（MOO）或向量优化，是考虑包括多个目标函数同时优化的优化问题。MOO 问题出现在许多领域，例如工程、经济和物流，当需要在两个或多个相互冲突的目标之间进行权衡时做出最佳决策。在文献［56］中，对 MOO 方法进行了全面的综述。MOO 问题可以表示为：

$$\begin{aligned}&\text{最小值}\quad f(x)=[f_1(x),f_2(x),\cdots,f_k(x)]^{\mathrm{T}}\\&\text{服从于}\qquad x\in X\end{aligned}\tag{7-10}$$

式中，$k\geqslant 2$ 为目标函数 $f_i(x)$ 的数量；$x\in\mathbb{R}^n$ 为决策变量向量，X 为决策向量的可行集，通常定义为

$$X=\{x\in\mathbb{R}^n \mid g(x)=0,\quad h(x)\leqslant 0\}$$

其中 g 为 $\mathbb{R}^n\rightarrow\mathbb{R}^m$ 并且 h 为 $\mathbb{R}^n\rightarrow\mathbb{R}^p$。任意元素 $x\in X$ 都是可行解。

根据文献［56］，与单目标优化不同，MOO 问题的解决方案与其说是一个定义，不如说是一个概念。通常，没有单一解决方案可以同时优化所有目标 $f_i(x)$，$i=1$，…，k 。相反，存在一组（可能是无限的）帕累托最优解[65]。如果目标函数 $f_i(x)$ 中的任何一个都不能在不降低一个或多个其他目标值的情况下无法提高其值，则该解决方案称为非支配解决方案或帕累托最优解决方案。如果没有额外的主观偏好信息，所有帕累托最优解都被认为是同样好的。

定义 1 可行解 $x_1\in X$ 被认为（帕累托）支配另一个解 $x_2\in X$，如果 $f_i(x_1)\leqslant f_i(x_2)$ 对于所有索引 $i\in\{1, 2, \cdots, k\}$，和 $f_j(x_1)<f_j(x_2)$ 对于至少一个索引 $j\in\{1, 2, \cdots, k\}$。如果不存在支配它的另一个解，则解 $x_1\in X$ 被称为帕累托最优。

所有帕累托最优点都位于可行准则空间$\mathbb{Z}$的边界上，也称为可行成本空间，定义为集合 $\{F(x)\mid x\in X\}$ 。通常，算法提供的解决方案可能不是帕累托最优，但可能满足其他标准，这使得它们对于实际应用具有重要意义[56]。例如，如果没有其他点同时改善所有目标函数，则某个点是弱帕累托最优。由于如果没有其他点可以在不损害另一个函数的情况下改进至少一个目标函数，则一个点就是帕累托最优，因此帕累托最优点是弱帕累托最优，但弱帕累托最优点不是帕累托最优。确定点是否帕累托最优或不存在的方法在文献［6］中有所说明。在文献［61］中，提出了以下 x_* 检验：

$$\text{最小值}_{x\in X,\delta\geqslant 0}\sum\nolimits_{i=1}^{k}\delta_i$$

$$服从于\ f_{\mathrm{i}}(x)+\delta_{\mathrm{i}}=f_{\mathrm{i}}(x_*),i=1,\cdots,k \tag{7-11}$$

如果所有 δ_{i} 都为零，则 x_* 是帕累托最优点。效率是 MOO 中的另一个主要概念，在文献［56］中将其定义为：

定义 2 一个点 $x_* \in X$ 是有效的当且仅当不存在另一个点 $x \in X$ 使得 $f(x) \leqslant f(x_*)$ 且至少有一个 $f_{\mathrm{i}}(x) < f_{\mathrm{i}}(x_*)$。否则，$x_*$ 是低效的。

MOO 有多种方法。它们大致可分为：具有先验表达偏好的方法、具有后验表达偏好的方法、不表达偏好的方法。读者可以参考文献［56］对这三种类型的几种方法的详细介绍和分析。接下来概述其中的两个，属于第一种类型。

加权求和法 MOO 最常用的方法是加权求和：

$$f(x)=\sum\nolimits_{i=1}^{k} w_{\mathrm{i}} f_{\mathrm{i}}(x) \tag{7-12}$$

如果所有权重 w_{i} 均为正，则式（7-12）是帕累托最优，即最小化式（7-12）足以实现帕累托最优。然而，该公式并未提供帕累托最优性的必要条件。文献［56］对此方法进行了详细讨论，主要是关于权重 w_{i} 的选择。

词典编排法在词典编排法中，目标函数 $f_{\mathrm{i}}(x)$ 按重要性顺序排列。然后，依次求解以下单目标优化问题，每次求解一个：$i=1,\ 2,\ \cdots,\ k$：

$$最小值_{x\in X}\quad f_{\mathrm{i}}(x)$$

$$服从于\ f_{\mathrm{j}}(x) \leqslant f_{\mathrm{j}}(x_{\mathrm{j}}^*),\quad j=1,2,\cdots,i-1,i>1 \tag{7-13}$$

式中，i 为函数在首选序列中的位置；$f_{\mathrm{j}}(x_{\mathrm{j}}^*)$ 为第 j 次迭代中找到的第 j 个目标函数的最优值。在第一次迭代（$j=1$）之后，$f_{\mathrm{j}}(x_{\mathrm{j}}^*)$ 不一定与 $f_{\mathrm{j}}(x)$ 的独立最小值相同，因为引入了新的约束。

文献［56］中提出并讨论了几种 MOO 方法。因此，为帕累托最优提供充分必要条件的 MOO 方法是优选的。其他方法，例如本章讨论的遗传算法（GA），也可以用于直接解决 MOO 问题。

7.3.5 随机优化

随机优化（SO）是指在存在随机性的情况下，对目标函数进行最小化或最大化的方法集合[31,73]。SO 的例子有[31]：决定何时从水库放水用于水力发电，并针对给定的数据集情况优化统计模型的参数。随机性通常以两种方式进入问题：通过成本函数或约束集。因此，SO 是处理风能、太阳能、负荷需求等不确定性的合适方法。

没有一种单一的解决方法可以很好地解决所有 SO 问题[31]。结构性假设（例如对决策和结果空间大小的限制或凸性）对于问题的可处理化是必要的。然后将解决方法与问题结构联系起来。最突出的区别是单时间段问题（单阶段问题）和多时间段问题（多阶段问题）的求解方法之间的区别。单阶段问题试图找到单一的最优决策，例如给定统计模型数据的最佳参数集。这些问题通常通过适当的确定性优化方法来解决。多阶段问题试图找到最佳的决策顺序，例如在两年内安排水力发电厂的放水。未来决策对随机结果的依赖，使得在多阶段问题中直接修改确定性方法变得困难。多阶段方法更多地依赖于统计近似和对问题结构的强有力假设。

单阶段 SO 是对具有随机目标函数或约束的优化问题的研究，其中决策的实施没有后续追索权。让 X 是所有可行决策的域，x 是一个特定决策。感兴趣的根本问题是搜索 X 找到最小化成本函数 F 的决策。令 ξ 表示仅在作出决策后才可用的随机信息。由于无法直接优化随机成本函数 $F(x,\xi)$，因此期望值 $\mathbb{E}[F(x,\xi)]$ 被最小化。一般单级 SO 问题可以正式表示为[31]：

$$\xi^* = \min_{x \in X}\{f(x) = \mathbb{E}[F(x,\xi)]\} \tag{7-14}$$

将最优集定义为 $S^* = \{x \in X : f(x) = \xi^*\}$。对于所有单阶段问题，假设决策空间 X 是凸函数，目标函数 $F(x,\xi)$ 为对于任何实现 ξ，x 都是凸函数。不满足这些假设的问题通常通过更专门的随机优化方法来解决。

多阶段 SO 旨在找到一系列决策 $(x_t)_t^T = 0$，从而最小化预期成本函数。下标 t 表示作出决策 x_t 的时间。通常，t 时刻的决策和随机结果会影响未来决策的价值。从数学上讲，多阶段 SO 问题可以描述为迭代期望[31]：

T 是时间段的数量，$x_{0:t}$ 是 0～t 之间所有决策的集合，ξ_t 是在时间 t 处可观察到的随机结果，$X_t(x_{0:t-1},\xi_{1:t})$ 是一个决策集，取决于时间 0 和 t 之间的所有决策和随机结果，$F_t(x_t,\xi_t)$ 是时间段 t 的成本函数，取决于 t 时间段的决策和随机结果时间 t，γ 是贴现率。时间范围 T 可以是有限的或无限的。

不存在任何一种多阶段解决方法，可以很好地适用于广泛类别中的所有问题（例如凸问题或马尔可夫决策过程）的。决策序列空间受到维数灾的影响：空间的大小随着 T、ξ_t 的可能结果数量以及每个时间段，X_t 的决策空间的大小呈指数增长。大多数成功的方法都是针对具有可利用结构的问题子类而定制的。

7.3.6　遗传算法

由 Holland[35] 提出的遗传算法（GAs）是 SO[73] 的流行方法，主要用于全局优化（在多个局部最小值中找到最佳解决方案）。人们对遗传算法的巨大兴趣似乎是由于它们成功解决了许多困难的优化问题。它们代表了更通用的进化计算算法的一个特例[85]。顾名思义，遗传算法松散地基于自然进化和适者生存的原则。

因此，目标函数通常被称为适应度函数，以强调物种适者生存的进化概念。遗传算法的本质在文献［73］中得到了清晰的总结，并且在这里被密切遵循。

GAs 同时考虑问题的多个候选解决方案，并通过将这组解决方案移向全局最优来进行迭代。群体中 x 的特定值称为染色体。遗传算法的中心思想是将一组染色体从初始值集合移动到适应度函数优化的点。让 N 表示种群大小（染色体数量）。GAs 的一个重要方面是对群体中出现的 x 的 N 个值进行编码。这种编码对于 GAs 操作和返回 x 的相关解码至关重要。标准二进制（0，1）字符串传统上是最常见的编码方法，但其他方法包括格雷编码和基于计算机的基本浮点表示 x 中的实数。

在评估当前染色体群体的适应度函数后，进行选择和精英化步骤。选择染色体的子集作为下一代的双亲。这就是适者生存的原则，因为双亲是根据他们的适应度来选择的。在选择过程中，尽管目标是强调选择适应度最高的染色体，但重要的是，在优化开始时不要给予适应度值最高的染色体过多的优先权，因为过于强调适应度，会减少对感兴趣的领域进行充分搜索所需的多样性，可能会导致局部最优的过早收敛。因此，选择方法允许以一定的非零概率选择次优的染色体。

对于随后选择亲本的选择过程，已经提出了许多方案。其中最受欢迎的选择之一是赌轮选择。在此选择方法中，适应度函数在 x 上必须是非负的。基于蒙特卡罗的赌轮的个体切片是与其适应度成正比的面积。“轮子”以模拟方式旋转 $N-N_e$ 次，并根据指针停止的位置选择双亲。另一种流行的方法称为竞争选择，其中染色体在“竞赛”中进行比较，更好的染色体更有可能获胜。比赛过程通过从原始群体中抽样（替换）的方式来继续，直到选择出完整的双亲。最常见的比拼方法是二元方法，即选择两对染色体，并选择每对中具有较高适应度值的染色体作为双亲。经验证据表明，竞争选择通常比赌轮选择表现更好。

交叉操作从选择步骤中创建了亲本对的后代。交叉概率 P_c 用于确定后代是否代表双亲染色体的混合。如果没有发生交叉，那么这两个后代就是双亲的克隆。如果确实发生了交叉，则根据两个亲本染色体结构部分的互换产生两个后代。最后的操作是变异。由于初始群体可能没有足够的变异性，来使得仅通过交叉操作找到解决方案，因此 GA 还使用随机改变染色体的突变算子。对于二进制编码，突变通常是逐位进行的，其中选定的位从 0 翻转到 1，反之亦然。给定位的突变以小概率 P_m 发生。实数编码需要不同类型的变异算子。也就是说，使用基于（0，1）的编码，相反数是唯一定义的，但对于实数，没有明确定义的相反数。最常见的变异算子类型，可能就是简单地将小的独立正态（或其他）随机向量添加到群体中的每个染色体（x 值）。

根据文献［74］，没有简单的方法可以知道SO算法（包括GAs）何时有效地收敛到最优值。停止GA的一个明显的方法是：当达到适应度函数的多次评估时结束搜索。或者，可以根据关于收敛的主观和客观印象启发式地完成终止。在可以进行无噪声健康测量的情况下，基于健康评估的标准可能更有用。有关更多详细信息和参考资料，请参阅文献［74］。

7.3.7 其他优化技术

计算智能算法可以应用于大量智能电网优化问题，在可接受的计算时间内获得可接受的接近最优的解决方案。神经网络、模糊系统和进化算法是计算智能的三大主要软计算范式[85]。进化算法（遗传规划、进化规划、粒子群体优化、蚁群优化）是受达尔文模型启发的随机搜索方法。神经网络是基于联结主义模型的学习模型。模糊系统是人类认知的高级抽象。神经网络和模糊系统是系统建模的两种主要方法。

关于确定性优化方法，信赖域算法已被用于搜索全局收敛的解[64,72]。最近，全局优化引起了人们的极大兴趣。圆锥松弛已被广泛用于凸化问题以寻求全局解决方案。当松弛问题允许找到原始非松弛问题的解决方案时，就会发生精确松弛。自第一个申请提案以来[41]，SDP松弛已广泛应用于电力系统[50,51]。

7.4 智能电网中的优化应用

文献［32］对RES优化规划和集成的优化方法进行了全面综述。主要关注的是RES的最佳位置和大小。在文献［60］中，MILP用于对能源管理问题进行建模，因为MILP允许对集成DER的特征进行建模，使用整数和二进制变量来表示微电网智能家居中生产系统、电池存储单元、PEVs和智能电器的运行状态决策。为了解决智能电网扩展时间范围的优化问题，采用MILP和贪婪算法两种技术，开发了一种获得近似全局最优值的混合技术。在文献［79］中，最佳微电网运行模型考虑了DER、环境约束和DSR。在不给客户带来不适的情况下，最大限度地降低微电网的运行成本，有效提高了清洁能源的利用率。使用遗传算法求解优化问题。

储能系统决定是否使用某一特定的ESS技术，应考虑技术和经济方面的因素，例如所需的额定功率和能源容量、项目的可扩展性、将向电网提供的服务以及可能的付款方式。ESS对网络的效益一般按其时间尺度进行分类[8]。较慢的时间尺度称为能源应用，其中大量的能量从电网中供应或消耗。提供电能套利、负荷均衡、调峰、非旋转备用等功能，提高电网运行的灵活性。更快的时间尺度称为电力应用，通常需要支持电力网络的实时控制。ESSs 可以为电力网络提供广泛的服务[8]：

• 频率调节：支持一次和二次频率控制，提供自动发电控制（AGC）信号所需的快速频率响应和精细调节[46]。

• 减少大型发电机的启动/停止操作：减少因大型水力和火力发电机的启动/停止操作而导致的折旧和高维护成本，这些发电机的调度是为了适应可再生能源的间歇性。

• 缓解过载和推迟投资：在中期分析中，对于流量不会显著增加的地区，推迟对输电线路和电力变压器的投资。随着能源基础设施老化和需求稳定增长，输电升级延期是 ESS 的一大优势。

• 能源套利：进行电力套利，在非高峰时段购买能源，在需求高时出售。潜在收入是每小时能源价格和 ESS 往返效率的函数。

• 能源时间转移：降低与大规模可再生能源发电（主要是太阳能）整合相关的有功功率爬升率。尽管与主要关注财务收益的能源套利密切相关，但能源时移产品旨在为系统提供处理与需求和可再生能源发电相关的不确定性的能力。

根据文献［69］，电网中可再生能源的快速应用，导致了对负荷调整和灵活性的需求。ESSs 是为这些任务提供解决方案的关键要素。然而，应该在负载整形的性能目标和为辅助服务提供存储灵活性的目标之间进行权衡，这与电网的鲁棒性和弹性有关。这个问题被表述为 MOO 问题，通过帕累托前沿分析，来量化不结盟目标之间的权衡，以适当地平衡它们。

ESS 的最优容量和布局问题可以通过多种方法解决。在文献［80］中，对配电网络中 ESS 的最佳规模和布局进行了全面审查。根据文献［80］，最佳容量和布局的方法可分为三类：分析方法、数学方法和人工智能方法。在数学方法中，LP、MILP 和 SOCP 是被引用最多的技术。尽管技术多种多样，但由于系统要求和 ESS 技术不同，对于配电网中 ESS 的容量和布局，一般可以获得几种解决方案[80]。在文献［82］中，使用傅里叶-勒让德级数展开以近似连续的形式描述能量状态（SOE）来获得最优容量。作者指出该方法可以有效减少 SOE 在规模优化中离散表达所带来的误差，特别是当规划数据不足以准确描述所研究的运营周期时。

需求侧响应 DSR 已从处理一年中特定时段的高峰需求的方法转变为更通用的程序，即客户根据电价的变化改变其消费模式[60]。DSR 计划通常分为两种计划：基于激励的计划（IBP）和基于价格的计划（PBP）。IBP 计划允许公用事业公司根据合同规定的条件（特别是在高峰时段）管理客户消耗。在PBP计划中，客户会随着电价的变化而改变他们的需求。

关于微电网[79]，除了ESS之外，DSR还可能包括DERs，例如可变RES（风能和太阳能）和可控分布式资源，例如微型燃气和柴油发电机组。在文献［88］中，提出了考虑DER、ESS和DSR的优化调度模型。结果表明，调度模型建立了分布式发电、响应负荷和网络经济目标的协调运行。

在文献［12］中，考虑了由单个负载服务实体（LSE）服务的一组用户。LSE提前一天获得产能。在交付时获得随机可再生能源，LSE通过实时需求响应和在现货市场购买平衡电力来管理用户的负载，以满足总需求。在供应存在不确定性的情况下，LSE的最佳供应采购和用户的消费决策必须在两个时间范围内（提前一天和实时）进行协调。这个问题被表述为一个预期社会福利最大化的动态规划。

插电式电动汽车的管理预计未来配电网络中PEVs的大量使用不仅会带来新的挑战，也会为提高配电系统的可控性带来新的机遇。PEVs将成为配电系统运营商的重要资源，提供拥堵缓解和电压调节等服务[43,45]。文献［43］对PEVs主动整合到配电网络进行了全面研究，认为PEVs不应被视为被动资产，而应作为主动资源进行整合。PEV和RES之间的相互作用可以同时减少发电和运输部门对化石燃料的依赖。

文献［45］采用遗传算法，通过优化PEV存储管理，提高光伏（PV）太阳能在配电网中的渗透率。此外，为了最大限度地参与辅助服务，光伏发电通过网络支线和主干线进行优化分配。结果表明，在选定的配电网中，当PEV渗透率达到25%时，PV渗透率可提高50%。文献［43］提出了日前PEV调度的多目标优化方法。由于PEVs通常是单相连接，因此它们会严重加剧配电网的负荷不平衡。文献［43］中的方法使用了包括相位PEV约束的不平衡最优潮流。该公式还包括对模拟住宅负荷的电压依赖性以及电压和流量限制。

升级延迟和拥塞管理包括输电和配电网络在内的公用事业服务，主要在网络升级延迟、提供资源充足性和缓解拥塞等方面受益于ESS。通过正确部署ESS，可以延迟或完全避免基础设施升级，从而带来经济效益。他们还可以提供更便宜的发电升级替代方案，并缓解高峰时段的网络拥堵[37]。在文献［87］中，提出了一种确定电池ESS最佳部署的方法，以推迟馈线容量升级，并确定这种推迟的经济后果。

在文献［7］中，提出了一种智能电网拥塞管理方法。该方法考虑了一个将多个灵活消费者互连的配电网。每个消费者都受一个平衡责任方（BRP）的管辖，该责任方代表消费者在日前电力市场购买能源。BRP 利用消费者及时转移负载的灵活性，最大限度地减少消耗和购买的能源之间的不平衡，避免以不利的价格交易平衡能源。该方法涉及凸优化问题的解决。由于竞争性能源市场中信息共享的可能性不大，因此优化问题被分布式分解和求解。

文献［34］提出了一种通过 DSR 进行智能电网拥塞管理的方法。通过选择参与总线的发电重新调度和需求响应的组合对接受的拥堵和拥堵成本两个目标进行优化，从而最大限度地减少对收入和客户满意度的影响。该方法采用元启发式蚁群优化来优化各个选项，并使用模糊满足技术从帕累托最优解集中选择最佳折中解。

经济调度和损失最小化 ADN 优化运行的目标通常是通过分布式能源和网络拓扑的协调，来确保经济、高效和安全地运行。在文献［36］中，将分布式发电的功率输出、联络线开关的状态和可控负载作为决策变量，使 ADN 有功功率损耗最小化。文献［24］提出了通过分接开关、无功补偿和 ESS 充放电功率的优化控制来协调有功和无功功率的调度。该方法使用松弛最优潮流的分支流模型来制定混合整数 SOCP 问题。

ADNs 的扩展规划 ADNs 的运行、规划和优化的重要挑战参见文献［48，66］。现有的无源配电网络的扩展和规划分析是基于最坏情况的快照，与此相反，未来 ADN 的规划研究必须考虑时间依赖性和运营方面，以获得具有成本效益的替代方案。

文献［48，66，70，78］对 ADN 扩展规划进行了讨论。传统配电网络的规划目标是满足峰值需求的进一步增长，同时保持能源供应的质量和可靠性。随着这些配电网络变得活跃，规划工程师必须考虑新的高级计量基础设施（AMI）和分布式能源的大规模集成。扩建规划是配电网优化（包括网络重构）研究中的一个重要问题。

文献［70］提出了一种使用 MILP 来最小化 ADN 投资和运营成本的规划模型。该方案考虑更换和增加电路，通过增加 ESS 来提高供电可靠性。利用变电站节点的位置边际价格获得 ESS 的每日最优调度。此外，还考虑了拓扑辐射约束，要求模型提供的拓扑遵循配电网运行的基本规则。

文献［78］以经济、环保、电压质量、网络安全指标为基础，建立了评级指标体系。然后，提出了一种包括 ESS 运营策略的 ADN 多目标规划方法。考虑到散装电网主要由化石燃料发电厂供电，环境效益通过将分布式能源加入配电网后减少购电量来量化。尽管有趣的讨论所提出的多目标规划模型，没有进一步详细说明所使用的优化方法。

分布式能源的大规模集成将极大地改变输配电网络的运行和规划。在文献［57］中，研究了ADN连接到传输网络的稳定性的影响。如前所述，ADN可以在孤岛模式下运行，因此它与输电网的断开可以被视为一种扰动，其中等效负载或发电丢失。此外，研究结果表明，配电网的完整动态建模对于短期稳定性研究可能是必要的，而配电网等效模型足以进行长期稳定性分析。

文献［84］提出了ADN规划背景下的ESS充放电运行策略。ESS优化运行侧重于能源套利和削峰填谷。文献［83］提出了一种配电网实时优化重构的方法。为了成本最小化，最优调度策略考虑网络拓扑结构、分布式发电和响应性负载。使用粒子群优化来解决网络重构问题。

到目前为止，本文已经讨论了智能电网中的几种优化应用。现代电网涉及更多的运行资源，引入了新的决策变量、目标和运行约束，使得电网优化模型变得越来越复杂，对问题建模和解决提出了挑战。间歇性可再生能源的广泛使用带来了能源供应的不确定性，而增加电动汽车的使用带来了需求的不确定性。因此，随机优化的重要性正在快速提高，因为随机模型适合表征RES的随机性、ESS的缓冲效应和PEVs的移动性。由于需要控制更多的运行资源，智能电网规划往往涉及多个相互冲突的目标，因此多目标优化变得至关重要。模型中离散整数变量的数量也有所增加。所有这些特征都会导致问题日益复杂。这种场景需要具有LP、ILP、MILP、NLP等经典优化方法专业知识的电力工程师，将知识扩展到随机优化、动态规划、博弈论、二阶锥规划、半定规划等。已经在电力系统优化中流行电网计算智能算法也是不可或缺的。只有高级优化、电力系统建模、软件开发等方面的专家的共同协作，才能以自动化方式，开发出用于智能决策的计算工具。

7.5 结论

智能电网通过融合先进的信息技术、控制和自动化、能源生产和储能新技术、客户有效参与机制等，能够在可靠性、可用性、效率和成本之间取得完美平衡，使得所有参与者（公用事业公司、用户和整个电力系统）都受益。鉴于具有个性化特征的能源的多样性、有效的需求管理工具、分布式发电资源和储能等，以及引入的复杂的运行约束，智能电网有很多优化的机会，以实现电网的最佳利用。本章概述了其中的几个机会，并介绍了连续和离散优化、不确定优化、多目标优化和全局优化等最常用的技术，帮助感兴趣的读者确定开放的研究课题。

参 考 文 献

[1] Albadi MH，El-Saadany EF（2008）A summary of demand-response in electricity markets. Electric Power Syst Res 78（11）：1989-1996.

[2] Alizadeh F，Goldfarb D（2003）Second-order cone programming. Math Programming Serie B 95：3-51.

[3] Amin M，Chakraborty A，Chow J，DeMarco CL，Hiskens I，McDonald J（2013）Overview of existing control practice in the electric power grid. In：Chakrabortty A，Ilic MD（eds）IEEE vision for Smart Grid controls：2030 and beyond. IEEE，New York，NY，pp 4-23.

[4] Andersen ED（2010）Linear optimization：theory，methods and extensions. MOSEK APS.

[5] Annaswamy AM，Amin M，DeMarco CL，Samad T（2013）IEEE vision for smart grid controls：2030 and beyond. Tech rep，IEEE Smart Grid Research.

[6] Benson HP（1978）Existence of efficient solutions for vector maximization problems. J Optimization Theor Appl 26：569-580.

[7] Biegel B，Andersen P，Stoustrup J，Bendtsen J（2012）Congestion management in a smart grid via shadow prices. IFAC Proc 45（21）：518-523.

[8] Byme RH，Nguyen TA，Copp DA，ChalamalaBR，Gyuk I（2018）Energy management and optimization methods for grid energy storage systems. IEEE Access 6：13231-13260.

[9] Carpenter TJ，Lustig IJ，Mulvey JM，Shanno DF（1993）Higher-order predictor-corrector interior point methods with applications to quadratic objectives. SIAM J Optimization 3（4）：696-725.

[10] Chakrabortty A，Ilic MD（2012）Control and optimization methods for Electric Smart Grids. Springer，Heidelberg.

[11] Chen H，Cong TN，Yang W，Tan C，Li Y，Ding Y（2009）Progress in electrical energy storage system：a critical review. Progress Natural Sci 19：291-31.

[12] Chen L，Li N，Jiang L，Low SH（2012）Optimal demand response：problem formulation and deterministic case. Springer，New York，pp 63-85.

[13] Chvátal V（1983）Linear programming. W. H，Freeman and Company.

[14] Clements KA，Davis PW，Frey KD（1995）Treatment of inequality constraints in power system state estimation. IEEE Trans Power Syst 10（2）：567-573

[15] Cornuéjois G（2007）Revival of the Gomory cuts in the 1990s. Ann Oper Res 149：63-66.

[16] Costa LM，Kariniotakis G（2007）A stochastic dynamic programming model for optimal

use of local energy resources in a market environment. In: IEEE Lausanne Power Tech, pp 449-454. Lausanne, Switzerland.

[17] CPLEX Optimization Inc (1993) Incline Village. Using the CPLEX callable library and CPLEX mixed integer library, Nevada.

[18] Fiacco AV, McCormick GP (1968) Nonlinear programming: sequential unconstrained minimization techniques. John Wiley & Sons.

[19] FICO: Xpress-MP Optimization Suite (2012) http://www.fico.com/en/Products/OMTools/Pages/FICO-Xpress-Optimization-Suite.aspx.

[20] Fourer R (2012) On the evolution of optimization modeling systems. Documenta Mathematica-Extra Volume: Optimization Stories 2012: 377-388.

[21] Fourer R, Gay DM, Kernighan BW (1993) AMPL: a modeling language for mathematical programming. Scientific Press.

[22] Frisch KR (1955) The logarithmic potential method of convex programming. University Institute of Economics, Oslo, Norway, Manuscript.

[23] GAMS: GAMS Distribution 23. 9. 1 (2012).

[24] Gao H, Liu J, Wang L (2018) Robust coordinated optimization of active and reactive power in active distribution systems. IEEE Trans Smart Grid 9 (5): 4436-4447.

[25] Gentle J, Hardle W, Mori J (eds) (2012) Handbook of computational statistics: concepts and methods. Springer-Verlag, Heidelberg.

[26] Gomory RE (1958) Outline of an algorithm for integer solutions to linear programs. Bull Am Math Soc 64: 275-278.

[27] Gondzio J (1996) Multiple centrality corrections in a primal-dual method for linear programming. Comput Optimization Appl 6: 137-156.

[28] Granville S (1994) Optimal reactive dispatch through interior point methods. IEEE Trans Power Syst 9 (1): 136-146.

[29] GuRoBi: GuRoBi Optimizer (2009).

[30] Hadley SW, Tswetkova AA (2009) Potential impacts of plug-in hybrid electric vehicles on regional power generation. Electricity J22 (10): 56-68.

[31] Hannah LA (2006) Stochastic optimization. Department of Statistics, Columbia University. http://www.stat.columbia.edu/~liam/teaching/compstat-spr 14/lauren-notes.pdf.

[32] Hassan AS, Sun Y, Wang Z (2020) Optimization techniques applied for optimal planning and integration of renewable energy sources based on distributed generation: recent trends. Congent Eng7 (1): 1-25.

[33] Hawkes AD (2010) Optimal selection of generators for a microgrid under uncertainty. In: IEEE power and energy society general meeting, Minneapolis, USA, pp 1-8.

[34] Hazra J，Das K，Seetharam DP（2012）Smart grid congestion management through demand response. In：2012 IEEE Third international conference on Smart Grid Communications，Tainan，Taiwan，pp 109-114.

[35] Holland JH（1975）Adaptation in natural and artificial systems. The University of Michigan Press，Ann Arbor，USA.

[36] Huo S，HuangC（2018）Optimization of active distribution network source-grid-load interactive operation. In：2018 5th IEEE international conference on Cloud Computing and Intelligence Systems（CCIS），Nanjing，China，pp 979-982.

[37] INCITE：an evolution towards smart grids：the role of storage systems（2019）. http://www. incite-itn. eu/blog/.

[38] Interational Energy Agency：Energy for all—financing access for the poor（2011）.

[39] Iqbal M，Azam M，Naeem M，Khwaja AS，Anpalagan A（2014）Optimization classification，algorithms and tools for renewable energy：a review. Renew Sustain Energy Rev 39：640-654.

[40] Islam MM，Nagrial M，Rizk J，Hellany A（2018）Review of application of optimization techniques in smart grids. In：2018 2nd international conference On Electrical Engineering（EECon），Colombo，Sri Lanka. pp 99-104.

[41] Jabr RA（2006）Radial distribution load flow using conic programming. IEEE Trans Power Syst 21（3）：1458-1459.

[42] Karmarkar N（1984）A new polynomial-time algorithm for linear programming. Combinatorica 4（4）：373-395.

[43] Kenezovié K（2017）Active integration of electric vehicles in the distribution network—theory，modelling and practice. Ph. D. thesis，Technical University of Denmark.

[44] Kleywegt AJ，Shapiro A（2000）Stochastic optimization. School of Industrial and Systems Engineering，Georgia Institute of Technology. http://paginas. fe. up. pt/～fmb/DESE.

[45] Kordkheili RA，Pourmousavi SA，Savaghebi M，Guerrero JM，Nehrir MH（2016）Assessing the potential of plug-in electric vehicles in active distribution networks. Energies 9（34）：1-17.

[46] Leitermann O（2012）Energy storage for frequency regulation on the electric grid. Ph. D. thesis，Massachusetts Institute of Technology，Cambridge，USA.

[47] Lemoine DM，Kammen DM，Farrell AE（2008）An innovation and policy agenda for commercially competitive plug-in hybrid electric vehicles. Environ Res Lett 3（1）：1-10.

[48] LiR，Wang W，XiaM（2018）Cooperative planning of active distribution system with renewable energy sources and energy storage systems. IEEE Access 6：5916-5926.

[49] Liang H，Zhuang W（2014）Stochastic modeling and optimization in a microgrid：a sur-

vey. Energies 7：2027-2050.

[50] Low SH（2014）Convex relaxation of optimal power flow-Part I：formulations and equivalence. IEEE Trans Power Syst 1（1）：15-17.

[51] Low SH（2014）Convex relaxation of optimal power flow-part II：exactness. IEEE Trans Power Syst 1（2）：177-189.

[52] Luenberger DG（1984）Linear and nonlinear programming. Addison-Wesley Inc.

[53] Ma Z，Callaway D，Hiskens I（2012）Optimal charging control for plug-in electric vehicles. In：Chakrabortty A，Ilic MD（eds）Control and optimization methods for electric Smart Grids. Springer，New York，pp 259-273.

[54] Ma Z，Callaway DS，Hiskens IA（2013）Decentralized charging control of large populations of plug-in electric vehicles. IEEE Trans Control Syst Technol 21（1）：67-78.

[55] Ma Z，Zou S，Ran L，ShiX，Hiskens IA（2016）Efficient decentralized coordination of largescale plug-in electric vehicle charging. Automatica 69：35-47.

[56] Marler RT，Arora JS（2004）Survey of multi-objective optimization methods for engineering. Structural Multidisc Optimization 26：369-395.

[57] Marujo D，de Souza ACZ，Lopes BIL，Oliveira DQ（2019）Active distribution networks implications on transmission system stability. J Control Autom Electrical Syst 30：380-390.

[58] Megiddo N（1986）Pathways to the optimal set in linear programming. Technical Report RJ 5295，IBM Almaden Research Center，San Jose，CA.

[59] Mehrotra S（1992）On the implementation of a primal-dual interior point method. SIAM J Optimization 2：575-601.

[60] Melhem FY（2018）Optimization methods and energy management in “smart grids”. Ph. D. thesis，Université Bourgogne Franche-Comté. NNT：2018UBFCA014.

[61] Miettinen K（1999）Nonlinear multiobjective optimization. Kluwer Academic Publishers.

[62] Moura PS，de Almeida AT（2010）The role of demand-side management in the grid integration of wind power. Appl Energy 87（8）：2581-2588.

[63] Newman AM，Weiss M（2013）A survey of linear and mixed-integer optimization tutorials. INFORMS Trans Educ 14（1）：26-38.

[64] Nocedal J. Theory of algorithms for unconstrained optimization，pp 199-242.

[65] Pareto V（2014）Manual of political economy. Oxford University Press.

[66] Pilo F，Jupe S，Silvestro F，Abbey C，Baitch A，Bak-Jensen B，Carter-Brown C，Celli G，EI Bakari K，Fan M，Georgilakis P，Hearne T，Ochoa LN，Petretto G，Taylor J（2014）Planning and optimization methods for active distribution systems. Tech Rep 591，CIGRE Working Group C6. 19.

8

微电网中的潮流

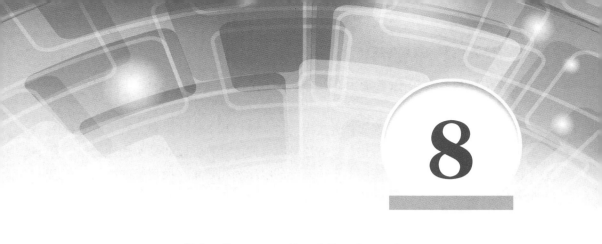

Bruno de Nadai Nascimento，Paulo Thiago de Godoy，Diogo Marujo，
and Adriano Batista de Almeida

摘要：微电网可以工作在两种模式下：孤岛模式和并网模式。在并网模式下，微电网与主电网相连，主电网可以向微电网输入或输出无功和有功功率。在孤岛模式下，微电网必须保持其电力平衡，为消费者提供电能。在这两种运行模式中，潮流分析对于任何规划或运行研究都是必不可少的。在此背景下，本章旨在介绍两种运行模式下的潮流方程，重点研究文献中可用方法的数学问题、平衡方程以及算法特点。为了描述微电网，本章节采用由37节点组成的改进测试系统，用来举例说明两种模式下的潮流。测试系统呈现较低的负载不平衡。因此，将三相潮流与单相潮流进行比较，来证明正序分量法可以应用在某些微电网中。在并网模式下，主电网由平衡节点表示。然而，在孤岛模式下，平衡节点不存在且频率被认为是问题的状态变量，因为微电网中的发电通常主要由小型机组组成，而小型机组可能无法保证频率恒定。

关键词：微电网、功率流、有源配电网、并网运行、孤岛运行、负荷潮流

8.1 引言

电力系统潮流是研究电力系统规划、运行和拓展问题的重要工具。确定系统的状态，即所有节点的电压和相位角，使运行人员从已知的运行状态了解线路负载、发电调度、系统的稳定性鲁棒性及其他相关变量。

对于以长输电线为主要特征的大型电力系统，在传统文献中牛顿-拉夫逊算法（NRM）作为一种公认有效的潮流分析工具得到了广泛应用。但是它在

辐射式拓扑和低 X/R 比系统中存在收敛限制问题，而这正是配电系统的主要特征。

为了克服这些问题，许多作者使用前推后推（BFS）算法来分析配电系统中的潮流，如文献［1，2］所述。该方法具有良好的计算性能和易实现性。BFS 算法的主要特点是能够确定高度不平衡系统的电压和相位角，而传统的牛顿一拉夫逊算法在求解高度不平衡系统中存在特定的收敛困难[3]。

BFS 在以下场景仍然存在收敛困难，一是当系统高度网络化时，二是分布式电源（DG）占比很大时，三是负荷分布集中时。对于这些场景，牛顿一拉夫逊电流注入（NRCI）算法可以作为一种解决方案。NRCI 可以求解不平衡的三相网络系统，并且在迭代过程中雅可比矩阵变化很小。

通常情况下，微电网（MG）具有配电系统的特性；然而，微电网可以有两种运行模式：并网模式和孤岛模式。在并网模式下，主电网维持微电网的频率和电压。在孤岛模式下，微电网与主电网断开运行，此时由微电网中的分布式电源维持系统频率和电压。

并网模式下的微电网功率流可以看作是配电系统中的潮流。因此，可以采用经过改进的 BFS 和 NRM 算法。然而，微电网和智能电网是有源配电网，存在新的元件和控制方法，如分布式电源及其运行模式、电动汽车、储能设备、需求侧管理和智能电压控制设备，这些都需要在潮流中予以考虑[4-6]。

在微电网孤岛模式下，参考文献［7-11］在代数公式中采用了发电机的下垂方程，并使用 NR 算法来解决潮流问题。参考文献［12］提出了一种用于 MR 中的潮流方法，该方法相对于其他方法的优势在于其公式中没有平衡节点。这一特性可以作为重要的考虑因素，因为它假设在最终的 MR 孤岛中可能没有大型发电机来维持端子电压恒定。其他文献中也提出了一些工具可以作为该方法的补充，具体可以参考文献［13］，包括轴旋转和 Levenberg-Marquardt 方法，用以克服由低 X/R 比引起的 NRM 收敛问题。

本章向读者介绍了微电网潮流算法实现背后的数学公式，分别给出了孤岛和并网每种运行模式的主要特征。有些不同于传统系统中使用的特性，将在下一节中逐步向读者解释。将潮流实现方法应用于不平衡度较低的微电网中，给出了单相（正序）表示方法。三相潮流（正序）平衡假设的前提是系统不平衡可以忽略不计。然而，在某些情况下，不能忽视不平衡负载和非三相分支的存在[14]。因此，将应用到不平衡度较低微电网中的平衡潮流公式和不平衡潮流公式进行了对比，本文给出了对比结果。

8.2 有源配电网中的潮流

8.2.1 案例研究

为了显示每种运行模式的特性，在下一小节中使用图 8-1 所示的系统进行仿真。表 8-1 显示了该系统的发电参数。有关该系统的更多详细信息，请参阅文献 [15]。

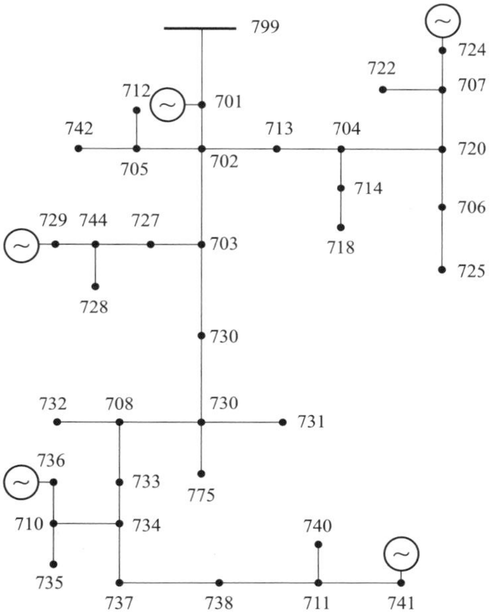

图 8-1 测试系统

表 8-1 微电网发电参数

节点序号	m (Hz/kW)	n (kV/kVA)	P_{max} (kW)	Q_{max} (kvar)	Q_{min} (kvar)
701	8.4×10^{-4}	1.5×10^{-3}	1000	900	−900
736	8.4×10^{-4}	1.5×10^{-3}	1000	900	−900
729	8.4×10^{-4}	1.5×10^{-3}	1000	900	−900
741	6×10^{-4}	9×10^{-4}	1300	800	−800
724	6×10^{-4}	9×10^{-4}	850	600	−600

8.2.2 并网模式

在并网模式下，微电网中的潮流与配电系统中的潮流类似[4-6,16]。然后，可以应用经过改进的传统 BFS 和 NRM。但是，必须考虑以下因素。

• 微电网的公共连接点（PCC）作为平衡节点；
• PCC 频率和电压是恒定的，因为主电网是稳定的，可以保持这些值不变；
• 必须考虑 DG 的运行模式（PV、下垂或 PQ）。

本节介绍了应用于微电网并网模式下的 NRM 方法，并且在公式中考虑了上述各点。

8.2.2.1　系统的表示

求解潮流的第一步是识别每种节点的类型，从而确定系统中的未知和已知变量。微电网潮流中有四种类型的节点：

（1）平衡节点：与传统潮流一样，电压幅值和相角由该节点指定。因此，PCC 被视为平衡节点。

（2）PQ 节点：有功功率和无功功率是指定的。该节点可用于表示负荷或间歇性发电。当表示间歇性发电时，发电量高于节点的负荷，可以使用“负负荷”的概念。图 8-2 概述了负负荷的概念。

光伏系统和电池储能系统（BESS）连接到带有负荷的公共节点，如图 8-2 所示。注意每个元件的潮流方向。

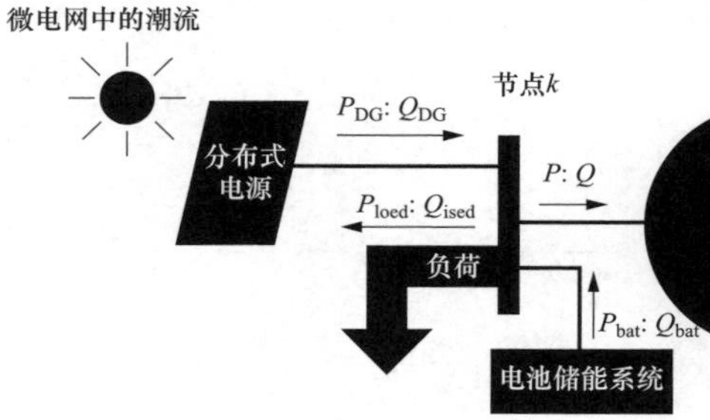

图 8-2　负负荷表示

根据总负荷和发电量，该节点从配电网中供应或吸收电力。节点的净负荷采用式（8-1）和式（8-2）表示：

$$P_k = P_{load_k} - P_{DG_k} \pm P_{Bat_k} \tag{8-1}$$

$$Q_k = Q_{load_k} - Q_{DG_k} \pm Q_{Bat_k} \tag{8-2}$$

式中，P_k、Q_k 分别为节点 k 处的净有功功率和无功功率；P_{load_k}、Q_{load_k} 分别为连接在节点 k 上的负荷的有功功率和无功功率；P_{DG_k}、Q_{DG_k} 分别为连接在节点 k 上的不可调度分布式发电的有功功率和无功功率；P_{bat_k}、Q_{bat_k} 分别为连接在节点 k 上的 BESS 的有功功率和无功功率。

无论有无负荷，方程式（8-1）和式（8-2）均适用于任何不可调度发电或以恒定功率模式运行的 BESS。除了式（8-1）和式（8-2），BESS 的功率随着充电和系统状态而变化。BESS 在发电量不足时放电，在发电量过剩时充电。

（3）光伏节点：有功功率和电压大小已知。

（4）VF 节点：微网中的可调度分布式电源通常以 PQ 或 PV 模式运行，然而，分布式电源也可能以 Droop 模式运行，其有功和无功发电都取决于频率和电压。

下垂控制可以通过式（8-3）和式（8-4）来表示。

$$\omega = \omega_{\mathrm{ref}} - m_{\mathrm{k}} P_{\mathrm{gk}} \tag{8-3}$$

$$V^k = V_{\mathrm{ref}}^k - m_{\mathrm{k}} Q_{\mathrm{gk}} \tag{8-4}$$

式中，m_{k}、n_{k} 为有功和无功下垂系数；ω、V^k 为节点 k 处的系统频率和电压；ω_{ref}、V_{ref}^k 为节点 k 处的频率和电压的参考值；P_{gk}、Q_{gk} 为节点 k 处产生有功和无功功率。

式（8-3）和式（8-4）中的有功和无功功率可以表示如下：

$$P_{\mathrm{gk}} = \frac{\omega_{\mathrm{ref}} - \omega}{m_{\mathrm{k}}} \tag{8-5}$$

$$Q_{\mathrm{gk}} = \frac{V_{\mathrm{ref}}^k - V^k}{n_{\mathrm{k}}} \tag{8-6}$$

在式（8-5）中，电网的频率是恒定的。因此，Droop 节点中的有功功率也是恒定的[4]。在式（8-6）中，节点 k 处的电压是运行模式的函数。因此，无功功率将取决于节点 k 处的电压。相同的表示可适用于分布式电源，其通过电压-无功运行在无功支持模式。

表 8-2 总结了在并网模式下构成微电网的状态变量和节点类型之间的关系。

表 8-2　　　　并网模式下节点类型

	节点类型			
	平衡节点	PQ	PV	VF
已知参数	V，δ	P，Q	P，V	P
未知参数	P，Q	V，δ	Q，δ	Q_{g}，V，δ

表 8-2 中的 VF 模式可以表示通过电压-无功运行在无功支撑模式的 DC/AC 功率逆变器。

由于图 8-1 中的微网略有不平衡，因此可以进行简化，将该系统转换为平衡等效系统。为此，本节采用文献［17］所提出的建议并列出如下：

• 线路阻抗仅由正序分量给出；

• 沿馈线分布的负荷按照集中式考虑，并且在馈线的节点之间平均分配。

为了用正序分量表示网络，使用了 Fortescue 定理，该定理将输电线路的三相阻抗矩阵（自感和互感）与其对称分量矩阵联系起来，从而获得输电线路的正序分量。这个关系式由（8-7）给出。

$$[Z^{+-0}]=[A][Z^{abc}][A]^{-1} \text{ 和 } [B^{+-0}]=[A]^{-1}[B^{abc}][A] \tag{8-7}$$

式中，$[Z^{+-0}]$、$[B^{+-0}]$ 分别为序分量矩阵中的串联阻抗和并联电纳；$[Z^{abc}]$、$[B^{abc}]$ 分别为矩阵中的串联阻抗和并联电纳；$[A]$ 为 Fortescue 变换矩阵，定义为 $\begin{bmatrix}1 & 1 & 1\\ 1 & a^2 & a\\ 1 & a & a^2\end{bmatrix}$；a=1∠120°。

8.2.2.2 负荷潮流方程

简单起见，此处用一个平衡等效系统来表示。并网模式下的功率流可以表示如下：

$$f(x)=0; x=\begin{bmatrix}\delta\\ V\end{bmatrix}; f=\begin{bmatrix}\Delta P\\ \Delta Q\end{bmatrix} \tag{8-8}$$

式中，f 为系统的潮流方程组；x 为潮流状态变量；δ 为电压相角；V 为电压幅值；ΔP、ΔQ 分别为有功功率和无功功率变化量。

注意，式（8-8）中的潮流表示与传统的 NRM 潮流相同。潮流计算程序如下：

步骤 1：计算系统的导纳矩阵（Y 节点）；

步骤 2：初始化 V 和 δ 的状态，设置计数器 $j=0$；

步骤 3：利用 V^j 和 δ^j 的状态，通过式（8-9）和式（8-10）计算功率变化量；

$$\Delta P_{\mathrm{k}}=(P_{\mathrm{gk}}-P_{\mathrm{k}})-P_{\mathrm{calc_k}}; k=(1,2,3,\cdots,nb) \tag{8-9}$$

$$\Delta Q_{\mathrm{k}}=(Q_{\mathrm{gk}}-Q_{\mathrm{k}})-Q_{\mathrm{calc_k}}; k=(1,2,3,\cdots,nb) \tag{8-10}$$

式中，ΔP_{k}、ΔQ_{k} 分别为有功功率和无功功率变化量；P_{k}、Q_{k} 分别为节点 k 处的有功和无功净功率；$P_{\mathrm{cacl_k}}$、$Q_{\mathrm{cacl_k}}$ 分别为节点 k 处计算的有功功率和无功功率；P_{gk}、Q_{gk} 分别为节点 k 处运行在 VSI 模式下的可调度单元产生的有功和无功；nb 为节点数量。

注意，在式（8-10）中，如果节点运行在 V-Q 无功支撑模式或 VF 模式，则必须通过式（8-6）计算 Q_{gk}。

步骤 4：利用 V^j 和 δ^j 的状态，计算系统的雅可比矩阵。雅可比矩阵可以表示如下：

$$\frac{\partial f}{\partial x}=[J]=\begin{bmatrix}\left[\frac{\partial \Delta P}{\partial \delta}\right] & \left[\frac{\partial \Delta P}{\partial V}\right]\\ \left[\frac{\partial \Delta Q}{\partial \delta}\right] & \left[\frac{\partial \Delta Q}{\partial V}\right]\end{bmatrix} \tag{8-11}$$

$$\frac{\mathrm{d}P_{\mathrm{k}}}{\mathrm{d}\delta_{\mathrm{m}}}=\begin{cases}-\sum\limits_{k=1,k\neq m}^{nb}V_{\mathrm{k}}V_{\mathrm{m}}|Y_{\mathrm{km}}|\sin(\delta_{\mathrm{km}}-\theta_{\mathrm{km}}),if & k=m\\ V_{\mathrm{k}}V_{\mathrm{m}}|Y_{\mathrm{km}}|\sin(\delta_{\mathrm{km}}-\theta_{\mathrm{km}}),if & k\neq m\end{cases}\quad \forall\, kand\, \forall\, m\neq 1 \tag{8-12}$$

$$\frac{\mathrm{d}Q_{\mathrm{k}}}{\mathrm{d}\delta_{\mathrm{m}}}=\begin{cases}\sum\limits_{k=1,k\neq m}^{nb}V_{\mathrm{k}}V_{\mathrm{m}}|Y_{\mathrm{km}}|\cos(\delta_{\mathrm{km}}-\theta_{\mathrm{km}}),if & k=m\\ -V_{\mathrm{k}}|Y_{\mathrm{km}}|\cos(\delta_{\mathrm{km}}-\theta_{\mathrm{km}}),if & k\neq m\end{cases}\quad \forall\, kand\, \forall\, m\neq 1 \tag{8-13}$$

$$\frac{\mathrm{d}P_{\mathrm{k}}}{\mathrm{d}V_{\mathrm{m}}}=\begin{cases}2V_{\mathrm{k}}|Y_{\mathrm{kk}}|\cos(\theta_{\mathrm{km}})+\sum\limits_{k=1,k\neq m}^{nb}V_{\mathrm{k}}V_{\mathrm{m}}|Y_{\mathrm{km}}|\cos(\delta_{\mathrm{km}}-\theta_{\mathrm{km}}),if & k=m\\ V_{\mathrm{k}}V_{\mathrm{m}}|Y_{\mathrm{km}}|\cos(\delta_{\mathrm{km}}-\theta_{\mathrm{km}}),if & k\neq m\end{cases} \tag{8-14}$$

$$\frac{\mathrm{d}Q_{\mathrm{k}}}{\mathrm{d}V_{\mathrm{m}}}=\begin{cases}-2V_{\mathrm{k}}|Y_{\mathrm{kk}}|\cos(\theta_{\mathrm{km}})+\sum\limits_{k=1,k\neq m}^{NB}V_{\mathrm{k}}V_{\mathrm{m}}|Y_{\mathrm{km}}|\sin(\delta_{\mathrm{km}}-\theta_{\mathrm{km}}),if & k=m\\ V_{\mathrm{k}}|Y_{\mathrm{km}}|\sin(\delta_{\mathrm{km}}-\theta_{\mathrm{km}}),if & k\neq m\end{cases} \tag{8-15}$$

式中，$|Y_{\mathrm{kk}}|$为导纳矩阵中对角元素的绝对值；$|Y_{\mathrm{km}}|$为导纳矩阵中非对角元素的绝对值；θ_{km} 为导纳矩阵中$|Y_{\mathrm{km}}|$元素的相角。

注意，由于节点运行在 V-Q 无功支撑模式或 VF 模式，所以雅可比矩阵必须考虑发电无功功率方程式（8-6）。因此，VF 节点的无功功率与电压的导数如下所示：

$$\frac{\mathrm{d}Q_{\mathrm{k}}}{\mathrm{d}V_{\mathrm{m}}}=\begin{cases}2V_{\mathrm{k}}|Y_{\mathrm{kk}}|\cos(\delta_{\mathrm{kk}})+\sum\limits_{k=1,k\neq m}^{NB}V_{\mathrm{k}}V_{\mathrm{m}}|Y_{\mathrm{kn}}|\cos(\delta_{\mathrm{kn}}-\theta_{\mathrm{kn}})+\frac{1}{n_{\mathrm{k}}},if & k=m\\ V_{\mathrm{k}}|Y_{\mathrm{kn}}|\cos(\delta_{\mathrm{kn}}-\theta_{\mathrm{kn}}),if & k\neq m\end{cases} \tag{8-16}$$

步骤 5：V 和 δ 的新增量必须通过以下方式计算：

$$\Delta x^{j}=\begin{bmatrix}\Delta\delta^{j}\\ \Delta V^{j}\end{bmatrix}=J^{-1}\begin{bmatrix}\Delta P\\ \Delta Q\end{bmatrix} \tag{8-17}$$

步骤 6：更新 $x^{j+1}=x^j-\Delta x^j$ 的状态。

步骤 7：评估增量 Δx^j，如果其中一个大于公差 e，则转到步骤 3，否则，算法结束。

为了说明并网模式下的潮流，让我们考虑图 8-1 中所示的系统。在此系统中，所有可调度发电机最初以参考值 $V_{ref}=1$p. u. 和 $\omega_{ref}=60$Hz 运行在 VF 模式。电网频率为 60Hz，变电站电压为 1p. u。

图 8-3 和图 8-4 给出了基础算例下的电压和发电情况。由于工作在下垂模

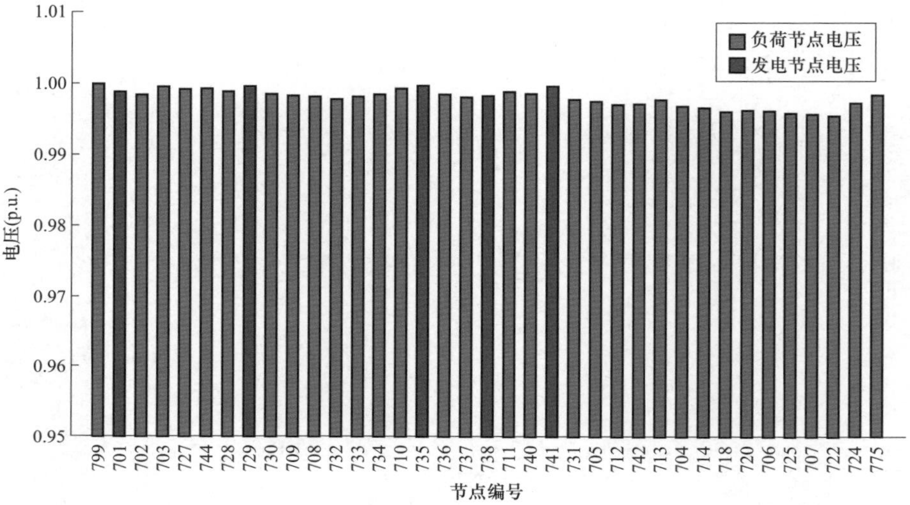

图 8-3　并网电压分布图

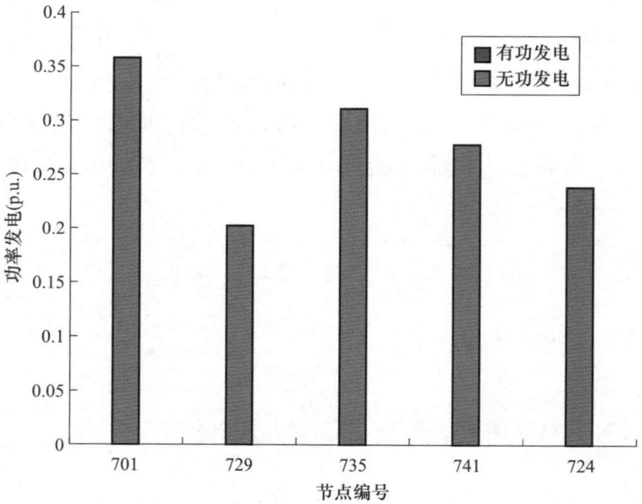

图 8-4　并网发电情况

式，逆变器将根据端电压和下垂系数（n）调整无功发电量，如图 8-4 所示。在该图中，由于电压是局部变量，因此每个逆变器的无功发电量都是不同的。节点 701 和 724 的分布式电源输出无功功率达到最大值，而其他 DG 仍然具有可用容量。

由于分布式电源运行在 VF 模式，且系统频率为 60Hz，因此分布式电源的有功功率将为零。通常，当处于并网模式时，逆变器不运行在 VF 模式，因为频率由主电网维持不变。但是电压下垂控制可以应用于逆变器中，以支持微电网电压调节。

表 8-3 给出了系统的总发电量和负荷。可以看出，主电网吸收了微电网产生的剩余无功功率。出现这一特征是由于配电系统的特点和较低的 X/R 比。所以每个节点的电压调节不仅取决于无功功率，还取决于有功功率。因此，分布式电源必须产生足够的无功功率才能将电压控制在指定值。

表 8-3 并网运行时发电量及负荷

	有功	无功
负荷（p. u.）	0.9828	0.4808
发电量（p. u.）	0	1.3968
主电网（p. u.）	1.0288	−0.8815

上述结果给出的前提是认为系统是平衡的（正序）。然而，在配电系统中，平衡状态并不总是存在的。因此，为了将正序分量计算结果与不平衡潮流进行比较，让我们考虑图 8-1 中所示的同一系统，但此时系统中所有分布式电源均断开。平衡系统的潮流是通过 NR 算法实现的，而不平衡系统是通过文献［18］中提出的 NRCI 算法实现的。NRCI 潮流使用矩阵中的电压和电流变化量，而不是功率变化量。NRCI 潮流中的电压增量由式（8-18）计算。

$$\begin{bmatrix} \Delta I_{m1}^{abc} \\ \Delta I_{r1}^{abc} \\ \Delta I_{m2}^{abc} \\ \Delta I_{r2}^{abc} \\ \cdots \\ \Delta I_{mn}^{abc} \\ \Delta I_{rn}^{abc} \end{bmatrix} = \begin{bmatrix} J_{11} & J_{12} & \cdots & J_{1n} \\ J_{21} & J_{22} & \cdots & J_{2n} \\ \cdots & \cdots & \cdots & \cdots \\ J_{n1} & J_{n2} & \cdots & J_{nn} \end{bmatrix} \cdot \begin{bmatrix} \Delta V_{r1}^{abc} \\ \Delta V_{m1}^{abc} \\ \Delta V_{r2}^{abc} \\ \Delta V_{m2}^{abc} \\ \cdots \\ \Delta V_{rn}^{abc} \\ \Delta V_{mn}^{abc} \end{bmatrix} \tag{8-18}$$

$$J_{\mathrm{ki}}=\begin{bmatrix}\dfrac{\partial\Delta I_{\mathrm{mk}}^{abc}}{\partial V_{\mathrm{ri}}^{abc}} & \dfrac{\partial\Delta I_{\mathrm{mk}}^{abc}}{\partial V_{\mathrm{mi}}^{abc}}\\ \dfrac{\partial\Delta I_{\mathrm{rk}}^{abc}}{\partial V_{\mathrm{ri}}^{abc}} & \dfrac{\partial\Delta I_{\mathrm{rk}}^{abc}}{\partial V_{\mathrm{mi}}^{abc}}\end{bmatrix} \tag{8-19}$$

式中，$\Delta I_{\mathrm{ri}}^{abc}$ 和 $\Delta I_{\mathrm{mi}}^{abc}$ 分别为 i^{th} 节点三相电流的实部和虚部列矢量；$\Delta V_{\mathrm{ri}}^{abc}$ 和 $\Delta V_{\mathrm{mi}}^{abc}$ 分别为 i^{th} 节点三相电压的实部和虚部列矢量；J_{ki} 为雅可比矩阵的元素。

NRCI 算法的电压结果如图 8-5 所示。NRCI 算法计算的是每相的电压，因此图 8-6 仅显示两种算法的正序分量。注意，在 NR 算法中计算的电压与由 NRCI 算法计算的正序电压非常相似，两种算法结果之间的最大误差不超过 0.05%。

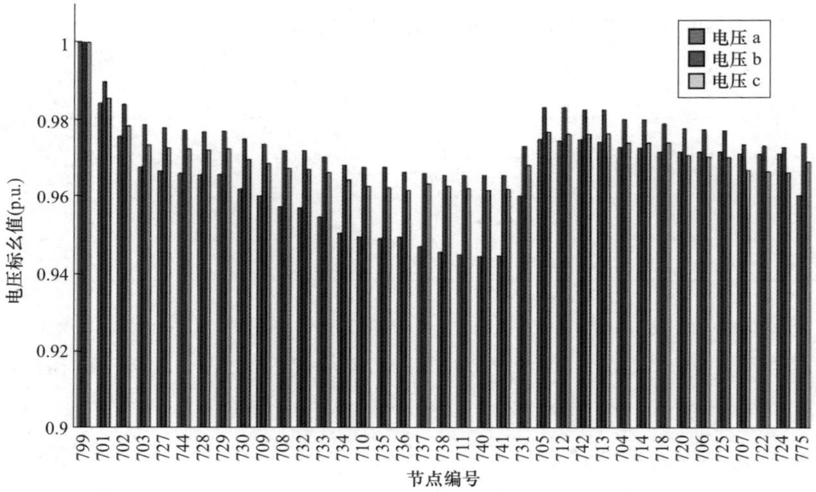

图 8-5　两种 NRCI 算法的并网电压曲线

如图 8-1 所示的微电网，对于具有低负载不平衡的系统，可以进行简化。然而，对于具有高负载不平衡或单相支路的系统，不能进行这种简化。因此，必须应用 NRCI 或三相 BFS 算法来求解潮流。BFS 算法可以应用于辐射型系统，但对于网格化的系统，NRCI 算法比 BFS 算法具有更好的收敛速度。

8.2.3　孤岛运行

微电网是一种具有特殊运行特性的电力系统，大多以孤岛运行方式为主。因此，需要通过 NPM 对常规潮流修改，以适应此运行特性。主要修改如下[9-11]：

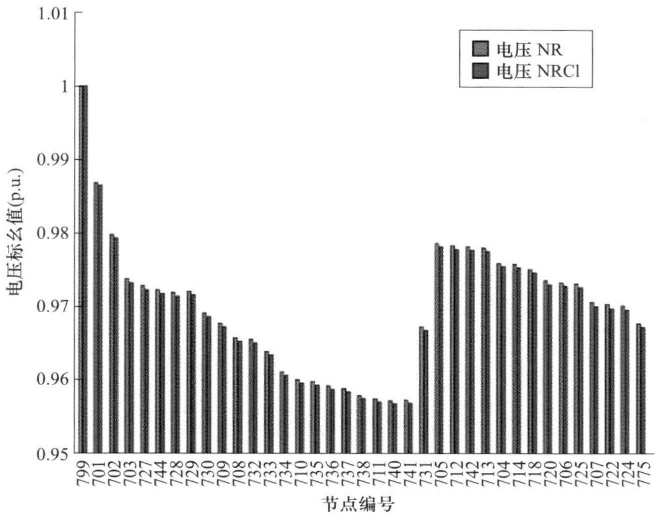

图 8-6　NR 和 NRCI 算法的并网电压曲线

微电网中的潮流特点：

- 没有平衡节点。微电网中电源规模很小，因此，平衡节点不能应用在微网中。
- 分布式电源存在容量限制和低惯量特点，电压和频率很难维持在一个恒定值。
- 需求侧的任何变化都可能导致系统电压和频率波动。
- 配电线路的电阻大于感性阻抗。
- 很大比例的发电机组不能作为可调度单元。

我们将在本节中介绍一种改进的牛顿-拉夫逊方法（MNRM），用于求解孤岛微电网中的潮流问题。MNRM 综合考虑了发电机组主控制和常规 NRM 收敛过程，该方法可参考文献［9］中的内容。

8.2.3.1　系统的表示方法

潮流分析的第一步是确定每种类型的节点。微电网与输电系统运行特点不同，因此 MNRM 定义了三种类型的节点，正如 2.3.1 节所述，这些节点是问题的未知变量。

(1) VF 节点：有功和无功功率取决于发电机组的频率和端电压，这些值在每次潮流计算中更新迭代为新的频率和电压值的函数，此操作可以通过下垂控制表示，如式（8-3）和式（8-4）所示。与传统电网不同，并网模式下的 VF 节点中发电机组的有功功率是未知的。

(2) PV 节点：有功功率和端电压是已知的。PV 节点与常规潮流的输电系统相同。PV 节点端电压值恒定，因此此类节点的无功功率是运行场景的函数。

(3) PQ节点：通常表示负荷节点，该节点具有指定的有功功率和无功功率。电压幅值和相角是未知的。此外，当某个单元存在“负负荷”时，该节点可用于间歇发电，即具有恒定的功率因数[19]。综上所述，表8-4展示了微电网中的变量和节点类型。微电网中没有平衡节点，IEEE设计指南、运行、孤岛系统中分布式电源与电力系统集成以及智能逆变器标准报告都不建议在系统与主网络孤岛运行时的PV模式下使用转换器[12]。

表 8-4　　微电网中的节点类型

	节点类型		
	PQ	PV	VF
已知量	P，Q	P，V	—
未知量	V，δ	Q，δ	P_g，Q_g，V，δ

除了表8-4所示的节点外，当指定有功功率时，还可以基于VF节点通过“电压-无功”在无功功率支持模式下进行转换[2]。此外，任何节点都可以作为系统的角度基准值。本文中我们选定并网运行模式下与主系统运行耦合的节点作为参考节点。

8.2.3.2　潮流方程

通常，常规潮流计算方法会考虑每个节点的四个主要变量：电压幅值和相角、有功功率和无功功率。其中，一些变量是已知的，一些变量是未知的（见表8-4）。

此处，基准节点电压和系统频率均视为潮流公式中的未知变量。如文献［9］所示，潮流问题建模时，除了考虑常规变量，还要将频率和基准节点电压作为状态变量，如式（8-20）所示。

$$f(x)=0;x=\begin{bmatrix}\delta\\V\\V_1\\\omega\end{bmatrix},f=\begin{bmatrix}\Delta P\\\Delta Q\\\Delta Q_{sys}\\\Delta P_{sys}\end{bmatrix} \tag{8-20}$$

式中，f为系统潮流方程组；x为潮流状态变量；δ为电压角度；V为所有节点的电压幅值；V_1为基准节点电压幅值；ω为系统频率；ΔP、ΔQ分别为节点有功功率和无功功率的差值；ΔQ_{sys}、ΔP_{sys}分别为整个系统的有功功率和无功功率差值。

该方法考虑了每个节点功率平衡时的偏差值，网络净值功率计算如下：

$$\Delta P_k=(P_{gk}-P)_k-P_{calc_k};k=1,2,3,\cdots,nb \tag{8-21}$$

$$\Delta Q_k=(Q_{gk}-Q_k)-Q_{calc_k};k=1,2,3,\cdots,nb \tag{8-22}$$

式中，ΔP_k 和 ΔQ_k 分别为节点 k 的有功功率和无功功率偏差值；P_k 和 Q_k 分别为节点 k 的有功功率和无功功率；P_{calc_k} 和 Q_{calc_k} 分别为节点 k 的有功功率和无功功率计算值；P_{gk} 和 Q_{gk} 分别为 VIS 模式下可调度单元中节点 k 的有功功率和无功功率。

关键点是，在迭代过程中，有功功率（P_g）与频率相关，无功功率（Q_g）与电压相关。对于 VF 节点，有功和无功功率的产生是根据控制器的下垂特性计算的，如式（8-5）和式（8-6）所示。ω 和 V_k 是潮流方程状态变量。因此，ω 和 V_k 在每次迭代中都要更新，直到方法收敛。

计算功率如式（8-23）和式（8-24）所示：

$$P_{calc_k}=|V_k|\sum_{n=1}^{nb}|Y_{kn}^{+}||V_n|\cos(\delta_k-\delta_n-\theta_{kn}^{+}) \tag{8-23}$$

$$Q_{calc_k}=|V_k|\sum_{n=1}^{nb}|Y_{kn}^{+}||V_n|\sin(\delta_k-\delta_n-\theta_{kn}^{+}) \tag{8-24}$$

$|Y_{kn}^{+}|$和$|\theta_{kn}^{+}|$是节点 K 和 N 之间的正序等效导纳的大小和角度；nb 是节点总数和计算总数。需要注意的是，与并网模式不同，由于频率是根据运行点变化的，并且频率是无功阻抗的函数，因此$|Y^{+}|$在孤岛运行时不是恒定值。

如式（8-25）和式（8-26）所示，该式考虑系统功率不平衡。功率不平衡是系统发电与用电和损耗之间的差值。

$$\Delta Q_{sys}=(\sum_{k=1}^{nb}Q_{load_k}+Q_{loss})-\sum_{k=1}^{nb}Q_{gk} \tag{8-25}$$

$$\Delta P_{sys}=(\sum_{k=1}^{nb}P_{load_k}+P_{loss})-\sum_{k=1}^{nb}P_{gk} \tag{8-26}$$

通过式（8-27）和式（8-28）可以计算出线路损耗。

$$P_{loss}=\frac{1}{2}\sum_{k=1}^{nb}\sum_{n=1}^{nb}\Re[Q_{Y_{kn}}(Q_{V_k}\times Q_{V_n}+Q_{V_n}\times Q_{V_k})] \tag{8-27}$$

$$Q_{loss}=-\frac{1}{2}\sum_{k=1}^{nb}\sum_{n=1}^{nb}\Im[Q_{Y_{kn}}(Q_{V_k}\times Q_{V_n}+Q_{V_n}\times Q_{V_k})] \tag{8-28}$$

根据牛顿方法，（$t+1$）次的估计值如下式所示：

$$x^{t+1}=x^{t}-([J]^{-1})^{t}f^{t} \tag{8-29}$$

式（8-29）中，x 为状态变量的集合；f 为方程组；$[J]$ 为系统中的雅可比矩阵（关于所有状态变量的所有方程的偏导数的集合）。MNRM 的雅可比矩阵形成如下：

$$\left[\frac{\mathrm{d}f}{\mathrm{d}x}\right]=[J]=\begin{bmatrix}\left[\frac{\mathrm{d}P}{\mathrm{d}\theta}\right] & \left[\frac{\mathrm{d}P}{\mathrm{d}V}\right] & \frac{\mathrm{d}P}{\mathrm{d}V_1} & \frac{\mathrm{d}P}{\mathrm{d}\omega}\\ \left[\frac{\mathrm{d}Q}{\mathrm{d}\theta}\right] & \left[\frac{\mathrm{d}Q}{\mathrm{d}V}\right] & \frac{\mathrm{d}Q}{\mathrm{d}V_1} & \frac{\mathrm{d}Q}{\mathrm{d}\omega}\\ \frac{\mathrm{d}Q_{\mathrm{sys}}}{\mathrm{d}\theta} & \frac{\mathrm{d}Q_{\mathrm{sys}}}{\mathrm{d}V} & \frac{\mathrm{d}Q_{\mathrm{sys}}}{\mathrm{d}V_1} & \frac{\mathrm{d}Q_{\mathrm{sys}}}{\mathrm{d}\omega}\\ \frac{\mathrm{d}P_{\mathrm{sys}}}{\mathrm{d}\theta} & \frac{\mathrm{d}P_{\mathrm{sys}}}{\mathrm{d}V} & \frac{\mathrm{d}P_{\mathrm{sys}}}{\mathrm{d}V_1} & \frac{\mathrm{d}P_{\mathrm{sys}}}{\mathrm{d}\omega}\end{bmatrix} \tag{8-30}$$

式（8-30）所示的雅可比矩阵的偏导数在式（8-31）～式(8-39）中有详细说明。P 和 Q 对电压幅值和相角的偏导数与经典 NRM 中的偏导数相同。唯一的区别是 MNRM 法考虑了所有系统电压以及基准节点。在此过程中基准节点具有计算电压值，并且是唯一具有确定相角值的基准节点。

P 和 Q 关于 ω 的导数式（8-31）和式（8-32）所示：

$$\frac{\mathrm{d}P}{\mathrm{d}\omega}=|V_{\mathrm{k}}|\sum_{n=1}^{nb}\left[\frac{\mathrm{d}|Y_{\mathrm{kn}}^{+}|}{\mathrm{d}\omega}|V_{\mathrm{n}}|\cos(\delta_{\mathrm{k}}-\delta_{\mathrm{n}}-\theta_{\mathrm{kn}})+\frac{\mathrm{d}\theta_{\mathrm{kn}}}{\mathrm{d}\omega}|V_{\mathrm{n}}||Y_{\mathrm{kn}}|\sin(\delta_{\mathrm{k}}-\delta_{\mathrm{n}}-\theta_{\mathrm{kn}})\right] \tag{8-31}$$

$$\frac{\mathrm{d}Q}{\mathrm{d}\omega}=|V_{\mathrm{k}}|\sum_{n=1}^{nb}\left[\frac{\mathrm{d}|Y_{\mathrm{kn}}^{+}|}{\mathrm{d}\omega}|V_{\mathrm{n}}|\cos(\delta_{\mathrm{k}}-\delta_{\mathrm{n}}-\theta_{\mathrm{kn}})+\frac{\mathrm{d}\theta_{\mathrm{kn}}}{\mathrm{d}\omega}|V_{\mathrm{n}}||Y_{\mathrm{kn}}|\sin(\delta_{\mathrm{k}}-\delta_{\mathrm{n}}-\theta_{\mathrm{kn}})\right] \tag{8-32}$$

由式（8-31）和式（8-32）可得：

$$\frac{\mathrm{d}|Y_{\mathrm{kn}}^{+}|}{\mathrm{d}\omega}=-\frac{\frac{X_{\mathrm{kn}}^{+}}{\omega}}{(R_{\mathrm{kn}}^{+2}+X_{\mathrm{kn}}^{+2})^{\frac{3}{2}}},\quad \frac{\mathrm{d}\theta_{\mathrm{kn}}}{\mathrm{d}\omega}=-\frac{\frac{X_{\mathrm{kn}}^{+}}{\omega R_{\mathrm{kn}}^{+}}}{1+\left(\frac{X_{\mathrm{kn}}^{+}}{R_{\mathrm{kn}}^{+}}\right)^{2}} \tag{8-33}$$

P_{sys} 和 Q_{sys} 的偏导数取决于转换器的输出阻抗。考虑 P/f 和 Q/V 的耦合，将式（8-1）和式（8-2）作为发电机组的下垂控制。由于 P/f 和 Q/V 的耦合，输出阻抗必须具有较高的 X/R 比。

此外，整个系统的输出功率可以定义为总的迭代值，即

$$P_{\mathrm{sys}}=\sum_{k=1}^{ng}\frac{\omega_{\mathrm{ref}}-\omega}{m_{\mathrm{k}}} \tag{8-34}$$

$$Q_{\mathrm{sys}}=\sum_{k=1}^{ng}\frac{V_{\mathrm{ref}}^{k}-V^{k}}{n_{\mathrm{k}}} \tag{8-35}$$

因此，关于状态变量的偏导数如下式所示：

$$\frac{\mathrm{d}P_{\mathrm{sys}}}{\mathrm{d}\delta_{\mathrm{k}}}=0 \quad e \quad \frac{\mathrm{d}P_{\mathrm{sys}}}{\mathrm{d}V_{k}}=0 \quad \forall k \tag{8-36}$$

$$\frac{\mathrm{d}Q_{\mathrm{sys}}}{\mathrm{d}\delta_{\mathrm{k}}}=0 \quad e \quad \frac{\mathrm{d}Q_{\mathrm{sys}}}{\mathrm{d}V_{\mathrm{k}}}=0 \quad \forall k \tag{8-37}$$

$$\frac{\mathrm{d}P_{\mathrm{sys}}}{\mathrm{d}\omega}=\sum_{k=1}^{NB}-\frac{1}{m_{\mathrm{k}}} \tag{8-38}$$

$$\frac{\mathrm{d}Q_{\mathrm{sys}}}{\mathrm{d}V_{\mathrm{k}}}=\begin{cases}-\dfrac{1}{n_{\mathrm{k}}} & if \quad busk \quad if\ V \quad F \\ 0 & if \quad bus\ k \quad is\ P \quad Q\end{cases} \quad \forall k \tag{8-39}$$

最后，评估与 f 相关的最大误差量级。如果此值满足收敛准则，则该过程完成。否则，更新状态变量，再次执行算法，更新与频率相关的负荷和阻抗值。此外，收敛后，评估无功功率和有功功率的限值。如果下垂控制的发电机组节点超出限值，该过程将迭代值修正至限值范围内，并重复收敛过程。

潮流的收敛性代表了一级控制，即需求变化时频率和电压的响应。系统可以达到超出安全限度的由监管机构确定的新运行点，在这些情况下，可能需要减载[20]或辅助控制[21]，使电网维持在安全运行范围内。

需要注意的是，配电线路的电阻值远大于电感值，X/R 很小，降低了有功功率-频率和无功功率-电压之间的耦合。因此，需要大量的计算工作来解决常规方法的潮流问题。为了克服收敛问题，使用两种数学技术：轴旋转[13]和莱文堡-马夸特方法[22]。这两种方法都可以很容易地合并到潮流算法中，从而减少求解潮流方程时的计算工作量。

以图 8-1 中显示的系统来阐释孤岛微电网中潮流分析的 MNRM 法。所有可调度发电机组最初都以电压源逆变器（VSI）模式运行，参考值为 $V_{\mathrm{ref}}=1$p. u. 和 $\omega_{\mathrm{ref}}=60$Hz（VF 节点）。

基础案例中电压曲线如图 8-7 所示，其发电曲线如图 8-8 所示。该算法在六次迭代中收敛，达到了 10^{-6} 的容差。

由于系统的运行模式（VF），转换器根据每个无功下垂系数改变端电压，此过程中电压值与基准值不同（见图 8-7）。从这个意义上说，下垂系数负责控制无功发电的调度。

频率也与基准值不同，此处计算结果为 0.9961p. u. 或 59.7Hz。与电压不同，频率是一个全局变量，即整个系统相同。因此，有功功率下垂系数负责控制有功发电的调度。图 8-8 显示了所有发电机组的发电情况。其中有两个关键点：

• 节点 701、729 和 736 具有相同的参数（见表 8-1），由于电压是一个局部变量，所以无功发电不同；

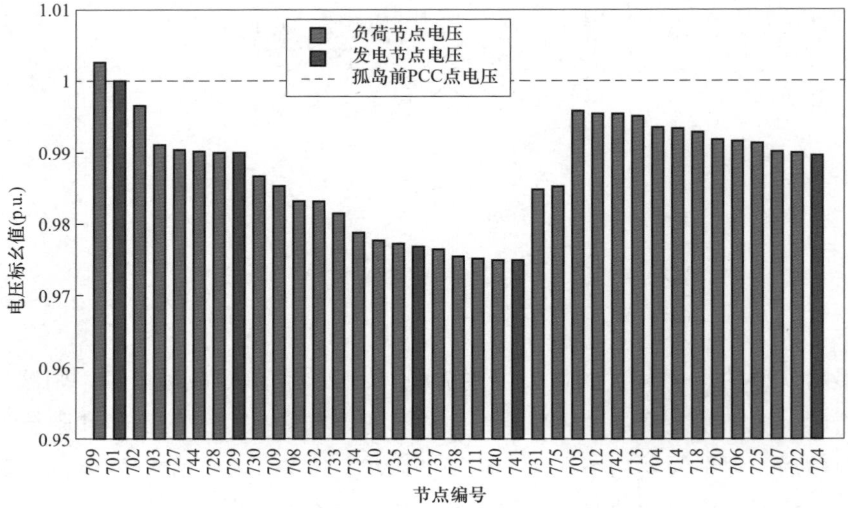

图 8-7　电压曲线

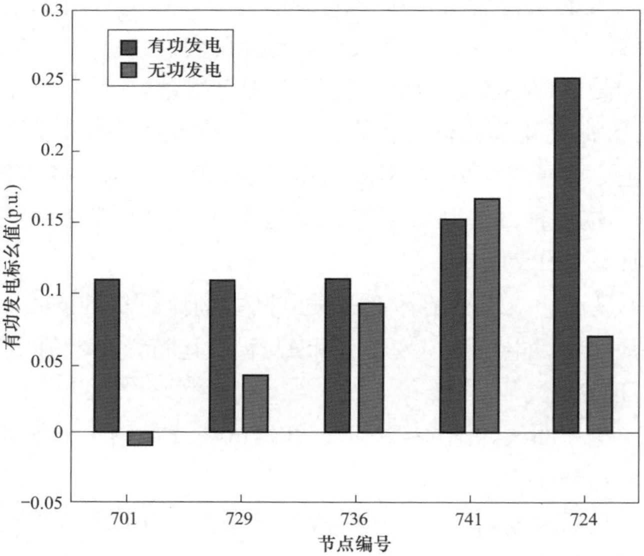

图 8-8　发电曲线

• 虽然 724 节点的容量最低，但它的发电量是最大的，因为它具有最低的主动下垂系数，如式（8-11）和式（8-12）阐释的那样。

最后，表 8-5 给出了总发电量。损耗在所有单元之间分配，表明算法收敛到一个平衡的运行点，也就是说，发电机组满足系统的所有负荷和损耗。

表 8-5 运行时的发电和负荷情况

	有功	无功
负荷［标幺值］	0.7228	0.3512
发电［标幺值］	0.733	0.3571
损耗［标幺值］	0.0102	0.0059

8.3 总结

本章节主要介绍了微电网在并网模式和孤岛模式运行时采用的典型潮流策略。潮流是研究微电网中扩展、规划和运行问题的重要工具。

在并网模式下，微电网呈现配电系统特点。因此，可以采用常规的潮流方法求解系统。然而，某些运行和控制方面与常规配电系统不同，比如高比例的分布式电源和电压控制，这些方面必须在潮流中考虑，例如 2.2 节中提出的电压-无功策略。

当微电网在孤岛模式下运行时，在潮流中要考虑一些特殊性。在没有与主网和平衡节点连接的情况下，微电网中的分布式电源和储能系统必须将频率和电压保持在合理水平。因此，必须修改常规潮流，将频率作为状态变量，通过控制微电网中的电压和频率使电源更加灵活可控。

参 考 文 献

［1］ Farag HE，El-Saadany EF，El Shatshat R，Zidan A（2011）A generalized power flow analysis for distribution systems with high penetration of distributed generation. Electric Power Syst Res 81（7）：1499-1506. https://doi.org/10.1016/j.epsr.2011.03.001.

［2］ Sarmiento JE，Carreno EM，Zambroni de Souza AC（2018）Modeling inverters with volt-var functions in grid-connected mode and droop control method in islanded mode. Electr Power Syst Res 155：265-273. https://doi.org/10.1016/j.epsr.2017.10.020.

［3］ Rodrigues YR，Zambroni De Souza MF，Zambroni De Souza AC，Lima Lopes BI，Oliveira DQ（2016）Unbalanced load flow for microgrids considering droop method. In：IEEE power and energy society general meeting，Nov 2016，vol（2）. https://doi.org/10.1109/PESGM.2016.7741753.

［4］ Cai N，Khatib AR（2019）A universal power flow algorithm for industrial systems and microgrids—active power. IEEE Trans Power Syst 34（6）：4900-4909. https://doi.org/10.1109/ TPWRS.2019.2920122.

[5] Kamh MZ, Iravani R (2010) Unbalanced model and power-flow analysis of microgrids and active distribution systems. IEEE Trans Power Delivery 25 (4): 2851-2858. https://doi.org/10.1109/TPWRD.2010.2042825.

[6] Wang X, Shahidehpour M, Jiang C, Tian W, LiZ, Yao Y (2018) Three-Phase distribution power flow calculation for loop-based microgrids. IEEE Trans Power Syst 33 (4): 3955-3967. https://doi.org/10.1109/TPWRS.2017.2788055.

[7] Eajal AA, Abdelwahed MA, EI-Saadany EF, Ponnambalam K (2016) A unified approach to the power flow analysis of AC/DC hybrid microgrids. IEEE Trans Sustain Energy 7 (3): 1145-1158. https://doi.org/10.1109/TSTE.2016.2530740.

[8] Elrayyah A, Sozer Y, Elbuluk ME (2014) A novel load-flow analysis for stable and optimized microgrid operation. IEEE Trans Power Delivery 29 (4): 1709-1717. https://doi.org/10.1109/ TPWRD.2014.2307279.

[9] Mumtaz F, Syed MH, Hosani MA, Zeineldin HH (2016) A novel approach to solve power flow for islanded microgrids using modified newton raphson with droop control of DG. IEEE Trans Sustain Energy 7 (2): 493-503. https://doi.org/10.1109/TSTE.2015.2502482.

[10] Ren L, Zhang P (2018) Generalized microgrid power flow. IEEE Trans Smart Grid 9 (4): 3911-3913. https://doi.org/10.1109/TSG.2018.2813080.

[11] Rese L, Costa AS, de Silva AS (2013) A modified load flow algorithm for microgrids operating in islanded mode. In: Innovative smart grid technologies Latin America (ISGT LA) vol 3, vol 1-7. https://doi.org/10.1109/ISGT-LA.2013.6554384.

[12] IEEE (2011) IEEE guide for design, operation, and integration of distributed resource island systems with electric power systems.

[13] de Nadai NB, da Silva Neto JA, Sarmiento JE, Alvez CA, de Souza ACZ, de Carvalho CJG (2019) A comparative study between axis rotation and levenberg-marquardt methods to improve convergence in microgrids load flow. In: 2019 IEEE PES conference on innovative smart grid technologies, ISGT Latin America 2019. https://doi.org/10.1109/ISGT-LA.2019.8895474.

[14] Hassan MY (2008) Recent developments in three phase load flow analysis. lst ed. Malaysia: UNIVISION PRESS SDN. BHD. http://ebooks.cambridge.org/ref/id/CBO9781107415324A009.

[15] IEEE (2010) IEEE 37 node test feeder. IEEE Power Eng Soc. http://www.ewh.ieee.org/soc/pes/dsacom/testfeeders/feeder37.zip.

[16] Yang NC (2013) Three-Phase power flow calculations by direct zloop method for microgrids with electric vehicle charging demands. IET Gener Transm Distrib 7 (9): 1002-1010. https://doi.org/10.1049/iet-gtd.2012.0535.

[17] Mwakabuta N, Sekar A (2007) Comparative study of the IEEE 34 node test feeder under practical simplifications. In: 39th North American power symposium, NAPS, pp 484-91. https://doi.org/10.1109/NAPS.2007.4402354.

[18] Garcia PAN, Jose LR, Pereira SC, Da Costa VM (2000) Three-Phase power flow calculations using the current injection method. IEEE Trans Power Syst 15 (2): 508-514. https://doi.org/10.1109/59.867133.

[19] Souza AC, De Z, Santos M, Castilla M, Miret J, Vicuña LGD, Marujo D (2015) Voltage security in AC microgrids: a power flow-based approach considering droopcontrolled inverters. IET Renew Power Gener 9 (8): 954-960. https://doi.org/10.1049/iet-rpg.2014.0406.

[20] de Nadai Nascimento B, de Souza ACZ, de Carvalho Costa JG, Castilla M (2019) Load shedding scheme with under-frequency and undervoltage corrective actions to supply high priority loads in islanded microgrids. IET Renew Power Gener 13 (11): 1981-1989. https://doi.org/10.1049/iet-rpg.2018.6229.

[21] de Nadai Nascimento B, Zambroni deSouza AC. MarujoD, SarmientoJE, Alvez CA. Portelinha FM, de Carvalho Costa JG (2020) Centralised secondary control for islanded microgrids. IET Renew Power Gener 14 (9): 1502-1511. https://doi.org/10.1049/iet-rpg.2019.0731.

[22] Lagace PJ, Vuong MH, KamwaI (2008) Improving power flow convergence by newton raphson with a levenberg-marquardt method. In: IEEE power and energy society 2008 general meeting: conversion and delivery of electrical energy in the 21st Century, PES, pp 1-6. https://doi.org/10.1109/PES.2008.4596138.

9

微电网运行与控制：从并网模式到孤岛模式

Darlan Ioris，Paulo Thiago de Godoy，Kim D. R. Felisberto，Patrícia Poloni，Adriano Batista de Almeida，and Diogo Marujo

摘要： 本章讨论了微电网在孤岛模式下以及其在并网和孤岛模式间转换时的运行和控制方式。微电网控制的重点在于分层控制结构，涵盖了初级、二级、同步和自主运行控制层级。由于计划性或非计划性的孤岛事件，当微电网由并网模式转变为孤岛模式，在孤岛运行期间以及当微电网重新连接到主电网时，分层控制是确保微电网持续运行和稳定性的必要条件。初级控制负责在孤岛模式下的电压和频率稳定以及分布式发电之间的功率分配。二级控制负责电压和频率的调整。自主控制负责能源管理以保持微电网的自主性。当主电网恢复到正常运行状态时，微电网的同步控制负责微电网与主电网的连接。分别针对微电网孤岛过渡、孤岛远行、并网运行三个状态进行各层级的控制策略仿真分析，引入并模拟了文献中提出的每个控制层级的一些策略。采用了基于国际电工委员会（CIGRE）标准低压配电网的微电网拓扑结构。

关键词： 微电网运行 初级控制 二级控制 同步控制

9.1 引言

微电网（MG）由分布式能源资源（DERs）和本地负荷组成。DERs 分为分布式电源（DGs）和储能系统（ESS）。使用间歇性资源的 DGs，如光伏（PV）和风力发电机，被认为是不可调度的。使用非间歇性资源，如小型水电或沼气发电机，以及 ESS 可以向电网供应所需或必要的有功功率，因此它们被认为是可调度的[1-3]。微电网必须能够与主电网连接运行（并网模式）或与电网隔离并作为本地电力系统（孤岛模式）运行。在并网模式下运行期间，微电网对其能源进行管理并控制与主电网交换的有功和无功功率。在此模式下，可调度的 DERs 以有功和无功功率控制目标（PQ 模式）运行。在孤岛模式下，微电网需要控制其电压和频率，因此可调度的 DERs 以电压和频率控制目标（Vf 模式）运行。通常，非可调度的 DERs 持续以 PQ 模式运行，通常目标是最大化初级能源提供的有功功率。从微电网运行和控制的角度看，最大的挑战是从并网模式转变为孤岛模式（孤岛化）；在孤岛运行中，微电网必须可靠、优质地为供应其负荷供应所需的电力，并控制其电压和频率；以及从孤岛模式转变为并网模式（与主电网同步）[4-7]。

本章旨在介绍微电网在孤岛模式下以及其在并网和孤岛模式间转换时的运行和控制。为了实现这些目标，微电网使用由初级、二级和三级控制组成的分层控制。初级和二级控制在不同的时间尺度上运行，以提供 DERs 和负荷之间的功率平衡、DERs 之间的功率共享，并稳定和控制微电网的电压和频率[6,8,9]。

图 9-1 通过时间轴展示了微电网的运行控制与事件。在这个时间轴上，标记了微电网运行中发生的典型事件。从孤岛和并网事件中，确定了微电网在并网模式和孤岛模式下的运行周期。此外，从事件中，图 9-1 展示了微电网的初级控制、二级控制和同步控制在孤岛运行期间的行动时刻以及控制的电气量。

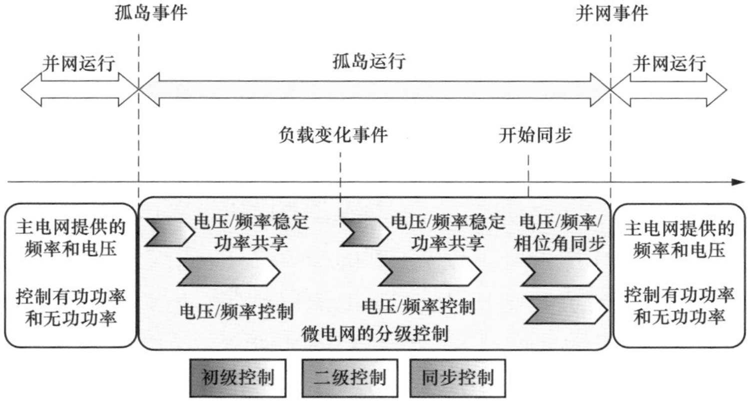

图 9-1 微电网控制与事件

假设在时间线的运行开始时，微电网正在与主电网并网运行。在此操作模式下，微电网的电压和频率由主电网支撑，微电网的功能是基于其分布式能源管理系统来控制微电网与主电网之间的有功和无功功率交换[6]。然后可能是由于计划性或非计划性地发生孤岛事件，微电网开始在孤岛模式下运行，需要为负荷提供电能的同时保持电压和频率稳定。无论是在孤岛事件还是在负荷或发电功率变化时，微电网都会出现功率不平衡，从而导致电压和频率的变化，这些都必须得到控制。

此外，在孤岛模式下，由于可再生能源发电固有的随机性和不确定性，必须采用能量管理系统（EMS）来保证微电网的自主性[10]。EMS必须优化调度功率以保持尽可能长时间的运行。在大多数情况下，必须采用负荷削减方式以确保向关键的负荷提供电力。微电网尽可能保持长时间孤岛模式运行的能力被称为微电网的自主性[11,12]。

当微电网需要并网，同步过程开始，此时同步控制开始作用，利用二级控制将微电网的电气量与主电网同步。一旦达到同步条件，就会执行并网事件，微电网开始再次与主电网并网运行[13]。

9.2 微电网的分层控制技术

孤岛微电网的控制必须保证频率和电压的稳定，经济高效地运行以及与主电网的同步。这些控制行为有不同的时间尺度和目标，需要一个分层控制结构。根据文献［9］，微电网的分层控制由三个级别组成：

初级控制：该控制负责维护微电网的频率和电压稳定性以及DGs之间的功率平衡。通常，该控制在微电网的每一个DG中实施。这个控制模拟了同步电机的频率和电压的下降特性。其中，如果微电网的功率平衡发生变化，DGs将改变它们的有功和无功功率输出。为了在DGs之间实现功率共享，频率和电压会出现偏差；

二级控制：该控制旨在补偿初级控制操作造成的频率和电压偏差。通常，二级控制在初级控制上作用，改变初级控制的参考值；

三级控制：该控制负责在并网模式下的潮流控制。

在文献中可以找到关于二级和三级控制的其他定义。根据文献［6］，二级控制旨在找到可用DG单元的最优调度，因此也被称为微电网EMS，通过优化微电网的调度实现频率和电压的调节。然而，文献［9］认为二级控制负责补偿频率和电压偏差。在本章中，将考虑文献［9］对初级和二级控制的定义。

其他作者提出了不同的三级控制定义。例如，在文献［8］中，三级控制负责微电网的最优管理，其中实现了损失和成本的最小化。在孤岛模式下，这种最优管理由 EMS 执行，EMS 负责保证微电网的自主性[11,12]。

9.3 微电网模型

为了展示本章讨论的概念，采用了基于 CIGRE 基准低压配电网的微电网。CIGRE 微电网是一个不平衡的三相欧洲配电系统，额定频率为 50Hz，额定电压为 400V[14]。为了简化起见，在本章中，将 CIGRE 微电网修改为平衡的三相系统。微电网的单线图如图 9-2 所示。

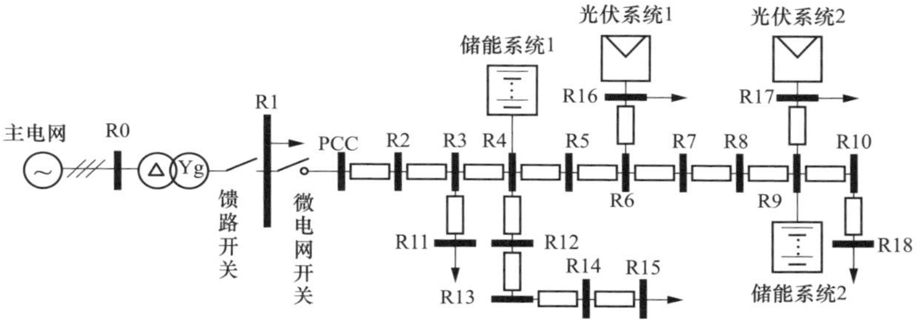

图 9-2 改编后的 CIGRE 基准低压配电拓扑结构

微电网通过位于电网低压母线上的 PCC 与主电网相连接。PCC 必须可控，以控制微电网与主电网连接和断开连接。

9.4 孤岛微电网的运行

9.4.1 孤岛运行

孤岛事件是指微电网与主电网断开连接并开始自主运行的事件。从与主电网并网模式到孤岛模式的过渡可以是计划性孤岛或非计划性孤岛的。为了在孤岛事件中打开 PCC 并更改控制模式，微电网必须具备孤岛检测元件。

9.4.2 孤岛检测

为了进行孤岛检测，通常使用的技术分为本地技术和远程技术。远程技术是基于微电网与远程设备之间的通信，需要在微电网与构成主电网的上游设施之间建立通信基础设施。本地技术则基于对本地微电网参数的测量，并分为主动、被动和混合方法[16]。

被动方法通过直接监测频率、电压、相位和潮流等变量来检测孤岛。这些方法监测成本较低，并且可以快速检测到孤岛，但是它们更容易出现误报孤岛的情况，并且存在较大的非检测区域（non-detection zone，NDZ）。主动方法主动在电网中注入扰动，并监测其对频率、电压、电流和阻抗等参数的影响来检测孤岛。与被动方法相比，主动方法具有较小的非检测区域，但会对电网的电能质量造成一定的影响。混合方法结合了被动和主动检测方法，以获取两种方法的优势。在混合方法中，只有在被动方法检测到孤岛后才会应用主动技术，从而使混合方法可以获得较小的非检测区域，并且不会对电网的电能质量产生显著影响[16,17]。

在孤岛微电网中，开关控制在保证从并网模式到孤岛模式的平稳过渡以及微电网重新连接到主电网期间起着至关重要的作用。

9.4.3 开关控制

微电网孤岛事件中对DER的开关控制的需求源于文献中广泛使用的实践，即在并网模式下，通过不同的控制策略来操作可调度的DER，以实现PQ控制的目标；而在孤岛模式下，则需要实现Vf控制的目标[5,8,9]。在微电网孤岛事件中，及其可调度的DER必须能够改变其控制目标，并对孤岛运行使用分层控制。因此，孤岛检测应该驱动控制的变化，因此孤岛检测的时间是一个非常重要的变量，直接影响孤岛事件后微电网的控制能力。对由于孤岛检测时间延迟而产生的开关控制影响的研究对于确保未来微电网的孤岛运行至关重要。

一些作者声称，在微电网的电网并网模式和孤岛模式下，切换DER控制拓扑结构面临实现控制平稳转换和控制目标快速变化的挑战，这需要快速检测孤岛事件。因此，这些作者提出了在调度DER时采用控制策略，既能在并网模式下实现PQ控制目标，又能在孤岛模式下实现Vf控制目标，而无需在孤岛事件中进行控制切换的需要[18-20]。

本章介绍的孤岛化示例中，使用了在微电网的并网模式和孤岛模式下以不同控制策略运行的可调度DER。DER控制的切换是在孤岛化发生的准确时间进行的，而没有考虑孤岛检测的时间。

9.4.4 计划性孤岛

计划性孤岛是事先计划的事件，旨在将微电网从主电网中隔离出来孤岛运行。这种类型的事件发生在例行维护和主电网电能质量质差可能会影响微电网的情况下，且有足够时间来计划孤岛化事件。在这些情况下，可以事先调整微电网与主电网之间的有功和无功功率交换，以及分布式能源资源和微电网控制，以减小孤岛化后的瞬态变化[4,6]。

在图 9-3 的示例中，其负荷消耗的功率大于间歇性电源所能提供的功率。在微电网与主电网并网模式下运行时，主电网通过 PCC 功率交换来补偿微电网的有功和无功功率不足，而两个储能系统（BESSs）不提供功率。由于某种原因，需要将微电网运行于孤岛模式，因此计划在模拟中的 0.4s 内进行计划性孤岛。为了避免孤岛事件后的功率不平衡和电力系统振荡，微电网为此事件做好准备，并命令 BESSs 以使通过 PCC 的有功和无功功率为零的方式提供功率。

在图 9-3 中可以看到，在 0.2s 内，BESSs 开始提供有功和无功功率，并且通过 PCC 的功率为零。当通过 PCC 的功率流为零时，微电网的电压上升，变压器不再存在电压降，如图 9-4 所示。由于负荷采用恒阻抗模型进行建模，这种电压上升会增加负荷的功率消耗，使得 0.2s 后 BESSs 提供的总功率略高于之前由主电网提供的功率。

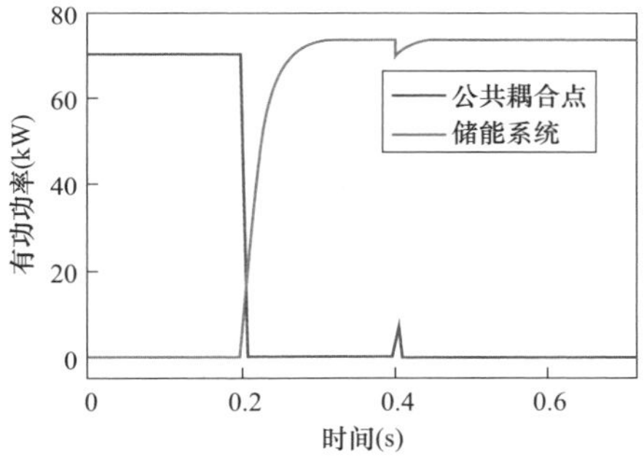

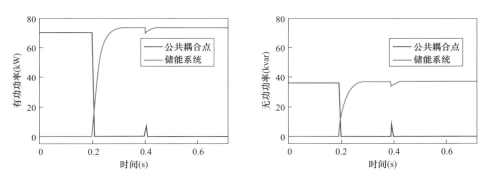

图 9-3　计划性孤岛时的有功和无功功率

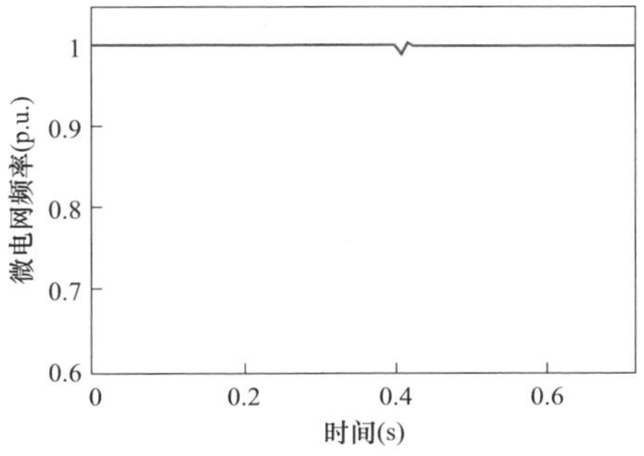

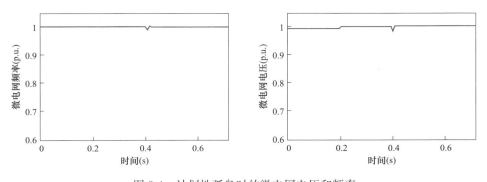

图 9-4　计划性孤岛时的微电网电压和频率

在 0.4s 内，平稳的孤岛事件发生，微电网开始在此事件后以孤岛模式运行，而不会出现较大的电压和频率变化。图 9-3 和图 9-4 中观察到的变化是由于 BESS 控制的切换所导致的。

9.4.5 非计划性孤岛

非计划性孤岛是在没有任何可预测性的情况下，在一个随机的时间内发生的，没有任何微电网自主运行意图。这种类型的事件可能是由于电网故障、设备故障、人为错误、自然事件和微电网未知的其他计划外的事件而发生的。由于其不可预测性，在非计划孤岛事件中，不可能对微电网进行先前的调整，这可能在孤岛事件之后对微电网造成严重的瞬态失稳，并阻碍其在孤岛模式下的稳定运行。非计划性孤岛事件可能是由于微电网本身的动作或主电网关闭产生的[4,6]：

- 微电网的孤岛事件是在主电网发生故障或重大干扰的情况下发生的，微电网检测到该事件，并通过 PCC 断开与主电网的连接以保护自身。
- 主电网关闭导致的孤岛事件可能是由于电气系统的上游中断或微电网未知的电网故障，导致微电网立即隔离。在这些情况下，微电网必须要检测到其处于隔离状态，以便实施必要的保护和控制措施，保证其持续运行。

图 9-5 显示了微电网以与图 9-3 相同的方式运行时的有功和无功功率；然而，在这种情况下，0.4s 内会发生非计划性孤岛事件。由于微电网无法预测该事件，因此无法通过 PCC 进行调整以将有功和无功功率归零。这样，当孤岛事件发生时，在 0.4s 内，微电网从主电网接收有功和无功功率，而 BESSs 不提供任何功率。孤岛事件之后，由主电网提供的有功和无功功率突然中断，BESSs 开始提供所需的有功和无功功率。

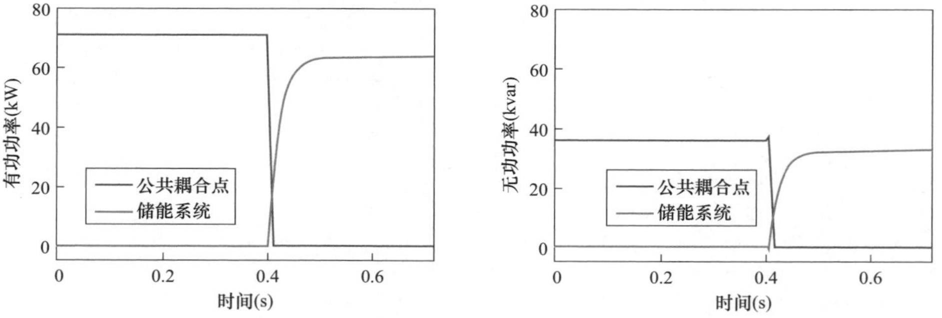

图 9-5 非计划性孤岛时的有功和无功功率

图 9-6 显示，在孤岛事件后，微电网经历电压和频率的变化，两个储能系统通过其初级控制对这些变化做出响应。然后，两个储能系统为之前由主电网提供

功率的负荷提供其所需的有功和无功功率，并在瞬态后稳定微电网的电压和频率。由于在孤岛事件之后存在电压下降，负荷消耗的功率减少，因此 BESSs 提供的功率小于孤岛之前主电网提供的功率。

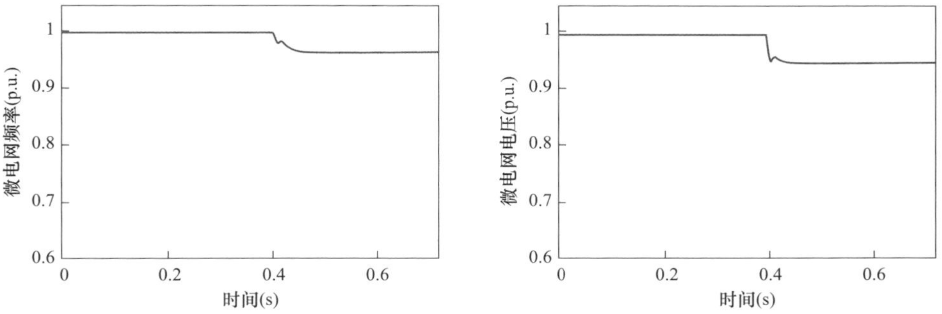

图 9-6 非计划性孤岛时的微电网电压和频率

对于所示的计划性和非计划性孤岛事件，微电网成功地保持了孤岛模式下的运行，具有可接受的电压和频率偏差，二级控制稍后可以纠正。在这些情况下，间歇性分布式电源，如光伏，维持其对微电网的供电。

然而，当出现更严重的非计划性孤岛事件，并且微电网可能没有足够的资源来控制变化并满足其所有负荷的需求。这些情况可能导致分布式电源和负荷断开，甚至整个微电网崩溃。为了避免这种情况，可以实施甩负荷方法。在这些方法中，仅切断微电网的低优先级的负荷，防止整个微电网崩溃[21]。

9.4.6 初级控制

初级控制是分层控制的第初级，具有最快的响应时间。因此，在孤岛事件发生后，初级控制首先稳定微电网的电压和频率，并在 DGs 之间提供功率分配。初级控制技术可以使用通信网络或分散控制[3,6,8]。

与分散技术相比，基于通信的初级控制技术可以提供优越的电压、频率调节以及功率共享。此外，在不使用二级控制的情况下，微电网的电压和频率更接近其参考值[3]。然而，这些技术需要 DGs 之间的通信网络，这导致微电网的成本和复杂性更高，此外还会降低 DGs 的可靠性和即插即用特性[3]。

由于分散技术的可靠性更高，已成为应用最广泛的初级控制方法[3,22]。分散技术通常基于下垂控制，其思想是为 DERs 的 DC/AC 逆变器模拟同步发电机的行为[9]。

这是通过响应有功/无功功率增加而降低频率/电压实现的。分别用于形成

P/f 和 Q/V 下垂，文献［9］给出：

$$\omega_k = \omega_{refk} - m_k P_{gk} \tag{9-1}$$

$$V_k = V_{refk} - n_k Q_{gk} \tag{9-2}$$

式中，P_{gk} 和 Q_{gk} 分别为第 k 个 DG 的有功和无功输出功率；m_k 和 n_k 分别为第 k 个 DG 的比例下降增益；ω_{refk} 和 V_{refk} 分别为第 k 个 DG 的参考电压的角频率和幅值；ω_k 和 V_k 分别为第 k 个 DG 内部控制回路的频率和电压基准。

从式（9-1）和式（9-2）可以看出，下垂控制允许频率和电压稳定在与标称值不同的值上，因此有必要使用二级控制将频率和电压调节到其标称值[8,9]。

除了频率和电压值的偏差外，下垂控制还存在其他缺点，如微电网中通常观察不到的有功功率和无功功率之间的解耦、无功功率分配差及难以处理非线性负荷等[8]。文献中提出了许多改进的下垂控制技术来解决这些问题，例如文献［6，8］中发现的技术。本章使用虚拟阻抗技术来改善下垂控制的无功功率分配问题。

虚拟阻抗技术通过虚拟电压 Q/V 下降修改输出电压 V_k，该虚拟下降电压是 DG 输出电流 i_k 和虚拟阻抗 Z_{vk} 的乘积[23]，如式（9-3）。

$$V_{vk} = V_k - Z_{vk} i_k \tag{9-3}$$

Z_{vk} 是虚拟阻抗的数值大小的一个关键参数，因为它的值越大，发送给 DG 电压控制的 V_{vk} 就越小，如果这个值太小，可能会出现电压不稳定[24]。然而，如果虚拟阻抗设计正确，它可以显著改善 DGs 之间的无功功率分配[23,24]。

为了演示下垂控制中的动态特性，使用如图 2 所示的微电网进行模拟。在模拟中，BESSs 是唯一可调度的源，因此也是唯一在 Vf 模式下运行并具有下垂控制的 DGs。光伏系统将在 PQ 模式运行，以单位功率因数分配其最大有功功率。

这种情况下的事件如下所示：

- 微电网启动孤岛运行，占总需求的 31.58％；
- 在 t＝0.1s 时，微电网的负荷增加 5％；
- 在 t＝0.6s 时，微电网的负荷减少 5％。

图 9-7 显示了两个 BESSs 的频率和终端电压动态。可以看出，根据式（9-1）和式（9-2），频率和电压随着负荷的增加而下降。

此外，两个储能系统的频率稳定在相同的值，这不会随着电压而发生变化。由于电压与频率不同，电压在微电网中不是全局值，并且由于线路的不同阻抗和负荷在微电网中的不对称位置，终端电压的结果不同。这种行为影响有功功率和无功功率的动态特性，因为它们是通过使用式（9-1）和式（9-2）的频率和电压的下垂控制来调节的。

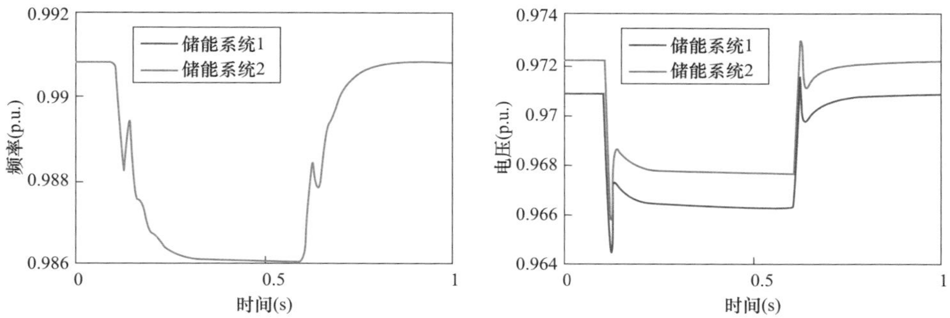

图 9-7　孤岛模式下的频率和电压

在图 9-8 中，显示了两个储能系统的有功和无功功率。可以看出，每个 BESS 在稳定状态下提供的有功功率是相同的，而它们之间的无功功率是不同的，因为它们的电压不同。这种不良的无功功率分配在重负荷情况下可能会出现问题，因为分布式电源保护导致无功过载和跳闸，较小的 DG 可能会达到其电流极限。这可能会产生连锁反应并导致微电网崩溃。虚拟阻抗技术可用于解决无功功率分配问题。

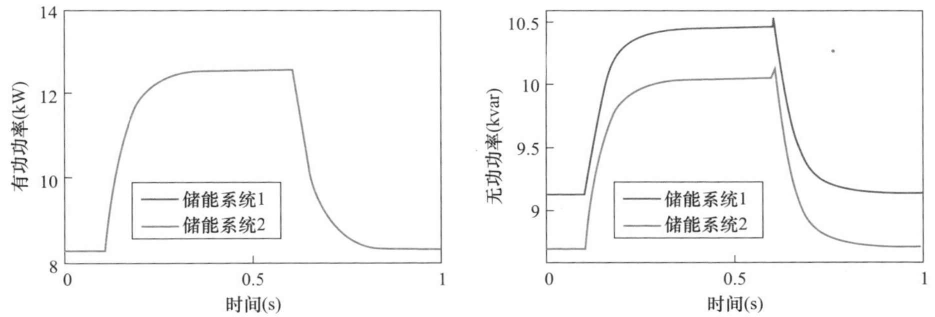

图 9-8　孤岛模式时的有功和无功功率

图 9-9 比较了在没有虚拟阻抗的上述情况下，以及在添加 1mH 作为 BESS 1 控制的虚拟电感后，DG 的电压和无功功率分配。虽然虚拟阻抗改善了无功功率分配，但储能系统的电压值会降低，因此必须适当设计虚拟阻抗。

9.4.7　二级控制

如第 4.2 部分初级控制会导致频率和电压出现偏差。为了确保微电网不会出现高偏差，必须采用二级控制。二级控制作用于初级控制，改变下垂参考值如下：

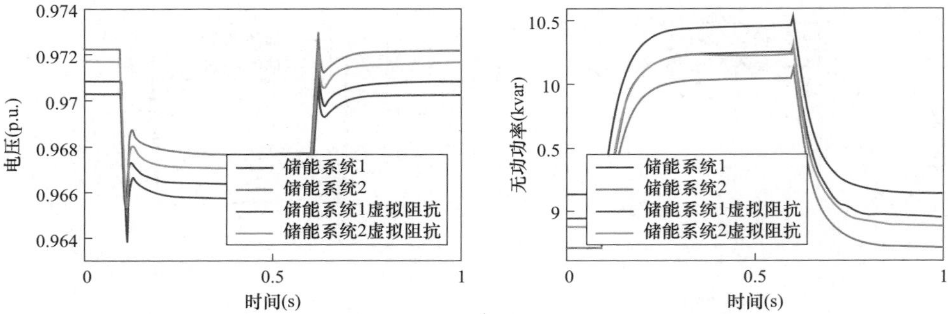

图 9-9　孤岛模式时虚拟阻抗对电压和无功功率的影响

$$\omega_k = \omega_{refk} - m_k P_{gk} + \Delta\omega_k^{SC} \tag{9-4}$$

$$V_k = V_{refk} - n_k Q_{gk} + \Delta V_k^{SC} \tag{9-5}$$

式中，$\Delta\omega_k^{SC}$ 为频率下垂控制中的二级控制校正；ΔV_k^{SC} 为电压下垂控制中的二级控制校正。

在文献中，二级控制分类如文献［25］所示。

集中式：二级控制在微电网中央控制器（MGCC）中执行。MGCC 必须通过通信网络接收微电网变量的状态，并向 DGs 发送新的参考值。这种控制策略高度依赖于通信网络；

分布式：二级控制在本地控制器中执行。每个控制器与其相邻的控制器交换信息，因此该控制中的通信网络是稀疏的。这种策略比集中式策略具有更好的可靠性，但它仍然取决于通信结构；

分散式：二级控制在本地控制器中执行，没有通信结构。每个控制器仅根据局部变量的状态来调节频率和电压。

二级控制的其他分类参见文献［26］和文献［27］。

若不考虑网络通信，最简单的二级控制方法是集中比例积分（PI）控制，它只在 PCC 中测量频率和电压[9]。具体如式（9-6）和式（9-7）。

$$\Delta\omega_k^{SC} = \left(K_{\omega p} + \frac{K_{\omega i}}{s}\right)(\omega_{ref}^{SC} - \omega_{PCC}) \tag{9-6}$$

$$\Delta V_k^{SC} = \left(K_{Vp} + \frac{K_{Vi}}{s}\right)(V_{ref}^{SC} - V_{PCC}) \tag{9-7}$$

式中，K_{wp} 为二级频率控制的比例增益；K_{wi} 为二级频率控制的综合增益；ω_{ref}^{SC} 为二级频率控制的参考；ω_{PCC} 为在 PCC 处测得的频率；K_{Vp} 为二级电压控制的比例增益；K_{Vi} 为二级电压控制的综合增益；V_{ref}^{SC} 为二级电压控制的参考；V_{PCC} 为在 PCC 处测得的电压。

在集中式 PI 控制中，控制的动态性、稳定性和可靠性高度依赖于通信网络。参考文献［28，29］介绍了通信网络在集中式二级控制中的影响。

图 9-10 说明了微电网的集中式二级控制行为，其中考虑了以下事件：

微电网采用下垂控制，占总需求的 31.58%；

在 $t=0.5$s 时，启动集中式二级控制；

在 $t=1.5$s 时，微电网负荷增加 5%。

从图 9-10 可以看出，集中式二级控制的频率值控制在参考值（1p.u.）。当负荷增加时，在 $t=1.5$s 时，频率下降，在没有二级控制的情况下，微电网频率保持在与参考值不同的值。另一方面，在二级控制时，微电网频率恢复到参考值。然而，对于不同的二级控制策略，频率和电压随时间变化具有不同响应特性。

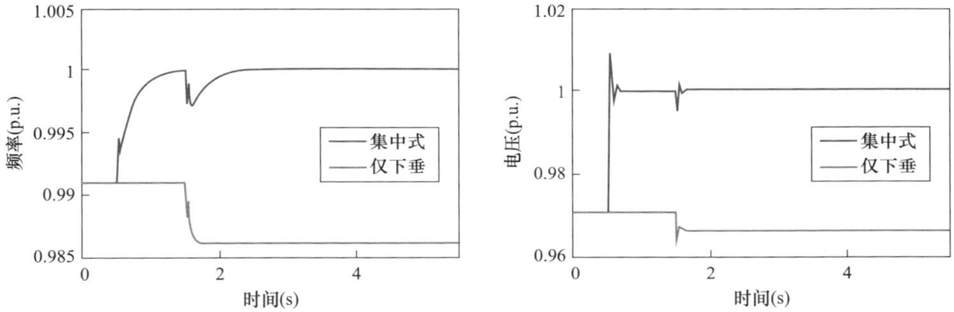

图 9-10　考虑集中式二级控制的微电网频率和电压

采用集中式控制策略，负荷增加前后 PCC 处的稳态电压被控制在参考值（1p.u.），如图 9-10 所示。

分布式二级控制策略通常采用协议来控制每个控制器的动作。控制器共享彼此相关的变量，并尝试同步以实现协议定义的目标[26]。在集中式和分布式二级控制策略中，可以采用基于事件触发的控制策略。这些策略可以大大减少执行器的更新次数和通信负担[25]。

分散二级控制方法可分为[25]：

基于局部变量：在每个控制器的二级控制只使用局部变量；

基于估计：在每个分散控制器中实现协作控制，其中每个控制器估计其他控制器的状态。

基于冲失滤波器：二级控制可以在下垂控制中实现如下：

$$\omega_{\mathrm{k}}=\omega_{\mathrm{ref}}-m_{\mathrm{k}}\left(\frac{s}{s+K_{\mathrm{p}}}\right)P_{\mathrm{gk}} \tag{9-8}$$

$$V_k = V_{ref} - n_k \left(\frac{s}{s + K_q} \right) Q_{gk} \tag{9-9}$$

式中，K_p 为滤频器的控制参数；K_q 是电压冲失滤波器的控制参数。

基于冲失滤波器的控制策略可以将频率和电压恢复到基准值。文献［30］给出了集中式二级控制与冲失滤波器之间的关系。

为了说明基于冲失滤波器的二级控制的操作，在图 2 的微电网中考虑了以下事件：

微电网采用下垂控制，占总需求的 31.58%；

在 t=0.5s 时，分散式二级控制启动。

在 t=1.5s 时，对微电网的需求增加了 5%。

如图 9-11 所示，分散式控制的行为与集中式控制相似。这两种策略都可以调节微电网参考值的频率。

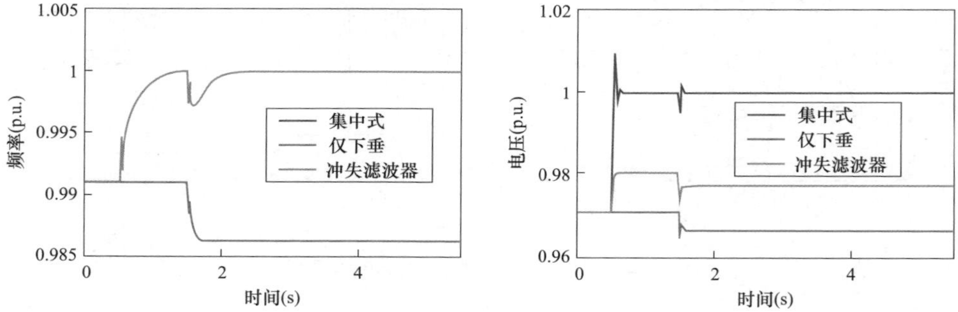

图 9-11　考虑基于冲失滤波器控制的微电网频率和电压

如图 9-11 所示，PCC 处的稳态电压由集中式控制，并且精确地控制在负荷增加前后的参考值处。另一方面，分散式控制不能精确地将 PCC 处的电压控制在参考值上，该情况是因为基于冲失滤波器的方法在每个 DG 的虚拟阻抗之前控制了变换器的终端电压，而集中式策略直接控制 PCC 处的电压。

9.4.8　微电网自主运行

微电网中的最优能量管理问题包括了系统中可用的每个 DER 的最优运行问题。图 9-12 显示了微电网中的能量管理问题[10]。该问题呈现出非线性和不连续的性质，需要实时自动化解决[6,10,31,32]。

在并网模式下，EMS 通过控制本地 DERs 降低运行成本，利用当地的间歇性可再生能源和与主电网交换电力的可能性，以满足消费者的可变需求[10,12]。

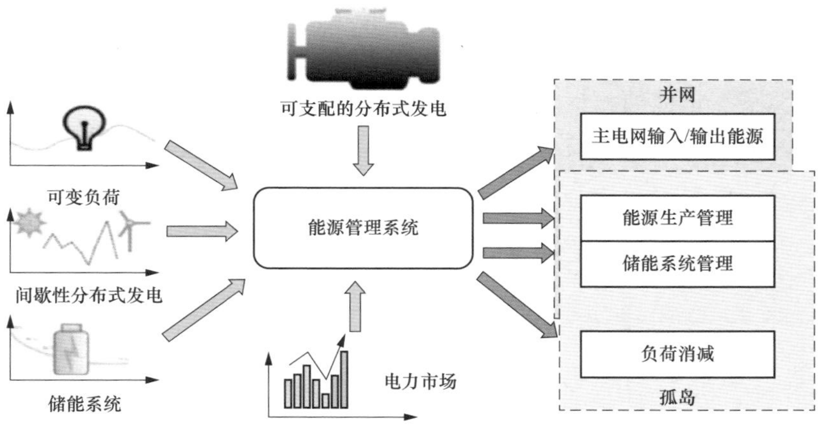

图 9-12 微电网的能量管理问题示意图

在孤岛模式（或自治模式）下，在微电网控制稳定后，EMS 必须保证微电网的自治性，使 DERs 的输出功率必须满足微电网的总负荷需求。有时需要进行减载以匹配发电量和需求量。这种模式的主要目标是尽可能长时间地维持微电网的运行，提供给最重要的负荷。EMS 还可以实现其他目标，如运营成本优化和损失最小化[6,10]。

为了实现这些目标，无论是在并网模式还是孤岛模式下，EMS 都必须计算有功功率设定值并将其发送给所有 DERs。这些设定值是通过一个优化过程来计算的，该优化问题为混合整数非线性问题。解决该问题通常采用启发式优化技术[6,10,12]。

9.4.9 同步控制

一旦在孤岛运行期间建立了二级控制的稳定性，如果需要将微电网连接到主电网，则微电网可以启动同步过程。从孤岛模式到并网模式的过渡是电网运行和控制面临的另一个挑战。与主电网的连接可能导致微电网的电压和频率发生显著变化。这是因为孤岛运行时微电网所假设的条件可能与并网模式条件有很大差异[6]。

微电网的孤岛运行状态通常需要满足可靠性和连续性的要求。因此可以验证 PCC 两侧电压之间的相角、幅度和频率的不同值。在这种情况下，如果微电网与主电网并网，可能会产生高水平的电磁和机电暂态，导致微电网元件损坏[6]。

两个不同步系统之间的连接存在相位角差，会对系统产生严重影响。因为频率或电压的差异，对连接到微电网的 DG 源的损坏可能更严重。为了说明图 9-2

仿真结果中连接在微电网上的元件可能受到的损害，进行了仿真试验来验证微电网与主电网之间的连接不同步的结果。

微电网和主电网的频率、电压和相角行为如图 9-13 所示。两个储能系统的电压、频率和功率如图 9-14 所示。

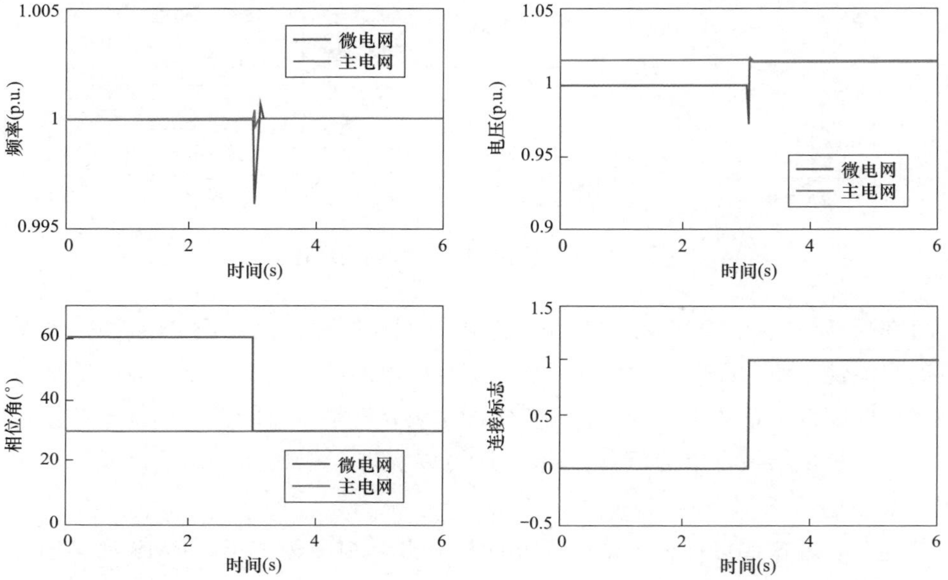

图 9-13　微电网与主电网并网时的幅值不同步

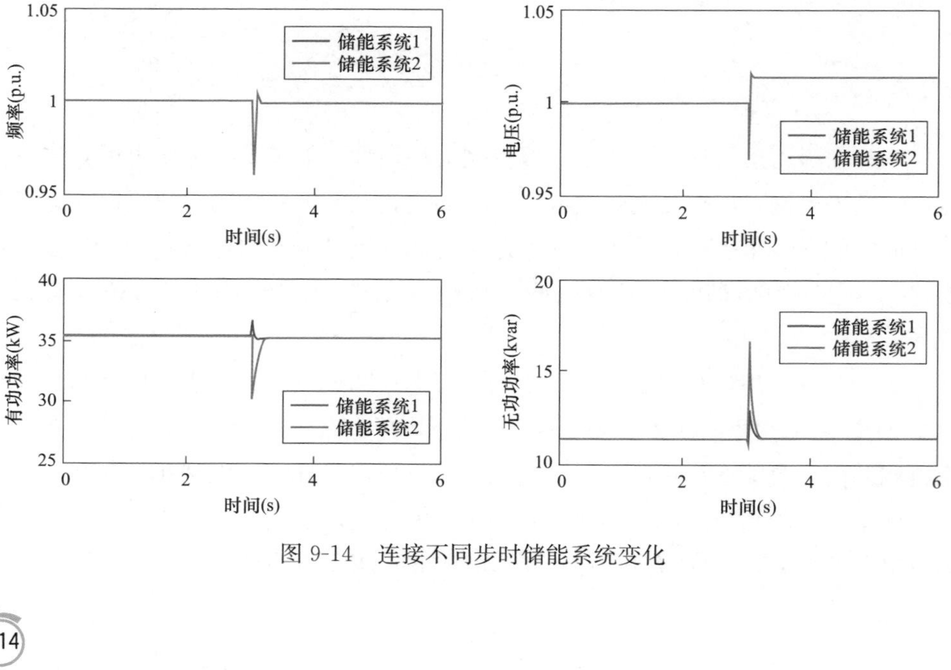

图 9-14　连接不同步时储能系统变化

在这种情况下的事件如下：

微电网在孤岛模式启动；

在 $t=3.0$s 时，微电网与主电网不同步。

在本试验中，在并网事件发生之前，两个系统之间存在电压和相位角差异。在 $t=3.0$s 之前，微电网侧 PCC 电压设为 1.0p.u.，而主电网侧 PCC 电压设为 1.015p.u.，连接前两系统相位角差为 30°。因此，微电网和主电网不同步，不能并网。

当并网事件发生时，在 $t=3.0$s 时，会导致 DG 源产生较大的瞬变，如图 9-14 所示。两种 BESSs 的频率、有功功率和无功功率发生变化。这些变化可能导致对这些元件造成损害，例如电池寿命周期的缩短。

为减少微电网与主电网并网所造成的影响，有必要检查 PCC 处的同步条件，包括涉及两个系统的电压幅值、相位角和频率的分析，PCC 开关装置的合闸必须在主电网与微电网的差值在可接受范围内，即两个系统应同步并网[33]。

IEEE 标准 1547—2018[34] 规定了系统间并网的参数差值。表 9-1 中所示的指定值用作典型的微电网同步参数。这些标准根据连接到系统的分布式电源的总装机容量进行调整，其主要目标是减少电力系统之间连接时的暂态。

为了使微电网并网在表 9-1 所示的范围内进行，并避免损坏现有元件，有必要应用微电网同步技术。目前主要研究了两种同步控制方法：集中式控制和分散式控制。

集中式控制应用的主要特点是存在一个中央控制器，该控制器对微电网和所有 DG 单元的操作模式做出决策。在集中式控制技术中，为了实现微电网同步，中央控制器必须与同步控制器通信，同步控制器计算 PCC 处的差值，并计算频率、幅值和相角电压的调整值。

表 9-1　电力系统间同步互联的同步限制（IEEE 标准协会 2018）

分布式发电机组额定值	频率差［Hz］	电压差［%］	相位角差［°］
0～500	0，3	10	20
＞500～1500	0，2	5	15
＞1500	0，1	3	10

然后，将调整值发送到中央控制器，中央控制器与发送调整值的所有 DG 控制单元通信，以同步微电网。同时，同步控制器监视 PCC 差异，直到它们为零或接近零。此时同步控制器向 PCC 开关装置发送信号，使 PCC 开关装置闭合，同时向中央控制器发送信号，使 DG 源运行模式改变，此时微电网将运行在并网模式。

为了说明应用同步技术的有效性，采用集中式控制来同步图 9-2 所示的微电网。这种控制技术将频率和电压设定值发送到根据 PCC 差值计算的 DG 源，直到这些差值接近于零，然后微电网可以顺利与主电网连接。

在这种情况下，微电网和主电网的频率、电压和相角行为如图 9-15 所示。两个 BESSs 的电压、频率和功率如图 9-16 所示。

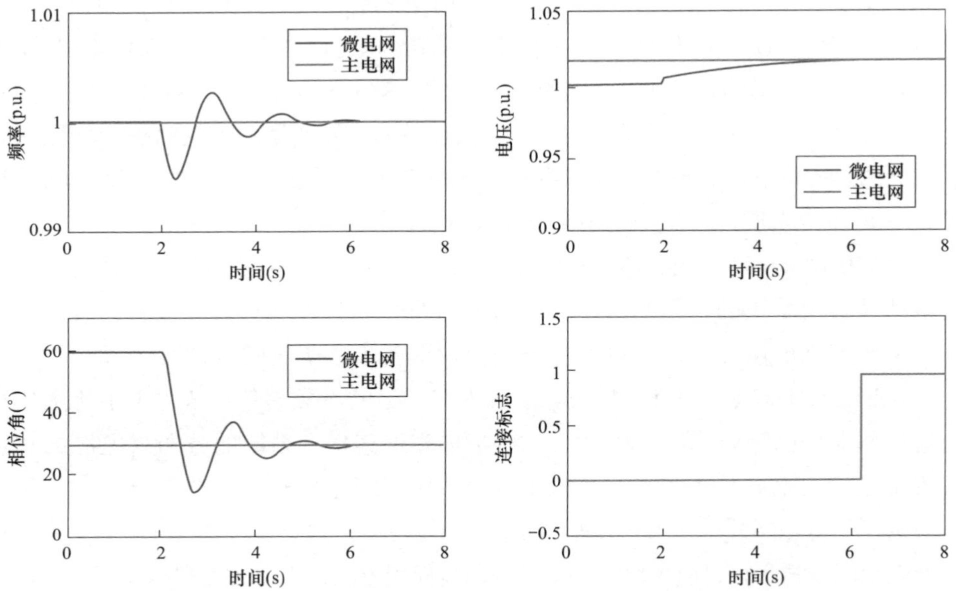

图 9-15　应用同步控制时的微电网和主电网情况

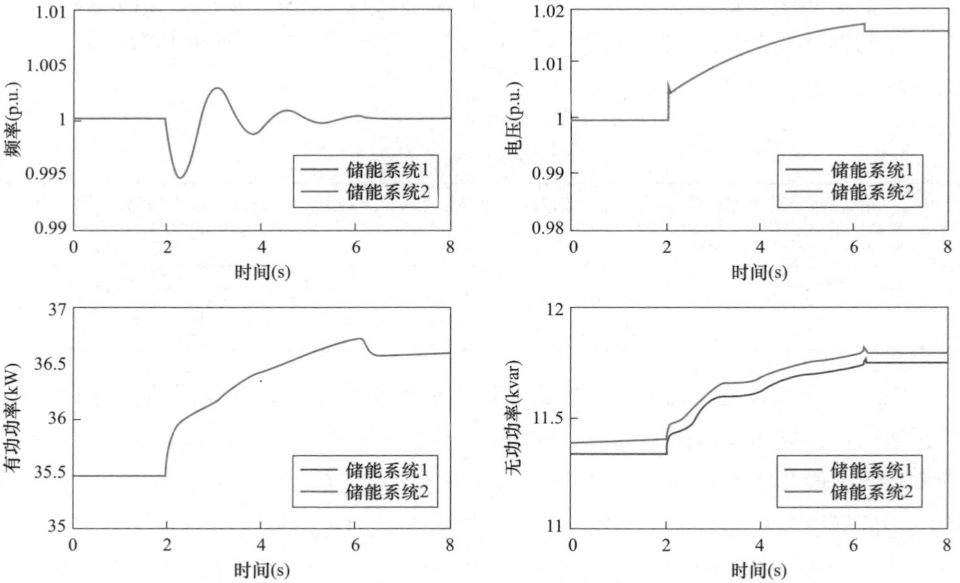

图 9-16　采用同步控制连接过程中储能系统变化

在这种情况下的事件如下：

微电网在孤岛模式启动。

在 $t=2.0$s 时开始同步控制。

• 在 $t=6.0$s 时，微电网与主电网同步并网。

同步控制动作前，两系统之间的参数差值与图 9-13 所示的不同步仿真相同。在$t=2.0$ 之后，由于同步控制作用，微电网各项数值有一些平滑的变化。当两个系统在表 9-1 中描述的限制范围内同步时，微电网与主电网实现并网。

同步控制直接作用于 BESSs 的有功功率和无功功率，以实现 PCC 的相位角和电压同步。这一作用导致 BESSs 的大小平滑变化，如图 9-16 所示，不会损坏系统元件。

为了获取主电网和微电网的状态，可以使用智能电子装置（IED）使 PCC 开关装置合闸。然后，依次调整 PCC 中的频率、电压幅值和相位角，使其与主电网电压保持一致。通过这种方式，工作模式之间的转换可以顺利进行，在微电网中没有瞬变[35,36]。

集中式控制的一个特点是调整 DG 源的规则很简单，因为所有本地控制器都从中央控制器接收设定值信息。尽管集中式控制的实施比较容易和简单，但该技术需要在所有 DG 源、中央控制器和同步控制器之间建立一个强大的通信系统，因为其可靠性取决于通信通道，所以这种类型的控制在具有分布式总线的微电网中的应用可能会变得复杂。

在微电网中以分布式方式安装的多个总线、负荷和 DG 源，因此可使用分布式控制来调整 PCC 中的电压和频率并同步微电网。通过应用这种类型的控制，保留了不同源之间的相互作用和局部控制器的自主性，研究人员正在研究它的广泛应用。

分布式控制将同步过程复杂的问题分解为一系列更容易解决的小问题。首先假设每个 DG 单元都是负责微电网同步过程的一部分的自主操作员。在这种情况下，当前文献中普遍研究的分布式控制技术涉及多智能体系统（MAS）[36]。

通过 MAS 进行的同步具有这样一种结构，其中每个微电网代理由一组规则定义，这些规则将从最近相邻代理接收的信号作为输入信号。在大多数 MAS 应用程序中，代理之间通信系统的拓扑结构是稀疏和分布式的，确定了不同类型的代理，例如“主”和/或“从”代理。

基于 MAS 的分散式控制结构包括同步代理、同步代理与一个或多个主代理通信。反过来，主代理可以与一些从代理通信，这些从代理之间建立稀疏通信。通过这种方式，减少了信息流，增加了控制灵活性，并促进了新分布式电源的即插即用。

9.5 总结

本章主要介绍了微电网的初级控制、二级控制和同步控制策略，讨论了微电网运行的主要概念。这些控制策略对于确保微电网的持续运行是必要的。如果没有采取适当的控制措施，发生计划性孤岛或非计划性孤岛，微电网无法在孤岛模式下运行，也无法返回并网模式。

在切换到孤岛模式期间，初级控制是必要的，负责在此模式下微电网运行期间的频率和电压稳定性以及功率分配。在 4.2 节中可以看到，这个控制级别通常是由下垂控制来实现的，需要通过引入虚拟阻抗来保证无功功率平衡。然而如何确定虚拟阻抗的值以及如何使其适应负荷条件仍然是一个挑战，是近年来许多研究的主题。

二级控制作用于初级控制以补偿频率和电压的偏差。这种控制基本上保持微电网电压和频率接近标称值。在 4.3 节中提出了各种辅助控制方法可以在微电网中使用。然而，每种方法都有其优点和缺点，因此，改进二级控制仍然是一个研究热点和挑战。

最后，为了实现孤岛模式向并网模式的过渡，在 4.4 节中提出了微电网同步的主要标准和注意事项。两个系统的同步过程包括控制技术的应用，这些技术能够减少和几乎消除微电网和主电网之间的电压幅值、相位角和频率差异。这种同步控制对于保证并网事件期间的平稳过渡至关重要，避免损坏分布式发电源。

参 考 文 献

[1] Lasseter，R. H.：MicroGrids. 305-308（2002）.

[2] Lidula NWA，Rajapakse AD（2011）Microgrids research：A review of experimental microgrids and test systems. Renew Sustain Energy Rev 15：186-202. https://doi.org/10.1016/j.rser.2010.09.041.

[3] Planas E，Gil-De-Muro A，Andreu J，Kortabarria I，Martínez De Alegría I（2013）General aspects，hierarchical controls and droop methods in microgrids：a review. Renew Sustain Energy Rev 17：147-159. https://doi.org/10.1016/j.rser.2012.09.032.

[4] Katiraei F，Iravani MR，Lehn P（2004）Micro-grid autonomous operation during and subsequent to islanding process. In：2004 IEEE power engineering society general meeting，vol 2，pp 2175.

[5] Lopes JAP, Moreira CL, Madureira AG (2005) Defifining control strategies for analysing microgrids islanded operation. In: 2005 IEEE Russ Power Tech, PowerTech 21: 916-924. https://doi.org/10.1109/PTC.2005.4524548.

[6] Olivares DE, Mehrizi-Sani A, Etemadi AH, Cañizares CA, Iravani R, Kazerani M, Hajimiragha AH, Gomis-Bellmunt O, Saeedifard M, Palma-Behnke R, Jiménez-Estévez GA, Hatziargyriou ND (2014) Trends in microgrid control. IEEE Trans Smart Grid 5: 1905-1919. https://doi.org/ 10.1109/TSG.2013.2295514.

[7] Rocabert J, Luna A, Blaabjerg F, Rodríguez P (2012) Control of power converters in AC microgrids. IEEE Trans Power Electron 27: 4734-4749. https://doi.org/10.1109/TPEL.2012.2199334.

[8] Bidram A, Davoudi A (2012) Hierarchical structure of microgrids control system. IEEE Trans Smart Grid 3: 1963-1976. https://doi.org/10.1109/TSG.2012.2197425.

[9] Guerrero JM, Vasquez JC, Matas J, De Vicuña LG, Castilla M (2011) Hierarchical control of droop-controlled AC and DC microgrids-A general approach toward standardization. IEEE Trans Ind Electron 58: 158-172. https://doi.org/10.1109/TIE.2010.2066534.

[10] Katiraei F, Iravani R, Hatziargyriou N, Dimeas A (2008) Microgrids management control and operation aspects of microgrids. IEEE Power Energy Mag 54-65. https://doi.org/10.1109/MPE.2008.918702.

[11] Oliveira DQ, De Souza ACZ, Almeida AB, Santos MV, Lopes BIL, Marujo D (2015) Micro grid management in emergency scenarios for smart electrical energy usage. In: 2015 IEEE Eindhoven PowerTech, PowerTech 2015. https://doi.org/10.1109/PTC.2015.7232309.

[12] Oliveira DQ, Zambroni de Souza AC, Santos MV, Almeida AB, Lopes BIL, Saavedra OR.

[13] (2017) A fuzzy-based approach for microgrids islanded operation. Electr Power Syst Res 149: 178-189. https://doi.org/10.1016/j.epsr.2017.04.019.

[14] Shi D, Chen X, Wang Z, Zhang X, Yu Z, Wang X, Bian D (2018) A distributed cooperative control framework for synchronized reconnection of a multi-bus microgrid. IEEE Trans Smart Grid 9: 6646-6655. https://doi.org/10.1109/TSG.2017.2717806.

[15] Strunz K, Abbey C, Andrieu C, Campbell RC, Fletcher R (2014) Benchmark systems for network integration of renewable and distributed energy resources.

[16] 15. Yazdani A, Iravani R (2010) Voltage-sourced converters in power systems: modeling, control, and applications. Wiley, Hoboken, NJ, USA.

[17] Li C, Cao C, Cao Y, Kuang Y, Zeng L, Fang B (2014) A review of islanding detection methods for microgrid. Renew Sustain Energy Rev 35: 211-220. https://doi.org/10.1016/j.rser.2014.04.026.

[18] Dutta S, Sadhu PK, Jaya Bharata Reddy M, Mohanta DK (2018) Shifting of research

trends in islanding detection method-a comprehensive survey. Prot Control Mod Power Syst 3：1-20.

［19］ https://doi.org/10.1186/s41601-017-0075-8.

［20］ Fu Q，Nasiri A，Bhavaraju V，Solanki A，Abdallah T，Yu DC（2014）Transition management of microgrids with high penetration of renewable energy. IEEE Trans Smart Grid 5：539-549.

［21］ https://doi.org/10.1109/TSG.2013.2286952.

［22］ Gao F，Iravani MR（2008）A control strategy for a distributed generation unit in grid-connected and autonomous modes of operation. IEEE Trans Power Deliv 23：850-859.

［23］ https://doi.org/10.1109/TPWRD.2007.915950.

［24］ Li YW，Kao CN（2009）An accurate power control strategy for power-electronics-interfaced distributed generation units operating in a low-voltage multibus microgrid. IEEE Trans Power Electron 24：2977-2988. https://doi.org/10.1109/TPEL.2009.2022828.

［25］ Bakar NNA，Hassan MY，Sulaima MF，Na'im Mohd Nasir M，Khamis A（2017）Microgrid and load shedding scheme during islanded mode：a review. Renew Sustain Energy Rev 71：161-169.

［26］ https://doi.org/10.1016/j.rser.2016.12.049.

［27］ Tayab UB，Roslan MAB，Hwai LJ，Kashif M（2017）A review of droop control techniques for microgrid. Renew Sustain Energy Rev 76：717-727. https://doi.org/10.1016/j.rser.2017.03.028.

［28］ Guerrero JM，De Vicuña LG，Matas J，Miret J，Castilla M（2004）Output impedance design of parallel-connected UPS inverters. IEEE Int Symp Ind Electron 2：1123-1128.

［29］ https://doi.org/10.1109/ISIE.2004.1571971.

［30］ He J，Li YW（2011）Analysis，design，and implementation of virtual impedance for power electronics interfaced distributed generation. IEEE Trans Ind Appl 47：2525-2538.

［31］ https://doi.org/10.1109/TIA.2011.2168592.

［32］ Khayat Y，Guerrero JM，Bevrani H，Shafifiee Q，Heydari R，Naderi M，Dragicevic T，Simpson Porco JW，Dorflfler F，Fathi M，Blaabjerg F（2020）On the secondary control architectures of AC microgrids：an overview. IEEE Trans Power Electron 35：6482-6500. https://doi.org/10.1109/TPEL.2019.2951694.

［33］ Antoniadou-Plytaria KE，Kouveliotis-Lysikatos IN，Georgilakis PS，Hatziargyriou ND（2017）Distributed and decentralized voltage control of smart distribution networks：models，methods，and future research. IEEE Trans Smart Grid 8：2999-3008. https://doi.org/10.1109/TSG.2017.2679238.

［34］ Sun H，Guo Q，Qi J，Ajjarapu V，Bravo R，Chow J，Li Z，Moghe R，Nasr-Azadani

E，Tamrakar U，Taranto GN，Tonkoski R，Valverde G，Wu Q，Yang G（2019）Review of challenges and research opportunities for voltage control in smart grids. IEEE Trans Power Syst 34：2790-2801. https：// doi. org/10. 1109/TPWRS. 2019. 2897948.

[35] Ahumada C，Cárdenas R，Sáez D，Guerrero JM（2016）Secondary control strategies for frequency restoration in Islanded microgrids with consideration of communication delays. IEEE Trans Smart Grid 7：1430-1441. https：//doi. org/10. 1109/TSG. 2015. 2461190.

[36] Lou G，Gu W，Xu Y，Jin W，Du X（2018）Stability robustness for secondary voltage control in autonomous microgrids with consideration of communication delays. IEEE Trans Power Syst 33：4164-4178. https：//doi. org/10. 1109/TPWRS. 2017. 2782243.

[37] Han Y，Li H，Xu L，Zhao X，Guerrero JM（2018）Analysis of washout fifilter-based power sharing strategy-an equivalent secondary controller for islanded microgrid without LBC lines. IEEE Trans Smart Grid 9：4061-4076. https：//doi. org/10. 1109/TSG. 2017. 2647958.

[38] Dimeas AL，Hatziargyriou ND（2005）Operation of a multiagent system for microgrid control. IEEE Trans Power Syst 20：1447-1455. https：//doi. org/10. 1109/TPWRS. 2005. 852060.

[39] Palma-Behnke R，Benavides C，Lanas F，Severino B，Reyes L，Llanos J，Saez D（2013）A microgrid energy management system based on the rolling horizon strategy. IEEE Trans Smart Grid 4：996-1006. https：//doi. org/10. 1109/TSG. 2012. 2231440.

[40] Tang F，Guerrero JM，Vasquez JC，Wu D，Meng L（2015）Distributed active synchronization strategy for microgrid seamless reconnection to the grid under unbalance and harmonic distortion. IEEE Trans Smart Grid 6：2757-2769. https：//doi. org/10. 1109/TSG. 2015. 2406668.

[41] IEEE Standard Association：IEEE Std. 1547-2018. Standard for interconnection and interoperability of distributed energy resources with associated electric power systems interfaces（2018）.

[42] Lee CT，Jiang RP，Cheng PT（2013）A grid synchronization method for droop-controlled distributed energy resource converters. IEEE Trans Ind Appl 49：954-962. https：//doi. org/10. 1109/TIA. 2013. 2242816.

[43] Sun Y，Zhong C，Hou X，Yang J，Han H，Guerrero JM（2017）Distributed cooperative synchronization strategy for multi-bus microgrids. Int J Electr Power Energy Syst 86：18-28. https：// doi. org/10. 1016/j. ijepes. 2016. 09. 002.

达兰·艾奥瑞斯拥有电气工程硕士学位，在巴西一家水力发电厂的系统运营部门工作。他的研究方向包括电力系统运行、可再生能源和微电网。

保罗·蒂亚戈·德·戈多伊是巴西 itajub 联邦大学电气工程专业的博士生。主要研究方向为微电网运行与控制。

金·德·雷·费利斯贝托是西巴拉那州立大学电气工程硕士研究生，在巴西配电公司 Celesc 的 P&D 部门工作。他的研究方向涉及可再生能源、微电网和能源效率。

帕特里夏·波洛尼拥有电气工程硕士学位，是巴西微电力能源公司的微电网专家。她从事与存储系统和其他可再生能源的孤岛微电网项目，她的主要研究方向是微电网的控制和保护。

阿德里亚诺·巴蒂斯塔·德·阿尔梅达是巴西西巴拉州立大学电气工程教授。主要研究方向为电力与配电系统分析、微电网控制与运行。

迪奥戈·马鲁霍是巴西帕拉纳联邦科技大学的电气工程教授。主要研究方向为电力系统稳定与控制、人工智能在电力系统和微电网中的应用。

10

微电网的承载力与接地策略

A. B. Nassif

摘要： 微电网区别于传统的公用电网，在规划、设计和运行方面给系统运营商带来了新的技术挑战。其中两个问题是在与公用电网断开连接的情况下，微电网对可再生能源和基于逆变器的电源承载能力的问题。因此微电网的承载力和保护与接地方式是目前面临的主要挑战。本章提出了一种基于频率响应和频率保护装置的微电网承载力确定方法，主要通过电池储能和微网控制器解决微电网在孤岛模式运行时承载力不足问题。本章还提出了短路水平较低情况下的微电网的保护和接地方案。所提出的方法确保了系统的可靠性和安全性，同时从性能接地的角度确保了系统的有效接地。因此本文通过电压和频率的方式为系统提供保护，并通过实际算例验证了所提出方法的有效性。

10.1 引言

微电网有多种分类方法。目前普遍公认的分类方法将微电网分为五大类：校园、社区、偏远孤岛、军事基地和工商业微电网。另外一种常规的分类是将微电网分为两类，一类是连接到公共电网的校园、社区和工商业微电网，另外一类是孤岛运行的偏远地区和军事区微电网其中孤岛微电网由于其关键作用和成功案例，数量正在不断增加。

微电网在任意分类方式下均需要满足其在孤岛状态下的安全可靠运行。因此，系统需要满足一定的稳定性、电能质量、保护和接地方式等相关要求。电力系统规划方法和分布式能源渗透率会直接影响上述指标。本章通过两部分解决上述问题，第一部分阐述了微电网频率稳定性对基于逆变器的电源承载力的影响，

第二部分分析了微电网有效接地方式及保护方案的重要性。本章提出的方法主要是针对偏远的孤岛微电网，但同样适用于其他类别的微电网。

10.2 第一部分——微电网承载力

微电网可以连接到 BES 或者通过独立电源完全孤岛运行。如果与 BES 有连接，则通过北美电力可靠性公司（NERC）定义的一套电力可靠性标准来确保电网的可靠性和安全性，该标准由公用事业公司采用，并由监管机构强制执行。NERC 标准不适用于偏远孤岛微电网，但公用事业公司努力提供同等质量的服务。通常，微电网需要保持能量平衡以确保电压和频率在合理范围内。以下三个主要方面是基本可靠性服务的关注重点：

（1）频率支持：频率从标称值的增加和减少必须得到控制并恢复到正常水平。

（2）负荷平衡和倾斜：供应和需求必须始终紧密匹配。

（3）电压支持：必须控制电压，以确保有功和无功功率的预期流量。

虽然少量可变能源集成在微电网中通常没有问题，但更高的渗透水平需要采取措施以确保其不会干扰系统并引入可靠性问题。

逆变电源的高渗透率可能导致微电网的频率稳定性下降，原因如下：①缺乏惯性，或由于其电力电子接口导致惯性非常低，导致系统惯性矩总体降低，频率变化率增加；②根据 Kerdpohl 等人[1]、Shi 等人[2]和 Engleitner 等人[3]所述，基于逆变器的发电取代了旋转储备，这可能引起系统扰动进一步导致大频率偏移。目前针对这两种情况已经开展不少研究，本节主要针对第二方面原因进行研究。

微电网中的频率稳定性是一个参数，它会极大地限制逆变电源的承载力。因此需要安装储能或限制基于逆变器的电源容量。储能主要以 BESS 的形式存在，是微电网可靠运行的重要组成部分。随着可再生能源比例的增长，储能变得越来越重要。飞轮和电池储能等技术可以非常快速地响应需求的变化，在提供频率支持和储备容量方面相比于传统同步发电机更有效。BESS 可以作为电源或负荷，响应非常快，有助于提高系统的灵活性。

虽然 BESS 能够解决可变能源高度渗透系统中稳定性问题，但不是所有系统都配置 BESS。在某些实际工程项目中并未配置 BESS，而在其他工程项目中，BESS 可能在项目后期安装。在多阶段配置中，系统以首先配置尽可能多可变能源为主，并在随后阶段配置 BESS。在暂态运行中，若规划和设计不合理，微电网可能会出现不稳定。在这些情况下，构网装置通常是旋转同步发电机，例如燃气涡轮机或柴油往复式发动机。

为了满足该研究需求，Sumanik 等人[4]建议通过减少可再生能源装机或发电量来限制可再生能源渗透率，以确保系统功率平衡。Zrum 等人[5]研究内容与本章研究更为相关，提出了根据预定义波内的所监测频率和电压偏移程度来确定可再生能源最大渗透率。该研究基于一个小型北方孤岛电网的算例，针对算例系统对承载力进行深入研究，但仅局限于这个特定的算例，难以适用于其他不同的系统。

下一节介绍一种确定承载力的方法，可用于确定 BESS 接入之前可再生能源发电的最大渗透率。该方法与同步发电机在可再生能源发电功率骤减引起的大扰动情况下的运行能力和典型的继电器频率设置有关。结果表明，在大规模安装 BESS 之前，可以直接采用一组实用图表来指导可再生电源接入微电网。这些图表是为通用系统开发的，但灵敏度研究成果可以应用到任何微电网。

10.3 承载力的确定

确定最大承载力的原则是确保任意一台同步发电机都有足够的裕度，使其调速器能够从大扰动中恢复，而不会失去稳定性或出现过大的频率波动。在本节中，极端干扰表现为可再生能源发电量的突然减少。发电功率突变的典型例子是快速云层覆盖或者光伏逆变器穿越能力不足导致其在系统扰动（如横向故障）时跳闸。需要注意的是，IEEE Std. 1547[6]内容未涉及该类情况的低电压穿越，例如本标准Ⅰ类和Ⅱ类逆变器。在典型的微电网中，光伏发电厂的功率约为数百千瓦，发电功率骤减可能是瞬时发生的。

用于推导该方法的通用系统如图 10-1 所示。在这个系统中，若干同步发电机连接到一个公用母线。将终端电压设定为 4.16kV，作为该方法推导中的公用电压等级。本节中的分析不受该电压的影响。光伏发电厂连接在同步发电机电厂附近。系统总的等效负荷也在图中简化表示。基于该拓扑结构的具体算例分析将在本章后续章节展开介绍。

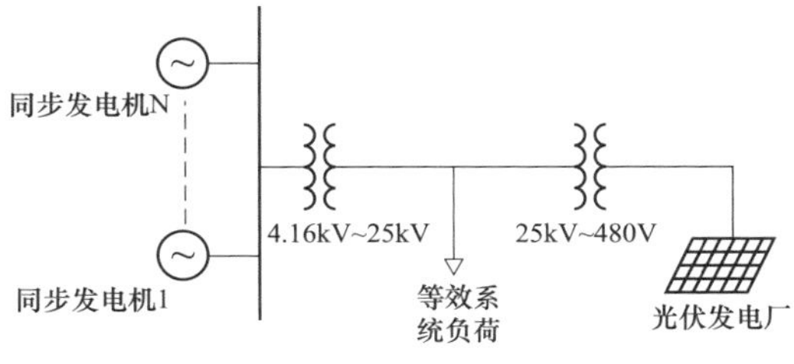

图 10-1　简化系统拓扑

本节主要研究干扰对系统频率响应的影响。考虑最坏条件的场景，假设如下：

（1）只有一台发电机满负荷运行。

（2）光伏发电厂输出功率在一个周期内降至零。

（3）系统负荷保持恒定功率及恒定功率因数。

不同规模光伏发电厂的结果如图 10-2 所示，结果表明不同渗透水平（运行负荷的百分比）的预期频率偏移。

在该仿真中，光伏系统在 5 秒时停止通电。该图表明，低至 28%的渗透水平可导致频率最低点接近 57Hz，而对于 83%的渗透水平，频率最低点靠近 51Hz。显然，某些渗透水平很可能会导致同步发电机频率继电器启动和跳闸，进而引起微电网停电事件，这是由于即使同步发电机有能力补充相应负荷，所有电源仍会因光伏逆变器断电而跳闸。

与其确定频率继电器是否会启动，不如确定频率偏离某个阈值的时间量。图 10-3 显示了随着光伏发电渗透水平的增加，频率下降到不同阈值（57、58Hz 和 59Hz）以下的时间。需要注意的是，对偏远微电网供电通常采用较为宽松的跳闸水平，加拿大北部的常见跳闸设置为 57Hz，延迟 3s。该水平低于适用于互联输电网的西部电力协调委员会（WECC）WECC 非标称频率要求（2003 年 12 月 5 日生效）和 OPP804 “非标称频率甩负荷和恢复”[7] 中规定的水平。因此，可以针对其进行敏感性研究，并可以将该图表的成果应用到其他系统。

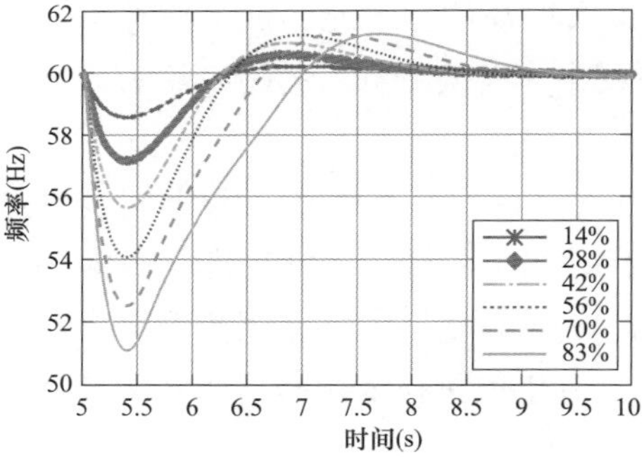

图 10-2　光伏场站的频率偏移

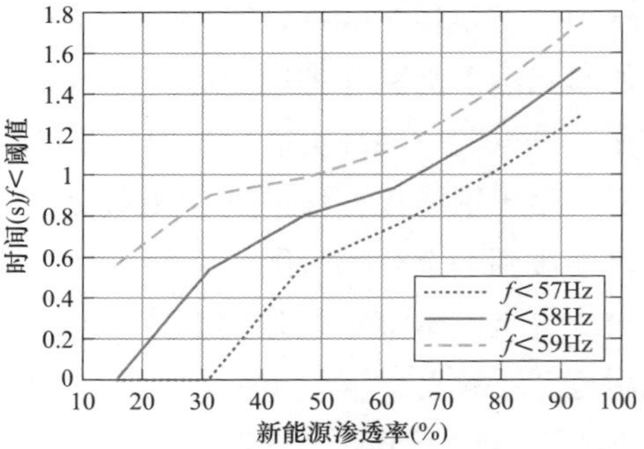

图 10-3　不同渗透率下频率下降到不同阈值以下的时间

10.4　承载力图表

图 10-3 中的图表是根据真实系统的参数和拓扑结构开发的。为了复现图 10-3 中的结果，同步发电机的参数设置如表 10-1 所示。该发电机是偏远微电网中使用的一个实际的单元。调速器和自动电压调节器（AVR）在调试（现场验收测试）期间进行了调整，其参数在本研究中没有变化。

表 10-1　　发电机铭牌

功率	X_d	X'_d	X''_d	H
1.43MW	1.56p.u.	0.29p.u.	0.17p.u.	0.6s

本节中给出的数字推导是通过在每个渗透水平上重复电磁暂态（EMT）模拟获得的，从而在同一图表中存储和绘制了数百个模拟数据。图 10-4 显示了发电机惯性常数（以秒为单位）对频率降至 57Hz 以下的时间的影响。正如预期，惯性常数越低，同步发电机对扰动的响应就越快，从频率下降中恢复得越快。惯性常数值越大，响应越慢，下降的时间越长。

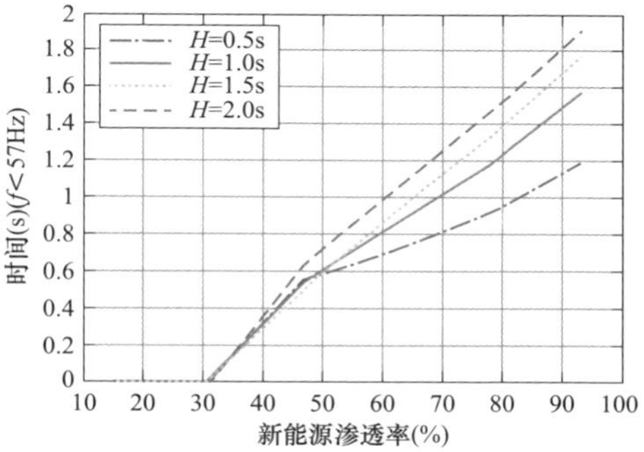

图 10-4　不同转动惯量下新能源渗透率敏感性分析

瞬时同步发电机负荷系数也是一个非常有影响的参数。当瞬时系统负荷变化时，发电机输出通常由调度策略控制，发电机出力顺序由工厂可编程逻辑控制器控制。当运行机组达到其额定输出的约 90%时，调度第二台发电机也是一种正常做法，以提供穿越扰动的旋转储备。直观地说，发电机负荷越大，从扰动中恢复的能力就越弱。这在图 10-5 中进行了量化。

最后，通过改变总负荷功率因数来分析其影响。直观地说，较低的负荷功率因数（滞后）将需要发电机产生 VAR（过励磁操作）。这种过励磁增强了励磁电压，增加了稳定裕度，使发电机对扰动做出更迅速的响应。图 10-6 证实了这一点，它量化了影响，并证实随着负荷功率因数的降低，频率下降持续的时间更短。该分析假设光伏逆变器在单位功率因数下运行，即其默认出厂设置。

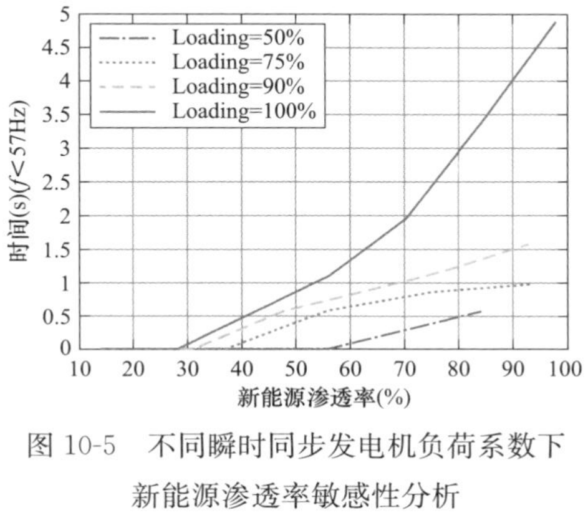

图 10-5　不同瞬时同步发电机负荷系数下新能源渗透率敏感性分析

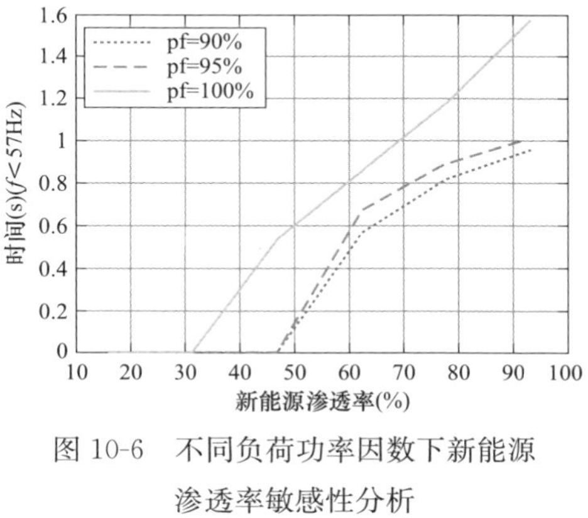

图 10-6　不同负荷功率因数下新能源渗透率敏感性分析

10.5 算例分析：偏远离网微电网-频率偏差

算例介绍了一个孤岛地区，它是加拿大阿尔伯塔省最古老的欧洲人定居点之一。目前，这里居住了三个民族的常住居民，总人口接近 900 户。这个地区没有天然气供应，居民只能依靠柴油供暖和供电。发电电压为 4.16kV，升压至 25kV。所有四台柴油发电机都是相同的，额定功率为 1.15MW/1.28MW/1.45MW（额定/启动/过载）。配电系统包括两条 25kV 馈线，它们为工厂附近的一些负荷供电，并向南延伸约 8km，为大部分城镇负荷供电。

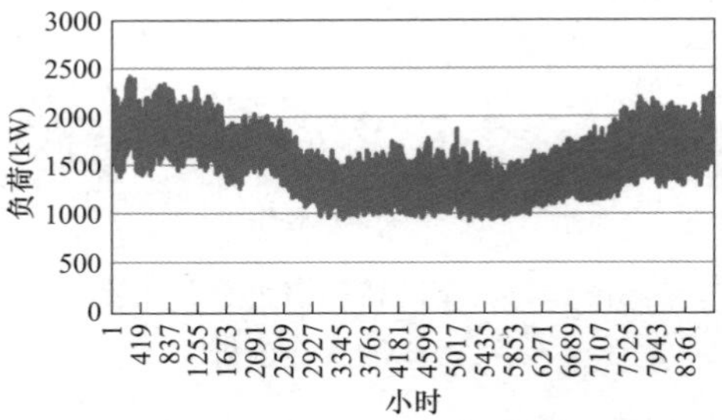

图 10-7 两个馈线合并的历史年负荷数据

两个馈线合并的历史年负荷数据如图 10-7 所示，其中包含 8760h 的负荷功率数据。数据表明，秋季和冬季的负荷较高，春季和夏季的负荷较低，这是北方地区是典型特点。在整个夏季，负荷足够低，只有一台柴油发电机组可以为整个区域供电，而在冬季夜晚，必须三台柴油发电机同时运行才能为系统供电。

该地区负荷空前增长以支持市政基础设施升级，如污水处理厂升级、抽水系统翻新和娱乐中心新建。该算例分析还包括截至 2023 年负荷增长敏感性分析，其部分结果如图 10-8 所示，分析包括三个预测水平，而各水平均表明经济将持续大幅增长。

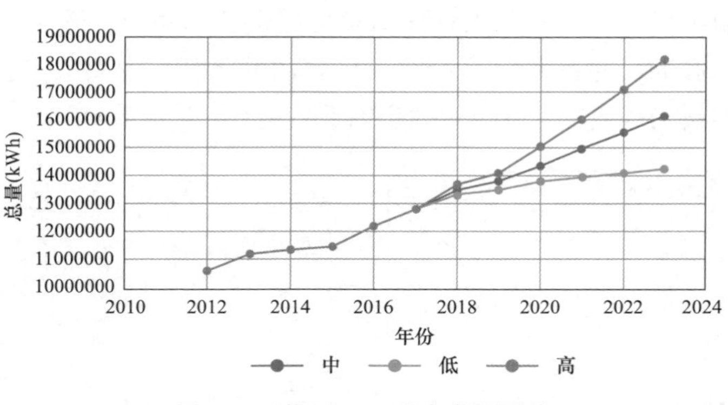

图 10-8 截至 2023 的负荷预测值

在冬季，该地区只能通过一条结冰的道路进入，平均耗时六周形成的冰路才能达到通过运油车的坚固程度。该地区面临的问题是，发电系统包含 12 个柴油罐，总储油量约 330 万 L。分析表明，柴油的储存量已经不能满足地区的用能需求。为了解决这一问题，电力公司提前进行了规划工作，分阶段建设两个光伏电站。2019 年，一座 450kW 交流/600kW 直流的光伏电站投入运行以供应部分负荷。建设该规模光伏电站是为了节约柴油以弥补瞬时的柴油短缺，同时兼顾系统频率稳定性。这是本章第一部分的重点内容，本章的第二部分内容将介绍项目的第二阶段：进一步扩建光伏电站并增加 BESS（蓄电池储能系统）。为进一步解决柴油存储量带来的问题，在 2020 年建立了一个更大的光伏电站，容量为 1.9MW 交流/2.2MW 直流，并且还使用了 1.6MW/1.6MWh BESS 和微网控制器。Nejabatkhah 等人文献说明了光储电站选取原因以及容量优化选取方法。

2019 年初安装的小型光伏电站位于柴油发电厂附近。光伏电站的规模是基于技术经济优化结果确定的，超出了本章节的范围。在技术要求中，根据前一节介绍的 EMT 分析，优化结果是不超过 600kW 直流/450kW 交流，简化系统图如图 10-9 所示。

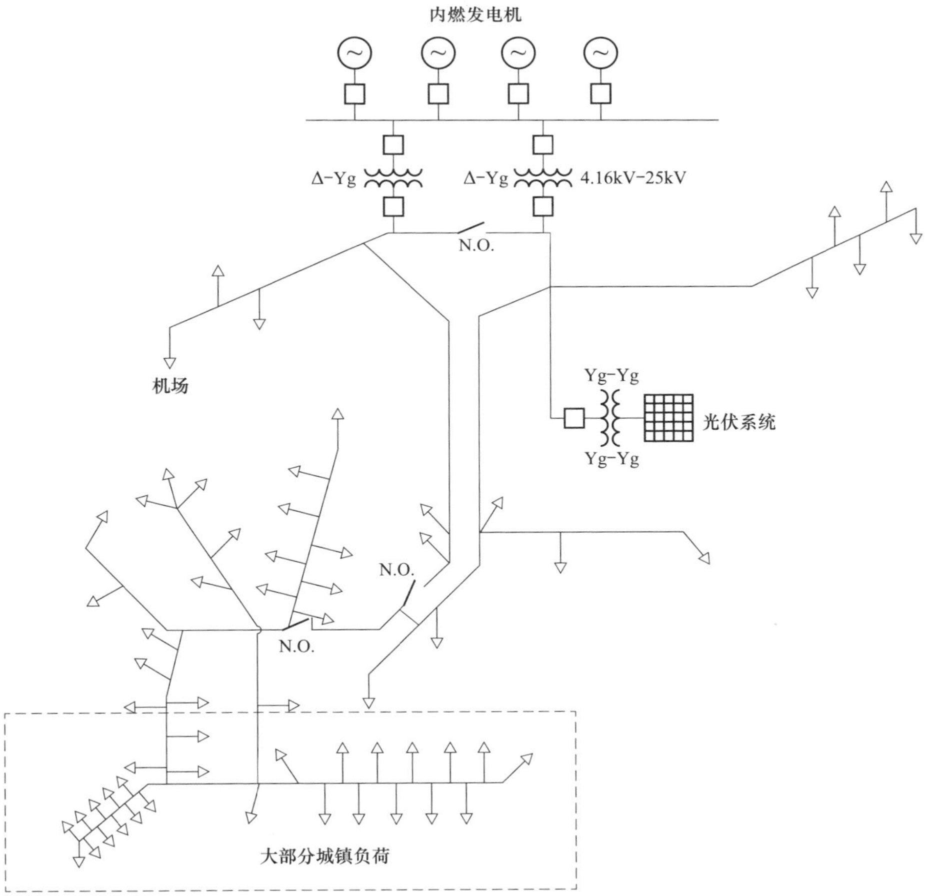

图 10-9 简化的系统图

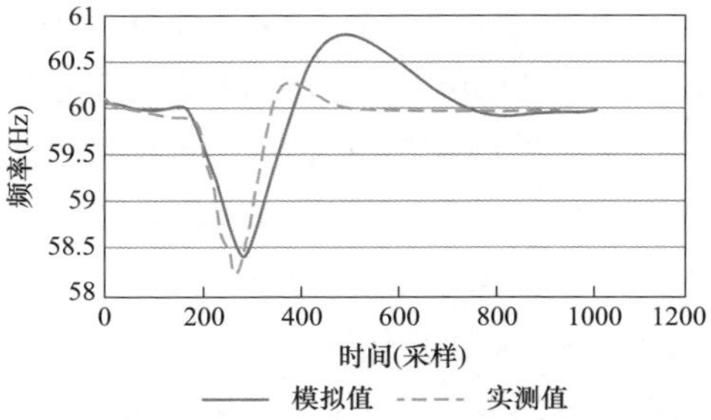

图 10-10　光伏离网后频率的模拟值和实测值

在光伏电站调试期间，测得满发功率为交流 450kW，两台发电机的功率均为 650kW。在满发情况下，拉开架空三相隔离器使光伏电站跳闸，实测数据与仿真数据对比情况如图 10-10 所示。虽然不完全匹配，但结果足够接近已验证模型和方法论。测量数据采用便携式功率质量监测仪获取，在 1024 个样本/周期的采样率下对三相电压和电流进行采样，并存储连续波形数据，然后进行数据处理并计算频率在内的若干系统参数。

对于算例分析来说，供电公司确定其大型光伏电站的容量为柴油发电机容量的 40%左右。该渗透率水平在大多数干扰下都可认为是安全的。

10.6　第二部分——微电网的保护和接地策略

连接到大电网系统的微电网已经建立了可靠的保护和接地方案，然而随着微电网的出现和普及，分布式能源造成的短路电流水平降低使得传统理论基础研究可能不再适用，需要重新考虑这些方案。传统过流设备将会限制分布式电源为主的微电网的运行。这可能会影响到保护的协调性和灵敏度，超出传统配电网理论基础。此外，由于大多数分布式能源作为恒定电流源运行且不提供接地电流，因此接地特性也成为微电网的一个基本问题。微电网必须有额外的接地源，并根据需求进行定容。本章后续部分介绍了实用的保护和接地方案及其应用。其中许多理论是针对实际的离网微电网而开发，结果强调了新理论在实际系统中必要性。

10.7　传统的保护理论

保护和接地是密切相关的课题，为了准确描述接地要求，首先介绍传统保护应用。配电系统保护主要采用非定向定时限过流保护，这些方法能够可靠地保护单源（例如变电站或发电厂）的系统。在多源系统中，当保护感应元件在稳态和短路条件下都可能经历反向电流时，就需要采用带有转矩控制的过流保护。当分布式电源主要为旋转同步机时，系统故障时能够提供较大的短路电流，因此此类改进方法是有效的。

然而，对于含有逆变器的电源而言，这些拓扑结构通常只提供很小（与其额定值相比）的短路电流，静态过流保护在这种情况下往往会失效。即使像 Brahma 等人[9]所描述的自适应保护方案也不一定能够实现故障检测，因为大多数逆变器提供恒定且平稳的电流输出。虽然并网储能逆变器通常可以提供不平衡负荷电流，但其故障时产生的故障电流通常与其额定稳态电流相当。因此，在含逆变器分布式电源（DERs）高比例接入的微电网中必须采用不依赖于故障电流检测的保护方法。同时，虽然研究人员在自适应保护方案方面取得了巨大进展，但对于远距离保护来说，这些方案仍较为复杂且商业成熟度较低。

在成熟的继电保护方法中，欠压保护已被应用于微电网，如 Zamani 等人[10]所述，欠压通常应用于发电机保护。因此，欠压元件用来保护发电机而非系统，因此可将其视为一种转变，因为：

（1）保护定值难以确定，欠压保护通常不用于配电系统；

（2）电压的预测较为困难，跳闸时间难以整定，且 EMT 模拟高度依赖建模假设；

（3）欠压和过流保护的时间特性相互独立，两种方法的协调不易实现。

基于上述原因，在当前技术成熟度下，特别是在运行风险较高的时候，孤岛微电网可能需要采用欠压保护。含逆变器的分布式电源（DERs）的优势在于这些逆变器通常更能够承受异常电压和频率，允许更宽泛的电压采集值。为了增加可靠性，还可以使用欠频保护。BESS 的电压和频率都不能简单地通过通用模型来描述。虽然供应商提供的模型可以通过短路分析来表征电压包络线，但频率保护需要进行 EMT 模拟，并使用非常精确的 BESS 模型。

10.8 微电网的有效接地

若干标准中规定，微电网的有效接地是电力系统安全稳定运行的必要条件。IEEE 标准 C62.92.1 强调了接地的重要性，并作为其前言。“接地应用并没有简单的解决方案。解决接地问题的多种可能方案中，每一种都有至少一个突出的特性，但这些特性往往是以牺牲其他同样重要的特性为代价得到的。”

在微电网与电力系统的背景下，保护和接地的要求是存在矛盾的。临时过电压（TOV）通常是由于接地故障期间接地电流不足而引起的。典型且极端的例子是三线三角形系统，在此情况下，接地故障会导致两个正常相位升高到线电流，而故障相位则不提供任何接地故障电流。相反，一个接地的系统正常相不会发生电压上升，但会有大的接地故障电流（$Z_0=Z_1$）。因此，足够的接地源可确保将 TOV 降低到正常的水平。当接地源分布在整个配电系统中，将导致主电源（变电站或发电厂）的故障电流减小，进而导致过流保护元件的敏感度降低，Nassif[12]叙述了这种现象。如图 10-11 所示，分布式电源故障的导致变电站故障电流减小，进而导致分布式电源馈线上过流保护敏感度降低。

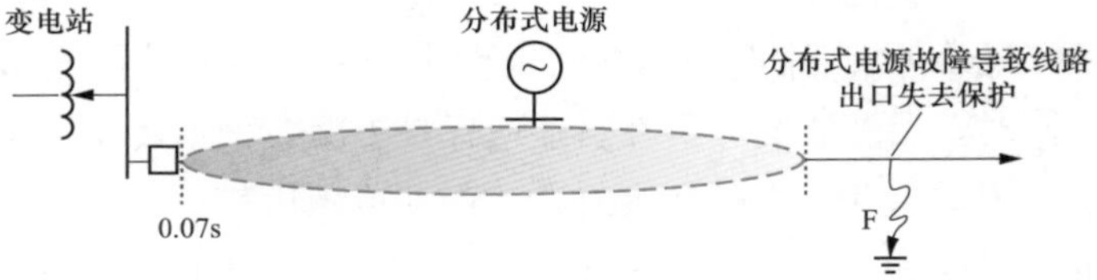

图 10-11 分布式电源故障影响示意

对于仅存在正序网络的对称故障，变电站故障电流可由式（10-1）表示。

$$i'_{S\_f}=i_{S\_f}-i_{G\_f}\times\frac{Z_{L2}}{Z_S+Z_{L1}+Z_{L2}} \tag{10-1}$$

式中，Z_S 为变电站电流源的正序阻抗；Z_{L1} 为变电站和分布式电源之间线路的正序阻抗；Z_{L2} 为分布式电源和故障之间线路的正序阻抗；i_{S_f} 为过流保护的整定值；i_{G_f} 为分布式电源的短路电流。

同样，因分布式电源导致的单相接地故障的故障电流由式（10-2）表示。

$$i'_{S\_f0}=\frac{V_0}{Z_{S\_0}+Z_{L1\_0}+Z_{L2\_0}+\left(\frac{[Z_{S\_0}+Z_{L1\_0}]\times Z_{L2\_0}}{Z_{G\_0}}\right)} \tag{10-2}$$

式中，Z_{S_0} 为变电站电流源的零序阻抗；Z_{L1_0} 为变电站和分布式电源之间线路的零序阻抗；Z_{L2_0} 为分布式电源和故障之间线路的零序阻抗；Z_{G_0} 为分布式电源的短路电流；V_0 为设备的零序电压。

可以看到，分布式电源将大接地电流注入故障元件将使上游保护元件敏感度降低。如下所示，这代表了保护和接地之间的要求是对立的，必须打破这个平衡。本章节回顾了接地参数和根据计算分类的保护手段。

10.8.1 接地程度和有效接地

IEEE 标准 142[13]描述了有效接地的要求，给出了接地程度参数（K）。

$$K=Z_0/Z_1 \tag{10-3}$$

根据 IEEE 标准 142，如果某点通过足够低的阻抗接地，能够满足在所有系统条件下，X_0 与 X_1 比值为正且不大于 3，且 R_0 和 X_1 的比值为正且不大于 1，则称为有效接地。TOV 也可以表示接地度（K）的函数。

10.8.2 暂态过电压（TOV）

暂态过电压的定义是在接地故障期间无故障（正常）相的最高相电压与故障前电压（两者都是相对地电压）之间的电压比。可以证明 TOV 可以表示为接地度 K 的函数（为节省空间，省略证明）：

$$TOV=\left|\frac{1-K}{2+K}+1\angle-120°\right| \tag{10-4}$$

通过这个方程可以看出：

当 $K=1(Z_0=Z_1)$ 时，$TOV=1$（这种情况被称为完全接地）

当 $K=3$ 时，$TOV=1.25$（边界条件）

当 $K=\infty(Z_0=\infty)$ 时，$TOV=\sqrt{3}$（这种情况被称为不接地）

10.8.3 接地系数和有效接地系数

根据 IEEE 标准 141[14]和 142[13]的解释，接地系数（COG）定义为在线对地故障会影响一个或多个相位时，选定点的声相上的最高工频电压均方根值。可表述为：

$$COG=\frac{V_{\text{max-line-to-ground}}(\text{故障期间})}{V_{\text{line-to-line}}(\text{故障前})} \tag{10-5}$$

如果 COG 低于 80%，则称为有效接地。这个方程等价于：

$$COG=\frac{V_{\text{max-line-to-ground}}(\text{故障期间})}{\sqrt{3}\times V_{\text{line-to-ground}}(\text{故障前})} \tag{10-6}$$

如 IEEE 标准 141[14]中所述，有效接地系统条件定义为 $TOV=\sqrt{3}\times0.8=138\%$ 。138%的有效接地阈值与 IEEE 标准 142[13]中给出的标准不同，后者大致为 125%左右。这导致电力公司会采用不同的标准检验系统接地特性，特别是在接入 DER 时。

10.8.4 DER 接地实证

DER 互连标准，如 IEEE 1547—2018[6]和加拿大标准协会 CSA C22.3 No.9：2020[15]，给出了 DER 互连时可能出现的几种接地情况。然而，没有任何标准规定变压器绕组的配置对互连是必要的，允许电力公司自由选择如何实现有效接地。正如 Vukovejic 和 Lukic 所述，一些电力公司不允许将 DER 变压器配置为 Δ-Yg（低压侧为 Δ），因为该变压器提供了低阻抗接地路径，有效地减少了由于馈电效应而流经上游保护装置的接地电流（参考文献［12］）。如果这种配置占主导地位，具有较高渗透率的系统可能面临难以管理的情况。

由于上述原因，配电公司通常需要将升压变压器配置为 Yg -Δ（低侧 Yg ）或 Yg-Yg 。根据 Vukojevic 等人所述[16]，Yg -Δ 配置能够明显阻断任何接地故障电流流入配电系统，有效地消除了馈电效应。然而，如前一节所述，这对接地度和接地系数有负向影响。同样的，用于光伏发电的串式逆变器和中心逆变器通常是三角连接或星形连接，不提供零序电流，因为它们被严格构建为平衡电流源。因此，除非 Δ-Yg 配置，光伏发电机不会对接地故障产生任何接地电流。这是配电公司对 DER 通过馈线并入 BES 的常见方法。

然而，微电网的应用是不同的。如前所述，与 BES 互连的微电网或由独立发电厂提供的微电网可能与变电站接地参考隔离，并且在孤岛运行时需要提供接地源为接地负荷供电。因此，需要一个参考接地点。可将该参考接地点纳入电网，当微电网孤岛运行时，它可以作为 BESS，通过 Δ-Yg 配置作为 BESS 升压变压器实现，或者通过安装一个额外的接地变压器实现（在下一节中讨论）。

采用 Δ-Yg 配置有以下优点：

（1）降低 K 值，提高弱系统接地系数。

（2）减小 BESS 逆变端故障的故障电流，从而减少接地故障的电弧能量。

（3）允许安装在升压变压器高压侧的保护装置进行过流检测，因为该配置能放大接地故障电流。

因此，电力公司可以选择在配电馈线上提供接地参考，或采用 Δ-Yg 变压器，或安装接地变压器。

10.8.5 接地变压器设计

接地变压器可以有几种配置。在配电系统应用中，接地变压器通常是 Zig-Zag -Δ 或 Yg -Δ（低压侧 Δ 绕组可拆卸）。接地变压器通过提供极低阻抗的零序通路来提供接地源。图 10-12 给出接地变压器设计。在本概念设计中，在阻抗为 Z_{S1} 和 Z_{S0} 的系统中安装一个阻抗为 Z_{T1} 和 Z_{T0} 的接地变压器。

新的零序系统阻抗 Z_{0_New} 可以根据式（10-7）计算（考虑到典型变压器的高 X/R 比，假设系统的正序阻抗不会显著改变）。

$$Z_{0\_New}=Z_{S0}/Z_{T0} \tag{10-7}$$

利用有效接地判据（$K=Z_0/Z_1<3$），Z_{T0} 可由式（10-8）求得。

$$K=\frac{Z_{0\_New}}{Z_1}=\frac{(R_{S0}+jX_{S0})(jX_{T0})}{R_{S0}+j(X_{S0}+X_{T0})}\times\frac{1}{(R_{S1}+jX_{S1})}\leqslant 3 \tag{10-8}$$

所需的变压器额定电压，以千伏安为单位，可以通过式（10-9）计算。

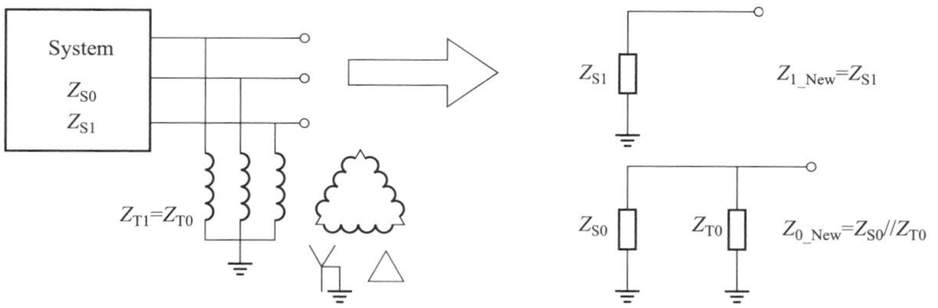

图 10-12　接地变压器连接示意图及对零序等效网络的影响

$$S = \%Z_{\text{base}} \times V^2 / Z_{T0} \tag{10-9}$$

此外，根据 IEEE 标准 C57.109[17]对油浸式变压器通过故障的最低要求（损坏曲线）进行了适当评定，验证系统故障时变压器不会损坏。这是最低制造要求，具有故障电流（$3I_{T0}$）和故障清除时间相关的衰减曲线。IEEE Std. C57.109[17]计算过程如图 10-13（衰减曲线）所示，一个接地变压器样本的故障贡献（从短路软件中获得）如竖线所示。本例仅用于说明，不具有代表性，变压器对接地故障的贡献约为其额定电流的 7 倍，如果故障持续时间超过 28s，变压器将受到损坏。

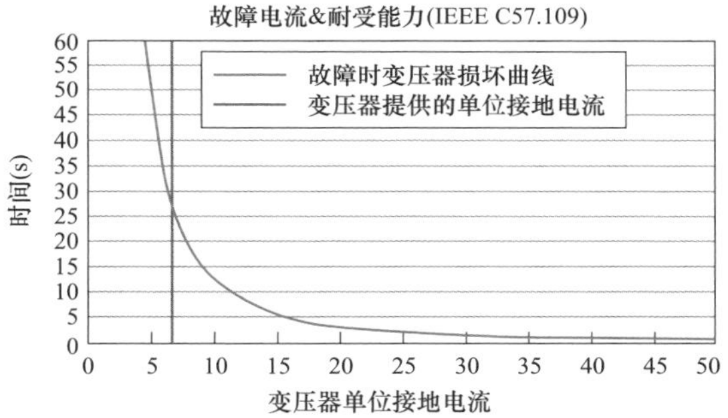

图 10-13　故障时变压器损坏曲线与
变压器提供的单位接地电流

10.9　算例分析：偏远离网微电网保护与接地特性

上一节介绍的偏远离网微电网将在 2020 年进一步改造，配备更大的光伏系统和 BESS。由于大多数微电网具有高渗透率的逆变电源，算例系统具有许多与其他类似规模微电网相同的局限性。用于解释性能接地和保护概念的算例与本章第一部分如图 10-7 所示的系统相同。

该地区土壤多石多沙，土壤电阻率非常高。为了改善接地故障检测，两条馈线都有一个连续的多接地中性点（MGN），Vukojevic[18]认为该方法也常应用于其他微电网。该方法常见于接地电阻高的系统中。在所安装各种电极的综合作用下，MGN 具有降低总体接地故障电阻的预期效果。如果在电极安装处测量的土壤电阻不符合设计标准，通常需要安装接地装置，以增加接地故障电流，使传统的保护装置能够在接地故障时工作。

图 10-14 显示了实际微电网系统的单线图，用于研究保护和接地技术的应用，与图 10-7 所示的系统相同，但新增配置规模为 1.9MW 交流/2.2MW 直流的二期光伏发电，并增加了规模为 1.6MW/1.6MWh 的 BESS 和微电网控制器。发电机及其升压变压器已在前几节中介绍。

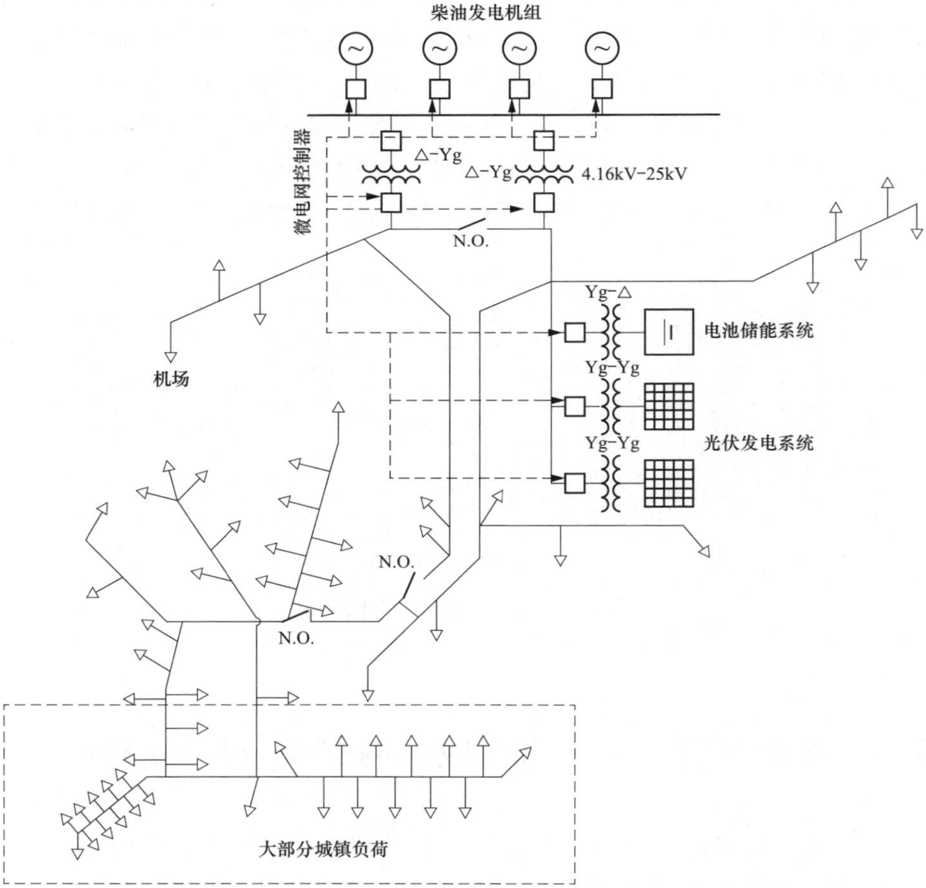

图 10-14　安装了 DERs 和微网控制器的偏远离网微网

微网控制器的结构如下：如图 10-14 中所示的各元件都安装了一个分散的微电网控制器，包括四个发电机、主馈线断路器和重合闸、光伏系统和 BESS，用虚线表示，使系统可见性和可控性上限更高。Nejabatkhah 等人[8]提出了 DER 容量和拓扑优化方法，本章不做论述。

10.9.1 孤岛模式下允许的短路电流

离网微电网配置一个 1.6MWh 的 BESS 和一个总计 1.9MWh 的光伏系统，其逆变器短路能力由制造商提供，分别为 1.13p.u. 和 1.0p.u.，是最大线-线-线（LLL）故障结果。相反，BESS 通过 Δ-Yg（Δ 低侧）变压器耦合，导致大量的线-地（LG）故障（原因为变压器，而不是 BESS）。因此，不可能使用过电流保护元件来充分保护系统的 LLL 故障，只能保护 LG 故障。表 10-2～表 10-4 显示了当微电网并网时，每个元件（柴油发电机、光伏发电机和 BESS）对 LLL、LG 和受阻 LG（20Ω）故障的故障电流结果。当在并网模式下运行，安装在 BESS 和光伏共耦合点（PCC）的中压故障断路器不会跳闸，因为其没有启用自动重合闸。表 10-2 中，DiG 表示发电机，I_Plant 表示在馈线始端检测到的柴油发电机流出电流。柴油发电机的过电流保护受 DER 的影响不大，可以像互连之前一样有效。但对于接地故障，由于影响显著，馈线始端检测到的故障会减少多达 30%，但其仍有可能满足现有保护准则。

表 10-2　　线路末端 LLL 故障的短路结果

LLL I=IP [A]	1 DiG	1 DiG+BESS	1DiG+ BESS+PV	2 DiG	3 DiG	3 DiG+ BESS+PV
I_total	123	160	214	214	282	357
I_Plant	123	121	117	214	282	269
I_BESS		39	38			34
I_PV			46			42
V_DiG	390V	480V	600V	720V	1000V	1080V
V_BESS		50V	60V			100V
V_PV			70V			120V

表 10-3　　线路末端 LG 故障的短路结果

LG _ 0Ω I=3I0 [A]	1 DiG	1 DiG+BESS	1DiG+ BESS+PV	2 DiG	3 DiG	3 DiG+ BESS+PV
I_total	192	223	278	291	348	407
I_Plant	192	137	167	291	348	245
I_BESS		86	104			153
I_PV			6			9
V_DiG	900V	1000V	1000V	1240V	1470V	1530V

续表

LG _ 0Ω I=3I0 [A]	1 DiG	1 DiG+BESS	1DiG+ BESS+PV	2 DiG	3 DiG	3 DiG+ BESS+PV
V_BESS		100V	110V			140V
V_PV			130V			280V

表 10-4　　线路末端 LG 受阻故障的短路结果

LG_20Ω I=3I0 [A]	1 DiG	1 DiG+BESS	1DiG+ BESS+PV	2 DiG	3 DiG	3 DiG+ BESS+PV
I_total	176	199	235	242	272	299
I_Plant	176	123	141	242	272	180
I_BESS		76	88			112
I_PV			6			7
V_DiG	1000V	1100V	1270V	1500V	1700V	1830V
V_BESS		110V	1300V			180V
V_PV			210V			270V

表 10-5 显示了孤岛运行（当 BESS 接入电网时）的短路结果。与表 10-2～表 10-4 所示的结果形成鲜明对比的是，过电流保护不再起作用。

表 10-5　　线路末端故障短路结果（孤岛模式）

	LLL（I=IP）	LG_0Ω I=3I0 [A]	LG_20Ω I=3I0 [A]
I_total	102	140	132
I_Plant	0	84	80
I_BESS	40	52	50
I_PV	48	3	3
V_DiG	220	930	740
V_BESS	30	110	90
V_PV	40	70	120

10.9.2　电压偏移和欠压保护

电压包络线通过短路分析得到。并网模式下计算电压如表 10-2～表 10-4 所示，孤岛模式下的计算电压如表 10-5 所示。需要注意，DiG、BESS 和光伏电站的基准电压分别为 4.16kV、480V 和 600V。计算结果表明，无论是并网模式还是孤岛模式，BESS 和光伏电站（在其低压母线上测量）的电压降处于相同的数量级。

10.9.3　接地性能评估

表 10-6 为并网时（前 5 列）和孤岛时（最后一列，记为 BESS+光伏）的系

统参数，采用相同的短路软件计算得到。需要注意，柴油发电机的升压变压器并没有从系统中移除，因为整个电站仍处于通电状态，使升压变压器充当了电源（本质上是变压器接地到系统中）。

可以得出：

（1）零序阻抗在不同运行场景下变化不大。原因是，该系统始终与柴油发电机升压变压器相连。由于其 Δ-Yg 配置和容量大小（每个 4MVA），作为主要的系统接地源。BESS 升压变压器（2MVA Δ-Yg 变压器）提供的额外接地源只减少了约 17%的 X_0。最后，系统多次接地中性点有助于降低接地度。

表 10-6　　并网和孤岛模式的系统特性

	1 DiG	1 DiG+BESS	1DiG+BESS+PV	3 DiG	3 DiG+BESS+PV	BESS+PV
R_0	16	15	15	16	15	15
R_1	12	11	11	12	11	13
X_0	24	20	20	24	19	20
X_1	116	89	66	49	38	141
X_0/X_1	0.2	0.2	0.3	0.5	0.5	0.14
R_0/X_1	0.14	0.17	0.24	0.3	0.4	0.1
K	0.25	0.28	0.6	0.6	0.6	0.18
TOV	0.8	0.9	0.94	0.9	0.97	0.94
COG	0.45	0.5	0.54	0.5	0.6	0.54

（2）正序阻抗在很大程度上取决于系统配置。电源越多（同步发电机越多），X_1 就越小。需要注意，当系统运行在孤岛模式时，BESS 和光伏的等效模型会导致 X_1 非常大，该现象取决于 BESS 和光伏逆变器模型假设正确。

（3）系统在各种运行场景下都能有效接地。两种微网运行场景 K 均小于 3。

（4）计算得到的 TOV 小于 125%，保证了两种微网运行场景下的有效接地。实际上，在所有运行场景下，TOV 都小于 100%，导致系统发生完全接地的接地故障时不存在非故障相电压升高。计算所得 COG 小于 80%，符合 IEEE Std. 142[13]的有效接地条件。

10.10　微电网运行、保护理念与恢复策略

在系统中整合光伏和 BESS 装置并将其转换为微电网需要的新保护装置和保护原则。尽管微电网的话题已经流行了二十多年，但大多数研究都是概念验证或示范项目。2018 年 Vukovejic 提出了一个算例，采用独立的接地变压器，不用

DER升压变压器引入接地源。已经有一些孤岛微电网实现了类似模式，但目前为止还没有关于如何管理性能接地的共识建议。因此，不存在“传统”或“参考”拓扑。本节介绍适合该系统独特条件的性能接地管理策略。以下措施是微电网并网的重要决策。

10.10.1 BESS变压器配置

1.6MW的BESS与一个2MVA，25kV-480V的绝缘变压器相连。通过比较变压器绕组结构，选择Δ-*Yg*绕组结构。该配置的BESS变压器具有以下优点：

（1）此升压变压器适用于提供单相对地负荷。增加了一个接地源，即使柴油发电机完全从系统中移除，也可以非计划性恢复馈线。

（2）该配置在孤岛模式下运行时无需在微电网中安装接地变压器。

（3）降低接地度、TOV、COG，提高接地性能。

这种配置的缺点是：

（4）附加接地源对主馈线中断器敏感性降低。如表2所示，I_Plant从断开BESS时的192A减少到连接BESS时的137A，减少了约29%。原接地过电流检测值为50A，适合检测LG故障，但延时较长。分析表3可以得出类似的结论，表10-3给出了一种受阻故障的结果。文献[12]具体分析了降低敏感性的作用。

（5）对于LG故障，BESS将有较大馈入（见表2和表3中的I_BESS）。为了正常运行，BESS过电流保护需要通过电压（极化）转矩控制。

总的来说，即使考虑到上述缺点，也可以选择Δ-*Yg*配置，因为其与柴油发电机馈线隔离运行的灵活性（现在不需要，但将来可能会需要）。

10.10.2 BESS和光伏断路器的过电流和重合闸设置

主要通过预先设定目标和故障状态对光伏和BESS故障断路器进行设置。具体设置如下所示：

主馈线（主要与BESS和PV以及大部分负荷相连）：相位阈值100A，接地阈值40A。首次跳闸为保险快速跳闸，末端保护装置不参与动作；再次重合闸可以使过载电流平滑，并且具有相同阈值。

邻近馈线（主要供应城镇机场）：相位阈值80A，接地阈值40A。与主馈线的情况相同，该馈线在断路器首次跳闸时也具有熔断器快速跳闸功能。

10.10.2.1 自动重合闸原理

上述断路器都对分布式电源具有保护作用。因此，上述设备主要保护公共连接点以上设备，对配电系统并不具备保护作用。因此，不启用自动重合闸。但根据运行和恢复算法的要求，微电网控制器可以没有人为干预的情况将其关闭。

10.10.2.2 电压极化（转矩控制）

根据前文和表10-4所示，PV故障表现与其稳态输出电流相关（参见I_PV中的LLL故障）。因此，光伏断路器不需要电压极化，相位阈值80A，接地阈值40A，曲线与馈线设置相同。

然而，对于BESS，虽然短路电流仅略高于LLL故障的额定输出（但仍低于给定阈值，参见表10-4中的I_BESS），但对于LG故障（参见表10-4中LG算例中的I_BESS），短路电流较高，超过给定的接地阈值。后者是由于变压器绕组配置，在前一节已经讨论。因此，BESS断路器的设置与光伏断路器的设置相同，但采用了电压极化，以避免配电系统的前端故障跳闸，该故障由主馈线故障断路器切除。

对于发生故障的系统，在主馈线断路器开断后，光伏逆变器通过在其终端感知低电压检测故障，并主动采用防孤岛方案。BESS原理与此相同，将在下一节中进一步讨论。

10.10.3 PV和BESS逆变器电压设置及其他参数

为了确定欠压设置以检测系统中的故障，本文模拟了最坏情况，即相邻馈线末端发生故障。BESS和光伏提供的故障电流为零，因为它与低压侧采用Δ连接的两个厂用变压器串联，阻断了零序路径。结果如表10-7所示，光伏和BESS输出电流较低，无法激活任何保护元件。因此，在这种情况下欠压条件下需要使用其他元件（27）。同时即使相邻馈线发生开断故障，BESS和PV的电压也会降至标称电压的50%以下，从而在160ms内触发PV电站停止通电（符合IEEE标准1547的要求[6]），并且易于在BESS设置中设置。

表10-7　相邻馈线末端故障短路结果（孤岛模式）

	LLL (I=IP)	LG_0Ω I=3I0 [A]	LG_20Ω I=3I0 [A]
I_total	88	124	120
I_Plant	88	124	120
I_BESS	35	0	0
I_PV	42	0	0
V_DiG	244	1070	860
V_BESS	60	135	118
V_PV	70	90	121

10.10.4 孤岛配置（变压器接地）

接入微电网的负荷主要为单相负荷。因此需要稳定运行的接地电源，确保在故障条件下能够进行接地故障检测。因此，在系统中安装 BESS 与 Δ-Yg（Δ 低压侧）变压器。上述配置提高了系统灵活性，可以操作右侧馈线，通过相邻的馈线孤岛运行。

此外，如下节所示，当微电网以孤岛模式运行时，必须使用柴油发电机为整个场站提供电能。升压变压器充当了强地源（本质上是系统的接地变压器）。具体如图 10-15 所示。

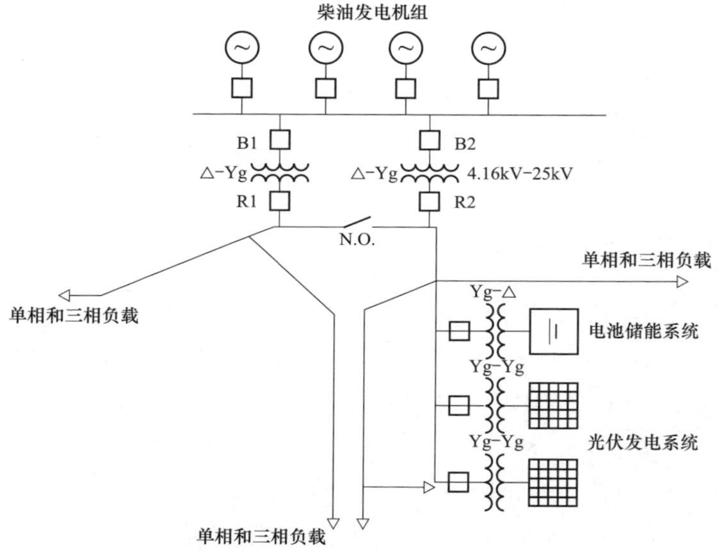

图 10-15　微电网接地源拓扑

为了允许相邻馈线供电，重合闸 R1 和 R2 以及低压断路器 B1 和 B2 必须始终关闭。厂用变压器成为两个馈线的地源。在变压器不连接的情况下，该配置方法不能实现有效接地。

10.10.5 基于联锁的 BESS 操作

为了提高系统安全性，当断路器 B1—B2 和重合闸 R1—R2 处于断开状态时，微电网控制器逻辑发送信号断开 BESS 与系统的连接。该控制决策基于以下逻辑：

断路器 B1 或 B2 只有在工厂升压变压器出现故障时才会跳闸，需要人工干预进行诊断和故障排除。然后通过手动方式恢复。

重合闸 R2 跳闸和自动重合闸可能导致柴油发电机和 BESS 之间的不同步关闭。

重合闸 R1（相邻馈线）跳闸和自动重合闸可能导致与第五台发电机的重合闸不同步（见下一节）。

10.10.6 五号机组与微网控制器联锁

考虑到该地区的负荷增长，第五台柴油发电机已在冬季并网，并且满足 N-1-1 应急需求。当需要三台发电机来为社区供电时，将导致只有一台备用发电机。如果该发电机处于临时维护状态，将造成全系统停电，因为社区中的所有负荷都很重要。根据 ISO 标准，隔离电源是传输的代理，可用性必须达到相同的标准。因此，需要第五台柴油发电机。该机组通常连接在重合闸开关 R1 的下端。为了避免潜在的不同步重合闸，如果 R1 跳闸，微电网控制器将指示 BESS 脱机。

即使在大型可再生能源工厂和 BESS 安装之后，这种发电机也是必要的。

10.10.7 BESS 重合闸逻辑

停用 BESS 故障中断中的重合闸。原因如下：

（1）在并网模式下，不应该启用重合闸，因为断路器只保护 BESS 升压变压器，易产生永久性故障。

（2）为了简化和避免两组设置，决定在孤岛模式下不启用。

（3）即使在孤岛模式下启用了重合闸，BESS 在任何情况下无法通过其行程和重合闸，因为整个光伏电站在遇到停电时会跳闸，并且在 5min 内不会恢复供电，需要进入电站恢复程序。

10.10.8 恢复步骤和黑启动

预计微电网的配置不会对系统的稳定性和可靠性产生明显的干扰。因此不需要修改微电网实施之前的黑启动程序。目前，如果发生系统范围的停电，可以通过以下步骤恢复系统：

（1）工厂操作员启动所有可用的柴油发电机。微电网控制器引导 BESS 和光伏脱机。

（2）发电机断路器闭合，给电厂 4.16kV 母线通电。

（3）断路器 B1 和 B2 之间有 1min 的延时合闸。

（4）重合闸 R2 关闭。当系统出现故障时，由维修人员进行正常的故障查找、隔离和恢复。如果没有系统故障，执行下一步。

（5）重合闸 R1 关闭。当系统出现故障时，由维修人员进行正常的故障查找、隔离和恢复。如果没有系统故障，执行下一步。

（6）在设定的延时时间（设置为 3min）后，如果系统电压和频率正常，则 BESS 以电网跟随模式启动。

（7）经过一段可设置的延时后（默认为 5min，详见 IEEE Std. 1547[6]），如果系统电压和频率正常，则光伏发电以电网跟随模式（光伏逆变器唯一可运行模式）开始运行。

10.11 结论

本章涵盖了微电网中逆变电源的承载力和接地要求。

所提出的承载力确定方法提出了一种确定在配置 BESS 之前可以以孤岛模式集成的基于逆变器可再生能源发电的最大渗透水平。上述方法主要基于频率响应和频率保护。在安装 BESS 和微电网控制器的情况下，才能安装可再生能源发电。本章建议使用一套实用的图表来作出这一决定。通过了解频率继电器设置，该图表解决了主机容量大小选择的问题。当存在其他小型住宅可再生能源发电机组时，则不需要将其包括在图表中，原因有两个：

（1）与电网的可再生能源发电系统规模相比，上述规模较小，可以被忽略。

（2）由于没有被完全相同的保护装置断开，这些设备不太可能经历完全相同的能量输出停止速率。

保护和接地是微电网最复杂和最重要的课题之一。确保配电系统的有效接地和足够灵敏的保护至关重要。虽然实际微电网部署的经验提出了管理性能接地的不同方法，但没有统一的执行标准。为此，本文制定了一项性能接地策略。非常重要的是，在孤岛操作下需要接地源，将被 BESS 升压变压器替代，配置为 $\Delta\text{-}Yg$ 。此外，还提出了保持馈线供电变压器的连接方案，以进一步降低 COG 和 TOV。保护行为也发生了变化，因此短路水平的降低，特别是线对线接触的短路水平的降低，这是基于逆变器发电高渗透的预期效果。基于频率和电压的方案是必要的，本文给出了如何实现这一目标的示例。相反，也必须调整保护原则，以确保传统的过电流保护在连接到主电网电源时仍然有效。这种模式转变是由分布式电源为主微电网的新运行方式。

参 考 文 献

［1］ Kerdphol T，Rahman FS，Watanabe M，Mitani Y（2019）Robust virtual inertia control of a low inertia microgrid considering frequency measurement effects. IEEE Access 7.

[2] Shi K, Ye H, Song W, Zhou G (2018) Virtual inertia control strategy in microgrid based on virtual synchronous generator technology. IEEE Access 6.

[3] Engleitner R, Nied A, CavalcaMSM, Costa JP (2016) Dynamic analysis of small wind turbines frequency support capability in a low-power wind-diesel microgrid. IEEE Trans Ind Appl 54 (1): 102-111.

[4] Sumanik SRD, Zrum JA, Ross M (2019) The point at which energy storage is required for integrating renewables in remote power systems. In: 2019 Canadian conference of electrical and computer engineering (CCECE), Edmonton, AB, Canada, May 2019.

[5] Zrum JA, Sumanik SRD, Ross M (2018) An automated grid impact study tool for integrating a high penetration of intermittent resources on diesel-based isolated systems. C6-309, CIGRE 2018.

[6] IEEE 1547—2018—IEEE standard for interconnection and interoperability of distributed energy resources with associated electric power systems interfaces.

[7] WECC Off-Nominal frequency load shedding plan, available at: https://www.wecc.biz/Reliability/Off-Nominal%20Frequency%20Load%20Shedding%20Plan.pdf.

[8] Nejabatkhah F, Li YW, Nassif AB, Kang T (2018) Optimal design and operation of a remote hybrid microgrid. CPSS Trans Power Electron Appl 3 (1): 3-13.

[9] Brahma SM, Girgis AA (2004) Development of adaptive protection scheme for distribution systems with high penetration of distributed generation. IEEE Trans Power Delivery 19 (1): 56-63.

[10] Zamani MA, Sidhu TS, Yazdani A (2011) A protection strategy and microprocessor-based relay for low-voltage microgrids. IEEE Trans Power Delivery 26 (3): 1873-1883.

[11] IEEE Std. C62. 92. 1-2019—IEEE guide for the application of neutral grounding in electrical utility systems—Part I: introduction.

[12] Nassif A (2018) An Analytical assessment of feeder overcurrent protection with large penetration of distributed energy resources. IEEE Trans Ind Appl 54 (5): 5400-5407 Sept/Oct 2018.

[13] IEEE Std. 142-2007—IEEE recommended practice for grounding of industrial and commercial power systems (IEEE Green Book).

[14] IEEE recommended practice for electric power distribution for industrial plants. In IEEE Std 141-1993, pp 1-768, 29 April 1994. https://doi.org/10.1109/IEEESTD.1994.121642.

[15] Canadian Standards Association CSA C22. 3 No. 9: 20. Interconnection of distributed energy resources and electricity supply systems.

[16] Vukojevic A, Lukic S (2020) Microgrid protection and control schemes for seamless transition to island and grid synchronization. IEEE Trans Smart Grid 11 (4): 2845-2855, July 2020.

［17］ IEEE Std. C57. 109-2018—IEEE guide for liquid-immersed transformers through-fault-current duration.

［18］ Vukojevic A（2018）Lessons learned frommicrogrid implementation at electric utility. In：2018 IEEE PES innovative smart grid technologies conference，Washington，pp 1-5.

A. B. Nassif 就职于加拿大 ATCO 和美国 LUMA 能源公司，专门从事 DER 互连，微电网和电能质量。他是加拿大阿尔伯塔省和新斯科舍省的注册工程师，也是 IEEE 的高级会员。

11

配电系统中的智能计量：演变与应用

Livia M. R. Raggi，Vinicius C. Cunha，Fernanda C. L. Trindade，
and Walmir Freitas

摘要：智能计量部署面临着两个主要挑战，一是部署成本与智能计量装置的资金投入、通信基础设施以及相关运营费用直接相关，二是各方潜在收益的资本化。由于将大规模推广智能电能表的全部收益进行量化过于复杂，大多数国家和配电系统运营商没有充分利用这项技术。在此背景下，本章的主要目标是讨论使用智能电能表进行现代配电系统运行和规划的好处。本章详述了智能电能表数据的应用潜力，而这些数据尚未被配电系统运营商广泛探索，在大规模智能电能表推广决策中往往不予考虑。此外，本章还总结了电能表从机电设备到最先进的电子设备的演变过程，为实际应用提供了参考。配电系统运营商通过应用智能电能表，可以更好地量化其收入的增长潜力。通过扩大使用智能电能表数据的应用领域，不仅可以广泛部署智能电能表，而且还可以改善先进计量基础设施的结构，提高经济可行性。

11.1 引言

智能电能表作为智能电网的关键组成部分应运而生，凭借高安装数量的电能表（一般为每个用户 1 个）和广泛的计量能力，提高了配电系统的可观性和自动化水平。配电系统自动化水平的提高除了通过外接功能直接实现，还可以通过集成到先进的管理和控制解决方案中间接实现。从这个新的应用场景中获得充分的

优势需要从用户侧和配电系统运营商的角度进行范式转变。

在欧盟成员国对智能计量系统的长期成本效益分析结果表示乐观的情况下，建议大规模推出智能电能表（至少达到80%的渗透率）。否则需每4年更新一次成本效益分析结果。文献［53］中描述了欧盟成员国进行成本效益分析的结果，结果表明智能电能表能够进行欺诈检测和正确抄表以缓解非技术损失。智能电能表的另一个优点是通过远程访问电表数据和远程控制电源使得操作更加便捷。正如已经经历过大规模部署的国家所报告的那样，智能电能表的成功推广还取决于用户的参与。

在进行大规模智能计量推广决策之前的成本效益分析中，一个主要的挑战是理解和量化这项技术所带来的各种好处，因为其中一部分好处是间接的，并且强烈依赖于每个配电系统运营商的实际情况。本章介绍了电能表的演变过程，描述了智能电能表的现状，以及它们在重要操作和规划任务中的潜在应用，以便了解智能电能表设备的应用潜力。事实上，通过开发更多的智能电能表数据应用，更多的价值被聚合到这项技术中，从而提高了相关投资的回报。

11.2 电能表的演变

1888年，西屋电气公司发明了首个描述现代机电式电能表的交流安时计专利[49]。机电式电能表通过电磁感应机制运行并记录用户的能耗。能耗数据必须由电表操作人员手工收集，甚至由用户将数据提交给电力供应商进行计费。由于其功能有限，机电式仪表已经被电子式仪表广泛取代。

在20世纪70年代第一个模拟和数字集成电路问世之后，电子仪表开始逐渐发展[50]。电子仪表通过数字处理器对电流和电压信号进行采集和数字化。电子仪表能够记录不同的电气量，如电压幅值、有功和无功功率，并支持动态电价，如取决于实测电力需求的分时电价和峰谷电价。如果有通信信道，电子仪表也可以远程采集计量数据。

智能电能表是功能更先进的一类电子式电表。虽然没有单一的一组特征来定义它，但智能电能表的特点是具有双向通信能力，可以远程进行抄表、电源的通断控制和软件更新。此外，智能电能表有望以足够的粒度和读取速率提供稳态电压幅值、电压暂降和暂升、消耗和输出能量、有功和无功功率等计量点信息。这些信息可以支持动态电价，辅助配电系统的运行和规划，以及便于用户安排用电计划。

欧盟委员会列出了一套智能计量系统的最低要求，以满足不同市场行为主体的功能需求，如表11-1所示。

表 11-1　　欧盟委员会推荐的智能电能表功能[13]

市场行为主体或目的	仪表功能
用户	为用户频繁地提供更新数据，以便负荷转移和节能
电表操作人员	实现双向通信，以足够的读取率远程读取计量数据，为系统规划（计量数据至少每 15min 更新一次）提供信息
商业问题	支持动态电价，远程控制电源的通断，或限制用户的电能
数据保护	提供安全的数据通信和欺诈检测功能
分布电源	提供消耗和输出的电能和无功计量

基于潜在的效益，近年来全球各个电力公司纷纷启动甚至完成了智能电能表的大规模推广。其目的主要在于减少碳排放和启用新的市场机制、先进电价设计、能源效率和分布式能源的整合。从系统运行和规划的角度来看，智能电能表是先进计量基础设施的关键组成部分，通过智能电能表获取配电系统的大量数据，提高了系统的可观性。通过使用智能电能表和数据分析，可以实现高级配电管理系统中的若干应用。从用户侧来看，智能电能表提供了消费习惯的相关信息和与配电系统运营商的数字链接，使用户能够积极参与能源市场，并从新的服务中受益。

在 2018 年，欧盟 34％的用户配备了智能电能表。文献［53］中提及预计到 2024 年和 2030 年，智能电能表的渗透率将分别达到 77％和 92％。爱沙尼亚、芬兰、意大利、马耳他、西班牙和瑞典已经完成了大规模的智能计量推广。意大利是在 2001 年末实施大规模推广的最早国家之一，目前已经在进行第二代智能电能表的推广。第二代智能电能表的主要改进与提供给用户的最终服务和采集数据的更大粒度有关[3]。新型仪表具有两个通信通道，第一个通道每天向配电系统运营商传输每 15min 更新一次的粒度数据，经过验证后这些数据被提供给用户和零售商。第二个通道直接向用户提供接近实时的、未经验证的数据。

在美国，截至 2018 年，70％的家庭配备了智能电能表，对应 8800 万个计量点。预计到 2020 年底，智能电能表部署规模将达到 1.07 亿只[10]。亚太地区是全球最大的智能电能表市场。中国和新西兰已基本完成了智能电能表的第一波部署，印度也开始大规模部署。2018 年亚太地区智能电能表的普及率为 67％，预计 2024 年将增长到 94％[48]。

11.3　智能电能表数据在配电系统运营商侧的潜在应用

先进计量基础设施融合了智能电能表、通信网络和具有双向通信功能的数据管理系统。先进计量基础设施与地理信息系统和停电管理系统集成，使得原本不可能实现的关键功能得以开发，也使得原本人工完成的功能得以完善，从而降低了运营费用。如前文所述，支持智能电能表功能的例子有自动远程抄表、远程控制电源（用户侧的电源通断）、自动停电报告、欺诈检测、电压监测。智能电能表具备电压和无功功率控制、故障定位、非技术损失检测和定位、自动确定系统拓扑和线路参数以及负荷建模等高级管理功能。此外，除了为配电系统运营商提供解决方案外，配电公司已经为用户提供了如中断通信的恢复时间估计、账单估计、负荷分解等一系列服务。

本部分重点研究智能电能表数据在配电系统运营商侧的潜在应用，为加强运行和规划提供参考，从而提高能源供应质量和用户满意度。

11.3.1　配电系统状态估计

应用于电力系统的状态估计过程旨在从以下形式的测量模型中定义状态变量 x 的集合：

$$\boldsymbol{z}=h(\boldsymbol{x})+\boldsymbol{e} \tag{11-1}$$

式中，$\boldsymbol{z}$ 为 m 个测量值的向量；$\boldsymbol{x}$ 为 n 个状态变量（通常定义为系统节点的电压相量）的向量；$h(\cdot)$ 为 m 个测量值与 n 个状态变量的非线性函数；$\boldsymbol{e}$ 为测量误差的向量。

尽管状态估计是监测和监督传输系统的一个综合工具，在配电系统中应用状态估计仍面临着一些挑战。其中一个挑战是有限数量的测量值（m）与配电系统中的节点数量（状态变量的个数，n）分离导致了数学上的欠定问题。配电系统的监测一般仅在变电站进行，为了解决这个问题，使用了负荷的伪测量值（例如有功和无功功率的预测值），使得估计器的性能高度依赖于负荷建模的准确性。此外，状态估计考虑了配电系统（具有单相和两相侧向以及不平衡负载）的不对称拓扑结构的三相表述。然而，由于配电系统运营商的数据库存在误差，配电系统建模的准确性可能受到与系统参数和拓扑结构相关的不确定性的影响。

上述挑战中的绝大多数是可以被先进计量基础解决的。大规模部署的智能电能表中包含来自配电系统的其他数据源，例如：变电站电表、重合器、自动电容器组、智能逆变器。事实上，从智能电能表中收集的潜在数据，例如有功、无功功率和电压幅值，可以使系统可观，将欠定问题转化为超定问题。在这种情况下，可以实现测量上的冗余，从而允许传统的状态估计公式（例如加权最小二乘法）应用于配电系统。在这种测量冗余水平下，配电系统状态估计可用于识别计量结果的不一致，如非法负荷连接引起的数据差异。此外，状态估计能够实现对参数和拓扑误差的校正。

在此背景下，配电系统状态估计成为集成到高级配电管理系统中的重要监管工具。尽管智能电能表的大规模部署缓解了实施配电系统状态估计所面临的挑战，但配电系统状态估计的预期应用不同于每 3～5s 就接收一次系统测量数据的传输系统状态估计。在配电系统中，数据粒度和通信速率受到技术、经济问题以及用户隐私问题的限制。通常，智能电能表数据的粒度从几分钟到一个小时不等，它们与数据管理中心的通信可以以不同的速率（例如每天一次）完成。在某些情况下，专用通信信道向用户和第三方提供实时（或接近实时）的数据，用于用户侧解决方案[53]。

尽管配电系统状态估计的实时和在线应用会受到上述问题的限制，但离线应用受到的影响较小。无论是哪种应用，都希望所有仪表的测量值对应相同的时间间隔（这意味着智能电能表的时钟应该是同步的）。但这通常是不可能的，因为测量值可以来自不同的设备，例如智能电能表、变电站电表、智能逆变器和重合器，这些设备可能具有不同的数据粒度。爱珀斯托等人[14]提出在配电系统状态估计公式中使用不同的数据源。作者提出了一种使用双时间尺度进行测量的配电系统状态估计。获取高频数据的延时长达 1min，高频数据与伪测量值（或智能电能表测量值）相结合，每 15min 更新一次。文献［1］在配电系统状态估计公式中考虑了智能电能表数据之间缺乏同步性的问题。

当配电系统运营商进行选择性大规模部署智能电能表并持续推进的情况下，解决配电系统中低可观测性问题的方法是有价值的。为此，刘等人[35]提出了一种鲁棒矩阵补全状态估计，该方法比传统的状态估计方法具有更好的性能。

当配电系统状态估计使用每隔几分钟采集一次的时间聚合测量值（例如每 15min）时，将造成该时间间隔内测量值的实时信息的丢失。一般情况下，只能得到被测量量的平均值。配电系统状态估计提供每个时间间隔内的系统状态平均值作为输出。这种实时信息的丢失并不损害配电系统状态估计工具的价值，因为它仍然可以支持高级配电管理系统功能，如非技术损失和高阻抗故障的检测和定位；资产管理行动；以及其他稳态问题的诊断，例如过电压、欠电压、过载。

文献［46］中提出，可以通过实施事件驱动的状态估计来提供配电系统的近实时可观性。在这种方法中，只有智能电能表测量值的相关变化会触发数据通信。例如监测随后两次实时测量的有功功率之间的差值（或累积差值）是否超过预定义阈值。根据系统状态与测量数据之间的灵敏度关系，可以为系统的母线分配不同的阈值。再利用每个智能电能表发送的最新测量值执行配电系统状态估计。

为了提供配电网的实时信息，一些研究建议在配电系统状态估计中使用相量测量单元数据。文献［36］提出了一种负荷估计模型，利用选择性智能电能表的实时数据创建低压配电系统的有功和无功功率的伪测量值。根据不同负载类型，对低压系统的用户进行分类，确定每一类的代表性用户并为各类用户建立负荷模型，通过聚合所有类别的估计负荷得到低压系统的总负荷。将配电系统状态估计公式应用于中压配电系统，并基于来自配电监控和数据采集的电压和电流幅值测量、来自相量测量单元的电压相量和低压系统负荷模型的伪测量值。

11.3.2 配电系统故障定位

在近期配电系统运行功能现代化、自动化的进程中，故障定位隔离和恢复是配电管理系统支持自愈的关键功能。故障定位隔离和恢复的基本思想是快速检测和定位故障，并尽快隔离故障区域，使停电影响最小化。

故障定位隔离和恢复过程中首先要进行故障检测和定位，通过加速故障定位，可以在可靠性指标上实现显著的改进。根据施耐德和沃纳特[51]的研究，在大多数依赖人工故障定位方法的系统中，故障定位大约占了20%～30%的总停电时间。因此，更有效的故障定位方法能够获得更快的用电恢复—特别是地下电缆，需要通过挖掘来识别潜在的故障源。一种有效的故障定位方法也可以识别瞬时性故障并检查可能的故障原因，并在转变为永久性故障前解决问题。

因此，人们一直致力于研究自动化配电系统故障定位过程，该过程过去依赖于配电系统运营商人员的故障呼叫和目视检查。变电站中永久安装的设备，如保护继电器和数字故障录波器，可以提供进一步的信息来支持故障定位过程。然而仅仅依靠变电站的信息来定位配电馈线中的故障是具有挑战性的，因为配电馈线是分支和异构的，经常被重新配置，并且可能有分布式和间歇性的故障源。

下一代故障定位方法依赖于永久性安装的线路指示器，指示器可以分为有通信和无通信两类。无通信类的指示器有利于配电系统运营商人员进行目视检查，但并不能提升流程的自动化水平。通信类传感器（故障指示器或警示装置）比故障呼叫效率更高，提高了故障定位的自动化水平。

近年来，随着智能电能表的出现和普及，故障定位技术得到了广泛的关注。智能电能表将不可避免地取代机电式和静态电能表[29]，其安装在每个用户上并提供大量的数据，这些数据在配电系统运营商的控制中心是前所未有的。例如，天气和植被数据可以加入测量数据以组成一个更复杂的自动故障定位方法。随着更多来自传感器和仪表的信息可用，故障定位方法对精确系统模型的可靠性要求越少，这对配电系统运营商具有重要影响。

智能电能表有三个功能可以用来支持故障定位。第一个功能是最后一次停电通知，包括断电时发送的状态消息。第二个功能是提供停电或按需供电前测量的电压幅值。第三种功能是双向通信能力，可以根据需求对智能电能表进行轮询，告知其状态或测量的电压大小。

基于这些功能，专门针对配电系统的新型故障定位方法应运而生。与故障定位相关的第一类方法是利用智能电能表提供的下游信息来提高传统基于阻抗的方法或其他故障定位方法的有效性，通过减小搜索空间缓解多重估计问题。第二类方法是先假设合理准确的系统数据（拓扑结构及参数），再利用智能电能表提供的电压和电流幅值来估计故障位置。

11.3.2.1 利用智能电能表进行停电测绘

利用智能电能表提供的下游信息能够减小搜索空间和缓解多次估计问题，从而改善传统的基于阻抗或更精确的故障定位方法的性能。当发生永久性故障时，如图 11-1 所示中的故障 1，重合器 R1 动作（因为它是故障 1 上游的第一个保护装置），表 SM5～SM9 必须在区域 1 报告停电。故障定位过程考虑这些信息以减小算法的搜索空间。在故障 2 的情况下，假设在熔断器 F3 熔断时故障已消除，计量表 SM5 和 SM6 必须报告停电，将搜索空间限制在区域 2。

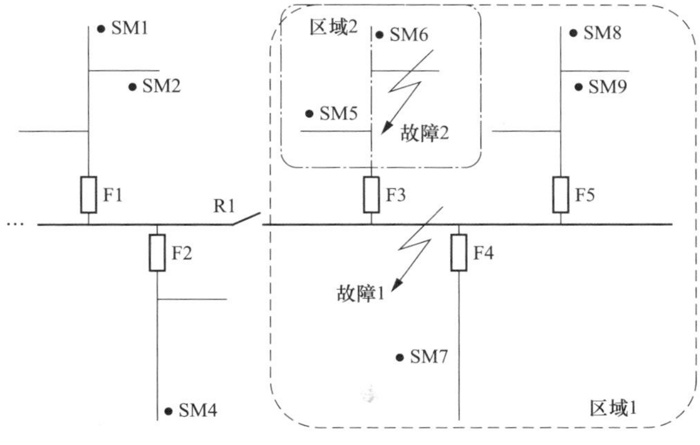

图 11-1 自动故障定位

在文献［40］中，作者提出在变电站中使用智能设备来监控和识别配电系统中的任何异常事件。启动远程设备（如智能电能表）的轮询序列识别中断的设备。考虑到双向通信的容量，通信地址可以与配电系统中设备的物理位置相关，从而可以识别受影响区域。p 为同时可供通信的信道数，对 p 组设备中的应答器进行校验。每组同时对咨询做出回应，在上一组回应后立即对另一组 p 设备进行轮询。同时轮询可以大大减少中断区域识别过程的持续时间。

文献［56］通过搜索电压最低的节点来识别故障路径。该方法称为“电压暂降状态估计”，旨在探索配电系统的辐射状拓扑结构、电压跌落和中断与故障发生的关系。如图 11-2 所示，可以沿着故障路径的电压断面来估计这些特征，并识别受影响的区域。该算法的一个优点是不需要确定故障类型。此外，还可以通过安装在整个系统的电压表来辅助检测故障的发生。

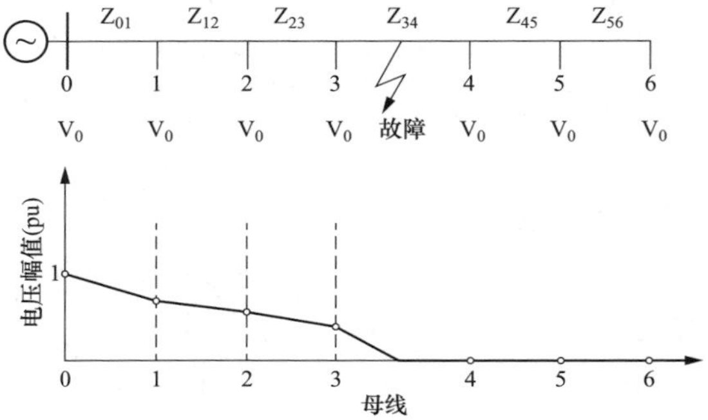

图 11-2　沿故障路径的电压分布

文献［55］中提出一种在变电站应用的通过阻抗来粗略估计故障位置的方法。由于是对故障距离的估计，典型配电系统的拓扑结构可以有多个分支。为了识别实际的故障位置，使用智能电能表的电压测量值构建低压区。所提出的故障定位技术减少了与应用于配电系统的基于阻抗的方法相关的多重估计，并提出了一种基于自适应阈值的系统方法来构建低压区域。

停电升级方法还可以通过加入故障指示器或天气数据到智能电能表状态的信息来定位停电区域。文献［34］设计了一个知识型的系统，利用来自消费者故障呼叫、自动抄表系统和配电监控和数据采集的数据来定位配电系统的故障。知识型系统有两个主要部分：停电升级部分和电表轮询部分。停电升级部分包括根据停电信息搜索停电区域，电表轮询部分是根据电表状态确认停电位置。文献［25］提出了一种混合整数线性编程方法来最小化故障指示器与智能电能表状态信息缺失和不一致的影响。该方法允许在单故障或多故障以及故障指示器和智能电能表故障的情况下识别故障线路区段。该方法使用电流测量值和单向故障指示器以及智能电能表状态作为输入。文献［26］对文献［25］中提出的方法进行了改进，在新的混合整数线性规划中加入了双向故障指标。

11.3.2.2　使用智能电能表测量的电压和电流幅值来故障定位

几种故障定位方法都是基于测量值与计算值（期望值）的对应关系来识别故障位置。例如，文献［45］提出了一种基于稀疏电压测量的配电系统方法。该方法利用故障发生前和故障发生时变电站内测量的电压、电流相量和故障发生时馈线稀疏位置测量的电压幅值。首先，该算法利用变电站处的电压和电流测量值，通过按配电变压器额定功率成比例分配负荷来估计每条母线上的负荷—可以使用智能电能表的负荷测量值来提高准确性。然后，针对搜索空间（可以是整个馈线）中各节点非同时短路的场景，通过智能电能表存储计算得到的各节点电压幅值，生成数据库。将计算得到的电压幅值与各自的测量值进行比较，根据到故障点距离较近的可能性对母线进行分类，并与最佳电压匹配相关联。该方法与其他专门针对配电系统的故障排除方法相比，受故障类型和电阻的影响较小，具有较强的鲁棒性。然而，该方法的性能取决于负荷和测量精度。文献［37］在类似于文献［45］的故障定位过程中使用了沿馈线安装的稀疏表的特征电压相量。

另外两种方法[5,19]是基于母线阻抗矩阵的短路计算理论。考虑到系统参数已知，可以在相分量中构建母线阻抗矩阵。例如，对于含有 nb 条母线的配电系统，阻抗矩阵母线的维数为 $3nb\times3nb$，式（11-2）中矩阵的每个元素由一个 3×3 的子矩阵组成。

$$Z_{\text{bus}}^{(abc)}=\begin{bmatrix} Z_{11}^{(abc)} & \cdots & Z_{1\text{k}}^{(abc)} & \cdots & Z_{1\text{nb}}^{(abc)} \\ \vdots & \ddots & \vdots & \ddots & \vdots \\ Z_{\text{k}1}^{(abc)} & \cdots & Z_{\text{kk}}^{(abc)} & \cdots & Z_{\text{knb}}^{(abc)} \\ \vdots & \ddots & \vdots & \ddots & \vdots \\ Z_{\text{nb}1}^{(abc)} & \cdots & Z_{\text{nbk}}^{(abc)} & \cdots & Z_{\text{nbnb}}^{(abc)} \end{bmatrix} \tag{11-2}$$

若系统部分节点存在电压表，则在每一电压表处可以得到电压偏差值 $\Delta\hat{V}_{\text{i}}^{(abc)}$（故障期间和故障前测量值的差值）。节点 i 处测量的电压暂降与节点 k 处故障电流的关系由式（11-3）给出。

$$\Delta\hat{V}_{\text{i}}^{(abc)}=\hat{V}_{\text{i,fault}}^{(abc)}-\hat{V}_{\text{i,prefault}}^{(abc)}=-Z_{\text{ik}}^{(abc)}\cdot\Delta\hat{I}_{\text{fault}_\text{k}}^{(abc)} \tag{11-3}$$

在所描述的条件下，$\Delta\hat{V}_{\text{i}}^{(abc)}$ 和 $Z_{\text{ik}}^{(abc)}$ 为已知参数，而故障母线和相关的故障电流是未知参数。该公式的准确度与故障电流的大小有关，而故障电流的大小又与故障电阻（难以准确估计）有关。文献［19］将故障电流近似为式（11-4）所示值。

$$\hat{I}_{\text{fault}_\text{k}}^{(abc)}=(Z_{\text{kk}}^{(abc)}+Z_{\text{f}}^{(abc)})^{-1} \tag{11-4}$$

使用模糊逻辑可以解决故障电阻取值不确定的问题。第二种方法[5]考虑了接入系统的分布式电源和安装在每个发电点的数字故障录波器的存在。故障电流被认为是变电站和各发电机注入的电流之和。该方法的局限性在于需要对每个分布式发电机和变电站中的电压和电流进行同步相量测量，成本和复杂度较高。

在文献［54］中，一种基于故障电流对应关系的故障定位方法探索了馈线表的监测能力和短路理论的概念。根据短路理论，母线 k 处的故障电流可以利用母

线 i 处得到的电压偏差进行估计。

$$\hat{I}_{\text{fault}_{\text{ik}}}^{(abc)} = Z_{\text{ik}}^{(abc)} \cdot \Delta\hat{V}_{\text{i}}^{(abc)} \tag{11-5}$$

式中，$Z_{\text{ik}}^{(abc)}$ 为馈线 $Z_{\text{bus}}^{(abc)}$ 三相母线阻抗矩阵中的第 ik 个 3×3 子矩阵；$\hat{I}_{\text{fault}_{\text{ik}}}^{(abc)}$ 为母线 k 处故障时利用母线 i 处电表的电压测量值计算得到的故障电流。电压偏差的大小（$\Delta V_{\text{i}}^{(abc)}$）可以从式（11-5）中得到，是一个 3×1 的向量。

$$\Delta V_{\text{i}}^{(abc)} = V_{\text{i}}^{(abc)p} - V_{\text{i}}^{(abc)f} \tag{11-6}$$

下标 i 与母线 i 相关，$V_{\text{i}}^{(abc)f}$ 和 $V_{\text{i}}^{(abc)p}$ 分别为故障期间和故障前的电压幅值，上标 abc 表示三相。若电压幅值由安装在母线 i 处的馈线电能表测量，则电压偏差 $\Delta V_{\text{i}}^{(abc)}$ 可用于估算故障电流。通常，馈线表只提供电压幅值。然而，为了计算式（11-6），假设三相间相差 120°，实际上配电系统是不平衡的。

对于含 N_{fm} 个表的配电系统，假设母线 k 处发生故障，可以有 N_{fm} 个故障电流的估计值。如果故障真的发生在母线 k 处，那么所有电表估计的电流必须相同，接近真实值。另外，如果母线 k 处未发生故障，则基于各电表 i 测量值估计的故障电流将存在误差。

在此基础上，提出故障定位指标 δ_{k} 进行故障定位。该指标由给定母线 k 处的第 N_{fm} 个故障电流估计值与其平均值之差（每个差值称为 d_{ik}）的总和给出，如式（11-7）所示。

$$\delta_{\text{k}} = \sum_{ph}^{a,b,c} \sum_{i=1}^{N_{\text{fm}}} \left(\left| \hat{I}_{\text{fault}_{\text{ik}}}^{ph} - \overline{\hat{I}_{\text{fault}_{\text{k}}}^{ph}} \right| \right) = \sum_{ph}^{a,b,c} \sum_{i=1}^{N_{\text{fm}}} d_{\text{ik}}^{ph} \tag{11-7}$$

式中，$\hat{I}_{\text{fault}_{\text{ik}}}^{ph}$ 为母线 i 处的馈线电表测量得到的 ph 相故障电流，由式（11-8）计算得到；$\overline{\hat{I}_{\text{fault}_{\text{k}}}^{ph}}$ 为母线 k 处各馈线电表测量电压计算得到的所有故障电流的平均值。

综上所述，所提出的方法计算得到扫除馈线的所有母线或作为故障定位候选的母线的 δ_{k}，并选择具有最小 δ_{k} 的母线作为故障母线。如果多个母线被判定是故障母线，可以使用自动故障定位来解决多重估计的问题。以恒阻抗模型为代表的负荷必须作为分流元件纳入母线阻抗矩阵，从而提高该方法的计算精度。

由于一次馈线上安装的智能电能表数量有限，故障定位过程中存在欠定性质的问题。文献［39、54］利用电压暂降向量和阻抗矩阵产生一个含有单个非零元素（对应于故障母线）的电流向量，并基于压缩感知理论进行故障定位的求解。压缩感知是一种替代香农/奈奎斯特采样来重构稀疏信号的技术，利用压缩感知技术，信号可以很好地从基矩阵中恢复。另外，文献［8］提出在故障定位过程中加入电流测量环节，并对文献［54］的故障定位方法进行细化。

11.3.3 非技术损失检测与定位

技术损失是与电能输配系统运行相关的固有能量损失。电力系统中的其他各种能量损失都被归为商业损失，或者说非技术损失。非技术损失可能与电表篡改和非法负荷连接（窃电）、设备故障、错误抄表（计费违规）和未付费账单相关。多年来，非技术损失一直是全球电力公司收入损失的相关原因，也增加了消费者的用电成本，并影响了不规则和非计划负荷接入电网时的供电质量和安全性。非技术损失不仅是发展中国家的重大问题，对发达国家来说也是一个问题（主要涉及违法行为）。

能量平衡是评估配电系统非技术损失水平的常用机制。通过该机制，在给定时段内馈入配电系统的能量（例如在配电变电站显示的能量）与配电系统供应给所有用户的计费能量进行比较。全局损失（技术和非技术损失）由这两个值的差值给出。为了明确非技术损失对全局损失的贡献，需要对技术损失进行合理的估计，技术损失的估计值可以依靠潮流计算来实现或者采用配电系统的典型值。能量平衡不对存在非技术损失的用户进行定位，但可以指示可能存在非技术损失的馈线，并估计非技术损失的大小。巴西采用这一机制来界定配电系统中的非技术损失水平。为此，在能源平衡时考虑的技术损失通过负荷流动过程进行估计，使用账单能源和用户类型的信息来建模负荷曲线。部分非技术损失由用户通过关税承担，根据巴西电力监管机构制定的标准设定目标值，超过目标值的部分由配电公司承担。

实际上通过现场仪表对非法负荷进行检查能够进行更准确的识别，但是没有关于可疑用户的信息会产生巨大的工作量。近年来，随着电子式电表（尤其是智能电能表）取代机电式电表，人们提出了多种方法来确定可疑的非技术损失位置，以减少现场检查的数量。为此可以采用分布式和集中式的解决方案。分布式解决方案侧重于防止电能表造假。一种方法是在电能表中加入防欺诈功能，在检测到欺诈的情况下通过发送信号通知配电公司[32]。集中式解决方案通过在配电管理系统中对不同的数据源进行处理来进行非技术损失检测和定位。本节的目的是说明智能电能表数据在集中式解决方案中的潜在用途。

根据文献［17，42］，集中式解决方案可以分为两大类：基于分类的方法和基于系统状态的方法。下面将对这两种方法进行讨论。

11.3.3.1 基于分类的非技术损失识别方法

第一组方法基于从智能电能表数据中收集的负荷曲线的分类。这类方法，也称为面向数据方法，仅依赖于用户相关信息，如能耗情况和用户类型（住宅、商业、工业）。通过与测试数据库中正常和异常配置文件的示例进行比较或使用异常检测方法，检测出异常的消费模式，并将其视为疑似非技术损失。利用神经网络、模糊逻辑、最优路径森林、支持向量机[6,15]等技术对消费轮廓进行分类。一般来说，基于分类的方法具有较低的检测率，并且由于非典型消费行为与非技术损失的错误关联，特别是当正常和异常消费轮廓的例子稀少或不可用时，更容易判断失误[42]。

在文献［27］中，作者试图克服基于分类的方法的一些局限性。为此，他们首先着手进行能量平衡，利用智能电能表数据划定非技术损失发生概率高的区域。将从配电变压器获得的能耗测量值与用户侧智能电能表记录的能耗之和进行比较。这两个值相差较大表明可能存在非技术损失。作者还应用了合成序列来提高算法的检测率。

在文献［20］中，从用户侧智能电能表收集的用电量和电压幅值被用来识别非技术损失。该方法不需要系统拓扑或参数信息，但需要假设用户和服务变压器的连接图是已知的。首先利用训练数据集建立用电量与电压幅值测量值之间的线性模型。然后使用建立好的模型和电压测量值来估计每个用户的用电量。用电量的估计值和与实测值的残差为较大负值的，就是非技术损失的位置。文献［6］利用从智能电能表数据和其他数据库中提取的若干特征进行检测签约负荷高于50kW用户的非技术损失。这些特征基于智能电能表报警信息、用电量和其他电气量（如电压、有功和无功功率等）、邻区非技术损失率、电表位置（在消费场所内部或外部）等信息。从用户提交到至少一次检查的特征用于完善机器学习算法。

11.3.3.2　基于状态的非技术损失识别方法

第二组集中式方法（基于系统状态的方法）利用配电系统分析，如状态估计和潮流程序来检测和定位非技术损失。它们结合了智能电能表测量和电网的信息（系统拓扑及参数）。下面简要介绍这类方法的两个例子。

图 11-3 描述了在装有智能电能表的用户单元上由于非法负荷连接而导致的非技术损失情况，为了简单起见，这里使用单相表示。在这种情况下，用户智能电能表记录的有功和无功功率（P_{SM} 和 Q_{SM}）与负荷节点（母线 2）观测到的真实值（P_2 和 Q_2）存在差异。另外，电压幅值测量量（V_{SM}）与实际保持一致，因为它记录了母线 2 消耗的总功率引起的母线 1 和母线 2 之间的电压降。母线 2 消耗的总功率为常规负载（$P_{SM}+jQ_{SM}$）加上非技术损失（$P_{NTL}+jQ_{NTL}$）。综上所述，通过表计旁路对有功和无功功率（以及能耗的测量）的测量，可以检测由非法负荷连接引起的非技术损失情况，但不能通过电压测量检测到非技术损失情况。

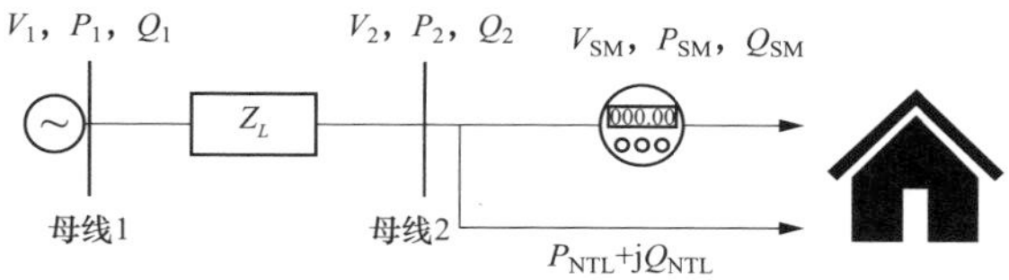

图 11-3　某用户单元非法负荷连接（NTL）示意图

文献［16，47］中提出的方法利用这一情况对中压和低压系统中的非技术损失进行检测和定位。图 11-3 的例子描述了一个非法的负载连接，这些方法适用于电表记录的有功功率低于实际消耗的有功功率下的任何情况，包括一些特定的网络攻击情况。两种方法均考虑了配电系统的三相拓扑结构，且均离线进行，无需同步智能电能表。这些方法中使用的测量只需要对应相同的时间间隔。假设所有用户的智能电能表提供每相有功、无功功率测量和电压幅值测量。

文献［16］在潮流程序（命名为 QV 方法）上将负荷节点建模为 QV 节点（代替 PQ 节点）。这意味着负荷节点具有指定的无功功率 Q 和电压幅值 V，而不是通常用于潮流程序的有功和无功功率 P 和 Q。对于每个负荷节点，将潮流程序计算得到的有功功率与智能电能表记录的有功功率进行比较。如果这两个值的差值（ΔP）高于某个阈值，则预示着可能的非技术损失位置。最小可检测功率 MDP 的阈值由式（11-8）计算得到，对应于最大电压测量误差 $\Delta V_{\max}^{SM}$ 引起的有功功率偏差。

$$\mathrm{MDP} = (J_{\mathrm{PV}} - J_{\mathrm{P}\theta} \cdot J_{\mathrm{Q}\theta}^{-1} \cdot J_{\mathrm{QV}}) \cdot \Delta_{\max}^{\mathrm{SM}} \tag{11-8}$$

其中 $J_{\mathrm{P}\theta}$、J_{PV}、$J_{\mathrm{Q}\theta}$ 和 J_{QV} 是雅克比矩阵的子矩阵，分别表示有功和无功功率关于电压角度和幅值的灵敏度，即 $\partial P/\partial\theta$、$\partial P/\partial V$、$\partial Q/\partial\theta$、$\partial Q/\partial V$。向量 MDP 由 Kron 简化得到，它包含了每个系统节点的最小可检测功率。对于给定的负载母线，使用相间最大值作为最小可检测功率。由于仪表不准确会导致电压测量误差，从而导致有功偏差被误诊断为非技术损失，需要设定阈值。定义阈值的思想是为了避免电压测量误差（由于仪表不准确）引起的有功偏差被表示为非技术损失（错误诊断）。

作为此方法的输出，将与最小可检测功率不相符的 QV 母线按照 ΔP 值从最大到最小进行排序。有功功率失配最大的负载母线即为最可能的故障位置。在系统拓扑和参数均已知的情况下，线路参数的误差并不会对该方法的性能造成显著影响。

文献［47］中作者提出了一种结合不良数据进行状态估计分析的程序，用于检测和定位非技术损失。假设同样应用智能电能表对用户的母线（每相位）有功功率、无功功率和电压大小进行测量，认定非技术损失为故障数据，即包含有较大误差的有功功率（具有非统一功率因数时，还包括有无功功率）测量值。这时，在非技术损失存在的情况下，我们可以观察到测量残差（电量测量值与估计值的偏差）的特殊运行特点，主要表现为有功（最终是无功）功率测量具有正残差，电压幅值测量具有负残差。通过图 11-4 可以得出，状态估计得到的有功功率、无功功率、电压的估计值（P_{SE}、Q_{SE}、V_{SE}）均高于其实测值（P_{SM}、Q_{SM}、V_{SM}）。在这种情况下，可以通过一个指数来识别非技术损失的位置，该指数由有功（或无功）功率和电压测量值归一化残差组成，主要的计算方法如下，图 11-5 为该算法的流程。

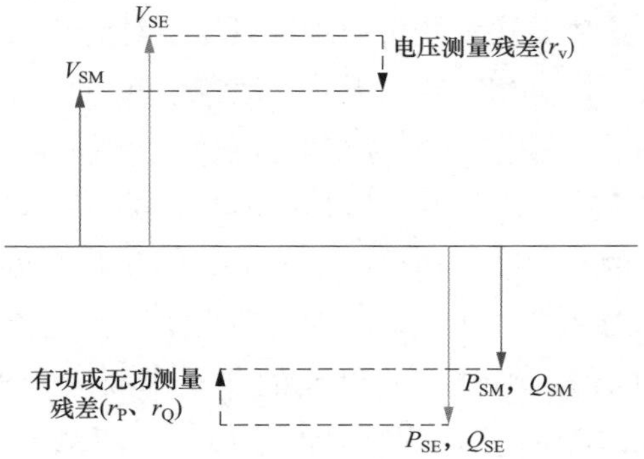

图 11-4　在负载母线 NTL 的情况下测量剩余行为

（其中智能电能表提供有功和无功功率以及电压幅度测量）

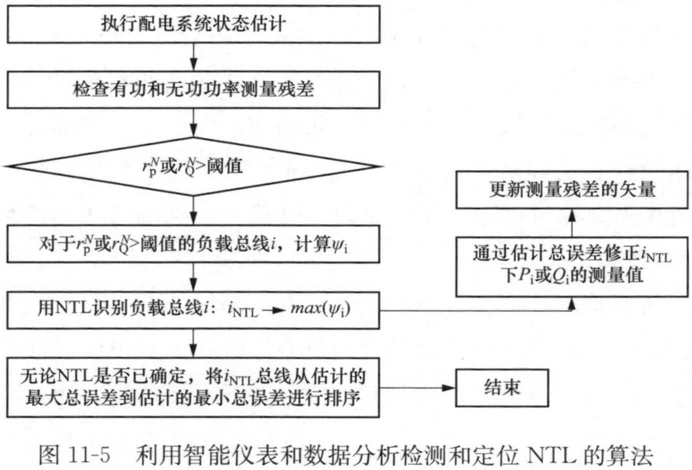

图 11-5　利用智能仪表和数据分析检测和定位 NTL 的算法

该方法通常用于对故障数据的分析，首先采用加权最小二乘法（WLS）公式估计出配电系统的状态，然后检查所有供电单元的有功和无功测量残差。当存在有归一化残差的有功或无功测量值（r_{P}^{N} 或 r_{Q}^{N}）高于定义的阈值时，说明系统中存在非技术损失。确定配电系统中存在非技术损失后，下一步就是确定它的位置。利用公式（11-9）计算出图 11-4 中的特定残差行为指数 ψ_{i}，分配给每个有功或无功测量残差违反前一步阈值的用户母线 i。

$$\psi_{\mathrm{i}}=\max(r_{\mathrm{Pi}}^{N},r_{\mathrm{Qi}}^{N})-r_{\mathrm{Vi}}^{N} \tag{11-9}$$

系统母线间索引值最高的 i 表示非技术损失位置（i_{NTL}）。与其他基于传统故障数据分析的方法相比，这种索引方法提高了选择性。它的迭代过程可以有效地纠正有功和无功功率测量的误差（即非技术损失）并且识别出非技术损失的所有可能位置（多个非法负载连接的情况下），算法最终会得到一个可疑对象列表，根据估计的总误差对非技术损失所有可能的位置进行排列。对母线配电馈线的测试结果表明，该方法可以对低至 2kW 的低压非法负荷和 23kW 的中压非法负载非技术损失进行检测和定位。

如果将文献［16，47］中提出的方法应用于一天或者一个月等时间段，而不是单个点，其灵敏度可以显著提高。文献［16］的功率偏差（ΔP）可以转化为给定周期的能量偏差（$\Delta \mathrm{W_h}$）；文献［47］中提出的算法可以应用于给定周期内的每个时间间隔，而这些时间间隔估计得到的有功功率与无功功率测量总误差加起来构成分配给非技术损失可疑母线的总误差。能量偏差和总误差可以减小测量误差对测量结果的影响。该算法还对检测方法进行了改进，尤其是在非法负荷不会持续连接到系统的状态下。

需要我们注意的是，在具有非技术损失的供电单元中存在分布式发电并不会影响该方法的效果，因为在这种情况下电压大小、有功功率和无功功率之间的测量差异仍然存在，而这正是两种非技术损失识别方法的基础。

11.3.4 电压质量监测

定义每一个使得电压偏离理想波形的因素为电压质量问题。因此，对于电压质量的监测主要包括以下方面：电压不平衡、电压跌落/上升、欠压/过压、电压谐波畸变等。电压质量存在多种问题，为了更好地了解和使用智能电能表，我们需要提前对其监测电压质量的潜力和局限性进行调查和测试。表 11-2 为 2015 年后新西兰常见智能电能表电压质量监测能力[7]。

帕拉西奥斯-加西亚等人[43]对具有三种电压质量事件监测能力的智能电能表进行了测试：长期偏差（大于 10s）、短期偏差（1～10s）和电压中断。在测试的过程中，将智能电能表连接到电网模拟器中，并在该模拟器生成短期和长期偏差。一旦检测到长期电压偏差，即记录下该时间段内电压的最大值、最小值和平均值。存在短期偏差时，还需要记录起点和终点，而如果事件短于两秒，就会只记录下极值。

表 11-2　　智能电能表电压质量监测能力

	制造商 A 型号 1	制造商 A 型号 2	制造商 B	制造商 C
采样间隔	1s～1 个月	1～60min	10/15/30/60min	5/15/30/60min
电压	即时，最小， 最大，平均	即时，最小， 最大，平均	即时	即时
相角	即时，最小， 最大，平均	即时，最小， 最大，平均	即时	未知
分辨率	5 个周期	5 个周期	1s	32 个周期
电压骤降启动	0～255% V_n	0～255% V_n	0～300 V	192～288 V
电压上升启动	0～255% V_n	0～255% V_n	0～300 V	192～288 V
迟滞现象	存在	存在	未知	不存在
电压近似	存在	存在	等待固件更新	不存在
个别谐波测量	可以（最多 50 位）	不存在	等待固件更新 （最多 25 日）	不存在

文献［46］中提出利用事件驱动的状态估计来监测配电系统的电压幅值和不平衡水平。此方法需要用户 i 的智能电能表数据通信至少满足以下两个条件之一：（a）有功或无功功率（ΔP_i 或 ΔQ_i）两次后续测量之间的变化高于阈值（ΔP_{lim} 或 ΔQ_{lim}）；（b）有功或无功功率（$\sum\Delta P_i$ 或 $\sum\Delta Q_i$）后续测量之间的累积变化高于阈值（ΔP_{lim} 或 ΔQ_{lim}）。智能电能表一旦识别到此类事件的存在，会将有功和无功功率以及电压幅度的瞬时测量（假设每隔 1s 的基本间隔汇总测量）传送到下级系统，作为动态可搜索对称加密（DSSE）算法的输入。DSSE 算法能够在事件发生时进行作用，更新系统的估计状态。

此外，事件驱动的 DSSE 还可以用于监测由大而快速的负载变化引起的电压下降，即 ΔP_i 和 ΔQ_i 的升高值（例如电机启动），然而这个算法并不能确定出其电压下降的原因。电压骤降监测是通过识别在电压骤降开始时发送信息的智能电能表进行的。

电压质量监测的另一个好处是可以更加准确地了解电压中断事件和原因，以及受电压质量问题影响的区域。此外，在沃森等人的研究文献［57］中还提到使用电压谐波畸变来确定配电系统拓扑。电压质量问题会直接影响电子负载和电机扭矩，进而导致与过程跳闸或损坏相关的经济损失。当然，电压中断和偏差仍然是用户向分销系统运营商投诉的最主要原因之一。

以下几项是引起电压质量问题最常见的原因：

（1）电弧炉，频繁启动/停止电动机（例如电梯），振荡负载。

（2）的永久性和暂时性故障和保护装置操作。

（3）三相系统负载分布不平衡。

（4）雷电，线路或功率因数校正电容器的切换，重负载的断开。

（5）通过识别原因，分销系统运营商工程师可以采取措施预防。

（6）通过纠正三相系统中单相和两相负载的分布来纠正电压不平衡。

（7）三相系统中的中性过载，所有电缆和设备的过热，电机的效率损失，通过减少谐波对通信系统的电磁干扰。

（8）电子元件和绝缘材料的损坏、数据处理错误或数据丢失、通过减轻以下影响而产生的电磁干扰：雷电、线路或功率因数校正电容器的切换、重负载的断开。

（9）信息技术设备的故障，即基于微处理器的控制系统（PCs，PLCs，ASDs 等），可能导致过程中断，接触器和机电继电器跳闸，信息丢失和数据处理设备故障，通过分销系统运营商端或消费者用户端解决方案避免电压跌落或短暂中断，导致电动旋转机器断开和效率降低。

尽管电压质量监测可以在一定程度上改善配电公司服务，但是其数据量却是一个很大的问题，这个问题主要是由于通信、存储以及大数据量的处理造成的。哈利迪和额科特[22]的研究认为，一个智能电能表可以传输大约 10min 的电压量级、电压不平衡或正负序电压、总谐波失真、凹陷/膨胀和停电事件数据，每年可以捕获大约 5 兆字节。因此，拥有智能电能表的 100 万消费者用户每年有望获得将产生 5Tb 的数据。2008 年，每个电表的数据传输成本约为 60 美元/年，对于拥有 100 万智能电能表用户的数据存储机构来说，每年的数据传输成本可以达到 6000 万美元。

11.3.5 拓扑和线路参数的自动确定

管理和更新数据库对配电公司是一个重要而且困难的任务。分销系统运营商数据库包含公司所有资产，适用于从财务到运营、规划的所有活动。监管期结束时的电价调整、电量损失补偿、系统扩展、故障定位和电能质量研究都是依赖数据库信息活动的例子。然而，大多数运营商数据稀缺、不完整，甚至没有数字化[41]，这意味着这些错误是数据库所固有的。

数据库很大一部分的错误源于手动包含和更新数据。这意味着对于添加到系统中的任何线路或变压器或任何改变其状态的交换机，分销系统运营商工作人员必须在一个或多个数据库中更新或包含新信息。因此，同一分销系统运营商上的不同扇区在其数据库之间存在不一致性是很常见的。表 11-3 按拓扑和线路参数错误分类对人工数据输入相关的常见错误[12]进行了说明。

表 11-3　　配电系统中最常见的拓扑和线路参数错误

拓扑错误	
错误	例子
数据包含错误或未知的信息	无变压器、线路、开关参数信息。整型变量有一个相关联的字符串值
分支元件（线路、变压器等）的母线信息少于两条	巴士 To 或 From 有错误或未知的信息
元件被隔离、缺失或错误连接	隔离或缺失的线路、变压器、开关、负载。负载连接到错误的低压系统
相位连接错误或未知	下游母线有三个阶段（a、b 和 c），而上游母线只有两个阶段（b 和 c）
元素有意想不到的端点	低压系统中没有下游连接的线路（其他线路或负载）
线路参数误差	
错误	例子
行长度不正确或未知	业务电缆长度超过预期（一般超过 30m）
电线的空间位置错误或未知	电线位置与所用机械结构不匹配
线路规格错误	材料或直径不正确

基于数据分析的自动化算法可以识别和纠正分销系统运营商数据库的不一致。由于缺乏足够的数据提供解决方案，这些算法过去在配电系统智能计量并没有得到大量应用。如今，智能电能表在具有获取测量数据能力的消费者用户中的高部署是允许实施准确可靠的数据分析解决方案的缺失因素。

在数据分析方法中，近期的文献主要对多元线性回归用于识别和校正拓扑以及线路参数误差[11,31,38,44,52,57]进行了研究。这种方法的最大好处就在于它是基于电路理论提出一个公式，而利用电气工程常识的方法在工业领域更容易被人们所接受；另一个好处是多元线性回归可以应用于多相多线系统[11]，对于具有不同拓扑结构的系统也可以达到较为精准的程度，例如北美、欧洲或南美系统；最后，从定量的角度来看，该方法的拓扑估计精度约为 90%，零误差阻抗估计精度约为 80%[11]。

11.3.5.1　应用于配电系统的多元线性回归公式

根据图 11-6 中突出显示的线条，制定了多元线性回归。

考虑突出显示的线路是三相四线。在消费者用户的智能电能表中获得的测量值是相中性电压大小、每相有功和无功功率。定义测量样品数为 η。母线 1 或母

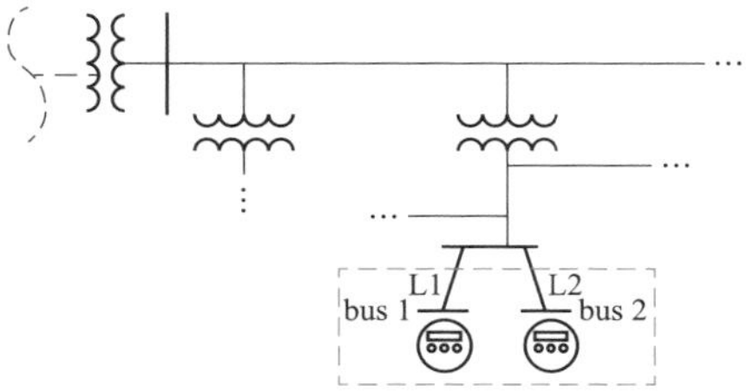

图 11-6 配电系统的插图［其中低压系统的一部分（两个使用智能电能表和服务电缆的用户）被突出显示为多元线性回归的公式］

线 2 到其上游母线的电压降计算如式（11-10）所示。

$$\hat{V}_{AN}-\hat{V}_{an}=(Z_{aa}-Z_{an})\hat{I}_a+(Z_{ab}-Z_{bn})\hat{I}_b+ \\ (Z_{ac}-Z_{cn})\hat{I}_c+(Z_{nn}-Z_{an})\hat{I}_n \tag{11-10}$$

注意，式（11-10）中的电压降对应于相 a，类似地可以得到相 b 和 c。式（11-10）中的项在去掉线路中没有呈现的电流项后也可以应用于其他拓扑配置。

$$\underbrace{V_{an1}-V_{an2}}_{\eta x1}=[1-I_{R1}^T\, I_{X1}^T\, I_{R2}^T-I_{X2}^T]\begin{bmatrix}\beta_0\\ R_1^T\\ X_1^T\\ R_2^T\\ X_2^T\end{bmatrix}\rightarrow \tag{11-11}$$

$$Y=U\beta+\varepsilon$$

由于配电系统中母线之间的接地电流和角度差较小[24]，可以将 1 号线和 2 号线的式（11-10）组合得到式（11-11），其中 I_R 和 I_X 表示计算电流的实分量和虚分量。

采用最小二乘模型求解式（11-11），可以得到直线的估计参数。这些参数是指 1 号线和 2 号线的正序电阻和电抗以及估计的中性点电阻。可以将这些参数与 DSO 数据库中元素的现有值进行比较，还可以填补缺失的数据或从这些线中获得每条线的正确类型。

如上所述，通过分析多元回归估计的参数来验证线路参数。对于拓扑检查，采用式（11-12）所示的确定系数。

$$R^2=1-SSE/SSTO \tag{11-12}$$

其中：

$$SSE=Y^TY-\beta^TU^TY \\ SSTO=Y^TY-\frac{1}{\eta}Y^T\underbrace{[1]}_{\eta x\eta}Y \tag{11-13}$$

确定系数由多元回归模型解释的方差比例评估。该参数从 0 到 1 变化，表示从总未拟合到总拟合。接近于零的值意味着第 1 行和第 2 行之间的连接可能不存在；相反，如果值接近 1，则表示可能存在这样的连接。

11.3.5.2　自动化验证过程

式（11-11）和式（11-12）可以用来验证线路的参数和连接，多元线性回归模型中的数据由智能电能表提供。

在检查线路参数和拓扑后，上游母线（图 11-6）的电压可由式（11-10）近似计算得出，两个仪表计算电流的总和可以得到上游母线的近似电流。获得图 11-6 中上游母线的电压、电流的虚拟测量值后，下游电路可以替换为等效的虚拟仪表。

在此基础上，配电系统线路参数和拓扑结构的自动验证从用户智能电能表一直到变电站。在理想情况下，这个过程会将所有真实和虚拟电表结合起来，直到只剩下一个虚拟电表（在变电站位置上），所有的线路参数和系统拓扑都能够得到验证。然而，在实际系统中，这种方法可能会面临一个限制，那就是两条相连线路相位不兼容（例如，线路 1 只有相 b，线路 2 只有 a 相和 c 相）。

图 11-7 是对验证线路参数和系统拓扑自动化过程总体思想的一个说明。配电系统图是按层重组的，由分支元件（线路、变压器等）构成。我们可以看到，在第一层有两个真实电表的组合，产生一个虚拟电表（SM_{V1}）；然后，SM_{V1} 与真实电表（SM_{R3}）结合后会形成另一个虚拟电表（SM_{V2}）；最后，从两个虚拟电表（SM_{V2} 和 SM_{V3}）中获得最后一个虚拟电表。至此，所有线路参数和系统拓扑就全部完成检查修正。

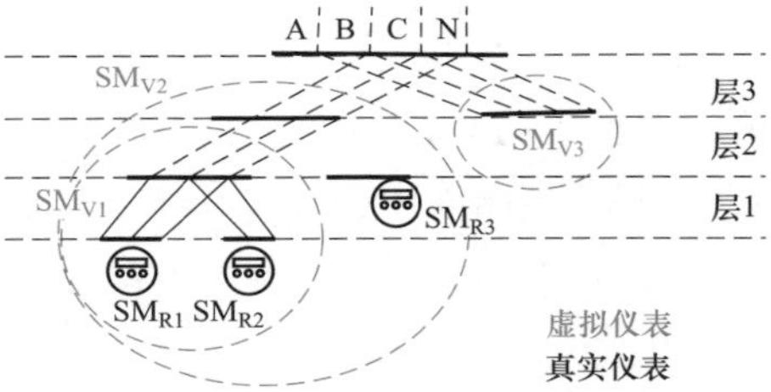

图 11-7　使用真实仪表和虚拟仪表进行线路参数和拓扑验证的自动化过程的说明

目前大部分的文献是应用多元线性回归方法来处理数据库的离线校正和验证，这说明纠正或验证数据库的自动化过程要在一天或一周结束时执行。该方法的在线应用仍然有待实施，最主要的挑战就是多元线性回归需要一组过度补偿的样本来检索结果。根据智能电能表的采样率来看，采样周期的应用并不切合实际。例如，在多元线性回归模型中，两条三相四线一共有 13 个变量需要估计，如果仪表采样率为 1h，这种方法至少需要 14h 才能得到解决方案，对于监控交换机或定位故障来说，这个时间可能过长。

11.3.6 负荷建模

电力系统分析对系统运营和规划任务来说至关重要，但负荷的建模会导致电力系统分析的不准确。与发电机和其他配电系统要素的模型不同，负荷模型很复杂而且尚未建立完善[2]。虽然智能电能表的测量数据可以对负载的有功和无功功率需求进行一个更好地表示，但这些测量并不能精确地再现负载的电压依赖性。因此电力系统分析工具中的负载建模仍然不完整，仍然需要一个更好地描述负载行为的方法。

涵盖负载建模的方法基本上分为两类：基于组件的方法[9,23,33]和基于测量的方法[18,28,30]。

基于组件的方法根据负载的特征创建模板，例如，用户类型（住宅、商业或工业）、消耗、总需求等。根据统计信息，将典型的器具和设备分配给特定的消费单元，在确定负载模板后，通过实验室测试（见文献［4］）或现有数据库获得单个器具和设备的模式，这些组件的聚合为电力系统分析工具提供了合理的负荷模型。基于组件方法的挑战主要是如何更好地确定描述每个负载的组件集。

基于测量的方法主要依赖从仪表上获取的数据来定义最适合负载的模型，电能质量表、相量测量单元和用户的智能电能表都可以用于此方法。这意味着可以采用波形、相量[21]或幅度[18]来测量，特别是用户的智能电能表，它对于DSO来说是一个很合适的选择，因为这些设备已被广泛部署以取代机电电表。下面我们对基于测量方法进行一些说明。

这种基于测量的方法侧重于确定负载的电压依赖模型。这种方法适用于静态负载建模，适用于稳态研究（例如，负载流）。所使用的测量是电压大小，有功和无功功率，因此它们可以在用户的智能电能表中获得。

有功功率和无功功率对其指数形式的电压依赖关系如式（11-14）所示：

$$P=P_0\left(\frac{V}{V_0}\right)^{np},Q=Q_0\left(\frac{V}{V_0}\right)^{nq} \tag{11-14}$$

式中，V_0、P_0、Q_0 为电压幅值、有功功率标称值；V、P、Q 为负载电压幅值、有功功率、无功功率的实时值。

用 n_p 和 n_q 分别定义有功功率和无功功率的电压依赖性，这个依赖性通常是未知的，可以通过从用户的智能电能表中采样电压幅度、有功功率和无功功率的变化来估计这些参数。重新排列式（11-14）得到估计指数，如式（11-15）所示，

$$n_p=\frac{\log_{10}(P_{t+1}/P_t)}{\log_{10}(V_{t+1}/V_t)},n_q=\frac{\log_{10}(Q_{t+1}/Q_t)}{\log_{10}(V_{t+1}/V_t)} \tag{11-15}$$

式中，t 为测量瞬间。

我们可以看到，在式（11-15）中，指数项是由功率和电压测量值随时间的变化而决定的。在这种情况下，最大的困难就在于估计指数项的特征变化。在此基础上，应用以下规则[18]：

（1）电压幅值，每相有功功率和无功功率被测量并存储在具有5-倍容量的圆形存储器（缓冲器）中。

（2）如果检测到电压变化大于0.5%，则执行以下测试。

（3）如果电压增加（降低），有功和无功功率减少（增加），忽略此事件，因为变化可能是由负载变化引起的。

（4）如果在第一个事件之后观察到其他电压或功率变化，则忽略该事件，因为可能正在演变的其他扰动与该方法旨在检测的条件无关。

（5）如果电压升高（降低），有功和无功功率升高（降低），则测定 P_{t+1}，P_t，Q_{t+1}，Q_t，V_{t+1}，V_t。这些测量值是事件检测前（t）和事件检测后（$t+1$）0.5s的平均值。然后，使用式（11-15）计算负载指数 n_p 和 n_q。

图11-8举例说明了两个事件，以阐明拟议规则的应用。对于给定的电压上升阶跃，事件1的有功功率和无功功率也增加，在事件前后没有波动。这意味着该事件满足上述条件，可用于指数的估计。然后，获取有功和无功功率，计算 n_p 和 n_q。另外，考虑事件2，有功和无功功率降低导致电压升高。此外，事件发生后会有电力波动。这些条件中的任何一个都足以排除这一事件。

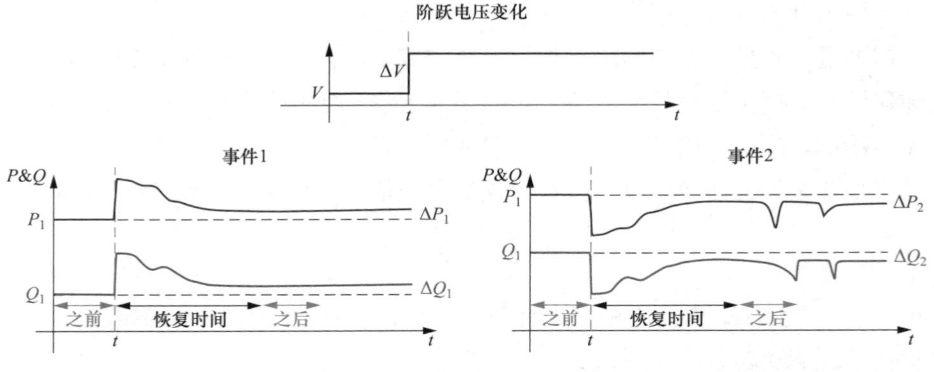

图11-8　一个案例被接受（事件1），另一个案例被排除（事件2）的说明

对于每个可接受的事件都重复计算 n_p 和 n_q，可接受事件数量越多，参数估计就越精确。这意味着所选择的阈值检测电压变化并确定对采样大小起关键作用的前后周期，从而对方法的精度起关键作用。

11.4 结论

在本章中，首先介绍了电能表的发展历程，描述了智能电能表的现状及其主要功能。然后，介绍了智能电能表数据的潜在分销系统端应用，以及大规模部署智能电能表和相关先进计量基础设施的好处。这些新应用程序可以最大限度地利用先进计量基础设施功能，对已经实施或正在考虑实施的分销公司提供帮助。前者可以降低被监管机构或其他当局拒绝收回投资的风险。后者可以向其股东证明先进计量基础设施的合理性。这些场景是可能的，因为公司正在预测先进计量基础设施的潜力，以改善分销系统的操作和规划，以及提供新的用户解决方案。

如前所述，直接应用程序可以通过使用来自智能电能表的数据来实现，例如专用于故障定位、非技术损失检测和定位以及电压质量监控的那些部分。此外，还启用了多个辅助应用程序：配电系统状态评估、系统拓扑和参数的自动确定以及负载建模。辅助应用程序协助不同的操作和规划任务，提供直接功能使用的信息。例如，非技术损失识别和故障定位方法通常依赖于对配电系统特征的了解，并受益于对系统拓扑和参数的更准确确定。配电系统状态评估可以作为一种监控工具来监测配电系统的电压质量和识别非技术损失。用户负荷的准确表征，能够应用于更合适的负载模型方法中，是负荷流计算和配电系统状态评估程序（用作伪测量）的重要输入。

智能电能表中收集的特定测量数据中，包括有功和无功功率以及电压幅值数据，能够揭示出用户和配电系统特征的相关信息。所讨论的一些方法依赖于这组测量数据来检测和定位非技术损失、构建负载模型以及定义系统拓扑和参数。主要由于通信限制，从所有用户的智能电能表获取实时（或接近实时）数据仍然是一个问题，但它并不妨碍大多数讨论方法的应用。

总的来说，使用智能电能表数据来支持配电系统运行和规划任务，集成到高级配电管理系统功能中，增加了智能电能表价值，有助于证明相关先进计量设施实施的投资合理性。

参 考 文 献

[1] Alimardani A，Therrien F，Atanackovic D，Jatskevich J，Vaahedi E (2015) Distribution system state estimation based on nonsynchronized smart meters. IEEE Trans Smart Grid 6(6)：2919-2928. https://doi.org/10.1109/TSG.2015.2429640.

[2] Arefifar SA, Xu W (2013) Online tracking of voltage-dependent load parameters using ULTC created disturbances. IEEE Trans Power Syst 28 (1): 130-139. https://doi.org/10.1109/TPWRS.2012.2199336.

[3] Bettenzoli E, Cirillo D, Min MD, Schiavo LL, Piti A (2017) The Italian case on smart meters in the electricity market: a new wave of evolution is ready to come. The ICER Chronicle, 6th ed., Jan 2017.

[4] Bokhari A et al (2014) experimental determination of the ZIP coefficients for modern residential, commercial, and industrial loads. IEEE Trans Power Delivery29 (3): 1372-1381. https://doi.org/10.1109/TPWRD.2013.2285096.

[5] Brahma SM (2011) Fault location in power distribution system with penetration of distributed generation. IEEE Trans Power Delivery 26 (3): 1545-1553. https://doi.org/10.1109/TPWRD.2011.2106146.

[6] Buzau MM, Tejedor-Aguilera J, Cruz-Romero P, Gómez-Expósito A (2019) Detection of non-technical losses using smart meter data and supervised learning. IEEE Trans Smart Grid 10 (3): 2661-2670. https://doi.org/10.1109/TSG.2018.2807925.

[7] Campbell M, Watson NR, Miller A (2015) Smart meters to monitor power quality at consumer premises. 2015 Electricity Engineers' Association Conference, 24-26 Jun 2015, Wellington, New Zealand.

[8] Cavalcante PAH, Almeida MC (2018) Fault location approach for distribution systems based on modern monitoring infrastructure. IET Gener Transm Dis 12 (1): 94-103. https://doi.org/10.1049/iet-gtd.2017.0153.

[9] Chang R, Leou R, Lu C (2002) Distribution transformer load modeling using load research data. IEEE Trans Power Delivery 17 (2): 655-661. https://doi.org/10.1109/61.997955.

[10] Cooper A, Shuster M (2019) Electric company smart meter deployments: foundation for a smart grid (2019 Update), The Edison Foundation: Institute for Electric Innovation, Dec 2019.

[11] Cunha VC, Freitas W, Trindade FCL, Santoso S (2020) Automated determination of topology and line parameters in low voltage systems using smart meters measurements. IEEE Trans Smart Grid. https://doi.org/10.1109/TSG.2020.3004096.

[12] ESRI (2020) Error management. https://pro.arcgis.com/en/pro-app/help/data/utility-network/manage-error-features.htm. Accessed 7 Sep 2020.

[13] European Commission(2012)Commission recommendation of 9 March 2012 on preparations for the roll-out of smart metering systems (2012/148/EU). Euro- pean Commission. https://op.europa.eu/en/publication-detail/-/publication/a5daa8c6-8f11-4e5e-9634-3f224af571a6/language-en. Accessed 05 Sep 2020.

[14] Expósito AG, Quiles CG, Dzafic I (2015) State Estimation in two time scales for smart distribution systems. IEEE Trans Smart Grid 6 (1): 421-430. https://doi.org/10.1109/TSG.2014.2335611.

[15] Fernandes SEN, Pereira DR, Ramos CCO. Souza AN, Gastaldello DS, Papa JP (2019) A Probabilistic optimum-path forest classifier for non-technical losses detection. IEEE Trans Smart Grid 10 (3): 3226-3235. https://doi.org/10.1109/TSG.2018.2821765.

[16] Ferreira TSD, Trindade FCL, Vieira JCM (2020) Load flow-based method for nontechnical electrical loss detection and location in distribution systems using smart meters. IEEE Trans Power Syst. https://doi.org/10.1109/TPWRS.2020.2981826.

[17] Fragkioudaki A, Cruz-Romero P, Gómez-Expósito A, Biscarri J, Tellechea MJ (2016) Detection of non-technical losses in smart distribution networks: a review. In: International conference on practical applications of agents and multi-agent systems, Seville, 1-3 June 2016.

[18] Freitas W, da Silva LCP (2012) Distribution system load modeling based on detection of natural voltage disturbances. In: 2012 IEEE power and energy society general meeting, San Diego, CA: pp 1-5. https://doi.org/10.1109/PESGM.2012.6345070.

[19] Galijasevic Z, Abur A (2002) Fault location using voltage measurements. IEEE Trans Power Delivery 17 (2): 441-445. https://doi.org/10.1109/61.997915.

[20] Gao Y, Foggo B, Yu N (2019) A physically inspired data-driven model for electricity theft detection with smart meter data. IEEE Trans Ind Inform 15 (9): 5076-5088. https://doi.org/10.1109/TII.2019.2898171.

[21] Ge Y, Flueck AJ, Kim D, Ahn J, Lee J, Kwon D (2015) An event-oriented method for online load modeling based on synchrophasor data. IEEE Trans Smart Grid. 6 (4): 2060-2068. https:// doi.org/10.1109/TSG.2015.2405920.

[22] Halliday C, Urquhart MD (2008) Network monitoring and smart meters. https://silo.tips/download/network-monitoring-and-smart-meters. Accessed 01 Sept 2020.

[23] Jardini JA, Tahan CMV, Ahn SU, Ferrari EL (1997) Distribution transformer loading evaluation based on load profiles measurements. IEEE Trans Power Delivery 12 (4): 1766-1770. https://doi.org/10.1109/61.634203.

[24] Jenkins N, Allan R, Crossley P, Kirschen D, Strbac G (2000) Embedded generation. IEE Power and Energy Series.

[25] Jiang Y (2019) Toward detection of distribution system faulted line sections in real time: a mixed integer linear programming approach. IEEE Trans Power Del 34 (2): 1039-1048. https://doi.org/10.1109/TPWRD.2019.2893315.

[26] Jiang Y (2020) Data-driven fault location of electric power distribution systems with dis-

tributed generation. IEEE Trans Smart Grid 11 (1): 129-137. https://doi.org/10.1109/TSG.2019.2918195.

[27] Jokar P, Arianpoo N, Leung VCM (2016) Electricity theft detection in AMI using customers' consumption patterns. IEEE Trans Smart Grid 7 (1): 216-226. https://doi.org/10.1109/TSG.2015.2425222.

[28] Kabiri M, Amjady N (2019) A hybrid estimation and identification method for online calculation of voltage-dependent load parameters. IEEE Syst J 13 (1): 792-801. https://doi.org/10.1109/JSYST.2017.2789202.

[29] KBK Electronics (2019) Products: static energy meters. https://www.kbk.com.pk/all-products/static-energy-meters/. Accessed 14 Sept 2020.

[30] Kontis EO, Papadopoulos TA, Chrysochos AI, Papagiannis GK (2018) Measurement-based dynamic load modeling using the vector fitting technique. IEEE Trans Power Syst 33 (1): 338-351. https://doi.org/10.1109/TPWRS.2017.2697004.

[31] Lave M, Reno MJ, Peppanen J (2019) Distribution system parameter and topology estimation applied to resolve low-voltage circuits on three real distribution feeders. IEEE Trans Sustain Energy 10 (3): 1585-1592. https://doi.org/10.1109/TSTE.2019.2917679.

[32] Lee RE (2011) Method and system for detecting electricity theft. US Patent US7936163B2, 03 May 2011.

[33] Liang X, Xu W, Chung CY, Freitas W, Xiong K (2012) Dynamic load models for industrial facilities. IEEE Trans Power Syst27 (1): 69-80. https://doi.org/10.1109/TPWRS.2011.2161781.

[34] Liu Y, Schulz NN (2002) Knowledge-based system for distribution system outage locating using comprehensive information. IEEE Trans Power Syst 17 (2): 451-456. https://doi.org/10.1109/TPWRS.2002.1007917.

[35] Liu Y, Li J, Wu L (2019) State estimation of three-phase four-conductor distribution systems with real-time data from selective smart meters. IEEE Trans Power Syst 34 (4): 2632-2643. https://doi.org/10.1109/TPWRS.2019.2892726.

[36] Liu B, WuH, Zhang Y, Yang R, Bernstein A (2019b) Robust matrix completion state estimation in distribution systems. In: 2019 IEEE PES general meeting, Atlanta, 4-8 Aug 2019.

[37] Lotfifard S, Kezunovic M, Mousavi MJ (2011) Voltage sag data utilization for distribution fault location. IEEE Trans Power Delivery 26 (2): 1239-1246. https://doi.org/10.1109/TPWRD.2010.2098891.

[38] Luan W, Peng J, Maras M, Lo J, Harapnuk B (2015) Smart meter data analytics for distribution network connectivity verification. IEEE Trans Smart Grid 6 (4): 1964-1971. https://doi.org/10.1109/TSG.2015.2421304.

［39］ Majidi M，Arabali A，Etezadi-Amoli M（2015）Fault location in distribution networks by compressive sensing. IEEE Trans Power Del 30（4）：1761-1769. https://doi. org/10. 1109/ TPWRD. 2014. 2357780.

［40］ Mak ST（2006）A Synergistic approach to using amr and intelligent electronic devices to determine outages in a distribution network. In：2006 Power systems conference：advanced metering，protection，control，communication，and distributed resources，Clemson，SC，pp 447-453（2006）. https://doi. org/10. 1109/PSAMP. 2006. 285413.

［41］ McKinsey & Company（2018）. The digital utility：new challenges，capabilities，and opportunities. https://www. mckinsey. com/industries/electric-power-and-natural-gas/our-insights/the-digital-utility. Accessed 7 Sep 2020.

［42］ Messinis GM，Hatziargyriou ND（2018）Review of non-technical loss detection methods. Electr Power Syst Res 158：250-266.

［43］ Palacios-Garcia EJ et al（2017）Using smart meters data for energy management operations and power quality monitoring in a microgrid. 2017 IEEE 26th International Symposium on Industrial Electronics（ISIE）：1725-1731. https://doi. org/10. 1109/ISIE. 2017. 8001508.

［44］ Peppanen J，Reno MJ，Broderick RJ，Grijalva S（2016）Distribution system model calibration with big data from AMI and PV inverters. IEEE Transactions on Smart Grid. 7（5）：2497-2506. https://doi. org/10. 1109/TSG. 2016. 2531994.

［45］ Pereira RAF. Silva LGW，Kezunovic M，Mantovani JRS（2009）Improved fault location on distribution feeders based on matching during-fault voltage sags. IEEE Trans Power Del 24：852-862. https://doi. org/10. 1109/TPWRD. 2010. 2098891.

［46］ Raggi LMR，Trindade FCL，Freitas W（2017）Event-driven state estimation for monitoring the voltage quality of distribution systems. In 2017 IEEE PES General Meeting，Chicago，16-20 July 2017.

［47］ Raggi L，Trindade FCL，CunhaVC，Freitas W（2020）Non-Technical loss identification by using data analytics and customer smart meters. IEEE Trans Power Delivery. https://doi. org/10. 1109/TPWRD. 2020. 2974132.

［48］ Research and Markets（2019）Smart metering in North America and Asia-Pacific. https://www. researchandmarkets. com/reports/4791105/smart-metering-in-north-america-and-asia-pacific. Accessed 19 Sep 2020.

［49］ Shallenberger OB（1888）Meter for alternating electric currents. US Patent 388，003，14 Aug 1888.

［50］ Smart Energy International（2006）The history of the electricity meter. https://www. smart-energy. com/features-analysis/the-history-of-the-electricity-meter/. Accessed 05 Sep 2020.

[51] Snyder A, Wornat R (2019) The many faces of FLISR. T&D World. https://www.tdworld.com/smart-utility/article/20972125/the-many-faces-of-flisr. Accessed 01 Sept 2020.

[52] Short TA (2013) Advanced metering for phase identification, transformer identification, and secondary modeling. IEEE Transactions Smart Grid. 4 (2): 651-658. https://doi.org/10.1109/TSG.2012.2219081.

[53] Tounquet F, Alaton C (2019) Benchmarking smart metering deployment in the EU-28. European Comission. https://op.europa.eu/s/ofx6. Accessed 01 Sept 2020.

[54] Trindade FCL, Freitas W, Vieira JCM (2014) Fault location in distribution systems based on smart feeder meters. IEEE Trans Power Del 29 (1): 251-260. https://doi.org/10.1109/TPWRD.2013.2272057.

[55] Trindade FCL, Freitas W (2017) Low voltage zones to support fault location in distribution systems with smart meters. IEEE Trans Smart Grid 8 (6): 2765-2774. https://doi.org/10.1109/TSG.2016.2538268.

[56] Wang B, Xu X, Pan Z (2005) Voltage sag state estimation for power distribution systems. IEEE Trans Power Syst 20 (2): 806-812. https://doi.org/10.1109/TPWRS.2005.846174.

[57] Watson JD, Welch J (2016) Watson NR (2016) Use of smart-meter data to determine distribution system topology. J Eng 5: 94-101. https://doi.org/10.1049/joe.2016.0033.

12

有源配电网中的通信

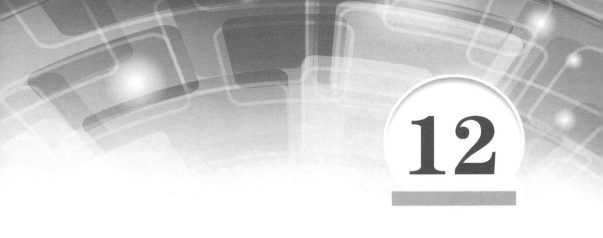

Manel Velasco，Pau Martí，Ramón Guzman，Jaume Miret，and Miguel Castilla

摘要：采用多目标共享的数字通信网络连接空间上分散的电力电子逆变器，提升了小型电力系统在能量管理和电能质量治理方面的功能和效果。然而，由于意外的操作延迟和故障，共享网络的使用会带来不确定性，并可能对电力系统运行和可靠性产生不利的影响。本章从实验探索的角度，分析了一个基于逆变器的小规模实验室孤岛微电网的运行情况和可靠性。考虑的场景是一组逆变器由数字处理器驱动，数字处理器通过共享的数字通信网络交换控制信息，该共享的数字通信网络存在固有的信息延迟和由于故障等原因导致的信息丢失情况。

通过基于通信的分布式控制，这些逆变器的控制目标是确保实现合理的有功功率分配和频率调节。

曼内尔·维拉斯科，保罗·马蒂（通信作者），拉蒙·古兹曼，吉由木·米雷特，米格尔·卡斯蒂利亚

加泰罗尼亚理工大学，巴塞罗那，西班牙

电子邮箱：pau. marti@upc. edu

曼内尔·维拉斯科

电子邮箱：manel. velasco@upc. edu

拉蒙·古兹曼

电子邮箱：ramon. guzman@upc. edu

吉由木·米雷特

电子邮箱：jaume. miret@upc. edu

米格尔·卡斯蒂利亚

电子邮箱：miquel. castilla@upc. edu

https://doi.org/10.1007/978-3-030-90812-6_12

12.1 引言

为了使多种可再生能源发电替代化石能源发电后，能够更好地接入电网，相关的解决方案或者措施亟待研究。一种潜在的解决方案是微电网（microgrids，MGs）[1]。微电网有望构成一个可扩展的电力系统，通过充分结合先进的电力电子、信息和通信技术以及新的控制和管理策略，实现高标准供电服务[2]。从本质上讲，微电网由多种分布式发电（DG）单元（接口为逆变器）、负荷和由快速响应的电力电子设备所管理的储能系统组成。单个微电网通过单个公共连接点接入配电网。

分布式发电单元可以是异构的，可以产生频率变化的交流功率，例如风机，也可以产生直流功率，例如太阳能电池板。异构的发电单元通过电力电子逆变器（DC/AC 或 AC/AC 变换器）接入同步交流微电网。逆变器可分为电流源逆变器（CSIs）和电压源逆变器（VSIs）。电流源逆变器必须通过锁相环与电网保持同步，主要目标是根据指定的参考功率向电网注入电流。电压源逆变器不需要任何外部参考量与电网保持同步，可用于保证孤岛运行时的电能质量[3]。

微电网相比于传统的电力系统，有几个特殊的特征[4]。第一，微电网必须能够在分布式电源输出和负荷变化的情况下持续运行。第二，微电网应该能够具备即插即用和可扩展功能，以便连接/断开各种单元，而无需重新编程控制和管理系统。第三，当大电网失电时，微电网应该能够独立运行，处于孤岛模式。微电网的原始定义侧重其孤岛能力，以保护自身免受设备停运和供电中断的影响。但是，微电网的概念与实践也在不断进化发展，逐步强化对发电和负荷管理能力的侧重。先进的微电网能够主动平衡电源发电与负荷需求，对电源进行经济调度，并具备高可靠性和韧性。

由于微电网的动态特性不再由大电网主导，微电网的孤岛运行模式明显比并网模式更具挑战性[5]。孤岛模式需要实施精确的控制机制以实现和维持供需均衡，其中微电网的分布式发电单元起着关键作用[6]。

12.1.1 微电网场景与控制目标

本节展现的分析过程侧重微电网孤岛运行模式下，异构和物理上分散的电压源逆变器根据基于通信的分布式控制原则采取协调行动，以确保系统同步、电压有效调节、功率平衡和负荷合理分配[7,8]。

图 12-1 展示了微电网的一个通用方案，其中包含了分析中所涉及的所有关

键元件。交流微电网运行在孤岛模式下时，由两组元件组成。第一组是与发电和供电、负载以及输电线路相关的（图中实线所示）。从左到右，可以看出分别是蓄电池、风力发电机、太阳能电池板、同步发电机，它们都通过功率逆变器接入微电网。第二组是与计算技术和数字通信网络有关的（图中虚线所示），可以看到执行分布式控制算法和交换控制数据的微处理器。

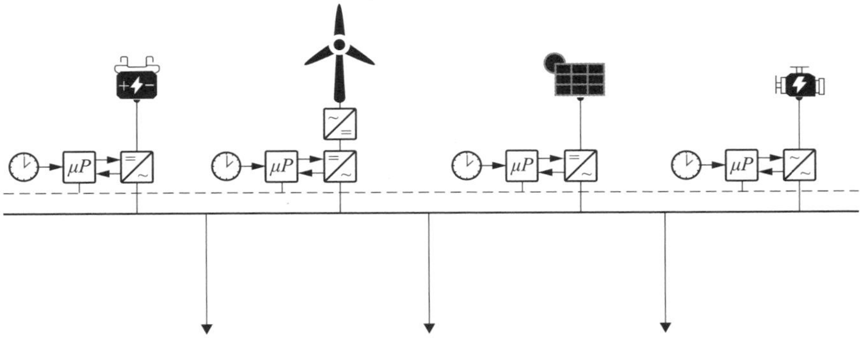

图 12-1　基于逆变器的孤岛微电网方案示意图

在微电网的众多控制目标中，重点研究有功功率分配和频率调节。因此，稳态下逆变器的控制目标可以通过下述方式建模：

为提供精准的功率分配❶，如式（12-1）所示：

$$P_{\mathrm{i,ss}}=\frac{P_{\mathrm{T}}}{\sum_{j=1}^{n}\left(\frac{m_{\mathrm{i}}}{m_{\mathrm{j}}}\right)} \tag{12-1}$$

式中，$P_{\mathrm{i,ss}}$ 为稳态下每个逆变器提供的有功功率；P_{T} 为总功率；m_{i} 和 m_{j} 为与逆变器额定功率相关的 2 个参数。总功率包括负荷功率和传输损耗。

为将稳态下微电网的频率 ω_{ss} 调至其标称值 ω_0，如式（12-2）所示：

$$\omega_{\mathrm{ss}}=\omega_0 \tag{12-2}$$

实现这些控制目标通常使用分层控制方案[9]，而这种方案越来越依赖于支持微电网运行的共享数字通信架构[6]。因此，逆变器之间的数据交换起着关键作用，由于通信网络带来的固有不确定性，必须分析通信对控制性能的影响。此外，通信不确定性也可能影响逆变器对电网结构的感知，可能与其真实结构不符。

已有文献中已经确认，电网和通信技术之间的高级相互依赖性使得可靠性和

❶ 在保证负载供电的同时，逆变器提供的功率必须与其额定功率成正比。

运行问题比传统电网更加复杂。有关基础设施之间相互依存关系的关键研究成果，可参见文献［10］；有关最近的综述，请参见文献［11］。通信基础设施的意外运行延迟或故障会对电力系统产生负面影响[12]。适用的特定分布式控制策略以及可能发生的通信场景类型决定了电网和通信网络之间相互依赖的程度。它们将导致不同程度的电能质量降级，不过有希望不会导致电力供应的中断或硬件设备资产的严重损坏[13,14]。

12.1.2 通信不确定性

本章的分析涵盖了分布式电能管理应用的两个方面，其运行依赖于共享数字通信网络的采用。第一个方面是通信时效性，第二个方面适用于可靠性。时效性指的是影响分布式动作的逻辑运行所固有的但同时可能属于意外的时延属性，它们是由于信息延迟和丢失引起的。发生这些现象无可避免。当它们被放置于没有控制环的网络中时，它们将影响控制性能。可靠性与在分布式控制应用中，由于意外故障导致通信丢失的情况有关。通信丢失，不仅意味着特定电压源逆变器之间的分布式控制数据交换暂时中断，还有可能阻碍分布式通知影响电网的异常情况，比如输电线路损坏。

本章的组织结构如下。第 2 节描述了进行所有实验的实验室微电网。第 3 节解释了在实验中考虑的通信网络的特定方面。第 4 节介绍了考虑功率共享和频率调节的控制策略。第 5 节对一个结合了功率流原理与图论的模型和分析方法进行了概述。第 6 节描述了实验。第 7 节总结了本章主要内容。

12.2 实验室微电网

本章实验中使用的微电网设备位于加泰罗尼亚理工大学（UPC）工程学院（EPSEVG）的电力和控制电子系统研究小组（SEPIC）实验室。该实验室位于比拉诺瓦伊拉赫尔特鲁（Vilanova i la Geltrú），其详细描述可见文献［15］。值得一提的是，学者们对微电网研究的兴趣日益增长，出版了多篇出版物，描述了微电网实验室建立的研究和教育目的，例如文献［16-18］。

实验装置是一个三相小型实验室微电网，如图 12-2 所示。表 12-1 中列出了元件的数值。该系统由四个发电节点 $G_{1,2,3,4}$ 组成，发电节点用于模拟分布式能源的发电。每个发电节点由一台 2kVA 三相全桥绝缘栅双极型晶体管（IGBT）功率逆变器和一个阻尼电感-电容-电感（LCL）输出滤波器组成。该逆变器的生产厂家为 GUASCH，型号为 MTLCBI0060F12IXHF。电能供应方面，采用型号为 AMREL SPS-800-12 DC 的直流电源。每个逆变器的测试控制策略（产生虚拟阻抗 Z_V）是在双核德州仪器协奏（Texas Instruments Concerto）板上实现的。它由一个 C28 浮点数字信号处理器（DSP）和用于通信目的的 ARM M3 处理器组成：第一个处理器实现控制算法；两个处理器都使用同一个硬件时钟，其漂移速率上限为 1.00002[19]，即每个逆变器时钟精度误差小于正负百万分之（ppm）二十。该微电网使用交换式以太网的用户数据报协议（UDP）来实现 4 个逆变器之间的通信。在图中，底部带有小箭头的圆圈代表以太网交换机，它与每个发电机（M3 处理器）之间都有点对点以太网电缆连接。时延属性是使用以太网所固有的，但有时也需要清晰地放大，以便更好地了解它们对应用程序性能的影响。基线传输速率设置为 0.1s。采用三相电感与电阻串联的方式，模拟分散的线路导线，表示为 $Z_{1,2,3}$。图中还包括连接在每个逆变器输出端的隔离变压器 $T_{1,2,3,4}$。该微电网给 1 个阻抗为 Z_G 的全局负荷和 3 个阻抗分别是 Z_{L1}、Z_{L2} 和 Z_{L3} 的本地负荷供电。电阻式加热器作为负载，以 Y 型联结与浮动中性点相连。图 12-2 中的方案还包括两个开关 a 和 b，它们是由数字板控制电子继电器。开关 a 和 c 分别用于连接和断开本地负荷 Z_{L1} 和 Z_{L3}，开关 b 用于微电网物理上的分区。它们用于输电线路出现故障等情况下的强制处理措施。通过禁用特定的通信端口，在以太网交换机级别处理通信故障。

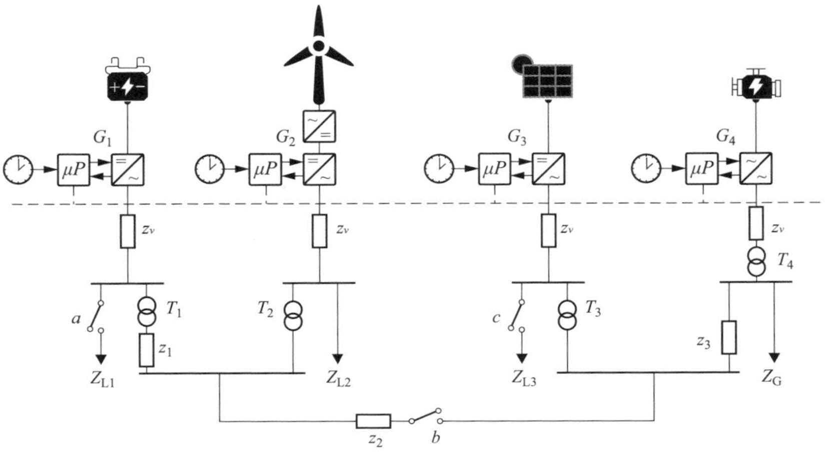

图 12-2　微电网方案示意图

实验室微电网的主要元件由图 12-3 所示。微电网放置在 4 层置物架上，如图 12-3（a）所示。每层置物架都包含一个逆变器、控制板及感应板，如图 12-3（b）所示。

表 12-1　　　　　　　　　　实验室微电网元件的标称值

符号	描述	标称值
v	电网电压（线电压有效值）	$\sqrt{3}$110V
ω_0	无负荷情况下的电网频率	2π60rad/s
Z_1	线路阻抗 1	0.75Ω@90°
Z_2	线路阻抗 2	0.30Ω@90°
Z_3	线路阻抗 3	0.30Ω@90°
T_1	变压器阻抗	0.62Ω@37.01°
T_2	变压器阻抗	0.62Ω@37.01°
T_3	变压器阻抗	1.31Ω@9.87°
T_4	变压器阻抗	1.31Ω@9.87°
Z_v	虚拟阻抗	3.76Ω@90°
P_G	全局负荷额定有功功率	1.5kW
Z_G	全局负荷阻抗	22Ω@0°
$P_{L1,L2,L3}$	本地负荷额定有功功率	0.5kW
$Z_{L1,L2,L3}$	本地负荷阻抗	88Ω@0°

(a)　　　　　　　　(b)

图 12-3　实验室微电网的主要元件

(a) 由 4 个电压源逆变器组成的架构（左图）；(b) 电压源逆变器细节、控制与通信硬件（右图）

图 12-4 提供了实验室微电网的补充视图，侧重通信和电力网络，分为两个层级。它将用于分析考虑微电网性能的不同运行场景。特别地，它展示了微电网内部的连通情况，其中标有 1、2、3 和 4 的节点对应 4 个电压源逆变器，通过顶

点反映节点之间的连通情况。顶层的图对应 4 个发电机之间在电气层面的连通情况。在这种情况下，两个节点之间存在一个顶点表示它们之间存在物理传输路径，因此它们可以交换功率流。底层的图对应 4 个发电机在通信层面的连接情况。两个节点之间存在一个顶点说明，从逻辑操作的角度来看，这 2 个电压源逆变器之间以交换控制数据。因此，每个图中顶点的解释略有不同。通过将图 12-2 中给出的实验室微电网方案与图 12-4 中显示的节点连接情况进行比较，可以得出，电气连通情况对应于所有开关关闭的情况，而通信连通情况对应于所有节点都可以与其他节点交换数据的情况（遵循全对全通信方案）。这种类型的图将用于说明不同类型的通信故障，这些故障将损害电压源逆变器之间的控制数据交换（并在通信连接情况中体现），或在检测到电力连接损坏时损害电压源逆变器之间的监控数据交换（并在电气连接情况中体现）。

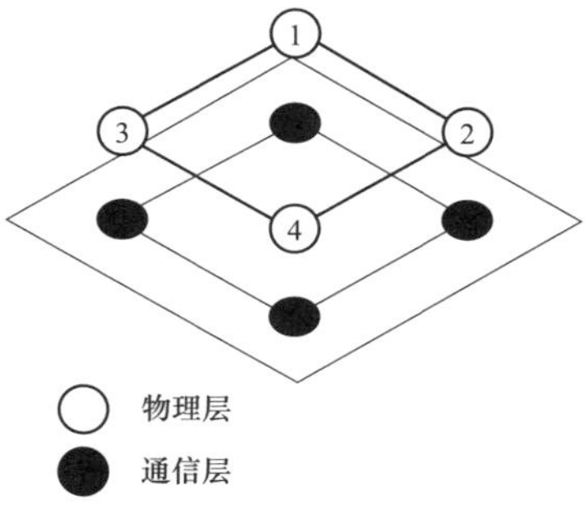

图 12-4　通过 2 个层级来描述微电网的电气层面的连通情况（顶层）和通信层面的连通情况（底层），其中节点在 2 个层级中都代表发电机，2 个层级的图中发电机之间的连线均表示连通

12.3　通信时效性与可靠性

从平台的角度来看，微电网是分布式系统，由物理上分散的计算设备集合组成，通过彼此之间的通信来实现共同的目标。微电网分布式控制需要传感器信息向控制器进行通信，并从控制器向执行器传递有关控制输入的信息，这种架构称为网络化控制系统（NCS）[20]。可以使用各种数字网络来实现这种通信，这些网络在各个地方都可以使用，并且可以用于实现反馈环路而无需额外的安装成本。数字通信网络的一些属性（例如开放性和不均匀性，拓扑和节点的变化，并且在依赖于节点数量、使用的链路和流量的情况下表现为非确定性）会影响整个微电网的行为。

通常情况下，基于通信的频率调节策略和有功功率分配策略是在理想条件下设计的。也就是说，这些控制方法的理论逻辑应该不会受到通信设备、通信网络和电网工作情况的影响。在现实世界中，理想条件不再成立，由于通信网络和电网中的不完美因素，许多不可预测的因素会出现。正如先前强调的，当前的分析涵盖了两个方面。

第一个方面涉及时间轴，特别是关注时间延迟和中断。变化的传输延迟是由于采样和传输数据以及执行控制算法需要一定（非零）的时间。除了这些操作不能无限快地执行之外，网络和计算资源也可能被其他任务部分占用，并且数据每次传输时的路径也可能不同。这会引入非零且时变的传输延迟。发生消息中断是因为传输可能会失败，由于消息与其他消息发生冲突或者数据在网络的物理层面上损坏，导致消息永远不会到达或者变得无法读取。尽管有大量关于考虑时间、信息丢失、可变通信拓扑等通信约束的网络化控制系统理论可用（例如可参考文献［21，22］），但这些研究尚未完全体现在电力系统理论的实践中。在大多数与电力系统相关的文献中，假设中央控制单元接受信息或者发送信息、逆变器之间的信号传输，都是在理想、无损失和无延迟的通信网络上进行。然而，这种趋势正在发生改变。一些研究结果也从通信架构[23,24]、通信技术[25]以及通信在分布式电力应用中的影响[26,27]等方面，侧重研究组网系统。接下来展现的分析统一和补充了以前的工作。我们试图从定性的角度解释意外的时间延迟对有功功率分配和频率恢复控制策略的行为和性能产生的影响。

所考虑的第二个方面涉及可靠性，涵盖了通信丢失的问题。一方面，通信丢失意味着特定电压源逆变器之间分布式交换控制数据的暂时中断，通常是由于通信链路故障引起的。另一方面，通信丢失也可能会影响分布式通知影响电网的异常情况，比如输电线路损坏。通信丢失的两个问题都可能是由物理故障或网络攻击引起的，并且它们可能密切相关。例如，通信故障可能是由于对交换数据的复杂攻击导致电力系统立刻出现物理失控[28]。这些攻击可能是对测量的攻击，以破坏对情况的认知，也可能是对电网元件控制信号的攻击，这些电网元件包括发电机组和负荷。但通信故障也可能是由植被和极端气候条件引起的，这也会导致电气故障。最严重的是停电，因为它们会在长时间内中断电力供应，导致关键服务的丢失（参见文献［29，30］），例如通信。电力中断可能由单个电力线路故障触发，从而引起电网的连锁故障。电力线路承载电流，这些电流不能自由确定，而是遵循物理定律。一旦一条电力线路出现故障，剩余线路上的能量会自动重新分配，这些变化可能会导致一条或多条运行线路上的电流超过其允许容量。电力线路可以在一段时间内承载过多的电流，直到它们被加热到一定程度并变得无法使用。一旦一条或多条电力线路出现故障，就可能引发连锁故障。因此，快速准确地检测和定位电力线路故障是电网中最重要的监测任务之一[31]。可靠的微电网分布式控制的目标，是通过适当降低电能质量来抵御电气和通信故障。

从可靠性方面来看，为了限制通信丢失以及提出通信丢失问题的通用结构，本分析涵盖的故障可以理解为电气连接损坏（物理上）和通信链路不可用（逻辑上）。此外，这两种类型的故障被假定以这样的方式发生，即微电网在电气上和通信上被分割。因此，可靠性不足将导致共同存在于微电网内的断开的电气/通信分区。因此，电气分区会产生由单个（分布式）控制算法所控制的孤立子微电网。通信分区会导致几个（分布式的）控制算法在同一物理微电网上并行工作。例如，图 12-5 说明了一个电气故障的情况（通过打开开关 b），导致电力网络的物理分区，只能在节点 1 和 2 之间或在节点 3 和 4 之间交换功率流。此外，它还说明了一种通信故障，导致产生两个通信岛，一个通信岛中节点 1 和 3 可以交换控制数据，另一个通信岛中只有节点 2 和 4 可以交换控制数据。

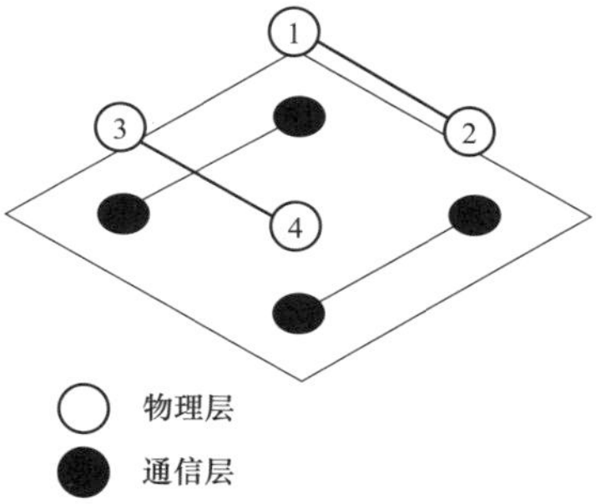

图 12-5　分区：通信和电气故障导致两组节点彼此隔离（在电气和通信方面）的分区

12.4　有功功率分配与频率调节

孤立的微电网应满足一定的可靠性和适应性标准，要求所有可控单元积极参与维持系统电压和频率在可接受范围内的调节控制。然而，由于系统惯性较低、分布式电源和负荷输出的快速变化，微电网的频率可能会经历大幅偏移，即使有足够的频率控制储备资源，也很容易偏离额定运行条件[32]。因此，控制频率使其围绕额定运行点是具有挑战性的[33]。为了应对这些挑战，已提出从集中式到完全分散的各种控制策略[34]，其中的一些控制策略随后组合成一个分层控制体系结构。该控制层次结构包括三个级别，即一次、二次和三次控制。

一次控制是控制层次结构中的第一级，用于将自主并行工作的电压源逆变器相互连接，以调节电压频率和幅值。其主要目标是计算每个逆变器电流和电压内部控制环的设定点频率 $\omega_i^*(t)$ 和幅值 $V_i^*(t)$。在功率分配方面，常见的控制方法是应用下垂方法[35]。该方法基于这样一个原理：逆变器的频率和幅值可以用于控制孤岛微电网运行中的负荷所分配的有功和无功功率流。该控制器仅依赖于本地感测变量，参考电源提供的有功功率下垂控制❶输出电压频率，参考电源提供的无功功率下垂控制输出电压幅值。

这会导致频率和幅值相对于其标称值发生偏差。其基本公式如下：

$$\omega_i^*(t)=\omega_{0i}-m_p p_i(t) \tag{12-3}$$

❶ 下垂控制输出电压模仿的是传统同步发电机。

$$v_i^*(t)=v_{0i}-n_q q_i(t) \tag{12-4}$$

式中，ω_{0i} 和 v_{0i} 为逆变器的标称电压频率和幅值；$p_i(t)$ 和 $q_i(t)$ 为逆变器输出的有功和无功功率；m_p 和 n_q 为比例控制增益。式（12-3）称为频率下垂控制，式（12-4）称为电压下垂控制。在下垂的标准定义中，控制是相对于有功和无功功率的期望设定点 p_{0i} 和 q_{0i} 进行的[35]，这些设定点由长期目标（例如三次控制）确定。在式（12-3）和式（12-4）中，这些功率设定点已被省略，但加入它们并不会改变目前所呈现的结果。此外，使用实际测量值而不是归一化的有功和无功功率值，是因为使用无量纲值可能会掩盖非理想条件对支撑平台的真实影响。因此，为了不失一般性，假设所有逆变器具有相同的额定功率。

下垂控制式（12-3）和式（12-4）都引入了频率和幅值的偏差，需要通过二次控制[36]进行纠正。由于本章的研究重点限制在频率调节和有功功率分配上，因此考虑的下垂控制方法是频率下垂控制式（12-3），它可以补充一个频率恢复的校正项，从而导致不同的二次控制策略。关于标准的电压下垂式（12-4），本章将不会进一步补充或讨论，因为它针对的是无功功率控制，这是另一个研究课题。然而，在所有实验中都使用了式（12-4），以使无功功率和电压在给定范围内。通过在所有情况下考虑这个策略，建立了一个通用的比较框架，用于性能评估。此外，为了解决主要由电阻性线路阻抗连接带来的对下垂控制性能的负面影响[37]，在微电网设置中考虑了目前比较流行的一个解决方法，即虚拟阻抗技术[38]。然而，本章并没对它进行明确规范，因为它在所呈现的分析中没有发挥任何重要作用。

12.4.1 一号实验-下垂控制方式

为了更好地说明，图 12-6 展示了实验室微电网在实施 $m_p=1\text{mrad/(Ws)}$ 和 $n_q=0.5\text{mV/(var)}$ 的下垂控制式（12-3）和式（12-4）时的运行情况。实验的模式如下：在 $t=0$、10、20s 和 30s 的时刻，分别激活每个实现下垂控制的逆变器。第一个发电机启动并固定微电网的频率和电压，以满足约 2.2kW 的负荷供电需求。通过锁相环进行同步并激活第二、三和第四个逆变器，使得逆变器与微电网的电压相位同步，并能够开始为负荷供电。

图 12-6 显示了每个逆变器提供的有功功率、频率、无功功率以及电压幅值。假设所获得的动态响应是可接受的，即使某些性能特征可以得到进一步改进。从有功功率图中可以看出，每个逆变器新连接后，实现了预期的瞬态下的有功功率分配。此外，从频率图 12-6（b）中可以看出，下垂控制引入了频率偏差。为了完整起见，图 12-6（c）、（d）显示了无功功率和电压幅值的动态响应。值得注意

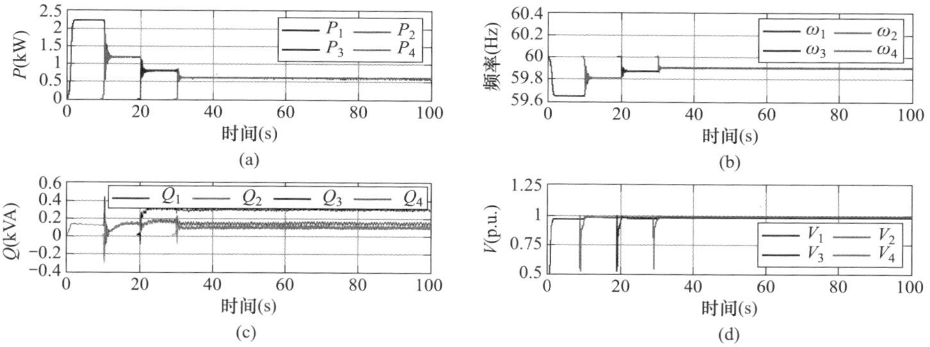

图 12-6 实验结果：由 4 个电压源逆变器构成的微电网在仅有下垂控制下的动态响应

（a）有功功率；（b）频率；（c）无功功率；（d）电压幅值

的是，在每个连接处，电压瞬态表现出下降，如图 12-6（d）所示。这些动态可以通过对控制参数进行精细调整和/或更智能的逆变器软启动来改善。此外，如果不适当地调整下垂控制策略，则图 12-6（d）中观察到的频率偏差可能会超出现有标准允许的范围。然而，本章不涉及这些问题，本章关注的重点是在所有逆变器连接后，当微电网运行出现非理想条件时的系统动态。

孤岛模式下，二次控制在微电网中为最高层次控制。这是为了确保在微电网内部，每次负荷或者发电情况发生变化后，能够消除频率和电压偏差。除了一些避免在通信网络上交换控制数据的自主控制方法，例如文献［39-41］，许多现有解决方案考虑在电压源逆变器之间使用某种通信通道以满足频率和电压的恢复目标，例如文献［42-46］等。通常，二次控制的时间尺度比一次控制慢。这使得一次和二次水平之间实现了解耦，有助于简化控制设计❶。

尽管在当前的分析中没有考虑，三次控制是并网运行中的管理层次，并且调整整个电力系统的长期设定点。它负责协调多个微电网的运行，以及负责通过例如文献［47，48］等方式与大电网就需求或要求进行通信。

在关于有功功率分配和频率恢复的控制策略的众多引用文献中，本章选择了几种原型方法，用于出现非理想条件时的分析。通用频率调节策略［包括式（12-3）］将采取以下形式：

$$\omega_i^*(t)=\omega_{0i}+\lambda_i(t)+\varphi_i(t) \tag{12-5}$$

式中，$\lambda_i(t)$ 为不同形式下的具体控制算法，扰动项 $\varphi_i(t)$ 描述了有界限的不确定性，如测量误差或扰动。关于控制算法 $\lambda_i(t)$，一些方法基于分层控制方法，

❶ 不同的时间尺度差异也降低了通信带宽，因为在网络上交换的采样测量值被最小化，而不考虑可能适用的不同流量方案，范围从一对多到多对多。

并且建立在频率下垂控制式（12-3）之上。

这些策略被称为基于下垂的策略，遵循以下公式的逻辑：

$$\omega_i^*(t)=\omega_{0i}-m_p p_i(t)+\delta_i(t) \tag{12-6}$$

式中，$\delta_i(t)$ 是一个校正项，作为频率误差的类似积分控制，其特定结构和操作决定了完整控制方案的特征，得出结果如下：

本地积分法 $$\omega_i^*(t)=\omega_{0i}-m_p p_i(t)+k_{Il}\int_0^t[\omega_{0i}-\omega_i^*(t)]dt \tag{12-7}$$

集中式 $$\omega_i^*(t)=\omega_{0i}-m_p p_i(t)+k_{Ic}\int_0^t[\omega_{0m}-\omega_m^*(t)]dt \tag{12-8}$$

分散式 $$\omega_i^*(t)=\omega_{0i}-m_p p_i(t)+k_{Id}\int_0^t[\omega_{0i}-\omega_m^*(t)]dt \tag{12-9}$$

平均化 $$\omega_i^*(t)=\omega_{0i}-m_p p_i(t)+k_{Ia}\int_0^t[\omega_{0i}-\frac{1}{n}\sum\nolimits_{j=1}^{n}\omega_j^*(t)]dt \tag{12-10}$$

一致化 $$\omega_i^*(t)=\omega_{0i}-m_p p_i(t)+k_d\int_0\omega_{0i}-\omega_i^*(t)+\frac{c_i}{n}\sum\nolimits_{j=1}^{n}a_{ij}[\delta_j(t)-\delta_i(t)]dt \tag{12-11}$$

第一个策略称为本地积分，如式（12-7），是频率下垂控制式（12-3）的直接扩展，因为每个校正项都是在每个电压源逆变器处，即本地进行频率误差计算的积分控制器，不需要交换控制数据。接下来的四个策略依赖于通信基础设施。

在名为集中式（12-8）[9] 的策略中，校正项仅由微电网中央控制单元（MGCC）计算并发送。此项是标称频率 ω_{0m} 与微电网中央控制单元频率 $\omega_m^*(t)$ 之间误差的积分，然后由每个电压源逆变器应用于基于下垂的控制式（12-6）。在通信方案方面，集中式控制策略需要将校正项 δ_i 定期发送给所有逆变器。因此，它采用广播流量模式，其中一个节点将数据发送给网络中的其他所有节点，遵循基于主/从范例的一对多通信方案。

在分散式控制策略中（参见文献［8］中给出的概述），如式（12-9），标称频率与微电网中央控制单元频率 $\omega_m^*(t)$ 之间的频率误差，在每个电压源逆变器处进行本地积分。在通信方案方面，分散式控制策略需要将微电网中央控制单元频率误差定期发送到所有逆变器，从而遵循与集中式策略相同的一对多通信模式。

在平均化控制策略中（参见文献［44］中的直流微电网），如式（12-10），每个电压源逆变器使用从微电网其他电压源逆变器接收到的 $n-1$ 个频率的平均设定频率计算校正项。与前两个策略相比，平均化控制可能增加交换的流量。对于这种情况，所有逆变器都必须将测量频率发送给微电网中的其他逆变器。因此，也使用广播方案，但是对所有逆变器，意味着采用多对多通信方案。

一致化控制策略（例如参见文献［42］）的特点是校正项考虑了频率误差和校正项误差，如式（12-11），一致化控制策略的操作要求每个逆变器与其邻近逆变器就滞后校正项 δ_i 进行通信。因此，通信方案与上一个策略相同。

最近的方法提出了不同的有功功率分配和频率调节策略，避免了层次结构或一次下垂控制的修改被发现，参见文献［49，50］。因此，还选择了一种名为无下垂[49]的附加策略，它不遵循层次结构，但仍遵循式（12-5）中给出的形式。在这种情况下，如果通信可用，标称频率将通过逆变器输出有功功率 $p_i(t)$ 和其余 $n-1$ 个微电网逆变器有功功率 $p_j(t)$ 的比例函数进行修改。它的形式为：

$$\omega_i^*(t)=\omega_{0i}+c_i\left[\left(\sum\nolimits_{j=1}^{n}a_{ij}p_j(t)\right)-np_i(t)\right] \tag{12-12}$$

式中，c_i 为控制增益；a_{ij} 为通信权重，是设计参数，用于表征微电网的连接结构。无下垂控制策略的通信要求与一致化控制的情况相同，但每个逆变器都必须发送其有功功率 $p_i(t)$。

图 12-7 展示了需要使用通信网络的分析策略的可能通信方案。显然，前两个策略，仅下垂和本地积分，不需要通信，通信范例的概念不适用，而其余策略需要通信。其中，集中式和分散式策略遵循主/从（M/S）通信范例，其特点是在主节点或各从节点处分别计算频率误差的积分。图 12-7（a）说明了当节点 1 作为主节点，节点 2、3 和 4 作为从节点时的情况。最后三个策略，平均化、一致化和无下垂，遵循协作通信范例，所有参与节点都向其邻近节点交换控制数据，在这种情况下，所有节点都被设置为邻居。

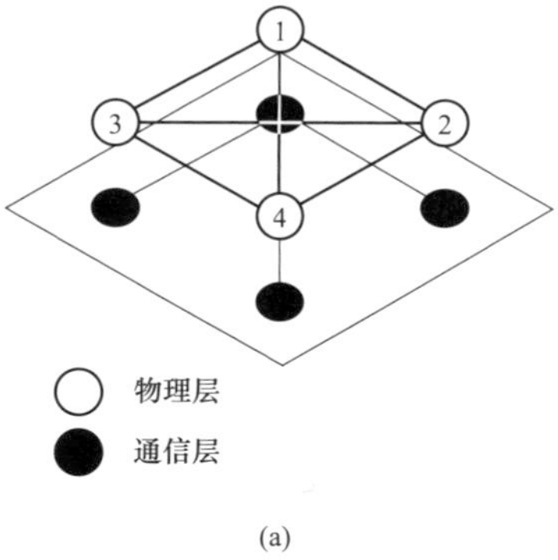

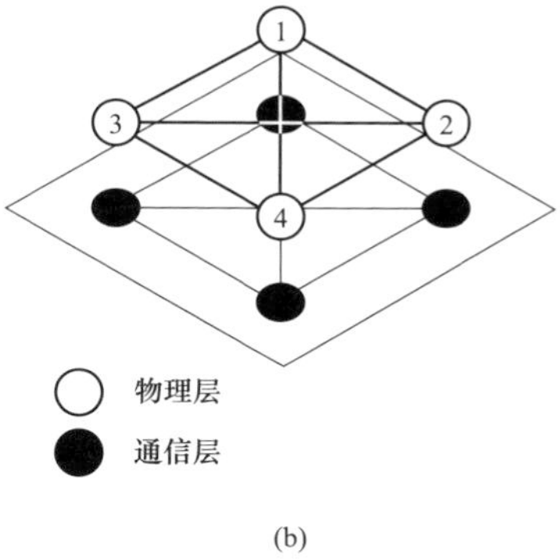

图 12-7　通信连接方面的二次控制策略

（a）集中式与分散式；（b）平均化、一致化与无下垂控制

12.4.2　二号实验-无下垂控制方式

同样地，为了方便说明，图 12-8 显示了采用无下垂控制方式时实验室微电

网是如何运行的。该实验具有与例 1 相同的图形[12]。在 $t=0$、10、20、30s 时，各个实施无下垂控制的逆变器分别被激活，相对应地所有逆变器之间交换控制数据。

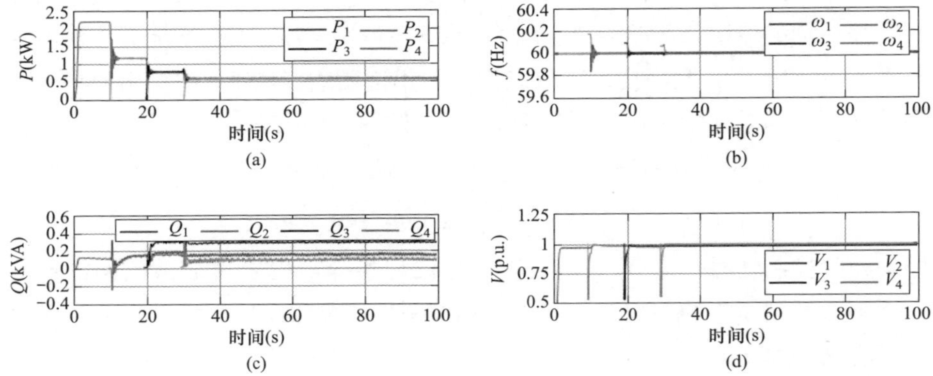

图 12-8　实验结果：由 4 个电压源逆变器构成的微电网在无下垂控制下的动态响应

（a）有功功率；（b）频率；（c）无功功率；（d）电压幅值

图 12-8 给出了各逆变器输出的有功功率［图 12-8（a）］、频率［图 12-8（b）］、无功功率［图 12-8（c）］以及电压幅值［图 12-8（d）］。如上所述，虽然某些性能特性还可以再优化，但不同工况获得的动态是合理的。此种情况下，可以观察到，当所有逆变器共享有功功率需求［图 12-8（a）］时，无下垂控制方式能够在设定点为 60Hz 处调节频率［图 12-8（b）］。

12.5　建模与分析

通过建模方法将潮流分析与图论相结合，以开发基于模型的分析设计技术，使其超越典型的简化线性模型，典型的简化线性模型通常称为小信号模型，它们可能无法体现问题的基本特征[51]。电气和通信网络都建模为图形，其中节点对应于分布式发电与电压源逆变器的连接。节点主动控制频率、电压和功率，节点之间可以通过通信通道交换控制数据。拉普拉斯矩阵图提供了电气和通信的连接特性。参考例[42,50]，其中微电网的控制方法就是电气网络被建模为图像。需要重点注意的是，大多数情况下的假设都是无损网络，与本文所提出的方法是不同的。此外还可以参考例子[42,49]，其中就使用了通信网络被建模为图像的微电网控制方法。

之前的工作都没有评估所考虑图像的分组，特定的控制策略如在共通算法中切换拓扑或连接鲁棒性方面以改变图像的方法都已经被考虑过。一般性研究可见文献［52］，应用于微电网的分析可见文献［45］。只有在文献［49］中，研究了在不改变通信图连通性的情况下，无下垂控制对单个通信链路故障的弹性；在文献［53］中，提出了一种鲁棒的二次控制，可以将电压和频率恢复到标称值，并具有确保通信故障期间性能连续性的新特征。

微电网被建模为一个通用的连接电网，其中负荷是通过平衡三相恒定阻抗来建模的。虽然可以考虑更复杂的配置情况，例如非线性和时变性负荷，但使用简化的模型有助于理解和获得成果，从而能够应对更复杂的微电网。进行克朗约简可以获得由常微分方程描述的较低维动态等效模型[54]。将简化网络建模为连通无向图 $\zeta_e=\{N_e, \varepsilon_e\}$，其中 n_e 节点 N_e 代表与电压源逆变器接口与分布式发电的连接，边界 $\varepsilon_e \subseteq N_e \times N_e$ 代表电力线路。节点的特征为相角 θ_i 和电压幅值 v_i。边界表示节点 i 和 j 之间的线导纳，即 $y_{ij}=g_{ij}+jb_{ij} \in C^+$，其中 g_{ij} 为正实数，代表电导，b_{ij} 为正实数，代表电纳。电力网络用对称母线导纳矩阵 $Y \in C^{ne} \times C^{ne}$ 表示，其中每条边 $\{i, j\} \in \varepsilon_e$ 的非对角元素为 $Y_{ij}=Y_{ji}=-y_{ij}$，对角元素为 $Y_{ii}=\sum_{i=1}^{n_e} Y_{ji}$。这里假设简化微电网是连通的。

通信网络也可以用连通无向图 $\zeta_c=N_c$ 表示，其中 n_c 节点 N_c 表示实现基于通信的策略的电压源逆变器；边 $\varepsilon_c \subseteq N_c \times N_c$ 表示通信链路。无论何时应用参数 a_{ij} 形成 ζ_c 的邻接矩阵，如果节点 i 和 j 可以交换信息，则 $a_{ij}=a_{ji}=1$，否则 $a_{ij}=0$。

一般认为电力和通信图中的节点是相同的，即 $N_e=N_c$，因此 $n_e=n_c=n$，在微电网中这是常见的情况[55]。

对于平衡的交流微电网，每个第 i 个节点注入的有功功率可以描述为：

$$p_i(t)=v^2\sum_{j=1}^{n} gij+v^2\sum_{j=1}^{n} b_{ij}[\theta_i(t)-\theta_j(t)] \tag{12-13}$$

假设节点的相位角相似，而电压是恒定且相等的，这是电力系统建模中经常假设的[56]，也是微电网建模中经常假设的[57]。通过考虑由线路电导率 w 形成的矩阵 $G \in R^{n\times n}$，其元素由 $G_{ij}=g_{ij}$ 给出，用 $\Theta.(t)$ 表示相位角的集合，则 Kron 缩减网络的有功功率［式（12-13）］可以表示为：

$$p(t)=v^2 G 1_{n\times 1}+v^2 B\Theta(t) \tag{12-14}$$

式中，$1_{n\times 1} \in R^{n\times 1}$ 表示一个全 1 向量（单位矩阵）；$B \in R^{n\times n}$ 是电力系统的拉普拉斯矩阵，其表示为：

$$B=\begin{bmatrix} \sum_{\substack{j=1\\ j\neq 1}}^{n} b_{1j} & -b_{12} & \cdots & -b_{1n} \\ -b_{21} & \sum_{\substack{j=1\\ j\neq 2}}^{n} b_{2j} & \cdots & -b_{2n} \\ \vdots & \vdots & \cdots & \vdots \\ -b_{n1} & -b_{n2} & \cdots & \sum_{\substack{j=1\\ j\neq n}}^{n} b_{nj} \end{bmatrix} \tag{12-15}$$

并由线路电纳构成。

每个节点 $i\in N_e$ 都被建模为一个控制算法，该算法在每个由频率调节和电压跌落控制的电压源逆变器上实现，分别由式（12-5）和式（12-4）给出。通过将每个电压源逆变器本地频率的集合表示为 $\Omega(t)=[\omega_1(t)\cdots\omega_n(t)]^T$，所需频率的集合表示为 $\Omega_0=[\omega_{01}\cdots\omega 0n]^T$，频率调节算法的集合表示为 $\Lambda(t)=[\lambda_1(t)\cdots\lambda n(t)]^T$，扰动的集合表示为 $\Phi(t)=[\varphi 1(t)\cdots\cdots\varphi n(t)]^T$，即给定公式（12-5）的每个节点频率控制算法可以被简洁地写成整个微电网的频率控制算法：

$$\Omega(t)=\Omega_0+\Lambda(t)+\Phi(t) \tag{12-16}$$

在这种情况下，$\Lambda(t)$ 可能会被 $L\in R^{n\times n}$ 表示，该矩阵是由通信图 Gc 给定的拉普拉斯矩阵。

$$L=\begin{bmatrix} \sum_{\substack{j=1\\ j\neq 1}}^{n} a_{1j} & -a_{12} & \cdots & -a_{1n} \\ -a_{21} & \sum_{\substack{j=1\\ j\neq 2}}^{n} a_{2j} & \cdots & -a_{2n} \\ \vdots & \vdots & \cdots & \vdots \\ -a_{n1} & -a_{n2} & \cdots & \sum_{\substack{j=1\\ j\neq n}}^{n} a_{nj} \end{bmatrix} \tag{12-17}$$

其中，a_{ij} 是 g_c 的邻接矩阵的元素。电压跌落［式（12-4）］的紧凑形式［伴随式（12-16）］被省略，因为它在分析中没有进一步使用。例如，基于一致原则，方程式（12-16）的形式为：

$$\Omega(t)=\Omega_0-MP(t)+K\int_0^t\left(\Omega_0-\Omega(t)-\frac{1}{n}CL\Lambda(t)\right)\mathrm{d}t+\Phi(t) \tag{12-18}$$

而对于无电压跌落的情况［式（12-12）］，它是：

$$\Omega(t)=\Omega_0-cLP(t)+\Phi(t) \tag{12-19}$$

在这两种情况下，即式（12-18）和式（12-19），通信的拉普拉斯矩阵 L 都出现在控制算法中。

控制算法式（12-16）的目标是塑造有功功率和频率动态。可以通过计算式（12-14）的导数来获得有功功率动态，从而可以得到：

$$\dot{P}(t)=v^2B\dot{\Theta}(t). \tag{12-20}$$

由于 $\omega i=\theta \cdot i$，因此有功功率变化式（12-20）可以表示为：

$$\dot{P}(t)=v^2B\Omega(t). \tag{12-21}$$

将式（12-16）代入式（12-21）中，闭环动态可以写成：

$$\dot{P}(t)=SP(t)+U\Omega_0+R\Phi(t) \tag{12-22}$$

其中，闭环系统矩 $S\in R^{n\times n}$，输入矩阵 $U\in R^{n\times n}$，扰动矩阵 $R\in R^{n\times n}$ 为：

$$S=[v^2B\Lambda] \tag{12-23}$$

$$U=[v^2B] \tag{12-24}$$

$$R=[v^2B] \tag{12-25}$$

简而言之，建立了一个封闭回路模型式（12-22）—式（12-25），该模型将电力流方程和两个图拉普拉斯矩阵相结合，这两个矩阵分别描述了微电网的电气结构和分布式控制的通信需求。需要注意的是，通信延迟和中断尚未被包括在内。考虑到消息中断是通信延迟的延长[21]，可以通过引入在式（12-16）中的被特征化的控制算法来在式（12-22）—式（12-25）中引入延迟和中断。这将导致在式（12-23）中一个时间变化的封闭回路矩阵 S（t），可以使用各种方法进行处理，例如文献［58，59］中的最近理论结果及其在微电网控制中的应用。电力和通信分区的可靠性分析可以使用零特征值分析进行处理。这种技术也被用于关键线路的电力系统的稳定性分析[60] 和由基于合作的次级控制方法控制的分区微电网的稳定性分析[61,62]中。这些方法的主要逻辑是：首先，封闭回路动态式（12-22）—式（12-25）必须与由功率平衡方程强加的系统限制。

$$\forall t, \sum_{i=1}^{n} p_{\mathrm{i}}(t)=P_{\mathrm{T}} \tag{12-26}$$

这表明对于给定的负载，由微电网节点注入的总功率 PT（包括功耗）始终相同。在这个限制条件下，通过知道每个分区在拉普拉斯矩阵中增加一个 0 特征值，并因此加入系统矩阵 S 中［式（12-23)］，通过分析系统矩阵 S 和输入矩阵 U 的秩，可以推断出微电网的稳定性。简而言之，每当发生通信分区时（并提醒闭环系统是多输入/多输出的），额外的 0 特征值成为每个输入/输出关系的积分器（从输入 ω_{0i} 到任何一个输出）。然后，系统运行相当于 n 个积分器并行工作，这使得微电网处于风险之中[63]，并且意味着扰动系统的不稳定动态。每当发生电力分区时，额外的 0 特征值没有像通信分区的情况那样具有破坏稳定性的效果。然而，如果各个子微电网的供需无法达到平衡[30]，则无法在隔离的微电网之间转移电力流，并可能导致级联故障。然而，采用的模型假设微电网的容量已被规划，并且控制增益已被设计为始终可以达到这种平衡。因此，在电力分区之后，每个微电网将达到不同的稳态平衡点。

12.6 实验评估

实验是在第 2 节中描述的实验室微电网上进行的。涵盖时效性分析的实验仅使用前三个逆变器 G1、G2 和 G3。而覆盖可靠性的实验则涉及更多的组件。

12.6.1 时效性评估

在时效性分析中，每个实验持续 80s。从开始时，连接全局负载 ZG 的阻抗。然后，一系列事件按如下方式描述实验进展。在 $t=0$s 时，第一对发电机/负载（G1-ZL1）被激活，$t=10$s 时，第二对发电机/负载（G2-ZL2）被激活，$t=20$s 时，第三对发电机/负载（G3-ZL3）被激活。最后，在 $t=60$s 时，全局负载断开连接。实验的控制参数如表 12-2 所示。

表 12-2　控制参数

策略	方程式	控制参数
集中式	(8)	积分增益 $k_{Ic}=1.2$
分散式	(9)	积分增益 $k_{Id}=1.2$
平均	(10)	积分增益 $k_{Ia}=0.7$
共识	(11)	积分增益 $k_d=4$，比例增益 $c_i=0.005$
无滞后	(12)	比例增益 $c_i=0.005$

在评估延迟影响之前，图 12-9 显示了对应于理想情况的实验结果。顶部子图显示了三个电压源逆变器在 80s 内的有功功率 Pi，底部子图显示了频率 ω_i。观察控制策略，在这种情况下对应于平均化策略，在 $t=40$s 之前只应用一次级主滞后控制，而从 $t=40$s 到结束，则采用滞后加二次控制。这可以在左下角的子图中观察到，频率恢复始于 $t=40$s。其他策略给出相同类型的图形，因此这里不再显示。

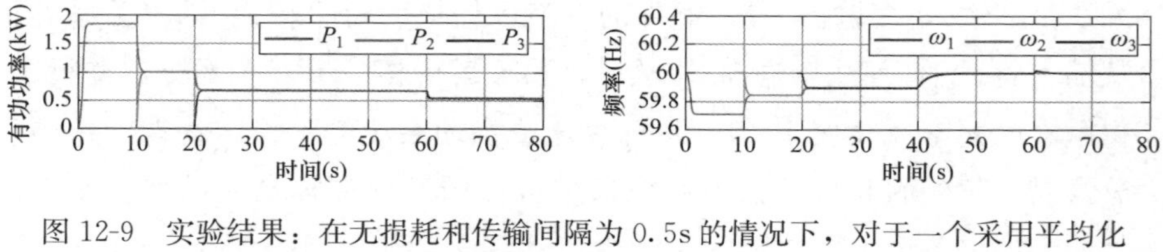

图 12-9　实验结果：在无损耗和传输间隔为 0.5s 的情况下，对于一个采用平均化策略的 3 个逆变器微电网配置有功功率和频率的变化

图 12-10 和图 12-11 显示了基于数据交换的通信参数对每个策略在功率分享（顶部子图）和频率恢复（底部子图）方面的影响。因此，在本分析中，滞后方法和局部积分的情况不适用，因为它们的操作是局部的，并且没有进行数据交换。具体而言，这些图中展示的场景具有 0.5s 的传输间隔和 30%的损耗百分比。需要注意的是，这些图仅显示每次实验运行的最后 40s。第一个观察结果是所有策略都能实现频率恢复。第二个观察结果是只有集中式和共识策略能够实现功率分享，而分散式和平均化策略失败了。这表明分散式和平均化策略对延迟更加敏感，缺乏鲁棒性。同时值得强调的是，尽管这两种策略未能达到功率分享目标，

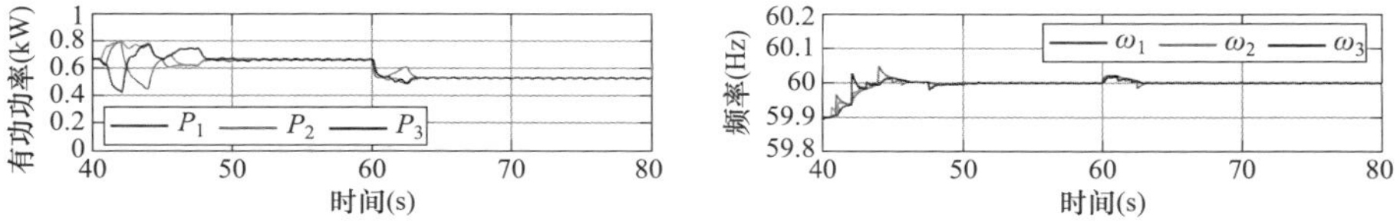

(a)

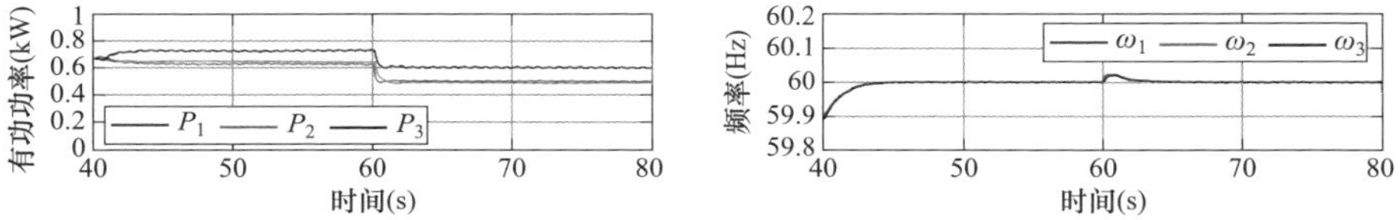

(b)

图 12-10　实验结果：在传输间隔为 0.5s、损失率为 30%的 3-电压源逆变器微电网配置中，集中式和分散式策略的有功功率和频率实验结果

（a）集中式；（b）分散式

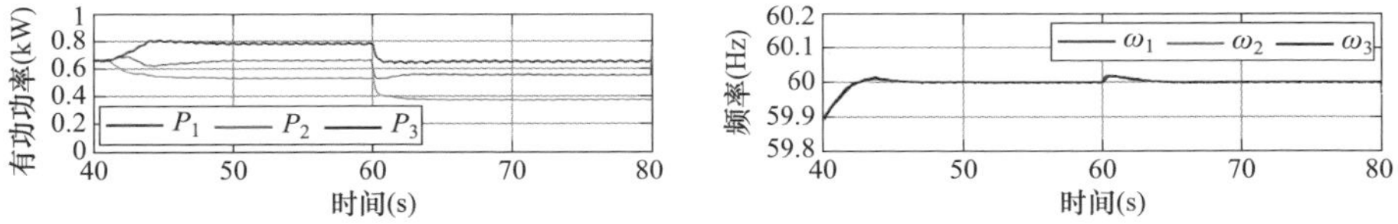

(a)

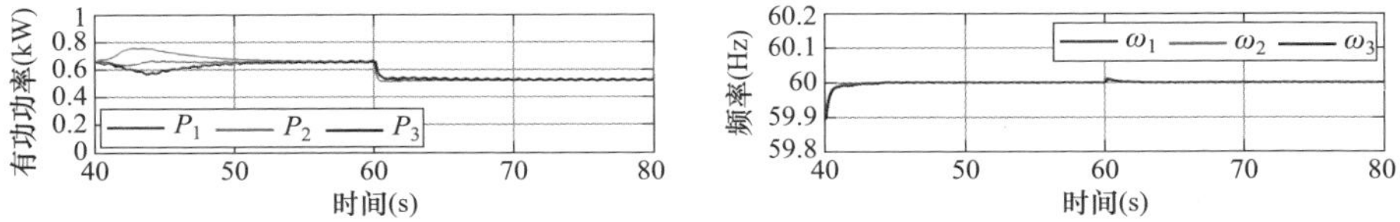

(b)

图 12-11　实验结果：在传输间隔为 0.5s、损失率为 30%的 3-电压源逆变器微电网配置中，平均和共识策略的有功功率和频率实验结果

（a）平均化；（b）一致化

它们却达到了不同的平衡点，从而避免了可能导致微电网运行风险的不稳定动态。无滞后策略的结果没有显示，因为它们与共识策略非常相似。

观察集中式和共识策略的结果，可以发现有功功率的瞬态动态非常不同。共识策略优于集中式策略，因为它在每次转换时提供更平滑的动态响应。此外，在对这两个策略进行评估时，还存在与容错性或通信带宽相关的已知事实。

在容错性方面，已知对于主从配置（如集中式情况），MGCC 代表了单点故障，需要使用副本来保证容错性。在通信带宽方面，共识策略需要更频繁的数据交换。在这种情况下，也已知减少考虑的设备数量会导致较少的通信需求，但可能会导致较长的瞬态过程。

需要强调的是，图 12-10 和图 12-11 中展示的实验结果对应的是一个与理想情况不同但可行的场景：更差的场景无法重现，因为安全保护机制会在负载过大时自动断开电压源逆变器的连接，而更好的场景则会得到更接近图 11-9 中展示的曲线的结果。

12.6.2 可靠性评估

考虑到由通信链路故障引起的通信分区或电气分区问题，可以确定三种主要情景：仅存在通信分区、仅存在电气分区以及两者兼有，如图 12-12 所示。在第 4 节中描述的控制策略集合中，所有策略都可以针对电气网络中的分区进行分析，而基于数据交换的策略则需要分析通信分区。然而，当控制算法为本地算法（如滞环方法和局部积分算法）时，电气网络的分区并不相关，因为这相当于分析两个独立且稳定的微电网。事实上，在发生电气分离后，孤立的微电网之间无法传输功率流。需要强调的是，如果每个子微电网的供需均能达到平衡，则可能会发生级联故障。然而，如果假设微电网容量已经适当设计，并且控制增益被设

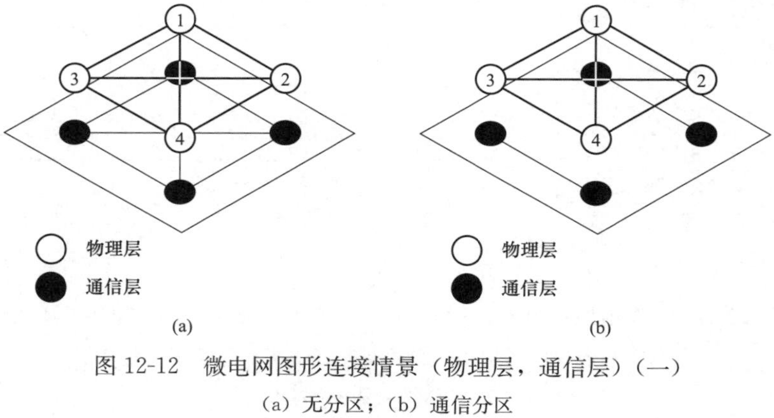

图 12-12　微电网图形连接情景（物理层，通信层）（一）
（a）无分区；（b）通信分区

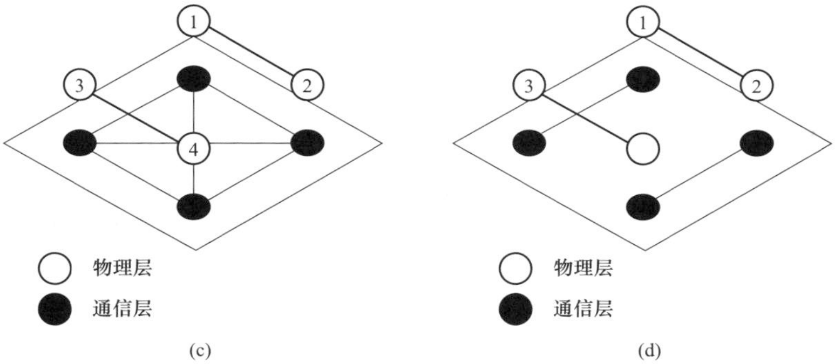

图 12-12　微电网图形连接情景（物理层，通信层）（二）
（c）电分区；（d）双分区

计为使得所有分析的策略均能够始终达到平衡，则此问题将不会出现。因此，在发生电气分区后，每个子微电网将根据分布式发电机和负载的不同达到不同的稳态平衡点。

所有涉及可靠性问题的实验都遵循相同的模式。在微电网启动阶段，每隔5s，具有特定控制算法的四个逆变器连接到微电网，为全局负载和本地负载提供电力。全局负载始终连接。为了引入不同类型的负载变化，在 $t=20$s 时，将连接本地负载 L1（连接到 G1），而在 $t=25$s 和 $t=60$s 时分别连接和断开本地负载 L3（连接到 G3）。此外，图 12-12 中指示的分区也应用于实验。特别地，在 $t=30$s 时，根据需要进行电气分区，导致图 12-12（c）所示的情景，其中两个独立的微电网同时运行，一个涉及 G1～G2，另一个涉及 G3～G4，但由单一控制算法管理。关于通信方面，在 $t=45$s 时，根据需要进行通信分区，导致图 12-12（b）所示的情景，其中两个控制算法开始并行工作，一个涉及 G1～G2，另一个涉及 G3～G4。还分析了涉及两种分区的最后一种情景，如图 12-12（d）所示。在这种情况下，首先在 $t=25$s 时，两个独立的微电网开始并行运行，一个涉及 G1～G2，另一个涉及 G3～G4。而在 $t=45$s 时，通信分区导致两个控制算法开始并行工作，一个涉及 G1G3，另一个涉及 G2G4。

例如，图 12-13 提供了在不同分区情景下一致性策略［式（12-11）］性能的完整概览。图 12-13（a）显示了“正常”运行情况（即没有分区），图 12-13（b）显示电气分区的情况，图 12-13（c）显示通信分区的情况，最后图 12-13（d）显示两种分区同时存在的情况。

对于正常运行，如图 12-13（a）所示，可以观察到在每次逆变器连接后，实现了有功功率共享，同时频率下降但很快恢复到期望的设定点 $\omega_{0i}=\omega_{0j}=60$Hz。

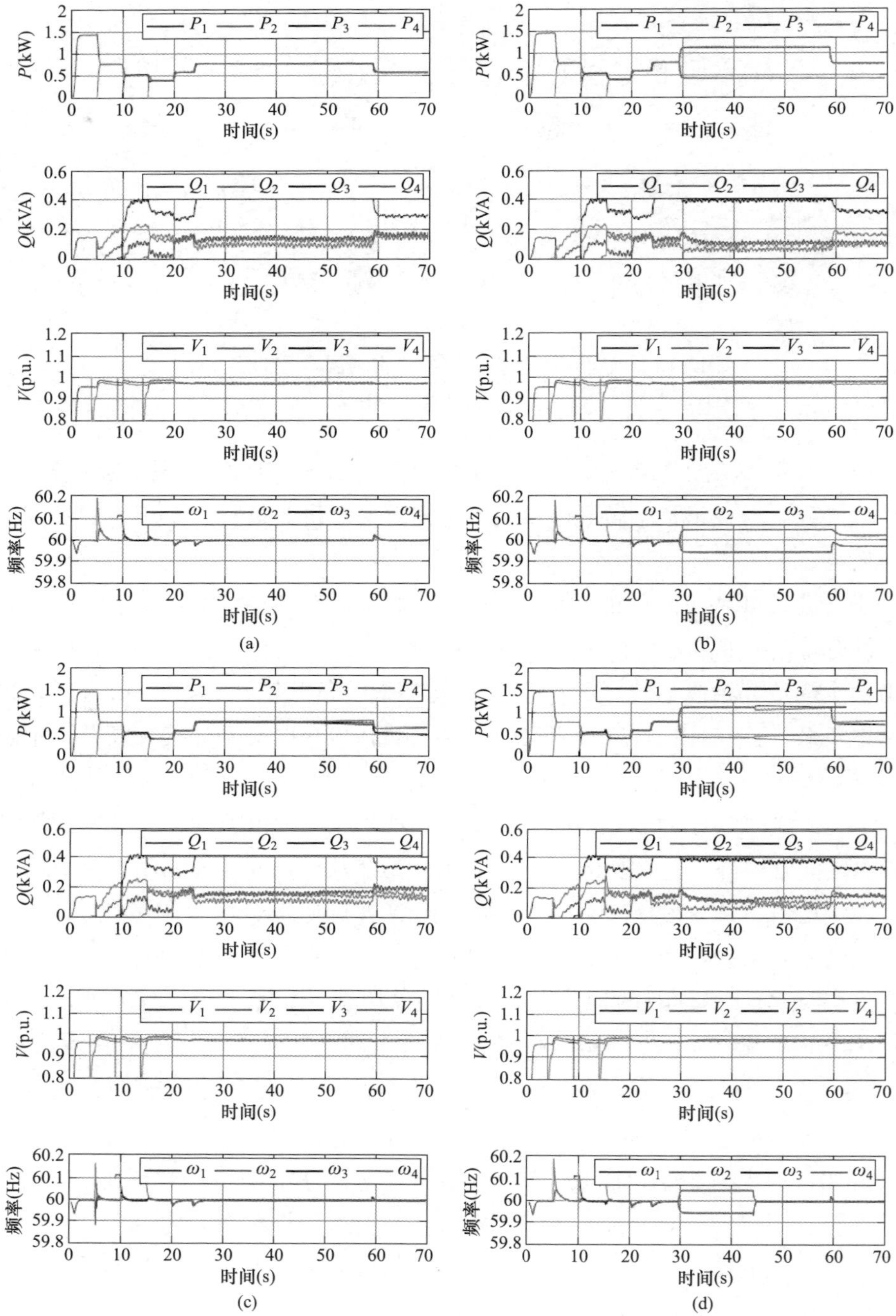

图 12-13 实验结果：在不同分区场景下的 4-电压源逆变器微电网共识控制

（a）没有划分；（b）有电气分区；（c）带有通信分区；（d）有这两种分区

此外，电压和无功功率遵守电压下降策略［式（12-4）］。图中还可以看到负载变化，尤其是在有功功率曲线中。

对于电力分区，图 12-13（b）显示了从时间 t＝30s 开始，对应于两个独立并行工作的微电网的动态特性。但是两个微电网都受到“单一”共识控制算法的管理，这意味着该算法在不知道有功功率无法在两个微电网之间传输的情况下进行操作。在这种情况下，与微电网的正常运行相比，有功功率的稳态行为发生了变化，并且注入的 Pi 达到不同的平衡点，这些平衡点组成对并在分区之间有所不同。也就是说，G1～G2 提供单一本地 L1 负载的电力需求（P1＝P2），而 G3G4 则供应全局负载和本地 L3 负载的电力需求，因此也共享其功率需求（P3＝P4）。如果新达到的有功功率值超过了电压源逆变器的额定功率，由于过电流情况而跳闸。观察频率时，可以观察到相同类型的动态特性：ω_1—ω_2 和 ω_3—ω_4 达到不同的平衡点。

当发生通信分区时，如图 12-13（c）所示，在 t＝45s 开始，“两个”控制算法同时并行运行，一个涉及 G1～G2，另一个涉及 G3～G4。实际上，每个电压源逆变器中执行的算法是相同的，但它们在计算中只考虑可用的交换功率。G1 和 G2 使用 p1 和 p2，而 G3 和 G4 使用 p3 和 p4。请注意，在这种情况下，四个发电机仍然共享所有负载的电力需求。在这种情况下，注入的有功功率显示出缓慢但不稳定的动态特性，其中有功功率不会稳定，并且以成对的方式分组。特别地，P1 和 P2 增加，而 P3 和 P4 减少。因此，通过输入矩阵 U 和/或 R 输入系统［式（12-22）］中的固有（和不同的）扰动，例如测量误差[64]、漂移效应[65]等，变得非常重要，以至于使动态不稳定，即微电网崩溃。还请注意，无法观察到频率 $\omega_1-\omega_2$ 和 $\omega_3-\omega_4$ 之间的差异。

最后，图 12-13（d）显示了多个重叠分区的情况，并且可以观察到每种分区类型的所述效果。当发生电力分区时，有功功率达到不同的平衡点，以成对的方式组织。当发生通信分区时，每对有功功率开始发散，导致微电网失败的不良情况。

作为图 12-13 的补充，实验室微电网中也使用相同类型的实验测试了基于通信的其他策略，包括集中式［式（12-8）］、分散式［式（12-9）］、均衡［式（12-10）］和无滞峰［式（12-12）］。图 12-14 汇集了这些策略在实验室微电网中的主要结果，每种策略对应一个子图，仅显示了图 12-12 中各个分区情景下的有功功率动态。从上到下，每个子图依次展示了无分区情况，随后是电力分区情况，然后是通信分区情况，最后是两种分区的情况。由于反应功率和电压频率、幅值的动态不提供额外信息，因此在图中省略了它们的动态。

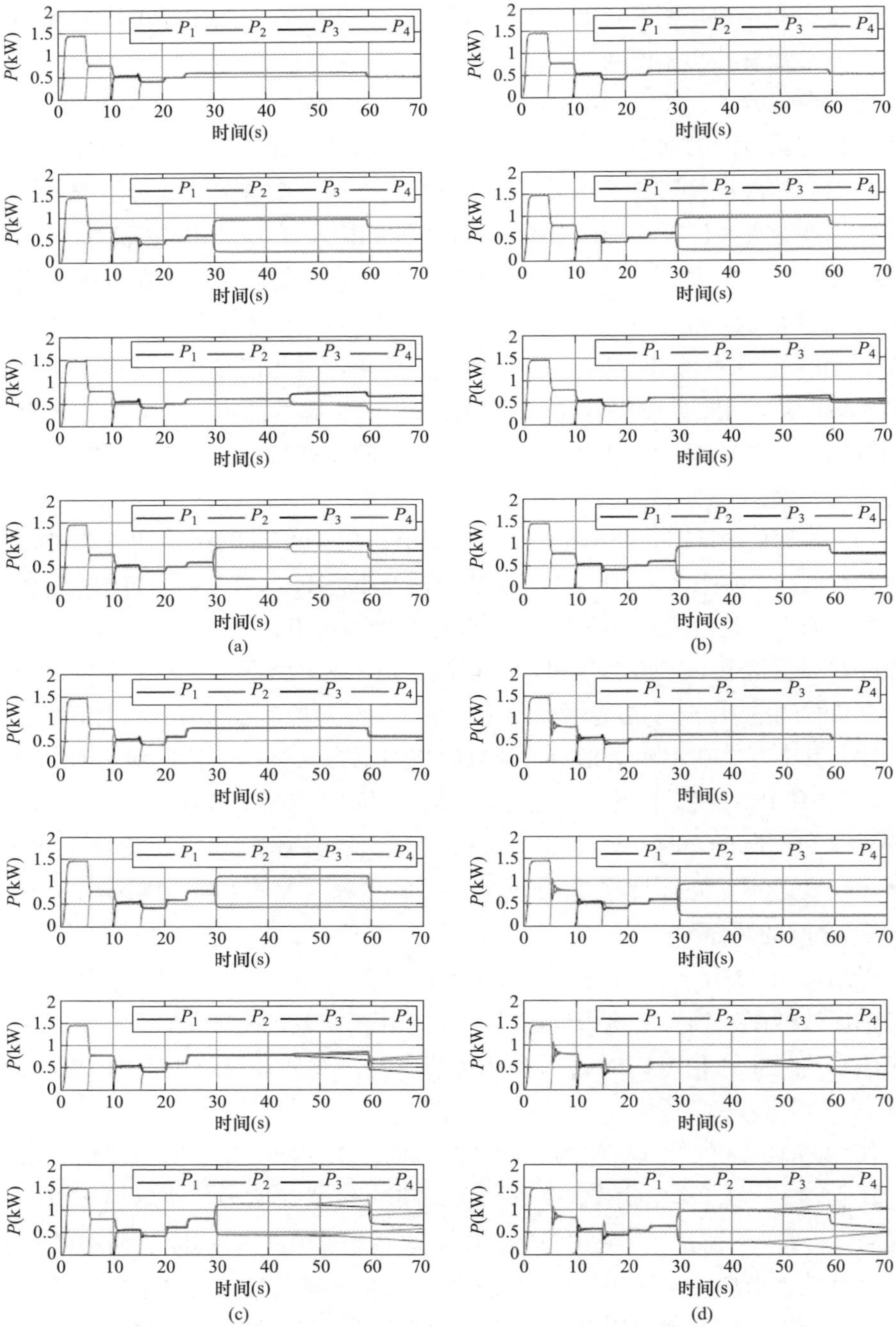

图 12-14　实验结果：在不同分区场景下，基于通信的其余控制策略对于 4-电压源逆变器微电网的有功功率动态

（a）集中式；（b）分散式；（c）平均化；（d）无下垂

对于图 12-14 的这组子图，可以得出主要结论：与共识策略（图 12-13）观察到的结果是一致的，即所有基于通信的策略，无论何时发生通信丢失，都无法满足给定的控制目标。如果没有发生通信丢失，对应于每个子图的第一个绘图，可以实现完美的功率共享等控制目标。如果通信丢失，例如电气分区所示的情况（每个子图的第二个绘图），将无法实现有功功率共享，逆变器注入的有功功率会稳定在不同的平衡点上。当通信丢失，暂时中断特定电压源逆变器之间的分布式控制数据交换时，如通信分区所示的情况（每个子图的第三个绘图），所有策略都表现出不稳定的动态，如果没有应急程序可用，微电网将陷入崩溃的情况。不同策略的不稳定动态类型各不相同，但都具有危险性。最后，当通信丢失导致电气分区和通信分区重叠时（每个子图的第四个绘图），个别的负面效可能同时显现。

12.7 结论

通信基础设施可以用于协调微电网的控制行动，从而改善能源管理和质量。然而，通信基础设施的固有属性可能会影响到实现这些目标。在对高效可靠的微电网进行分析、设计和实施时，需要考虑消息延迟、丢失以及通信可靠性等方面的时效性和可靠性属性。本章利用实验方法在实验室微电网上测试了最先进的微电网控制策略，包括有功功率共享和频率调节。从所有实验中得出的主要教训是，时效性和可靠性问题可能导致微电网运营陷入不可接受的风险，甚至引发微电网崩溃。因此，已经确定的问题给未来形态（如将物联网技术应用于能源控制系统的能源互联网）的设计带来了新挑战。

致谢：本工作得到了西班牙科学、创新和大学部以及欧洲区域发展基金（项目编号 RTI2018-100732-B-C22）的支持。

参考文献

［1］ Hatziargyriou N，Asano H，Iravani R，Marnay C（2007）Microgrids. IEEE Power Energy Magaz 5（4）：78-94.

［2］ Lasseter RH（2011）Smart distribution：coupled microgrids. Proc IEEE 99（6）：1074-1082.

［3］ Katiraei F，Iravani R，Hatziargyriou N，Dimeas A（2008）Microgrids management. In：IEEE Power Energy Magaz 6（3）：54-65.

［4］ Parhizi S，Lotfi H，Khodaei A，Bahramirad S（2015）State of the art in research on microgrids：a review. IEEE Access 3：890-925.

[5] Katiraei F，Iravani MR，Lehn PW（2005）Micro-grid autonomous operation during and subsequent to islanding process. IEEE Trans Power Deliv 20（1）：248-257.

[6] Olivares DE et al（2014）Trends in microgrid control. IEEE Trans Smart Grid 5（4）：1905-1919.

[7] Rocabert J，Luna A，Blaabjerg F，Rodriguez P（2012）Control of power converters in AC microgrids. IEEE Trans Power Electron 27（11）：4734-4749.

[8] Han Y，Li H，Shen P，Coelho EAA，Guerrero JM（2017）Review of active and reactive power sharing strategies in hierarchical controlled microgrids. IEEE Trans Power Electron32（3）：2427-2451.

[9] Guerrero JM，Vasquez JC，Matas J，de Vicuña LG，Castilla M（2011）Hierarchical control of droop-controlled AC and DC microgrids：a general approach toward standardization. IEEE Trans Ind Electron 58（1）：158-172.

[10] Rinaldi SM，Peerenboom JP，Kelly TK（2001）Identifying，understanding，and analyzing critical infrastructure interdependencies. IEEE Control Syst 21（6）：11-25.

[11] Tondel IA，Foros J，Kilskar SS，Hokstad P，Jaatun MG（2018）Interdependencies and reliability in the combined ICT and power system：an overview of current research. Appl Comput Inf 14（1）：17-27.

[12] Cai Y，Cao Y，Li Y，Huang T（2015）Cascading failure analysis considering interaction between power grids and communication networks. IEEE Trans Smart Grid 7（1）：1-9.

[13] Gholami A，Aminifar F，Shahidehpour M（2016）Front lines against the darkness：enhancing the resilience of the electricity grid through microgrid facilities. IEEE Electrific Mag 4（1）：18-24.

[14] Poudel S，Dubey A（2019）Critical load restoration using distributed energy resources for resilient power distribution system. IEEE Trans Power Syst 34（1）：52-63.

[15] Miret J，García de Vicuña J，Guzmán R，Camacho A，Moradi Ghahderijani M（2017）A flexible experimental laboratory for distributed generation networks based on power inverters. Energies10（10）：1589.

[16] Widanagama Arachchige L，Rajapakse A（2011）Microgrids research：a review of experimental microgrids and test systems. Renew Sustain Energy Rev 15：186-202.

[17] Meng L，Luna A，Díaz ER，Sun B，Dragicevic T，Savaghebi M，Vasquez JC，Guerrero JM，Graells M，Andrade F（2016）Flexible system integration and advanced hierarchical control architectures in the microgrid research laboratory of Aalborg university. IEEE Trans Ind Appl 52（2）：1736-1749.

[18] Lasseter RH，Eto JH，Schenkman B. Stevens J，Vollkommer H，Klapp D，Linton E，Hurtado H，Roy J（2011）CERTS microgrid laboratory test bed. IEEE Trans Power Delivery 26（1）：325-332.

[19] Schematics F28M36x controlCARD, Texas Instruments INC, Notes 2012, ftp://ftp. ti. com/pub/dml/DMLrequest/ChristyFTP-10-30-12/controlSUITE/developmentkits/? controlCARDs/TMDSCNCD28M36v10/R11/F28M36x180controlCARDR1. 1SCH. pdf.

[20] Gupta RA, Chow M-Y (2010) Networked control system: overview and research trends. IEEE Trans Ind Electron 57 (7): 2527-2535.

[21] Heemels WPMH, Teel AR, Ivan de Wouw N, Nesic D (2010) Networked control systems with communication constraints: trade-offs between transmission intervals, delays and performance. IEEE Trans Autom Control 55 (8): 1781-1796.

[22] Lixian Z, Huijun G, Kaynak O (2013) Network-induced constraints in networked control systems: a survey. EEE Trans Ind Inf 9 (1): 403-416.

[23] Chaudhuri NR, Chakraborty D, Chaudhuri B (2011) An architecture for facts controllers to deal with bandwidth-constrained communication. IEEE Trans Power Del 26: 188-196.

[24] Lo C-H, Ansari N (2013) Decentralized controls and communications for autonomous distribution networks in smart grid. IEEE Trans Smart Grid 4 (1): 66-77.

[25] Usman A, Shami SH (2013) Evolution of communication technologies for smart grid applications. Renew Sustain Energy Rev 19: 191-199.

[26] Shichao L, Wang X, Liu PX (2015) Impact of communication delays on secondary frequency control in an islanded microgrid. IEEE Trans Ind Electron 2021-2031 62 (4).

[27] Ahumada C, Cardenas R, Sáez D, Guerrero JM (2016) Secondary control strategies for frequency restoration in islanded microgrids with consideration of communication delays. IEEE Trans Smart Grid 7 (3): 1430-1441.

[28] Moussa B, Akaber P, Debbabi M, Assi C (2018) Critical links identification for selective outages in interdependent power-communication networks. IEEE Trans Industr Inf 14 (2): 472-483.

[29] Andersson G, Donalek P, Farmer R, Hatziargyriou N, Kamwa I, Kundur P, Martins N, Paserba J, Pourbeik P, Sanchez-Gasca J, Schulz R, Stankovic A, Taylor C, Vittal V (2005) Causes of the 2003 major grid blackouts in North America and Europe and recommended means to improve system dynamic performance. IEEE Trans Power Syst 20 (4): 1922-1928.

[30] Khederzadeh M, Beiranvand A (2018) Identification and prevention of cascading failures in autonomous microgrid. IEEE Syst J 12 (1): 308-315.

[31] Babakmehr M, Harirchi F, AI-Durra A, Muyeen SM, Simoes MG (2019) Compressive system identification for multiple line outage detection in smart grids. IEEE Trans Ind Appl 55 (5): 4462-4473.

[32] Delille G, Franois B, Malarange G (2012) Dynamic frequency control support by energy

storage to reduce the impact of wind and solar generation on isolated power system's inertia. IEEE Trans Sustain Energy 3 (4): 931-939.

[33] Yuen C, Oudalov A, Timbus A (2011) The provision of frequency control reserves from multiple microgrids. IEEE Trans Ind Electron 58 (1): 173-183.

[34] Lopes JAP, Moreira CL, Madureira AG (2006) Defining control strategies for microgrids islanded operation. IEEE Trans Power Syst 21 (2): 916-924.

[35] Chandorkar MC, Divan DM, Adapa R (1993) Control of parallel connected inverters in standalone AC supply systems. EEE Trans Ind Appl 29 (1): 136-143.

[36] Kawabata T, Higashino S (1988) Parallel operation of voltage source inverters. IEEE Trans Ind Appl 24 (2), 281-287.

[37] Yao W, Chen M, Matas J, Guerrero JM, Qian Z (2011) Design and analysis of the droop control method for parallel inverters considering the impact of the complex impedance on the power sharing. IEEE Trans Industr Electron 58 (2): 576-588.

[38] Matas J, Castilla M, Garcia de VicunaL, Miret J, Vasquez JC (2010) Virtual impedance loop for droop-controlled single-phase parallel inverters using a second-order general-integrator scheme. IEEE Trans Power Electron 25 (12): 2993-3002.

[39] Hua M, Hu H, Xing Y, Guerrero JM (2012) Multilayer control for inverters in parallel operation without intercommunications. IEEE Trans Power Electron 27 (8): 3651-3663.

[40] Castilla M, Camacho A, Miret J, Velasco M, Martí P (2019) Local secondary control for inverter-based islanded microgrids with accurate active power sharing under high-load conditions. IEEE Trans Industr Electron 66 (4): 2529-2539.

[41] Rey JM, Rosero CX, Velasco M, Martí P, Miret J, Castilla M (2019) Local frequency restoration for droop-controlled parallel inverters in islanded microgrids. IEEE Trans Energy Convers34 (3): 1232-1241.

[42] Guo F, Wen C, Mao J, Song Y-D (2015) Distributed secondary voltage and frequency restoration control of droop-controlled inverter-based microgrids. IEEE Trans Industr Electron 62 (7): 4355-4364.

[43] Lu L-Y, Chu C-C (2015) Consensus-based secondary frequency and voltage droop control of virtual synchronous generators for isolated AC micro-grids. IEEE J Emerg Selected Top Circ Syst5 (3): 443-455.

[44] Simpson-Porco JW, Shafiee Q, Dorfler F, Vasquez JC, Guerrero JM, Bullo F (2015) Secondary frequency and voltage control of islanded microgrids via distributed averaging. IEEE Trans Industr Electron 62 (11): 7025-7038.

[45] Schiffer J, Dorfler F, Fridmann E (2017) Robustness of distributed averaging control in power systems: time delays and dynamic communication topology. Automatica 80: 261-

271.

[46] Fang J, Shuai Z, Zhang X, Shen X, Shen ZJ (2019). Secondary power sharing regulation strategy for a DC microgrid via maximum loading factor. IEEE Trans Power Electron 34 (12): 11856-11867.

[47] Morstyn T, Hredzak B, Agelidis VG (2018). Network topology independent multi-agent dynamic optimal power flow for microgrids with distributed energy storage systems. IEEE Trans Smart Grid 9 (4): 3419-3429.

[48] Vergara PP, López JC, Rider MJ, da Silva LCP (2019) Optimal operation of unbalanced three-phase islanded droop-based microgrids. IEEE Trans Smart Grid 10 (1): 928-940.

[49] Nasirian V, Shafiee Q. Guerrero JM, Lewis FL, Davoudi A (2016) Droop-free distributed control for AC microgrids. IEEE Trans Power Electron 31 (2): 1600-1617.

[50] Simpson-Porco JW, Dorfler F, Bullo F (2017) Voltage stabilization in microgrids via quadratic droop control. IEEE Trans Autom Cont 62 (3): 1239-1253.

[51] Schiffer J, Zonetti D, Ortega R, Stankovic AM, Sezi T, Raisch J (2016) A survey on modeling of microgrids—From fundamental physics to phasors and voltage sources. Automatica 74: 135-150.

[52] Olfati-Saber R, Murray RM (2004) Consensus problems in networks of agents with switching topology and time-delays. IEEE Trans Autom Cont 49 (9): 1520-1533.

[53] Imran RM, Wang S, Flaih FMF (2019) DQ-voltage droop control and robust secondary restoration with eligibility to operate during communication failure in autonomous microgrid. IEEE Access 7: 6353-6361.

[54] Dorfler F, Bullo F (2013) Kron reduction of graphs with applications to electrical networks. IEEE Trans Circ Syst I: Regular Papers 1 (60): 150-163.

[55] Dorfler F, Simpson-Porco JW, Bullo F (2018) Electrical networks and algebraic graph theory: models, properties, and applications. Proc IEEE 106 (5): 977-1005.

[56] Kundur P (1994) Power system stability and control. McGraw-Hill.

[57] Guo X, Lu Z, Wang B, Sun X, Wang L, Guerrero JM (2014) Dynamic phasors-based modeling and stability analysis of droop-controlled inverters for microgrid applications. IEEE Trans Smart Grid 5 (6): 2980-2987.

[58] Dong M, Li L, Nie Y, Song D. Yang J (2019) Stability analysis of a novel distributed secondary control considering communication delay in DC microgrids. IEEE Trans Smart Grid 10 (6): 6690-6700.

[59] Raeispour M, Atrianfar H, Baghaee HR, Gharehpetian GB (2020) Resilient H_∞ consensus-based control of autonomous AC microgrids with uncertain time-delayed communications. IEEE Trans Smart Grid 11 (5): 3871-3884.

[60] Song Y, Hill DJ, Liu T (2018) Network-based analysis of small-disturbance angle stability of power systems. IEEE Trans Cont Netw Syst 5 (3), 901-912.

[61] Rosero CX, Velasco M, Martí P, Camacho A, Miret J, Castilla M (2019) Analysis of consensus-based islanded microgrids subject to unexpected electrical and communication partitions. IEEE Trans Smart Grid 10 (5): 5125-5135.

[62] Rosero CX, Velasco M, Martí P, Camacho A, Miret J, Castilla M (2020) Active power sharing and frequency regulation in droop-free control for islanded microgrids under electrical and communication failures. IEEE Trans Ind Electron 67 (8): 6461-6472.

[63] Andreasson M, Dimarogonas DV, Sandberg H, Johansson KH (2014) Distributed control of networked dynamical systems: Static feedback, integral action and consensus. IEEE Trans. On Autom Cont 59 (7): 1750-1764.

[64] Pasini G, Peretto L, Tinarelli R (2013) Study of the accuracy requirements of the instrumentation for efficiency measurements in power conversion systems. IEEE Trans Instrum Meas 62 (8): 2154-2160.

[65] Martí P, Torres-Martinez J, Rosero CX, Velasco M, Miret J, Castilla M (2018) Analysis of the effect of clock drifts on frequency regulation and power sharing in inverter-based islanded microgrids. IEEE Trans Power Electron 33 (12): 10363-10379.

作者介绍:

Manel Velasco 是西班牙加泰罗尼亚理工大学的副教授。主要研究方向为人工智能、实时控制系统和协同控制系统，特别是冗余控制器和具有自交互系统的多控制器。

Pau Martí 是加泰罗尼亚理工大学的副教授。他的研究兴趣包括嵌入式和网络控制系统，智能电网和微电网。

Ramón Guzman 是加泰罗尼亚理工大学的副教授。主要研究方向为三相电源变换器的非线性和自适应控制。

Jaume Miret 是西班牙加泰罗尼亚理工大学的副教授。他的研究兴趣包括直流一交流转换器，有源电源滤波器和数字控制。

Miguel Castilla 是西班牙加泰罗尼亚理工大学电子工程专业的全职教授。他的兴趣包括电力电子控制、可再生能源系统和微电网领域。

13

可再生能源的互补性

Pedro Bezerra Leite Neto，Osvaldo Ronald Saavedra，and
Denisson Queiroz Oliveira

摘要： 现代电网中可再生能源的存在是向终端用户提供更绿色、更具可持续性能源的一种手段。然而，可再生能源固有的可变特性需要额外的资源以保障电网灵活性。这种可变性取决于一次能源的可用性，它随着时间和空间而变化。然而，互补效应使利用能源组合成为可能。本章旨在回顾有关可再生能源互补性的概念，通过描述文献中的一些现有指标，在不同的时间和空间尺度上对可再生能源互补性进行评估。本文考虑的是较大的电网和地理范围，这是因为当有源网络的概念扩大时，需要额外的技术和工艺来扩大有源网络的范围，如省级、州级和/或全国范围的有源网络。从这个意义上讲，可再生能源的互补性对于以互联模式工作的不同微网至关重要。

关键词： 互补性；可变性；可再生能源

13.1 前言

在电力系统中，电力供应必须保持瞬时平衡，才能实现安全、可靠、稳定的运行。可再生能源（RES）具有间歇性特征，不符合电力系统的要求，例如需求和发电之间的功率平衡、连续性和高发电可用性。

要将分布式能源资源与电网广泛连接，就必须将其视为有源配电网，允许不同层次的能量双向流动。尽管目前的趋势是在配电层面连接基于可再生能源的分布式发电机，但需要进行仔细的研究以评估其对电网运行的影响，以便能够发挥能源多样化带来的好处。

大多数可再生能源如风能和太阳能，在一天中的变化很大，有时会出现几分钟到几小时的发电量不足。当需求量和发电量不匹配时，这种可变性导致电力系统会失去功率平衡。例如，由于云层飘过，太阳能发电功率可能在几分钟内下降50%以上。

在现代电力系统中，需要额外的属性来补偿供需的不稳定性并保持平衡—灵活性。随着间歇性可再生能源在电网中的渗透率越来越高，需要更多的灵活资源来缓解其影响。

从历史上看，系统中的可变性和不确定性与电力需求有关，这种可变性能够通过灵活的传统发电厂和可靠的电网来抵消。如今，能源生产和消费的持续变化带来了更多的可变性和不确定性，这就要求除传统方法外，还需采用其他更加灵活的方法。如 DNV GL 技术与研究集团[11]的研究所示，这种压力来自可再生能源在大规模和分布式能源中所占比例的不断增加，以及交通、供暖和制冷系统等行业电气化所导致的能源消耗和需求变化的增加。

在现代电力系统中，与电网规划和运行优化、电网拓扑结构和运行策略有关的几个因素正得到进一步研究。然而，由于具有高可变性可再生能源的增加，发电优化直到最近才引起更多的关注。这种研究是必不可少的，这样才能找到在电力系统运行中发挥可再生能源可变性优势的方法。

这种方法有一些好处。由于可以部署一个能够适应可再生能源不同特点的发电系统，如旋转备用和储能系统，这样的传统灵活性解决方案，就变得不那么必要了。

Jurasz 等人[16]认为，利用可再生能源的可变性有两种关键方法：①混合式发电，例如，光伏-风力发电系统或光伏-水力发电系统；②通过平滑方法对产生的电力进行空间分配。最后一种解决方案取决于不同能源发电的互补性。

由于可再生能源供应的变化率在一个很宽的区间内变化，因此灵活设备的响应率也随之变化，从而导致高成本运行。利用可再生能源的互补性是减少这些需求和促进可再生能源在电网中渗透的一个绝佳机会。

本章阐述了可再生能源的可变性和互补性概念，其目的是回顾这些主题的最新研究，以及介绍最广泛使用的评估不同可再生能源之间互补程度的指标。

13.2 概念和背景

13.2.1 可再生能源的可变性

水力发电是最为人所知的可再生能源。由于雨季和旱季起伏不定的季节性因素，水电供应具有不确定性，这意味着需要大型水库来保证电力供应。然而，环境问题限制了对大型水库水力发电厂的依赖。

目前的趋势是利用小型水库建立径流式发电厂，以便每天可以调节某些时段的发电量。在这种新的情况下，水力发电的可变性会增加，因此，水力发电的不确定性也会增加。

可再生能源电力供应的可变性与其一次能源有关。例如，风电取决于特定地区的风速和相关的季节性因素。因此，风电的可用性取决于地区、气候条件和季节，所有这些因素都会导致很大程度的不确定性。在风电预测方面，中期和短期的不确定性要低于长期的不确定性。不过，风电的不确定性问题可以通过在不同地区部署与同一电网相连且具有互补性的发电厂来解决。拥有多个风力涡轮机的风电场可以从本地互补性中受益，并有助于平滑出力波动并提供更大的稳定电力。

尽管有这些可能性，风电仍然很容易出现不可预见的发电功率下降，即“风速骤降”，这可能会破坏功率平衡。因此有必要使用补偿装置来应对突然的功率下降，并防止这类事件的发生。

如果这些设备数量多、额定容量大、响应速度快，并且分布合理，则可以说电网符合灵活性要求，能够对风电场的风速变化做出快速有效的反应。

而光伏发电则受到每日和每年季节性因素的影响。此外，不同地理位置的太阳日也各不相同。靠近赤道的地区比其他纬度较高的地区拥有更高的日照，因此发电量也更多。然而，在不同季节，经过的云层可能会导致发电量突然下降，从而损害电网运行。

随着光伏能源在更有利地区的渗透率增加，预计会出现更大的功率骤降，导致电力供应下降，这就需要更多的灵活性服务来应对此类情况的发生。要缓解太阳能发电在多个时间尺度上的间歇性问题，就需要部署能对这些功率骤降做出适当响应的设备。储能设备、开式循环燃气发电厂和水电机组是合理的候选技术。

此外，世界各地对海洋能源的开发也在不断增加。在现有的替代系统中，利用海流和潮汐堰坝的潮汐能发电最为突出。这两种方式都具有间歇性特征，但与以往的能源不同，它们具有平稳性和可预测性，因此可以实现发电量和发电时间的预测。这些能源缓慢和可预测的间歇性是它们的主要优势。

上述所有可再生能源在空间和时间上都受到季节性因素的影响，那么应该如何积极地将它们结合起来，以改善电力系统呢？需要注意的是，发电和负荷是不对称的。虽然发电可以接受负荷控制中的不确定性，但是负荷却不接受不确定的发电。

因此，从电力系统的角度来看，我们所关注的是能够使能源相关的可控性与负载对频率和电压的要求相匹配的能源。因此，只要能够充分利用这些能源的互补性，就可以满足电网灵活性的要求。

在现代电力系统中，灵活性是一种辅助服务。只要能够有效地利用互补性，就有可能降低灵活性产生的成本，并提供更便宜的电价。

鉴于此，互补性可被视为减少互联电力系统对灵活性服务需求的一个机会。此外，还可以提高能源安全，促进电网去碳化。

13.2.2 互补性

互补性可以定义为两个或多个独立现象之间的关系，这种关系会带来比单独存在时更好的结果。就电力系统而言，当不同的电源一起运行时就会产生互补性，等效于一个具有较低可变性的电源。Jurasz 等人[16]认为互补性可以通过以下方式发生：

空间互补性：这是指某一特定能源在某一地区很丰富，但在其他地区却很稀缺的情况，这样的问题在大型电力系统中很常见。这些能源的协调运行可使电力需求得到均匀供应。图 13-1 举例说明了巴西电力系统南北子系统中光伏发电的空间互补性。

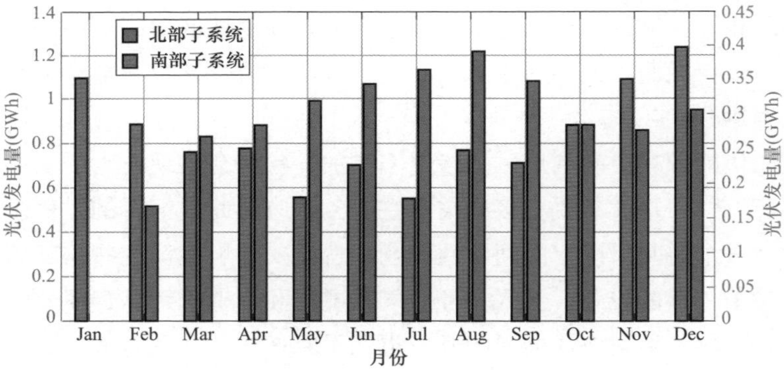

图 13-1　2019 年巴西北部和南部子系统的空间互补性

[数据来自巴西国家电力系统运营商（ONS）（2020）]

时间互补性：当两个或多个能源在一个地区显示出互补性时，就会出现这种情况。例如，在巴西电力系统的北部子系统中，一月至六月的水力发电量较高，而五月至十二月的风力发电量较高。单一能源也可能导致这种互补性的出现，例如在不同位置（倾角和方位角）装配组件的光伏电站，或使用不同型号涡轮机的风力发电场。图 13-2 显示了巴西电力系统北部子系统中水电和风电在时间上互补的一个例子。

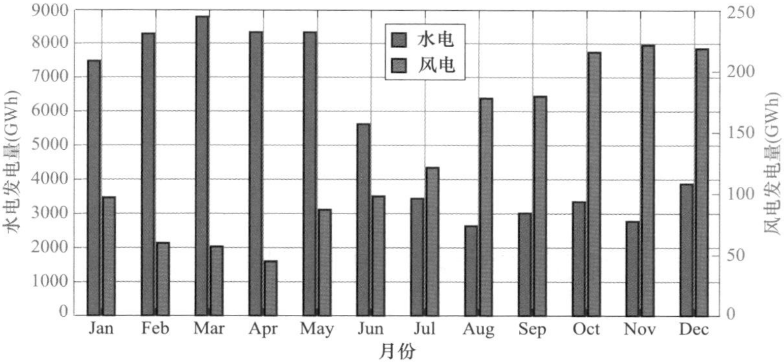

图 13-2 巴西电力系统北部子系统中水电和风电的时间互补性
[数据来自巴西电力系统国家运营商（ONS）（2020）]

时空互补性：这种互补性具有空间和时间两种类型的特征。图 13-3 举例说明了巴西电力系统北部和东北部子系统的时空互补性。

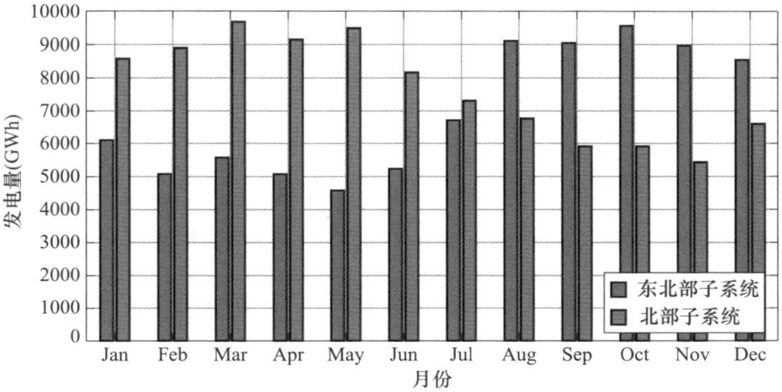

图 13-3 巴西北部和东北部电力子系统的时空互补性
[数据来自巴西电力系统国家运营商（ONS）（2020 年）]

13. 2. 3 互补性的益处

在过去几年中，已经开展了多项研究，以评估不同电力能源之间互补的效果和益处。这是因为可再生能源的参与度越来越高，因此有必要了解不同能源之间是如何相互作用的。

从负面角度看，可再生能源在电网中所占的比例越来越高，导致发电方面的不确定性越来越大。鉴于此，需要能够应对能源间歇性的灵活设备，从而使互联电力系统的运行变得更加复杂，有时由于这些设备的服务成本而导致更高的系统运行成本。

可再生能源的互补性及其正确利用可以使电力系统进一步摆脱这种不利局面。例如，时空互补性可以提高风电场出力的稳定性。在互联电网中，成本较高的灵活性来源可以大大减少，从而降低总体成本。

de Oliveira Costa Souza Rosa 等人[9]利用皮尔逊相关系数研究了巴西东南部和西部地区太阳能、风能和水能资源之间的互补程度。他们指出，相关指数值表明这些能源之间存在互补性，并指出太阳能的占比约为 50%。

同样，Araujo 和 Marinho[1]等人利用皮尔逊相关系数评估了巴西伯南布哥州风能和水能的互补性。结果表明，在一年的时间里这两种能源之间有很高的互补性，以至于可以节约 Sobradinho 水库的水量。

Zhu 等人[28]设计了一个基于风能、太阳能、水能和热能之间多尺度互补的动态经济调度模型。通过调整发电量来减少发电和需求之间的不平衡从而实现了互补性。在这项研究中，负荷跟踪指数被用作互补性指标。

Zhou 等人[27]研究了具有沼气、太阳能和风能微电网的互补性。作者指出，有一种可行的方法可以缓解间歇性问题，并改善储能系统和电网运行。能源之间的互补性降低了电池充放电参数和老化成本，并提高了可再生能源的渗透率。

在 Silva 等人的研究中[22]，作者应用相关系数评估了水电和海上风电之间的时空互补性。结果表明，巴西北部和东北部地区的风能具有很强的季节互补性。此外，该研究还表明，巴西不同地区的海上风电与水电之间具有很强的互补性。

François 等人[12]对意大利太阳能和径流式水电的互补性进行了研究。在这种情况下，通过考虑能源之间的不同份额并应用两个指标来评估时间互补性：(1) 功率平衡的标准差和 (2) 保持功率平衡所需的储能容量。结果表明，在较小的时间间隔（小时）内，径流式水力资源对能量平衡的影响更大，而在较长的时间间隔（天或月）内，太阳能资源主要负责保持能量平衡。作者认为，这是因为时间尺度越大，太阳光源的变化越小。

图 13-4 汇集了与基于互补性的方法和量化指标相关的主要因素。表 13-1 概述了近期对不同能源在孤立的微网中的互补性的研究。

由于在孤立的微电网中，能源稀缺是一个更为关键的因素，因此在这种情况下，可再生能源互补是一个很好的解决方案。这意味着能够在受气候限制的地理

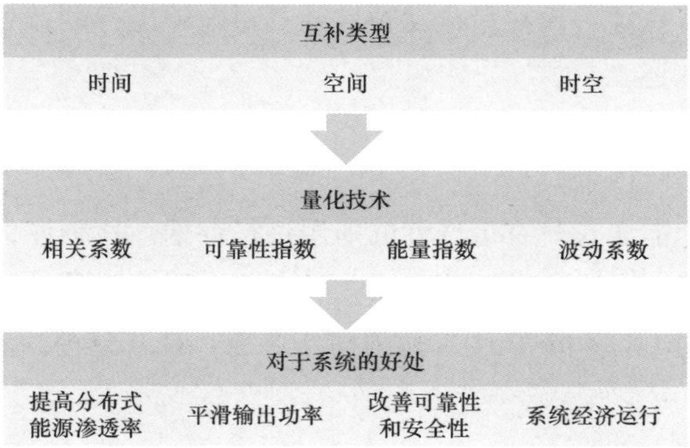

图 13-4　互补性研究的特点

区域部署混合能源系统，因为这些区域受限于某种特定能源的空间互补性。在这种情况下，必须通过将相互靠近且不同种类的可再生能源结合起来从而寻求局部互补性，形成更平滑的发电曲线，而不是单独考虑每种能源。

孤立微电网中的能源稀缺问题可以通过可再生能源之间的互补来缓解，原因如下：

（1）减少剩余能量，剩余能量这通常是由于储能系统无法吸收剩余能量所造成的。

（2）减少能量短缺，这需要使用柴油发电机或储能系统。

鉴于此，可再生能源之间的互补性可提高清洁能源的渗透率，因为这些能源中被浪费的部分较少。它还有助于减少化石燃料消耗和保护储能系统，尽管 Bezerra 等人[3]认为其运行维护成本可能使整个项目在经济性上难以实现。

Bezerra 等人[4]的研究表明，太阳能、风能和潮汐能在偏远的海洋岛屿上大量存在，它们之间具有一定程度的互补性（其中潮汐能最为突出），尽管行为模式各不相同，但具有很高的可预测性。由于发电曲线较为平滑，因此潮汐能是孤立微电网的理想候选来源，但将其用作单一能源的吸引力较小，由于大小潮的交替，发电量存在很大的变化。解决这一问题的方法之一是与太阳能和风能等其他能源混合使用。如 Bezerra 等人[4]所述，这种混合系统可以提高发电功率的稳定性。

13.3　量化技术

很多研究人员概述了评估能源互补程度的方法。一些通用的方法，如使用相关系数，是很好的初步指标。本文中还推荐了一些更专业的方法，这些方法考虑到了电力系统的特殊性，旨在量化互补性及其对电网运行的益处。下一节将对这一系列方法进行综述。

13.3.1 量化发电能源的可变性

互补性的量化需要对具有可变性的能源进行评估。这种评估应该包括能源的特征，如 David 等人[8]认为对于太阳能，考虑到云层水平移动的速度，时间尺度应该选择秒级，而 Ikegami 等人[15]认为对于风能，从几分钟到几小时的时间尺度是可以接受的。

13.3.1.1 变化率

斜率是衡量速度变化快慢的一个常用指标。斜率可定义为在 t 至 $t+\Delta t$ 的时间间隔内，发电量或一次能源的变化，且变化量高于规定的阈值。一些研究人员给出的斜率定义略有不同，包括不同的阈值和时间间隔（Δt）。这些参数随所涉及能源的变化而变化。在数学上，斜率可根据式（13-1）进行定义。

$$RR=\frac{P(t+\Delta t)-P(t)}{\Delta t}>RR_{\mathrm{val}} \tag{13-1}$$

高于阈值 RR_{val} 时，斜率才被考虑；$P(t+\Delta t)$ 和 $P(t)$ 分别为 $t+\Delta t$ 和 t 时刻时的功率输出。

请注意，斜率可以是正值，也可以是负值。一般来说，负斜率的影响更大，因为其他具有快速响应时间的电源必须在不甩负荷的情况下补偿突然下降的发电功率。图 13-5 展示了正斜率的例子。

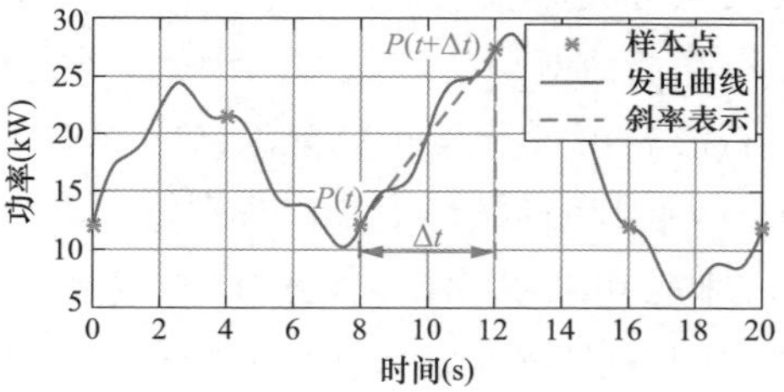

图 13-5 正功率斜坡

13.3.1.2 变异系数

变异系数是一个统计上的离散度量，定义为标准差和平均值之间的比率[5]。在电力系统中，它是衡量发电能源变化程度的良好指标。

考虑一个风力发电场，在一个时间间隔 Δt 内，平均发电量为 $P_{\Delta t}$，标准差为 σ_{P}。变异系数（CoV）为：

$$CoV=\frac{\sigma_{\mathrm{P}}}{P_{\Delta t}}\times 100\% \tag{13-2}$$

13.3.1.3 平均波动幅度（*AFM*）

平均波动幅度可以定义为在一个评估区间 T 中，t 和 $t+\Delta t$ 时刻功率差绝对值的平均值[26]。用数学语言表示为：

$$AFM_{\mathrm{N}}=\frac{1}{T}\sum_{t=1}^{T}|P(t+\Delta t)-P(t)| \tag{13-3}$$

式中，T 是考虑的时间间隔。例如，离散度可以是分钟级，$T=60\mathrm{m}$。$P(t)$ 表示 t 时刻的功率输出。

13.3.1.4 逆向波动计数（*RFC*）

根据 Zhang 和 Liu 的研究，逆向波动计数可以检测发电量曲线在两个连续离散化区间内的拐点。拐点在以下情况下被检测到：

$$\frac{P(t+\Delta t)-P(t)}{P(t)-P(t-\Delta t)}<0 \tag{13-4}$$

当逆向波动计数为零时，发电量呈持续增长或下降模式。当逆向波动计数大于零时，发电量曲线不会出现拐点，但变化率未知。逆向波动计数值越高，这种不确定性就越大。

13.3.1.5 移动波动强度（*MFI*）

在 Zhang 和 Liu 的研究中，作者将移动波动强度定义为平均波动强度与逆向波动计数的乘积，从而将前面的量化指标结合起来：

$$MFI_{\mathrm{T}}=AFM_{\mathrm{T}}\times RFC_{\mathrm{T}} \tag{13-5}$$

移动波动强度表示平均波动幅度和逆向波动计数的组合。移动波动强度值越大，功率曲线中拐点的频率和幅度就越高[24]。

13.3.1.6 最大波动宽度（*MFW*）

根据 Yan 等人[24]的研究，最大波动宽度表示给定时期内最坏的变化情况。它量化了该时段发电量曲线最高值与最低值之间的差值。最大波动宽度值越大，表明该时段的发电量变化越大。用数学语言表示为：

$$MFW_{\mathrm{T}}=(P_{\max}-P_{\min})\times\frac{t_{\max}-t_{\min}}{|t_{\max}-t_{\min}|} \tag{13-6}$$

式中，$t_{\min}$ 和 $t_{\max}$ 分别为最小功率（$P_{\min}$）和最大功率（$P_{\max}$）发生的时刻。时刻差的商表示这种变化是向上（正）还是向下（负）。

13.3.2 评估能源的多样化程度

要评估可再生能源多样化的影响，需要指标来量化它们之间的互补程度。本文提出了几种量化发电能源波动及其互补性的技术。下文概述了其中一些技术。

13.3.2.1 相关系数（*CC*）

相关系数（CC）是评估两个时间序列相似程度的标准统计工具。当两个时间序列具有相似的行为模式时，就具有相当大的相似性；反之，则具有很强的互补性。

相关系数是一个在−1到1之间变化的数字，越接近1，相似性越强，而越接近−1，互补性越高。

相关系数可以在不同的时间尺度上评估时空互补性：分钟、小时、天或月。因此，它是评估能源互补性的有效工具。

皮尔逊相关系数是最著名的系数之一，它用于评估两个线性相关变量之间的相关程度。皮尔逊相关系数是两个变量的协方差与它们的标准差乘积的比值。对于名义输出分别为 $P_a(t)$ 和 $P_b(t)$ 的两个信号源 a 和 b，皮尔逊相关系数 ρ_P 的计算式为：

$$\rho_P = \frac{\text{cov}(P_a, P_b)}{\sigma_{P_a}\sigma_{P_b}} \tag{13-7}$$

除皮尔逊相关系数外，肯德尔相关系数和斯皮尔曼等级相关系数也被广泛使用。图13-6显示了皮尔逊系数在不同发电-负荷情况下的应用。

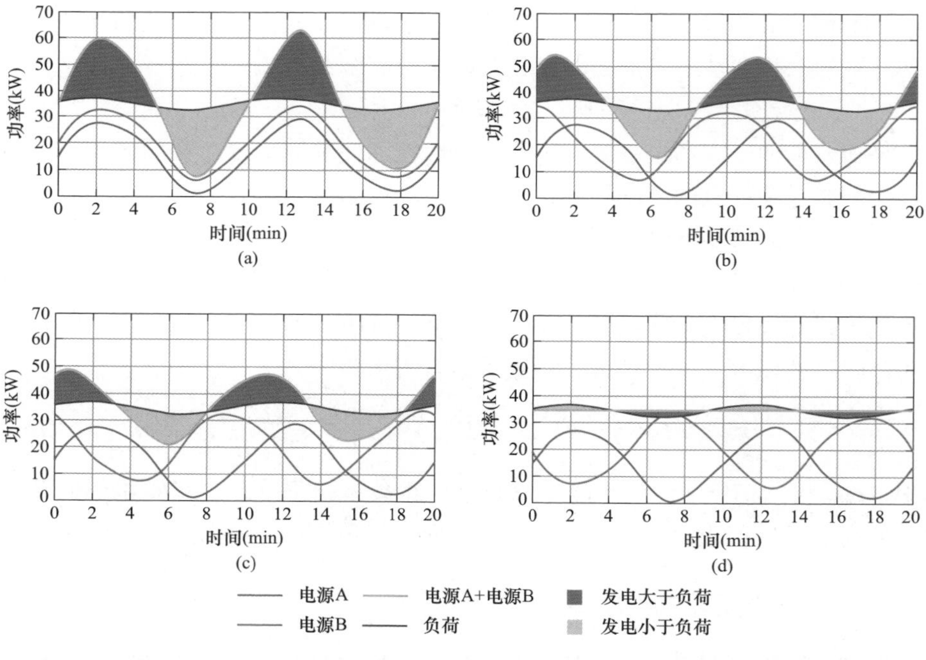

图13-6　两种不同电源 A 和 B 之间的相关性示例（将总发电量与负荷曲线进行比较）

（a）相关系数为1；（b）相关系数为0；（c）相关系数等于−0.5；（d）相关系数等于−1

13.3.2.2　相对波动率（*RFR*）

相对波动率有一个特点，即同时考虑电源和需求模式[10]。

考虑一个由 a 和 b 两种不同电源组成的系统：

$$RFR=\frac{\sqrt{\frac{1}{T}\sum_{t=1}^{T}[P_{a}(t)+P_{b}(t)-P_{load}(t)]^{2}}}{\overline{P_{load}}} \tag{13-8}$$

式中，$P_a(t)$ 和 $P_b(t)$ 分别为 t 时刻由信号源 a 和 b 提供的功率；$P_{load}(t)$ 为 t 时刻的负载功率；$\overline{P_{load}}$ 为平均负载功率。T 是分析周期。更低的相对波动率数值表明发电曲线和需求曲线之间的距离更近。

13.3.2.3 分散系数（*DF*）

太阳能和风能等可再生能源具有广泛的模块性，通过在大面积地理区域内汇聚成发电厂，可以达到很高的发电量。因此，由于地球的地壳运动和云层移动造成的一次能源在大区域内的不均匀分布会使等效总发电量的分布更加均匀。只要发电厂安装了新设备，这一特点就会更明显。

就太阳能而言，分散系数表示光伏设备的地理分布密度。将云层位移方向上第一个光伏装置与最后一个光伏装置之间的距离视为 l，云层速度为 v，云层通过太阳能发电厂的时间间隔为 t_c[14,24]。太阳能分散系数定义如下：

$$DF=\frac{1}{v\times t_c} \tag{13-9}$$

上式表明，太阳能发电厂越大，分散系数就越大。就云层移动速度而言，速度越高，分散系数越低。因此，分散系数是当地的空间互补性指数。

13.3.2.4 负荷跟踪系数（*LTI*）

负荷跟踪指数（*LTI*）评估一组发电源跟踪负荷需求曲线的能力。它衡量的是总发电量与需求曲线之间的偏差。因此，负荷跟踪指数值越低，跟踪负荷需求曲线的能力就越强[16,28]。

该指数是 Zhu 等人[28]为评估虚拟发电厂（*VPP*）与太阳能、风能和水能的互补性而设计的。负荷跟踪指数的计算公式如下：

$$LTI=D_t+D_s+D_c \tag{13-10}$$

$$D_t=\frac{1}{\overline{P_{load}}}\sqrt{\frac{1}{T}\sum_{t=1}^{T}[P_{VP}(t)-P_{load}(t)]^{2}} \tag{13-11}$$

$$P_{VP}(t)=P_w(t)+P_p(t)+P_h(t) \tag{13-12}$$

$$D_s=\sqrt{\frac{1}{T-1}\sum_{t=1}^{T}[P_r(t)-\overline{P_r}]^{2}} \tag{13-13}$$

$$P_r(t)=P_{load}(t)-P_{VP}(t) \tag{13-14}$$

$$D_c=\frac{P_{r,max}-P_{r,min}}{T} \tag{13-15}$$

其中，D_t 是与负荷需求有关的虚拟发电厂波动率；D_s 是负荷需求波动的标准偏差；D_c 是负荷需求波动率；后两个参数代表电力平衡 P_r 的波动特征；P_{rmin} 和 P_{rmax} 是 P_r 在区间 T 内的最小值和最大值。

13.3.2.5 每日物理保证（*DPG*）

该指数可评估多种可再生能源的本地互补性。Bezerra 等人[4]建议将每日物理保证指数作为确定孤立微电网中不同能源之间互补性的一种方法。它是指在一年中至少 90％的时间里，来自各种能源的日能量小于或等于给定值的平均等效功率。

每日物理保证指数的定义如下：

$$DPG = P_{90}(P_D) \tag{13-16}$$

$$P_D(d) = \frac{E_W(d) + E_p(d) + E_T(d)}{24h} \tag{13-17}$$

式中，$E_W(d)$、$E_P(d)$ 和 $E_T(d)$ 分别为第 d 天风能、太阳能和潮汐能的发电量；$P_D(d)$ 为第 d 天总发电量对应的恒定等效功率；$P_{90}(P_D)$ 为 P_D 值的第 90 个百分位数。图 13-7 举例说明了如何评估每日物理保证指数。

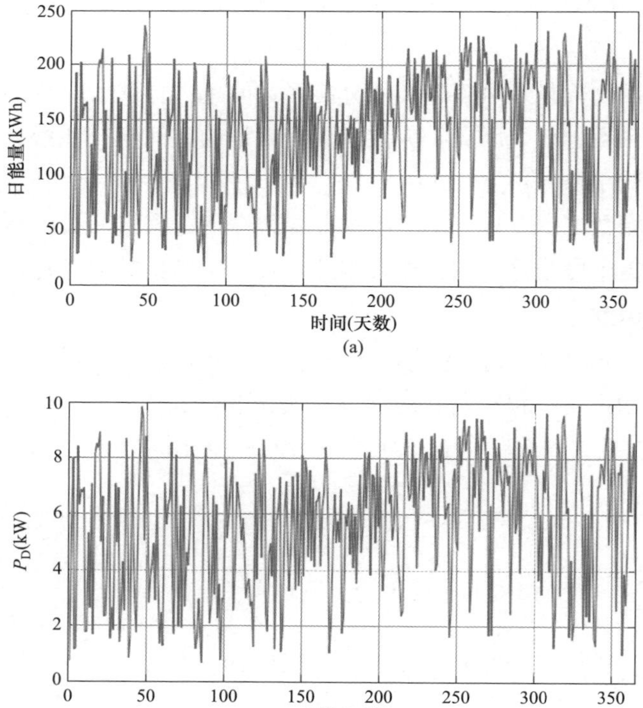

图 13-7　*DPG* 评估示例（一）

（a）可再生能源在一年内的日产量；（b）与相应日产量相对应的等效恒定功率

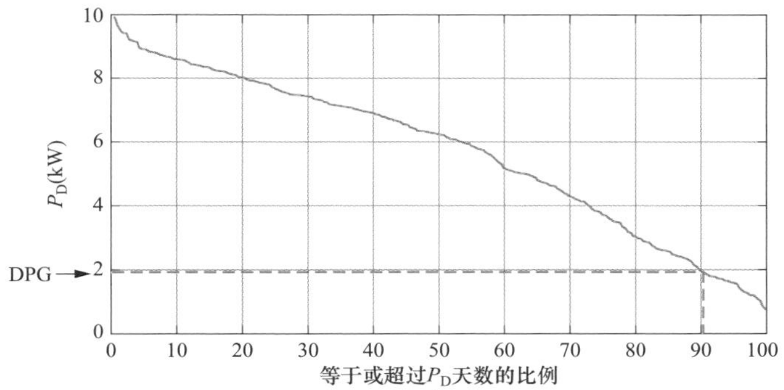

(c)

图 13-7　*DPG* 评估示例（二）

（c）P_D 持续时间曲线，突出显示百分位数 Q_{90}，代表 *DPG*

13.3.2.6　建议

在不同的互补性研究中采用了多种量化技术。如表所示，一些指数如相关系数被广泛采用。其他指数则有更具体的应用，如每日物理保证（*DPG*）。

根据 Bezerra 等人的研究[4]，孤立微电网的互补性研究需要谨慎。虽然相对波动率或负荷跟踪指数等指标包含了可变性和互补性的影响，但它们无法正确描述发电和负荷的瞬时功率，这意味着无法区分时间间隔，无论发电量是否超过了负荷。

除可再生能源外，孤立的微电网还包括柴油发电机和/或储能系统。当可再生能源发电量低于负荷需求时，上述能源会根据其成本进行调度。然而，频繁使用这些能源可能会增加化石燃料消耗，并导致储能系统老化速度增快。Bezerra 等人[4]的研究表明，基于稳定功率概念的“每日物理保证指数”可以结合这类孤立微电网的特点。他们通过一个例子证明，每日物理保证指数是评估远程微电网互补性及其对备用柴油发电机和储能系统影响的合适指标。

13.4　应用

通过从不同角度强调互补性的益处可以发现，这些指标可应用于从微电网到大规模电力系统等不同系统：

（1）水文流域之间的互补性在热液系统中得到了研究，可以提高水库的利用率。利用这种互补性的一种方法是部署互联电力系统，使能量交换变得可行。

（2）季节性互补可以提高可再生能源在电网中的渗透率，促进电网去碳化。当这种季节性发电出现在不同地区时，有必要提高输电能力。为避免清洁能源的浪费，DNV GL 技术与研究集团[11]未来还将考虑进一步的储能方案，如氢气。

（3）可再生能源的本地互补性可以提高可再生能源中心发电功率的稳定性[4]。与单个可再生能源相比，这些可再生能源的组合可产生间歇性更低的等效能源。在孤立的微电网中，这有助于降低对储能的要求，使电网运行更简单。

（4）利用可再生资源的互补性，可以平衡发电量的变化，并大大减少对电力储备的需求。

（5）利用互补性带来经济和环境效益，有助于提高可再生能源在能源组合中的参与度，从而实现零碳电力系统。

13.5 结论

风能、太阳能和潮汐能因其一次能源特点而具有不同程度的可变性。风能受天气条件的影响，涉及不同温度的气团，并受季节因素的影响。太阳能受限于每天的辐照时间。虽然辐照度在白天变化平稳，但云层经过时会对太阳能发电产生影响。最后，潮汐能取决于月球周期，具有可预测的行为。不过，潮汐能的潜力在小潮时会急剧下降，从而形成一个与月相有关的季节性周期。

在处理此类可再生能源时，我们研究了两类量化指标。第一种是用一些近似值来衡量可再生能源的可变性，第二种是基于互补性指数。鉴于某些假设和简化，这些指数的应用需要谨慎对待，一个好的做法是对几个指数进行比较。

利用互补性可为现代电网带来诸多益处，并有助于提高互联电力系统的灵活性和去碳化。就微电网而言，本地互补性可通过增加稳定功率、确保更长的储能寿命以及最终依赖更低的初始财务投资来实现。这些因素的结合可降低运行和维护成本，提高此类项目的技术和经济可行性。

每种可再生能源都有其间歇性特征。考虑到采用联合发电确保持续可靠供电的应用前景，开展进一步研究是十分必要的。部署混合发电是缓解其可变性并从其互补性中获益的一种方法。对互补性来源研究的总结见表 13-1。

表 13-1 对互补性来源研究的总结

参考文献	来源	互补性类型	量化技术	益处	建议
Cao 等人	风、光伏	时空互补	互补系数、变异系数、改进系数	平滑输出功率、降低骤降储备能力	对不同的时间尺度进行了研究，以最大限度地扩大互补性来源

续表

参考文献	来源	互补性类型	量化技术	益处	建议
Bezerra 等人	风、光伏、潮汐	时间互补	每日物理保证系数	减少对化石燃料的依赖、延长电池组使用寿命	显示了孤立微电网的互补性来源，显著改善了储能系统的运行，并降低了对化石燃料的依赖性； 在能源组合中加入海洋能可改善微电网的运行
Naeem 等人	风、光伏	时空互补	相关系数	降低能源交易成本	结果表明最优的可再生组合可以显著降低能源交易成本
Canales 等人	风、光伏、水	时间互补	互补向量、折衷方案设计、总时间互补性指数	最大日均输出、最大累计产量	结果表明时间尺度选择与能量互补指数值之间存在关系
Kougias 等人	光伏、水	时间互补	相关系数	最大能量输出	在研究地点，小型光伏发电系统的能量输出降低10%，小型水电和小型光伏发电系统之间的互补性就会显著提高
Diab 等人	光伏、风、水	时间互补	相对波动率	最小能源成本	考虑到供电损失概率(LSLP)、注入外部电网能量的低波动性以及太阳能和风能资源的充分利用，光伏/风能/抽水蓄能并网系统可实现最佳配置
Sun 和 Harrison	光伏、风	时间互补	聚合的光伏-风需求组合	提高网络吸收更多可再生能源发电的能力、增加能源出口总量	结果表明不同可再生能源之间的互补性提高了分布式发电可用容量的利用率； 研究还表明不同可再生能源之间的互补性使它们能够将更多的可再生能源发电接入配电网
Berger 等人	风	时空互补	临界指标	降低全系统低风力发电事件的发生率、洲际电力互联的潜在效益	各大洲的发电站可同时受益于优质资源； 可再生能源之间的互补性可减少洲际电网同时出现低发电量的情况
Li 等人	光伏、水	时间互补	相关系数	最大总发电量、最大保证率	结果表明光伏-水电系统的互补性至关重要； 如果考虑到流水和光伏能源的不确定性，补充运行的效率就会提高

续表

参考文献	来源	互补性类型	量化技术	益处	建议
Zhang 等人	光伏、风、水	时空互补	自回归移动平均（ARMA）、改进的藤本植物法	改善系统的协调运行，充分利用大型水力； 风力和太阳能资源之间的互补特性	结果表明，协调各水源地的运行策略可提高旱季的输电可用性
Han 等人	光伏、风、水	时间互补	补充波动率（CROF）、补充骤降率（CROR）	优化系统调度使系统输出功率更加稳定； 改进光伏-风-水电系统的容量设计	通过改变光伏/风能发电比例，可获得最佳互补水平
Luz 和 Moura	光伏、风、水、生物质	时空互补	相关系数	最佳能源组合与水电站水库的水流量； 水库最大运行； 最小缩减或负荷损失	结果显示巴西各地区和可再生能源互补的好处

参 考 文 献

[1] Araujo P，MarinhoM（2019）. Analysis of hydro—wind complementarity in state of Pernambuco，Brazil by means of Weibull parameters. IEEE Latin American Trans 17：556-563. https://doi.org/10.1109/TLA.2019.8891879.

[2] Berger M，Radu D，Fonteneau R，et al（2020）Critical time windows for renewable resource complementarity assessment. Energy 198：117308. https://doi.org/10.1016/j.energy.2020.117308.

[3] Bezerra P，Saavedra OR，de Souza Ribeiro LA（2018）A dual-battery storage bank configuration for isolated microgrids based on renewable sources. IEEE Trans Sustain Energy 9：1618-1626. https://doi.org/10.1109/TSTE.2018.2800689.

[4] Bezerra P，Saavedra OR，Oliveira DQ（2020）The effect of complementarity between solar，wind and tidal energy in isolated hybrid microgrids. Renew Energy 147：339-355. https://doi.org/10.1016/j.renene.2019.08.134.

[5] Brown CE（1998）Coefficient of variation. In：Applied multivariate statistics in geohydrology and related sciences. Springer，Berlin，Heidelberg，pp 155-157.

[6] Canales FA，Jurasz J，Beluco A，Kies A（2020）Assessing temporal complementarity between three variable energy sources through correlation and compromise programming. Energy 192：116637. https://doi.org/10.1016/j.energy.2019.116637.

[7] Cao Y，Zhang Y，Zhang H，Zhang P（2019）Complementarity assessment of wind-solar energy sources in Shandong province based on NASA. J Eng 4996-5000. https://doi.org/10.1049/joe.2018.9367.

[8] David M，Andriamasomanana FHR，Liandrat O（2014）Spatial and temporal variability of PV output in an insular grid：case of reunion Island. Energy Proc 57：1275-1282. https://doi.org/10.1016/j.egypro.2014.10.117.

[9] De Oliveira Costa Souza Rosa C，Da Silva Christo E，Costa KA，Santos L dos（2020）Assessing complementarity and optimising the combination of intermittent renewable energy sources using ground measurements. J Cleaner Prod 258：120946. https://doi.org/10.1016/j.jclepro.2020.120946.

[10] Diab AAZ，Sultan HM，Kuznetsov ON（2019）Optimal sizing of hybrid solar/wind/hydroelectric pumped storage energy system in Egypt based on different metaheuristic techniques. Environ Sci Pollut Res 27：32318-32340. https://doi.org/10.1007/s11356-019-06566-0.

[11] DNV GL Group Technology and Research（2017）Flexibility in the power system—the need，opportunity and value of flexibility. https://www.dnvgl.com/publications/flexibility-inthe-power system-103874.

[12] François B，Borga M，Creutin JD et al（2016）Complementarity between solar and hydro power：sensitivity study to climate characteristics in Northern-Italy. Renew Energy 86：543-553. https://doi.org/10.1016/j.renene.2015.08.044.

[13] Han S，Zhang L，Liu Y-Q et al（2019）Quantitative evaluation method for the complementarity of wind-solar-hydro power and optimization of wind-solar ratio. Appl Energy 236：973-984. https://doi.org/10.1016/j.apenergy.2018.12.059.

[14] Hoff TE，Perez R（2010）Quantifying PV power output variability. Sol Energy 84：1782-1793. https://doi.org/10.1016/j.solener.2010.07.003.

[15] Ikegami T，Urabe CT，Saitou T，Ogimoto K（2018）Numerical definitions of wind power output fluctuations for power system operations. Renew Energy 115：6-15. https://doi.org/10.1016/j.renene.2017.08.009.

[16] Jurasz J，Canales FA，Kies Aet al（2020）A review on the complementarity of renewable energy sources：concept，metrics，application and future research directions. Sol Energy 195：703-724. https://doi.org/10.1016/j.solener.2019.11.087.

[17] Kougias I，Szabó S，Monforti-Ferrario F et al（2016）A methodology for optimization of the complementarity between small-hydropower plants and solar PV systems. Renew Energy 87：1023-1030. https://doi.org/10.1016/j.renene.2015.09.073.

[18] Li H，Liu P，Guo S et al（2019）Long-term complementary operation of a large-scale hydrophotovoltaic hybrid power plant using explicit stochastic optimization. Appl Energy

238：863- 875. https://doi. org/10. 1016/j. apenergy. 2019. 01. 111.

[19] Luz T，Moura P（2019）Power generation expansion planning with complementarity between renewable sources and regions for 100% renewable energy systems. Int Trans Electri Energy Syst 29. https://doi. org/10. 1002/2050-7038. 2817.

[20] Naeem A，Ul Hassan N，Yuen C，Muyeen S（2019）Maximizing the economic benefits of a grid-tied microgrid using solar-wind complementarity. Energies 12：395. https://doi. org/10. 3390/en12030395.

[21] National Operator of the Brazilian Electric System（ONS）（2020）Results of the Operation（in Portuguese）. http://www. ons. org. br/Paginas/resultados-da-operacao/historico-da-ope racao/geracao_energia. aspx. Accessed 15 Jul 2020.

[22] Silva AR，Pimenta FM，Assireu AT，Spyrides MHC（2016）Complementarity of Brazil's hydro and offshore wind power. Renew Sustain Energy Rev 56：413-427. https://doi. org/10. 1016/j. rser. 2015. 11. 045.

[23] Sun W，Harrison GP（2019）Wind-solar complementarity and effective use of distribution network capacity. Appl Energy 247：89-101. https://doi. org/10. 1016/j. apenergy. 2019. 04. 042.

[24] Yan J，Qu T，Han S，et al（2020）Reviews on characteristic of renewables：evaluating the variability and complementarity. Int Trans Electri Energy Syst 30：1-21. https://doi. org/10. 1002/2050-7038. 12281.

[25] Zhang H，Lu Z，Hu W et al（2019）Coordinated optimal operation of hydro-wind-solar integrated systems. Appl Energy 242：883-896. https://doi. org/10. 1016/j. apenergy. 2019. 03. 064.

[26] Zhang W，Liu Z（2013）Simulation and analysis of the power output fluctuation of photovoltaic modules based on NREL one-minute irradiance data. In：2013 international conference on materials for renewable energy and environment. IEEE，pp 21-25.

[27] Zhou B，Xu D，Li C et al（2018）Optimal scheduling of biogas-solar-wind renewable portfolio for multicarrier energy supplies. IEEE Trans Power Syst 33：6229-6239. https://doi. org/10. 1109/TPWRS. 2018. 2833496.

[28] Zhu J，Xiong X，Xuan P（2018）Dynamic economic dispatching strategy based on multi-timescale complementarity of various heterogeneous energy. DEStech transactions on environment energy and earth sciences（appeec）. https://doi. org/10. 12783/dteees/appeec2018/23602.

[29] Zhu J，Xiong X，Xuan P（2018）Dynamic economic dispatch strategy based on multi-time scale complementarity of heterogeneous energy sources. In：10th Asia-pacific power and energy engineering conference（APPEEC 2018）. pp 822-837.

14

状态估计与有源配电网

Madson Cortes de Almeida, Thiago Ramos Fernandes,
and Luis Fernando Ugarte Vega

摘要：有源配电网（ADN）是一种包含先进监控和通信基础设施的配电系统，具有远程及自动管理分布式能源（DERs）和网络拓扑的功能。在有源配电网（ADN）中，配电管理系统（DMS）收集和处理数据，过滤数据固有的错误和通信问题，并确定网络运行状况。基于网络运行状况，DMS 通过控制大量设备来调整系统电压、潮流和拓扑结构，使系统运行满足电能质量和能效的标准。这就需要设计一个科学的状态估计函数来过滤监控基础设施中固有的错误。状态估计器提供了最有可能的网络运行条件，这是 DMS 应用功能的基础。本章概述了文献中可行的一些配电系统状态估计（DSSE）方法，列举了四种成熟的方法及其优缺点，包括状态估计模型与求解方法等。本章还介绍了在 ADN 中应用 DSSE 方法所面临的主要挑战，并简要讨论了 DMS 中常用的应用功能，重点介绍 DSSE 方法的状态估计器如何更好地发挥作用。

14.1 背景介绍

分布式发电机、储能系统和可控负荷等分布式能源（DERs）的快速增长，以及对电能质量和能源效率的高标准，改变了配电系统的规划、设计和运行方式[26]。虽然这些变化能够有利于提高配电系统的整体效率、可靠性和灵活性，但同时也带来了系统运行方面的挑战，如双向潮流、过电流、过电压、电压不平衡加剧等问题[21]。

CIGRE C6.11 工作组将有源配电网定义为可远程自动控制分布式能源和网

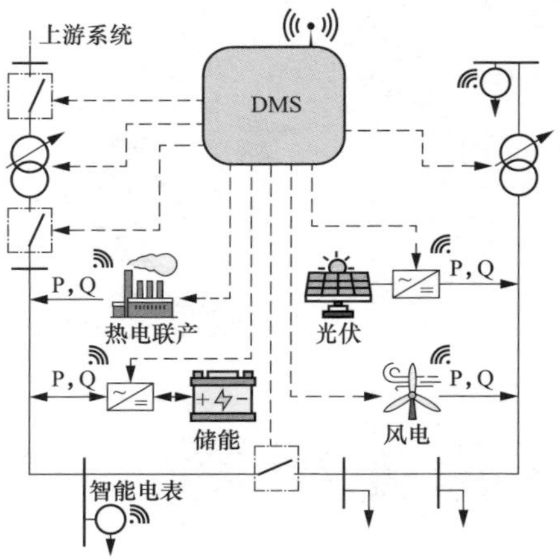

图 14-1　理想的有源配电网
（改编自文献［49］）

络拓扑来有效管理和使用网络设备的配电网[13]。主动管理以集成的方式充分利用发电调度、有载分接开关、电压调节器、无功元件和拓扑重构，实现配电网的优化。因此，它减少了分布式能源接入电网的负面影响，最大限度地减少网络的加固需求，保证系统稳定性，以及提高系统可靠性[49]。

图 14-1 展示了一个理想的有源配电网。它由具有不同分布式能源的配电网络、先进的监控和通信基础设施以及配电管理系统（DMS）组成。DMS 是有源配电网的核心，负责收集与处理实时数据（如开关状态、有载分接开关位置、分布式能源功率输出、负荷和电压分布、潮流流向等），并进行预测，通过控制分布式能源单元、FACTS、有载分接开关、无功元件和电力电子转换器等设备来调整系统的电压和潮流。该控制基于状态估计器所确定的电网运行条件，同时也要考虑到电能质量和能效的标准。有源配电网的主要特征见表 14-1。

表 14-1　有源配电网主要特征（改编自文献［13］）

基础设施需求	应用功能	优点
• 先进的保护方法 • 通信升级 • 可集成至现有系统 • 柔性电网拓扑	• 数据采集 • 状态估计 • 潮流阻塞管理 • 电压/功率控制 • DERs 与负荷控制 • 拓扑重构	• 可靠性提升 • 资产有效利用 • DERs 集成优化 • 最小化电网加固需求 • 电网稳定性

状态估计是一种数据处理工具，用于确定在给定测量集、系统拓扑和参数下电力系统最可能的运行状态（即系统状态）。在有源配电网中，状态估计器主要负责：一是支持和提高系统可视化，二是过滤测量噪声和由仪表故障、通信问题引起的严重误差。因此它是 DMS 管理和控制功能的基础，对有源配电网的实时监控至关重要。与配电系统状态估计（DSSE）相关的研究发表越来越多，验证了状态估计在有源配电网中起到的基础作用至关重要。

图 14-2 展示了与配电系统状态估计（DSSE）相关研究发表的时间轴。论文数量来源于 WEB OF SCIENCE[11]，主要考虑了电力工程领域影响因子较高的期刊。该数据还展示了多年来影响 DSSE 研究热潮的一些重要事件。第一批研究

DSSE 的文章发表于 20 世纪 90 年代初[6,7,41,52]。在 20 世纪 90 年代和 21 世纪初，DSSE 并不是一个非常热门的研究方向，主要是由于缺乏计量和通信基础设施，使其在配电系统中应用缺乏可行性。然而，随着 21 世纪第一个十年才刚过去一半，计量和通信技术飞速发展，技术成本不断降低[55]，可再生能源发电能力不断增加[31]，涉及 DSSE 的研究发表数量大幅增加，与此同时，有源配电网的概念[13]也逐渐普及。

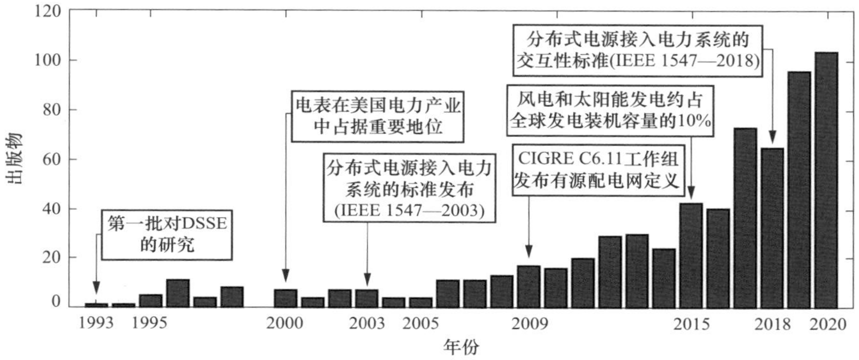

图 14-2　涉及 DSSE 的研究发表时间轴

鉴于状态估计在有源配电网中的重要作用，本章介绍四种成熟的配电系统状态估计器，以及在有源配电网中应用 DSSE 需要克服的挑战，还简要介绍了一些可以从状态估计中获益的 DMS 函数。本章其余部分的结构如下：第 2 节介绍配电系统的状态估计方法，以及状态估计、建模与求解方法的原理；第 3 节讨论了在有源配电网中应用 DSSE 需要规避的主要挑战；第 4 节简要概述了一些基本的 DMS 函数是如何与状态估计相关联的；第 5 节为本章小结。

14.2　配电系统状态估计

状态估计是构成有源配电网的核心，能够作为测量器和 DMS 之间的过滤器，确保 DMS 应用程序功能中用以监测系统状态的数据具有高可靠性。本节介绍了如何建立良好的状态估计方法，重点阐述专门用于配电系统的方法。

14.2.1　状态估计方法

由于配电系统区别于输电系统的典型特征，为输电系统开发的较为成熟应用的状态估计器在应用于配电系统之前需要改进完善[18]。因此，学者们为开发用于配电系统的状态估计器作出了相当大的努力，加权最小二乘法（WLS）是最普遍采用的一种。改进的焦点主要区别在于状态变量的选择和如何考虑测量。关于状态变量，DSSE 方法一般分为节点电压法或支路电流法，两者都可以用极坐标或直角坐标表示，各有优缺点[26]。本节介绍在 DSSE 相关文献中建立的四个状态估计器。

14.2.1.1 传统状态估计器

传统状态估计器（traditional state estimator，TSE）在输电系统中已经得到了广泛的应用，同样适用于具有统计特性的配电系统[54]。TSE 采用极坐标中的母线电压相量作为状态变量（即 $x=[v, \theta]$），采用潮流和注入信号、母线电压幅值等可测信号来估计系统状态。状态变量与测量值之间的关系是非线性的，因此所得到的雅可比矩阵 $H(x)$ 依赖于状态变量，并且必须在状态估计过程的每次迭代中更新。因此，每次迭代都需要重新计算和分解所得到的增益矩阵 $G(x)$。图 14-3 展示了 TSE 的过程。

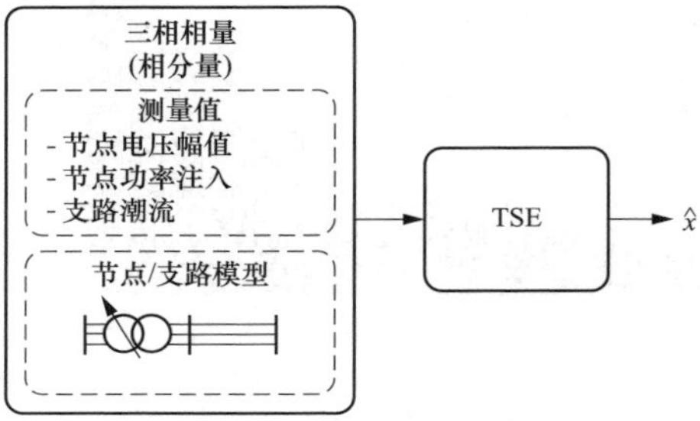

图 14-3　TSE 概述（$\hat{x}$ 表示估计状态）

由于在状态估计过程的每次迭代中需要更新雅可比矩阵和增益矩阵，因此将 TSE 应用于典型的配电系统需要大量的计算。此外，由于与状态变量相关的方程是非线性的，雅可比矩阵的元素通过正弦函数、状态变量和网络参数获得，这增加了其实现的复杂性，特别是对于三相建模。计算效率高且能够产生恒定的雅可比矩阵和增益矩阵的估计器将替代传统状态估计器[15,25,47]。

14.2.1.2 基于导纳矩阵的状态估计器

文献［41］提出了基于导纳矩阵的三相配电系统状态估计器（AMBSE）。在 AMBSE 中，状态变量是矩形坐标下的母线电压相量（即 $x=[\xi\{\overline{v}\}, \zeta\{\overline{v}\}]$）。利用测量值和状态估计求解过程的每次迭代所得到的状态，将电压和功率测量值转换成直角坐标下的等效电压和电流。状态变量与等效测量值之间的线性关系生成一个恒定的雅可比矩阵 H，它由系统导纳、零和单位元素构成。

如果使用初始估计的状态计算加权矩阵中等效测量值的方差，则可以使 AMBSE 的增益矩阵 G 保持恒定。这个初始状态可以通过潮流计算或初始状态估计运行获得[15]。虽然它是线性公式，但 AMBSE 需要一个迭代的求解过程，以便等效测量值与实际测量值相匹配。图 14-4 展示了 AMBSE 的过程，即使测量值（实际、虚拟和伪的）被转换成等效值，所采用的网络拓扑和参数也与 TSE

中采用的相同。

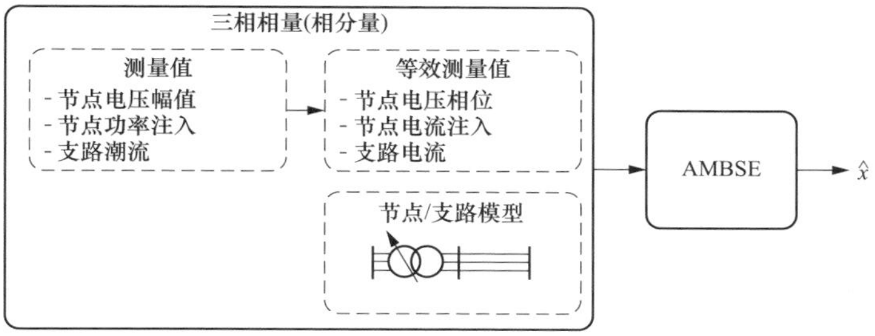

图 14-4　AMBSE 概述

就运算时间和实现复杂程度而言，AMBSE 较 TSE 有很大的改进，AMBSE 系数矩阵的稀疏性与 TSE 中观察到的非常相似，而收敛特征可能因网络拓扑和可用测量值而有所不同，还需要更加注意电压幅值测量的建模[15]。

14. 2. 1. 3　支路电流状态估计器

文献［7］提出利用配电系统辐射型结构的支路电流状态估计器（BCBSE）。BCBSE 的状态变量是直角坐标系下支路电流相量和参考母线电压相量（即 $x=[\xi\{\overline{v}_{\mathrm{ref}}\}, \zeta\{\overline{v}_{\mathrm{ref}}\}, \xi\{\overline{i}_{\mathrm{km}}\}, \zeta\{\overline{i}_{\mathrm{km}}\}]$）。与 AMBSE 类似，电压和功率测量值在直角坐标下转换为等效电压和电流，使用状态估计求解过程中每次迭代获得的测量值和状态[47]。状态变量和等效测量值是线性相关的，生成一个恒定的雅可比矩阵 H，它由系统导纳、零和单位元素构成。与 AMBSE 类似，如果使用初始估计的状态计算加权矩阵中等效测量值的方差，则增益矩阵 G 可以保持不变[15]。

图 14-5 展示了 BCBSE 的过程。这种方法采用的网络拓扑和参数与 TSE 和 AMBSE 相同。BCBSE 的输入与 AMBSE 的输入相同，而在 TSE 中输入是测量值（实际、虚拟和伪的）及其相应的方差。与 AMBSE 类似，在 BCBSE 中需要一个迭代求解过程，以便更新等效测量值与实际测量值相匹配。值得注意的是，由于 BCBSE 的输出是根据支路电流给出的，在状态估计过程中比如正向扫描等

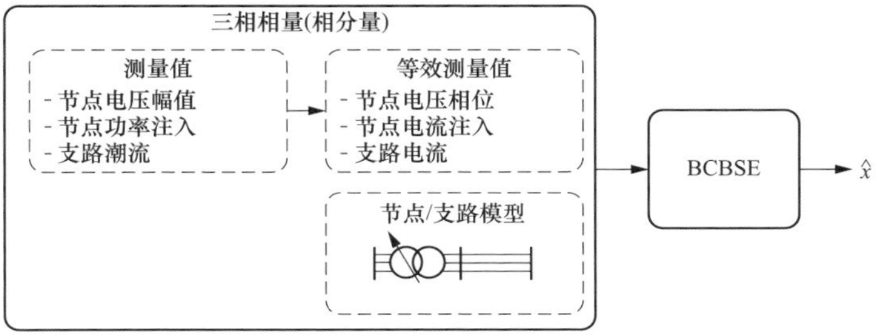

图 14-5　BCBSE 概述

步骤，需要计算更新等效测量值所需的母线电压[34,CH. 10]。

与 AMBSE 类似，BCBSE 就运算时间和实现复杂程度方面较 TSE 有了显著的改进，它的收敛特征与在 AMBSE 中观察到的相似。BCBSE 的雅可比矩阵和增益矩阵的稀疏性非常高；然而，它们随着电压测量次数的增加而减少[53]，还需要更加注意电压幅值测量的建模[15]。

14.2.1.4 基于对称分量的状态估计器

对称分量理论在文献［28］中首次应用于状态估计，所提出的方法是针对三相输电系统开发的，仅考虑了 PMU 提供的同步相位测量值从而产生的一个线性（非迭代）模型。由于输电线路通常是换位的，线路各相之间的相互耦合是相似的，对称分量变换将三相系统解耦成三个单相序网络。然而，由于配电线路是不换位的，不能使用对称分量变换法将三相系统解耦，因此配电系统分析通常使用相位法而不是序列域法[34]。

然而，通过将补偿电流的概念引入到在序列域中建模的三相无换位配电系统中，考虑到线路不对称的影响，可以将其分解为三个单相序列网络[24,25]。基于这一概念，文献［25］提出了一种基于对称分量的三相配电系统状态估计器（SCBSE），所实现的分解法显著加快了 DSSE 过程，简化了实现的复杂性，且允许并行运行。

图 14-6 展示了 SCBSE 的过程。从本质上讲，SCBSE 的算法包括三个主要步骤：①将测量值转换为等效测量值（类似于 AMBSE 和 BCBSE 状态估计器），并将其转换为序列分量中的对应值；②利用补偿电流的概念将配电系统建模为三个解耦的序列网络；③使用单相 AMBSE 依次或同时求解序列网络，并获得相域中的估计状态。

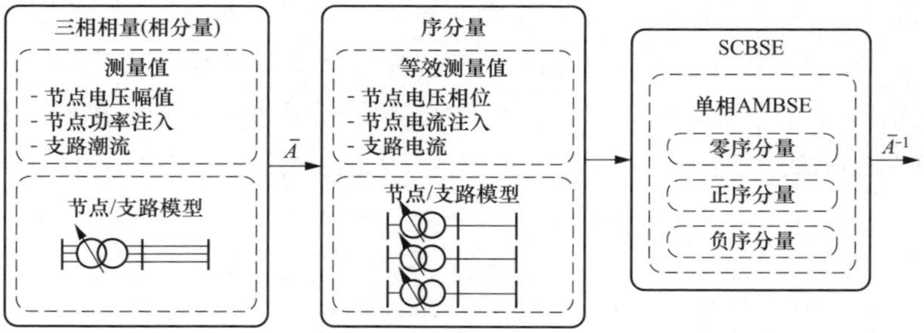

图 14-6　SCBSE 概述（$\overline{A}$ 为相到序列的变换矩阵，$\overline{A}^{-1}$ 为序列到相位的变换矩阵）

由于采用 AMBSE 法来求解 SCBSE 中的序列网络，因此问题的状态变量为直角坐标系下的序列母线电压相量（即 $x=[\xi\{\overline{v}\},\ \zeta\{\overline{v}\}]$），序列雅可比矩阵为常数。此外，如果使用初始估计的状态计算等效测量值的方差，则可以使序列增益矩阵保持不变[15]。WLS 需要迭代求解，以便更新等效测量值以匹配实际测量值。需要注意的是，相同的单相 AMBSE 应用于三序列网络，能够大大简化算法实现的复杂性。

表 14-2 给出了本节所描述的配电系统状态估计器的一些重要特征，基于这些特性可以选择更适合的给定应用场景下的 DSSE。

表 14-2　　所提出的 DSSE 方法的主要特点

估计器	优点	缺点
传统状态估计器（TSE）	• 广泛使用 • 无需测量转换 • 适用于网格化网络	• 状态变量和测量值是非线性相关的 • 需要更新雅可比矩阵和增益矩阵 • 计算量巨大
基于导纳矩阵的状态估计器（AMBSE）	• 状态变量和等效测量值线性相关 • 雅可比矩阵和增益矩阵恒定 • 计算性能优 • 适用于网格化网络	• 需要测量值和方差的转换 • 需要注意电压幅值测量
支路电流状态估计器（BCBSE）	• 状态变量和等效测量值线性相关 • 雅可比矩阵和增益矩阵恒定 • 计算性能优 • 适用于网格化网络	• 需要在序列域中建模 • 需要测量值和方差的转换 • 需要注意电压幅值测量
基于对称分量的状态估计器（SCBSE）	• 状态变量和等效测量值线性相关 • 雅可比矩阵和增益矩阵恒定 • 计算性能优	• 需要测量值和方差的转换 • 需要注意电压幅值测量 • 不适用于网格化网络 • 电压测量值数量多时效率低下

14.2.2　建立模型

电力系统状态估计被定义为从测量、系统拓扑和参数中获得系统最可能状态的过程。系统状态是一组描述电力系统的变量，在配电网中，系统状态通常用母线电压相量、支路电流相量或它们的组合来表示。

TSE 的加权最小二乘法（WLS）解来源于式（14-1）定义的非线性测量模型，其中向量 z 包含测量值（实际、虚拟和伪类型），向量 x 包含状态变量，向量 $h(x)$ 包含测量值与状态变量之间的非线性函数，向量 e 包含测量值固有的误差[44]。

$$z = h(x) + e \tag{14-1}$$

在 2.1 节中对于剩余状态估计器 WLS 的解是由类似于（14-1）的线性测量模型导出的，其中向量 z 包含等效测量值（从测量值和状态估计迭代求解过程的中间态中获得），向量 $h(x)$ 包含测量值与状态变量之间的线性函数[15]。

电力系统状态估计问题需要被过度估计，因此它们被认为是一类优化问题，这类优化问题的目标函数的解依赖于所采用的状态估计求解方法。WLS 方法是目前使用最多的求解方法，因此将作为本文的关注重点。与 WLS 方法类似的还有最小绝对值求解法（LAV）[27]，最小范数求解法（MN）[16]和最小二乘中位数法（LMS）[43]。

通过最小化目标函数式（14-2）得到 WLS 的解，其中 W 为权重矩阵，$z-h(x)$ 之差为测量残差 r。通常选择权重矩阵 W 作为测量误差协方差矩阵 R 的逆[44]。表 14-3 给出了可供选择的状态估计方法，以及它们的主要优缺点[18]。

$$J(x)=\frac{1}{2}[z-h(x)]^{T}W[z-h(x)] \tag{14-2}$$

表 14-3　不同的状态估法的求解公式

估计器	目标函数	优点	缺点
加权最小二乘法（WLS）	$r^{T}Wr$	• 原理简单 • 广泛使用	• 对不良数据敏感度高
最小绝对值求解法（AMBSELAV）	$\sum_{i=1}^{m}\|r_i\|$	• 对不良数据的鲁棒性较强 • 对线路阻抗不确定性的敏感度小	• 高计算成本 • 对杠杆点和测量不确定性的敏感度高
最小范数求解法（MN）	$\\|x\\|_2$	• 能够处理待定方程组	• 对不良数据和测量不确定性的敏感度高
最小二乘中位数法（LMS）	$\text{med}\{r_1^2,\ \cdots,\ r_m^2\}$	• 对不良数据和杠杆点的敏感度高	• 高计算成本 • 高测量冗余要求

14.2.3　常规数值解

电力系统状态估计问题通常采用迭代法求解，比如高斯-牛顿法或者牛顿-拉夫逊法。利用式（14-2）的最优条件，用牛顿-拉夫逊方法可以得到 TSE 的 WLS 解。利用泰勒展开式，状态估计值 $\hat{x}$ 可通过式（14-3）～式（14-4）的迭代过程得到，其中 $\Delta z(x^{v})=[z-h(x^{v})]$，$v$ 是迭代计数器。

$$G(x^{v})\Delta x^{v}=H(x^{v})^{T}W\Delta z(x^{v}) \tag{14-3}$$

$$x^{v+1}=x^{v}+\Delta x^{v} \tag{14-4}$$

矩阵 $H(x)$ 和 $G(x)$ 分别是雅可比矩阵和增益矩阵。对于牛顿-拉夫逊法，增益矩阵由式（14-5）给出。

$$G(x)=H(x)^{T}WH(x)-\sum_{i=1}^{m}\Delta z_{i}\frac{\partial^{2}h_{i}(x)}{\partial x^{2}} \tag{14-5}$$

式（14-5）忽略二阶导数项即得到 TSE 的高斯-牛顿公式，使得 $G(x)$ 化简为式（14-6），该解被称为标准方程。

$$G(x)=H(x)^{T}WH(x) \tag{14-6}$$

在大多数情况下，二阶导数对状态估计的影响可以忽略不计[44]，而且它能够简化状态估计的计算过程。因此，通常使用高斯-牛顿法来求式（14-2）中状态估计问题的 WLS 解。

2.1 节中剩余状态估计器的正态方程可由式（14-3）和式（14-4）导出，由于这些方法基于线性测量模型，因此矩阵 H 和 W 可以保持不变，且 $z(x)=Hx$。将这些条件代入式（14-3）中，可以得到

$$\Delta x^{v}=G^{-1}H^{T}W[z(x^{v})-Hx^{v}] \tag{14-7}$$

$$\Delta x^{v}=G^{-1}H^{T}Wz(x^{v})-G^{-1}H^{T}WHx^{v} \tag{14-8}$$

$$\Delta x^{v}=G^{-1}H^{T}Wz(x^{v})-x^{v} \tag{14-9}$$

最后将式（14-9）代入式（14-4）可以得到

$$x^{v+1}=G^{-1}H^{T}Wz(x^{v}) \tag{14-10}$$

注意式（14-10）中 x^{v+1} 的状态是直接得到的。回想一下，由于 BCBSE 的输出是根据支路电流给出的，在状态估计过程中，是否有必要在更新等效测量值之前计算母线电压？从支路电流计算母线电压的有效方法是使用正向扫描法[34,第10章]，或者可以获得从节点到支路关联矩阵的电流注入，并最终利用这些电流和母线导纳矩阵计算母线电压[14]。

14.2.4 数值鲁棒解

状态估计问题的 WLS 解几乎总能通过正态方程得到，然而在实际电力系统中可能发生的特殊情况下，正态方程会出现数值失稳，这种情况可能会导致估计器无法得到有效的解，甚至导致不收敛[2]。

通过正态方程进行 WLS 状态估计的数值性能会受到一些负面影响[2,44]：

（1）所采用的测量加权因子不一。

（2）存在非常低的阻抗。

（3）存在大量的功率注入测量信号。

出现这些问题是因为正态方程使用增益矩阵，它是雅可比矩阵的平方［参考式（14-6）］，使得前一个矩阵的条件数更差。实际上，如果 H 的条件数为 κ，则 G 的条件数为 κ^2。

在配电系统中，正态方程的条件数恶化主要是由于采用了大权重系数来加强与零注入母线相关的虚拟测量量。这些测量量通常被赋予较大的权重，因为它们是完美的注入测量量（即没有误差）。为了防止这种条件数的问题，可以在 WLS 状态估计器中将虚拟测量视为等式约束，从而生成稀疏表[2]。

基于稀疏表的 WLS 状态估计

为了得到式（14-1）中非线性测量模型的稀疏表，根据式（14-11）将虚拟、实际和伪测量作为等式约束，其中向量 $c(x)$ 包括与虚拟测量相关的函数（零注入），$h(x)$ 包括与实际测量和伪测量相关的函数，向量 $r=z-h(x)$ 表示测量残差。

$$\begin{aligned}&\text{Minimize}\quad J(x)=\frac{1}{2}r^{T}Wr\\&\text{subject to}\quad c(x)=0\\&r-z+h(x)=0\end{aligned}\tag{14-11}$$

应用式（14-11）的拉格朗日乘子法获得最优性条件，采用高斯-牛顿法，通过式（14-12）和式（14-13）的迭代过程得到 WLS 解。

$$\begin{bmatrix}\alpha^{-1}R & H(x^{v}) & 0\\ H(x^{v})^{T} & 0 & C(x^{v})^{T}\\ 0 & C(x^{v}) & 0\end{bmatrix}\begin{bmatrix}\alpha\mu\\ \Delta x^{v}\\ \alpha\lambda\end{bmatrix}=\begin{bmatrix}\Delta z(x^{v})\\ 0\\ -c(x^{v})\end{bmatrix}\tag{14-12}$$

$$x^{v+1}=x^{v}+\Delta x^{v}\tag{14-13}$$

在式（14-12）中，$H(x)=\partial h(x)/\partial x$ 是 $h(x)$ 的雅可比矩阵，$C(x)=\partial c(x)/\partial x$ 是 $c(x)$ 的雅可比矩阵，λ 和 μ 是拉格朗日乘子的向量，α 是为改善系数矩阵的条件数而引入的比例系数，可以通过式（14-14）或式（14-15）得到比例系数[2]。

$$\alpha=\frac{1}{\max(W)}\tag{14-14}$$

$$\alpha=\frac{m}{\mathrm{tr}(W)}\tag{14-15}$$

一旦不包括增益矩阵 $G(x)$，则式（14-12）中的系数矩阵呈现低条件数。由于表是非常稀疏的，因此在算术运算方面，扩大方程组的代价并不比利用正态方程组求解要高。

AMB、BCB 和 SCB 状态估计器的稀疏表的获取过程都非常相似，为简单起见，考虑单一的比例系数 α，通过求解式（14-16）中的迭代过程得到相应的 WLS 解。注意雅可比矩阵 H 和 C 是常数，因此稀疏表也是常数[15]。最后，当前迭代过程的状态 x^{v+1} 可直接由式（14-16）得到。

$$\begin{bmatrix}R & H & 0\\ H^{T} & 0 & C^{T}\\ 0 & C & 0\end{bmatrix}\begin{bmatrix}\mu\\ x^{v+1}\\ \lambda\end{bmatrix}=\begin{bmatrix}z(x^{v})\\ 0\\ -c(x^{v})\end{bmatrix}\tag{14-16}$$

图 14-7 给出了本节讨论的 DSSE 方法和解决方案的概述，TSE 可以采用牛顿-拉夫逊法以及高斯-牛顿法求出 WLS 的解。对于 AMB、BCB 和 SCB 状态估计器，一旦 $h(x)$ 对状态变量 x 的二阶导数为零，牛顿-拉夫逊解和高斯-牛顿解则相等，所提出的方法可以通过正态方程或稀疏表来求解。另外，参考文献［44］和［2］中提出了其他可以成功应用于所提出的估计器的鲁棒解。

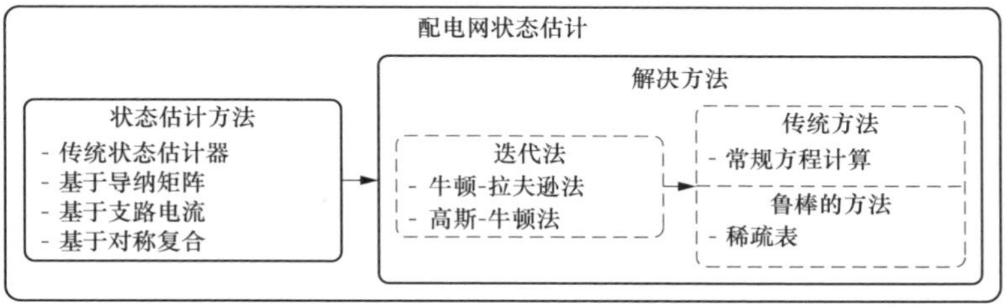

图 14-7　DSSE 方法总结以及现有的求解方法

14.3　DSSE 应用面临的挑战

状态估计在输电系统中有着广泛的应用，然而这在配电系统中并不常见，主要是因为配电系统通常被视作被动网络并进行管理，经常采用“匹配即忘”的方式[49]。然而，随着有源配电网概念的出现，DSSE 应用的主要挑战正在被逐渐克服，特别是在监测和通信基础设施方面。本节总结了为应用状态估计法和促进有源配电网所需的自动化功能而必须应对的主要挑战。

14.3.1　可观测性

如果有可能从可用的测量、系统拓扑和参数中获得其状态，则认为电力系统是可观测的[44]。本质上要解决状态估计问题，可用测量值的数量必须至少等于状态变量的数量，考虑到配电系统需要三相模型，状态变量的数量是系统母线数量的六倍。然而在传统的配电系统中很少有这么高的监测水平，使得实现 DSSE 的可观测性成为挑战[2,26]。为了使配电系统可观测，必须使用所谓的伪测量，但这通常不准确，可能会使估计偏差较大[3]。因此，监测水平可能是有源配电网状态估计所面临的最大挑战。

可观测性分析方法可以是数值分析、拓扑分析或混合分析[44]。在状态估计之前进行可观测性分析，以检验可用测量集的适用性。如果系统不可观测，则需要在适当的馈线位置设置额外的测量或伪测量点，以使系统可观测，这个过程被称为可观测性恢复。由于通信或仪表故障引起的测量数据瞬间损失以及拓扑变化可能使系统无法准确观测。可观测性分析检测到这种情况，识别其状态可以估计的网络部分（可观测岛），并确定测量点必须放置的位置以恢复完全的可观测性。

临界性分析基于与可观测性分析相同的概念，确定测量点之间的冗余关系，分为临界、属于临界集或冗余。临界性分析对于确定状态估计过程的不良数据检测能力至关重要[5]，此外它有助于更好地理解状态估计过程。图 14-8 给出了可观测性分析的概述。

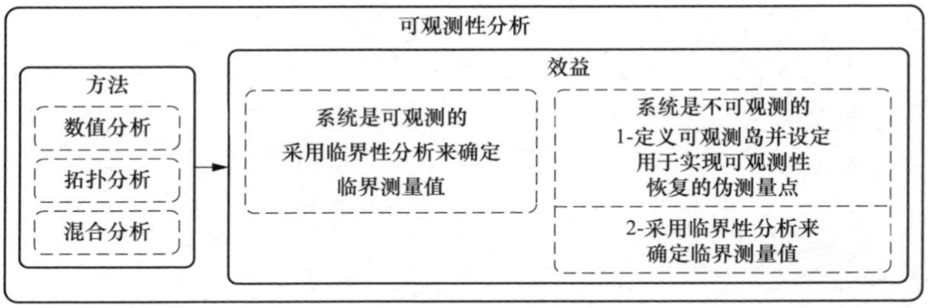

图 14-8　可观测性分析概述

14.3.2　网络复杂性

在网络复杂性方面，配电系统对状态估计构成挑战的主要特征有[18,26]：

（1）不平衡和不对称操作。由于存在单、双、三相负载和支路，配电系统通常是不平衡和不对称的。分布式能源的日益普及进一步加剧了这一问题，因此需要三相模型来准确地表示这些特性。

（2）辐射型或弱网格拓扑。辐射型或弱网格拓扑结构是配电系统中最常见的拓扑结构，虽然这些构造成本更低，保证了状态估计的计算优势，但它们可能会降低测量点冗余度，因为在没有网格的情况下，不能应用电压基尔霍夫定律来增加方程的数量[2]。

（3）线路的 R/X 比较高。配电线路中 R/X 的比值较高，因此无法应用输电系统中常用的简化方法，例如由于电抗占主导地位而忽略线路电阻，也限制了解耦状态估计器的使用。

（4）高维度。配电网络通常很大，有大量的节点和分支，再加上对于三相模型的需求，都大大增加了状态变量的数量，进一步增加了 DSSE 的计算负担。这阻碍了成熟的输电系统状态估计器（如 TSE）的使用。

因此，解决配电系统的状态估计问题可能需要比输电系统高得多的计算量。

最小化这些工作量的方法是使用可生成恒定雅可比矩阵和增益矩阵[15,46,47]和对称分量[25]的估计器。此外，应用和操作者可以选择拓扑简化、多区域（并联）状态估计[1,48]，或者只关注所分析的配电系统的特定区域和电压水平[45]。

14.3.3 不确定性来源

配电系统通常是在假定变电站向用户单向供电的情况下设计的。这种模式简化了所需的监测和通信基础设施[45]。因此，配电系统传统的监测和自动化水平限制了状态估计可用信息的数量和可靠性，并在估计过程中增加了不确定性。本节讨论可能对 DSSE 产生负面影响的一些不确定性来源。

14.3.3.1 网络参数和拓扑

提供给配电应用控制中心的网络数据通常来自资产管理和地理参考数据库[1]。当维修人员修理线路时，或者当进行扩展和升级以容纳新客户时，一些参数可能会发生变化，但这些更新不一定会及时同步到配电网络数据库中。因此保持网络模型的准确性是一个挑战，这在很大程度上导致了状态估计的误差。

另一个难点是确保用于状态估计的拓扑是系统的实际拓扑，这是由于许多设备设置，如开关、变压器分接比、保护设备和无功元件，通常都是不受监控的[45]。此外，配电系统可能有频繁的拓扑变化，有时这些变化是未知的或未向网络操作员报告，因此没有同步至网络数据库。DSSE 上的拓扑错误可能会导致估计的严重偏差。

考虑到给定合理的测量冗余水平能够保证参数和拓扑的估计，通过对配电系统监控和通信基础设施的升级，可以最大限度地减少与网络参数和拓扑结构有关的不确定性。

14.3.3.2 伪测量

由于配电系统监测基础设施的投资较低，DSSE 通常依赖于伪测量。即使配电系统被设计成完全可见的，仪表和通信介质固有的故障也会使系统暂时无法被观测到，在这些情况下伪测量值可作为替代实时数据的后备信息。

然而，由于伪测量通常基于统计数据，因此它们是 DSSE 中很大的不确定性来源，因此有必要研究相关技术来最大限度提高伪测量精度。有一种方法是部署高级计量基础设施（advanced metering infrastructure，AMI），并使用其数据生成准确的伪测量值。与传统的统计和概率分析模型相比，基于机器学习的模型在利用 AMI 数据记录和实时样本方面显示出更高的伪测量精度[19]。

14.3.4 测量类型的多样性

配电系统包括不同的电压水平，从支线传输电压到馈线电压，再到二次系统的传输电压[45]。相应地，测量装置也在不同的电压等级之间变化。一些网络可能会定期将相量和SCADA测量值发送到控制中心，而其他网络可能依赖AMI数据或三种数据的组合，也可以使用重合闸等保护装置提供的测量值。因此，DSSE面临的挑战仍然是如何将具有不同时间分辨率和精度的各种测量类型纳入统一的状态估计器中。

14.3.5 测量值权重的调整

调整测量权重的目的是使较高精度的测量比较低精度的测量对估计的影响更大。虽然看起来很简单，但在实际状态估计实施中却是一大难点[4]。

在状态估计中，通常使用测量方差（σ^2）的倒数作为权重[44]。测量权重的调整有不同的形式[17]，一种方法是假设σ^2等于一个已知的常数，另一种方法是认为σ^2依赖于测量值。调整测量权重的不同形式将导致不同的估计结果，因此需要进行综合模拟，考虑对估计结果的统计分析，以适当调整测量权重[23]。

14.3.6 系统架构

系统架构是DSSE的一个关键方面。根据架构的不同，可以按照不同的需求和性能来处理状态估计问题，因此面临的挑战是确定如何调整状态估计器以有利于应用于广阔的地理区域，以及在未来有源配电网中存在的异构测量设备所提供的海量信息。

系统架构可按集中式或分布式方案建立[26,29]。在集中式方案中，所有系统区域将信息发送到一个中央DMS，负责数据采集、网络数据存储、运行状态估计器、整合不同区域状态估计结果、ADN管理和控制。该方案允许更直接地管理状态估计结果和DMS应用功能，但需要在通信基础设施和计算能力方面进行大量投资[29]。图14-9展示了集中式体系结构的概述。

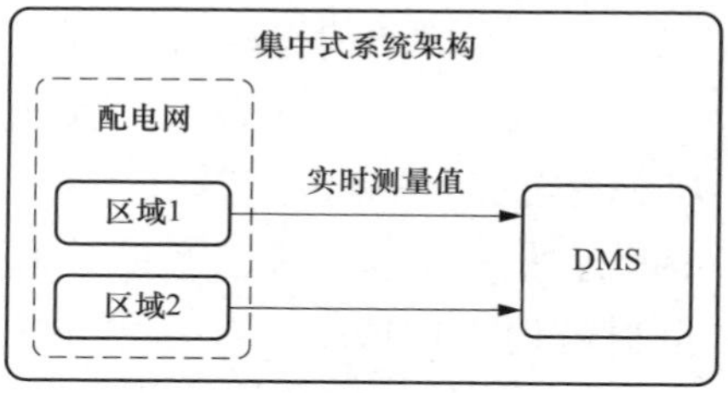

图14-9 集中式架构概述

在分布式方案中，所有系统区域都有一个本地控制站（LOCAL CONTROL STATION，LCS），LCS负责收集本地测量数据，存储本地网络数据，运行本地状态估计器，与邻近区域交换信息，整合和改进状态估计结果，最终实现控制功能。此外，每个地区将其估计数提交给DMS，DMS只专注于地方单位的协调以及ADN监测和监督任务。与集中式方案相比，分布式方案需要较少的通信和计算能力投资，但代价是在每个区域都有一个 LCS，并且在某些情况下，不同区域之间的状态估计解精度可能不一致[48]。图 14-10 展示了分布式架构的概述。

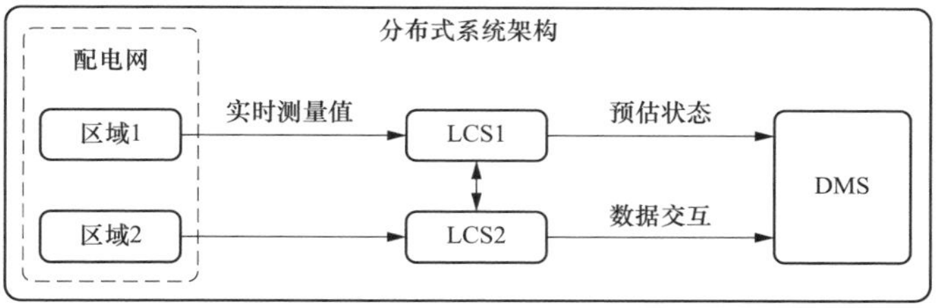

图 14-10　分布式架构的概述

14.4　DSSE 在有源配电网的应用

根据定义，有源配电网必须以集成和高效的方式远程自动管理其资产[13]，为此必须对发电调度、有载分接开关、调压器、无功元件和拓扑结构进行有效管理，以最大限度地减少分布式能源的影响，减少对加固的需求，同时提高配电系统的性能[49]。

为实现有源配电网的功能，需要先进的监测和通信基础设施。然而，即使在具有适当规划的监测和通信能力的网络中，也可能发生错误测量和通信故障。因此，建议在有源配电网中采用状态估计来支持系统可见性，并解决监测和通信固有的约束性问题。尽管测量量存在误差、通信故障或延迟，但 DSSE 可以确定有源配电网最可能的工作状态。因此它可能会成为 DMS 系统的核心。

在本节中，简要介绍了可受益于 DSSE 的 DMS 应用功能，重点是如何利用状态估计器来辅助这些应用功能。事实上，无论是在正常或故障条件下，所有需要估计状态的有源配电网供能都可以从状态估计法中获益。

下面将介绍 DSSE 在拓扑估计和重构、电压无功控制、故障定位、技术与非技术损耗识别、网络安全等方面的应用。注意 DSSE 能够应用于这些功能的形式远不止本文讨论的这些方式。

14.4.1　拓扑估计和重构

状态估计应用通常基于假设配电系统拓扑和参数完全已知的情况下[44]，然而在实际应用中，开关设备和变压器分接头的状态是未知的，或者由于某些原因，系统参数是不确定的。存在这些错误的情况下，状态估计器将失效或提供错误的估计结果。

处理拓扑和参数误差的几种方法都基于状态估计概念[2,44]。所谓的广义状态估计器（GSE）值得关注[35,44]，在该方法中开关的状态被定义为状态变量。给定基本拓扑（即电力系统元件通过开关相互连接的方式）、一组状态不确定的开关以及测量值的情况下，利用 GSE 法可以得到母线电压和开关状态。除了开关的状态外，状态变量集还可以由极坐标或直角坐标中的电压、电流和功率组成，这些方法通常需要对状态估计器进行重大更改[36]。同时该方法的成功取决于可用测量量的数量、位置和准确性。

或者可以采用简单的试错搜索过程来检查拓扑，在这种情况下，以驱动的方式改变可疑开关的状态并运行状态估计器，然后将估计的残差与阈值进行对比，基于这个阈值可以确定开关最可能的状态[8]。在这种情况下无需改变状态估计方程。然而该方法存在一定的局限性，如果有许多待确认的开关，该方法就不够用了。此外网络拓扑需要通过状态估计和优化技术来确定。

一般来说，在广义方法中将参数和开关状态作为状态变量会增加相关矩阵的大小和运行状态估计器所需的计算时间，因此在将参数和开关状态作为状态变量建模时，必须进行简化。

14.4.2 电压无功控制

电压无功控制的主要目标是将电力系统的电压分布保持在实际限定范围内，因此在有足够的监测和通信基础设施的情况下，必须对可控的电压和无功设备进行适当的管理[30]。为了管理这些设备，除了有良好控制规则的优化工具外，对配电系统运行状况的了解是必不可少的，通常需要节点电压、负荷和发电量预测以及分布式发电机的输出等数据。

电压无功控制要求在给定测量量、系统拓扑和参数的情况下，状态估计器能够提供描述配电系统运行条件的估计结果。根据这些估计和控制规则，设置可控制的电压和无功装置，并对系统状态进行重新估计。在这种情况下的状态估计器被用于其常规建模，如第 2 节所述。

文献提出了几种基于状态估计的电压-无功控制方法。例如，在文献［51］中，电压一无功控制每几分钟完成一个闭环，以拟合实际限制内的电压分布。在文献［9］中，采用机器学习方法来生成精确的伪测量以改善 DSSE 结果，并将其作为电压无功控制函数的输入。

14.4.3 故障定位

能源供应的中断通常与电气故障有关，这些故障主要是由于恶劣的天气条件、与动物接触、设备故障、人为事故、树木倒下等造成的，因此配电系统故障是导致电能质量下降的主要原因之一。在这种情况下，提出快速准确的故障定位方法至关重要，以预防设备故障影响到供电质量。

基于状态估计的故障定位方法的主要思路是检查测量结果与故障配电系统之间的拟合情况。根据故障类型的不同，故障配电系统将包含一个或多个故障接地电阻。由于故障的位置是未知的，因此故障定位是一个搜索过程，假定故障发生在给定的母线或支路上，就形成了故障配电系统。这个故障拓扑、系统参数和可用的测量值是状态估计器的输入。根据估计结果，$J(x)$ 或归一化残差等指标可用于量化测量值与故障配电系统之间的拟合[12,33]。对所有待定的母线和支线重复此过程，应用搜索技术来最小化状态估计运行的次数，从而减少计算时间。

根据可用的测量值，DSSE 可以是线性或非线性的，例如如果监控系统完全由相量测量单元（PMU）组成，则启用线性（非迭代）状态估计器，否则应用非线性 DSSE。与其他应用程序不同，在这种情况下 DSSE 应用于故障系统。在这种情景下，可能会出现电压很低而电流很大的情况，从而影响状态估计的收敛性。然而有文献表明，如果实施得当，DSSE 可以提供足够的性能。

14.4.4 技术与非技术损耗识别

在电力配电系统中，损耗是电力公司购买的能源和卖给消费者的能源之间的差额。损耗可分为技术损耗和非技术损耗，技术损耗是电网元件所固有的，可通过使用更高效的设备、改变网络拓扑结构或采用需求响应技术来降低损耗。

非技术损耗主要是由于盗窃和欺诈，但也包括违约、读数、测量和计费错误。通过盗窃或欺诈故意转移造成损耗是至关重要的，“检测”是指发现非技术损耗的行为，“识别”是指查明问题发生的位置。

已有文献研究了基于 DSSE 检测和识别非技术损耗的方法[32,42,50,56,58]，这些方法背后最常用的核心思路是将非技术损耗视为测量中的重大误差，因此这些方法高度依赖于测量的数量、位置和类型。要成功应用重大误差检测和识别技术，需要冗余的测量集（不含临界测量点和临界集[44]）。一般来说状态估计器的使用如第 2 节所示，不需要更改基本公式。

还有文献介绍了基于状态估计和机器学习方法的混合技术，如在文献［58］中使用状态估计器来过滤测量中的误差，而且估计的无差错数量被作为识别非技术损耗的分类方法的输入。

14.4.5 网络安全

有源配电网需要先进的监测和通信基础设施来远程和自动管理配电系统的资

产。但由于这些技术固有的漏洞，有源配电网容易受到网络攻击[20]，这些攻击可以改变和操纵测量、参数和拓扑结构，威胁到 DSSE 的安全和正常运行以及配电系统的稳定运行。

当测量值、参数、拓扑和估计值之间的不一致性被检测和识别到时，可以预见为网络攻击。文献提到的网络攻击类型有：虚假数据注入、拓扑攻击和窃听[18]。在虚假数据注入场景中，了解配电系统信息的攻击者会操纵某些计量设备的测量值[20,38,40,59]；在拓扑攻击中，攻击者倾向于恶意修改系统拓扑，改变分支开关的开闭状态[10,39]；窃听是指未经授权的一方试图通过访问通信基础设施从系统中收集数据，损害数据隐私和用户机密的情况[37]。

根据网络攻击的性质，DSSE 可用于检查拓扑结构、参数或测量中的重大误差，例如可以通过广义状态估计，利用拓扑估计方法来识别网络拓扑中的恶意突变。重大误差检测和识别技术也可以帮助识别对测量值的恶意操纵，需要重点注意的是，能否成功使用 DSSE 对抗网络攻击与测量量的冗余度和质量有关。

14.5 结论

根据定义，有源配电网（active distribution networks，ADN）应该以集成和高效的方式远程自动管理其资产，要实现有源配电网的功能，需要先进的监测和通信基础设施。然而即使有完备的监测和通信基础设施，也容易发生错误测量和通信故障，因此在有源配电网的配电管理系统（DMS）中强烈建议采用状态估计器，配电系统状态估计（DSSE）可以处理测量量中的错误以及通信故障和延迟，提供最有可能的有源配电网状态。

本文介绍了四种在文献中得到有效应用的 DSSE 方法，这些方法的主要区别在于状态变量的选择以及对测量量的适应性，同时还强调了以下几方面内容：

（1）在传统状态估计器（TSE）中，每次迭代状态估计过程都需要更新雅可比矩阵和增益矩阵，在实际的 DSSE 应用中该过程需要大量的计算工作。在 TSE 模型中，状态变量和测量值之间的非线性关系增加了其实现的复杂性。

（2）基于导纳矩阵的状态估计器（AMBSE）和支路电流状态估计器（BCBSE）在运算时间和实现复杂性方面较 TSE 有显著的改进，它们的雅可比矩阵增益矩阵是恒定的，与 TSE 相比更容易构建。此外，这两种方法的收敛特征非常相似。

（3）基于对称分量的状态估计器（SCBSE）是将一个三相非转置配电系统解耦成三个单相序网络，序列网络采用单相 AMBSE 法求解。该过程可大大加快

DSSE 过程，简化了实现的复杂性，还能够实现并行运行。

尽管有上述突出的特征，但在有源配电网中要选择更好的状态估计方法，需要进一步研究和考虑应用 DSSE 场景的特定特征。此外，文献所提出的尚未广泛使用的方法可能更适合特定的有源配电网应用。

参 考 文 献

[1] Ablakovi′c D，Džafi′c I，Jabr RA，Pal BC（2014）Experience in distribution state estimationpreparation and operation in complex radial distribution networks. In：2014 IEEE PES generalmeeting conference exposition，pp 1-5.

[2] Abur A，Exposito AG（2004）Power system state estimation：theory and implementation. Marcel Dekker，New York，NY，USA.

[3] Angioni A，Schlösser T，Ponci F，Monti A（2016）Impact of pseudo-measurements from new power profiles on state estimation in low-voltage grids. IEEE Trans Instrum Meas 65（1）：70-77.

[4] Atanackovic D，Dabic V（2013）Deployment of real-time state estimator and load flow in bc hydro dms—challenges and opportunities. In：2013 IEEE power energy society general meeting，pp 1-5.

[5] Augusto AA，Do Coutto Filho MB，de Souza JCS，Guimaraens MAR（2019）Branch-and-bound guided search for critical elements in state estimation. IEEE Trans Power Syst 34（3）：2292-2301.

[6] Baran ME，Kelley AW（1994）State estimation for real-time monitoring of distribution systems. IEEE Trans Power Syst 9（3）：1601-1609. https://doi. org/10. 1109/59. 336098. ISSN 0885-8950.

[7] Baran ME，Kelley AW（1995）A branch-current-based state estimation method for distribution systems. IEEE Trans Power Syst 10（1）：483-491. https://doi. org/10. 1109/59. 373974. ISSN0885-8950.

[8] Baran ME，Jung J，McDermott TE（2009）Topology error identification using branch current state estimation for distribution systems. In：2009 transmission and distribution conference and exposition：Asia and Pacific. IEEE，pp 1-4.

[9] Biserica M，Besanger Y，Caire R，Chilard O，Deschamps P（2012）Neural networks to improve distribution state estimation-volt var control performances. IEEE Trans Smart Grid 3（3）：1137-1144.

[10] Chakhchoukh Y，Ishii H（2014）Coordinated cyber-attacks on the measurement function in hybrid state estimation. IEEE Trans Power Syst 30（5）：2487-2497.

[11] Clarivate Analytics (2020) Web of science. www. webofknowledge. com.

[12] Cordova J, Faruque MO (2015) Fault location identification in smart distribution networks with distributed generation. In: 2015 North American power symposium (NAPS). IEEE, pp 1-7.

[13] D'Adamo C, Jupe S, Abbey C (2015) Global survey on planning and operation of active distribution networks—update of cigre c6. 11 working group activities. In: CIRED 2009—20th International Conference and Exhibition on Electricity Distribution—Part 1, pp 1-4. https://doi. org/10. 1049/cp. 2009. 0836.

[14] Das JC (2017) Power system analysis: short-circuit load flow and harmonics, vol 1. CRC Press.

[15] De Almeida MC, Ochoa LF (2017) An improved three-phase amb distribution system state estimator. IEEE Trans Power Syst 32 (2): 1463-1473. https://doi. org/10. 1109/TPWRS. 2016. 2590499. ISSN 0885-8950.

[16] De Almeida MC, Asada EN, Garcia AV (2008) Power system observability analysis based on gram matrix and minimum norm solution. IEEE Trans Power Syst 23 (4): 1611-1618.

[17] De la Villa Jaén A, Martínez JB (2017) ómez-Expósito AG, Vázquez FG (2017) Tuning of measurement weights in state estimation: theoretical analysis and case study. IEEE Trans. Power Syst. 33 (4): 4583-4592.

[18] Dehghanpour K, Wang Z, Wang J, Yuan Y, Bu F (2018) A survey on state estimation techniques and challenges in smart distribution systems. IEEE Trans Smart Grid 10 (2): 2312-2322.

[19] Dehghanpour K, Yuan Y, Wang Z, Bu F (2019) A game-theoretic data-driven approach for pseudo-measurement generation in distribution system state estimation. IEEE Trans Smart Grid 10 (6): 5942-5951.

[20] Deng R, Zhuang P, Liang H (2018) False data injection attacks against state estimation in power distribution systems. IEEE Trans Smart Grid 10 (3): 2871-2881.

[21] Dulau LI, Abrudean M, Bic˘a D (2014) Effects of distributed generation on electric power systems. Proc Technol 12: 681-686.

[22] Farajollahi M, Shahsavari A, Mohsenian-Rad H (2020) Topology identification in distribution systems using line current sensors: an milp approach. IEEE Trans Smart Grid 11 (2): 1159-1170.

[23] Fernandes TR, Fernandes LR, Ugarte LF, da Silva RS, de Almeida MC (2019) Statistical criteria for evaluation of distribution system state estimators. 2019 IEEE Milan PowerTech. Italy, Milan, pp 1-6.

[24] Fernandes TR, Ricciardi TR, da Silva RS, de Almeida MC (2019) Contributions to the

sequence-decoupling compensation power flow method for distribution system analysis. IET Gener Trans Distrib 13：583-594. https://doi. org/10. 1049/iet-gtd. 2018. 6176. ISSN 1751-8687.

[25] Fernandes TR，Venkatesh B，Almeida MC（2021）Symmetrical components based state estimator for power distribution systems（forthcoming）. IEEE Trans Power Syst.

[26] Giustina DD，Pau M，Pegoraro PA，Ponci F，Sulis S（2014）Electrical distribution system state estimation：measurement issues and challenges. IEEE Inst Measurement Magaz 17（6）：36-42. https://doi. org/10. 1109/MIM. 2014. 6968929. ISSN 1094-6969.

[27] Göl M，Abur A（2014）Lav based robust state estimation for systems measured by pmus. IEEE Trans Smart Grid 5（4）：1808-1814.

[28] Göl M，Abur A（2014）A robust pmu based three-phase state estimator using modal decoupling. IEEE Trans Power Syst 29（5）：2292-2299.

[29] Gomez-Exposito A，Abur A，de la Villa Jaen A，Gomez-Quiles C（2011）A multilevel state estimation paradigm for smart grids. Proceedings of the IEEE 99（6）：952-976.

[30] Hassan H，Rizwan M，FakharÁ M（2013）State estimation and volt-var control in smart distribution grid. Int J Current Eng Technol.

[31] Hebner R（2017）The power gridin 2030. IEEE Spect 54（4）：50-55. https://doi. org/10. 1109/MSPEC. 2017. 7880459.

[32] Huang S-C，Lo Y-L，Lu C-N（2013）Non-technical loss detection using state estimation and analysis of variance. IEEE Trans Power Syst 28（3）：2959-2966.

[33] Jamali S，Bahmanyar A，Bompard E（2017）Fault location method for distribution networks using smart meters. Measurement 102：150-157.

[34] Kersting WH（2017）Distribution system modeling and analysis，4th edn. CRC Press，Boca Raton，FL，USA.

[35] Korres GN，Katsikas PJ（2002）Identification of circuit breaker statuses in wls state estimator. IEEE Trans Power Syst. 17（3）：818-825. https://doi. org/10. 1109/TPWRS. 2002. 800943.

[36] Korres GN，Manousakis NM（2012）A state estimation algorithm for monitoring topology changes in distribution systems. In：2012 IEEE Power and Energy Society General Meeting. IEEE，pp 1-8.

[37] Li H，Lai L，Zhang W（2011）Communication requirement for reliable and secure state estimation and control in smart grid. IEEE Trans Smart Grid 2（3）：476-486.

[38] Li S，Yılmaz Y，Wang X（2014）Quickest detection of false data injection attack in wide-area smart grids. IEEE Trans. Smart Grid 6（6）：2725-2735.

[39] Liang G，Weller SR，Zhao J，Luo F，Dong ZY（2017）A framework for cyber-topology attacks：line-switching and new attack scenarios. IEEE Trans. Smart Grid 10（2）：

1704-1712.

［40］ Long H，Wu Z，Fang C，Gu W，Wei X，Zhan H（2020）Cyber-attack detection strategy based on distribution system state estimation. J Mod Power Syst Clean Energy 8（4）：669-678.

［41］ Lu CN，Teng JH，Liu W-H（1995）Distribution system state estimation. IEEE Trans Power Syst 10（1）：229-240. https://doi.org/10.1109/59.373946.

［42］ Luan W，Wang G，Yu Y，Lin J，Zhang W，Liu Q（2015）Energy theft detection via integrated distribution state estimation based on ami and scada measurements. In：2015 5th international conference on electric utility deregulation and restructuring and power technologies（DRPT）. IEEE，pp 751-756.

［43］ Mili L，Cheniae MG，Rousseeuw PJ（1994）Robust state estimation of electric power systems. IEEE Trans Circ Syst I：Fund Theory Appl 41（5）：349-358.

［44］ Monticelli A（1999）State estimation in electric power systems：a generalized approach，vol 507. Springer Science & Business Media.

［45］ New York State Energy Research and Development Authority（NYSERDA）（2018）Fundamental research challenges for distribution state estimation to enable high-performing grids，2018. NYSERDA Report Number 18-37. Prepared by Smarter Grid Solutions，New York，NY. nyserda. ny. gov/publications.

［46］ Nogueira EM，Portelinha RK，Lourenço EM，Tortelli OL，Pal BC（2019）Novel approach to power system state estimation for transmission and distribution systems. IET Gener Transm Distrib 13（10）：1970-1978.

［47］ Pau M，Pegoraro PA，Sulis S（2013）Efficient branch-current-based distribution system state estimation including synchronized measurements. IEEE Trans Inst Measur 62（9）：2419-2429. ISSN 0018-9456. https://doi.org/10.1109/TIM.2013.2272397.

［48］ Pau M，Ponci F，Monti A，Sulis S，Muscas C，Pegoraro PA（2017）An efficient and accurate solution for distribution system state estimation with multiarea architecture. IEEE Trans Instrum Meas 66（5）：910-919.

［49］ Pilo F，Pisano G，Soma GG（2008）Digital model of a distribution management system for the optimal operation of active distribution systems. In：CIRED seminar 2008：smartGrids for distribution，pp 1-5. https://doi.org/10.1049/ic:20080481.

［50］ Raggi L，Trindade F，Carnelossi da Cunha V，Freitas W（2020）Non-technical loss identification by using data analytics and customer smart meters. IEEE Trans Power Deliv 1. https://doi.org/10.1109/TPWRD.2020.2974132.

［51］ Roytelman I，Medina J（2016）Volt/var control and conservation voltage reduction as a function of advanced dms. In：2016 IEEE power and energy society innovative smart grid technologies conference（ISGT）. IEEE，pp 1-4.

［52］ Roytelman I，Shahidehpour S（1993）State estimation for electric power distribution systems in quasi real-time conditions. IEEE Trans Power Deliv 8（4）：2009-2015.

［53］ Silva RS，Almeida MC（2017）Voltage measurements and the sparsity of coefficient matrices in distribution systems state estimation. In：2017 IEEE power energy society general meeting，pp 1-5. https://doi.org/10.1109/PESGM.2017.8274501.

［54］ Singh R，Pal B，Jabr R（2009）Choice of estimator for distribution system state estimation. IET Generation，Trans Distrib 3（7）：666-678.

［55］ Strategy NMG（2008）Advanced metering infrastructure. US Department of Energy Office of Electricity and Energy Reliability.

［56］ Su C-L，Lee W-H，Wen C-K（2016）Electricity theft detection in low voltage networks with smart meters using state estimation. In：2016 IEEE international conference on industrial technology（ICIT），pp 493-498. IEEE.

［57］ Tian Z，Wu W，Zhang B（2016）A mixed integer quadratic programming model for topology identification in distribution network. IEEE Trans Power Syst 31（1）：823-824.

［58］ Trevizan RD，Rossoni A，Bretas AS，da Silva Gazzana D，de Podestá Martin R，Bretas NG，Bettiol AL，Carniato A，do Nascimento Passos LF（2015）Non-technical losses identification using optimum-path forest and state estimation. In：2015 IEEE eindhoven powerTech，pp 1-6.

［59］ Yu Z-H，Chin W-L（2015）Blind false data injection attack using pca approximation method in smart grid. IEEE Trans Smart Grid 6（3）：1219-1226.

Madson C. de Almeida，巴西坎皮纳斯大学的副教授，主要研究方向为配电系统、分布式发电、状态估计与故障定位以及配电系统计量应用。

Thiago Ramos Fernandes，加拿大瑞尔森大学博士后研究员，主要研究方向为输配电系统分析、可再生能源和储能系统。

Luis Fernando Ugarte Vega，巴西坎皮纳斯大学电气工程专业博士生，主要研究方向为配电系统、电能质量、状态估计、故障定位和配电系统计量应用。

15

用于提供辅助服务的直流微电网

Filipe Perez, Gilney Damm, and Paulo Ribeiro

摘要： 本章主要介绍直流微电网为弱交流电网提供辅助服务的应用。特别是控制算法的提出旨在为弱惯量电网提供惯性、频率和电压支持，例如主要由功率转换器连接的电源以及一小部分柴油发电机组成的交流微电网。本章节中引入了许多合成惯性方法来提高交流电网的稳定性，以应对电动汽车和其他可再生能源带来的负荷和电源的强烈变化。文中描述了与控制相互作用和不良惯性特征相关的电力电子问题，并提出了合适的解决方案。功率转换器作为虚拟同步机（VSM）进行驱动，其中控制策略遵循经典摆动方程，以便转换器模拟同步发电机，包括惯性支撑。上述策略可用于可再生能源渗透率高的低惯性系统。文中应用示例说明了虚拟惯性控制背景下微电网的性能。

关键词： 直流微电网；虚拟惯性；电力系统稳定性；低惯性系统；惯性支撑；频率调节；储能系统

15.1 简介

直流（DC）微电网因其能够轻松集成现代负载、可再生能源、储能系统（ESS）和分布式能源（DER）的能力而备受关注[1,2]。必须承认，大多数可再生能源和存储系统都使用直流能源［例如光伏板（PV）、风力发电、电池甚至电动汽车］，并允许减少电力转换器的数量使其具有更简单拓扑的网格。这样提高了能源效率，并允许更快地控制电网[3-5]。

直流微电网一般完全由 DC/DC 或 AC/DC 转换器组成，以适应系统的电压水平。通常，直流母线作为主要互连链路，执行潮流控制以平衡系统的能量。微电网的设备集成在直流链路中以共享电力，其中分布式发电机注入所产生的电力，满足负载需求，并且储能元件可以吸收功率失配。这里的主要目标是控制直流母线电压以确保系统正常运行，因为电压幅值的波动、纹波和偏差可能会导致系统解列，损害系统的整体运行。此外，DC/DC 转换器用于互连不同电压等级的总线，因此根据其电压等级插入设备。因此，敏感负载可以通过具有多个直流链路配置的特定总线正确供电[6,7]。

另一方面，大量功率转换器的连接可能会导致稳定性问题，因为转换器可以充当恒定功率负载（CPL），从而向系统引入负阻抗。负阻抗的影响显著降低了整个系统的稳定性裕度和工作区域。因此，标准控制技术，如下垂控制器和线性比例积分（PI）控制器，在这种情况下获得稳定性非常有限，并且必须通过不同的解决方案来改善此类系统的运行。因此引入了非线性控制可以作为开发改进控制器的工具，这些控制器足够强大，可以在较宽的工作区域内保持安全运行。当系统变量已知时，非线性控制技术可以轻松抑制负阻抗项并通过反馈过程插入稳定动态[8,9]。

在此背景下，文献［10］和［11］对直流微电网强相关的特征进行了调查，总结如下：

（1）减少电源和负载之间转换器的数量能够提高效率并降低损耗。

（2）消除了许多系统变量，例如频率、无功功率、功率因数和同步。

（3）该系统对电压跌落和停电的抵抗能力更强，功率转换器可以电压控制且直流母线电容器中存储着部分能量，因此直流微电网具有故障穿越能力。

（4）直流配电不是标准拓扑形状，需要与常规交流配电系统并联建设。

（5）由于不存在过零检测，系统保护是会有问题的。

（6）电力电子负载和直流电机易于集成到直流系统中，但有许多负载必须适应直流电源。

（7）无需变压器可减少损耗和浪涌电流。

（8）潮流控制直接影响电压稳定性。

下面提到了一些微电网研究的例子，以强调微电网主题中可能的解决方案和改进。

文献［12］中开发了由 PI 级联下垂控制器驱动的直流配电系统的完整非线性模型，其中包括阻尼因子，使用 Lyapunov 函数法技术进行非线性稳定性分析。此外，如文献［13］中介绍的小信号稳定性研究，其中不同的直流负载和超级电容器组成了飞机的直流网络。然后，提出了大信号稳定研究，通过为整个系统生成适当的稳定功率参考来确保全局稳定性。在文献［14］中，提出了下垂控制下小型直流微电网的简化模型，以降低基于分岔理论的非线性稳定性分析的复杂性，并提供了电网参数之间的关系。文献［4］和［15］中提出了直流微电网稳定性分析和稳定技术的几种策略。

在文献［16］中，提出了一种非线性分布式本地控制技术来互连直流微电网中的多个元件。微电网由不同时间尺度的储能元件组成，如电池和超级电容器，用于改善系统运行。考虑到系统作为一个整体及其物理限制，对所提出的控制策略进行了稳定性分析。所提出的方案可以很容易地扩展到更多数量的元件，并且还与标准线性控制器进行了比较。通过这种方式，系统的控制性能呈现出针对负载和光伏变化的相互关联的干扰。与线性控制相比，所提出的控制的鲁棒性得到了凸显。随后，文献［17］设计了一种功率管理控制器来确保直流微电网的功率平衡和电网稳定性。基于模型预测控制（MPC）的二次控制方案能够优化直流微电网的长期运行，同时考虑到天气预报和负荷需求情况，在这种情况下，功率平衡和直流母线电压调节被视为约束条件。

因此，在文献［18］中，考虑微电网直流母线的稳定性来进行与主交流电网的连接，仍然应用非线性控制技术。随后，在文献［19］中，提出了一种更有利的功率转换器配置来改进直流微电网的电气方案。动态反馈控制器旨在降低稳定性分析的复杂性并简化先前的控制器设计，同时保持稳定性特性。最后，文献［20］提出了一种集成列车线路再生制动的非线性控制方案。在这种情况下，还考虑了直流母线的稳定性，其中制动期间的电涌被视为干扰。所提出的控制器必须能够针对网络中的各种干扰正确运行。

文献［21］和［22］中使用了直流微电网的辅助服务，其中微电网直流侧的可用功率用于适当地为电网的交流侧供电，确保电压限制在电网要求之内，从而提高主电网的电能质量。

考虑到电力电子在电力系统中的不同应用，高压直流（HVDC）传输、多端直流（MTDC）和模块化多电平变流器（MMC）[23-25]的结果可以适用于直流微电网应用，原因如下：它们具有相似的功率转换器配置，仅在尺寸和功率值上有所区别；系统的电气模型和动力学相似；扰动的属性更便于相互比较；除了增益调整之外，控制方案也是兼容的。

微电网运行的主要挑战是维持系统的安全运行，平衡发电和需求，其中系统的优化管理可以通过启发式算法或智能控制来完成。微电网运行针对不同的能源场景，通过成本函数组成的优化方法最大限度地减少发电过剩或不足。然而，优化系统的开环特性不允许补偿不确定性和干扰。因此，MPC闭环功能允许使用测量方法来更新优化问题的纠正措施，从而确保系统的最佳运行[26,27]。

微电网的分层控制结构按照时间尺度对变量进行分离，因此时间响应相近的变量被控制在同一控制级别。分层控制通常由三个不同的级别组成：一级、二级和三级。一级控制处理瞬态水平下电流和电压的稳定性，时间尺度从毫秒到秒。二级控制通过优化技术在几分钟到几小时内对系统的功率和能量进行控制。三级控制根据能源市场或人为因素，在数小时或数天内进行战略调度[28,29]。微电网的总体方案如图 15-1 所示，其中微电网中央控制包含分层结构，以实现整个系统的优化运行。

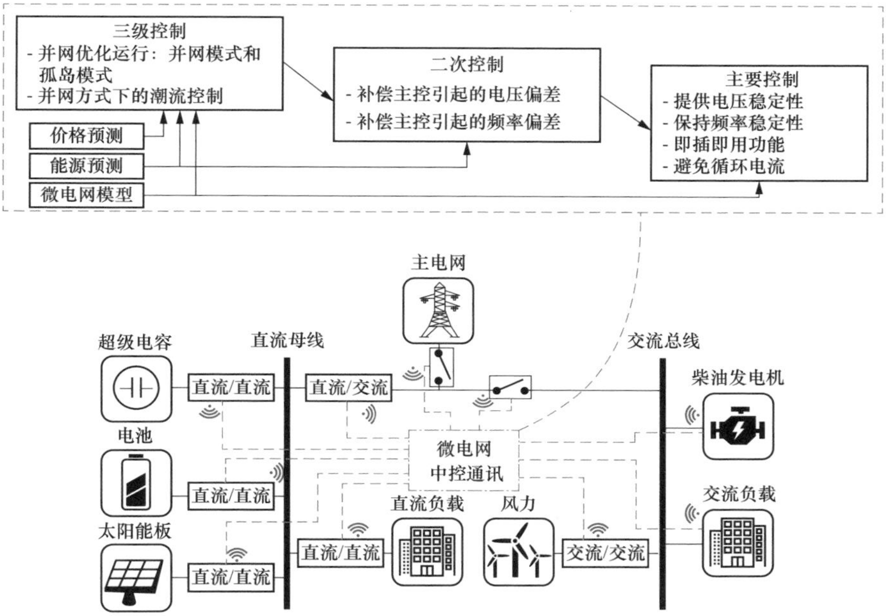

图 15-1　分级结构中央控制组成的微电网

15.1.1　下垂控制策略

传统应用于交流微电网的下垂控制策略也广泛应用于直流微电网，以实现功率共享，这个简单的策略是基于工作点周围系统功率流的线性化行为的，输出功率或电流可作为下垂控制的反馈信号。在基于功率的下垂控制中，直流母线电压参考值由电网中的功率变化根据下垂系数给出[14,30,31]。

$$V_{DC,ref} = V_{DC}^{*} - m_{p} P_{out} \tag{15-1}$$

式中，$V_{DC,ref}$ 为给定工作条件下的电压参考值；V_{DC}^{*} 为额定直流电压值；m_p 为下降系数；P_{out} 为功率输出。

在基于电流的下垂控制中，直流母线电压是控制的输出，由下垂系数和转换器中的电流给出。

$$V_{DC,ref}=V_{DC}^{*}-m_{i}I_{out} \tag{15-2}$$

这里，$V_{DC,ref}$ 是根据电流输出 I_{out} 的下垂关系给出。m_i 是下降系数，可以解释为虚拟内阻。根据文献［3］，图 15-2 介绍了传统下垂控制的一般控制方案。

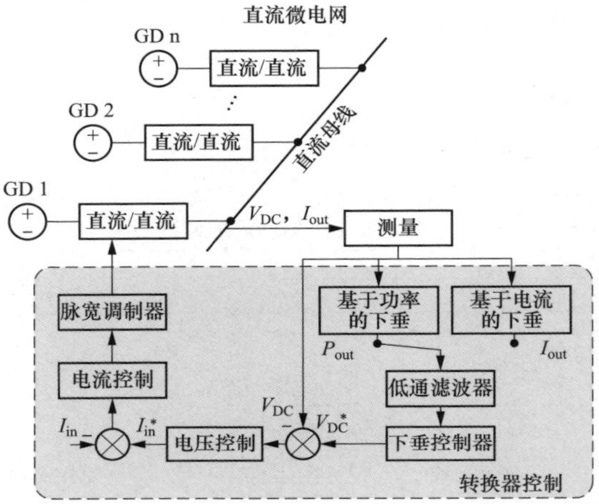

图 15-2　直流微电网中多发电机组的传统下垂控制方案

下垂策略与自适应电压定位相关联，下垂系数对系统稳定性和功率共享精度有直接影响。较高的下垂系数可能会带来更好的共享精度和阻尼响应，但必须保证不会导致较大的电压偏差。除此之外，下垂系数可以改变发电机组的功率分配。

传统下垂控制的扩展是引入下垂控制的自适应特征，其中下垂系数随时间变化［$m_p(t)$ 和 $m_i(t)$］，并且可以根据特定策略而改变。下垂控制的自适应计算可以考虑 ESS 的充电状态（SOC）或与功率注入和负载需求相关的其他强扰动，通过系数的动态调整改善系统的运行和功率共享。这种方法减少了线路阻抗的影响，也减少了线路损耗，但控制参数过于复杂化[31]。

15.1.2　电源系统

从历史上看，电力系统基于同步旋转的同步电机，共享电力来为负载供电，并在干扰或简单的操作条件变化后提供自然惯性（频率响应）。由于功率转换器和现代负载等电力电子设备的广泛普及，这种经典方案越来越不适用。

如前所述，功率转换器是可再生能源和存储单元互连所固有的，而且也是为加强电流传输系统而建造的高压直流输电线路所固有的。因此，惯量正在快速减小，并且在某些情况下，电网大多由功率转换器组成，其频率基准完全丢失[32-34]。这种情况是传统电网范式的转变，电力系统从业者正在努力维持电网运行。这种情况的最近一个例子是 2019 年 8 月 9 日在英国发生的大停电事件[35]，可以说主要原因是惯性的减少，以及它在几个功率转换器互连分布式发电所造成的影响。

分布式发电大多由可再生能源组成，具有电力电子接口。因此，由于没有旋转的机械部件，功率转换器不像传统同步发电机那样具有惯性响应，也无法自然响应负载变化，若频率响应恶化会导致振荡和运行裕度问题。因此，可再生能源并网与电力系统惯性的减少有直接关系。

主要由功率转换器组成的系统的固有特征是：

（1）响应速度快；

（2）缺乏惯性；

（3）谐波问题；

（4）控件之间的交互；

（5）过载能力弱。

以功率转换器为主导的电网正在从传统的发电机为主导的电网中崛起，因此惯性不足正成为人们关注的主要问题。利用电力电子技术实现电网现代化是与智能电网相关的电力系统的一个趋势研究主题。这样，与传统同步电机的旋转质量储备（惯性）和阻尼绕组缓冲强振荡以保持系统稳定性的情况相比，在这种系统中需要储能来平衡发电和消耗，特别是对于负载或发电的强烈变化。

15.2 巴西的辅助服务

输电系统运营商（TSO）的主要职责是通过满足标准化网络要求（电网规范-控制区域和输电设施的义务）的输电线路将发电机的电力提供给消费者，以维持正常和可靠的运行系统互连。在这种情况下，为维持和支持电网供电而提供的特定服务和功能称为辅助服务。辅助服务支持电网维持系统的连续可靠运行，在保持稳定性和安全性的同时适当地供应负载。传统上，辅助服务由 TSO 控制的发电机提供，然而，基于电力电子的设备在网络中的集成扩大了提供辅助服务的可能性。因此，非输电运营商控制的电力电子装置和发电机现在可以通过多种运行模式参与对电网的支持，这为能源市场创造了新的机遇[36-38]。

由于监管方面的原因，巴西提供的辅助服务仍然非常有限，并且仅限于

TSO 控制的发电机组（由水力发电厂和热力发电厂组成）。有些发电机组能够作为同步补偿器运行，通过与国家输电系统运营商签订正式合同来提供无功功率补偿。这些是集中式热电厂，用作运营电力储备。因此，不受 TSO 控制的电厂无法提供辅助服务，这极大地限制了巴西的辅助服务[39-41]。

根据文献［40］，巴西提供的辅助服务包括以下：①一次频率控制，由并入国家电网的所有发电机组执行；②二次频率控制，只有 TSO 要求的自动发电控制部分的电厂参与；③无功功率支持，由并入网络的发电机组和作为同步补偿器运行的发电厂执行，并经国家电力能源局（ANEEL）事先授权；④黑启动，由整合网络的所有发电机组和发电厂按照 ANEEL 并根据 TSO 的要求执行；⑤补充电力储备调度，由集中调度的热电厂执行。

在此背景下，文献［41］中的报告提出了基于减少水力发电厂水库正规化和间歇性可再生能源高渗透率的辅助服务提供的规范性审查。还建议鼓励扩展现有服务（如上所述）和插入新服务，例如：

（1）开发光伏电站无功补偿、风电场无功支撑甚至配电系统新服务；

（2）惯性作为通过电力电子设备的辅助服务，旨在减少热电厂的连接；

（3）配电代理的负荷调节，通过调度并非由国家运营商运营，而是由当地配电商运营的发电厂来进行；

（4）支付辅助服务提供：消费者与提供者双方协商通过辅助服务费用进行支付，提出了辅助服务市场发展的需要。

因此，在巴西的情况下，辅助服务提供的多元化仍然存在许多障碍，仅限于输电运营商控制的大型发电机组。此外，技术适应成本和设备老化成本，加上电力电子设备和通信设备的大量插入，使得辅助服务提供的估值变得相当复杂。

15.3　功率转换器

如上所述，最近电网的发展带来了可再生能源、ESS 和基于电力电子的负载的集成。但这些功率转换器的行为与同步电机不同。同步电机具有来自其旋转质量的固有能量存储❶，能够自然地响应有助于系统稳定性的负载扰动，而功率转换器直接受到其控制器的影响，具有快速响应和非常低的自然能量存储❷。因此，功率转换器不具备在有功功率检测中促进频率稳定性的天然能力[42,43]。

❶ 同步发电机存储的动能与转动惯量 J 及其角速度的平方成正比，时间响应为几秒。

❷ 电源转换器的电容器可以存储单位到数百毫秒的静电能量。

在微电网环境下，功率转换器利用网络的测量电压来估计电网的相位角，能够与主电网同步以产生电压输出，即跟网型变流器。微电网电源变流器的主要问题是难以实现被称为构网型变流器的孤立运行。构网型变流器是学术界和工业界非常关注的问题，学术界和工业界已经进行了大量研究，以开发有用的策略来正确运行仅由电力电子技术组成的电网。在这种情况下，下垂控制得到了广泛的应用，因为它允许通过分布式控制方法在功率转换器之间共享功率。

电力电子技术的一个关键问题是缺乏惯性和控制之间的相互作用，如英国输电系统在文献［44］中所述。事实上，基于电力电子技术的高普及降低了系统的惯性，带来了频率稳定性问题和暂态稳定裕度的降低。

电压源型转换器（VSC）等 AC/DC 电源转换器主要由脉宽调制（PWM）控制，而传统的电网跟随控制方案使其表现为电流源❶。锁相环（PLL）用于通过估计网络相位角来使转换器与电网同步，其中参考电压的计算取决于电网阻抗。因此，控制性能受到电网阻抗的影响，这使得这些控制方案对电网状况十分敏感。因此，有必要在 PLL、电压和电流控制环、PWM 开关频率和输出滤波器之间设计良好的相互作用。控制器带宽的匹配可能是一项非常复杂的任务。通常，电流控制环路带宽调整为比 PWM 频率小 20 倍，并相应地设计滤波器频率[45,46]。

其他重要问题可能与电力系统中的电力电子相关，欧洲国家正在优先处理这些问题[47]：

（1）惯量降低，与频率稳定性有关；

（2）功率变流装置错误参与调频（控制错误）；

（3）功率变换器短路能力下降导致暂态稳定裕度降低；

（4）电力电子引起的谐振和振荡；

（5）电网中设备（有源和无源）之间的电力电子控制器交互。

在这种情况下，需要新的辅助服务和电网支持来满足电力系统运行的稳定性和可靠性要求。一个合适的解决方案是为功率转换器开发新的控制策略，改变功率转换器的原始特性，为网络提供辅助服务并减少电力电子影响[48]。

考虑到系统的动态性，由同步发电机组成的传统电力系统具有较好的时间尺度分离。通常，频率和电压调节的时间常数与涡轮机（约 10s）和调速器（约 1s）的慢动态有关，而励磁机的较快动态（约 50ms）可以处理网络线路动态（时间常数约为 1～30ms）。除此之外，摆动方程和磁链的时间常数将由磁通和摆动动力学给出。因此，在传统系统中，控制器的设计通常考虑其运行裕度并能保

❶ 通常，VSC 有外部电压控制环和内部控制环，即电流控制环。

证整个系统的稳定性。然而，在低惯性系统中，基于功率转换器的发电的快速动态带来了不同控制器之间的相互作用，影响了时间尺度分离并增加了复杂性[49]。

图 15-3 介绍了电力系统的时间尺度分离，包括基于功率转换器的发电和低惯性的动态特征，改编自文献［49］。它提出了物理和控制动态，考虑了三个不同的时间尺度：信号处理、电压动态和频率动态。电压和频率动态与为此目的而设计的控制器有关。信号处理与最快的交互（<1ms）相关，其中可能包括来自转换器的 PWM 信号和谐波以及光纤网络通信。然后，电压动态与更大范围的时间尺度相互作用（>1ms 至<100ms）相关联，其中包括网络线路动态、自动电压调节器（AVR）、电力系统稳定器（PSS）、同步链磁通动态机器和转换器的同步参考系（SRF）内部控制回路。频率动态与最慢的相互作用（>10ms 至 10s）相关，包括有功和无功功率控制、功率转换器的 PLL、调速器、涡轮机和同步电机的摆动动态[49-51]。

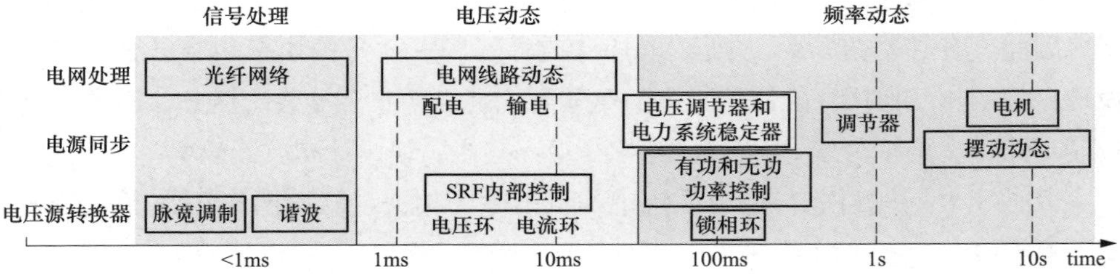

图 15-3　考虑传统同步发电机和功率转换器集成的电力系统动态的时间尺度分离

从这个意义上说，功率转换器的控制器和低通滤波器（LPF）比同步发电机控制器具有更快的动态，从而导致控制交互并引起稳定性问题，因为它们具有不同的时间常数，如图 3 所示。因此，功率转换器可能会影响低惯性系统中的频率调节，从而影响频率动态和相关的快速瞬变。其结果是，在电力电子发电机的高渗透率下，由于与主电网相互作用的控制策略不兼容，导致考虑频率最低值❶和频率变化率（RoCoF）限制的保护方案恶化。输电线动力学还与功率转换器控制器的动力学相互作用，其中这些动力学的快速行为可以放大相互作用。因此，当 X/R 阻抗比足够高时，线路的时间常数能够抑制功率变换器较快动态与同步发电机较慢动态之间的差距，起到缓冲器的作用，提高系统稳定性。然而，在配电线路中，较低的 X/R 关系制约了电压和频率的运行和控制，阻碍了系统的稳定性。在这种情况下，虚拟阻抗的应用可能是解决这些稳定性问题的可行方案。

❶ 频率最低值定义为暂态期间达到的频率最小值。

15.3.1 惯性响应和低惯性问题

由于基于电力转换器的发电无法提供自然频率支持（亚秒和主要控制），因此可再生发电机和微电网的可靠性可能会大大降低。因此，整个系统的频率响应可能会受到影响，这是欧洲关注的问题[45]。

惯性减小可能会导致意外事件期间和之后出现更高的频率偏移，并且还会增加频率变化率 RoCoF。RoCoF 用于指示负载断开（甩负荷），并在保护方案中用于检测发电机组的断开。因此，文献［52］和［53］提出了更快的频率辅助服务、惯性响应仿真和增加 RoCoF 的电网规范要求。

具有惯性（自然或虚拟）的系统的有功功率响应取决于其惯性常数（H）和频率导数，如式（15-3）所示：

$$\Delta P_{\mathrm{p.u.}} = -\frac{2H}{f_0}\frac{\mathrm{d}f}{\mathrm{d}t} \tag{15-3}$$

式中，f 为测量频率；f_0 为标称电网频率。

惯性功率变化（$\Delta P_{\mathrm{p.u.}}$）与频率变化率 RoCoF 成正比，然后其最大值出现在频率扰动之后，并在达到新的平衡点时变为零。让我们考虑一下电力系统中的负载增加（或发电损失）等干扰，其主要储备用于保持频率下降。频率偏差和惯性功率变化的行为如图 15-4 所示[47]。在这种情况下，当发生惯性支撑时，频率最低点会降低，这意味着惯性功率有助于改善频率变化。

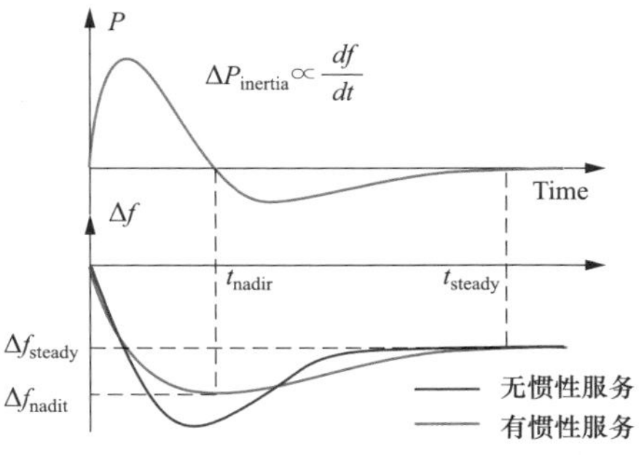

图 15-4 带主控制的惯性响应方案

这是同步电机的自然响应，但电力电子设备可以将这种现象模仿为虚拟惯性方法。由于电力电子接口连接而导致系统惯性不足，意外事件后合成的惯性响应可能是一个很好的解决方案，因为它会导致同步电机的等效行为。此过程的主要困难是测量频率，因为无法使用同步电机（基于电网的功率转换器）的角速度。因此，这种情况下可以使用 PLL 进行频率测量。

15.3.2 弱电系统中的频率问题

功率转换器引起的频率稳定性问题对弱电网和微电网的影响更大，因为它们已经具有很小的惯性常数。无论如何，自从可再生能源出现以来，即使在强大的电网中，系统惯性的减少也会影响频率偏差。德克萨斯州电力可靠性委员会（ERCOT）报告其系统的惯性响应持续下降，并建议增加惯性响应[54]。此外，欧洲电力传输系统运营商网络（ENTSO-E）报告了与电网中大型可再生能源并网相关的频率违规增长[55]。因此，频率问题与可再生能源渗透率和基于电力转换器的电网有直接关系。

频率限制由输电系统运营商（TSO）施加，这些限制在电网规范中有明确定义。例如，IEEE 建议并网系统采用±0.036Hz 的严格频率运行标准，但对于微电网和孤立系统中的离网运行，限制被重新定义以适应此类运行的限制。北美可靠性公司（NERC）建议当频率降至 59.3Hz 以下时开始减载以重新平衡系统❶。对于低于 57Hz 或高于 61.8Hz 的变化，NERC 建议断开发电机组。为了突出并网模式和孤立模式之间的监管差异，表 15-1 引自文献［56］。一般来说，孤岛模式的限制比并网模式放宽，允许频率变化±1.5Hz，根据 ISO 8528－5 标准，关键时期允许频率变化高达±9Hz，该标准提供了离网环境下频率的指导方针。

表 15-1　微电网频率等级运行标准

并网模式	孤岛模式
频率：主电网任务	频率：VSC 主控制器
少量临界偏差	低惯量，具有临界偏差
IEEE	ISO 8528—5
推荐范围：±0.036Hz	标称范围：±1.5Hz
国家研究委员会	临界范围：±9Hz
频率<59.3Hz 甩负荷	恢复时间：10s
频率<57Hz 或>61.8Hz 断开发电机	最大 RoCoF：0.6Hz/s
EN50160	
一周 95%的时间为 49.5～50.5Hz	
一周 100%的时间为 47～52Hz	

15.4　虚拟惯性和惯性支撑

虚拟或合成惯性在于在电力电子装置中模拟同步发电机的旋转质量（惯性）中存储的能量，使得功率转换器能够具有自然频率响应。文献［55］中合成惯性的定义是：

“由电力园区模块或高压直流输电系统提供的设施，用于取代同步发电模块

❶ 本例中的标称频率为 60Hz。

的惯性影响，达到规定的性能水平。”

通过电源转换器实现虚拟惯性的概念首次出现在文献［57］中。随后开发了同步逆变器概念[58]，随后在文献［59］中称为虚拟同步机（VSM）❶。它们由模仿同步电机或表现类似同步电机的电源转换器组成。通过这种方式，将此类系统集成到电力网络中要容易得多，从而提供了从业者熟悉的框架[56,60,61]。近年来，这些 VSM 引起了人们的极大兴趣，并被广泛应用于提高频率稳定性以及为弱电网和微电网提供惯性支持[62-64]。

虚拟惯性结合使用控制策略、分布式能源（DER）（作为可再生能源和存储系统）以及功率转换器来模拟传统同步电机的惯性。虚拟惯性方法的控制算法可以在功率转换器中实现，其中描述惯性响应的数学方程用于合成发送到转换器的控制信号。因此，功率转换器成为能够基于控制方案模拟惯性的资本设备。带有 VSC 转换器（逆变器）的光伏发电和 ESS、带有背靠背转换器的风力涡轮机，甚至带有多电平转换器的 HVDC 链路都可以应用虚拟惯性方法来为电网提供惯性响应。在这种情况下，模拟惯性的关键要素是来自 DER 的可用能量，以遵循惯性特征[43,56,65]。

VSM 在电力电子单元中再现真实同步发电机的动态特性，以实现同步电机固有的优势，提高稳定性。它可以应用于基于功率转换器的集成的强大电网或微电网。

典型电力系统的惯性响应在不到十秒的时间内给出，其中合成惯性方法为提高系统稳定性做出了贡献。由于这种方法产生的惯性行为，可以大大降低频率最低点以及高 RoCoF。虚拟惯性功能还可以改善调速器响应，突出其对总体控制的贡献。因此，虚拟惯性必须像同步发电机的惯性响应一样在短时间内以自主方式运行。这里的优点是惯性时间响应（H）可以根据需要进行调整❷，甚至可以成为一个状态变量来表现，从而提高频率稳定性。

15.4.1 虚拟惯性拓扑

文献中虚拟惯性的基本概念非常相似，即使是因为如上所示，它的定义与它的效果有关，而不是与获得它的手段有关。因此，存在各种以其模型和实施策略来区分的拓扑。拓扑可以通过应用同步电机的数学模型来模拟同步电机的精确行为，而其他方法直接应用同步电机的摆幅方程来简化功率转换器的实现，还有

❶ 请注意，VSM 被称为作为同步电机运行的 VSC。

❷ 也可以用转动惯量 J 进行比较。

一些方法结合了响应式 DER 来响应频率变化。接下来，讨论文献中描述的主要拓扑。

15.4.1.1 同步逆变器

文献［58］中开发的同步逆变器是基于从网络角度来看的同步电机的动力学方程。这种控制策略允许电力系统进行传统操作，而无需对操作基础设施进行重大改变。电扭矩（T_e）、端电压（e）和无功功率（Q）由写入转换器中的方程得出，从而捕获同步发电机的行为。应用频率下降策略来调节转换器的输出功率。

同步逆变器建模的方程为：

$$T_e = M_f i_f i_g \sin\theta \tag{15-4}$$

$$e = \dot{\theta} M_f i_f \sin\theta \tag{15-5}$$

$$Q = -\dot{\theta} M_f i_f i_g \cos\theta \tag{15-6}$$

式中，M_f 为励磁线圈和定子线圈之间的互感大小；i_f 为励磁电流；θ 为转子轴线与定子绕组的一相之间的角度；i_g 为定子电流。

图 15-5 显示了文献［58］中提出的同步逆变器控制方案的框图，其中 i 和 v 是用于求解控制器内方程的电流和电压反馈。J 是转动惯量，D_p 是阻尼因子，它们是用于施加所需动态行为的任意控制参数。这些参数的设计本质上与系统的稳定性有关，并将决定 RoCoF、频率最低点和功率注入限制，以保持电网要求。

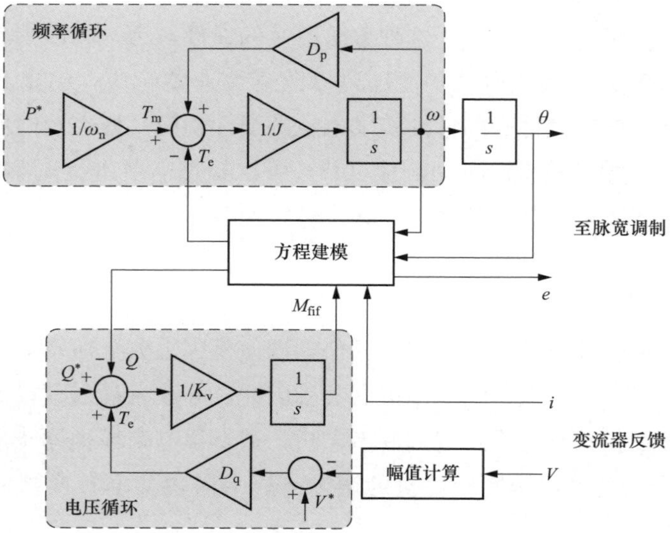

图 15-5　同步逆变器控制图

频率和电压环用于生成控制输入：机械扭矩 T_m，由摆幅方程中的有功功率参考值 P^* 和励磁变量 $M_f i_f$ 给出，励磁变量 $M_f i_f$ 由端子电压幅值 v^* 和下垂策略的无功功率参考值 Q^* 给出。电压环路有一个下垂常数 D_q，其中测量的无功功率与其参考值（Q^*）进行比较。然后将所得信号与增益 K_v 积分以消除稳态误差，从而得到 $M_f i_f$。利用 $M_f i_f$，可以生成 e，它是与调制指数（电压幅度调节）相关的转换器的第一个控制输出。摆幅方程回路生成虚拟角频率（ω），因此可以计算其积分 θ 作为 PWM 的参考，这是与功率注入相关的转换器的第二控制输出。

在同步逆变器拓扑中，PLL 仅用于初始同步和频率测量目的，因为来自摆幅方程的频率环路产生与端电压实现同步的自然能力。文献［66］中引入了该方法的自同步版本，大大提高了稳定性能，因为 PLL 的应用可能会导致弱电网的不稳定。在同步逆变器拓扑中，控制实现不需要频率导数，这是一个很大的优点，因为频率导数计算可能会带来噪声和较差的控制性能。另一个巨大的优点是电压源的实现允许隔离系统的网格形成操作。当这种拓扑应用于基于电力电子的负载（整流器）时，也可以获得同步电机，有助于负载侧的惯性响应[67]。总之，同步逆变器被视为电力系统中基于功率转换器的应用的一个很好的解决方案，可以提高系统的稳定性。

15.4.1.2 ISE 拓扑

ISE 实验室拓扑基于同步电机的摆动方程，其中工频关系用于仿真系统的惯性响应[59]。在此策略中，测量输出转换器上的电压 v 和电流 i 以计算电网频率 ω_g（可以通过 PLL 完成）和有功功率输出 P_{out}。这种方法的摆幅方程写如下，其中可以计算相位角 θ 以生成 PWM 信号：

$$P_{in}-P_{out}=J\omega_m\frac{d\omega_m}{dt}+D_p(\omega_m-\omega_g) \tag{15-7}$$

式中，$\theta=\omega_m dt$；P_{in} 为原动机给出的有功功率输入；ω_m 为虚拟转子速度。

在这种情况下，使用调速器模型将电网频率（ω_g）控制为其参考值 ω^*。原动机功率输入参考 P_{in} 由具有增益 K 和时间常数 T_d 的一阶系统计算，其中 P_0 是从更高级别控制器接收的有功功率参考。

$$P_{in}(s)=P_0(s)+\frac{K}{1+T_d s}[\omega^*(s)-\omega_g(s)] \tag{15-8}$$

电压参考（e）可以通过 Q-V 下垂控制来实现，以生成 PWM 的幅度参考。类似地，可以应用 P-f 下垂控制来生成功率参考 P_{in}，而不是原动机方法。ISE 拓扑的一般方案如图 15-6 所示[56]。

与同步逆变器方法一样，在本例中不需要频率导数，这提高了控制性能，避免了信号污染，并且可以应用于网格形成单元。然而，摆动方程参数（J 和 D_p）设计不当可能会导致振荡行为和不稳定问题。

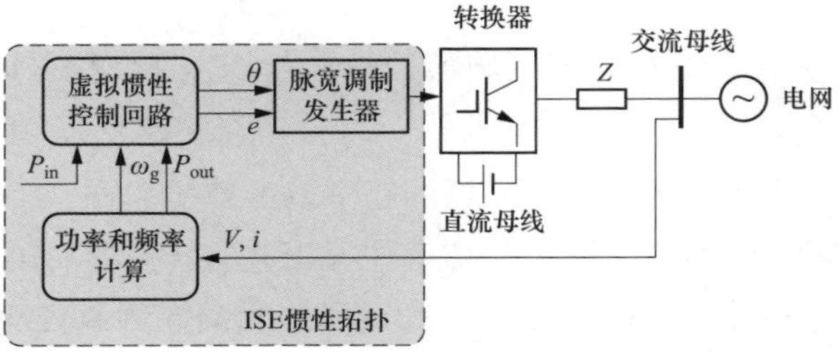

图 15-6　虚拟惯量 ISE 实验室拓扑的总体控制方案

15.4.1.3　虚拟同步机

虚拟同步机（VSG）是一种基于频率-功率响应的拓扑，可模拟同步发电机的惯性响应特征，重点是改善频率偏差。在功率转换器单元中插入惯性特性是一种简单的方法❶，因为它没有利用同步发电机的详细方程。VSG 可以很容易地与标准下垂控制器进行比较，但它们还可以提供动态频率控制，不像下垂控制器仅具有稳态性能。动态频率控制是通过频率导数测量来实现的，其中系统对功率不平衡做出反应[68,69]。因此，VSG 根据频率偏差提供功率输出（P_{vsg}），其方程式如下：

$$P_{vsg}=K_D\Delta\omega+K_I\frac{d\Delta\omega}{dt} \tag{15-9}$$

式中，$\Delta\omega=\omega-\omega^*$ 是频率偏差，$d\Delta\omega/dt$ 是 RoCoF。增益 K_D 和 K_I 分别代表基于同步发电机模型的阻尼因子和惯性常数。

惯性常数（K_I）会影响 RoCoF，从而改善动态频率响应，这对于具有较高值的 RoCoF 可能损害系统稳定性的隔离系统来说是一个合适的解决方案。因此，该方法可用于增强 RoCoF 值，并且阻尼常数（K_D）具有与 P-f 下垂控制器相同的效果。在这种拓扑中，必须使用 PLL 来测量频率偏差和 RoCoF，这可能具有挑战性，因为谐波失真和电压变化可能会导致控制性能不佳，而在其他拓扑中，PLL 并不是真正必要的。VSG 方案如图 15-7 所示，改编自文献［56］。

VSG 可以看作是一个可调度电流源，其中 P_{vsg} 用于计算功率转换器控制环路的电流参考值。式（15-10）表示与有功功率注入相关的电流参考值 I_d^*：

$$I_d^*=\frac{2}{3}\frac{V_dP_{vsg}-V_qQ}{V_d^2+V_q^2} \tag{15-10}$$

❶　功率转换器单元可以理解为通过功率转换器集成的分布式能源的泛化。

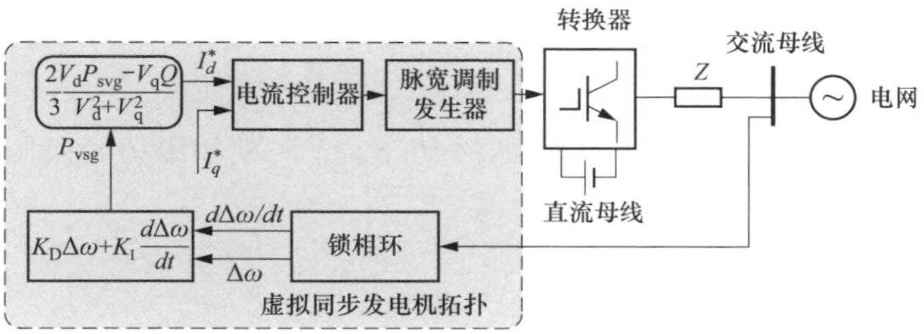

图 15-7　虚拟惯量 VSG 拓扑总体控制方案

式中，V_d 和 V_q 为来自 Park 变换的 d_q 参考系中的电压；Q 为测量的无功功率。

无功功率也可以通过计算与无功功率注入相关的电流参考值 I_q^* 来控制：

$$I_q^* = \frac{2}{3}\frac{V_dQ^* - V_qP}{V_d^2 + V_q^2} \tag{15-11}$$

式中，Q^* 为无功功率参考值，可以通过下垂控制策略获得；P 为测量的电网中有功功率。

VSG 拓扑被欧洲 VSYNC 组织使用，因为这种方法具有简单性和有效性的特点。当用于式（15-10）和式（15-11）中所述的电流源时，VSG 方法不能作为网格形成单元运行。此外，在功率输入变化期间不会模拟惯性，而仅在频率变化时模拟惯性。这种方法的缺点是计算和测量频率偏差和 RoCoF 的复杂性，因为导数运算涉及噪声污染和稳定性问题❶。当使用级联控制回路时也会引起稳定性问题，例如 PI 控制器带有内电流环和外电压环，这是因为这些控制器的增益可能难以调整很复杂，从而导致控制性能不准确[71]。

15.4.1.4　下垂拓扑

下垂控制是一种用于大电网和微电网之间功率共享的常见方法，无需分布式发电单元之间进行通信，易于应用。考虑到电网具有感性阻抗（X≫R）和大惯性的特性，设计的控制回路由 P—f 和 Q—V 下垂控制组成，这是传统高压输电线路的情况。在传统情况下，式（15-12）和式（15-13）对下垂关系进行建模。然而，对于由中低压线路组成的微电网，在许多情况下阻抗不是感性的（X≈R），而且在实际情况中有可能无法实现有功和无功功率的解耦。因此，传统的下垂控制关系（P—f 和 Q—V）是不适用的。事实上，在电阻线路中，无功功率将取决于相角（或频率），电压则与实际功率交换有关，因此，可以通过 P—V 和 Q—f 下垂控制来解决相反的下垂，以提供适当的功率共享[72]。

❶ PLL 性能问题也可以在这里引用，因为主要在弱电网应用中可能会带来稳态误差和不稳定。因此，这种方法需要强大的 PLL 实现[70]。

频率和有功功率之间的稳态方程为：

$$\omega_g = \omega^* - m_p(P_m - P^*) \tag{15-12}$$

式中，ω_g 为电网频率；P_m 为发电机输出功率；P^* 为有功功率设定值；ω^* 为电网频率参考值[30]。

电压衰减稳态方程可以表示为：

$$V = V^* - m_q(Q_m - Q^*) \tag{15-13}$$

式中，V 为电网电压幅值；V^* 为额定电压参考值；Q_m 为滤波后的无功功率；Q^* 为无功功率设定值[73]。

下垂控制策略仅具有稳态特性，不能动态调节频率和电压，这是因为下垂控制方程中仅包含了频率和电压偏差，因此下垂控制策略的瞬态响应较缓慢且有功功率分配不当。此外，下垂控制无法使系统回到原始（或期望）的平衡点。通过引入频率导数项为下垂控制策略带来惯性响应，近似于 VSG 控制方案，并与下文的虚拟惯性策略进行比较[30,74]。

提供虚拟惯性的另一种方法是在有功功率响应中插入时间延迟，以模拟同步机的惯性特性[75]。在下垂控制应用中，对测得的输出功率进行滤波，从而避免功率转换器开关产生的噪声和高频分量。通常会采用具有适当时间常数的低通滤波器，但该滤波器会导致有功和无功功率的响应变慢，这可以与同步电机的惯性特性相比较[76]。因此，经过良好设计的下垂控制滤波器可以用于实现虚拟惯性。有功功率的标准低通滤波器描述如下：

$$P_{out}^*(s) = \frac{1}{1+sT_f}P_m(s) \tag{15-14}$$

式中，P_{out}^* 为在系统中测得的滤波后的有功功率输出；T_f 为滤波器的时间常数；P_m 为测得的有功功率。

根据文献［77］，在式（15-12）中带入式（15-14），可以得到式（15-15），其中包含了一个虚拟惯性分量，即频率导数项：

$$P_{out}^* - P_m = \frac{1}{m_p}(\omega^* - \omega_g) + \frac{T_f}{m_p}\frac{d\omega_g}{dt} \tag{15-15}$$

其中，导数项等效于惯性响应，从而得到一个具有虚拟惯性类似功能的低通滤波器。为了获得同步电机的小信号行为，有必要正确调整下垂控制器的参数[77]。

15.4.2 虚拟惯性控制应用

VSM 可以仅通过本地测量值独立提供暂态功率共享和一次频率支持。当仅用于检测电网频率或在机器初始启动期时，VSM 可以在不需要 PLL 的情况下实现。因此，VSM 在概念上很简单，可以直观地解释为同步电机的响应[56,78]。用 VSM 提供频率参考输出，其中功率流与惯性仿真和振荡方程的角度有关，电压幅值和无功功率的控制由转换器中的调制指数分别进行。图 15-8 中介绍了 VSM 方案，构建了 VSM 概念的直接应用，即直接利用电压幅值和相位角在转换器中产生 PWM 信号[77]。

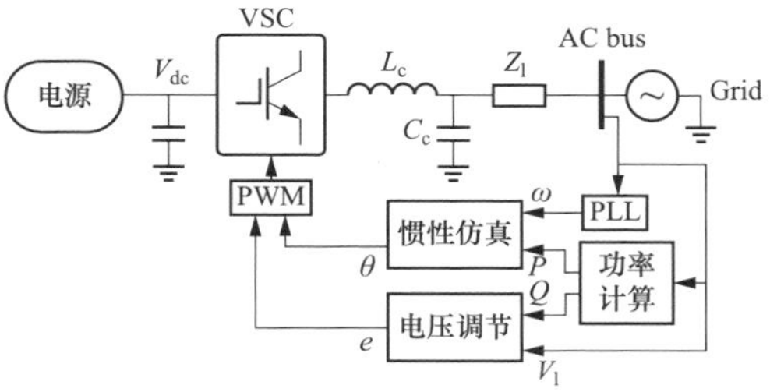

图 15-8　微电网集成的 VSM 通用控制方案

为了开发 VSM，需要在 VSC 控制结构中实现同步电机的振荡方程，如文献[58] 所述。下面给出用于 VSM 实现的同步电机的一般振荡方程，其中惯性加速度由功率平衡和阻尼因子表示：

$$\dot{\tilde{\omega}} = \frac{1}{H}[P_{ref} - P - D_p(\omega_{vsm} - \omega_g)] \tag{15-16}$$

式中，$\tilde{\omega} = \omega_{vsm} - \omega_g$ 为频率偏差；ω_{vsm} 为 VSM 的频率；H 为虚拟惯性系数；D_p 为阻尼因子；P_{ref} 为有功功率下垂参考值；P 为交流电网中测得的功率。

惯性系数在文献［51］中被定义为：

$$H = \frac{J\omega_o^2}{2S_{nom}} \tag{15-17}$$

式中，S_{nom} 为 VSC 的额定视在功率；ω_o 为额定电网频率；J 为模拟的转动惯量。在式（15-17）中，转动惯量与其时间常数 H（以秒为单位）之间存在明显的反比关系。

本文使用的电气模型分为两部分：带有输出 LC 滤波器的微电网模型和 VSM 模型。通过采用具有合适虚拟惯性参数的 VSM，提高了电网频率稳定性，降低了电网的功率振荡。将综合惯性方案应用于与柴油发电机和负载组成的交流微电网相连接的 VSC 中。电网的直流侧由一个能够为交流侧提供能量（辅助服务）的直流微电网组成。该电网的直流侧简化为直流电压 V_{dc}。该系统的电气模型如图 15-9 所示。

VSC 具有一个 LC 滤波器，由 L_c 和 C_c 表示，并与交流微网的公共连接点

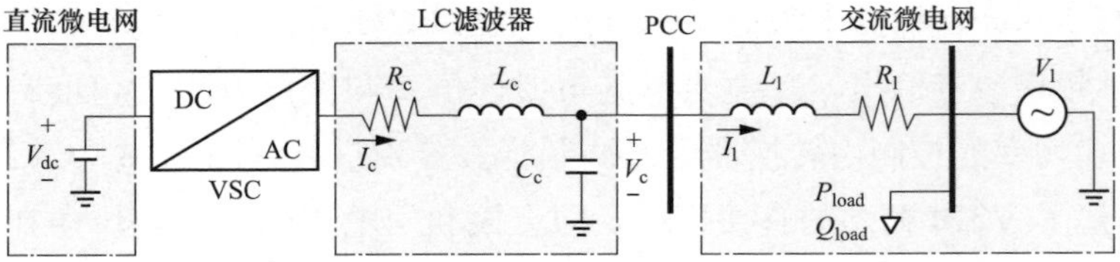

图 15-9　与基于柴油发电的交流微电网相连接的虚拟同步机（VSM）

（PCC）相连。线路阻抗表示为 L_l，有功损耗表示为 R_l。该系统的状态空间模型可以写为：

$$i_{c,d}=-\frac{R_c}{L_c}I_{c,d}+\omega_g I_{c,q}+\frac{1}{2L_c}V_{dc}m_d-\frac{V_{c,d}}{L_c} \tag{15-18}$$

$$i_{c,q}=-\frac{R_c}{L_c}I_{c,q}+\omega_g I_{c,d}+\frac{1}{2L_c}V_{dc}m_q-\frac{V_{c,q}}{L_c} \tag{15-19}$$

$$\dot{V}_{c,d}=\frac{I_{c,d}}{C_c}-\frac{I_{l,d}}{C_c}+\omega_g V_{c,q} \tag{15-20}$$

$$\dot{V}_{c,q}=\frac{I_{c,d}}{C_c}-\frac{I_{l,q}}{C_c}+\omega_g V_{c,d} \tag{15-21}$$

$$i_{l,d}=-\frac{R_l}{L_l}I_{l,d}+\omega_g I_{l,q}+\frac{V_{c,d}}{L_l}-\frac{V_{l,d}}{L_l} \tag{15-22}$$

$$i_{l,q}=-\frac{R_l}{L_l}I_{l,q}-\omega_g I_{l,d}+\frac{V_{c,q}}{L_l}-\frac{V_{l,q}}{L_l} \tag{15-23}$$

$V_{c,dq}$ 为 LC 滤波器电容 C_c 上的电压；$I_{c,dq}$ 为电感 L_c 上的电流；$I_{l,dq}$ 为 SRF 的线路电流；调制指数分别为 m_d 和 m_q；V_l 为柴油发电机的电压；P_{load} 和 Q_{load} 分别为交流微网中有功功率负荷和无功功率负荷；ω_g 为角速度，其中 $\omega_g=2\pi f_g$。

所提出的控制策略方案由下垂控制器输出的有功和无功功率组成。有功功率控制为产生转换器功率角的虚拟惯性振荡方程提供了功率参考。控制系统用于直接生成驱动电力电子转换的 PWM 信号的参考电压。调制指数（m_d 和 m_q）为有 VSC 的柴油同步发电机的输出电压和电流（V_c 和 I_c）的正弦波形提供参考信号，从而实现辅助服务的目的。

根据控制目标，选择频率（ω_{vsm}）和电压（$V_{c,d}$）作为控制输出。调制指数（m_d 和 m_q）为生成 PWM 信号提供参考，其中 m_d 和 m_q 被转换为振幅 m、相位 θ 的相量信号，作为控制输入。角度由式（15-16）中的振荡方程中的 θ_{vsm} 确定，参考电压 $V_{c,dref}$ 由式（15-13）中的下垂控制策略给出：

$$\frac{V_{dc}}{2}m\angle\theta=V_{c,dref}\angle\theta_{vsm} \tag{15-24}$$

式（15-24）所得的信号是用于 PWM 调制的参考信号，使得在 VSC 中模拟惯性成为可能。

稳定性分析

虚拟惯性的稳定性分析可以与同步电机的常规稳定性分析进行比较。系统的总惯性为 $\tilde{\omega}=\omega_{vsm}-\omega_g$，考虑系统的总惯性，振荡方程为：

$$M\dot{\tilde{\omega}}=P_m-P_{max}\sin(\delta)-D\tilde{\omega} \tag{15-25}$$

式中，δ 为功率角；$P_{max}=|V_{vsm}||V_g|/X_{eq}$ 为电网和 VSC 的最大功率；D 为等效阻尼因子；M 为等效惯性系数[79]：

$$M=\frac{H_{vsm}H_{grid}}{H_{vsm}+H_{grid}} \tag{15-26}$$

H_{vsm} 和 H_{grid} 分别为 VSM 和大电网的惯性系数。等效输入功率由以下公式给出：

$$P_m=\frac{H_{grid}P_{vsm}-H_{vsm}P_g}{H_{vsm}+H_{grid}} \tag{15-27}$$

如果忽略阻尼项，并且将式（15-25）中的振荡方程乘以 $\tilde{\omega}$，则可得到以下等式[80]：

$$M\tilde{\omega}\,\dot{\tilde{\omega}}-(P_m-P_{max}\sin\delta)\tilde{\omega}=0 \tag{15-28}$$

为了得到一个正函数，从式（15-28）平衡点开始积分（$\delta^e=\bar{\delta}$，$\tilde{\omega}^e=0$）：

$$W_{vi}=\int_0^{\tilde{\omega}}M\tilde{\omega}\mathrm{d}\tilde{\omega}-\int_{\bar{\delta}}^{\delta}(P_m-P_{max}\sin\delta)\mathrm{d}\delta=C \tag{15-29}$$

式中，C 是一个正常数。Lyapunov 函数由系统的能量函数得出[80]：

$$W_{vi}=\frac{1}{2}M\tilde{\omega}^2-[P_m(\delta-\bar{\delta})+P_{max}(\cos\delta-\cos\bar{\delta})]=E_k+E_p \tag{15-30}$$

式中，相对于平衡点（$\delta^e=\bar{\delta}$，$\tilde{\omega}^e=0$）的动能由 $E_k=\frac{1}{2}M\tilde{\omega}^2$ 得出，势能由 $E_p=-[P_m(\delta-\bar{\delta})+P_{max}(\cos\delta-\cos\bar{\delta})]$ 得出。能量函数在所考虑的平衡点附近是正定的。

Lyapunov 函数的时间导数计算公式如下：

$$\dot{W}_{vi}=\frac{\partial E_k}{\partial\tilde{\omega}}\frac{\mathrm{d}\tilde{\omega}}{\mathrm{d}t}+\frac{\partial E_p}{\partial\delta}\frac{\mathrm{d}\delta}{\mathrm{d}t} \tag{15-31}$$

因此，

$$\dot{W}_{vi}=\tilde{\omega}M\dot{\tilde{\omega}}-(P_m-P_{max}\sin\delta)\tilde{\omega}-D\tilde{\omega}^2 \tag{15-32}$$

结果为 Lyapunov 函数的时间导数是负半定函数[81]。

$$\dot{W}_{vi} = -D\tilde{\omega}^2 < 0 \tag{15-33}$$

可以看出，系统的能量与阻尼因子和频率偏差成比例地耗散。因此，可以使用 Barbalat 引理证明给定的平衡点是渐近稳定的[51,80]。

15.4.3 应用示例

所提出的模型是在 Matlab/Simulink 上使用 SimScape Electrical 工具箱搭建。交流微电网由柴油发电机和负载组成，VSC 连接直流微网与交流微网，如图 15-9 所示。交流微网中的柴油发电机带有调速器（速度控制）来控制频率和有功功率。调速器的控制参数如下：调节器增益 $K=150$，时间常数 $T_{reg}=0.1\text{s}$，执行器时间常数 $T_{act}=0.25\text{s}$ 和发动机时间延迟 $T_d=0.024\text{s}$。AVR 用于控制机器励磁、端电压和无功功率调节[82]。AVR 参数如下：电压调节器增益 $K_{va}=400$，时间常数 $T_{va}=0.02\text{s}$ 和低通滤波器时间常数 $T_r=0.02\text{s}$。

VSM 和交流电网的参数见表 15-2。电网的额定频率为 $f_n=50\text{Hz}$，柴油发电机的额定功率为 $S_{diesel}=2\text{MVA}$，额定电压有效值 $V_l=400\text{V}$，惯性系数为 $H_{diesel}=3\text{s}$。Q—V 下垂系数为 $K_q=0.3$。

表 15-2　　微　网　参　数

VSC	$S_{nom}=1\text{MVA}$	$f_s=20\text{kHz}$	$\hat{V}_{c,nom}=400\text{V}$
LC filter	$R_c=20\text{m}\Omega$	$L_c=0.25\text{mH}$	$C_c=150\mu\text{F}$
VSM	$K_w=20$	$D_p=50$	$H_o=2\text{s}$
AC grid	$R_l=0.1\Omega$	$L_l=0.01\text{mH}$	$V_{l,nom}=400\text{V}$

在这里，VSM 的额定功率为 $S_{vsm}=1\text{MVA}$，额定电压有效值与电网相同为 $V_{vsm}=400\text{V}$，这些值是单位转换的基准。微电网中负载的有功和无功功率需求如表 15-3 所示。

表 15-3　　交流负载功率需求

时间（s）	0	4	12	23	31
有功功率（MW）	0.5	1	1.8	1.8	1.3
无功功率（kW）	50	100	200	150	100

VSC 注入的有功功率（P）和无功功率（Q）受到其参考值（P^* 和 Q^*）的控制，这些参考值由更高的控制水平根据电力调度计划给出。受控的有功和无功功率如图 15-10 所示。有功功率控制良好，在负载改变期间有小的超调。无功功率被控制在维持电压调节的期望值内，无功功率参考由二次控制给出。无功功率

的稳态误差是由于下垂控制特性引起的。

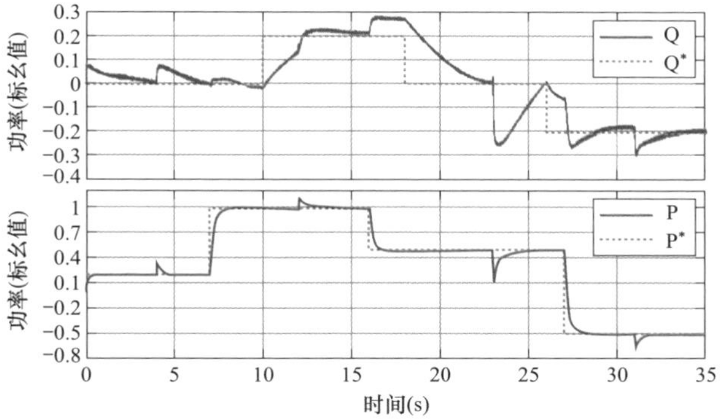

图 15-10 微电网中 VSC 变流器控制的有功和无功功率

VSM 的功率水平与由同步电机提供的主发电机的功率水平大致相同。在这种情况下，发电机的运行受到功率转换器的影响，使系统的动态完全改变，因此机器的功率变化与 VSM 结合，保证了系统的稳定性。柴油发电机的调速器作为一级频率控制器，控制频率，避免稳态误差。电压和机组励磁由 AVR 控制调节，按照控制器的标准参数进行，同时也确保了电压无静态误差。因此，同步电机的功率响应速度明显慢于 VSM 的功率变化。VSM 与柴油发电机共同参与电网运行，提高系统稳定性。

PCC 上的电压按照 P-V 电压下垂控制。如图 15-11 所示，电压振幅为 $V_{c,d}$，其中超调主要是在负荷变化和无功基准变化时产生的。但是，即使存在偏差，电压仍在规定范围内运行。

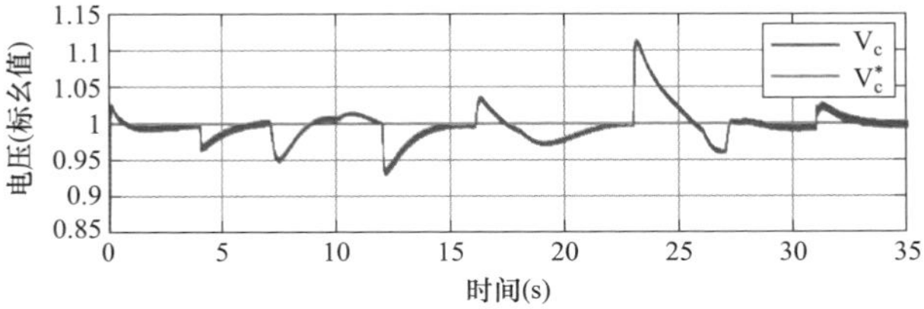

图 15-11 PCC 上的电压振幅特性

电网频率及其参考值如图 15-12 所示。柴油发电机具有调速器以跟踪所需频率值，因此没有稳态误差。基于下垂方程的虚拟惯性提供了与 VSM 的功率共享。因此，在负载变化和 VSM 中活跃功率注入变化时，频率会存在一些瞬态过冲，但应保持良好的瞬态行为和对干扰的快速响应。VSM 为系统提供了更好的频率响应，降低了频率变化，提高了瞬态过渡过程中的收敛速度。

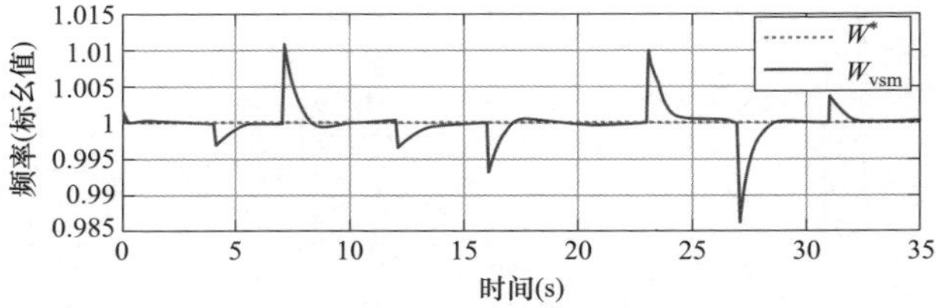

图 15-12　VSM 得出的可控频率

接下来，在图 15-13 中引入频率偏差（$\Delta\omega$）和频率 RoCoF，分析电网的运行裕度，即最大频率偏差和频率变化率。这些运行裕度是根据负载和功率变化限制得出的，这可能会触发负载脱落和机械断开程序。

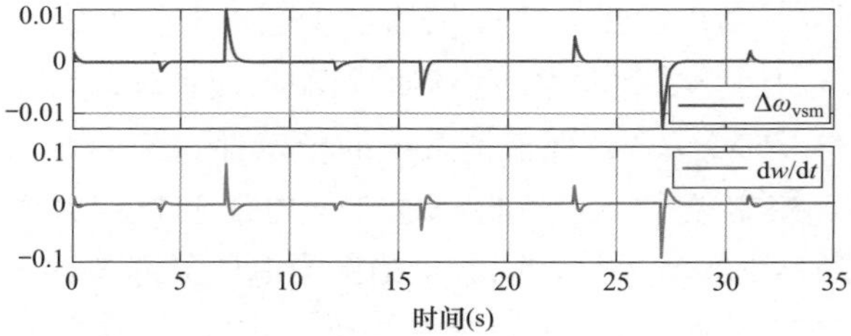

图 15-13　频率偏差（$\Delta\varpi$）和 RoCoF

15.4.4　孤岛运行

在微电网运行的情况下，可能存在错误和故障。在柴油发电机发生故障的情况下，微网转换器必须能够独立运行，在既定电网要求范围内控制网络中的频率和电压。在这种情况下，可以使用虚拟惯性和下垂控制的概念来维持系统的运行。例如，仅有 VSM 从微网的直流侧供应交流负载，即没有旋转机械连接到系统中。

考虑虚拟同步机（VSM）作为主要电源，进行 P、Q 调度，实现频率和电压的控制。因此，下垂方程（15-12）和（15-13）的参考值被设置为零（$P^*=0$ 和 $Q^*=0$）。VSM 的振荡方程变为：

$$\dot{\varpi}=\frac{1}{H}[P_{\text{ref}}-P-D_{\text{p}}(\omega_{\text{vsm}}-\overset{*}{\omega})] \tag{15-34}$$

其中 $\varpi=\omega_{\text{vsm}}-\omega^*$ ，方程（15-34）中的振荡方程可以用于微网的孤岛运行。下垂方程可以表示如下：

$$P_{ref}=-K_{\omega}(\omega_{vsm}-\omega^{*}) \tag{15-35}$$

$$V_{c,d_{ref}}=K_{v}(V_{c,d}-V_{c,d}^{*})-K_{q}Q \tag{15-36}$$

其中 K_v 是电压下垂系数。

采用与之前模拟相同的微网参数，建立了变流器全工况模拟。表 15-4 为仿真期间负载的变化。VSM 产生的功率是为了满足微网的负载需求，从而实现频率和电压的调节。VSM 注入的有功和无功功率如图 15-14 所示。为模拟同步电机的行为，VSM 模型的功率响应比传统的功率转换器慢。

表 15-4　电网孤岛运行中的交流负载电功率需求

时间（s）	0	4	12	23	31
有功功率（MW）	0.25	0.55	0.9	0.55	0.25
无功功率（kW）	50	100	200	100	50

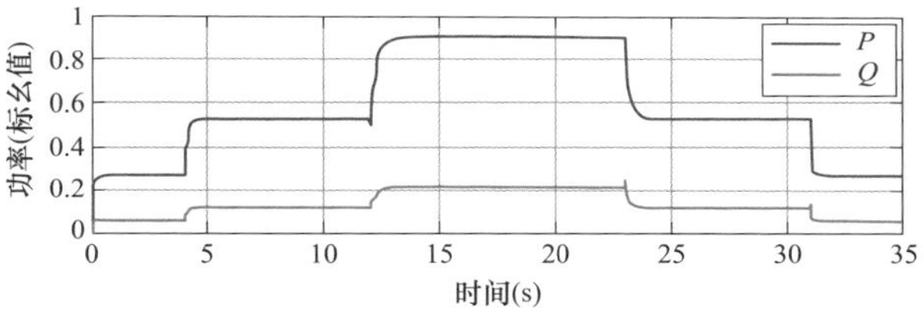

图 15-14　VSM 在独立运行情况下的有功和无功功率

PCC 上的电压和电网频率如图 15-15 所示。由于下垂控制，电压和频率存在稳态误差。因此，当负载功率需求增加时，电压和频率会稳定在其参考值之下，这在仿真的 12 和 23 秒时更为明显。瞬态超调是由负载变化引起的，与柴油发电机系统相比变化更大，在瞬态过程中频率的最小值为 48.7Hz。在这种情况下，电压和频率会根据系统的运行状况发生变化，存在稳态误差。

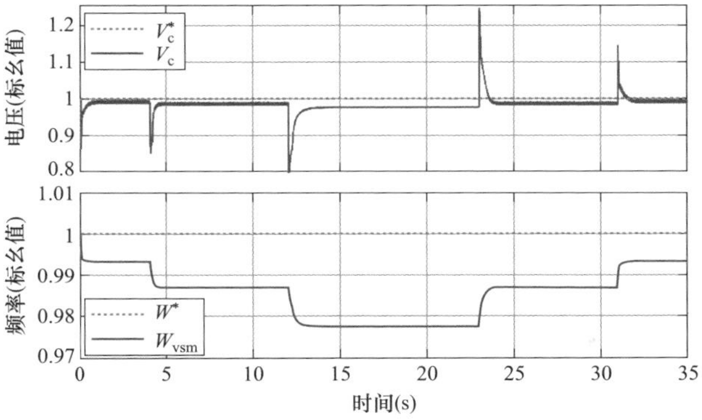

图 15-15　独立运行中的电压曲线和电网频率

频率偏差和 RoCoF 如图 15-16 所示。在这种情况下，频率偏差比采用柴油发电机运行时的仿真大得多，并且存在稳态误差。但是与之前的仿真相比，频率 RoCoF 的峰值更小。

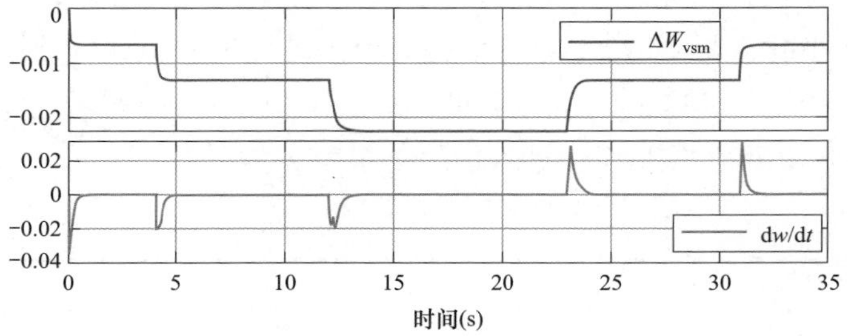

图 15-16　独立运行中的频率偏差和 RoCoF

在下垂控制方程中插入二级控制的积分项，来消除系统频率和电压的稳态误差，从而改善系统的运行余量和电能质量。因此，下垂方程可改写为：

$$P_{ref}=-K_{\omega}(\omega_{vsm}-\omega^{*})-K_{\omega}^{\alpha}\alpha_{\omega} \tag{15-37}$$

$$V_{c,d_{ref}}=K_{V}(V_{c,d}-V_{c,d}^{*})-K_{q}Q-K_{v}^{\alpha}\alpha_{v} \tag{15-38}$$

其中积分增益为 K_{ω}^{α} 和 K_{v}^{α}，积分项分别为 $\alpha_{\omega}=\int(\omega_{vsm}-\omega^{*})dt$ 和 $\alpha_{v}=\int(V_{c,d}-V_{c,d}^{*})dt$。

下面的仿真显示了当采用表示二级控制器的积分项时系统的行为。保持微网参数不变，负荷变化如表 15-4 所示。

PCC 的电压曲线如图 15-17 所示，通过二级控制器消除了稳态误差，改善了电压曲线。从频率曲线也可以看到相同的状态，消除了稳态误差，仅有在负载变化期间的瞬态超调。可以通过二级控制器的调节将瞬态过冲水平降低。带积分项的频率特性如图 15-18 所示。

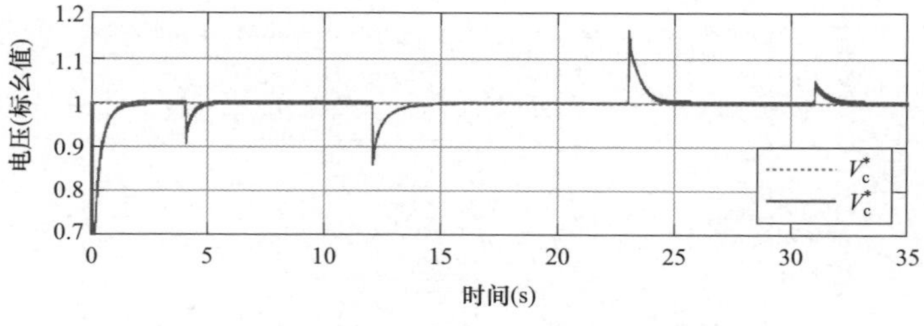

图 15-17　应用积分项后的 PCC 电压曲线

频率偏差和 RoCoF 如图 15-19 所示，其中频率偏差减小，没有稳态误差。

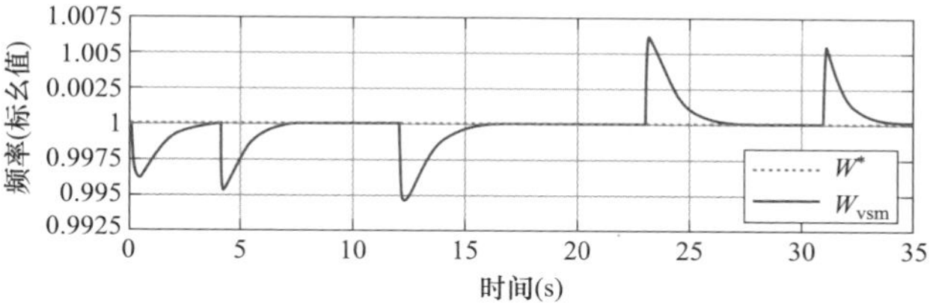

图 15-18　带有积分项（二级控制）的频率响应

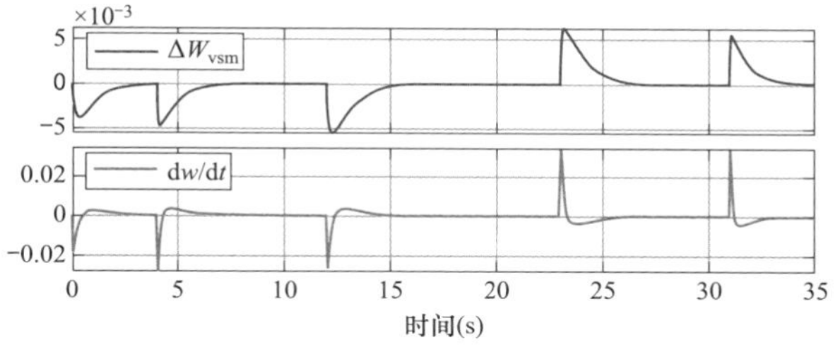

图 15-19　应用积分项后的频率偏差和 RoCoF

15.5　结论

在本章中，对微电网问题进行了介绍，介绍了频率、惯性稳定和功率共享的标准控制技术。强调了直流微电网给交流电网提供辅助服务的能力，并且提出虚拟惯性方法作为频率调节和惯性支撑的适当解决方案。此外，电压支持由电压下垂控制策略提供。

储能和可再生能源技术可用于改善系统直流侧对电网的支持。因此，作为低惯性电网支撑的转换器问题给现代电网带来了很大的冲击，影响了基于电力电子设备的电力系统的惯性响应。考虑到系统的动态特性和时间尺度特性，讨论了功率转换器问题。将惯性响应和频率问题引入弱电网环境，在此背景下，可以应用辅助服务来改善系统运行。

本章介绍了不同的虚拟惯性方法，其中详细介绍了虚拟同步机（VSM），对该方法进行了稳定性分析，并结合传统同步电机与单机运行的情况，给出了应用实例。讨论了频率最低点和最大可控点等频率参数，与典型的电力电子电网控制策略相比，提高了惯性支持度。

参　考　文　献

[1]　Ashabani SM，Mohamed RI，YA（2014）New family of microgrid control and manage-

ment strategies in smart distribution grids; analysis, comparison and testing. IEEE Tran Power Syst 29 (5): 2257-2269.

[2] Boicea VA (2014) Energy storage technologies: the past and the present. Proc IEEE 102 (11): 1777-1794.

[3] Dragičević T, Lu X, Vasquez JC, Guerrero JM (2015) Dc microgrids-part i: a review of control strategies and stabilization techniques. IEEE Trans Power Electron 31 (7): 4876-4891.

[4] Meng L, Shafiee Q, Trecate GF, Karimi H, Fulwani D, Lu X, Guerrero JM (2017) Review on Control of DC Microgrids and Multiple Microgrid Clusters. IEEE J Emerg Selected Top Power Electron 5 (3): 928-948.

[5] Tucci M, Riverso S, Vasquez JC, Guerrero JM, Ferrari-Trecate G (2016) A decentralized scalable approach to voltage control of dc islanded microgrids. IEEE Trans Control Syst Technol 24 (6): 1965-1979.

[6] Kumar D, Zare F, Ghosh A (2017) Dc microgrid technology: system architectures, ac grid interfaces, grounding schemes, power quality, communication networks, applications, and standardizations aspects. Ieee Access 5: 12230-12256.

[7] Olivares DE, Mehrizi-Sani A, Etemadi AH, Cañizares CA, Iravani R, Kazerani M, Hajimiragha AH, Gomis-Bellmunt O, Saeedifard M, Palma-Behnke R, Jiménez-Estévez GA, Hatziargyriou ND (2014) Trends in microgrid control. IEEE Trans Smart Grid 5 (4): 1905-1919.

[8] Bidram A, Davoudi A (2012) Hierarchical structure of microgrids control system. IEEE Trans Smart Grid 3 (4): 1963-1976.

[9] Yang N, Nahid-Mobarakeh B, Gao F, Paire D, Miraoui A, Liu W (2016) Modeling and stability analysis of multi-time scale dc microgrid. Electr Power Syst Res 140: 906-916.

[10] Bevrani H, François B, Ise T (2017) Microgrid dynamics and control. Wiley.

[11] Sahoo SK, Sinha AK, Kishore N (2017) Control techniques in ac, dc, and hybrid ac-dc microgrid: a review. IEEE J Emerg Selected Top Power Electron 6 (2): 738-759.

[12] Makrygiorgou DI, Alexandridis AT (2017) Stability analysis of dc distribution systems with droop-based charge sharing on energy storage devices. Energies 10 (4): 433.

[13] Magne P, Nahid-Mobarakeh B, Pierfederici S (2012) General active global stabilization of multiloads dc-power networks. IEEE Trans Power Electron 27 (4): 1788-1798.

[14] Tahim APN, Pagano DJ, Lenz E, Stramosk V (2015) Modeling and stability analysis of islanded dc microgrids under droop control. IEEE Trans Power Electron 30 (8): 4597-4607.

[15] Dragičević T, Lu X, Vasquez JC, Guerrero JM (2016) Dc microgrids-part i: a review

of control strategies and stabilization techniques. IEEE Trans Power Electron 31 (7): 4876-4891.

[16] Iovine A, Siad SB, Damm G, Santis ED, Benedetto MDD (2017) Nonlinear control of a dc microgrid for the integration of photovoltaic panels. IEEE Trans Autom Sci Eng 14 (2): 524-535.

[17] Iovine A, Rigaut T, Damm G, De Santis E, Di Benedetto MD (2019) Power management for a dc microgrid integrating renewables and storages. Cont Eng Pract 85: 59-79.

[18] Iovine A, Siad SB, Damm G, Santis ED, Benedetto MDD (2016) Nonlinear control of an ac-connected dc microgrid. In: IECON 2016—42nd annual conference of the IEEE industrial electronics society, pp 4193-4198.

[19] Perez F, Iovine A, Damm G, Ribeiro P (2018) DC microgrid voltage stability by dynamic feedback linearization. In: 2018 IEEE international conference on industrial technology (ICIT), pp 129-134.

[20] Perez F, Iovine A, Damm G, Galai-Dol L, Ribeiro P (2019) Regenerative braking control for trains in a dc microgrid using dynamic feedback linearization techniques. IFAC-PapersOnLine 52 (4): 401-406.

[21] Iovine A, Jimenez Carrizosa M, Damm G, Alou P (2018) Nonlinear control for DC microGrids enabling efficient renewable power integration and ancillary services for AC grids. IEEE Trans Power Syst pp 1.

[22] Perez F, Damm G, Ribeiro P, Lamnabhi-Lagarrigue F, Galai-Dol L (2019a) A nonlinear distributed control strategy for a dc microgrid using hybrid energy storage for voltage stability. In: 2019 IEEE 58th conference on decision and control (CDC). IEEE, pp 5168-5173.

[23] Chen Y, Damm G, Benchaib A, amnabhi-Lagarrigue F (2014) Feedback linearization for the DC voltage control of a VSC-HVDC terminal. In: European control conference (ECC), pp 1999-2004.

[24] Gonzalez-Torres JC, Damm G, Costan V, Benchaib A, Lamnabhi-Lagarrigue F (2020). Transient stability of power systems withembedded vsc-hvdc links: Stability margins analysis and control. IET Generat Trans Distrib.

[25] Carrizosa J, Arzandé MA, Dorado Navas F, Damm G, Vannier JC (2018) A control strategy for multiterminal DC grids with renewable production and storage devices. IEEE Trans Susta Energy 9 (2): 930-939.

[26] Bordons C, Garcia-Torres F, Ridao MA (2020) Model predictive control of microgrids. Springer.

[27] Parisio A, Rikos E, Glielmo L (2014) A model predictive control approach to microgrid operation optimization. IEEE Trans Cont Syst Technol 22 (5): 1813-1827.

[28] Arnold M, Negenborn RR, Andersson G, De Schutter B (2009) Model-based predictive control applied to multi-carrier energy systems. In: 2009 IEEE power and energy society general meeting. IEEE, pp 1-8.

[29] Vasquez JC, Guerrero JM, Miret J, Castilla M, De Vicuna LG (2010) Hierarchical control of intelligent microgrids. IEEE Ind Electron Magaz 4 (4): 23-29.

[30] De Brabandere K, Bolsens B, Van den Keybus J, Woyte A, Driesen J, Belmans R (2007) A voltage and frequency droop control method for parallel inverters. IEEE Trans Power Electron 22 (4): 1107-1115.

[31] Tayab UB, Roslan MAB, Hwai LJ, Kashif M (2017) A review of droop control techniques for microgrid. Renew Sustain Energy Rev 76: 717-727.

[32] Milano F, Dörfler F, Hug G, Hill DJ, verbič G (2018) Foundations and challenges of low-inertia systems. In: 2018 power systems computation conference (PSCC). IEEE, pp 1-25.

[33] Tielens P, Van Hertem D (2016) The relevance of inertia in power systems. Renew Sustain Energy Rev 55: 999-1009.

[34] Winter W, Elkington K, Bareux G, Kostevc J (2014) Pushing the limits: Europe's new grid: innovative tools to combat transmission bottlenecks and reduced inertia. IEEE Power and Energy Magaz 13 (1): 60-74.

[35] National Grid ESO (2019). Interim report into the low frequency demand disconnection (lfdd) following generator trips and frequency excursion on 9 aug 2019. In: Technical report.

[36] Joos G, Ooi B, McGillis D, Galiana F, Marceau R (2000) The potential of distributed generation to provide ancillary services. In: 2000 power engineering society summer meeting (cat. no. 00ch37134), vol 3, pp 1762-1767. IEEE.

[37] Rebours YG, Kirschen DS, Trotignon M, Rossignol S (2007) A survey of frequency and voltage control ancillary services-part ii: economic features. IEEE Trans Power Syst 22 (1): 358-366.

[38] 38. Wu T, Rothleder M, Alaywan Z, Papalexopoulos AD (2004) Pricing energy and ancillary services in integrated market systems by an optimal power flow. IEEE Trans Power Syst 19 (1): 339-347.

[39] ANEEL (2018) Resolução normativa 822, de 26 de junho de 2018, que regulamenta a prestação e remuneração de serviços ancilares no sin. Technical report, National Agency of Electrical Energy-ANEEL (Brazil).

[40] ANEEL (2019a) Revisão da resolução normativa 697/2015, que regulamenta a prestação e remuneração de serviços ancilares no sin, relatório de análise de impacto regulatório 006/2019. Technical report, National Agency of Electrical Energy-ANEEL (Brazil).

[41] ANEEL (2019b) Technical arrangements for ancillary services-submodule 14. 2. Technical report, National Agency of Electrical Energy-ANEEL (Brazil).

[42] Pattabiraman D, Lasseter, RH, Jahns TM (2018) Comparison of grid following and grid forming control for a high inverter penetration power system. In: 2018 IEEE power energy society general meeting (PESGM), pp 1-5.

[43] Poolla BK, Groß D, Dörfler F (2019) Placement and implementation of grid-forming and gridfollowing virtual inertia and fast frequency response. IEEE Trans Power Syst 34 (4): 3035-3046.

[44] Grid N (2014) Electricity ten year statement. UK Electricity Transmission, London.

[45] Breithaupt T, Tuinema B, Herwig D, Wang D, Hofmann L, Rueda Torres J, Mertens A, Rüberg S, Meyer R, Sewdien Vet al (2016) Migrate deliverable d1. 1 report on systemic issues. MIGRATE Project Consortium: Bayreuth, Germany, p 137.

[46] Jessen L, Günter S, Fuchs FW, Gottschalk M, Hinrichs H-J (2015) Measurement results and performance analysis of the grid impedance in different low voltage grids for a wide frequency band to support grid integration of renewables. In: 2015 IEEE energy conversion congress and exposition (ECCE). IEEE, pp 1960-1967.

[47] Rodrigues Lima J (2017) Variable speed pumped storage plants multi-time scale control to allow its use to power system stability. PhD thesis, Paris Saclay.

[48] Joos G, Ooi BT, McGillis D, Galiana FD, Marceau R (2000) The potential of distributed generation to provide ancillary services. In: 2000 power engineering society summer meeting (Cat. No. 00CH37134) 3: 1762-1767.

[49] Markovic U, Stanojev O, Vrettos E, Aristidou P, Hug G (2019) Understanding stability of low-inertia systems.

[50] ENTSO-E, (2013) Documentation on controller tests in test grid configurations. Technical report, European Network of Transmission System Operators for Electricity.

[51] Kundur P, Balu NJ, Lauby MG (1994) Power system stability and control, vol 7. McGraw-hill New York.

[52] Eirgrid S (2012) Ds3: system services consultation-new products and contractual arrangements.

[53] Grid N (2016) Enhanced frequency response: invitation to tender for pre-qualified parties.

[54] ERCOT (2013) Future ancillary services in electric reliability council of texas (ercot).

[55] ENTSO-E, (2017) High penetration of power electronic interfaced power sources (hpopeips). Technical report, Guidance document for national implementation for network codes on grid connection.

[56] Tamrakar U, Shrestha D, Maharjan M, Bhattarai BP, Hansen TM, Tonkoski R (2017)

Virtual inertia：current trends and future directions. Appl Sci 7 (7)：654.

[57] Beck H, Hesse R (2007) Virtual synchronous machine. In：2007 9th international conference on electrical power quality and utilisation, pp 1-6.

[58] Zhong Q-C, Weiss G (2010) Synchronverters：Inverters that mimic synchronous generators. IEEE Trans Ind Electron 58 (4)：1259-1267.

[59] Sakimoto, K., Miura, Y., and Ise, T. (2011). Stabilization of a power system with a distributed generator by a virtual synchronous generator function. In 8th International Conference on Power Electronics-ECCE Asia, pages 1498-1505. IEEE.

[60] D'Arco S, Suul JA, Fosso OB (2015) A virtual synchronous machine implementation for distributed control of power converters in smartgrids. Elect Power Syst Res 122：180-197.

[61] Van TV, Visscher K, Diaz J, Karapanos V, Woyte A, Albu M, Bozelie J, Loix T, Federenciuc D (2010) Virtual synchronous generator：an element of future grids. In：2010 IEEE PES innovative smart grid technologies conference Europe (ISGT Europe). IEEE, pp 1-7.

[62] Shrestha D, Tamrakar U, Ni Z, Tonkoski R (2017) Experimental verification of virtual inertia in diesel generator based microgrids. In：2017 IEEE international conference on industrial technology (ICIT). IEEE, pp 95-100.

[63] Torres M, Lopes LA (2013) Virtual synchronous generator：a control strategy to improve dynamic frequency control in autonomous power systems.

[64] Zhong Q-C (2016) Virtual synchronous machines：a unified interface for grid integration. IEEE Power Electron Magaz 3 (4)：18-27.

[65] Bevrani H, Ise T, Miura Y (2014) Virtual synchronous generators：a survey and new perspectives. Int J Electr Power Energy Syst 54：244-254.

[66] Zhong Q-C, Nguyen P-L, Ma Z, Sheng W (2013) Self-synchronized synchronverters：inverters without a dedicated synchronization unit. IEEE Trans Power Electron 29 (2)：617-630.

[67] Ma Z, Zhong Q-C, Yan JD (2012) Synchronverter-based control strategies for three-phase pwm rectifiers. In：2012 7th IEEE conference on industrial electronics and applications (ICIEA). IEEE, pp 225-230.

[68] Torres M, Lopes LA (2009) Virtual synchronous generator control in autonomous wind-diesel power systems. In：2009 IEEE electrical power and energy conference (EPEC). IEEE, pp 1-6.

[69] Van Wesenbeeck M, De Haan S, Varela P, Visscher K (2009) Grid tied converter with virtual kinetic storage. In：2009 IEEE Bucharest PowerTech. IEEE, pp 1-7.

[70] Svensson J (2001) Synchronisation methods for grid-connected voltage source convert-

ers. IEE Proc-Generat Trans Distrib 148（3）：229-235.

[71] Midtsund T，Suul J，Undeland T（2010）Evaluation of current controller performance and stability for voltage source converters connected to a weak grid. In：The 2nd international symposium on power electronics for distributed generation systems. IEEE，pp 382-388.

[72] Chang C，Gorinevsky D，Lall S（2015）Stability analysis of distributed power generation with droop inverters. IEEE Trans Power Syst 30（6）：3295-3303.

[73] Dohler JS，de Almeida PM，de Oliveira JGet al（2018）Droop control for power sharing and voltage and frequency regulation in parallel distributed generations on ac microgrid. In：2018 13th IEEE International Conference on Industry Applications（INDUSCON）. IEEE，pp 1-6.

[74] Mohd A，Ortjohann E，Morton D，Omari O（2010）Review of control techniques for inverters parallel operation. Electric Power Syst Res 80（12）：1477-1487.

[75] Arani MFM，Mohamed YA-RI，El-Saadany EF（2014）Analysis and mitigation of the impacts of asymmetrical virtual inertia. IEEE Trans Power Syst 29（6）：2862-2874.

[76] Soni N，Doolla S，Chandorkar MC（2013）Improvement of transient response in microgrids using virtual inertia. IEEE Trans Power Deliv 28（3）：1830-1838.

[77] D'Arco S，Suul JA（2013）Virtual synchronous machines-classification of implementations and analysis of equivalence to droop controllers for microgrids. In：2013 IEEE grenoble conference. IEEE，pp 1-7.

[78] D'Arco S，Suul JA，Fosso OB（2015）Small-signal modeling and parametric sensitivity of a virtual synchronous machine in islanded operation. Int J Electr Power Energy Syst 72：3-15.

[79] Gonzalez-Torres JC，Costan V，Damm G，Benchaib A，Bertinato A，Poullain S，Luscan B，Lamnabhi-Lagarrigue F（2018）Hvdc protection criteria for transient stability of ac systems with embedded hvdc links. J Eng 15：956-960.

[80] Machowski J，Bialek J，Bumby J（2011）Power system dynamics：stability and control. Wiley.

[81] Bretas NG，Alberto LF（2003）Lyapunov function for power systems with transfer conductances：extension of the invariance principle. IEEE Trans Power Syst 18（2）：769-777.

[82] Lee D（2016）Ieee recommended practice for excitation system models for power system stability studies. IEEE Std 421（5-2016）：1-207.

Filipe Perez 是巴西 Lactec 研究所的一名全职研究员。他的主要研究方向包括微电网控制、电力转换器控制、非线性控制、可再生能源集成、电力系统稳定性、能量存储管理、辅助服务、虚拟惯性和智能电网。

Gilney Damm 是法国古斯塔夫·埃菲尔大学 COSYS-LYSIS 实验室的高级研究科学家。他的主要研究方向包括非线性和自适应控制以及观测器在电力系统中的应用，如智能电网、超级电网和微电网。

Paulo Ribeiro 是巴西伊塔茹巴联邦大学电气工程教授。他的出版物主要集中在智能电网和工程伦理、教育和哲学。他是 IEEE 和 IET 的会士。

16

能源系统的可持续性和变革性

Ian H. Rowlands

摘要：有源配电网这种先进能源技术的发明和改进，可以促进可再生资源的充分利用，提高能源利用效率，并与广义上的可持续发展目标相协同，对于改善地方、国家和全球福祉是必要的。事实上，“能源可持续发展”的所有方面，包括历来被忽视的社会认可问题，都至关重要。2020 年期间发生的事件进一步突出了当代可持续发展议程的许多内容。能源是人类生存和福祉的核心，而且关键能源服务的可持续供应仍是未来社会的重中之重，能源领域的工作人员必须确保将可持续发展理念融入他们的工作中。本文提供了一些观点和见解来指导这种融合。

16.1 简介和目的

本章的目的是研究能源系统转型背景下可持续性问题。有源配电网这种先进能源技术的发明和改进，可以促进可再生资源的充分利用，提高能源利用效率，有利于改善地方、国家和全球福祉，但是仅靠这些还是不足的。相反，必须确保有源配电网与更广泛的社会、经济和环境协同发展。本章为那些专注于具体技术创新的人提供了更广泛背景的细节，以便他们的行动能够产生更大的影响；同样，本章也让那些在更广泛的背景下工作的人更加了解如何有效地建立这种联系。

本章共分为七个小节。前两个小节介绍了广义的可持续发展概念，然后第三节提供了一些能源领域可持续发展历史背景并概述了当前发展。第四节探讨了与能源系统转型相关的社会接受问题，认为直到最近，这些问题还是一个经常被忽视的话题。第五节简要回顾了 2020 年的重大事件，重点关注全球疫情和“黑人的命也是命”运动，强调了它们对能源专业人员和社会更广泛关注的特定领域的影响。第六节应用前述内容为那些致力于发明或改进先进能源技术的人勾勒出当代可持续发展议程。最后一节简要总结并结束本章。

16.2 可持续性

在20世纪80年代末，随着1987年世界环境与发展委员会的报告（通常称为《布伦特兰报告》）发表，“可持续发展”一词广为流传。可持续发展定义为“既能满足当代人的需要，又不对后代人满足其需要的能力构成危害的发展。”对该术语的关注提高了人们对促进经济增长活动的时空影响的认识[40]。

从20世纪90年代至今，可持续发展问题在各个层面得到重视。在国际上，围绕解决可持续发展问题召开了许多全球大型会议活动，如1992年联合国环境与发展大会（巴西里约热内卢）、2002年可持续发展世界首脑会议（南非约翰内斯堡）和2012年联合国可持续发展大会（巴西里约热内卢）。会议将全球的焦点集中在可持续发展面临的挑战和机遇上——这些挑战和机遇超越了环境、社会和经济边界（更不用说地理边界了），也为世界各地的个人和机构提供建立监测、评估和潜在变革系统的机会。尽管许多人对此类峰会的评价褒贬不一，但事实是，它们为可持续发展的思考和讨论提供了难得的机会[27,43]。

在此期间，国际上为制定一套广泛认同的可持续发展目标召开了一次专门会议。2000年，147位国家元首在美国纽约举办的联合国千年首脑会议上就千年发展目标达成一致。千年发展目标由2015年要达到的八个领域的具体目标组成（见表16-1）。尽管有些人认为千年发展目标过于狭隘，不够全面，但它们推动了许多围绕全球目标的对话，鼓励在全球治理中制定目标，并为2015年达成可持续发展目标奠定了基础，在下文中会再次谈到这一点[6,41,57]。

表16-1　千年发展目标

1. 消除极端贫困和饥饿
2. 普及初等教育
3. 促进性别平等，女性赋权
4. 降低儿童死亡率
5. 改善产妇保健
6. 防治艾滋病毒/艾滋病、疟疾和其他疾病
7. 推动环境可持续发展
8. 全球发展合作

20 世纪 90 年代至今，除国际活动外，国家和地方层面也开展了许多可持续发展活动。这在很大程度上是由于特别强调执行全球愿望和承诺：这最初是由 1992 年（如上所述，在联合国环境与发展会议上）发表的《21 世纪议程》推动的，随后在上述 2002 年和 2012 年会议上进一步强调了这一点。在国家层面，一些国家制定了（并将继续制定）可持续发展战略，这些战略不仅将在国内使用也经常被纳入联合国进程[1,31]。在地方层面，《21 世纪地方议程》是 20 世纪后半期和 21 世纪初进行此类讨论的重要工具；最近，各种术语被用来推进相同的优先事项，包括可持续城市、可持续社区和可持续城市化[5,26]。

尽管千年发展目标没有完全实现，但是各层面围绕千年发展目标所做的努力在很大程度上解决了全球贫困问题[49]。到 2010 年代中期，很明显促进可持续发展不仅需要继续努力，而且确实需要加快进程。例如，联合国环境规划署（UNEP）关于“排放缺口”的年度报告就支撑了这种观点。排放差距是通过两个值之间的差来计算的：(i) 到 2100 年预期全球平均气温上升在 2℃以下所需保持的 2030 年温室气体排放水平；(ii) 根据当时的国家预测和计划，预计 2030 年温室气体排放水平。例如，2015 年计算的排放缺口在 420 亿吨二氧化碳当量（为保证全球气候稳定 2030 年所需保持的排放水平）和 540 亿吨二氧化碳当量之间（根据当时的现状和计划确定的“最佳情况”；基线更接近 65 亿吨二氧化碳当量）。这 120 亿吨二氧化碳当量的缺口预计将产生巨大的社会生态影响[47]。环境署并不是唯一进行评估的机构。斯德哥尔摩环境研究所在九个关键过程中对地球边界的研究也有助于强化世界在促进可持续性方面的努力不足的结论[42]。

因此，2015 年 9 月 5 日，在美国纽约市的联合国总部，193 个国家同意了《2030 年可持续发展议程》，并将其作为 17 个可持续发展目标的一部分。继千年发展目标之后，可持续发展目标还有 169 项到 2030 年承诺实施的具体目标。自引入以来的五年里，可持续发展目标已成为许多论述的一部分，成为一系列政府、企业和其他组织活动、计划和愿望的焦点。此外，它们的影响似乎将继续扩大。可持续发展目标列于表 16-2 中。

表 16-2　可持续发展目标

1. 无贫困
2. 零饥饿
3. 良好的健康与福祉
4. 优质教育
5. 性别平等

续表

6. 清洁饮水和卫生设施
7. 经济适用的清洁能源
8. 体面工作与经济增长
9. 产业、创新和基础设施
10. 减少不平等
11. 可持续城市和社区
12. 负责任消费和生产
13. 气候行动
14. 保护海洋资源
15. 保护陆地生态系统
16. 和平、正义与强大机构
17. 促进目标实现的伙伴关系

最后，让我介绍一下术语。我在本节中使用了两个术语，即“可持续发展”和“可持续性”。鉴于已经确定的任何特定目的，已经对哪个术语最合适进行了几项调查——例如，借鉴了早期的工作，认为虽然“可持续性”指的是一种状态，但可持续发展指的是实现这种状态的过程。虽然这种讨论确实值得一提，但它们超出了本章的范围。事实上，在本章中，我遵循了许多最近的文献（例如文献［19］），主要使用了“可持续性”一词。

16.3　能源可持续性

不同于早期的千年发展目标没有将能源作为其八大目标之一（见表 16-1），在可持续发展目标中能源是重要目标之一（见表 16-2）。更具体地说，可持续发展目标 7 关注“确保人人获得负担得起、可靠和可持续的现代能源”。表 16-3 提供了可持续发展目标 7 及其包含的具体目标和指标详细情况。

表 16-3　可持续发展目标 7 及其包含的具体目标和指标

可持续发展目标 7——确保人人获得负担得起、可靠和可持续的现代能源
目标 7.1——到 2030 年，确保人人都能获得负担得起的、可靠的现代能源服务
指标 7.1.1——获得电力的人口比例
指标 7.1.2——主要依赖清洁燃料和技术的人口比例
目标 7.2——到 2030 年，大幅增加可再生能源在全球能源结构中的比例
指标 7.2.1——可再生能源在终端能源消费总量中的比重

续表

目标 7.3——到 2030 年，全球能效改善率提高一倍
指标 7.3.1——以一次能源和国内生产总值衡量的能源强度
目标 7.a——到 2030 年，加强国际合作，促进获取清洁能源的研究和技术，包括可再生能源、能效，以及先进和更清洁的化石燃料技术，并促进对能源基础设施和清洁能源技术的投资
指标 7.a.1——国际资金流向发展中国家，以支持清洁能源研究和开发以及可再生能源生产，包括混合系统
目标 7.b——到 2030 年，增建基础设施并进行技术升级，以便根据发展中国家，特别是最不发达国家、小岛屿发展中国家和内陆发展中国家各自的支持方案，为所有人提供可持续的现代能源服务
指标 7.b.1——能源效率投资占国内生产总值的百分比，以及用于基础设施和技术向可持续发展服务的财政转移的外国直接投资额

除可持续发展目标 7 聚焦能源问题外，能源问题也是其他 16 个可持续发展目标的“一部分”。事实上，人们对这种交叉联系的关注主要是为了解决千年发展目标范围狭隘、相互孤立的问题。因此，尽管每个可持续发展目标都有特定的重点（见表 16-2），但这并不意味着应该忽视可持续发展目标间的促进或阻碍关系。相反，许多人认为，应该彻底调查这种联系，其中一些很可能是出乎意料的。对于能源项目支持者和能源转型倡导者来说，这意味着要考虑能源倡议对其他 16 个可持续发展目标的影响（并认识到其他推进“海洋”“平等”等的倡议如何影响能源可持续发展目标实现）。这些联系已经以各种方式被理论化和操作化[29,35]。

虽然没有明确与可持续发展目标联系在一起（直到 2015 年才明确进入辩论），但人们在几十年前已经将能源问题和可持续性问题联系在一起。早在 20 世纪 70 年代第一次所谓的能源危机之后，洛文斯就呼吁能源发展应该走“软能源之路”（强调能源效率），而不是“硬能源之路”（基于集中化石能源、供应优先的能源系统）[28]。20 世纪 80 年代、90 年代和 21 世纪初的焦点包括以经济为重点的可持续性问题（例如，对能源市场效率的重新监管）和以环境为重点的持续性问题（如，减少污染性空气排放以改善当地污染和全球气候变化）。这一时期的评论可以在参考文献［16］、［53］和［54］中找到。

今天，围绕能源可持续发展的讨论仍在继续。事实上，以能源为重点的主要组织都有与这一变革相关的建议或设想。国际能源署在其《世界能源展望》报告中提出了许多不同的可持续发展场景[23]。世界能源理事会则强调能源安全、能源公平和能源系统的环境可持续性[58]。其他职权范围更广的政府间机构也在各自的领域占据重要地位，例如联合国开发计划署[45,46]和世界银行[64]。世界经济论坛等以商业为基础的国际组织也提出了他们自己关于能源可持续性的观点[59]。

如果上述观点可以被称为“主流”全球观点，那么通常要求更快过渡、更少依赖传统市场力量的替代观点也在被提出。例如，《气候危机和全球绿色新政》中提出了更快速脱碳的计划，并明确提出了经济合理目标。相比之下，国际可再生能源署倡导优先开发可再生资源[25]。最后，除了这些国际层面的观点外，还存在国家和地方层面的辩论，例如，德国分别围绕其能源转型[38]和国际城市联合组织工作进行的讨论。

为了总结本章的这一部分，请注意有一个以能源可持续性为重点的议题。在过去的五十年里，能源可持续性像广义可持续性一样，被分解为经济、环境和社会等部分。然而，尤其是受到 2015 年可持续发展目标出现激励，最近研究更加全面和相互关联（正如下一节所说，社会考虑更加突出）。文献［11］提供了 2007～2017 年间能源系统可持续性评估的详细文献综述，以及能源专业人员可以使用的数据库。举一个具体例子，文献［12］提出一种能源项目可持续发展目标影响评估框架，并将其应用于埃塞俄比亚和英国的发电项目。事实上，能源可持续性是当今一系列积极、重要和丰富讨论的焦点。

16.4 社会维度整合

如上所述，在可持续性的不同组成方面中，经济和环境因素确实在早期得到了大多数的关注，文献［9］指出，“因为社会优先级的多样化和具体化，（可持续发展的）社会支柱获得了飘忽不定的，甚至混乱的名声”。在本节中，考虑了能源系统转型的“社会接受度”的概念。

能源项目的选址经验，特别是核电站和风电场的选址经验表明，公民对项目的接受程度对该项目的成功至关重要。最近在能源系统用户侧的经验表明，像分时电价和需求响应激励机制这样的项目进一步表明，接受程度不仅包括“离家更近”的技术（例如屋顶的太阳能电池板），还包括一些虽然“技术上不可见”但也可能被某些人视为具有入侵性质的能源控制程序（例如可以将空调系统的设定点提升 2 摄氏度的外部信号）。如果不接受这些技术和项目，即使是在能源转型的高级发展阶段，能源转型计划也可能会“脱轨”。因此，我们开始了有关公民接受程度将如何发展和持续的相关调查。

突破性研究表明，大众对于能源技术和项目的接受度分为多个维度，最常见的是：社区、市场和社会政治维度[65]。最近，越来越多的关注点放在众多参与者角色对于这一传统框架的补充上，重点包括：公众接受度、关键利益相关者接受度和政治接受度。总之，类似的方法已经促进了许多有经验的研究，这些研究不仅完善了这些概念性的想法，也从可接受度的角度扩展了能源技术和能源计划的范围。

最近的主要调查包括：提出关于公众对于储能技术接受程度的研究议程[15]，调查加拿大安大略省精英阶层对能源储存的态度[17]，在研究可再生能源时，主张考虑相关社区概念重构[4]，回顾公众对能源技术研究的看法，考虑到大规模和面向客户的能源技术[8]，并且系统地回顾了与社会对于社区规模分布式能源系统的接受度有关的文献。这些研究表明了多维社会对于继续研究能源技术和能源计划的部署（独立的和系统的）的接受度，并且评估社会对于这些在多层面多渠道多参与者之间交互的技术和程序的接受度。

事实上，从这些文献中——而且它还在继续增长（2020 年的事件确实加速了这一增长，但之后还有更多）——可以得到三个关键信息。

首先，能源问题是一个多部门、多利益主体的问题，不同的人会有不同的理解、不同的经验、不同的侧重点以及对问题和项目的不同视角，因此，要认识到人们对于“同一件事”的认识是不同的，并做出不同的计划，例如，一项对居住在荷兰第一个公共氢燃料站附近的 217 名公民进行的问卷调查发现，从同一事件中发现了一系列情绪——不同程度的愤怒、恐惧、喜悦、骄傲——都来自 2010 年在阿纳姆市建造的一个氢燃料站。当然，每个人都是不同的，他们的计算结果将受到各种感知、理解和价值观（以及其他因素）的影响。在一个群体中，几乎肯定会出现多种反应，这是一个有用的提示。

其次，有效的合作——例如，在新能源项目的支持者和居民之间的合作——是至关重要的。合作必须是尽早的、持续的和有意义的，必须要有多种提供信息和双向交流的机会，同时要及时和透明地履行所做的承诺。许多积极参与能源转型项目选址的人已经对他们认为的什么是有效的社区参与出版了他们自己的“操作指南”。以澳大利亚清洁能源委员会的工作为例，以该国可再生能源行业协会的身份，在信任和尊重的基础上，整理了可以帮助项目发起人与当地社区建立有效关系的资源。

再次，沟通必须是丰富的、真实的和易于理解的。有关各方必须致力于公开对话、努力就事实陈述达成一致，并尽快澄清误解。实际上，这些建议可以在更普遍的层面上扩大到为沟通提供最佳做法，例如，强调他们所谓的在一系列能源和环境问题上有效沟通的社会技术方法的重要性。他们的一个关键信息是必须形成广泛的理解，在各种有用的方法（技术上的、结构上的和认知“修复”）中，发送和接收通信的各类行为体（个人、组织、技术）的广度，以及对人们参与（动机、态度、行为）的理解广度。这对那些推进特别的能源转型计划的人来说非常有用。

这一领域的研究和分析表明，社会认可对于确保及时、经济、可持续地采用正确的能源倡议具有重要意义，认识到利益相关者之间的差异及其观点，实施有效的参与战略，并进行清晰的沟通，将大大有助于确保能源活动的成功。

如上所述，在2010年代，将能源可持续性的社会方面（包括上述方面）进行更全面地整合的考虑正在加速，但2020年发生的疫情进一步扩大了这种影响。在下一节中，我将简要回顾2020年的关键事件以及它们所促进的更广泛的社会变革。然后，在下一节中，我将研究这些影响——结合本章迄今为止所介绍的所有内容——如何有效地结合起来，为能源专业人士构建一个未来的议程。

16.5 2020年的事件

由于种种原因，2020年是不平凡的一年。主要的两个原因是新型冠状病毒危机和“黑人的命也是命”运动。

一是世界卫生组织于2020年3月11日宣布COVID-19病毒在全球范围内大流行，截至2020年11月（本章撰写之时），其带来的全球影响是毁灭性的。最重要的是，130多万人失去了生命，5470万人感染了这一病毒（来自约翰霍普金斯大学的数据，2020年11月16日）。在经济上，世界经济在2020年收缩了4.4%（数据来自国际货币基金组织，2020年11月16日）。数亿人失去了生计来源，几乎没有人能免受影响。据估计，疫情对许多人造成的身体和精神上的损失将持续数月，甚至数年，而对群体（无论是社区、国家或地区）造成的后果是直接而又长期的。地缘政治的重新排序被视为新冠病毒的另一个潜在的长期影响[63]。

二是2020年5月25日，黑人乔治·弗洛伊德在美国明尼阿波利斯市因涉嫌使用假钞被捕时被白人警察德里克·肖文杀害。弗洛伊德的死引发了全球范围内对警察暴行和系统性种族主义的抗议。总的来说，这些回应重新点燃了“黑人的命也是命”运动，并将更多的注意力引向了平等、多样性和包容性的问题。实际上，对于弱势群体这一事件的全球轰动造成的巨大影响令许多人感到震惊，美国正处于全国大选期间，这一事件为讨论平等和相关问题提供了额外的平台[7]。

许多人都在反思2020年这样的事件是如何显著地改变全球社会和经济生活的。例如，一些调查强调了对经济造成的潜在长期影响[24]、对工作性质的影响[3]和对科技角色的影响[30]。在经历了特别的2020年之后，在这些反思的基础上，我强调我认为对那些努力推进能源可持续性的人特别重要的三个领域。它们有助于为本章的下一节奠定基础，为能源领域的专家提供了一系列优先事项。

一是当前基于证据的决策比以往任何时候都更加重要。2020 年的事件表明，重视有效性和可靠性等标准的严格和独立的调查非常有价值。在这一年里，不同的科学和其他协会经常表达这种观点，例如，许多美国科学家写了关于科学的价值，以及公众参与和知情权的重要性[62]。

二是合作至关重要。2020 年的经验再次表明，社会往往需要多种视角——跨学科、管辖区、生态系统和文化——来解决问题并抓住机遇。这表明，需要具有不同经验、知识基础、资源和思维方式的聪明才智来共同应对挑战和机遇。就像 2020 年全球议程上的许多主题一样，这一点以前经常被注意到，它雄辩地阐述了通过不同团队进行跨学科方法的价值，并且文献 18 在国际研究的重要性方面也具有类似的影响。

三是必须确保不让任何一个人掉队。我们需要确保最脆弱的群体——个人、家庭、社区和国家，在我们寻求解决方案和可持续生计的过程中得到充分包容，我们必须消除种族主义和各种歧视。事实上，“共同创造”的概念——在证据和专业知识的支持下，让受到问题影响的人参与到解决问题的过程中——有助于整合所有这三个领域。

围绕这些以及相关领域的许多讨论聚集在一起，呼吁进行更好的重建或伟大的重建，总的来说，考虑到 2020 年对经济和社会的影响之大，我们呼吁承认这一点，世界各地的社区——一旦病毒被根除，或至少得到更好的控制——必须“复苏”和“重建”。鉴于此，人们也普遍认为，应将这场危机视为一次机会：这些社区不应该盲目地重建 2020 年被拆除的任何东西。相反，他们有机会决定什么样的未来是“最好的”——特别是考虑到从疫情和“黑人的命也是命”的经验中学到的一切——并朝着新的目标迈进。在进行更具体的能源创新工作时，确实应该牢记这些建议。在下一节中，我将把这些联系起来。

16.6 对能源专家而言重要的事情

鉴于我们已有的发生在 2020 年前以及受 2020 年疫情揭示和创造的经验，在本章的最后，我为研究人员、分析师、管理者、监管者和其他被本书主题材料吸引的人提供三个相互关联的重要事项。换句话说，因为我认为这本书的读者是那些在先进能源技术——为有源电力网络、促进可再生资源利用和提高能源效率的技术——创新方面处于知识前沿的人，我为他们提供三项重要的优先事情，这些不是他们具体工作的优先级，而是他们如何在更广泛的背景下安排他们正在开发的工作的优先级，这样他们的贡献才能更有影响力。在提出优先事项的同时，我都提出了一些主题，随着推进能源可持续性活动的继续，这些主题似乎变得很重要。我还要指出，这些优先事项对于那些已经在这个更广泛的背景下工作的人来说也很重要——任何人都不应忽视背景及其所有组成部分的重要性。

首先，在上述讨论的精神下，为了更好地向前推进，首先应该问："目标是什么?"正如本节所讨论的那样，这个问题已经走向众所周知的能源意识的前沿，甚至在2020年的事件发生之前。许多人通过强调"需求"的重要性，成功地挑战了传统能源对"供应"的关注。事实上，"整个系统"的方法现在在能源研究中经常被采用，而且是正确的。这种做法应该得到进一步的鼓励，分析师们应该明智地考虑一下最终需要的"能源服务"，然后就可以着手确定哪种系统最能满足这种能源服务需求。(如需详细说明和灵感，请参阅文献［20］中的"系统图")。

今后，从事能源项目的人会越来越多地被问到，"为什么要这样做呢?"假设、惯性思维和诸如"我们一直都是这么做的"之类的评论将不再合格（如果他们真的这么做了)。对社会和经济责任的要求将要求被访者说出他们所贡献的能源服务及其原因。

其次，除了认识到自己正在研究的问题是如何在更广泛的能源系统中存在之外，还要认识到问题是如何与其他问题联系起来的重要性，特别是（在这种情况下）在空间联系和行业联系方面。

在空间联系方面，要认识到大多数能源问题都包括地方、区域、国家、国际和全球层面，涉及各种参与者。从更学术的角度来说，"多级治理"是从事能源项目的人应该熟悉的一个术语。需要澄清的是，通常情况下，任何特定的能源系统都会有跨越国界的联系，因此，多个司法管辖区（及其相关参与者——无论是政府、企业、民间社会组织还是其他机构）对结果都有特殊的利害关系。这些不同级别的治理参与者将提供机遇和挑战——促进和约束，举个例子，北美的能源政治经常会有局部热点（例如，发电厂的选址)，区域内因素（例如，整合电力市场的计划)，跨区域的标注（例如，"可再生能源"在不同司法管辖区政策中的不同定义）以及整个大陆的元素（例如，关于大规模电网的讨论)，这些之间都有所关联。

在这方面，请允许我再次强调，尽管提供能源服务本身确实是一个目标，是一个优先的可持续发展目标，正如上文所述，但它也与社会正在努力推进的其他多项目标有关。明智的做法是，明确评估能源雄心对其他优先事项的影响；可持续发展目标很可能是制定这项调查的有用手段。虽然上面的讨论已经强调了SDG7（能源）与其他可持续发展目标之间的联系，表16-4特别指出了一些可能与本书读者特别相关的内容。未来，以跨学科的方式与他人合作，探索可持续发展的双赢之路，将是至关重要的。

表 16-4　　能源转型技术与其他可持续发展目标之间的联系示例

可持续发展目标	先进的能源技术	潜在影响	指示性参考资料
没有贫困（可持续发展目标 1）	实施分时电价	从传统收费方式转向动态收费方式，可能会对不同客户群体产生截然不同的成本影响	文献［39］
性别平等（可持续发展目标 5）	智慧能源和物联网技术在家庭领域的发展	如果没有性别分析，技术可能会具有特定的形象，并给特定群体带来优势	文献［44］
减少不平等（可持续发展目标 10）	增加部署“能源项目”（如风力发电场、储能设施）	项目可能会产生显著的分布影响，例如，选址位置可能会给特定社区带来负面的地方影响	文献［34］
应对气候变化（可持续发展目标 13）	更多使用氢能源	根据制氢方式的不同，可能会造成重大的气候影响	文献［55］

第三，弹性至关重要。实际上，在我们生活的每一个方面—包括能源活动—我们都必须预料到意想不到的事情，因此，我们必须使我们的能源研究、我们的能源项目、我们的能源政策和我们的能源机构尽可能灵活、具有较强适应性。2020 年的事情表明，低概率和高风险事件确实会发生。甚至在 2020 年之前，一些观察人士就已经确定了一系列可能发生的此类事件——包括流行性疾病。事实上，在世界经济论坛对全球风险的年度分析中，2020 年初，“传染病”和“大规模杀伤性武器”“信息基础设施崩溃”“粮食危机”等其他全球风险都属于“高影响”“低可能性”的风险，实际上，所有 31 个风险都应该关注。

因此，总的来说，给能源专业人士的建议是有目的地工作、善于识别和应对关联性，并在未来的工作中嵌入弹性。

16.7　总结

本章的目的是研究能源系统转型背景下的可持续性。为了做到这一点，研究了可持续性的概念，特别是能源可持续性（并进一步关注社会接受度问题）。本文简要描述了最近发生的事件，也就是 2020 年的典型事件，并明确了它们带来的关键影响。这一以及本章的所有内容—引发了一场针对那些直接在能源部门工作的人对当前可持续发展议程的讨论。加入这一讨论的动机是为了确保能源专业人士的努力——通常专注于更广泛的领域中相对较小的一部分——能够对未来产生最大的影响。

能源是人类生存和幸福的核心。可持续地提供重要能源服务将继续成为未来社会需要优先考虑的问题。这方面取得成功对于帮助增进每个人的福祉和社会的集体生计至关重要。无论一个人的工作涉及能源问题的程度如何，总的来说，所有人都需要了解能源系统，并且至少要与那些拥有更详细知识的人联系。通过集体协作，我们可以共同迈向可持续的未来。

参 考 文 献

[1] Abbott KW，Bernstein S（2015）The high-level political forum on sustainable development：orchestration by default and design. Global Pol 6（3）：222-233. https://doi.org/10.1111/1758-5899.12199.

[2] Abrajamse W，DarbyS MKA（2018）Communication is key：how to discuss energy and envi- ronmental issues with consumers. IEEE Power Energ Mag 16（1）：29-34. https://doi.org/10.1109/MPE.2017.2759882.

[3] Autor D，Reynolds E（2020）The nature of work after the COVID crisis：too few low-wage jobs. Brookings Institution，Washington，DC.

[4] Batel S（2018）A critical discussion of research on the social acceptance of renewable energy generation and associated infrastructures and an agenda for the future. J Environ Planning Policy Manage 20（3）：356-369.

[5] Bibri SE，Krogstie J（2017）Smart sustainable cities of the future：an extensive interdisciplinary literature review. Sustain Cities Soc 31：183-212. https://doi.org/10.1016/j.scs.2017.02.016 6.

[6] Biermann F，Kanie N，Kim RE（2017）Global governance by goal-setting：the novel approach of the UN Sustainable Development Goals. Curr Opinion Environ Sustain 26-27：26-31. https://doi.org/10.1016/j.cosust.2017.01.010.

[7] Blain KN（2020）Civil rights international：the fight against racism has always been global. Foreign Aff 99（5）：176-181.

[8] Boudet HS（2019）Public perceptions of and responses to new energy technologies. Nat Energy4：446-455. https://doi.org/10.1038/s41560-019-0399-x.

[9] Boyer RHW，Peterson ND，Arora P，Caldwell K（2016）Five approaches to social sustainability and an integrated way forward. Sustainability. https://doi.org/10.3390/su8090878.

[10] C40（2020）C40 cities，https://www.c40.org/. Accessed 14 Nov 2020.

[11] Campos-Guzmán V，García-Cáscales MS，Espinosa N，Urbina A（2019）Life cycle

analysis with multi-criteria decision making: a review of approaches for the sustainability evaluation of renewable energy technologies. Renew Sustain Energy Rev 104: 343-366. https://doi.org/10.1016/j.rser.2019.01.031.

[12] Castor J, Bacha K, Nerini FF (2020) SDGs in action: a novel framework for assessing energy projects against the sustainable development goals. Energy Res Soc Sci. https://doi.org/10.1016/j.erss.2020.101556.

[13] Chomsky N, Pollin R, Polychroniou CJ (2020) Climate crisis and the global green new deal. Verso Books, Brooklyn, NY.

[14] Clean Energy Council (2020) Community engagement. https://www.cleanenergycouncil.org.au/advocacy-initiatives/community-engagement. Accessed 15 Nov 2020.

[15] Devine-Wright P, Batel S, Aas O, Sovacool B, LaBelle MC, Ruud A (2017) A conceptual framework for understanding the social acceptance of energy infrastructure: insights from energy storage. Energy Policy 107: 27-31. https://doi.org/10.1016/j.enpol.2017.04.020.

[16] Florini A, Sovacool B (2009) Who governs energy? The challenges facing global energy governance. Energy Policy 37 (12): 5239-5248.

[17] Gaede J, Rowlands IH (2018) How 'transformative' is energy storage? Insights from stake- holder perspectives in Ontario. Energy Res Soc Sci 44: 268-277. https://doi.org/10.1016/j.erss.2018.05.030.

[18] Gast AP (2012) Why science is better when it's international. Sci Am 306 (5): 14-15.

[19] Gibson RB (2006) Beyond the pillars: sustainability assessment as a framework for effective integration of social, economic and ecological considerations in significant decision-making. JEAPM 8 (3): 259-280. https://doi.org/10.1142/S1464333206002517.

[20] Grubler A, Johansson TB, Muncada L, Nakicenovic N, Pachauri S, Riahi K, Rogner H-H, Strupeit L (2012) Chapter 1: Energy primer. In: Team, GEA Writing (eds) Global energy assess- ment: toward a sustainable future (October 2012). Cambridge University Press and IIASA, pp 99-150.

[21] Huang Z, Saxena SC (2020) Can this time be different? challenges and opportunities for Asia-Pacific economies in the aftermath of COVID-19. United Nations Economic and Social Commission for Asia and the Pacific, Bangkok.

[22] Huijts NMA (2018) The emotional dimensions of energy projects: anger, fear, joy and pride about the first hydrogen fuel station in the Netherlands. Energy Res Soc Sci 44: 138-145. https://doi.org/10.1016/j.erss.2018.04.042.

[23] IEA (2020) World energy outlook 2020. International Energy Agency, Paris.

[24] IMF (2020) World economic outlook: a long and difficult ascent. International Monetary Fund, Washington, DC.

[25] IRENA (2020) Long-term energy scenarios (LTES) network. https://www.irena.org/energytransition/Energy-Transition-Scenarios-Network. International Renewable Energy Agency, AbuDhabi. Accessed 16 Nov 2020.

[26] Lafferty MW, Eckerberg K (2009) Introduction: the nature and purpose of 'Local Agenda 21.' In: Lafferty WM, Eckerberg K (eds) From earth summit to local agenda 21: working towards sustainable development. Earthscan, London, pp 1-14.

[27] Linnér B-O, Selin H (2013) The United Nations Conference on Sustainable Development: forty years in the making. Environ Plann C Government Policy 31 (6): 971-987. https://doi.org/10.1068/c12287.

[28] Lovins AB (1976) Energy strategy: the road not taken. Foreign Aff 55: 65-96.

[29] McCollum DLet al (2018) Connecting the sustainable development goals by their energy inter-linkages. Environ Res Lett. https://doi.org/10.1088/1748-9326/aaafe3.

[30] McKinsey & Company (2020) The recovery will be digital: digitizing at speed and scale. McKinsey Global Publishing, New York City.

[31] Meadowcroft J (2007) National sustainable development strategies: features, challenges and reflexivity. Eur Env 17: 152-163. https://doi.org/10.1002/eet.450.

[32] Mensah J (2019) Sustainable development: meaning, history, principles, pillars, and implica- tions for human action: literature review. Cogent Social Sciences. https://doi.org/10.1080/23311886.2019.1653531.

[33] Mildenberger M, Stokes LC (2019) The energy politics of North America. In: Hancock KJ, Allison JE (eds) The Oxford handbook of energy politics. Oxford University Press, Oxford.

[34] Mueller JT, Brooks MM (2020) Burdened by renewable energy? a multi-scalar analysis of distributional justice and wind energy in the United States. Energy Res Soc Sci. https://doi.org/10.1016/j.erss.2019.101406.

[35] Nerini FFet al (2018) Mapping synergies and trade-offs between energy and the sustainable development goals. Nat Energy 3: 10-15. https://doi.org/10.1038/s41560-017-0036-5.

[36] OECD (2020) Building back better: a sustainable, resilient recovery after COVID-19. Organisation for Economic Co-operation and Development, Paris.

[37] Phillips KW (2014) How diversity makes us smarter. Sci Am 311 (4): 43-47.

[38] Quitzow Let al (2016) The German Energiewende: what's happening? introducing the special issue. Utilities Policy 41: 163-171. https://doi.org/10.1016/j.jup.2016.03.002.

[39] Rahman MM, Hettiwatte S, Shafiullah GM, Arefi A (2017) An analysis of the time of use electricity price in the residential sector of Bangladesh. Energ Strat Rev 18: 183-198.

https://doi. org/10. 1016/j. esr. 2017. 09. 017.

[40] Redclift M (2005) Sustainable development (1987—2005): an oxymoron comes of age. Sustain Dev 13: 212-227. https://doi. org/10. 1002/sd. 281.

[41] Sachs JD, McArthur JW (2005) The Millennium project: a plan for meeting the millennium development goals. The Lancet 365: 347-353. https://doi. org/10. 1016/S0140-6736(05)17791-5.

[42] SEI (2020) Planetary boundaries research. https://www. stockholmresilience. org/research/pla netary-boundaries. html. Accessed 10 Nov 2020.

[43] Seyfang G (2003) Environmental mega-conferences—from Stockholm to Johannesburg and beyond. Glob Environ Chang 13 (3): 223-228. https://doi. org/10. 1016/S0959-3780(03)00006-2.

[44] Strengers Y (2014) Smart energy in everyday life: are you designing for resource man? Interactions 21 (4): 24-31. https://doi. org/10. 1145/2621931.

[45] UNDP (2016) Delivering sustainable energy in a changing climate. United Nations Develop- ment Programme (UNDP), New York.

[46] UNDP and ETH Zürich (2018) Derisking renewable energy investment: off-grid electrification. United Nations Development Programme (UNDP), New York and ETH Zürich, Energy Politics Group, Zürich.

[47] UNEP (2015) The emissions gap report 2015. United Nations Environment Programme (UNEP), Nairobi.

[48] United Nations (2020a) Millennium Development Goals and beyond 2015. https://www. un. org/millenniumgoals/bkgd. shtml. Accessed 10 Nov 2020.

[49] United Nations (2020b) The Millennium Development Goals report 2015. https://www. undp. org/content/undp/en/home/librarypage/mdg/the-millennium-development-goals-report-2015. html. Accessed 10 Nov 2020.

[50] United Nations (2020c) 17 goals to transform our world. https://www. un. org/sustainabledeve lopment/. Accessed 10 Nov 2020.

[51] United Nations (2020d) Goal 7. https://sdgs. un. org/goals/goal7. Accessed 10 Nov 2020.

[52] Upham P, Oltra C, Boso À (2015) Towards a cross-paradigmatic framework of the social acceptance of energy systems. Energy Res Soc Sci 8: 100-112. https://doi. org/10. 1016/j. erss. 2015. 05. 003.

[53] Van de Graaf T (2013) The politics and institutions of global energy governance. Palgrave Macmillan, Basingstoke.

[54] Van de Graaf T, Colgan J (2016) Global energy governance: a review and research agenda. Palgrave Communications. https://doi. org/10. 1057/palcomms. 2015. 47.

[55] van Renssen S (2020) The hydrogen solution? Nat Clim Chang 10: 799-801. https://doi.org/10.1038/s41558-020-0891-0.

[56] von Wirth T, Gislason L, Seidl R (2018) Distributed energy systems on a neighborhood scale: reviewing drivers of and barriers to social acceptance. Renew Sustain Energy Rev 82: 2618-2628. https://doi.org/10.1016/j.rser.2017.09.086.

[57] Waage Jet al (2010) The Millennium Development Goals: a cross-sectoral analysis and prin- ciples for goal setting after 2015. The Lancet 376 (9745): 991-1023. https://doi.org/10.1016/S0140-6736(10)61196-8.

[58] WEC (2020) World energy trilemma index. World Energy Council, London.

[59] WEF (2020a) Fostering effective energy transition. World Economic Forum, Geneva.

[60] WEF (2020b) The great reset. https://www.weforum.org/great-reset. World Economic Forum, Geneva. Accessed 22 Nov 2020.

[61] WEF (2020c) The global risks report 2020. World Economic Forum, Geneva.

[62] Weymann RJ, Santer B, Manski CF (2020) Science and scientific expertise are more important than ever. Scientific American, 5 August 2020, https://www.scientificamerican.com/article/sci ence-and-scientific-expertise-are-more-important-than-ever/, Accessed 16 Nov 2020.

[63] WHO (2020) Coronavirus disease (COVID-19) pandemic. https://www.who.int/emergencies/diseases/novel-coronavirus-2019, Accessed 16 Nov 2020.

[64] World Bank (2020) Tracking SDG7: the energy progress report. International Bank for Reconstruction and Development, Washington, DC.

[65] Wüstenhagen R, Wolsink M, Burer MJ (2007) Social acceptance of renewable energy innova- tion: an introduction to the concept. Energy Policy 35 (5): 2683-2691. https://doi.org/10.1016/j.enpol.2006.12.001.

Ian H. Rowlands 是加拿大滑铁卢大学环境、资源和可持续发展学院的教授。他还担任滑铁卢大学的副校长（国际事务）。他的研究涵盖气候变化、能源管理与政策、国际教育和可持续性等领域。

17

智能电网在低碳排放问题中的作用

Claudia Rahmann and Ricardo Alvarez

摘要： 人类面临的最大挑战之一是全球变暖。尽管这一挑战需要全社会的共同努力，但能源部门——负责全球大部分温室气体排放——被要求发挥主导作用。这一探索的支柱之一是电力系统的脱碳，传统的发电技术在很大程度上被基于可再生能源的低碳发电技术所取代。迈向低碳电力系统是有效减缓气候变化的唯一途径，但它对电力系统的运行和控制提出了巨大的技术挑战。向未来低碳电力系统的经济高效和安全过渡需要从根本上改变电力系统的设计和运行方式。我们需要从今天的电网发展为下一代电网，即所谓的智能电网。未来的智能电网的先进传感覆盖所有电压等级，用遍布所有电压等级的先进传感、分布式能源、灵活的输电和配电技术以及双向通信网络，以增强对现有网络基础设施的使用。这反过来促进了可再生能源的大规模整合，并最终减少了二氧化碳排放。在本章中，我们回顾了正在进行的能源转型的关键方面，介绍了其中的一些挑战和可能的解决方案。然后，我们介绍了智能电网的概念，并介绍了它们如何帮助减少二氧化碳排放。最后，我们提出了成功实现智能电网所需要解决的一些主要挑战。

17.1 引言：能源部门是向低碳排放社会转型的关键载体

向低碳电力系统的能源转型已经在进行中。

二十世纪化石燃料的不断使用为社会提供了无数在社会和经济上取得进步的机会。然而，一代人抓住的机会可能会给下一代人带来挑战。在这方面发电厂中燃料的燃烧导致了污染和二氧化碳（CO_2）的产生，它目前是全球变暖以及其他温室气体（GHG）的主要来源。污染和二氧化碳排放不仅威胁人类健康，还危及地球的中长期可持续性。根据国际能源署的数据，2018 年全球二氧化碳排放量达到 33.5GtCO_2 的历史新高，比 1990 年的排放量高出约 66%。从这个数量中，大约 40%来自发电部门，通过燃烧煤炭、石油和天然气等化石燃料来产生为蒸汽驱动涡轮机提供动力所需的热量。煤炭发电是迄今为止使用最多的策略，2018 年占全球发电量的 38%。因此，燃煤发电厂是 2018 年观测到的排放量增长的最主要因素，与 2017 年相比增长了 2.9%。尽管 2020 年新冠肺炎大流行导致全球二氧化碳排放量空前减少，但为了达到 1.5℃的升温极限，类似的减少速度必须持续数十年。如今，人们普遍认为，21 世纪最严峻的挑战之一是阻止全球变暖的加剧。为了应对这一挑战，一些国家在 2015 年签署的全球《巴黎协定》范围内制定了减少温室气体排放的宏伟目标。在 2030 年，德国、日本和中国等国制定了温室气体排放量目标，分别比 1990 年水平减少 55%、比 2013 年水平减少 26%和比 2005 年水平减少 60%～65%。欧洲理事会还决定，到 2050 年，其温室气体排放量将比 1990 年的水平减少 80%～95%[10]。国家气候目标的更多例子可以在其他地方找到。

气候目标促使各国寻求强有力的脱碳途径，以实现向低碳排放社会的相对快速过渡。尽管这是一个需要全社会共同努力的广泛挑战，但能源部门——考虑到能源生产和使用，约占全球温室气体排放量的三分之二——被要求发挥主导作用。因此，电力系统的脱碳成为解决全球气候问题的基石之一。实现这一宏伟目标的支柱包括加快可再生能源的部署以及能源效率措施。根据政府间气候变化专门委员会（IPCC）的说法，到 2050 年，可再生能源必须提供世界 70%～85%的电力，才能将全球变暖限制在 1.5℃。

向高比例可再生能源的低碳电力系统的过渡已经在进行中。2018 年全球发电总量的大部分来自可再生能源，可再生能源成为仅次于煤炭的全球电力生产第二大贡献者。自 2009 年以来，截至 2019 年底，累计可再生能源产能（包括水电）从 1136GW 增至 2537GW。太阳能光伏发电和风力发电的增长率尤其高。1990 年至 2018 年间，这两项技术的年均增长率分别为 36.5%和 23.0%。2019 年是可再生能源破纪录的一年，新增装机容量超过 200GW，是迄今为止最大的增长。太阳能光伏发电以 115GW 的增长引领了产能扩张，其次是风能和水电，分别为 60GW 和 16GW。

基于 100%可再生能源的电力系统不再是梦想。虽然一些国家已经拥有太阳能和/或风能发电能力，以满足其自身的电力需求，但其他国家的目标是在未来实现100%的可再生能源电力系统。水力发电满足100%的电力需求，而挪威、哥斯达黎加、巴西和加拿大等国的电力系统分别拥有97%、93%、76%和62%的水力发电。

尽管迈向低碳电力系统是有效减缓气候变化的独特机会，但它也给电力系统的运行和控制带来了巨大的技术挑战。主要原因是基于转换器的可再生能源（如风力发电厂和光伏发电厂）与传统发电技术之间的固有差异。一方面，可再生能源发电厂由可变能源提供动力，其可用性水平随时间变化（可变性），无法完全准确地预测（不确定性）。随着可再生能源水平的增加，电力系统中引入的额外可变性和不确定性可能会对其频率调节提出重大挑战。这是因为大多数RES（尚未）对系统频率调节做出贡献。另一方面，RES的总体性能以及它们与电网的相互作用在很大程度上取决于它们的控制特性。

从化石电力系统向低碳电力系统的过渡涉及能源部门的全面改革。从一种燃料源切换到另一种燃料来源并不简单。我们需要构思一种全新的能源生产、运输和消费方式。虽然能源转型已经在进行中，但需要采取紧急行动，以尽可能安全地实现这一转型。我们现在正面临“第三次工业革命”，科学界应该迎接这一挑战。

17.2 与能源转型相关的技术挑战

能源供应向可再生能源主导的电力系统的范式转变需要逐步脱离现有电力系统所依赖的基本支柱。这主要是由于可再生能源的物理特性，以及它们通过功率转换器连接到系统的事实，这意味着可再生能源发电厂的行为与传统发电设施不同。不仅在技术和运营层面，而且在监管、经济、政治和社会层面，都需要进行重大的合作和创新变革。

接下来，我们将介绍低碳电力系统的主要技术挑战，以及为克服这些挑战可能考虑和部署的当前解决方案的摘要。我们的讨论是从系统运行的角度进行的，特别强调系统的稳定性和控制，没有讨论未来电力系统将面临的其他相关挑战。

17.2.1 灵活性挑战

为了确保电力供应的安全，电力系统的频率必须在其标称值附近保持几乎恒定。这是避免持续频率偏差可能对社会造成的社会和经济后果的强制性要求。将频率保持在允许的频带内要求总能量生产等于每个时间点的总消耗。为此，传统发电厂中使用的同步发电机保持一定的能量余量（或功率储备），这允许控制消耗和发电之间可能的不平衡。

从控制的角度来看，电力系统中的频率是通过快速局部控制器和慢速集中控制器的组合来调节的。在发电和消耗之间不匹配的情况下，快速闭环控制器通过增加或减少其输出功率在每个同步电机上局部起作用，以恢复系统中的功率平衡（基频控制）。一旦完成了一级频率控制，一个较慢的集中控制器，即自动发电机控制（AGC），开始动作，以便将频率恢复到其标称值。

上述控制电力系统频率的方法已被证明是一种简单有效的策略，一方面，可再生能源在电力系统中的集成增加了系统运营商和规划者必须处理的可变性和不确定性，远远超出了他们已经习惯的水平，从而使频率调节更加复杂。可再生能源的发电，如风能和光伏发电，由当地天气条件决定，这意味着其发电量是可变的，难以预测。用于在由同步机主导的传统系统中成功地将频率保持在允许的限度内。然而，不同的研究和实践经验表明，面对高水平的可再生能源，仅靠这一策略不足以保持消费和发电之间的平衡。尽管光伏发电厂的输出功率通常比风力发电更不可变，也更可预测，但与其日周期和云层移动导致的快速功率斜坡相关的固有挑战仍然存在。根据系统操作条件，可再生能源发电量的巨大而突然的变化可能会耗尽传统发电方式中可用的斜坡储备发电机组，并威胁系统中的功率平衡。另一方面，由于大多数可再生能源发电厂的运行通常是为了达到最大发电量（在其最大功率点 MPP 下运行），它们不能像传统发电机那样参与系统频率控制。在这种情况下，用 RES 取代传统同步发电机会导致用于频率调节的发电机数量减少，因此，导致电力系统在正常情况下处理频率偏差的能力下降。请注意，即使 RES 在频率控制的给定能量裕度下运行，其随机性也无法保证这种储备，这意味着这个问题仍然存在。

在高水平可再生能源的频率调节中出现的挑战将需要增加电力系统的灵活性，以抵消可再生能源的可变和部分不可预测的发电，这是保证电力供应安全的强制性要求，因此也是迈向低碳电力系统的强制性要求。

17.2.2 稳定性挑战

在过去的几年里，世界各地的几项研究和实践经验表明，RES 在电力系统中的使用增加会导致新型的稳定性问题，例如转换器驱动的稳定性（包括慢速和快速相互作用），这些问题是由 RES 和同步发电机的动态特性之间的固有差异引起的。IEEE 电力系统动态性能委员会的一个工作组最近解决了大容量电力系统的稳定性定义和分类问题，包括由于高水平 RES 引起的新现象和问题。根据工作组的说法，在评估 RES 对系统动态行为的影响时，需要考虑的关键因素如下：

①系统惯性的总体降低；②故障期间 RES 对短路电流的贡献有限；③快速响应设备与电网之间可能出现的新的控制相互作用。这些因素的结合，加上从同步发电机向可再生能源的转变，导致电力系统的稳健性总体下降，从而使其更容易不稳定。

在电力系统中，系统鲁棒性一词通常用于粗略描述其在所有可能的运行条件下的性能。它表明一个系统能够很好地应对不同的扰动，并保持稳定的行为。用于量化系统鲁棒性的两个常见指标是给定网络母线的短路水平（SCL）和系统惯性。

给定位置的 SCL 是系统鲁棒性的常见指标：其值越高，相关母线的网络强度就越高。SCL 表示网络母线的电压刚度：高 SCL 表示具有刚性电压的强系统，这意味着当受到小扰动时，它们的值不会有太大偏差。这是因为强电系统的串联阻抗相对较低，因此电压对潮流变化的敏感性也较低。由于同步电机是短路电流贡献的主要来源[28]，高 SCL 通常出现在靠近发电机的区域，而低 SCL 通常发生在远离发电中心的区域。SCL 也是衡量突发事件期间电力系统动态性能的一个很好的指标。具有高 SCL 的电力系统通常以大量同步发电机为特征，这些发电机提供高故障电流，极大地提高了电网的稳定性。SCL 是衡量系统对不同故障的响应鲁棒性的指标。

惯性通常被认为是电力系统同步运行的关键系统参数之一。它是一个指标，表明一个系统能够很好地应对功率失衡，并保持稳定的频率。因此，电力系统中的惯性水平也代表了系统鲁棒性的良好指标。惯性响应自然是由电力系统的旋转质量提供的，如同步电机和电机。它既影响突发事件期间低频减载方案的激活，也影响稳态（小负荷/发电波动）下频率控制的性能。在严重功率失衡后的最初几秒钟内，系统频率将以主要由其总惯性决定的速率下降：系统惯性越低，系统频率下降得越快。由于它们的机电耦合，旋转质量将在几秒钟内将动能注入电网或从电网吸收动能，以抵消根据其惯性产生的频率偏差。只要发电和消耗之间不匹配，就会产生同步发电机的这种自然计数器响应。该动作使得系统频率动态较慢，因此更容易调节。因此，在同步发电机突然断开的情况下，最初通过从剩余的旋转机器中提取动能来补偿不平衡。这种自然作用对于阻止频率下降至关重要。除了这种自然响应之外，同步发电机的一级频率控制通过改变发电功率来恢复功率平衡。

到目前为止，在整个网络中大量分布的同步发电机，在很大程度上确保了电力系统的稳健性。这些旋转电机在突发事件期间自然会提供高故障电流，这有力地支持了系统的稳定性，以及故障清除后的恢复（同步电机中的过励磁限制器通常包括相当大的延迟，因此电机可以在短时间内提供显著的过电流）。在这方面，可再生能源发电厂的表现与传统发电设施截然不同。一方面，由于电力电子设备的热限制，RES 的短路电流贡献通常限制在其额定电流的 1.0 到 1.5 倍之间。然而，3 型风力发电机（双馈感应发电机）可以贡献更多的短路电流，因为它们的定子直接耦合到电网。尽管如此，这些值仍明显低于同步电机所能提供的故障电流，该故障电流可高达其标称电流的 6 倍。另一方面，RES 在功率失衡期间不会像传统发电机那样自然地提供惯性响应，除非为此目的精心设计了特定的控制。光伏发电厂没有旋转元件，因此，除了存储在其直流链路中的能量外，没有像同步发电机那样可用的存储能量，这是可以忽略的。在风力涡轮机的情况下，功率转换器将发电机与电网完全或部分电气解耦，这意味着存储在其运动部件中的动能不能用于支持频率。

在具有低惯性和 SCL 的弱电系统中，运行和稳定性问题可能以几种不同的方式出现。一方面，SCL 的减少导致 dV/dP 和 dV/dQ 的值更高，这意味着潮流中的小扰动可以显著改变网络电压，这使得控制它们变得极其困难。另一方面，在 SCL 较低的电网中，更容易出现控制不稳定性、控制相互作用、小信号不稳定性和电压不稳定性等稳定性问题。在突发事件期间，这些电力系统可能在宽的网络区域内经历极低的电压，这可能给故障清除后的电压恢复带来困难。因此，具有低 SCL 的系统更容易面临电压不稳定性或只是崩溃。严重的电压下降也可能大大加快附近机器的转子速度，这反过来又可能导致同步损失。从频率的角度来看，用无惯性 RES 代替同步电机会导致一级频率响应和系统惯性响应的退化。这在孤岛系统和小型孤立系统的情况下尤其重要，因为惯性（没有 RES）已经很低。系统惯性的降低增加了发电损失后的频率最低点，并导致应急开始时频率变化率更陡。因此，系统频率动态特性变得更快。这可能导致发电损失后更频繁和更大的频率偏移，这反过来又可能危及电力系统的频率稳定性。

17.2.3 控制挑战

RES 与传统发电机的区别在于，RES 的动态响应及其在突发事件期间与电网的相互作用是由所选控制策略的特性决定的，而不是由转换器的物理特性决定的。这与同步发电机形成了鲜明对比，在同步发电机中，机器本身的物理特性，如惯性和电气参数，在决定其暂态运行方面发挥着关键作用。这种对控制系统的依赖对电力系统的运行提出了重大挑战，因为它们的动态性能可能会显著变化，不仅取决于系统运行条件，还取决于所选择的控制策略、参数和设备供应商。当我们考虑到能源供应的转变不仅发生在高电压水平的大型可再生能源发电厂，而且发生在连接到配电网（也称为分布式能源，DER）的小型可再生能源生产商时，挑战变得更加复杂。此外，能源转型的特点还在于集成了其他电力电子转换器接口技术，如存储系统、柔性交流输电系统（FACTS）、高压直流（HVDC）线路和电力电子接口负载。当数百个电力电子设备以不同的电压水平添加到电力系统中时，会出现影响其控制的两个关键因素：

系统的响应越来越依赖于（复杂的）快速响应电力电子设备，从而改变了电力系统的动态行为；(ii) 在电网中创建了数百个新的控制点，从而对其协调和调整提出了挑战。

转换器是模块化的、几乎完全驱动的设备，允许各种灵活快速的控制替代方案，驱动时间在非常快的时间尺度上。虽然从控制的角度来看，这些特征提供了广泛的机会，但它们也增加了额外的复杂性。这些控制挑战包括：

(1) 由于低 SCL（连接到弱系统）和/或由于故障期间转换器的电流限制，可能的 RES 不稳定性。

(2) 转换器和电网之间或附近几个转换器之间的耦合引起的意外快速动态交互。

(3) 信号处理导致的动作延迟。

绝大多数大型可再生能源发电厂使用电压源转换器，只要总电流保持在电力电子开关的额定能力范围内，转换器就可以独立控制与电网交换的有功和无功功率。根据所使用的控制模式，典型的 RES 转换器包括具有快速响应时间的控制回路和算法，如锁相环（PLL）控制器和内部电流回路控制器。经验表明，这些控制回路通常是现代 RES 发电厂的关键不稳定驱动因素。特别是在具有低 SCL 的弱网络的情况下，RES 更有可能经历控制环路不稳定性，例如在内部电流控制环路、闭环电压控制和 PLL 中。这是因为随着系统的削弱，参考电压变得不那么稳定，这意味着其值可能会受到 RES 电流注入的影响（电压对功率流变化的敏感性更高）。因此，更可能出现复杂的控制交互，因为控制电量的每个设备对其他设备的影响更大。

在涉及低电压的故障期间，PLL 对电压相位角的不准确计算可能导致有功功率和无功功率的不准确控制，这又可能导致不稳定性。特别是当 RES 连接在具有低 SCL 的母线上时，内部电流控制回路和 PLL 的响应可能变得振荡，这可能是因为 PLL 不能快速与网络电压同步，或者是由于内部电流控制环路和 PLL 中的高增益。尽管许多控制参数会影响 RES 在故障期间的动态性能，但在弱电网条件下，PLL 参数在驱动不稳定性中起着最重要的作用。PCC 的 SCL，即系统的完整性，也强烈影响基于 RES 的发电厂的性能。事实上，PLL 控制器增益和带宽、PCC 处的 SCL 以及 RES 工厂在低电压条件下的稳定性之间存在高度依赖性。故障清除后，PLL 应迅速恢复同步，以控制无功功率，从而保持系统电压。在故障后的短时间内（1～2 个周期），在 SCL 较低的电力系统中，这一关键 PLL 功能变得更加具有挑战性，因为相位角可能发生了剧烈变化，并且故障后电压可能特别嘈杂。在文献［46］中，研究表明，随着 RES 连接的网络变得越来越弱，RES 在短路期间可以提供的支持在改善电压骤降和恢复方面变得更加重要。RES 在短路期间的确切故障电流贡献将根据故障、故障持续时间、故障前运行条件和电网要求而变化。转换器中实施的控制策略，包括其结构和参数，以及连接点处网络的 SCL，也是在低电压条件下强烈影响 RES 动态性能的关键方面。

传统电力系统的动态问题是通过同步电机及其控制的慢速机电现象来解决的。快速电磁瞬变，如与电网和发电机定子瞬变相关的瞬变，衰减非常快，因此实际上可以忽略不计。

然而，电力电子转换器的动态问题与网络动态问题在相似的时间尺度上，并且它们的控制比同步机的控制更快。因此，随着 RES 的使用增加，系统动态响应开始逐渐更快，因此更难控制。在这种情况下，与 RES 控制相关的时间尺度可能导致与同步电机的机电动力学和网络的电磁瞬态的交叉耦合，这可能导致在宽频率范围内的不稳定电力系统振荡。

低频（低于 10Hz）的不稳定现象被归类为慢速相互作用转换器驱动的稳定性，而显示更高频率（数十至数百 Hz，可能达到 kHz）的现象被归类为由快速相互作用转换器驱动的稳定性。文献［17］中介绍了由转换器和电网之间的耦合引起的快速相互作用。在连接到 VSC-HVDC 的大型风力发电厂中，已经观察到范围从 500Hz 到 2kHz 的高频率和非常高频的振荡。

在具有 RES 的系统中必须仔细考虑的最后一个控制方面是由于信号处理引起的致动延迟。RES 发电厂控制系统的每个部分都是一个复杂的信号处理单元，不可避免地会受到时间延迟的影响。RES 中信号处理引起的延迟会显著限制其在正常操作和突发事件中的动态性能，并导致不稳定行为。

17.2.4　当前解决方案

如今，已经提出了一系列解决方案来克服电力系统中由于低惯性和 SCL 而可能出现的控制和稳定性挑战。尽管其中许多方案仅在理论上进行了探索，但其他方案已在实践中进行了测试。解决方案是特定于系统的，并取决于电力系统本身的特性。

为了部分解决由低 SCL 引起的问题，最简单的解决方案之一是在薄弱网络区域加入额外的设备，以局部提高系统的鲁棒性。FACTS 设备，如 SVC 和 STATCOM，可以通过限制电压波动和提高附近可再生能源发电厂的故障穿越能力，通过快速动态无功支持来帮助控制系统电压。然而，FACTS 设备也具有可能与 RES 控制相互作用的快速控制回路，这可能在弱网络的情况下导致不稳定性。因此，在设计和实施其控制时必须特别小心。同步冷凝器可能是增加 SCL 以及系统惯性的另一种替代方案。丹麦已经安装了几种这样的设备，为系统提供故障电流和惯性。还可以对 RES 发电厂的控制系统进行改变，以降低在低电压条件下由 PLL、内部电流控制回路或闭环电压控制引起的不稳定风险。这些变化可能包括调整一些控制参数，如时间常数或降低增益。然而，重要的是要记住，弱电力系统的潜在稳定性问题不会仅仅通过改变 RES 转换器的参数来解决。

RES 中惯性响应的缺乏可以通过集成快速储能系统（如电池、飞轮或超级电容器）或通过实施专门为响应频率变化而设计的附加控制回路来抵消。尽管 RES 的功率转换器通常不会对电网中的频率变化做出响应，但额外控制回路的加入使 RES 能够提供快速的频率响应（也称为虚拟惯性响应），以在大功率期间支持系统失衡。一些研究表明，与传统发电机提供的频率支持相比，功率转换器的快速响应时间可以为系统频率提供重要好处。然而，在没有能量存储的 RES 中的快速频率响应能力可能需要在所谓的卸载模式下操作 RES。也就是说，RES 并没有注入所有可用的电力，而是只提供其中的一部分，这意味着它们在次优运行点运行。通过这种方式，有一些能量缓冲可用于惯性响应，从而抵消功率不平衡的影响。对于风力发电厂，也可以在不以空载模式运行的情况下提供快速的频率响应。这可以通过使用存储在叶片中的动能来补偿功率不平衡来实现。然而，在这种情况下，必须特别注意故障后的频率恢复。参考文献对为太阳能和风力发电厂提供快速频率响应而提出的不同控制技术进行了全面综述。一般来说，这些策略中的大多数都是考虑到故障后频率代表由同步电机控制的电力系统（考虑到它们的物理动力学和传统控制方法），并使用测量的频率作为主要控制信号来保持系统中的功率平衡。然而，不应期望由 RES 主导的电力系统表现出与由传统机器主导的系统相同的频率特性。如前所述，由 RES 主导的电力系统的特点是分布在整个电网中的数百个快速响应转换器接口设备，这导致了更快和复杂的动态响应。这可能导致传统的频率控制方法变得太慢而无法防止大的频率偏差的情况。此外，必须首先解决与当前限制、时间延迟和实际实现相关的几个挑战。

17.2.5 总结

先前的章节已经表明，可再生能源发电厂在连接到薄弱网络时可能会迅速失去稳定性，甚至有导致大容量电力系统不稳定的风险。不幸的是，许多大型可再生能源发电厂通常位于SCL较低的电力系统薄弱地区，因为有吸引力的风能和太阳能发电潜力通常位于偏远地区，远离发电中心，输电能力薄弱。另一方面，RES对同步发电机的位移会降低发电机更换区域的系统鲁棒性，并总体降低系统惯性。这种系统鲁棒性的降低会损害电力系统在正常运行和突发事件期间的动态性能，使其更容易出现不稳定性。因此，具有高RES水平的电力系统本质上不如由同步电机主导的传统电力系统安全。

考虑到同步发电机是系统稳定性的主要来源，脱碳的道路可能会导致电力系统本身就很薄弱，其中一些控制复杂性和潜在的——以及新的——稳定性问题将使未来的工程师远远超出他们所知的极限。尽管在故障期间支持电网并避免控制不稳定的当前RES控制方法可能是一个很好的起点，但一旦电力转换器开始主导电网，这些控制策略将不再可行。与分布在整个电网中的电力电子设备相关的数百个控制点的协调，以及更快、更复杂的系统动态，将需要探索远远超出当前使用方法的新控制方法。任何不足都可能危及电力系统的安全脱碳。

为了设想未来电力系统的控制方式，必须考虑可再生能源和同步发电机之间的根本差异，以及这些差异带来的挑战。在这方面，重要的是要认识到，在同步电机的情况下，惯性响应和短路电流的贡献都是在意外情况下自然提供的，而在RES的情况下这两种动作都必须通过控制回路来实现，这意味着它们的效果将完全由所选的控制策略和参数决定。此外尽管功率转换器允许各种各样的控制替代方案，但一些固有的限制增加了一层无论如何都无法避免的复杂性。阻碍控制的问题包括（i）受到致动延迟的操作，（ii）转换器的电流饱和，（iii）转换器与它们的其余网络之间的意外快速动态交互，以及（iv）可能的错误操作。

从技术角度来看，从最新的电力系统到可再生能源主导的低碳网络的安全过渡本质上是一个复杂的控制问题。我们必须设想数千种快速响应电力电子转换器接口技术的运行如何能够并行运行，并与现有的电网基础设施协调一致。尽管仍有许多悬而未决的问题需要解决，但克服这一挑战的基石是技术创新、智能管理和控制、网络代理之间的快速协调和通信、系统安全的实时监控、做出正确的决策等。换句话说，我们需要电力系统的“智能升级”，或者智能电网。

17.3 智能电网的定义

在定义什么是智能电网之前，回顾一下组成电网的基本元素是很有必要的。电网是将燃料和能源转化为电力并将其输送给最终用户的基础设施。电网的主要组成部分是发电、输电、配电和负荷[59]。发电侧由不同大小的发电厂组成，从非常小的几千瓦的分布式机组到数百兆瓦的大型中央电站。输电侧是能够从发电到负载中心的长距离经济高效的能量传输的 100kV 及以上高压线路组成。配电侧由低压线路组成，此处电压等级越靠近终端用户越低。最后，由负载是一个完整的系统，由电网用户的电气设备组成。除了上述设备外，电网还嵌入了测量设备以及信息和控制系统，用于确保输电和配电侧电网用户能够以安全、可靠和经济的方式运输到需要的用户。如今电力系统最大特点是潮流是单方向的，从主要发电中心到负荷中心，在通过整个电网系统时，潮流是受限且可控的；非弹性的，消费者对实际价格[60]或者危险状态的操作是受限的，并且输电和配电网络运营商之间的可见性和协调水平有限。

尽管目前的电网在供应能源需求方面具有高度可靠性和成本效益，但可再生能源的大规模引入带来了重大挑战，如第 2 节所述。在这种情况下，智能电网显然是促进可再生能源的大规模整合，实现能源和气候目标的关键解决方案。智能电网可以定义为“使用数字和其他先进技术来监测和管理来自所有发电来源的电力运输，以满足最终用户的不同电力需求。智能电网协调所有发电机、电网运营商、最终用户和电力市场利益相关者的需求和能力，以尽可能高效地运行系统的所有部分，最大限度地降低成本环境影响，同时最大限度地提高系统的可靠性、弹性和稳定性”的下一代电网[61]❶。通过部署智能技术，可以在现有电网的基础上构建智能电网。然而，从传统电力系统向智能电力系统的过渡是一个渐进的过程。此外，智能电网技术的部署本身并不是一个目标。相反，智能电网能够提高电力最终使用效率，同时优化网络资产利用率和提高电网弹性[61]。智能电网由需要安装以获得增强的网络功能，监测和控制整个电网的电力流所需的信息和通信技术及协议，以及处理流经网格的信息并使用它来优化系统性能的应用程序等技术的部署组成。一些作者还将用于分析大量信息的数据处理工具包括其中[62]。总之，智能电网能够实现系统调度员、电力公司、用户和自动化设备之间的实时

---

❶ 智能电网还有许多其他定义，如欧盟委员会（EC）、美国电力输送和能源可靠性办公室（USA OE）、国际电工委员会（IEC）和日本智能社区联盟（JSCA）提出的定义。然而，所有的定义都指向同一个概念。

双向通信，以迅速响应系统条件的变化，从而提高电力系统的可靠性、弹性、灵活性和经济效率[63,64]。从技术角度来看，许多智能电网技术贯穿整个电网，从发电到输电侧[61]。虽然其中一些技术通常应用于当前的电力系统（例如，智能电能表、SCADA 和 FACTS），但其他一些技术仍在开发或处于早期部署阶段（例如，车联网或 V2G）。智能电网的一些关键技术包括：

高级计量基础架构（AMI）：AMI 的全系统实现是将传统电网转变为智能电网的第一个重要步骤。AMI 的可见组件之一是智能仪表[65]。智能电能表支持更短的计量间隔，接近 5min 或更少，这是实现提供辅助服务和配电容量管理的关键。智能电能表还提供完整的双向通信，包括一个允许使用家用电器的家庭区域网络。智能电能表还提供完整的双向通信，包括允许使用家用电器的家庭区域网络。此外，它们能够瞬时读取电压、电流和功率因数，从而支持状态评估和优化系统电压伏安特性控制无功分布水平。最后，智能电能表还提供远程连接/断开功能，可用于提高可靠性和客户服务请求。

需求响应（DR）：需求响应由重新分配消耗和利用需求侧资源来支持电网。这些方案能够提供不同时间段内广泛的灵活的服务，如一次和二次频率响应，短期运营储备，拥堵管理和供应安全[66]。需求响应由多种技术提供，如柔性工商业负荷，灵活热泵，电动汽车，智能家用电器等[67]。

分布式发电（DG）：分布式发电指连接到公用电网系统的在用户位置或独立的分布式发电厂[68]。分布式发电包括小型发动机或涡轮发电机组、风力涡轮机和太阳能发电系统[69]。在用户侧部署分布式电源可能不仅可以满足当地需求，而且可以将多余的电力提供给公用电网。此外他们还可以提供辅助服务例如，支持系统稳定性和功率平衡。

分布式储能（DS）：分布式储能是指连接到电网的储能装置，可以存储从电网传输的电能，必要时向电网输送电能。分布式储能技术包括电池、飞轮、超级电容和抽水蓄能[68]。因此，分布式储能可以提供辅助服务，例如一级频率响应，系统稳定和电压补偿。

配电自动化（DA）：配电自动化由接入到馈线中收集可用信息的智能电子设备（IED）组成，并使用这些信息来控制这些馈线设备。例如，具有冻土和区域控制能力的先进保护继电器、动态电容器组控制器（CBC）、基于条件的变压器管理系统、故障监测器、重合闸、开关和电压调节器（VR）[69,70]。配电自动化可以提供广泛的电网支持服务，如故障检测、电压支持、线路平衡、网络重构等。

广域监控系统（WAMS）和广域控制系统（WACS）：广域监控系统是一种实时动态监测电力系统、识别系统稳定性相关弱点以及帮助设计和实施对策的集成技术。广域控制系统由提供精确，带时间戳数据，连同相量数据集中器的相量测量单元组成[71]。另一方面，广域控制系统是一种现单位的广域电网控制系统。它使用广域监控系统收集的数据，并对电网进行实时的稳定性和电压控制。

电动汽车（EVs）：当接入电网时，电网通过有偿服务给电动汽车充电，同时基于与公共事业公司的协议，电池也可以对电网放电[68]。因此，电动汽车也可以被认为是分布式存储系统。在智能电网中，电动汽车车主可以在能源价格低时给电池充电，而当能源价格高时，电池未使用的能量也可以放入电网。通过这种方式，电动汽车的所有者可以从能源套利中获利，同时，支持公用事业公司调峰管理并减少电力损失。

灵活的传输技术：在输电和配电系统中有多种灵活的技术可以控制有功和无功功率，以提高系统的实时可控性和性能。例如，移相变压器（PST）、柔性交流系统（FACTS）、特殊保护方案（SPS）、软开放点（SOP）和高压直流（HVDC）网络。

全面部署智能电网战略和愿景需要提供适当的通信基础设施和技术，以实现高速双向通信[72]。智能电网的尖端通信技术有：

广域网（WAN）：广域网由支持在长覆盖距离上传输高数据速率（从10Mbps到1Gbps）的通信技术组成。广域网中常用的技术包括光通信——其特点是高容量和低延迟，联网的和全球微波互联接入——覆盖范围广，数据吞吐量高。卫星通信还用于在关键输电和配电变电站以及远程位置提供冗余通信和备份[70]。

现场区域网络（FAN）：在分布式域中，现场区域网络从传输系统中负责收集智能电能表和广域监控系统的数据流。现场区域网络应用包括智能计量，需求响应和配电自动，并且需要支持从100kbps到10Mbps的数据速率和高达10km的覆盖距离的通信技术。这些应用程序可以通过ZigBee网状网络、WiFi网状网络、PLC以及WiMAX、蜂窝、DSL和同轴电缆等远程技术来实现[70]。

家庭区域网络（HAN）：家庭区域网络是一个由家庭中的电器和设备组成的通信网络。家庭区域网络使用户能够监测和控制冰箱、洗衣机、加热器、电灯、空调等各种设备的用电量。家庭区域网络中的通信技术需要在短覆盖距离（100m范围内）下提供高达100kbps的数据速率。家庭区域网络可能包括Zigbee、Z-wave、WiFi、3G和4G蜂窝等无线通信技术，或电力线通信（PLC）、光纤通信和以太网等有线通信技术[70]。

一些作者区分了上述用户场景，并将区域网络包括在建筑区域网络（BAN）、工业区域网络（IAN）、邻里区域网络（NAN）和现场区域网络（FAN）中[74]。

智能电网可以支持的功能和服务，以及由此带来的好处，在不同的国家差异很大。在这方面，各种功能能否获利取决于几个因素，如供应组合、系统技术和基础设施、数据可用性和访问、监管和市场监管、政策激励和消费者能力以及参与意愿[75]。智能电网可支持的主要功能和服务可概括为[75,76]：

（1）促进可再生能源整合和电动汽车；

（2）加强客户服务；

（3）使消费者能够积极参与需求响应；

（4）提高运营效率；

（5）提高电能质量、可靠性和自我修复能力；

（6）提高电网的可观察性和可控性。

上述的每一个特性都可以减少二氧化碳的排放，以下详细论述。

17.4 智能电网的好处：智能电网如何减少二氧化碳排放?

智能电网在减少二氧化碳排放方面具有巨大潜力[77]。然而，获取这种潜力是一个渐进的过程，取决于智能技术与电网的集成水平以及所启用的功能和服务。在下文中，我们将根据上一节中介绍的智能电网功能，介绍智能电网如何帮助减少二氧化碳排放的一些例子。

17.4.1 促进可再生能源整合和电动汽车发展

智能电网的主要特征之一是能够在输电和配电层面提高现有资产的利用率。

这是通过部署存储器和柔性的和分布式技术，这些技术具备潮流控制能力或根据系统需求引入拓扑变化的能力[66]。此外，智能电能表的使用和增强的通讯能力，允许通过制定价格和奖励机制，使用户参与需求响应，分布式储能和电动汽车[69]，这进一步增加了系统的操作灵活性。在输电层面，这意味着智能电网可以减少输电网扩建或升级的需求，进一步整合大规模可再生能源。在配电层面上，智能电网允许集成更多的分布式可再生能源，并在不损害系统可靠性和稳定性的情况下促进电动汽车的整合。在这两种情况下，智能电网都促进并加快了可再生能源和电动汽车的整合，这反过来又允许取代传统发电资源，从而减少二氧化碳排放。

17.4.2 提高客户服务

在配电层面上，智能电网将允许公用事业公司通过监控其客户的主要设备

（如冷水机组系统、冰箱设备等）的性能来改善客户服务，确定效率低下的来源，并采取适当的行动[78]。例如，如果一个主要设备没有按照铭牌效率规范工作，它们可以调整操作设置，对设备进行维护，甚至用一个更节能的设备替换次优设备。因此，客户可以从改进的操作和降低的能源成本中获益，并最终减少碳排放[78]。

17.4.3 让消费者积极参与需求回应

智能电网的部署还允许公用事业公司向其客户提供需求响应服务，从而降低一些成本[78]。这些服务的例子是通过减少负荷或转移负荷来减少高峰需求。此外，公共事业公司可以提供更好的定价和电费计价标准选择[79]。动态定价为客户根据系统需求调整消费模式提供了强有力的激励[79]，因此它既有利于客户，也有利于电网[80]。客户响应需求响应事件的频率和持续时间的增加将导致整个公用事业的能源节约，从而减少碳排放。此外，一些研究表明，更多的计费信息会引起客户能源使用行为的变化，从而产生杠杆效应，节约能源和需求[78]，并减少温室气体排放。

17.4.4 提高运营效率

智能电网在输电和配电层面都广泛地提高了运营效率。例如在运营侧的益处有，可以实现配电网管理功能，停电管理，窃电检测，改进的资产管理，更大的负载分析能力，电网稳定和各种先进的计量功能[78]。

前文所述的一个例子是减少线路损耗的能力[78,81]。例如，智能电网中更高级别的仪器仪表及其随后增加的系统可视化有助于实现更有效的无功功率补偿和电压控制，从而减少系统损耗。通过监测和控制智能技术可以实现更有效的电压控制，如同步发电机、同步冷凝器、并联电容器、并联电抗器、静态无功补偿器（SVC）和STATCOM。此外，通过在电压调节器和负载抽头变换器上实现自适应电压控制、线路压降补偿以在变电站水平上调平馈线电压，公用事业公司可以进一步降低配电线路损耗。智能电网可以提高运营效率的另一个例子与网络安全有关。目前，网络安全主要通过资产冗余和预防性控制来实现。这种模式导致用于满足网络 N-1 安全标准的资产利用率较低，从而导致运营成本更高，并可能增加排放[66]。信息和通信技术在整个网络中的广泛应用，以及智能电网中的先进控制技术，允许向纠正控制模式转变。依靠故障后的纠正措施，例如通过实施特殊保护方案，该系统可以在不危及安全的情况下更接近其极限运行。这种能力可以显著节省网络基础设施投资，降低发电运营成本，并随后减少碳排放。

在配电层面，更高效的抄表过程也可能减少碳排放[78]。事实上，在智能电网中，计量功能大大简化了，因为电表可以从一个中心位置自动读取。因此，运输需求的减少意味着减少燃料消耗，从而减少碳排放。

17.4.5 提高电能质量、可靠性和自愈能力

智能电网在改善电能质量[82]和可靠性方面具有巨大潜力。一方面，未来的电网将有大量的生产单元通过电力电子接口连接到电网，如风能、光伏和电池。这些机组具有注入无功功率的能力，通过适当的控制方案，它们可以有效地部署，以提供对电网的电压控制[83]并改善电能质量。随着电压无功控制新方法的引入，预计将对电源电压变化产生积极影响：低电压和过电压都将减少，同时快速决策甚至可能改善电压闪烁，减少严重的电压骤降和浪涌次数。另一方面，提高系统可靠性可以通过许多智能电网功能实现，其中之一是故障后的自动馈线重新配置。在通信技术、自动开关和重合闸的帮助下，智能电网将能够快速识别、隔离和恢复网络的故障部分或部分[83]。智能电网能够对异常情况做出即时反应，并在大停电之前将问题隔离[84]，这可以显著提高可靠性指标。提高电能质量和可靠性对减少二氧化碳排放有积极影响，因为它们可以阻止主要设备的恶化并提高其效率。这反过来又降低了能源成本，并最终减少了碳排放。

17.4.6 提高电网的可观测性和可控性

与传统电力系统相比，智能电网的主要特征之一是其增强的可观察性和可控性。在传输层面，这是通过部署 WAMS 和 WACS[85]来实现的。在分销层面，关键技术是 AMI，以及在终端客户设备中部署控制方案。提高电网的可观察性和可控性具有显著的优势，例如提高电网的稳定性、可靠性和安全性，优化传输容量，最小化传输拥塞等。总的来说，这些优势能够更有效地利用资源，特别是低碳发电机组，并连续减少二氧化碳排放。

17.5 智能网格的实现所面临的主要挑战

智能电网的概念仍在发展，尽管有潜力，但在广泛实施之前，必须克服一些挑战。这些挑战涉及应对社会和技术变革，这些变革可能影响和取代现有的既定做法，如能源的生产、分配和消费。

17.5.1 安全和隐私挑战——赢得客户信任

与传统电网不同的是，智能电网是一个复杂的网络物理系统，它不仅管理电

力流动，还管理大量的信息[86]。在智能电网中，传输敏感信息的设备数量和数据交换的量都将增加几个数量级[87]。这使得智能电网更容易受到来自工业间谍和恐怖主义的网络入侵和网络攻击，以及由于用户错误和设备故障而造成的无意妥协，就像传统电网一样。因此，智能电网中的信息安全被认为是一个关键问题[89,90]，具有潜在的灾难性影响[91]。一些作者甚至认为提供安全和隐私是开发智能电网的主要挑战，甚至在物质层面支持之前。主要的安全要求和漏洞包括信任组件、第三方保护、不可否认性、可审计性、授权、身份验证、完整性、可用性和隐私[69]。鉴于它们的重要性，安全已经成为研究界感兴趣的一个主要领域，特别是网络安全，这尤其具有挑战性。例如，用于识别拒绝服务（DoS）攻击的“先配置文件后检测”方法增加了检测时间，而公钥加密中的长密钥大小会恶化数据传输的延迟性能[92]。

与安全挑战密切相关的是，随着电网纳入智能计量和负载管理，隐私问题变得越来越重要[87]。对于终端用户来说，用电模式可能会披露他们何时在家、工作或旅行、使用哪些设备以及何时使用。这些信息可能被用于针对家庭的犯罪活动[90]。对于公司来说，电力消耗的变化可能意味着业务运营和战略的变化。这些信息可以被商业竞争对手在某些情况下用了来获益。信息隐私仍然不确定，需要确保敏感信息得到保护，信息的其发布应受到控制[93]。保护智能电网最重要的要求是用电量的机密性，数据、命令和软件的完整性，以及具有抵御 DoS 和分布式 DoS（DDoS）攻击的能力[94]。

17.5.2　数据通信、收集和互操作性问题

目前传统电网中的通信基础设施是为单向信息流设计的，效率和信息共享有限[95]。数据从位于主发电、传输和配电点的有限数量的传感器获取，并发送到相应的系统操作，以进行监督和控制。相反，智能电网包含大量提供双向信息流并依赖实时信息的设备和应用。因此，智能电网需要在多个用户之间建立一个快速和可靠的通信基础设施。这种双向通信是未来智能电网不可或缺的一部分[96]。考虑到新型智能电网应用的巨大发展和越来越多依赖实时信息的设备，当前的通信基础设施不足，必须改进以满足所有应用要求[93]。升级通信基础设施以实现智能电网应用程序涉及多个挑战。其中一些关键问题与互操作性标准、通信网络和延迟要求有关[70]。测量科学和标准在许多与智能电网相关的技术挑战中发挥着关键作用[93]。在智能电网中，公用事业公司和客户应该能够从任意供应商那里购买设备，并确保它们能够在现有设备和各个层级中正常工作[97]。因此，一个关键的挑战是实现所有参与智能电网开发的公司都接受的全球互操作性标

准[95]。一些授权组织已经开始着手智能电网的标准化工作，如电气和电子工程师协会（IEEE）[98]、欧洲标准化委员会（CEN）[99]、美国国家标准协会（ANSI）[100]、国际电信联盟（ITU）[101]和电力研究所（EPRI）[101]。然而，通信标准的差距仍然很大[93]，因此仍需要对此类标准进行进一步讨论[102]。升级基于十年前技术的当前电网通信网络是另一个重大挑战[70]。因此，高性能、可靠、安全和可扩展的通信网络是智能电网不可或缺的组成部分[103]。选择合适的通信技术取决于所需的网络覆盖范围、数据流量类型和服务质量（QoS）要求等[73]。

最后，数据延迟可能成为数据采集和传输中最重要的问题，特别是对于广域控制和保护应用[70]。在这些应用程序中，控制中心收集的数据需要在几毫秒内发出，以便采取适当的控制措施，防止实时的级联中断。为了满足这些要求，公用事业公司可以通过光纤通信采用专用网络，允许在长距离上传输高数据速率，执行数据压缩以减少延迟，或者为紧急情况下的数据分类和通信信道优先级实施拥塞管理[70]。

17.5.3 电能质量问题

电能质量问题已被指出是智能电网中最重要的问题之一[104]。在智能电网中，配电和输电两个层面都可能出现一些电能质量问题。在配电层面，由于可再生能源大量接入配电网，电力电子转换器的使用越来越多，以及与电网通信的终端用户设备的大量部署，可能会出现电能质量问题。一方面，连接到低压网络的可再生能源（如太阳能电池板）可能会导致过电压，从而影响电能质量[83]。此外，可再生能源的快速变化（例如，由于云层经过而导致的光伏发电）可能会显著影响电能质量，这是目前量化电能质量的方法无法检测到的：这些变化太快，无法影响 10min rms 值，太慢，无法影响闪烁严重程度[83]。另一方面，来自风能、光伏和电动汽车的电力电子变流器是谐波发射源，使高频信号流入电网。此外，当部署智能电网解决方案以提高系统稳定性或提高网络利用率（例如，通过消除过载限制）时，可能会出现新的电能质量问题[83]。最后，与双向通信终端用户设备的大规模集成可能会与电力线通信产生不利影响，从而降低电能质量[105]。例如，通信信号可能会扭曲电压波形，从而导致最终用户设备的不正确操作。当微电网出现在智能电网中时，可能会出现进一步的质量问题。智能电网中的微电网既可以以并网模式运行，其中分布式电源以电流控制模式运行，也可以以孤岛模式运行，其中分布式电源以电压控制模式运行[104]。在孤岛模式下，电力电子变流器引入的更快、更复杂的动态，以及负载与分布式电源之间更广泛的相互作用，将导致更明显、更频繁、更长的电压和频率变化[104]。由于传统电网换向拓扑结构引入的微电网的短路水平和惯性降低以及谐波，这种情况将进一步恶化[104]。由于非故意孤岛检测的延迟，向不同模式的转换也可能导致电压稳定性问题[104]。

在输电层面，数量快速增长的高压直流输电线路是已知的谐波源[83]。尽管传统的高压直流输电线路通常配备谐波滤波器，但这些滤波器也可能在其他频率上产生共振。此外，新的基于 vdc 的 HVDC 链路将引入新的谐波类型，例如由阀门开关引起的超谐波[83]。除了高压直流链路外，交流电缆的部署也可能通过将谐振转移到影响谐波失真水平的较低频率来影响电能质量[106]。

从传统系统向智能电网的过渡将带来与过去不同的电能质量方面的新问题。因此，需要进行大量的研究[83]。这将包括进一步的研究工作，其中重点是在实施智能电网时提高和保持电网的可靠性[104]，在最终用户设备中大规模引入电力电子变流器的影响[83]，以及对可能出现的新型干扰的基础研究[83]。此外，尽管已经引入了新的电能质量指标，例如，基于小波包变换[107]，但还需要进一步开发新的电功率质量指标和标准[82]。

17.5.4 控制问题

控制科学与工程是实现智能电网计划目标的关键学科[108]。智能电网中，现代化的监测、通信和预测新的优化方案的设备将广泛应用，这是一个活跃的研究领域。例如，对于可再生能源，由于间歇性和不确定性的增加，控制发电以满足电力需求变得更加具有挑战性[108]。此外，与配电系统相连的生产装置将能够提供网络和系统辅助服务，包括电压控制。然而，在这种新的模式下，部分电压控制必须由客户或客户的设备在现场进行，这引起了网络运营商的普遍担忧，因为将电压保持在可接受水平内仍然是他们的责任[83]。因此，在智能电网中提供电网服务需要进行监管改革，以便重新定义角色和责任[102]。

另一个与控制问题相关的挑战来自从大型常规发电机组到小型分布式发电机组的转变。这种转变将导致输电侧无功功率短缺的运行状态，而无功功率必须由连接在配电级的客户或生产单元提供[83]。从配电网到输电网的这种大的无功功率流将导致在更高的电压水平下无功功率不受控制。抵消这种影响的一种选择是增加分布式发电的参与，以支持输电系统，这反过来会使配电网的电压控制更加复杂[109]。智能电网中信息和通信技术以及柔性技术的广泛可用性，也使运营决策更接近实时，从而在不影响系统安全的情况下提高现有网络基础设施的利用率[66]。然而，这需要电力系统运行方式的根本改变。在智能电网中，当前确保系统安全免受干扰的模式——通过资产冗余和预防性控制措施——已经转向了依赖于故障后纠正措施的纠正性控制措施。这种能力可以通过协调使用电力电子设备来实现，如移相变压器（PST）、电池储能系统、柔性交流输电系统（FACTS）、系统完整性保护方案（SIPS）、HVDC以及输电和配电层面的可再生能源。在这里，主要的挑战是开发适当的控制方案，以充分利用这种能力。

17.5.5 建模和预测问题

在输配网络中引入智能电网技术的趋势，不仅对监测和控制任务提出了挑战，而且在解决不同资源之间的消费积累和再分配问题时，需要更准确的预测[110]。这些挑战的出现不仅是因为可再生能源在输电和配电层面的使用越来越多，还因为分布式储能的部署——其运行取决于客户行为，同时，即使有足够的价格引导，也很难预测。例如，电动汽车的大规模引入将显著改变消费模式，因此配电网的负荷状况也将发生变化。终端客户可能会在他们认为合适的时候为他们的电动汽车充电，因此预测正确的用户行为可能非常具有挑战性。因此，需要适当的建模和分析工具，特别是解决可再生能源和客户行为带来的可变性和不确定性[102]。最重要的问题是缺乏对客户行为的经验和理解，例如，在系统层面上，来自不同部门和应用的需求是聚集在一起的[111]。

17.5.6 监管挑战

智能电网的部署不仅需要重大的技术进步，还需要进行一些监管改革，以充分利用其潜力[112]。监管机构面临的挑战包括效用抑制、垄断力量、信息不对称、消费者惯性和侵犯个人隐私[112]。此外，迫切需要增加对创新的投入，以便有足够的时间发展新的解决方案满足多个部门和流程所需——其中许多解决方案需要长时间的投入。技术创新工作需要辅之以新的市场设计、新的政策、新的融资和商业模式以及技术转让。这些技术创新不仅涉及硬件变革，还涉及新的软件，例如，鼓励消费者参与的动态定价系统、能够管理大量信息流的数据管理系统[112]。所有这些变化都需要对监管进行修改，以建立新的市场规则和协议[113]。

17.6 结论

特斯拉在大约120年前发现的电网几十年来没有太大变化。然而，就像生活中的所有事情一样，变化迟早会到来，我们必须做好面对它们的准备。电力行业目前正经历一个发展的关键时刻，变革已经开始。能源格局的变化主要是由电力系统脱碳的需要推动的，这是我们社会为阻止全球变暖的有害影响和拯救我们的星球而进行的一次毫无保留的尝试。然而，向低碳电力系统过渡并非易事。从一种燃料源切换到另一种燃料来源还不够简单。能源部门必须构想一种全新的能源生产、运输和消费方式。尽管这种转变带来了一些挑战，但也出现了一些机遇。

智能电网是应对这些挑战的基石。通过对我们的电力系统进行“智能升级”，我们将能够克服现有障碍，实现电力系统的脱碳。然而，智能电网并不是一颗银色子弹，而是一系列技术，再加上增强的通信基础设施、先进的控制计划以及适当的标准和监管计划，将实现向低碳电力系统的经济和安全过渡。

我们现在正面临能源领域的第三次工业革命，整个社会都应该迎接这一挑战。

参 考 文 献

[1] Armaroli N，Balzani V (2006) The future of energy supply：challenges and opportunities. Angew Chem Int Ed 46：52-66.

[2] International Energy Agency 2020. CO_2 Emissions from fuel combustion overview. https://webstore. iea. org/co2-emissions-from-fuel-combustion-overview-2020-edition. Accessed 28 Jan 2021.

[3] Olivier JGJ，Peters JAHW (2020) Trends in global CO_2 and total greenhouse gas emissions. PBL Netherland Enviromental Assessment Agency. https://www. pbl. nl/sites/default/files/downloads/pbl-2020-trends-in-global-co2-and_total-greenhouse-gas-emissions-2020-report_4331. pdf. Accessed 28 Jan 2021.

[4] IEA (2020) World energy balances overview. https://webstore. iea. org/world-energy-balances-overview-2020-edition. Accessed 28 Jan 2021.

[5] International Energy Agency (2018) Global energy & CO_2 status report. The latest trends in energy and emissions in 2018. https://webstore. iea. org/global-energy-co2-status-report-2018. Accessed 28 Jan 2021.

[6] IEA (2002) Global energy review 2020. The impacts of the Covid-19 crisis on global energy demand and CO_2 emissions. https://webstore. iea. org/global-energy-review-2020. Accessed 28 Jan 2021.

[7] Dafnomilis I et al (2020) Exploring the impact of the COVID-19 pandemic on global emission projections. PBL Netherland Enviromental Assessment Agency/NewClimate Institute. https://www. pbl. nl/sites/default/files/downloads/pbl-new-climate-institute-2020-exploring-the-impact-of-covid-19-pandemic-on-global-emission-projections_4231. pdf. Accessed 28 Jan 2021.

[8] United nations framework on climate change (2015) Adoption of the Paris Agreement. http://unfccc. int/resource/docs/2015/cop21/eng/109r01. pdf. Accessed 28 Jan 2021.

[9] Intended Nationally Determined Contributions (INDC) United Nations Climate Change. https://www4. unfccc. int/sites/submissions/indc/SubmissionPages/submissions. aspx. Accessed 28 Jan 2021.

[10] European Commission (2011) Communication from the Commission to the European Parliament, the Council, the European Economic and Social Committee and the Committee of the Regions. A roadmap for moving to a competitive low carbon economy in 2050. https://eurlex. europa. eu/LexUriServ/LexUriServ. do? uri = COM: 2011: 0112: FIN: EN: PDF. Accessed 28 Jan 2021.

[11] IRENA (2017) Renewable energy: a key climate solution. https://www. irena. org/-/media/Files/IRENA/Agency/Publication/2017/Nov/IRENA_A_key_climate_solution_2017. pdf. Accessed 28 Jan 2021.

[12] OECD/IEA and IRENA (2017) Perspectives for the energy transition, Investment needs for a low-carbon energy system. https://www. irena. org/publications/2017/Mar/Perspectives-for-the-energy-transition-Investment-needs-for-a-low-carbon-energy-system/. Accessed 28 Jan 2021.

[13] IPCC (2018) Summary for policymakers. In: Global Warming of 1. 5 C. An IPCC Special Report on the impacts of global warming of 1. 5 C above pre-industrial levels and related global greenhouse gas emission pathways, in the context of strengthening the global response to the threat of climate change, sustainable development, and efforts to eradicate poverty. https://www. ipcc. ch/site/assets/uploads/sites/2/2019/05/SR15_SPM_version_report_LR. pdf. Accessed 28 Jan 2021.

[14] IEA (2020) Renewables information: overview. https://webstore. iea. org/renewables-inform ation-overview-2020-edition. Accessed 28 Jan 2021.

[15] IRENA (2020) Renewable capacity highlights 31 March 2020. https://www. irena. org/-/media/Files/IRENA/Agency/Publication/2020/Mar/IRENA_RE_Capacity_Highlights_2020. pdf. Accessed 28 Jan 2021.

[16] REN21 (2020) Renewables 2020. Global status report. https://www. ren21. net/wp-content/uploads/2019/05/gsr_2020_full_report_en. pdf. Accessed 28 Jan 2021.

[17] Milano F, Dörfler F, Hug G, Hill DJ, Verbic G (2018) Foundations and challenges of low-inertia systems. Paper presented at the 2018 Power Systems Computation Conference (PSCC), Dublin, 11-15 June 2018.

[18] Couture T, Leidreiter A (2014) How to achieve 100% renewable energy. World Future Council. https://www. worldfuturecouncil. org/wp-content/uploads/2016/01/WFC_2014_Policy_Handbook_How_to_achieve_100_Renewable_Energy. pdf. Accessed 28 Jan 2021.

[19] Rahmann C, Chamas S, Alvarez R, Chávez H, Ortiz-Villalba D, Shklyarskiy Y

(2020) Method-ological approach for defining frequency related grid requirements in low-carbon power systems. IEEE Access 8：161929-161942.

[20] Hatziargyriou DN, Milanović JV, Rahmann C, Ajjarapu V, Cañizares C, Erlich I, Hill D, Hiskens I, Kamwa I, Pal B, Pourbeik P, Sanchez-Gasca JJ, Stanković A, Van Cutsem T, Vittal V, Vournas C (2020) Definition and classification of power system stability—revisited & extended. IEEE Trans Power Syst (Early Access).

[21] Shah R, Mithulananthan N, Bansal R, Ramachandaramurthy V (2015) A review of key power system stability challenges for large-scale PV integration. Renew Sust Energ Rev 41：1423-1436.

[22] Tielens P, Van Hertem D (2016) The relevance of inertia in power systems. Renew Sust Energ Rev 55：999-1009.

[23] Kroposki B, Johnson B, Zhang Y, Gevorgian V, Denholm P, Hodge B, Hannegan B (2017) Achieving a 100% renewable grid: operating electric power systems with extremely high levels of variable renewable energy. IEEE Power Energy Mag 15 (2)：61-73.

[24] Rifkin J (2011) The third industrial revolution; How lateral power is transforming energy, the economy, and the world. Palgrave Macmillan, New York.

[25] Rahmann C, Vittal V, Ascui J, Haas J (2016) Mitigation control against partial shading effects in large-scale PV power plants. IEEE Trans Sustain Energy 7 (1)：173-180.

[26] Rahmann C. Mayol C, Haas J (2018) Dynamic control strategy in partially-shaded photo-voltaic power plants for improving the frequency of the electricity system. J Clean Prod 202：109-119.

[27] NERC (2017) Integrating inverter based resources into weak power systems reliability guideline. https://www.nerc.com/comm/PC_Reliability_Guidelines_DL/Item_4a._Integrating%20_Inverter-Based_Resources_into_Low_Short_Circuit_Strength_Systems_-_2017-11-08-FINAL.pdf.

[28] NERC (2017) Short-circuit modeling and system strength white paper. https://www.nerc.com/comm/PC_Reliability_Guidelines_DL/Item_4a._Integrating%20_Inverter-Based_Res ources_into_Low_Short_Circuit_Strength_Systems_-_2017-11-08-FINAL.pdf. Accessed 28 Jan 2021.

[29] IEEE/NERC Task Force on Short-Circuit and System Performance Impact of Inverter Based Generation (2018) Impact of inverter based generation on bulk power system dynamics and short-circuit performance. https://resourcecenter.ieee-pes.org/publications/technical-reports/PES_TR_7-18_0068.html. Accessed 21 Jan 2021.

[30] Huang S, Schmall J, Conto J, Adams J, Zhang Y, Carter C (2012) Voltage control challenges on weak grids with high penetration of wind generation: ERCOT experience.

Paper presented at the 2012 IEEE Power and Energy Society General Meeting, San Diego, USA, 22-26 July, 2012.

[31] Rahmann C, Castill o A (2014) Fast frequency response capability of photovoltaic power plants: the necessity of new grid requirements and definitions. Energies 7 (10): 6306-6322.

[32] Rahmann C, Cifuentes N, Valencia F, Alvarez R (2019) Network allocation of BESS with voltage support capability for improving the stability of power systems. IET Gener Transm Distrib 13 (6): 939-949.

[33] Ulbig A, Borsche TS, Andersson G (2014) Impact of low rotational inertia on power system stability and operation. IFAC Proc Volumes 47 (3): 7290-7297.

[34] Sadamoto T, Chakraborty A, Ishizaki T, Imura JI (2019) Dynamic modeling, stability, and control of power systems with distributed energy resources. IEEE Control Syst Mag 39 (2): 34-65.

[35] Vega J, Rahmann C, Valencia F, Strunz K (2020) Analysis and application of quasi-static and dynamic phasor calculus for stability assessment of integrated power electric and electronic systems. IEEE Trans Power Syst (Early Access).

[36] Yazdani A, Iravani R (2010) Voltage-sourced converters in power systems. Wiley-IEEE Press, Hoboken, NJ.

[37] Teodorescu R, Liserre M, Rodriguez P (2011) Grid converters for photovoltaic and wind power systems. John Wiley & Sons, Hoboken, NJ.

[38] Zhao M, Yuan X, Hu J, Yan Y (2016) Voltage dynamics of current control time-scale in a VSC-connected weak grid. IEEE Trans Power Syst 31 (4): 2925-2937.

[39] Fan L, Miao Z (2018) Wind in weak grids: 4 Hz or 30 Hz oscillations? IEEE Trans Power Syst 33 (5): 5803-5804.

[40] Li Y, Fan L, Miao Z (2018) Stability control for wind in weak grids. IEEE Trans Sustain Energy 10 (4): 2094-2103.

[41] Fan L (2019) Modeling type-4 wind in weak grids. IEEE Trans Sustain Energy 10 (2): 853-864.

[42] Göksu Ö, Teodorescu R, Bak CL, Iov F, Kjær PC (2014) Instability of wind turbine converters during current injection to low voltage grid faults and PLL frequency based stability solution. IEEE Trans Power Syst 29 (4): 1683-1691.

[43] Hu J, Wang S, Tang W, Xiong X (2017) Full-capacity wind turbine with inertial support by adjusting phase-locked loop response. IET Renew Power Gene r 11 (1): 44-53.

[44] Zhou JZ, Ding H, Fan S, Zhang Y, Gole AM (2014) Impact of short-circuit ratio and phase-locked-loop parameters on the small-signal behavior of a VSC-HVDC converter. IEEE Trans Power Deliv 29 (5): 2287-2296.

[45] Hu J, Qi HU, Wang B, Tang H, Chi Y (2016) Small signal instability of PLL-synchronized type-4 wind turbines connected to high-impedance AC grid during LVRT. IEEE Trans Energy Convers 31 (4): 1676-1687.

[46] Erlich I, Shewarega F, Engelhardt S, Kretschmann J, Fortmann J, Koc h F (2009) Effect of wind turbine output current during faults on grid voltage and the transient stability of wind parks. Paper presented at the 2009 IEEE Power Energy Society General Meeting, Calgary AB, Canada, 26-30 July, 2009.

[47] Weise B (2015) Impact of K-factor and active current reduction during fault-ride-through of generating units connected via voltage-sourced converters on power system stability. IET Renew Power Gener 9 (1): 25-36.

[48] Rahmann C, Haubrich H, Moser A, Palma-Behnke R, Vargas L, Salles MBC (2011) Justified fault-ride-through requirements for wind turbines in power systems. IEEE Trans Power Syst 26 (3): 1555-1563.

[49] Kunjumuhammed LP, Pal BC, Oates C, Dyke KJ (2016) Electrical oscillations in wind farm systems: analysis and insight based on detailed modeling. IEEE Trans Sustain Energy 7 (1): 51-62.

[50] Kunjumuhammed LP, Pal BC, Gupta R, Dyke KJ (2017) Stability analysis of a PMSG-based large offshore wind farm connected to a VSC-HVDC. IEEE Trans Energy Convers 32 (3): 1166-1176.

[51] Bhaskar MA, Subramani C, Kumar MJ, Dash SS (2009) Voltage profile improvement using FACTS devices: a comparison between SVC, TCSC and TCPST. Paper presented at the 2009 International Conference on Advances in Recent Technologies in Communication and Computing, Kottayam, India, 27-28 October 2009.

[52] Tyll HK, Schettler F (2009) Power system problems solved by FACTS devices. Paper presented at the 2009 IEEE/PES power systems conference and exposition, Seattle, 15-18 Mar, 2009.

[53] Furness I, Kalam A (2013) On low voltage ride-through and stability of wind energy conver-sion systems with FACTS devices. Paper presented at the 2013 Australasian Universities Power Engineering Conference (AUPEC), Hobart, Australia, 29 Sept-3 Oct, 2013.

[54] Fischer M, Schellschmidt M (2011) Fault ride through performance of wind energy converters with FACTS capabilities in response to up-to-date German grid connection requirements. Paper presented at the 2011 IEEE/PES power systems conference and exposition, Phoenix, 20-23 Mar, 2011.

[55] Delille G, Francois B, Malarange G (2012) Dynamic frequency control support by energy storage to reduce the impact of wind and solar generation on isolated power system's iner-

tia. IEEE Trans Sustain Energy 3 (4): 931-939.

[56] Dreidy M, Mokhlis H, Mekhilef S (2017) Inertia response and frequency control techniques for renewable energy sources: a review. Renew Sustain Energy Rev 69: 144-155.

[57] Ziping WU, Gao W, Tianqi GAO, Yan W, Zhang H, Shijie YAN, Wang X (2017) State-of-the-art review on frequency response of wind power plants in power systems. J Mod Power Syst Clean Energy 6 (1): 1-16.

[58] Erlich I, Korai A, Shewarega F (2017) Control challenges in power systems dominated by converter interfaced generation and transmission technologies. Paper presented at the 2017 IEEE power energy society general meeting, Chicago, 16-20 July 2017.

[59] NREL (2012) Renewable electricity futures study. Volume 4: bulk electric power systems: operations and transmition planning. https://www. nrel. gov/docs/fy12osti/52409-4. pdf. Accessed 28 Jan 2021.

[60] Rath M, Tomar A (2020) Smart grid modernization using Internet of Things technology. Ady Smart Grid Power Syst 7: 191-212.

[61] IEA (2011) Technology roadmap smart grids. https://www. iea. org/reports/technology-roadmap-smart-grids. Accessed 28 Jan 2021.

[62] Madrigal M, Uluski R, Gaba K (2017) Practical guidance for defining a smart grid modern-ization strategy. The World Bank. https://documents. worldbank. org/en/publication/documents-reports/documentdetail/208631489661030061/practical-guidance-for-defining-a-smart-grid-modernization-strategy. Accessed 28 Jan 2021.

[63] Khalil E (2014) Introduction to energy management in smart grids. Solving urban infrastruc-ture problems using smart city technologies. Elsevier, New York, pp 399-410.

[64] British Consulate General Hong Kong (2014) Smart Grid—enabling energy efficiency and low-carbon transition. https://assets. publishing. service. gov. uk/government/uploads/system/uploads/attachment data/file/321852/Policy_Factsheet_-_Smart_Grid_Final_BCG_. pdf. Accessed 28 Jan 2021.

[65] Lin R (2011) The Smart Grid: a world of emerging technologies. Analysis of home area networks. Mack Center for Technological Innovation. https://mackinstitute. whatton. upenn. edu/wp-content/uploads/2013/01/Ruth-Lin-The-Smart-Grid. pdf. Accessed 28 Jan 2021.

[66] Strbac G, Konstantelos I, Aunedi M, Pollitt M, Green R (2016) Delivering future-proof energy infrastructure. Energy Policy Research Group, University of Cambridge. https://nic. org. uk/app/uploads//Delivering-future-proof-energy-infrastructure-Goran-Strbac-et-al. pdf. Accessed 28 Jan 2021.

[67] Aunedi M, Kountouriotis A, Ortega JE, Angeli D, Strbac G (2013) Economic and environ-men tal benefits of dynamic demand in providing frequency regulation. IEEE Trans

Smart Grid 4 (4): 2036-2048.

[68] Budka K, Deshpande J, Thottan M (2014) Communication networks for Smart Grids, making Smart Grid real. Springer, London.

[69] Pacific Northwest National Laboratory (2010) The Smart Grid: an estimation of the energy and CO_2 benefits. https://erranet.org/download/smart-grid-estimation-energy-co2-benefits/. Accessed 28 Jan 2021.

[70] Kuzlu M, Pipattanasomporn M, Rahman S (2014) Communication network requirements for major smart grid applications in HAN, NAN and WAN. Comput Netw 67: 74-88.

[71] Prasad I (2014) Smart Grid technology: application and control. Int J Adv Res Electrical Electronics Instrumentation Eng 3 (5): 9533-9542.

[72] Gao J, Xiao Y, Liu J, Liang W, Chen P (2012) A survey of communication/networking in Smart Grids. Futur Gener Comput Syst 28: 391-404.

[73] Aalamifar F, Lampe L (2017) Optimized WiMAX profile configuration for Smart Grid communications. IEEE Trans Smart Grid 8 (6): 2723-2732.

[74] European Union Agency for Network and Information Security (2015) Communication network interdependencies in Smart Grids. https://www.enisa.europa.eu/publications/com munication-network-interdependencies-in-smart-grids. Accessed 28 Jan 2021.

[75] Balta-Ozkan N, Watson T, Connor P, Axon C, Whitmarsh L, Spence A, Baker P (2020) FAR out? An examination of converging, diverging and intersecting smart grid futures in the United Kingdom. Energy Res Soc Sci 70: 1-17.

[76] United Nations Economic Commision for Europe (2015) Electricity system development: a focus on Smart Grids. https://unece.org/fileadmin/DAM/energy/se/pdfs/eneff/eneff_h.news/Smart.Grids.Overview.pdf. Accessed 28 Jan 2021.

[77] Markovic D, Branovic I, Popovic R (2014) Smart Grid and nanotechnologies: a solution for clean and sustainable energy. Energy Emission Control Technol 2015: 1-13.

[78] Electric Power Research Institute (2008) The Green Grid. Energy savings and carbon emissions reductions enabled. http://large.stanford.edu/courses/2015/ph240/xu1/docs/epri-1016905.pdf. Accessed 28 Jan 2021.

[79] Back et al (2011) Consumer acceptability and adoption of Smart Grid. Cluster for Energy and Environment, SGEM Research Report. http://sgemfinalreport.fi/files/SGEM Research Report D1.22011-04-04.pdf. Accessed 28 Jan 2021.

[80] Hassan H, Pelov A, NuaymiL (2015) Integrating cellular networks, Smart Grid, and renewable energy: analysis, architecture, and challenges. IEEE Access 3: 2755-2770.

[81] Tauqir HP, Habib A (2019) Integration of IoT and Smart Grid to reduce line losses. Paper presented at the 2019 International Conference on Computing, Mathematics and Engi-

neering Technologies (iCoMET), Sukkur, Pakistan, 30-31 Jan 2019.

[82] Bollen MHJ, Das R, Djokic S, Ciufo P, Meyer J, Rönnberg S, Zavod a F (2017) Power quality concerns in implementing smart distribution-grid applications. IEEE Trans Smart Grid 8 (1): 391-399.

[83] Joint working group C4. 24/CIRED (2018) Power quality and EMC issues with future electricity networks. http://cired. net/uploads/default/files/final-report-C4. 24-CIRED. pdf. Accessed 28 Jan 2021.

[84] Butt O, Zulqarnain M, Butt T (2020) Recent advancement in smart grid technology: future prospects in the electrical power network. Ain Shams Engineering Journal (in press).

[85] Singh AK, Pal BC (2019) Dynamic estimation and control of power systems. Academic Press.

[86] Aoufi S, Derhab A, Guerroumi M (2020) Survey of false data injection in smart power grid: Attacks, countermeasures and challenges. JISA 54: 102518.

[87] Khurana H, Hadley M, Lu N, Frincke D (2010) Smart-Grid security issues. IEEE Security Privacy Mag 8 (1): 81-85.

[88] Greer C et al (2014) NIST framework and roadmap for Smart Grid interoperability standards, release 3. 0. National Institute of Standards and Technology. https://www. nist. gov/publications/nist-framework-and-roadmap-smart-grid-interoperability-standards-release-30. Accessed 28 Jan 2021.

[89] Metke A, EkIR (2010) Security technology for Smart Grid networks. IEEE Trans Smart Grid 1 (1): 99-107.

[90] Lu R, Liang X, Li X, Lin X, Shen X (2012) EPPA: an efficient and privacy-preserving aggregation scheme for se cure Smart Grid communication. IEEE Trans Parallel Distrib Syst 23 (9): 1621-1632.

[91] Chen TM, Sanchez-Aarnoutse JC, Buford J (2011) Petri net modeling of cyber-physical attacks on smart grid. IEEE Trans Smart Grid 2 (4): 741-749.

[92] Colak I, Sagiroglu S, Fulli G, Yesilbudak M, Covrig C (2016) A survey on the critical issues in Smart Grid technologies. Renew Sustain Energy Rev 54: 396-405.

[93] NIST (2013) Technology, measurement and standards challenges for the Smart Grid. https://www. nist. gov/system/files/documents/smartgrid/Final-Version-22-Mar-2013-Smart-Grid-Workshop-Summary-Report. pdf. Accessed 28 Jan 2021.

[94] Mahmoud MS, Xia Y (2019) Smart Grid infrastructures. In: Networked control systems: cloud control and secure control. Butterworth-Heinemann.

[95] Baime l D, Tapuchi S, Baime l N (2016) Smart Grid communication technologies. J Power Energy Eng 4: 1-8.

[96] Rehmani MH, Reisslein M, Rachedi A, Erol-Kantarci M, Radenkovic M (2018) Integrating renewable energy resources into the Smart Grid: recent developments in information and communication technologies. IEEE Trans Ind Inf 14 (7): 2814-2825.

[97] International Electrotechnical Commission (2018) Bringing intelligence to the grid. https://www.iec.ch/resource-centre/bringing-intelligence-grid. Accessed 28 Jan 2021.

[98] Basso T, Hambrick J, DeBlasioD (2012) Update and review of IEEE P2030 Smart Grid Interoperability and IEEE 1547 interconnection standards. Paper presented at the 2012 IEEE PES Innovative Smart Grid Technologies (ISGT), Washington DC, USA, 16-20 Jan 2012.

[99] CEN/CENELEC/ETSI Joint Working Group (2011) Standards for Smart Grids. Final report. https://www.etsi.org/images/files/Report_CENCLCETSI_Standards_Smart_Grids.pdf. Accessed 28 Jan 2021.

[100] ANSI/ASHRAE/NEMA Standard 201-2016 (2016) Facility Smart Grid information model. https://www.techstreet.com/ashrae/standards/ashrae-201-2016-ra2020?product_id=2102495. Accessed 28 Jan 2021.

[101] Bush SF (2013) Standards overview. In: Smart Grid: communication-enabled intelligence for the electric power grid. Wiley-IEEE Press.

[102] U. S. Department of Energy (2018) Smart Grid system report. 2018 report to congress. https://www.energy.gov/sites/prod/files/2019/02/f59/SmartGridSystemReportNovember2018 1.pdf. Accessed 28 Jan 2021.

[103] Budka K, Deshpande JG, Thottan M (2014) Communication network s for Smart Grid. Making Smart Grid real. Springer, London.

[104] Jerin AR, Prabaharan N, Kumar N, Palanisamy K, Umashankar S, Siano P (2018) Smart grid and power quality issues. In: Hybrid-renewable energy systems in microgrids. Elsevier: Woodhead Publishing Series in Energy, pp 195-202.

[105] Rönnberg S, Bollen M, Wahlberg M (2011) Interaction between narrowband power-line communication and end-user equipment. IEEE Trans Power Delivery 26 (3): 2034-2039.

[106] Da Silva F, Bak C, Holst P (2012) Study of harmonics in cable-based transmission networks. Paper presented at the 44th international conference on large high voltage electric systems, Paris, France, 26-31 Aug 2012.

[107] Morsi WG, El-Hawary ME (2010) Novel power quality indices based on wavelet packet transform for non-stationary sinusoidal and non-sinusoidal disturbances. Electr Power Syst Res 80 (7): 753-759.

[108] Samad T, Annaswamy AM (2017) Controls for Smart Grids: arquitectures and applications. Proc IEEE 105 (11): 2244-2261.

[109] Morin J, Colas F, Guillaud X, Grenard S, Dieulot JY (2015) Rules based voltage control for distribution networks combined with TSO-DSO reactive power exchanges limitations. Paper presented at the 2015 IEEE Eindhoven PowerTech, Eidenhoven, Netherlands, 29 June-2 July 2015.

[110] Dreglea A, Foley A, Sidorov D, Tomin N (2020) Hybrid renewable energy systems, load and generation forecasting, new grids structure, and smart technologies. Solving urban infrastructure problems using Smart City technologies. Elsevier, New York, 475-484.

[111] Petersen LS, Berg RB, Bergaentzlé C, Bolwig S, Skytte K (2017) Smart Grid transitions: system solutions and consumer behaviour. Department of Management Engineering, Technical University of Denmark.

[112] Mah D, Leung K, Hills P (2014) Smart Grids: the regulatory challenges. In: Smart Grid applications and developments. Green Energy and Technology. Springer, London, 115-140.

[113] U. S. Department of Energy (2008) What the smart grid means to Americans. https://www.energy.gov/sites/prod/files/aeprod/DocumentsandMedia/TechnologyProviders.pdf. Accessed 28 Jan 2021.

18

整体视角下的智能电网

Antonio Carlos Zambroni de Souza and P. Alencar

摘要： 本章对有源配电网的社会方面进行了一些讨论，特别是有源配电网相关的新兴技术与智慧城市的联系。为此，强调了其他专业人士的作用，帮助读者更好地理解本书所涉及的概念。

18.1 简介

在健康、能源、食品、水、贫困和移民等领域，以及与平等、包容、正义和人权有关的社会问题，世界一直在经历着广泛的全球性问题。解决这些问题已经越来越成为文献中提出的几种社会方面的方法的重点[1,2]。这些方法正变得至关重要，有望改变我们应对全球挑战的方式，并对科学和工程研究、实践和教育产生重大影响。

促进社会福祉的工程教育旨在关注这些问题以及它们对新兴技术的影响。在这种情况下，智慧城市、有源配电网[3]和物联网（IoT）[4,5]等技术，必须得到整体方法的支持，使专业人员具备适当的知识和技能来解决现代社会所面临的关键社会问题。这些方法应该解决如何扩展教学大纲以反映整体视角，从而使学生能够为社区和世界的社会利益做出相关贡献。在本章中，我们提供了一个关于有源配电网工程教育的整体方法。

18.1.1 真实案例

X 先生是一所知名大学的博士生，平时他总是工作到很晚，并为完成他的学位而感到不安。按照学校的要求，他需要在优秀期刊上发表文章，以便学校能够评价他的研究贡献。他努力工作，发表了一些有参考价值的文章，使他有能力在论文委员会面前答辩。此外，他还被鼓励参加好的会议，并成功地将他的研究成果提交给几个国际会议期刊。不幸的是，他的一篇文章包含了从另一项研究中的大量材料。X先生争辩说，他不知道自己违反了规定。这个问题比想象中的更常见，事实上，2019年5月30日，在ieeexplore.0rg上基于“违规通知”的搜索得到了10347条记录。像X先生这种情况很多，而且很可能他真的没有（故意）违反任何法律。事实上，这位假设的X先生的故事可能发生在世界各地的许多其他大学和研究中心。从艺术到工程和专利申请，这个问题的关注存在于广泛的专业活动中。如果这种做法会产生不良的道德和法律后果，为什么人们一直在犯这种错误？真相可能是人们对这种行为的非法性有所怀疑，但一般来说，他们没有被告知其严重影响，比如声誉受到损害，个人生活受到破坏。因此进入学术环境的年轻学生需要接受更广泛的教育，包括道德和他们工作的潜在社会影响等主题。

罗伯特-摩西在1920～1970年期间是纽约交通部门的负责人。这段时间里通过建造公园、桥梁和道路等方面加强了城市基础设施。甚至这些发展项目中有许多以他的名字命名。然而，一些历史学家声称，他的工作在某种程度上与偏见有关。据称他曾下令将南方州公园路的桥建得很低，以防止美国黑人和波多黎各人使用公园路。另外，他还否决了可以让低收入者去琼斯海滩的铁路延伸工程。尽管他的真实意图有争议，但他的行为无疑是值得讨论的。在这个意义上，工程师必须意识到他们工作成果所产生的政治和社会后果。罗伯特一摩西的个人特征并不重要，但他被指控的行为，无论有意还是无意，都可能使社会的一部分人无法享受到一些人人都有权享受的技术进步带来的好处。更为复杂的是工程的社会影响可能涉及工人，而不仅仅是目标用户。在这种情况下，可能需要考虑酗酒、疾病和社会影响来计划、构思和管理一个项目。其他问题可能与低收入社区的污染排放以及交通线路有关，这可能会增加社会排斥[7]。智慧城市的出现对工程师带来了新的挑战，他们必须将可持续性和社会包容作为其项目的基本组成部分。作为一个整体，上面的案例引发了对工程的道德原则的讨论。

本章完全不是要断言工程是社会的一个邪恶方面，因为没有人否认它的惊人的好处。相反，我们的想法是建议以多学科的方式将道德方面纳入其范围，这样有源配电网和智慧城市就会关注其目标用户。许多大学在处理这个问题时，采用案例研究的方法，促进讨论其道德行为。这些案例涉及商业医学、技术和政府等方面的情况和道德困境。此外，融合工程和社会包容最近也成为人们关注的一个问题。例如，无国界工程师项目[8]是一个促进社会和全球发展和包容的崇高倡议。该项目的第一个目标是创造新一代的全球工程师。为此，社会包容是他们工作重点之一，正如他们的网页中提到的：EWB-I 的成员团体的共同使命是与贫困社区合作，通过教育和实施可持续的工程项目来改善他们的生活质量，同时促进工程师、工程学生全球层面的经验。EWB-I 在这些志同道合的组织之间建立联系并跨越国界。在巴西，他们开展了一个项目，教会低收入的学生建造更便宜的太阳能热水器，这是教授开发过程背后的原则，把实验带到城市的贫困社区。在阿根廷，他们推动涉及可持续性、能源和社区基础设施的项目。

其他的例子是工程系学生从事社会活动，帮助那些想进入大学的贫困学生。在一个案例中，巴西的一些学生创建了免费的课程，为学生准备统一的大学入学考试。他们负责管理、教学和选拔过程。这种方式已经传遍全国，使成千上万的年轻学生受益。这清楚地表明，工程师可以通过促进性别平等和社会包容而有所作为。1892 年，埃尔米纳-威尔逊在爱荷华州完成了她的土木工程学位，从而创造了历史。如今在各地的工程班中，女性变得很多。在此之前，伊迪丝-克拉克（Edith Clarke）将自己的名字列入了伟大的工程师名单，并成为美国大学中第一位女工程师教师。因此，工程可以是一个以多种方式支持社会包容的领域，因此，项目考虑到最终用户的特点和文化，鼓励不同种族、民族、性别、社会阶层和身体能力的人成为工程师。

18.1.2 激励

上述案例表明，工程实践可能导致积极或消极的后果。人们可以说，大多数的工程师都在完成他们的日常工作。因为他们在每项任务中都有一个具体的技术目标要达到，所以他们的活动很少有社会或政治方面的关注。这是本章的一个关键点，因为我们同意哲学科学的一个强烈趋势，即技术不是中立的，应该从一个更广泛的、整体的角度来看待。这种观点对工程教育和实践提出了新的关注。基于这些观察，在本章中，我们将重点放在一个整体的方法上，并同时关注有源配电网如何实现智慧城市，以及智慧城市将如何塑造专业实践。

18.1.3 智慧城市是一项世界政策

考虑日益增长的城市化和越来越多的难民迁移到城市地区的情况，包括世界银行在内的一些国际组织正在开展促进包容性的项目[6]。世界银行引入了一种基于三个相关维度的智慧城市规划方法。第一个方面是空间包容性，未经规划的城市可能会出现空间占用不足的情况，从而导致进一步的贫困和社会排斥。第二与经济包容有关，当一个城市规划良好，经济机会和公司集群产生时，经济包容就更容易实现。最后，建议不要让任何人掉队，为此必须解决性别问题。妇女从事非正式工作的比例很高，以及她们在城市地区容易遭受暴力，都是令人担忧的。残疾人也值得特别关注。在这种情况下，城市的规划必须考虑使用轮椅的人、盲人、老年人或任何其他可能因缺乏社会包容而受到不利影响的人。

世界银行赞助的一些正在进行的项目涵盖了几个不同的举措[6]。例如，在格鲁吉亚的第比利斯市，利用社交媒体数据和语义分析技术，绘制公共空间地图，而在太子港（海地），手机数据记录与机器学习技术相结合，用于识别最常见的交通模式和交通网络容易受到洪水风险的脆弱性。在玻利维亚的拉巴斯，创建了一个短信/在线公民参与平台（BanioDigitai），帮助公民确定城市的基础设施改善和干预需求。最后，在坦桑尼亚的达累斯萨拉姆，利用 OpenStreetMaps 和其他开放源码平台与当地志愿者一起收集详细的地形信息并开发洪水模型，以支持该城市的弹性基础设施规划和预防性洪水措施。

上述倡议得到了社会和资助机构的支持，表明工程师必须具备整体背景。在接下来的章节中，我们将采用包容性的方法，对某些能源供应不足的案例进行讨论。

18.1.4 迈向有源配电网的整体方法

1977 年 7 月，纽约经历了一次停电，引起了全市的骚乱、抢劫、火灾和暴力[9]。技术调查显示，一连串的事件最终导致了停电事故的发生。从晚上 8 点 37 分，一道闪电使布坎南的两个断路器跳闸，到 9 点 36 分，仅一个小时后，几个技术问题同时出现，如输电线路过载、发电机无法满足需求和电压骤降，形成了一场完美的风暴，将城市推向黑暗。另外，减载计划也不足以缓解系统的问题，人为和自动化故障同时存在使问题恶化。核心问题是为什么停电会引发如此混乱的局面？第一个答案在于，发生在 1975 年的重大财政危机之后，郊区社区中存在一种紧张躁动的气氛。然而，为什么有些人进行抢劫，而其他人却自愿帮助交通安全？图 18-1 说明了纽约停电的一些影响[10]。

在这一章中，我们了解到，鉴于能源供给是日常生活中的重要资源，缺电可能会促使一些人做出意想不到的社会行为。纽约的能源供应中断造成了一些社会问题，这类问题必须由工程师来解决，例如，冰箱里的食物变质（对贫困社区来说是一个严重的问题），公共交通中断，黑暗的街道（增加犯罪的风险）以及其他问题。因为电力应该被认为一种权益，有需要的人可以得到补贴，以便他们能够获得这一基本资产。将电力作为共同资产的观点必须考虑到相关社区的不同之处。下面的例子说明了这一说法。

图 18-1　纽约停电的影响

巴西的“万家灯火”计划[11]是一项农村电气化计划，旨在为贫困的农村社区提供电力。最初的想法是为1000万人口提供电力。2003年启动，到2016年几乎有1600万人受益。从受益者的民意调查中了解到，81.8%的人认为电力改善了他们的生活条件，56.3%的人感到更安全，40.5%的人有更好的工作机会。尽管非洲有大量的无电人口（约6亿人），但用电的增长超过了人口的增长，在这种情况下，将照明从煤油改为太阳能电池板或传统的配电系统，除了提高舒适度外，还能减少煤油引起的火灾风险（这在大量的村庄中仍然存在）。

在加拿大，有20多万人生活在偏远社区，所以孤网供应是唯一的选择。在这种情况下，柴油发电机是许多地方能源的主要来源，但许多可再生能源发电的项目正在进行中。

上面的例子可能会根据每个读者的观点而引发不同的反应。我们理解商业利益是有意义的，但这些例子表明，如果忘记了社会利益，无视特定社区的现实可能产生灾难性的结果。一个城市应该被认为是智慧的，只要它为其人口提供最好的服务。这符合智慧城市的定义—“是那些使用技术来促进居民福祉、经济增长，同时提高可持续发展能力的城市”。这样一个概念跨越了各种各样的专业知识，在智慧城市的规划中应该一并考虑[12]。在这个意义上，一个基于用户的、社会整体的方法（考虑每个地区的特殊性，并有利于残疾人或服务不足的人），构成一个包容性的方法。

18.2　工程教育的整体方法

工程教育的整体方法旨在从系统导向的角度理解社会[13,14]。为了理解复杂系统，这些方法不仅需要理解问题的技术层面（如数学），还需要理解人性及其在世界范围内复杂的社会-技术相互联系。例如，当我们考虑复杂系统中的人类决策时，这种复杂性就变得很明显，比如那些关注有源配电网的功能和运行的系统。

一些作者主张采用更系统的研究导向的方法来支持工程教育的持续改进和创新，见参考文献［15，16］。他们认为，工程教育应该认识到几种方法的重要性，这些方法可以满足社会的不同需求。这些方法有时被称为社会公益工程教育，不仅考虑到社会面临的全球问题，包括健康、能源、食品和水，还考虑到与人权、平等、包容和公正有关的社会问题。为了实现这一观点，鼓励工程师采用更系统的方法，他们可以利用自己的技能找到直接有助于解决重大社会问题的解决方案，系统思考可以被看作是社会变革的强大催化剂[17,18]。首先，系统思考促使人们看到自己对当前现实的责任，并在他们所要解决的问题的背景下看到自己。第二，系统思考促进了合作，因为人们了解到他们目前的互动方式是如何导致不满意的结果的，而这些结果最终不仅是他们个人的，也是他们集体的表现。第三，通过假设一个系统导向的视角，人们可以在一些共同的变化上下功夫，从而导致整个系统的重大和可持续结果。最后，系统思考促进了持续的学习，因为人们知道他们的行为很重要，他们需要从这些行为的后果中学习。总的来说，系统思考导致了集体影响[17]。这种影响是通过发展相互促进的活动（例如，更好地理解个人对问题的影响），建立一个共同的议程（例如，对问题的根源和人们对问题的贡献的共同理解），定义共同的测量（例如，在系统变革理论方面更好的绩效跟踪），以及促进持续的沟通（例如，需要在持续学习的基础上进行沟通）而引起的。这些特点可以从几个方面来说明，并提供一些相关的好处[17,18]，如表 18-1 中所列。

表 18-1　面向系统的整体方法的特点和好处

特征	效益
依赖于强化活动	通过对意外后果（如社会问题）更全面的认识，改善信任和脆弱性
	促进对个人和团体的影响有更好的了解
支持一个共同的议程	依靠一种共同的语言，不仅考虑到当地的后果，而且还考虑到系统内部和外部的相互依赖关系、延迟和后果
	支持共同的变革意愿，使现状的好处更容易被认识
	依靠系统性的变革理论，而不是针对单一领域的变革
支持共享评估过程	同时依赖定性和定量的数据
	根据多个时间间隔来评估进展
	考虑到预期和非预期的后果（例如社会后果）
	从以系统为导向的变革理论的角度来评估绩效

续表

特征	效益
依赖于持续的沟通	改善沟通，因为这种立场要求增加个人对后果（如社会后果）的责任，在共同议程的基础上加强协调，并提高意识，使之不仅考虑到短期后果，也考虑到长期后果
	由于方法的持续沟通特性，依赖于持续的学习

18.2.1 智慧城市如何塑造专业实践

技术进步改变了职业的结构和方式。举例来说，现在的卡车司机可以更轻松地驾驶，这要归功于重型车辆的现代功能，这些功能在几年前是没有的，例如GPS也能帮助这些司机去他们以前从未去过的地方活动。类似的例子说明了技术带来的好处，可以在大多数职业中得到体现，使技术变革成为影响职业活动的主要因素。接下来的章节将描述一些职业如何受到智慧城市的影响。其他职业也可以包括在内，但所讨论的职业在其日常工作中表现出明显的影响。共同点是，频繁的技术变化要求专业人员必须在其领域内始终保持最新的状态。有源配电网也可能有助于确定这些专业的形态。以下各小节简要介绍了智慧城市可能对专业实践带来的潜在变化。

18.2.1.1 信息技术

无源配电系统变为有源配电系统取决于分布式电源的存在和自动化水平。关于分布式电源，作为一个基本组成部分，通信技术能够创建微电网的本地控制器。这种本地控制包括调节一级电压和频率。信息技术将在提高有源配电网的效率、控制和管理能力方面发挥重要作用。此外，关于自动化水平，信息技术也将通过提供智能和主动的方法（如神经网络）来帮助支持决策，支持电力需求的估计，预测能源生产和消费，并预测系统风险和故障。

18.2.1.2 机器学习科学家和工程师

智慧城市的大部分功能都需要高度的自动化。在这个意义上，机器学习似乎很有吸引力。机器学习是人工智能（AI）的一种应用，它为系统提供了自动学习和改善经验的能力，而无需明确编程。一些应用已经实现，如自动驾驶汽车和人脸识别。因此，随着新型智慧城市应用的出现，一些与信息技术无关的专业将需要处理机器学习。至于机器学习本身，科学家和工程师将有很多机会引入新的方法和应用。机器学习科学家通常可以专注于新的智能算法，而机器学习工程师可以提供新的稳健且智能的软件解决方案。

18.2.1.3 网络安全分析师

智慧城市需要处理大量的数据，其范围从交通灯控制到能源管理。从这个意义上说，在网络安全专家的帮助下保持系统的安全是很重要的。网络安全的本意是保护网络，使黑客无法入侵和伤害系统。私人问题也是一个值得关注的问题，因为银行账户和私人数据的欺诈行为不断被报道，所有年龄和背景的系统用户都害怕。智慧城市是高度自动化的，包括人身安全和家用电器的远程控制以及其他功能。然而重要的是监控摄像头要正常工作，并像保护数据一样保护隐私。同样的概念也适用于交通灯和家用电器，因为它们涉及公共安全、隐私和舒适。智慧城市也与有源配电网有关。对电力系统的网络安全攻击是一个主要问题，一些国家已经报告了有关其输电系统，甚至核设施的可疑活动。以良好的方式协调有源配电网可以使智慧城市健康运行，因为电力的提供使社会的大部分日常重要服务得以实现。上述内容使网络安全专家成为智慧城市的重要职业。

18.2.1.4 地理空间科学家

全球定位系统（GPS）和互联网上流行的基于地图的应用程序已经改变了人们从一个地方到另一个地方的方式，特别是在未知的地方，使旅行更加安全和快捷。它们依靠的是地理空间科学，使用遥感、地理信息系统（GIS）技术采集提供准确和有用的数据。然而，这一领域应用的范围可以更为广阔，在这个领域工作的专业人员可能在开发新的应用方面发挥关键作用。例如，他们可以帮助改善垃圾车的运行，使这些车辆在既定区域内遵循最佳路线；执法机构可以通过使用这一工具绘制关键区域；污染控制也可以通过使用地理信息系统来加强，使其能够确定空气污染、水污染和废物堆积方面的最佳（和最差）地点。这些专业人员必须被纳入智慧城市的规划和操作中，以便考虑关键问题。操作应用涉及不同城市传感器和设备之间的实时数据交换，可以提供有价值的数据，以帮助决策者在特定情况下做出最佳决定。

18.2.1.5 卫生保健专业人员

任何对智慧城市的现实定义都需要考虑到平等、饥饿和居民总体福祉，也就是说，智慧城市必须为人们服务。在这个意义上，如果以此为目的部署技术医疗保健的差异可能会减少。医疗保健需要以预防的方式为医生提供便利，这样公众的基本健康问题就可以由家庭医生利用适当的技术直接解决。关于预防方法，技术可能帮助个人在当地用设备监测他们的健康，可能会检测出一些健康问题，减轻对当地医院急诊室的需求。在这个意义上，技术可以帮助远程监控老年人。这些例子展示了值得一试的可能性，因为普通人将能够在没有医学知识的情况下，获得有关他们健康的实时信息。在发生紧急情况时可以自动拨打电话要求医院运送，不仅可以确定病人，还可以确定警报的原因。

这些对病人来说很有希望的情景需要医护人员采取重要的行动。他们将从技术进步中受益，但他们也需要对新资源持开放态度。诊断将受制于人工智能（AI）进程，帮助医生推断病人的状况。这仍然依赖于医学知识，因为向软件提供信息并正确解释其结果将需要强大的医学背景。医疗程序也可能得到软件和硬件的帮助，使医生能够执行远程手术。这种环境虽然是革命性的，但要求医疗专业人员足够谦虚，同意接受智能机器的帮助并纳入解决方案。许多国家由于2020年的流行病而采用的远程医疗系统表明医生往往对新的自动化医疗服务方法持开放态度。

18.2.1.6 工程师

工程学当然是与智慧城市相关的最有影响力（和受影响）的工作领域之一。因为本章讨论的是有源配电网如何实现智慧城市的问题，可再生能源发电被认为是一个关键问题。微型涡轮机（风力或柴油驱动）可能会出现在智慧城市中，这需要电气工程师的知识来进行操作和维护。然而需要注意的是，它们的建设取决于土木和机械工程师，因为它们需要以安全的方式融入城市景观，以便人和动物不会因为发电设备的存在而受到危害。在孤岛运行模式下，有源配电网必须能够调节内部频率和电压，电网也需要适当的监督控制。这种控制可以依靠多代理或传统的配电系统运营商。

然而，关于工程师如何适应智慧城市的主要关注点，并不是他们处理技术挑战的能力。至关重要的是，工程课程的教学大纲应在课程中纳入整体视角的内容。值得注意的是，在工程的整体方面创建新的课程可能会产生不好的结果。作为替代，我们主张将整体性问题纳入现有的课程中，这样学生就会对工程的社会后果有一个更广泛的看法。

18.2.1.7 建筑师

如前所述，智慧城市必须利用其所有的资源来改善市民的福祉，减少不平等现象，改善获得商品和服务的机会。在这种情况下，建筑是必不可少的。建筑师被要求设计越来越多的可持续建筑，这些建筑可以为居住者提供舒适的环境，同时要求更少的能源。热舒适性和残疾人的使用是建筑设计中需要考虑的因素。公共空间也必须改善城市流动性，包括休闲区，优化工作和休闲地点之间的交通时间。正如前面提到的工程师，建筑师通常没有接受过应对这些情况的培训。事实上，关于美学和功能的争论在建筑领域的专业人士中已经持续了很长时间，但智慧城市的出现使这一讨论仍然具有现实意义，因为智慧城市应该同时具有功能性和视觉吸引力。

18.2.1.8 小学教师

必须特别关注小学教师。实际上，儿童所实行的大部分纪律和安全教育都是在学校里教的。此外，教师将和家庭一起，成为新的学习方式和社会互动的主要知识来源。因此，教师必须做好准备以应对这些问题趋势，通过使用新的计算工具和提出新颖的游戏，使儿童能够处理智慧城市可能提供的一系列日常活动，注重学生和现实情况的智能学校将成为一种必要。这将是对新教师的挑战，他们需要整合社会和技术技能，在课堂上提供包容性方法。这将导致城市的改善，在理想的情况下，一个城市的所有资源都将提供给其公民。为此，虚拟现实、互联网接入和数字创新将成为加强学习过程的重要工具，使儿童能够参观博物馆、考古遗址和其他原本难以到达的地方。这些进步将使年轻的学生能够接触到不同的现实，从而产生共鸣，并促进新的战略，以提高世界各地的社会包容性。

18.3 整体的有源配电网项目

智慧城市需要有源配电网来实现[19]。有源配电网的整体性和实用性包含了超越电气工程基础知识的几个概念。因此，本节讨论了一些技术项目（简要介绍那些通过依赖电能的解决方案来提高人们生活质量的项目），由于物联网和通信基础设施，这些项目将有源配电网的概念加入智慧城市的范式中。

18.3.1 智能建筑和智能电梯

关于万物智能的一个重要问题是如何使传统设计的项目变得智能。建筑物就符合这个问题，因为过时的建筑物在增加了一些嵌入设计的智能功能后可能会变得智能。例如，如果智能建筑有收集雨水的蓄水池，那么城市洪水的问题就可以得到缓解，这在施工阶段是很容易设置的。在项目和施工过程中，考虑适当的材料和舒适度驱动的建筑，热舒适度也可能得到提高。需要指出的是，智能建筑在许多方面都模仿了有源配电网。因此，关于智能建筑的正常运行的一些考虑可以总结如下：

优化冷热控制。中央控制器根据人数多少，自动调整大楼不同位置的温度，减少电力成本。

将建筑使用模式与能源使用相匹配。不仅制冷，照明的强度也可以根据在场的人数来决定。

主动维护设备。这使得设备能够在任何问题发生之前得到主动维护。这个概念可以进一步扩大，包括与维护问题有关的火警警报。

动态电力消耗。它考虑到了市场价格，从而优化了建筑物的能耗，甚至能够在有太阳能电池板的情况下向电网出售剩余的能源。

智能建筑具有整体结构，集成了所有相关技术，以最大限度地提高舒适度，同时最大限度地降低运营成本的方式共享信息。但造价是昂贵的，因为智能建筑需要传感器来确定有多少人在建筑的特定区域内流动。自动化和数据收集与传感器直接相关，它们可以帮助建筑物针对任何情况调整其操作。传感器的运用使制冷系统能够根据太阳入射率和当地温度的变化来调整建筑不同区域的温度。另一个有趣的选择是使用智能窗户，因为它们有助于冷却或加热以及照明。在这两种情况下，都要考虑到能源的节约和用户的福祉。安装智能窗应考虑以下几个方面：太阳能得热系数，即通过窗户传导多少热量（U 系数，应尽可能小），以及可以通过窗户的可见光量（在 0 到 1 之间，越高，可见光量越大）。

智能电梯是智能建筑所接受的另一个概念[20]。智能电梯与传统的电梯不同，它没有一个允许人们点击的按钮板，并进行随时停靠。中央控制器根据人们的目的地楼层进行分组，节省了停靠的次数，减少了升降时间。此外，如果电梯已经满员，它就不会再停在任何多余的楼层，节省了能源，减少了升降时间。他们提供了一些功能，如图 18-2 所示。

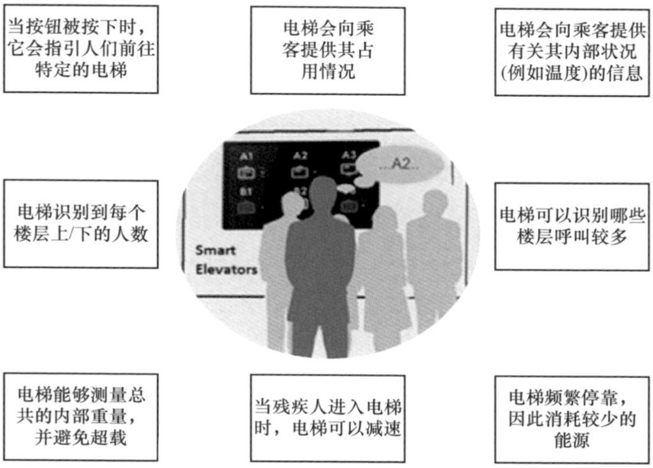
当按钮被按下时，它会指引人们前往特定的电梯
电梯会向乘客提供其占用情况
电梯会向乘客提供有关其内部状况(例如温度)的信息
A1
A2
A3
B1
B2
...A2..
Smart Elevators
电梯识别到每个楼层上/下的人数
电梯可以识别哪些楼层呼叫较多
电梯能够测量总共的内部重量，并避免超载
当残疾人进入电梯时，电梯可以减速
电梯频繁停靠，因此消耗较少的能源

图 18-2　智能电梯的功能

我们仍然可以指出一些缺陷。第一个缺陷是，用户得到的信息是他们应该乘坐哪部电梯。这种信息可能会误导一些用户，他们在看显示屏时可能会感到困惑。另一个缺陷是智能电梯的自动化，这具有讽刺意味，因为一些用户希望在乘坐过程中改变他们的目标楼层，而这在智能电梯中是不可能的。然而，智能电梯的经济性和人体工学收益大于用户发现的大部分问题。

紧急状况下的智能建筑和电梯。有源配电网必须为其用户提供持续可靠的服务，智能建筑也必须如此。有人提出了一些策略来帮助人们在紧急情况下从大楼中疏散[19]。文献［21］中提出了一个类似的方法，基于模糊算法的方法。当主系统缺乏电力供应时，提供紧急照明是一种可行方式。在这种情况下，电池可以和传感器一起使用，这样有人的大厅就会被应急灯自动照亮。至于电梯，整体性的程序是特别必要的。这是因为有些人可能有幽闭恐惧症，在紧急情况下会导致重大健康问题。除了可以将电梯的剩余能量放电到电网，还可以在紧急情况下将电梯驱动到最低楼层。紧急情况下，采用这种方法使得用户可以离开电梯，在大厅里等待能源供应的恢复，或者走上或走下楼梯到他们的最终目的地。

18.3.2 电动汽车和改进的出行方式

电动汽车即将改变城市的交通方式。然而，必须克服一些挑战，使之成为可行的现实。在这个意义上，充电站和电池的改进起着至关重要的作用，同时也受到了批评。本节介绍了电动汽车可能带来的变化，包括一些优势和劣势并解释了有源配电网如何与这种移动性概念相联系。电动汽车的第一个优点是其无污染、噪声小，提高了城市的生活质量，特别是对行人来说，他们通常受到车辆产生的高分贝噪声的影响。另一个优势来自这些车辆的无污染的电机驱动。这虽然被认为是一个优势，但也带来了对汽车电池充电方式的担忧。

因此，在考虑使车主能够利用电动汽车的优势之前，必须解决关于如何为电动汽车充电的问题。事实上，如果主要能源来自柴油或煤炭，污染的后果仍然存在，而且污染性残余物的排放也没有减少。因此，如果与可再生绿色能源相联系，电动汽车的出现是有吸引力的，这正是我们目前看到的趋势。至于给汽车电池充电，确实不如加一箱汽油来得快。现在有人提议加快充电速度，但它可能需要 30min 左右。因此，只要电动汽车有良好的自主性，通宵充电是一个好的策略。由于大量电动汽车接入会对电网带来一定负担，因此需采用相关操作措施[22]。另一个重要问题是关于电池的处理，因为它可能造成环境问题。回收电池可能是一个很好的选择，尽管其成本很高。然而，重新使用旧电池可能是一个有前途的做法。在这个意义上，一些制造商正在使用旧电池为路灯供电，为电梯提供备份，储存太阳能发电，并支持家庭使用。这使电动汽车成为出行的最佳选择。

18.3.3 智能交通灯

智能交通灯是一种车辆交通控制系统，它用传感器和智能技术增强了传统交通灯，以支持车辆和行人的交通[23]（图 18-3），优点见表 18-2。

图 18-3　智能交通灯

表 18-2　智能交通灯的优点

项目	优点
1	减少拥堵
2	减少旅行时间和燃料消耗
3	通过减少事故，使道路更加安全
4	利用收集的数据改善交通
5	减少污染
6	确定交通流的优先次序
7	提高解决交通问题的反应时间
8	支持数据分析
9	支持其他应用（例如，智能停车、智能道路）

智能交通灯可以大大减少交通拥堵，这是城市地区的主要问题之一，因为它们对生产力和燃料消耗有不利影响。依靠传感器和监控摄像头，它们可以提供更详细的交通状况的实时图片，例如，提供关于汽车数量（例如，在特定车道上等待，转弯），它们的位置和速度的信息。依靠传感器和智能算法，可以通过协调车辆在道路交叉口的移动，帮助最大限度地减少车辆的出行时间，并通过实测学习，根据白天和晚上的某些时间的具体交通需求改变交通信号。持续学习等智能技术的应用，使得交通模式和流量方面不断适应。通过这种方式，它们可以更及时地适应特定情况，以保持车辆的有效流动，缩短出行时间，减少汽车空转的污染，并使道路更加安全。它们还可以适应夜晚和季节，以便根据不断变化的环境和情况优化能源使用，从而为司机和政府节省大量能源。此外，智能交通灯系统收集的数据可以用来改善一般的交通，因为它们可以用于有价值的数据分析。如果它们与传感器相结合，它们甚至可以进行实时警报，从而有助于智能停车、智能道路等其他应用，并帮助处理电力中断和可能的事故等问题。

一些智能应用，比如街区的交通灯，依靠神经网络使其能够根据从环境中收集的数据做出决策[24]。这些应用在环境监测、能源消耗和健康等领域至关重要。

18.4 技术解决方案和有源配电网使智慧城市成为可能

前面的章节已经描述了一些与有源配电网和智慧城市设计相关的项目。有人认为，智慧城市应该是一个旨在没有排斥和饥饿，同时促进所有居民社会正义的城市。总之，生活在拥挤的智慧城市涉及以下维度（见表18-3），包括智慧能源、智慧交通、智慧环境和智慧废物管理等。

表18-3 智慧城市的维度

项目	维度
1	智慧环境
2	智慧能源
3	智慧交通
4	智慧教育
5	智慧医疗
6	智慧安全
7	智慧经济
8	智慧垃圾管理
9	智慧应急管理
10	智慧基础设施
11	聪明的人
12	智慧的政策
13	智慧的资源消耗

结合起来，这些维度可以被看作是一个城市福祉的温度计。然而，人们应该注意到，能源可以帮助社会处理这些维度中的许多问题，包括与交通和垃圾管理有关的问题。请注意，即使是垃圾，如果管理得当，也可以成为能源。事实上，能源是智慧城市运作方式的核心，也是其主要维度之一。

政府在智慧城市的规划中发挥着核心作用。有关不同基础设施的使用和设计的项目可以交由学术界，因为他们可以考虑所涉及的技术和整体特征。在这个意义上，政府需要向社会提供政策方向和财政激励，而政策制定者必须考虑社会现实。基础设施考虑现有的框架，使它们尽可能智能化。电信技术可以通过加强远程医疗服务，减轻医院的占用率和远程处理小的医疗状况的方式用于医疗保健。公共空间也可以重新设计，使公共交通和休闲区可以帮助改变城市的审美。请注意，新项目应考虑到这些需求，以及其他以前没有涉及的需求，比如要求新的建筑物具有收集雨水的功能，从而减轻拥挤的城市地区的洪水风险。所有这些特点使人们能够规划和设计安全且具有高生活质量的城市，为智慧城市主要终端用户—市民带来福祉和包容。因此，智慧城市并不适合排斥，社会包容项目是成功的智慧城市努力的一个重要组成部分。我们强调，当地的文化和具体的城市特征也应该被纳入智慧城市项目中。这将使设计者能够尊重当地的实际情况，并根据人们的实际需求进行规划。在这个意义上，一个偏远的村庄可以被认为是一个智慧城市，因为它可以对抗饥饿，提供充分的电力和可以安全饮用的水。这些概念也适用于大城市，但它们也关注流动性和电信技术的改进。所有这些问题都必须通过设计一个包容性的智慧城市来解决。

18.4.1 有源配电网和自愈系统

智慧城市的主要方面之一是自愈[25]，而电力是涉及的主要基础设施之一。自愈的概念与有源配电网有关，有源配电网是灾难发生后城市保持运行的主要基础设施之一。预防在这个过程中起着特殊的作用，比如无人机可以帮助监测配电线路和执行公共照明的小型维修，机器人可以在人类难以执行的管道中进行检查，而传感器可以触发自动行动，以维护系统的完整性，同时向最有需要的人供应能源。

电力短缺可能给社会带来一些问题。它们可能从简单的问题（如交通灯熄灭）到严重的问题（如医院停电）。微电网可能成为这种情况下的替代方案，因为部分能源负荷是由它们提供的。在这个意义上，通常在智慧城市需求中采用的本地通信和控制方案，与本地发电一起应对紧急状况。电池、太阳能电池板和微型发电机可以优先满足重要负荷。但是需要注意的是，重要负荷的概念可能会根据一天中的不同时间而改变。上面描述的纽约停电事件表明公共照明和交通灯是帮助人们在某些情况下保持冷静的重要功能。

建立一个智慧城市的必要甚至最重要的一方面是，在紧急情况下能源供应的可靠供应。即使是供水也依赖于电力，比如在分配过程的最后阶段。因此，智慧城市在正常运行条件下依赖于有源配电网，应对紧急情况时有源配电网也是非常重要的基础设施。

18.4.2 车辆和人员流动的方法

在时空数据分析中，对位置数据及其随时间的演变进行调查，目的是发现重要信息，提供新的见解[26]。这些分析可能涉及交通中的拥堵识别（它影响燃料消耗）、城市计算中的车辆运动模式，以及天气预报中的风暴预测，这些问题可以直接关系到智慧城市的应急状况。另外，基于时空因素，如订单的历史、GPS

轨迹和天气，预测对乘车服务的需求，是一项空间一时间数据分析任务，对提供这些服务的组织和公众都有很大价值。

聚类，是一种数据分析技术，根据位置对空间一时间数据进行分组。直观的例子是人和车辆的聚类，但动物甚至星星的聚类也是运动的聚类。集群关系是对集群和元素或其他集群之间运动的解释，如进入或合并。目前的时空数据分析技术无法研究时空集群之间的关系，比如因为属性随时间变化而从一个集群中分裂出来并与另一个集群合并。这些关系可以提供有关聚类的存在及其与其他聚类和轨迹的相互作用的宝贵信息。我们引入了一个框架来识别、处理和分析空间一时间数据集群之间的关系（如进入、合并或分裂）。

我们描述了该框架的结构和组成部分，以及使用的聚类技术，考虑到地球曲率的不同距离计算方法，以及我们如何计算时间上分离的聚类的相似性。这些操作的结果被用于识别空间和时间上的集群关系。对这些关系的分析有助于发现隐藏的价值，从而支持更有效的决策。我们通过两个基于卡车和人类轨迹的案例研究来评估我们的框架。在现代城市收集的大量数据的支持下，基于聚类方法，可以以自动化的方式实时识别与人员和车辆流动相关的异常变化[27]。这些方法可以应对各种各样的紧急情况和危机。它们为模型打下支撑，帮助城市提高与疾病传播、交通问题、污染和洪水相关的应急管理能力。

18.5 结论和展望

本章主张工程学应该采用一种整体的方法，依靠更全面的视角来解决问题。根据这一观点，不仅要考虑技术方面，还要考虑与之相关的社会问题，如平等、包容、社会正义和人权。我们在这一章的重点是以有源配电网为依托，实现智慧城市的整体方法，正如我们所阐述的，采用这种方法塑造了许多行业以及他们的运营方式。

整体性方法有望改变我们应对全球挑战的方式，并对科学和工程研究、实践和教育产生重大影响。智慧城市领域，特别是有源配电网，可以从这种方法中获益良多，因为学生和从业人员能够为社区和世界的社会利益做出相关的贡献。

最后，由于该主题的广泛性，本章并未涵盖所有内容，未来还需要做大量工作，为工程导向的整体方法的应用进展铺平道路。未来的工作包括提供传统项目向整体方法迁移的方法和实践，支持特定教育目标的课程扩展，以及探索除了支持有源配电网和智慧城市技术外其他类型的新兴技术如何能从整体观点中受益。

参 考 文 献

[1] Ostrom E (1990) The evolution of institutions for collective action. Cambridge University Press, New York.

[2] Ostrom E (1999) Revisiting the commons: local lessons, global challenges. Science 284 (5412): 278-282.

[3] de Souza ACZ, Castilla M (2019b) Microgrids design and implementation. Springer (2019b).

[4] Alam Mansaf SKA, Khan S (2020) Internet of things (IoT), concepts and applications. Springer International Publishing.

[5] Dimitrios Serpanos MW (2018) Internet-of-Things (IoT) systems, architectures, algorithms, methodologies. Springer International Publishing.

[6] Caro RA (1974) The power broker: robert moses and the fall of New York. Knopf.

[7] Smarter cities for an inclusive, resilient future. https://blogs.worldbank.org/sustainablecities/smarter-cities-inclusive-resilient-future(09-07-2020).

[8] Official page of engineers without borders. http://ewb-international.com/about-ewb-i. 202007-09.

[9] Was the 1977 new york city blackout a catalyst for hip-hop's growth? http://www.slate.com/blogs/the_eye/2014/10/16/roman_mars_99_percent_invisible_was_the_1977_nyc_wide_blackout_a_catalyst.html (09-07-2020).

[10] Scenes from 2019 nyc blackout on anniversary of 1977 blackout. https://www.silive.com/news/2019/07/scenes-from-2019-nyc-blackout-on-anniversary-of-1977-blackout.html (1808-2020).

[11] Energy access program in brazil: light for all. https://energy-access.gnesd.org/projects/32-energy-access-program-in-brazil-lighting-for-all.html. 2020-07-09.

[12] Stan McClellan GK, Jimenez J (2018) Smart cities applications, technologies, standards, and driving factors. Springer International Publishing.

[13] Grasso D, Burkins M (2010) Holistic engineering: beyond technology. Springer, New York.

[14] Mobus G, Kalton M (2015) Principles of systems science. Springer, New York.

[15] Zambroni de Souza BDBAC, Ribeiro P (2019) Emerging smart microgrid power systems: philosophical reflections. Springer International Publishing, pp 505-528.

[16] de Souza ACZ, Castilla M (2019a) Microgrids design and implementation. Springer International Publishing.

[17] Meadows DH (2008) Thinking in systems: a primer. Chelsea Green Publishing.

[18] Stroh DP (2015) Systems thinking for social change: a practical guide to solving complex problems, avoiding unintended consequences, and achieving lasting. Chelsea Green Publishing.

[19] Filippoupolitis A, Gelenbe E (2012) An emergency response system for intelligent buildings. In: M' Sirdi N, Namaane A, Howlett RJ, Jain LC (eds) Sustainability in energy and buildings. Smart innovation, systems and technologies. Springer.

[20] Elbehiery H (2018) Smart elevator control system for power and maintenance optimization.

[21] Chen C (2012) A fuzzy-based approach for smart building evacuation modeling. In: 2009 fourth international conference on innovative computing, information and control.

[22] Arriaga CACM, Kazerani M (2013) Optimal plug-in hybrid electric vehicles recharge in distribution power systems. Electric Power Syst Res 98 (1): 77-85.

[23] Chen L, Englund C (2016) Cooperative intersection management: a survey. In: IEEE transactions on intelligent transportation, 570-586.

[24] Nascimento N, Alencar P, Lucena C, Cowan D (2018) A context-aware machine learning-based approach. In: Proceedings of CASCON, 40-47.

[25] Castellanos CL, Marti JR, Sarkaria S (2018) Distributed reinforcement learning framework for resource allocation in disaster response. In: 2018 IEEE global humanitarian technology conference (GHTC), 1-8.

[26] Portugal I, Alencar P, Cowan D (2018) Trajectory cluster lifecycle analysis: an evolutionary perspective. In: Proceedings of IEEE big data, 3452-3455.

[27] Liu H, Li Y (2020) Smart cities for emergency management. Nature 578 (5412): 515.

Antonio Carlos Zambroni de Souza 是巴西伊塔朱巴联邦大学的电气工程教授。他的主要兴趣是电力系统电压稳定性、有源配电网、智慧城市和教育。他是 IET 的会员。

P. Alencar 是加拿大滑铁卢大学 DavidR. Cheriton 计算机科学学院的研究教授。他的主要研究课题涉及软件工程的几个主题，包括软件架构和框架、开放和大数据应用、软件代理、软件流程、基于 Web 的应用、情境感知和事件驱动系统、应用机器学习和人工智能，认知型聊天机器人和形式方法。

19

新趋势及新预期

Antonio Carlos Zambroni de Souza, Bala Venkatesh,
and Pedro Naves Vasconcelos

19.1 前言

前几篇文章中所涉及的主题可能会引起读者对未来电力系统的兴趣。诚然，这样一个具有挑战性的场景能为新一代从业人员和消费者提供很多机会。基于这种情况，各学院要重点关注未来电力系统的变化，使其课程大纲能够顺应新的趋势并预测需求变化，从而培养新的专家。另一方面，由于持续不断的研发项目需求，以及学术界和生产部门之间的强需求，也需邀请工业界发挥作用。

一般来说，人们把用电或者上网当作理所当然之事，这种观念阻碍了人们认识到电力对社会革命性的影响力。在农村和偏远地区通电后，人们的生活发生改变，这种改变对生活在其中的人们影响是可见的，因为新的基本习惯被纳入他们的日常生活中。这在不久的将来就会发生，届时电力系统将与现在的形态相比发生巨大的变化，有助于智慧城市的出现，并给每个人带来新的习惯。

值得注意的是，工程实践背后的基本理论原则仍然存在，这些原则仍然很重要。但与此同时，无数的新概念也是必要的。此外，通常被忽略的旧概念现在却变得愈加重要。本章简要讨论了有关未来电力系统预期的问题。

接下来的章节并不是要提出新的方法论或描述一些测试案例。我们是想讨论一些关于这个新场景的话题，激发读者对这个有趣过程的理论兴趣。

19.2 新老交替之争，直流和交流的和谐共存

电流形式之争是历史上浓墨重彩的一笔，它塑造了电力系统以及工程的教学和实践方式。分析这场争辩需要了解直流和交流原理。由于这是一个总结性的章节，我们更关注争辩的结果以及“平息”这种争辩可行的方法。这是因为后来的电网是直流和交流系统混合共存的。结束电流形式之争，并不代表应该忘记这场争辩中错误的做法和道德影响。在这个意义上，需认识到才华横溢的专业人士的才能和新兴技术的潜力在现代仍然占有一席之地。托马斯-爱迪生在去世前不久承认了交流电的优越性（就那个时期而言），但肯定会对目前交-直流混合系统感到惊讶。另一方面，牺牲动物在当时是不可接受的，现在也是不可原谅的。更不用说人类在电椅上的经历了，这无疑是那个时代所有行为中最令人厌恶的。

值得一提的是，当交流电盛行时，托马斯-爱迪生已经向当地市场提供了直流电能，那里的发电侧和用电侧之间的距离最小。最终由于可以远距离大量传输电能，交流电占据了上风，促使了变压器的应用及大型发电站的建设。然而值得关注的是直流电在当时已经有了一些优势：

（1）发电机组可以并联运行；

（2）直流井式电动机；

（3）直流电促进电池的使用；

（4）直流电可提供可靠的家用光源。

因为此书前几章的详细讨论，读者应该对这些内容较为熟悉。实际上，一个交直流互联时代正在接近。现代人类没有意识到技术是怎么帮助他们去到世界任一角落。另一方面，未来的工程师将需要提高他们的技能，以解决当今被忽视的问题。

然而，我们不应忽视当前的戏剧性争论。如上所述，出现了一些伦理上的两难问题，在目前关于采用技术和设计项目的讨论中应考虑这些问题。因此，未来从业者们将有机会对技术有一个全面的看法，了解它是如何演变并适用于不同情况。这一点值得更好地探讨，所以接下来将对未来从业者们的技能进行简要讨论。

19.3 未来电气工程师的新特征

电力是一个重要的基础设施，需要通过完善的工程，以安全和可靠的方式为

终端用户提供电力。这涉及机械、土木、能源、环境、电气工程师的领域。智慧城市和自愈功能的出现使电力变得更加重要。就自愈功能而言，它是一个“基础设施岛”，帮助社会在灾难发生后继续运行基本设备。它可能是一个街区生存和混乱的边界。智慧城市、分布式电源、电动汽车、储能系统的部署控制和物联网的连接将使被动配电网变成有源配电网。

上面的例子表明，电气工程师必须了解一些现今被视为次要，但却非常重要的理论。电力电子技术被认为是高压直流输电的关键，但逆变器设备则需要直流技术在中低压上的应用。通信和控制结构来也同样要求了解新的理论和设备。正如肯尼迪总统在登月计划演讲中说一样，未来的工程师们肯定会研究那些还没有被创造出来的理论。

技术问题对工程师来说并不是一个严重的障碍，他们可以通过特定项目学习并提出新的方法。未来工程实践最重要的方面是对项目的整体看法。智慧城市必须具有包容性，在孤岛模式下管理有源配电网也需要考虑设计新项目及其运行过程中的社会共情。因此，未来的工程师将很快成为具有强大理论背景的社会行动者[6]。

19.4 储能和低惯性问题

传统的电力系统是基于高惯量的旋转发电机。此外，它们不是间歇性的发电，这使得规划人员可以设计一个长期的系统范围，而操作者有信心提前一天进行规划。另外，停电的情况可能需要长时间的重新配置[7]。

可再生能源具有高间歇性和低惯性，因此，工程师必须在规划方案中考虑到这一特性，满足负荷供应需求。与此同时，尽管能源生产方或生产兼消费方将发挥核心作用，供电企业仍有其重要性。新的电网将由几个不同规模主体组成，但发电侧和输电网对确保负荷的供应和提供辅助服务具有至关重要的作用。它们将如何获得补偿以及规划决策者如何解决技术问题，将是近期讨论的问题[18]。

当涉及操作这样的系统时，储能设备的重要性越来越大。接下来的小节将讨论其中一些重要的方面。

19.4.1 频率调节

可再生资源的间歇性往往会引起系统的频率变化。通常情况下，大型旋转发电机非同步运行时，本地控制器和整体频率动作能将其频率恢复到额定值。另外，大量低惯性电源的发电可能是一个问题。在这个情况下，储能设备可作为频率调节器，帮助系统保持其额定频率。

这个问题可以特别借助于下垂控制和优化技术来解决，其中可能包括革命性技术。需求响应的问题可以被纳入政策中，可以让调度人员在负荷需求高峰被满足时，调整他们的源荷关系以平衡系统。工程师同样需要关注模仿机器惯性的逆变器的重要作用。但请注意这个问题的解决方案可能会考虑到技术和经济方面，必须由工程师进行公平分析。

19.4.2 承载能力

储能的另一个重要作用是关于微电网的应用。通常，承载能力是需要考虑的问题。储能可以在过剩时期发挥储存电力的作用，并在并网模式下调节电压水平。但有源配电网的出现使工程师们能够构想出孤岛模式的系统。这进一步提高了储能的重要性，因为它们可以帮助供应负载，增加孤网系统的自主性。

储能有助于解决有源配电网中的问题，逐步成为工程师目前不需要关注的一些问题的解决方案。在这种情况下，确定分布式电源的最优接入位置和系统重构将在微电网运行中发挥重要作用。实际上，微电网系统重构是一个很有吸引力的方案，可以避免过电压并减少系统损耗，承载能力也可以在这种情况下解决。因此，考虑这些问题是必要的。

19.4.3 独立或农村的微电网

上述孤岛式微电网是作为故障的结果而发生的。在这种情况下，负荷是根据先前建立的优先级来依次供应的。然而在一些国家，偏远地区的供电系统是一个实际问题。基于社会情况，一些国家能够使用柴油发电机发电，而另一些只能去寻找初级能量来源。新兴的电力系统必须具有包容性。在此基础上，柴油发电机、可再生资源和储能设备的组合在孤岛状态下应持续供应负荷。在这种情况下，储能设备可以在出力较大时段储能（如安装了光伏），并在需要时作为电源出力[9]。

如果地理因素限制了配电网的建设，一些国家可能会发展农村微电网。请注意，在这种情况下，社会资本可能不愿意介入，以免投资亏本。因此，电力的社会影响将政府置于舆论的焦点，包括从业者们和使微电网可靠运行所需的基础设施。尽管如此，责任部门应特别注意这一过程。这是因为建设农村微电网的一些问题需要具有创造性和可实施性的解决方案，而这些解决方案可能会在城市地区推广应用。

19.5 物联网与网络安全

与电力系统一样，信息和通信技术也正在发生转变，这催生了物联网的概念。物联网可以让所有物体通过现代平台和互联网相互连接，能在几乎所有专业领域实现众多的智能和自主解决方案。

一些基于 GPS 和物联网技术，旨在为残疾市民提供的项目[24]，例如辅视器和老年代步设备就运用了物联网的这些技术优点[22]。因此，需要参与开发“更智能”设备的专业人员获取跨学科知识，将不同的专业领域联系起来。

在电力系统中，一旦负荷需求得到满足，并且随着可承受网络设备数量的增加，就要进行更可靠、安全、经济和可持续的控制和管理操作[19]。实现建筑的净零能耗、让相关部门与用户之间实现良性沟通以及提升实时反馈能力的工作正在同步开展中[10]。此外，物联网在电力系统中的应用依赖于大数据的使用，这些数据用于线路监测和电网运行参数等各个方面的实时控制，例如包括预测性控制、动态和稳态分析、资产管理以及增加需求方的灵活性[5]。

增加网络和实际电力系统之间的耦合和动态互动也会引起其他警报。网络方面的故障可能会降低电力系统运行的可靠性。此外，网络恶意攻击可能引起大规模的连锁故障。因此，基于通信技术且依赖产生大量数据的应用程序，为解决通信网络中的安全漏洞、数据泄露威胁影响电力系统安全问题打开了机会之窗[21]。

19.6 电力电子技术的发展

越来越多的高耗能应用要求加强电源管理技术，如果没有电力电子技术的进步，数据中心、电动汽车、数字医疗系统、模块化技术、自动化制造单元等应用的推广必然会受到阻碍。因此，工程师们将继续设计能量密度更大、效率更高、可靠性更好的电路，同时其外形尺寸还要更小。

可再生能源的大规模整合、汽车电气化和 5G 通信将继续成为主要议题。电动汽车为功率半导体产品带来新的机遇，并通过取代内燃机来减少碳排放。5G 也开始发展，不仅基站需要电源解决方案，本地的小设备安装也需要高效的系统[1]。

从发电和输电，直至配电和产业用电，电力电子知识对巩固关键技术至关重要，如高压直流和柔性交流输电系统、可调速驱动器、高密度高效转换器、无线电力传输、储能系统、智能管理系统等等[11]。

最后，如前所述，通过现代电力电子和材料科学的发展，微电网与大规模交直流和超高压电网的混合也将得以实现。此外，大功率及高频率的电磁热效应对人体的危害仍在持续研究中，与电源转换器和机器集成的可靠性、安全性以及危险性相关的问题也将继续存在[23]。

19.7 电动汽车与电网一体化

19 世纪末，法国和德国引进了汽车，当时的基础设施非常简陋。这种生活方式的改变，引起了人们的好奇和着迷，因为汽车是一般的工人阶级无法接触到的。但是后来，美国大规模生产汽车改变了这一现实，帮助人们塑造了都市生活，并使得各地的郊区得到了发展。现如今，汽车即将发生两大变革：电动汽车和无人驾驶汽车[4]。这些巨大的变化不会像汽车的问世那样令人震惊。至于无人驾驶汽车，其背后的智能化同时适用于基于油电的汽车。随后我们将简要讨论电动汽车带来的挑战和优势。

电动汽车将给基础设施带来巨大变化。电池在寿命周期、自主性和重量方面的技术进步，促进了城市和高速公路充电站的需求和数量发展。此外，车辆在夜间充电将改变配电系统的负荷特性，需要采取控制措施以避免过载并将电压水平保持在限制范围内[17]。

另外，电动汽车的出现可能会帮助紧急情况下的有源配电网，因为根据车主和电力公司事先达成的协议，双向电力交换的实现将使电动汽车成为电池解决方案和能源来源[16]。换句话说，电动汽车电池的双向自主使用将使电力公司和客户能够充分利用现有的基础设施和车辆对电力系统进行调节。

19.8 环境变化

电动汽车在减少污染方面给用户带来了吸引力。噪声小和无污染的车辆可以改变环境并推动负责任的消费。从这个角度来说，可能会出现一类新的消费群体，他们要求公平的价格和清洁的发电来源。需要注意的是，由于为电动汽车提供无污染源的成本增加，阻碍了电动汽车在城市中心区的发展。

对电动汽车清洁能源供应的关注产生了一系列与整个能源过程相关的问题。处理老化电池和光伏电池板就是一个值得关注的问题。这些物品应尽可能回收利用，且必须提供负责任的处理流程避免污染环境。另外，即使是垃圾处理也能有助于能源生产[13]，相关文献介绍了几项将生物质能作为主要发电来源的工程，更重要的是，垃圾本身可以在电力的帮助下得到更好的处理，每年可避免数千次排放，同时也消除了垃圾出口问题。从这方面来说，电弧等离子体处置技术似乎是一个很棒并且有前途的选择[12]。反对者认为这是焚烧的新名词，而支持者则认为这是一种无污染的回收过程，垃圾回收厂利用超高温将垃圾转化为可燃气体和可用于建筑的岩石状固体废弃物。

事实上，清洁能源生产往往会使整个社会受益。在这个意义上，旅游业可能会创造新的机会，因为一些美丽的城市由于空气质量和交通状况的原因并不具备旅游胜地的条件。此外，医疗保健系统也将得到缓解，因为更清洁的空气将大幅缓解呼吸道疾病，文献显示，老人和儿童更容易受到空气质量的影响，从而损害健康[14]。

这方面的工程问题即将成为所有大学课程的内容，并邀请研究人员以整体和学科的方式来考虑能源规划[2]。

19.9 消费者的作用和社会包容性

整体而言，新型电力系统将完全被智慧城市所吸纳，这将创造一种新的消费模式，并且这种模式已部分形成。例如，国内消费者选择在用电低谷时用电以享受更优惠的电价。能源产消者的到来将改变国内消费者的使用方式，他们可能会使用自发电源以提高自主性，或采用将剩余电量出售给电力公司的方式。这一切都取决于这些变化背后的教育过程，这样，同时作为生产者和消费者，能源产消者就能充分了解电力成本，从而做出最佳决定。

但要注意的是，能源产消者的作用不应仅限于市场问题。必须强调的是，整体方法有助于所有相关方为整个社会做出更好的决策。因此在正常运营条件下，将采取市场驱动型决策，但紧急情况要考虑负荷的优先级，以保证系统的正常运行。需要指出的是，这种讨论并没有忽略市场方面，而是让人们从整体来考虑。

上文让人联想到社会包容性或电力系统的社会作用。如前所述，电力可以作为一种资产来看待，因此要执行有效的系统规划，但同时使用电力也应被视为一项基本权利，加拿大北部的偏远社区、非洲南美洲的农村贫困地区以及所有城市贫困社区都应享有这项权利[3,15]。人们能够迅速学会使用互联网和手机，他们肯定也会学会有源配电网和智慧城市的技术和市场方面的内容。[20]。然而，世界上的不平等现象日益严重，这需要所有社会参与者共同面对，有源配电网和智慧城市也不例外。因此，必须采取相关政策将所有社会参与者纳入其中，使被排斥者能够成为这一进程的一部分，即使不是作为能源产消者，他们也能作为被动消费者，行使其公民权。考虑到这一问题，我们要尽快采取行动去规划一个公平公正的社会。

在设计微电网时考虑社会包容性将要求工程师具备全面的背景知识。引用的文献［8］作者描述了技术哲学在微电网设计中的一些影响。据了解，设计这样的系统需要科学、政治、经济、建筑、司法和道德等多方面的努力。有时这些方面甚至会重叠，导致各方之间的冲突。解决这些问题可能需要特殊的知识，但更为重要的是具备与不同专业人士对话的能力以及倾听社会需求的能力。大学和企业都应考虑这种背景，以确保在这个新的、更好的世界中没有人被遗忘。

参 考 文 献

［1］ Alexzander S，Anbumalar IK（2011）Recent trends in power systems（wireless power transmission system）and supercapacitor application. In：International conference on Sustainable Energy and Intelligent Systems（SEISCON 2011），pp 416-420.

［2］ Amadei B，Sandekian R，Thomas E（2009）A model for sustainable humanitarian engineering projects. Sustainability 1（4）：1087-1105.

［3］ Arriaga MCAC，Kazerani M（2014）Northern lights：access to electricity in Canada's northern and remote communities. IEEE Power Energy Mag 12（4）：50-59.

［4］ Azid S，Kumar K，Lal D，Sharma B（2017）Lyapunov based driverless vehicle in obstacle free environment. In：2017 2nd International Conference on Control and Robotics Engineering（ICCRE），pp 53-56.

［5］ Bessa RJ（2018）Future trends for big data application in power systems. In：Arghandeh R，Zhou Y（eds）Big data application in power systems，vol 10. Elsevier，Amsterdam，pp 223-242.

［6］ Chen C（2012）A fuzzy-based approach for smart building evacuation modeling. In：2009 fourth international conference on innovative computing，information and control.

［7］ de Souza ACZ，CastillaM（2019）Microgrids design and implementation. Springer，Heidelberg.

［8］ de Souza ACZ，Ribeiro PF，Bonatto BD（2019）Emerging smart microgrid power systems：philosophical reflections，in the book microgrids design and implementation. Springer，Heidelberg.

［9］ de Souza MFZ（2015）On rural microgrids design—a case study in brazil. In：IEEE PES innovative smart grid technologies Latin America，pp 160-164.

［10］ Ferdous J，Mollah MP，Razzaque MA，Hassan MM，Alamri A，Fortino G，Zhou M（2020）Optimal dynamic pricing for trading-off user utility and operator profit in smart grid. IEEE Trans Syst Man Cybernetics：Syst 50（2）：455-467.

[11] Frivaldský M (2020) Emerging trends in power electronics, electric drives, power and energy storage systems. Electrical Eng 102 (1).

[12] Gomez E, Rani DA, Cheeseman C, Deegan D, Wise M, Boccaccini A (2009) Thermal plasma technology for the treatment of wastes: a critical review. J Hazardous Mater 161 (2): 614-626.

[13] Kothari R, Tyagi V, Pathak A (2010) Waste-to-energy: a way from renewable energy sources to sustainable development. Renew Sustain Energy Rev 14 (9): 3164-3170.

[14] Manisalidis I, Stavropoulou E, Stavropoulos A, Bezirtzoglou E (2020) Environmental and health impacts of air pollution. Front Public Health 8 (14).

[15] MME (2012) Light for all: a historic landmark. 10 million Brazilians out of the darkness. Brazilian Ministery of Mines and Energy. Accessed: 09.07.2020. Available at: energyaccess.gnesd.org/projects/32-energy-access-program-in-brazil-lighting-for-all.

[16] Mohammadi F, Nazri G-A, Saif M (2019) A bidirectional power charging control strategy for plug-in hybrid electric vehicles. Sustainability 11 (16).

[17] Oliveira DQ, de Souza ACZ, Delboni LFN (2013) Optimal plug-in hybrid electric vehicles recharge in distribution power systems. Electric Power Syst Res 98: 77-85.

[18] Peças-Lopes J, Madureira A, MatosMA, Bessa RJ, Monteiro V, Afonso JL, Santos SF, Catalão J, Antunes C, Magalhães P (2020) The future of power systems: challenges, trends, and upcoming paradigms. Energy and Environment, Wiley Interdisciplinary Reviews, p 9.

[19] Tom RJ, Sankaranarayanan S, Rodrigues JJPC (2019) Smart energy management and demand reduction by consumers and utilities in an iot-fog-based power distribution system. IEEE Internet Things J 6 (5): 7386-7394.

[20] Wahba S (2019) Smarter cities for an inclusive, resilient future. World Bank. Accessed: 09.07.2020. Available at: blogs.worldbank.org/sustainablecities/smarter-citiesinclusive-resilient-future.

[21] Xin S, Guo Q, Sun H, Zhang B, Wang J, Chen C (2015) Cyber-physical modeling and cybercontingency assessment of hierarchical control systems. IEEE Trans Smart Grid 6 (5): 2375-2385.

[22] Xingli Z, Kenan W, Jiannong S (2009) The comparison on the visual search between the hearing impaired adults and hearing adults. In: 2009 fifth international conference on natural computation, vol 5, pp 257-260.

[23] Zhao J, Wu ZJ, Nai-Liang L, Yang T (2020) Study on safe distance between human body and wireless charging system of electric vehicles with different power and frequencies. Electrical Eng 102: 2281-2293.

[24] Ziegler S (2017) Considerations on IPv6 scalability for the internet of things—towards an

intergalactic internet. In：2017 Global Internet of Things Summit（GIoTS），pp 1-4

Antonio Carlos.

Zambroni de Souza 是巴西伊塔朱巴联邦大学电气工程系教授。他的主要研究方向是电力系统电压稳定性、智能电网、智能城市和教育。他是 IET Fellow 会员。

Bala Venkatesh 是加拿大瑞尔森大学电气、计算机和生物医学工程系教授。他致力于研究电力系统分析和优化，应用于智能/微电网、储能和可再生能源。

Pedro Naves Vasconcelos 是巴西伊塔胡巴联邦大学电气工程专业的博士生。他的研究涉及人工智能算法在电力系统规划和运行中的应用以及可持续工程设计、系统动力学和工程教育。